经典译丛·信息与通信技术

U0192360

多媒体内容分析技术

Multimedia Content Analysis

[德] Jens-Rainer Ohm 著

谢毓湘 栾悉道 杨博翔 魏迎梅 译

電子工業出版社
Publishing House of Electronics Industry
北京·BEIJING

内 容 简 介

本书涵盖了图像、视频和音频特征表示的理论背景和实践内容，如颜色、纹理、边缘、形状、显著点和区域、运动、三维结构、时域/频域/倒谱域的音频/声音、结构和旋律。详细介绍了特征数据的估计、搜索、分类和紧凑表示的新算法；信号分解的概念(如分割、源跟踪和分离)，并对组件、混合、效果和渲染进行了讨论。本书提供大量的数据和实例来辅助说明本书涵盖的内容。多数章节附有习题和练习帮助读者巩固学习内容。

本书适合作为电子信息类专业本科高年级或研究生的媒体计算相关课程的教材，也适合研究多媒体内容分析系统的研究人员和开发人员参考和学习。

First published in English under the title
Multimedia Content Analysis by Jens-Rainer Ohm
Copyright © Springer-Verlag Berlin Heidelberg，2016
This edition has been translated and published under licence from Springer-Verlag GmbH.

本书简体中文版专有翻译出版权由 Springcr Nature 授予电子工业出版社在中华人民共和国境内(不包含香港特别行政区、澳门特别行政区和台湾地区)销售。专有出版权受法律保护。

版权贸易合同登记号 图字：01-2018-5553

图书在版编目（CIP）数据

多媒体内容分析技术 / （德）延斯-赖纳·奥姆(Jens-Rainer Ohm) 著 ; 谢毓湘等译. -- 北京 : 电子工业出版社, 2024. 6. -- (经典译丛). -- ISBN 978-7-121-48037-9

Ⅰ. TP37

中国国家版本馆 CIP 数据核字第 2024Z36R94 号

责任编辑：杨　博
印　　刷：三河市良远印务有限公司
装　　订：三河市良远印务有限公司
出版发行：电子工业出版社
　　　　　北京市海淀区万寿路 173 信箱　　邮编　100036
开　　本：787×1092　1/16　印张：19　　字数：486 千字
版　　次：2024 年 6 月第 1 版
印　　次：2024 年 6 月第 1 次印刷
定　　价：99.00 元

凡所购买电子工业出版社图书有缺损问题，请向购买书店调换。若书店售缺，请与本社发行部联系，联系及邮购电话：(010)88254888，88258888。

质量投诉请发邮件至 zlts@phei.com.cn，盗版侵权举报请发邮件至 dbqq@phei.com.cn。

本书咨询联系方式：yangbo2@phei.com.cn，(010)88254472。

译 者 序

20 世纪 90 年代以来，以图像、视频和音频为代表的多媒体数据走进人们的生活，并开始占据越来越重要的地位。多媒体技术作为一项新兴技术逐渐进入计算机、通信、出版、娱乐、网络等诸多领域。同时，信息技术的飞速发展使得人们随时随地分享和使用移动便捷、多模态的多媒体数据成为可能。然而，由于多媒体数据具有海量、内容丰富以及非结构化等特点，使得对其进行内容分析与处理，进而全面理解其语义内容仍是一项十分艰巨的任务。

Jens-Rainer Ohm 教授是国际视频编码标准制定过程中的领军人物，担任被誉为欧洲的“麻省理工学院”的德国亚琛工业大学（RWTH Aachen）通信工程研究所所长。他是 H.264/AVC、H.265/HEVC 标准的主要制定者之一，国际电信联盟（ITU）联合视频协作组（JVC-VC）的主席，也是德国工程师协会信息技术组的发言人。

本书是 Ohm 教授在长期教学和科研过程中总结的成果，由于编码和内容分析之间的共同点全都基于信号处理和信息理论的概念，因此作者试图从信号的角度来阐述多媒体内容分析技术。本书系统地介绍了多媒体内容分析过程中所涉及的关键技术，包括信号的预处理、信号和参数估计、多媒体信号特征、特征变换与分类、信号的分解，以及信号合成、渲染与呈现等任务，涵盖了多媒体内容分析的全过程。全书逻辑清晰，以信号为主线，以特征为重点，层层递进地阐述多媒体内容分析技术，为高阶的智能媒体语义分析奠定了坚实基础。

本书的翻译工作由国防科技大学从事计算机、多媒体和通信等相关专业工作，具有丰富信息技术经验的研究人员承担。栾悉道翻译了第 1～2 章，谢毓湘翻译了第 3～5 章，杨博翔翻译了第 6～7 章，魏迎梅翻译了其余章节并校对了全书。在写作过程中许多同志给予了我们很多帮助，在此表示感谢！

多媒体内容分析技术是一门交叉性的学科，发展十分迅速。由于译者的水平和学识有限，译本中翻译不尽妥当之处在所难免，恳请读者批评指正。

谢毓湘

于长沙

前　　言[①]

在过去的几十年中，出现了许多处理、存储、分发和访问视/音频信息的新方法。在这方面，媒体、信息和电信技术部门已经进行了融合。其他行业，如汽车、工业和卫生应用，也需要图像、视频和音频分析等技术将其系统地连接在一起。数字处理的能力使得视听媒体已经发生了变化，正在成为移动的、多模态的、互动的、普及的、可以从任何地方使用的、让人自由发挥的形态，并且进入人们的日常生活。多媒体通信建立了人与人之间、人与机器之间以及机器与机器之间新的通信形式，它或者直接使用信号，或者从信号中提取特征参数。智能媒体接口变得越来越重要，而机器辅助访问媒体，获取、组织、分发、操作和消费视听信息变得至关重要。

本书根据多年来我在亚琛工业大学举办的多媒体通信系统专题讲座(课程)内容撰写而成，和之前出版的《多媒体信号编码与传输》一起为 2004 年版《多媒体通信技术》(*Multimedia Communication Technology*)的升级版。而本书的主题是多媒体信号内容辨识和识别。这两本书(以及它们所依据的两个课程)都是独立的，因此不能理解为同一内容的第 1 卷和第 2 卷。但是，由于编码和内容分析之间的共同点(都基于信号处理和信息理论的概念)，因此读者经常会发现本书对《多媒体信号编码与传输》的交叉引用。

自 2004 年版《多媒体通信技术》出版以来，视听数据内容分析方面的进展再次令人惊叹。如今，多媒体内容识别技术已经发展成熟，能够实现全自动、可靠的自主应用。尽管本书中介绍的一些示例方法在不久的将来可能会因更好的方法出现而过时，但本书的重点是理解其背后的原理，并使读者能够亲自参与此类系统的开发。

本书多数章节都附有习题[②]。

我要向所有为本书做出贡献的人表示衷心的感谢，特别是在我课堂中听课的许多学生，他们在过去几年中对我的讲稿提供了极其宝贵的改进建议。

Jens-Rainer Ohm
于德国亚琛

① 中译本的一些图示、参考文献、符号及其正斜体形式等沿用了英文原著的表示方式，特此说明。

② 本书习题答案可从华信教育资源网(www.hxedu.com.cn)下载，也可通过邮箱 yangbo2@phei.com.cn 申请获得。

目　　录

第1章 绪 论

多媒体通信系统结合了多种信息模态，特别是视听信息(语音、音频、声音、图像、视频、图形)、抽象信息(文本)和其他可感知信息(例如气味、嗅觉或触觉)。通信的目的是完成人与人之间、人与机器之间或者机器与机器之间的信息交换。在这方面，内容分析和识别技术对自动用户辅助和交互起到非常重要的作用。本章介绍视听信号源内容感知处理的基本概念、术语和应用。

1.1 背景

高级多媒体通信系统包括信号内容识别。这是一个跨学科的领域，除了本书中讨论的与信号处理概念相关的内容，还涉及神经科学和心理学。就信号内容识别技术系统而言，其目的是服务于大众，例如，要实现人与系统之间的自动通信，就需要与人类认知相兼容，并考虑人类各种可能的反应。这些概念在交互式多媒体系统中非常重要。主要应用领域包括但不限于以下内容：

- 在数据库和数据流中检索媒体文件；
- 自动检测和分析事件，例如体育运动；
- 智能传感器(内容自适应捕获、监控)；
- 交互式自动服务；
- 机器与机器之间、汽车与汽车之间的通信；
- 产品的内容分析、分离和操作。

本书介绍的原理和算法可以通过图 1.1 从高层来说明。其中，图 1.1(a)所示是一个典型的媒体制作、传播和消费链，以及与之相关的基于内容的主要方面。基本上，元数据的内容描述可以通过手动、半自动或自动的方式来完成。图 1.1(b)所示是一个自动生成描述的典型过程，这与易用性密切相关。在采集和数字化之后，通常需要对信号进行预处理以改善后续分析步骤。在本书中，采用线性或非线性滤波器的方法，通过插值提高分辨率以获得密集采样的准连续信号。为了提高后续特征提取的稳定性和尺度不变性，通常采用多分辨率处理。多媒体信号特征包括图像与视频的颜色、纹理、形状、几何、运动、深度和三维结构；音频和语音的空间、时间、谱和倒谱特征、音调、节奏、旋律、音素等。在不同采集条件下保持不变的特征是非常必要的。如果使用多个特征，则特征变换是有用的，它应在不同的特征空间或更适合后续分类的子空间中提供更紧凑的特征表示。最后一步是分类本身，它包括对提取的特征进行适当的连接、加权和比较，这些特征通常与先验已知的特征相匹配。通过这种方式，可以进行语义类的映射，从而允许在更高的抽象级别上描述信号。

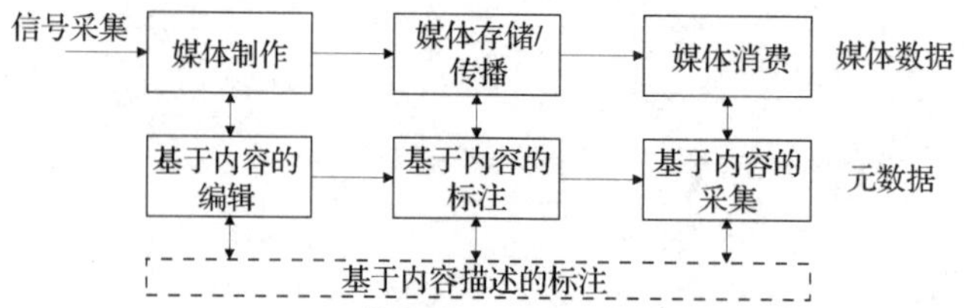

(a) 媒体制作、传播和消费链

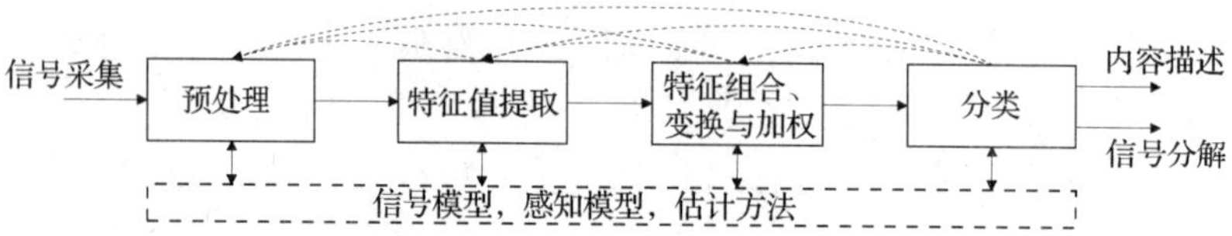

(b) 多媒体内容自动分析和识别处理链

图 1.1 本书的原理和算法

这里描述的大多数处理步骤都是基于信号模型或统计模型的，并且需要涉及估计方法。另一方面，当特征被提取出来并分类时，这些知识也有助于更好地适应模型和估计器。因此，图 1.1(b)所示的四个基本模块不应简单地理解为前向连接。如虚线所示，采用递归和迭代视图将更合适。例如，可以使用分类假设在增强模型的基础上再次执行特征提取，然后期望改进结果。这实际上与人类认知的模式非常相似，它以螺旋的形式进行，在更高的层次上实现更好的解释。原始输入在初始假设的基础上再次反映出来，然后验证或拒绝初始假设。5.7 节关于信念和证据的理论，生动地解释了通过分类数据得出的假设的可靠性。分类结果是从信号内容中提取出来的元数据信息，通常不再允许重建信号本身。在这种情况下，应该指出的是，元数据或者多媒体描述的压缩/表示，也是一个重要的主题，它不仅能够有效存储和传播此类数据，而且能够在压缩域中进行有效的检索，这可能比使用原始(原始或未压缩)特征数据更简单。

1.2 应用

在多媒体通信系统中，元数据信息可用于多种目的。下面是一些例子：

- 在语义层分离相关信息，例如目标是强调重要的对象，比如视频中的人脸，或者识别音频信号中的重复旋律；
- 信号中的信号分解(例如分割)，其中片段可以通过语义上下文的特定特征来唯一加以区分；
- 事件的自动分析，可用于在实时应用中触发传输；
- 根据用户的偏好和需求调整传输和存储的用途；
- 帮助用户快速查找并识别特定内容，例如通过在数据库中检索相似的媒体，或者电影中的特定场景或事件。

元数据可以用于建立索引。由于数字服务变得越来越普及，视听信号迫切需要使用智能检索机制。虽然在很多情况下视听数据的索引仍然还是通过手动标注来实现的，但自动处理系统正得到越来越多的发展。一些信息，例如拍摄、生产日期和地点、照明条件等，可在拍摄期间自动生成并记录；此外，如果存在编辑脚本，这些信息也可以被转录成索引数据。

元数据信息对于多媒体信号表示来说变得越来越重要。这些元数据信息集中体现在：

- 内容摘要(高级)元数据：关于版权、创作、获取条件(时间、地点等)、存储/传播格式和位置以及摘要内容的类别(例如电影或音乐的类型)等信息；
- 内容相关的概念(中级)元数据：图像、视频或音频内容的具体描述，例如场景属性、包含的对象、事件、动作和交互等；内容摘要、关于内容集合中相同或相关内容的可用变体(版本)信息；
- 内容相关的结构(低级)元数据：可以通过分析直接从视听信号中提取的特征，例如，片段的长度或大小、视频中的运动特性或轨迹，以及颜色、边缘或纹理描述等图像相关特性。

在许多情况下，多媒体信号的特征可以比信号本身表示的更为简洁，但仍然能够提供关于内容的相关信息。对于基于相似性的信号检索应用，基于特征的描述比信号样本更具表现力。表 1.1 包含了一些选出来的基于信号特征的有用应用示例。

表 1.1　基于特征索引的有用应用示例

应　　用	搜索项	特征类型
影视档案检索	类型、作者、演员、特定场景内容和事件、场景情绪、关键画面、变化特征	所有视觉和音频基本特征，主要有人物、对象、事件特征
从图像和照片档案/数据库中检索	具有某些颜色、纹理、形状、局部特征的图像；特定的对象或者人	除运动外的所有基本视觉特征，主要是人物和对象的特征
音频档案与数据库检索	音乐作品体裁、声音特征、旋律或旋律片段的检索	所有音频基本特征、时间线行为特征、表征类型的特征
多媒体制作	分割、突变检测、关键帧提取、所有其他检索目的	所有视觉和音频的基本特征
数字广播、电子节目指南、智能机顶盒	类型、特定内容节目、作者、演员等，与其他节目的关系或者网络链接，节目中的事件	主要是文本特征、链接和时序信息
监控、安全控制	预定义场景中发生的预期或意外事件；人物、对象或事件的识别	视听基本特征，特别是运动特征、面部特征、位置特征、静音特征；主要是人物、对象或事件特征
网络摄像头	人物、对象、事件	人物、对象或者事件的特征
视听交流	人物(说话/不说话)的外表和行为；人物踪迹	运动、静音、面部特征、定位特征
运动事件增强	自动分析距离，不同跑步者时间行为比较，场景增强	运动特征、时间线特征和空间定位特征，主要是人物、对象或事件的特征
自动化、检验、服务	对象或事件的识别；意外事件	主要是状态、对象或事件的特征
版权保护中的信号识别	参考项的相似性(参考项在调整时必须保持稳定)	信号迹、指纹、水印
智能相机和麦克风	拍摄时的最佳场景属性，聚焦的优先考虑对象；在预定义事件发生时触发采集	光照、颜色的调整、相机运动或物体运动的跟踪；物体或人物的定位；对象或事件的表征

在通信系统中，内容描述本身也可以显著减少传输和存储中所需的带宽：通过紧凑的特征描述可以清楚地识别不需要的信号，从而不对其进行传输或存储。在某些情况下，有必要对特征数据进行实时分析(例如在监控、智能相机、实时通信中)；在其他情况下，可以离线执行更为复杂的分析方法。特别是对于档案、数据库或预定程序流中的检索，可以预先计算出与项目相关的索引数据，并将其与媒体数据一同存储，或者存储到单独的数据库中。

图 1.2 显示了分布式检索应用的示例框图，其中媒体数据位于远程数据库中。由于数据库索引系统通常提供强大且高效的搜索功能，因此有必要将基于特征的距离准则（由特定查询定义得到）映射到数据库的相应远程搜索功能中，也可以定义为应用程序接口（Application Program Interface，API）。如果给定的数据库系统并不支持所有所需的比较方法，则可以在服务器（数据库）端进行远程预选之后，在客户端本地执行搜索优化。在客户端执行穷举搜索确实没有用，因为如果数据库中的项目数量很大，那么即使传输大量的压缩元数据也可能是不可取的。在确定了有限数目的最相似项的索引之后，将从数据库系统中检索相关的媒体项并将其展示给用户。

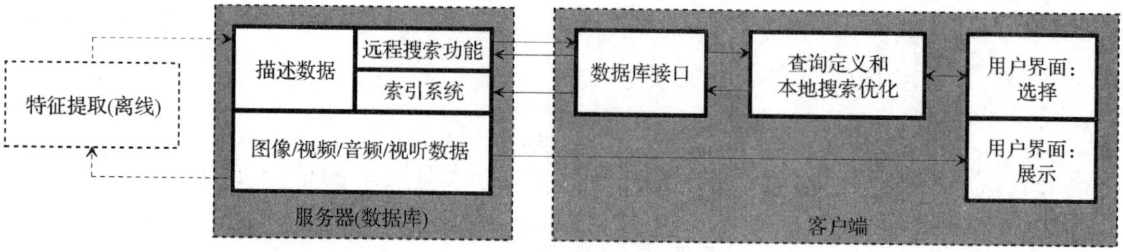

图 1.2　分布式检索应用的框图

通过使用标准化的元数据描述格式，可以为内容感知型应用程序构建可互操作的分布式系统。例如，一个多媒体信号检索任务可以同时查找多个数据库、媒体或网络服务器，其中每个服务器最好能容纳相同的特征描述模式。如果情况并非如此，就必须对元数据格式进行转换，而这通常是昂贵和耗时的，因此检索系统不可能进行快速响应；此外，可能会丢失描述的精度。与多媒体相关的元数据描述包括标准万维网理事会（World Wide Web Council，W3C）的资源描述框架（Resource Description Framework，RDF）、电影电视工程师协会（Society of Motion Picture and Television Engineers，SMPTE）的元数据字典、都柏林核心元数据倡议（Dublin Core Metadata Initiative，DCMI）以及 MPEG-7（ISO/IEC 15938：多媒体内容描述接口）。

本书在多媒体信号处理方面的重点，MPEG-7 标准很有意思，因为它直接包含了描述视听信号低级特征的方法。由此，MPEG-7 也被称为“视听语言”，它填补了信号特征可以用表示特征状态的数字而不是文本来描述这一空白。在 MPEG-7 标准的主要部分中，规范性说明仅涵盖内容描述的表示，而描述生成和描述使用被视为特定方面的应用（见图 1.3）①。然而，标准化表示需要同时与描述的句法结构和描述元素的语义相关，这样这些数据的生成就不应该是随机的。

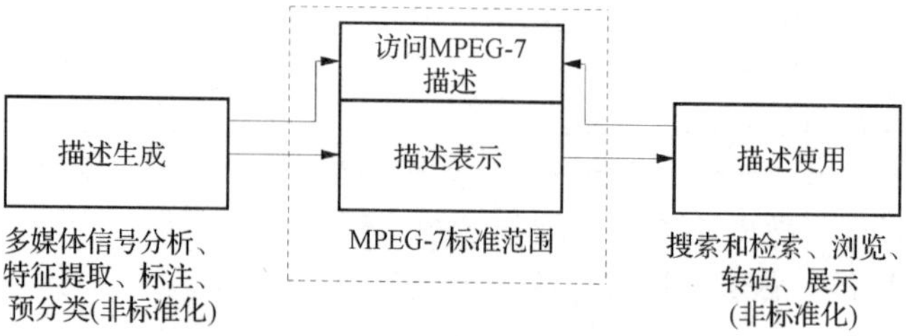

图 1.3　MPEG-7 应用中标准化和非标准化的元素

① MPEG-7 中的一些元素，例如第 13 部分中定义的用于视觉搜索的紧凑描述符，也将特征提取的部分定义为标准的。

然而，未来利用视听信息资源的智能系统的范围将更广阔。例如，需要一个标准化的描述框架来定义本体，以支持自动系统之间关于某些信号特征的含义以及它们如何提供语义分类的共同理解。例如，这可用于建立视听特征示例的词汇数据库，以将其映射到特定语义，或用于识别特定内容。在这一背景下，表达有关视听场景中出现的事件或物体性质的证据的不同模态（文本/声音/图像相关信息）之间的转换也是一个非常重要的话题。

内容相关的多媒体信号处理在媒体制作中也得到了广泛应用，传统上需要大量的人际交互。采用自动分析有助于简化这些过程；此外，当生产结果已经适当地支持用户交互（消费期间）的选项时，会出现新的挑战。从多媒体信号的生成到展示，整个链路通常包括以下过程：

1. 信号采集：可以是通过摄像头或麦克风捕捉的自然信号，也可以是合成信号（计算机图形、声音合成）；
2. 信号自适应和增强：降噪、动态压缩/扩展、光谱操作（例如模糊、对比度增强）、分辨率自适应（插值/降采样）、尺寸自适应（裁剪/切割）；
3. 信号分解：从整个信号中分离单个元素；
4. 信号混合：将不同的单个信号元素组合成复合信号（例如，将从视频序列中分离出来的前景对象插入另一个背景中，从摄影元素和图形元素中合成图像，把不同的自然以及合成声音进行混合，或添加效果）；
5. 渲染：准备信号，将其投影成可在专用设备上重放的输出格式；
6. 将渲染过的信号输出到指定的输出设备（例如显示器、扬声器）。

这些步骤之间的界限有些模糊，实际的实现和组合也取决于具体的应用需求，多媒体信号制作通常包括步骤 1～步骤 5，其中编辑是制作过程的一个重要部分（使用以前生成的源），涉及步骤 2～步骤 4。当应用程序是交互式的时候，多媒体产品必须提供允许在接收机（使用）端执行步骤 4 和步骤 5 的机制，还必须将其描述为媒体表示的一部分。在这些情况下，混合和渲染实际上不可能在制作过程中最终完成。当内容以最终形式（例如电影）提供给消费者时，除步骤 6 之外的所有内容将在制作过程中执行，但可能会通过离线处理来完成。在需要即时反应的交互式应用中，信号的实时混合和渲染是很重要的，允许用户直接对信号展示施加影响，接下来调用步骤 4～步骤 6。此外，媒体数据（与相关元数据）的存储和传输可以在任何步骤间调用，而这不是本书关注的内容。

最后，应该提到的是，多媒体信号处理和分析是大数据挑战的内在和重要部分[BAUGHMAN ET AL. 2015]。视听媒体和多模态传感器数据也越来越多地应用于汽车（自动驾驶汽车、汽车之间通信）、自动机器人、自动监控、生产自动化等领域。因此，在这些领域中本书讨论的方法同样极具价值。

第2章 预 处 理

在多媒体信号分析、压缩和识别中，通常使用预处理的方法。非线性滤波方法在图像信号预处理中得到了较好的应用，因为它们比线性滤波能更好地保持图像的边缘、线条、斑点和角点等信号特性。线性滤波器核也可与自适应机制结合使用，自适应机制考虑应保留信号的特定局部特性，或采用专门针对应消除的预期干扰进行调谐的机制。振幅变换建立了另一组信号修正，主要基于对样本统计的操作。介绍了在给定的采样网格中，当需要在不可用的准连续位置进行信号采样时，必须采用的各种插值方法。本章最后介绍的多分辨率方法在各种特征提取方法中起着重要的作用，可以使其在噪声干扰下保持稳定，并使其在尺度变化时保持不变。

在滤波过程中，根据邻域 $\mathcal{N}(n_1,n_2)$ 内的值来设置并修改样本在位置 (n_1, n_2) 处的振幅值。邻域系统也可以通过确定滤波器掩模的形状来解释。通过对输入的任意位置应用组合函数经计算得到输出。这里假设输出具有与输入相同的样本数量和排列。如果组合函数 $f(\cdot)$ 是非线性的，则该系统是非线性滤波器，对于有限邻域上的二维处理[①]如图 2.1 所示。如果系统是线性和移位不变的(Linear and Shift Invariant，LSI)，则组合函数将是其脉冲响应(在有限邻域时，表示 FIR 滤波器)，它可进一步映射为傅里叶变换函数，以便通过频率响应进行解释。对于非线性系统[②]而言，后者通常是不可能的。当组合函数不随其应用的坐标位置改变时，非线性系统具有移位不变性(移不变性)。

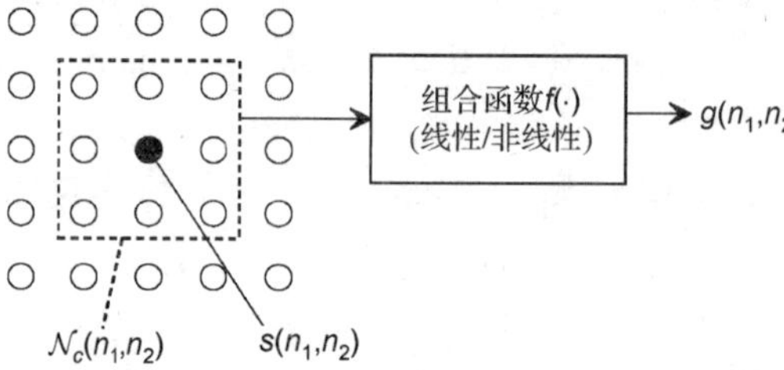

图 2.1 有限对称邻域系统的线性或非线性二维滤波原理

对称邻域系统常用于图像的线性和非线性滤波，可以避免输出的局部结构发生移位和退化效应。该特性由齐次邻域系统实现，其中 **m** 处的样本根据 P 阶的最大距离范数建立 **n** 处样本的邻域[③]：

$$\mathcal{N}_c^{(P)}(\mathbf{n}) = \left\{ \mathbf{m} = [m_1 \quad \dots \quad m_\kappa]^{\mathrm{T}} \ : \ 0 < \sum_{i=1}^{\kappa} |m_i - n_i|^P \leqslant c \right\}, (P \vee c) \geqslant 0 \tag{2.1}$$

---

① 随后主要以二维信号(图像)为例说明非线性滤波器。通过在一个或多个坐标轴上使用等效邻域，可以定义等效的一维或多维非线性滤波方法。

② 多项式滤波器的系统传递函数(见 2.1.3 节)可应用多维傅里叶变换映射为高阶谱传递函数。

③ 对于图像，维数 $\kappa = 2$。对于对称邻域系统，位置 **n** 处的当前样本也是其任意邻居 $\mathbf{m} \in \mathcal{N}(\mathbf{n}) \Leftrightarrow \mathbf{n} \in \mathcal{N}(\mathbf{m})$ 对应的邻域系统的成员。

参数 c 影响邻域系统的大小，而参数 P 影响邻域系统的形状。图 2.2 给出了距离范数 $P=1$（菱形邻域）和 $P=2$（圆形邻域）的示例。一般情况下，当 $c=0$ 时意味着在当前样本 $\mathbf{n}$ 之外没有定义任何邻域，而对于任何 $c\geqslant k$，$P=0$ 时邻域将扩展到无穷大。c 的各种值如图所示，位置 $\mathbf{n}=[n_1, n_2]^{\mathrm{T}}$ 用"•"标记。

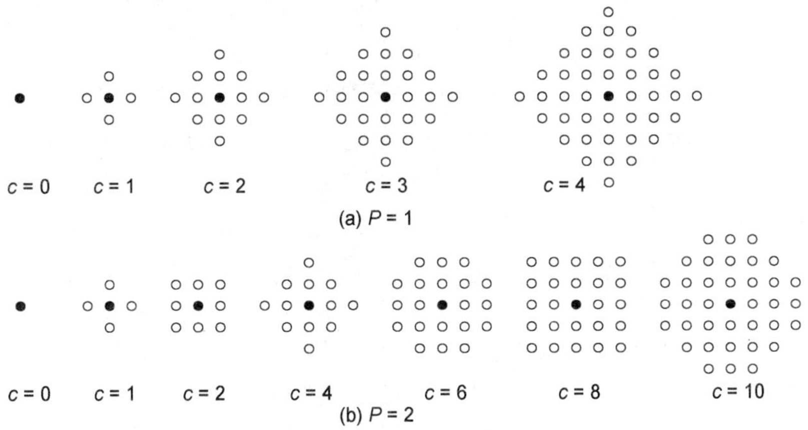

图 2.2　c 值不同时的齐次二维邻域系统 $\mathcal{N}_c^{(p)}(n_1,n_2)$ 图像

2.1　非线性滤波器

当图像信号存在振幅不连续结构（如边缘）时，将表现出一些很难用带限 LSI 系统建模的特性。因此，非线性滤波的方法被广泛应用于图像处理当中。本节介绍了几种不同类型的滤波器，这些滤波器特别适用于图像信号的简化、异常值去除和信号增强，同时保留或锐化（例如边缘）重要结构。排序滤波器和形态滤波器实现基于邻域内幅值比较和逻辑运算的组合函数。两类滤波器之间存在一定的子类重叠，如图 2.3 左侧所示。当邻域内的样本振幅在一定次数的多项式内建立加权元素时，该方法被表示为多项式滤波器。对于线性滤波器，最高阶数为 1，对于 Volterra 滤波器，最高阶数为 2。线性滤波器的一个重要子类是时或移不变系统（Time or Shift Invariant Systems，LTI/ LSI）。扩散滤波器是基于 LTI/LSI 平滑滤波器的迭代应用。线性滤波核在某些自适应环境中也经常使用，其中，操作模式是可变的，或者根据局部信号特性来对核进行控制。这样一来，移不变性以及叠加原理的有效性，即不论是在输入还是输出之后进行信号加性叠加的灵活性就丧失了。有关这些滤波器类型的更多详细信息见 2.5 节。

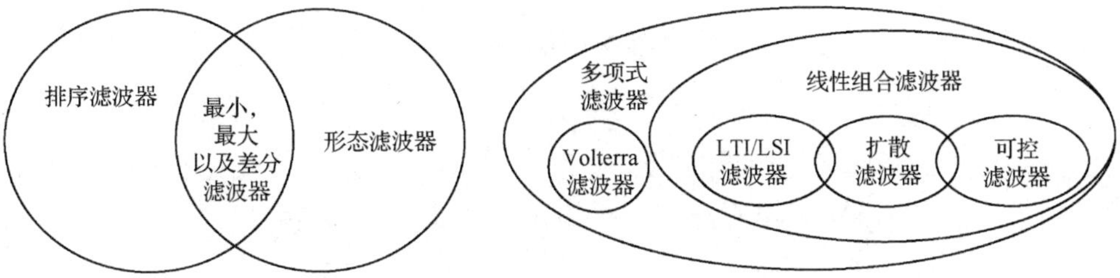

图 2.3　线性和非线性滤波器的分类

2.1.1 中值滤波器和排序滤波器

中值是集合中的一个值，其中至少一半的值小于或等于该值，至少一半的值大于或等于该值。在图像信号的中值滤波中，位置 **n** 邻域的幅值构成了一个集合，该集合由奇数组成(例如 3×3 或 5×5 个样本)，这样可以得到唯一的中值①。通过将集合排序为一个幅值递增的列表，中值位于列表的正中间，在位置 **n** 处输出该值。中值滤波具有消除孤立异常值的效果。它也可以应用于非线性预测和插值，替代解决此类问题的线性滤波器。

示例：邻域 $\mathcal{N}_2^{(2)}(n_1,n_2)$ 上的中值滤波器。例如，已知图像矩阵 **S** 如式(2.2)所示，假设滤波器掩模将从 **S** 外部访问样本并进行定值扩展。当 3×3 滤波器掩模位于第二行第二个样本中心时，集合 $\mathcal{M}$ = [10, 10, 20, 20, 10, 20, 10, 10, 10]即为滤波器输入。对幅值重新排序得到 $\mathcal{M}'$ = [10, 10, 10, 10, 10, 20, 20, 20]，从而得到中值 MED[$\mathcal{M}$] = 10。因为 **S**(2, 2)的值与中值相等，所以该样本值保持不变。以第三行第三个样本为中心，集合为 $\mathcal{M}$ = [10, 20, 20, 10, 20, 10, 20, 20, 20, 20]，重新排序得到 $\mathcal{M}'$ = [10, 10, 10, 20, 20, 20, 20]，则中值为 MED[$\mathcal{M}$] = 20。中值输出结果与 **S**(3, 3)不同，但它是来自该邻域的一个原始值。对 **S** 中任何位置进行相同的操作，就得到输出矩阵 **G**，从中可以明显看出，中值滤波器消除了单个孤立的幅值，并拉直了恒定幅值区域之间的边缘边界。

$$\mathbf{S}=\begin{bmatrix}10&10&20&20\\20&\underline{10}&20&20\\10&10&\underline{10}&20\\10&10&20&20\end{bmatrix};\quad \mathbf{G}=\mathrm{MED}[\mathbf{S}]=\begin{bmatrix}10&10&20&20\\10&10&20&20\\10&10&20&20\\10&10&20&20\end{bmatrix}\tag{2.2}$$

具有特定掩模几何结构的中值滤波器，其根信号(root signal)是具有相同振幅的样本的最小邻域，当迭代应用滤波器时，样本值将保持不变。对于根信号的任何位置，大多数邻域也是根信号的成员。如果邻域是对称的，则根信号也将是对称的。根信号的形状与中值滤波器的分辨率保持能力有关；任何比根信号“小”的细节结构都可能被滤波器滤除。二维中值滤波器的几何结构及其根信号如图 2.4 所示。

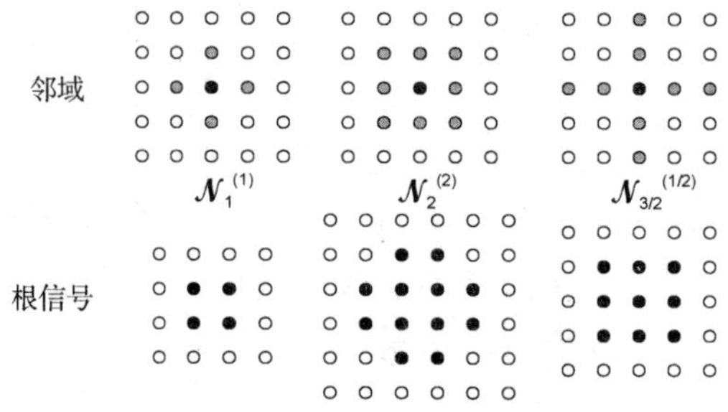

图 2.4　二维中值滤波器的几何结构及其根信号

中值滤波器具有“均衡”的效果，它们往往会减少局部环境中不同振幅的数量。尽管如此，振幅不连续的位置通常会被保留。图 2.5(a)显示出中值滤波器和 LSI 均值滤波器应用于理想边缘的效果(振幅不连续时的一维截面图)。LSI 系统平滑了不连续性，但

① 允许使用偶数个输入值的方法是加权中值滤波(见下文)，或平均排序集合中心的两个值，或系统地根据定义选择其中一个值。

中值滤波器保留了不连续性。中值滤波器可以消除掉边缘振荡，因为过冲会被认为是异常值[见图 2.5(b)]。然而，与图像结构相关的细线，也经常会被消除。

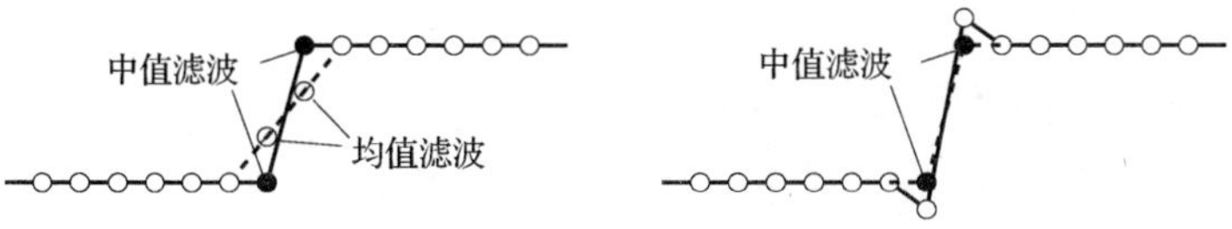

(a) 平面振幅不连续处的中值滤波器和均值滤波器

(b) 具有过冲振幅且不连续的中值滤波器（例如，由线性低通滤波器引起的边缘振荡）

图 2.5　邻域为 $\mathcal{N}_2^{(2)}$ (宽度为 3)的滤波器效果

中值滤波器的变体有：

- 加权中值滤波器：对于滤波器掩模下的每个位置，定义整数值加权因子 $w(m_1, m_2)$。在集合 $\mathcal{M}$ 和 $\mathcal{M}'$ 中，各个样本的值全部乘以权值 $w(m_1, m_2)$。通常，位于掩模中心的样本具有最高权重。然后，根信号将覆盖较小的区域，并保留较小的结构①。应用加权中值滤波，可以保留图像中的细线结构，但仍然会丢弃不同振幅的单个孤立样本。式(2.3)说明了这一点，其中输出值“10”将在所有位置由邻域大小为 3×3 的非加权中值滤波器产生。如果中心样本的权值为 $w(0, 0) = 5$，则 $\mathbf{S}$ 第二列中的单个孤立值“20”将被删除，但值为“20”的列将被保留。

$$\mathbf{S}=\begin{bmatrix}10&10&10&20&10\\10&10&10&20&10\\10&20&10&20&10\\10&10&10&20&10\\10&10&10&20&10\end{bmatrix};\mathbf{G}=\mathrm{MED}_{\mathbf{W}}[\mathbf{S}]=\begin{bmatrix}10&10&10&20&10\\10&10&10&20&10\\10&10&10&20&10\\10&10&10&20&10\\10&10&10&20&10\end{bmatrix};\mathbf{W}=\begin{bmatrix}1&1&1\\1&5&1\\1&1&1\end{bmatrix}\tag{2.3}$$

- 混合线性/中值滤波器：不同线性滤波器的输出信号建立中值计算集。

这些广义中值滤波器也属于排序滤波器的范畴，因为它们通过从有序列表中选择值来进行操作。其他类型的排序滤波器是：

- 最小值滤波器，产生邻域的最小振幅作为输出：

$$g_{\min}(\mathbf{n})=\min_{\mathbf{m}\in\mathcal{N}(\mathbf{n})}\left[s(\mathbf{m})\right]\tag{2.4}$$

- 最大值滤波器，产生邻域的最大振幅作为输出：

$$g_{\max}(\mathbf{n})=\max_{\mathbf{m}\in\mathcal{N}(\mathbf{n})}\left[s(\mathbf{m})\right]\tag{2.5}$$

- 差分滤波器，输出邻域中任意两个值之间的最大差值作为输出，它总为正值：

$$g_{\mathrm{diff}}(\mathbf{n})=g_{\max}(\mathbf{n})-g_{\min}(\mathbf{n})\tag{2.6}$$

示例：如果使用掩模大小为 3×3 的最小值滤波器、最大值滤波器和差分滤波器，则图像矩阵 $\mathbf{S}$ 被转换为以下输出图像：

$$\mathbf{S}=\begin{bmatrix}10&10&10&20&20\\10&10&10&20&20\\10&10&10&20&20\\10&10&10&20&20\\10&10&10&20&20\end{bmatrix}\Rightarrow\mathbf{G}_{\min}=\begin{bmatrix}10&10&10&10&20\\10&10&10&10&20\\10&10&10&10&20\\10&10&10&10&20\\10&10&10&10&20\end{bmatrix};$$

① 关于加权中值滤波器中根信号的定义，见习题 2.2。

$$\mathbf{G}_{\max}=\begin{bmatrix}10&10&20&20&20\\10&10&20&20&20\\10&10&20&20&20\\10&10&20&20&20\\10&10&20&20&20\end{bmatrix};\ \mathbf{G}_{\text{diff}}=\begin{bmatrix}0&0&10&10&0\\0&0&10&10&0\\0&0&10&10&0\\0&0&10&10&0\\0&0&10&10&0\end{bmatrix} \tag{2.7}$$

最小值滤波器的作用是腐蚀信号的孤立峰值或振幅平台，而最大值滤波器则是丢弃最小值或填充振幅波形的波谷。差分滤波器允许分析图像信号中的一种非线性梯度。后一种排序滤波器也可以解释为形态学滤波器(见 2.1.2 节)。根据它们的效果，最小值滤波器记为腐蚀滤波器，而最大值滤波器记为膨胀滤波器。

中值滤波可以扩展到向量处理，例如，当图像的颜色样本值用作输入时。在这种情况下，可以应用以下选项，具体取决于筛选的目标，这可能是最佳选择：

- 单独处理向量中的标量元素，其缺点是输出向量可能是未包含在输入集中的标量值的组合；
- 基于向量的大小或角度进行排序；
- 基于向量元素的某些其他逻辑或算术组合的排序，例如，非欧几里得范数；
- 仅基于向量标量元素的子集进行排序。

2.1.2 形态滤波器

术语“形态”(morphology)是从古希腊语“shape”或“figure”中演化出来的。形态学滤波最初应用于处理以逻辑(二值)信号表示的几何形状，其中

$$b(\mathbf{n})=\begin{cases}1:\ \text{区域形状的一部分}\\0:\ \text{非区域形状的一部分}\end{cases} \tag{2.8}$$

通过下面所述的泛化，形态滤波器也可以用于多级幅值信号和函数，如灰度或彩色图像。它们还可用于非线性对比度增强、消除或强调局部细节，或图像信号中边缘和角点等特征点的检测。

用二值信号进行运算。形态学滤波中的两个基本运算是腐蚀和膨胀。图 2.6(a)显示了由 $b(\mathbf{n})$中的逻辑“1”值构成的对象 $\boldsymbol{O}(\mathbf{n})$的二值形状的示例，其中结构元素 $\boldsymbol{E}(\mathbf{n})$的大小为 3×3，以位置 $\mathbf{n}$ 为中心，可表示为齐次邻域 $\mathcal{N}_2^{(2)}(n)$。用结构元素 $\boldsymbol{E}(\mathbf{n})$测试 $\boldsymbol{O}(\mathbf{n})$中所有位置的元素。在腐蚀情况下，当给定位置的结构元素 $\boldsymbol{E}$ 下所有 $\boldsymbol{O}$ 值都设置为 $b(\mathbf{n})=1$ 时，产生逻辑“1”输出[见图 2.6(b)][①]。

$$\boldsymbol{O}(\mathbf{n})\ominus\boldsymbol{E}(\mathbf{n})=b_{\text{er}}(\mathbf{n})=\begin{cases}1, & \sum\limits_{\mathbf{m}\in\mathcal{N}(\mathbf{n})}b(\mathbf{m})=|\mathcal{N}|\\0, & \sum\limits_{\mathbf{m}\in\mathcal{N}(\mathbf{n})}b(\mathbf{m})<|\mathcal{N}|\end{cases} \tag{2.9}$$

相对应的运算是膨胀，当在相应位置的结构元素 $\boldsymbol{E}$ 下发现至少一个 $\boldsymbol{O}$ 的非零值时，则产生逻辑“1”输出[见图 2.6(c)][②]，

① $|\mathcal{N}|$：邻域大小(按样本计数)。腐蚀也可通过 Minkovsky 减法 $\boldsymbol{O}\ominus\boldsymbol{E}=\{\mathbf{n}\,|\,[\boldsymbol{E}+\mathbf{n}]\subseteq\boldsymbol{O}\}$ 定义。在此，“$\boldsymbol{E}+\mathbf{n}$”表示从 $\boldsymbol{E}$ 到位置 $\mathbf{n}$ 的移位。

② 或者通过 Minkovsky 加法定义 $\boldsymbol{O}\oplus\boldsymbol{E}=\{\mathbf{n}\,|\,[\boldsymbol{E}+\mathbf{n}]\cap\boldsymbol{O}\}\neq 0$ 。

$$\boldsymbol{O}(\mathbf{n}) \oplus \boldsymbol{E}(\mathbf{n}) = b_{\mathrm{di}}(\mathbf{n}) = \begin{cases} 1, & \sum\limits_{\mathbf{m} \in \mathcal{N}(\mathbf{n})} b(\mathbf{m}) > 0 \\ 0, & \sum\limits_{\mathbf{m} \in \mathcal{N}(\mathbf{n})} b(\mathbf{m}) = 0 \end{cases} \tag{2.10}$$

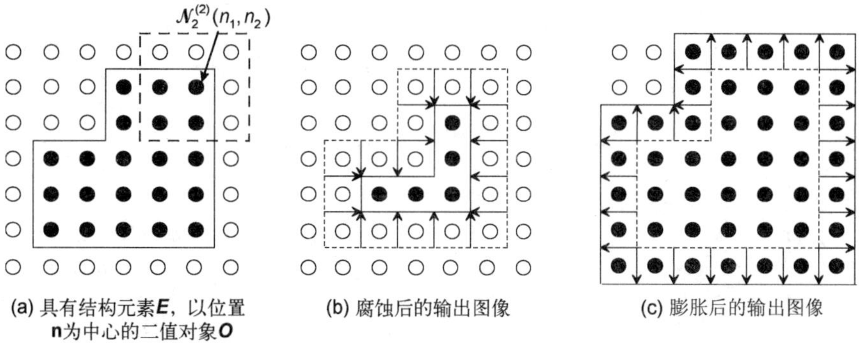

$\mathcal{N}_2^{(2)}(n_1, n_2)$
(a) 具有结构元素E，以位置n为中心的二值对象O
(b) 腐蚀后的输出图像
(c) 膨胀后的输出图像

图 2.6 基本形态学操作[黑色实心圆圈表示 $b(\mathbf{n}) = 1$，白色空心圆圈表示 $b(\mathbf{n}) = 0$]

在图 2.6 所示的例子中，腐蚀和膨胀的运算是可逆的，因此可从图 2.6(b)的形状通过膨胀重建原始对象[见图 2.6(a)]；从图 2.6(c)的形状看，可通过腐蚀重建图 2.6(a)。通常不能保证可逆性，特别是对象形状中的单孔，对象边界中的凸出或凹槽通常会在腐蚀和膨胀过程中丢失。从腐蚀和膨胀的基本运算，可以定义出其他的形态特征。对象的内部轮廓可由原始信号和腐蚀信号的逻辑异或组合(或绝对差分)得到：

$$\boldsymbol{O}(\mathbf{n}) - \left(\boldsymbol{O}(\mathbf{n}) \ominus \boldsymbol{E}(\mathbf{n})\right) \tag{2.11}$$

而外部轮廓则通过原始信号和膨胀信号的逻辑异或组合产生：

$$\left(\boldsymbol{O}(\mathbf{n}) \oplus \boldsymbol{E}(\mathbf{n})\right) - \boldsymbol{O}(\mathbf{n}) \tag{2.12}$$

通过合理选择结构元素的形状或附加条件(例如，在分析结构元素下的集合时，必须属于该对象的最小或最大样本数)，可以提取出进一步的特征，如对象形状的角点样本。开运算定义为

$$\boldsymbol{O}(\mathbf{n}) \circ \boldsymbol{E}(\mathbf{n}) = \left(\boldsymbol{O}(\mathbf{n}) \ominus \boldsymbol{E}(\mathbf{n})\right) \oplus \boldsymbol{E}(\mathbf{n}) \tag{2.13}$$

即先腐蚀后膨胀，开运算具有拉直凹槽或消除孔洞、通道的效果。对应的闭运算定义为

$$\boldsymbol{O}(\mathbf{n}) \bullet \boldsymbol{E}(\mathbf{n}) = \left(\boldsymbol{O}(\mathbf{n}) \oplus \boldsymbol{E}(\mathbf{n})\right) \ominus \boldsymbol{E}(\mathbf{n}) \tag{2.14}$$

即先膨胀后腐蚀，闭运算具有矫直凹形，消除孔洞、凹槽的效果。图 2.7 中展示了开运算和闭运算的实例，其中继续使用 3×3 的结构元素。

最后，识别被开运算移除或闭运算添加的样本可能很有用，这可以通过“重建开运算” $\boldsymbol{O}(\mathbf{n}) - (\boldsymbol{O}(\mathbf{n}) \circ \boldsymbol{E}(\mathbf{n}))$ 和“重建闭运算” $(\boldsymbol{O}(\mathbf{n}) \bullet \boldsymbol{E}(\mathbf{n})) - \boldsymbol{O}(\mathbf{n})$ 来完成。

原则上，结构元素的大小主要影响形态滤波器所施加的效果强度。或者，也可以迭代应用由小的结构元素定义的滤波器以获得更好的效果。在某些情况下，也希望根据对象的大小来调整效果。

用非二值信号进行运算。非二值信号 $s(\mathbf{n})$ 具有 $J>2$ 个振幅级 x_j，通常具有均匀的步长 Δ，振幅为正时，$x_j = j\Delta, 0 < j < J$。对于二维信号，这可以解释为由振幅表示的高度

曲面。该曲面下的体积由若干高度为Δ的 $J-1$ 层堆叠而成，每层都有一个二值的二维形状 $\boldsymbol{O}_j(\mathbf{n})$①。在离散振幅为 x_j 的采样位置 $\mathbf{n}$，堆栈有 j 层。另一个条件是

$$\boldsymbol{O}_{j+1}(\mathbf{n}) \subseteq \boldsymbol{O}_j(\mathbf{n}) \tag{2.15}$$

即当同一位置的较低层值为 0 时，参考层 $j+1$ 的二值形状永远不能是逻辑“1”。图 2.8 显示了该堆叠的一维剖面，例如沿某个图像行的振幅剖面。非二值信号可以重建为

$$s(\mathbf{n}) = \sum_{j=1}^{J-1} b_j(\mathbf{n}), \text{其中 } b_j(\mathbf{n}) = \begin{cases} 1, & s(\mathbf{n}) \geqslant x_j \\ 0, & s(\mathbf{n}) < x_j \end{cases} \tag{2.16}$$

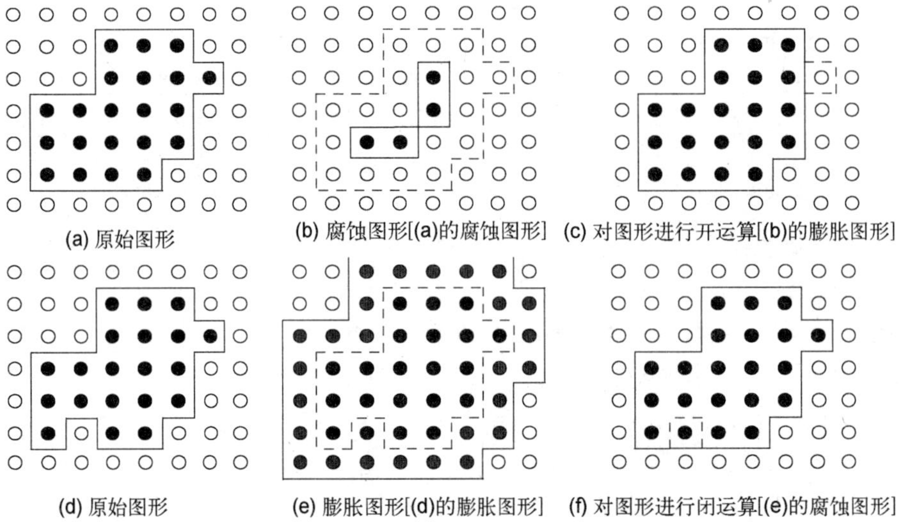

图 2.7 开运算和闭运算的实例

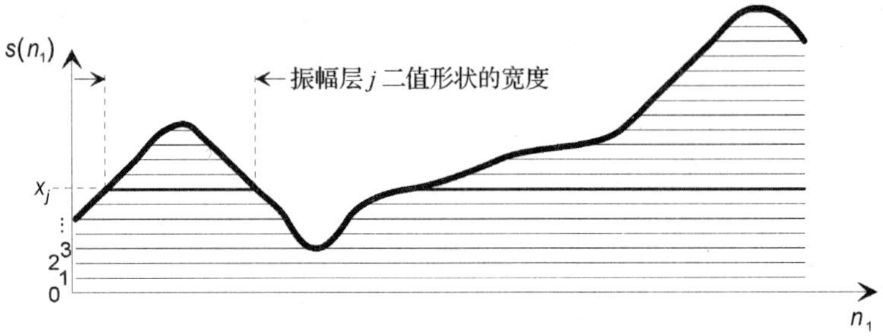

图 2.8 由“振幅层”组成的多振幅电平信号

腐蚀和膨胀运算可在二值图像 $b_j(\mathbf{n})$上分别执行，每层执行一次。被腐蚀或膨胀的形状保持其原始堆叠顺序，但是由于式(2.15)在堆叠的腐蚀(或膨胀)较高层中的“1”形状与任何被腐蚀(或膨胀)的较低堆叠层相比仍将较小或相等，所以高度表面上不会出现空洞。因此，腐蚀通常会将表面的凸块去除并且消除高振幅，但是不会产生比附近原有振幅更低的振幅；膨胀会将表面的凹块填充并能消除低振幅，但不会产生比以前更高的值。因此，膨胀和腐蚀的结果完全等同于式(2.4)和式(2.5)中定义的最大值滤波器和最小值滤

① 请注意，在该表示中参考振幅 $s(\mathbf{n})=0$ 的层不是必需的，它可以解释为对于所有 $\mathbf{n}$，$b_0(\mathbf{n})=0$。

波器的相应效果，直接应用于非二值信号 $s(\mathbf{n})$，从而使得实现该过程比单独的二值层处理更有效[见图 2.9(a)]。

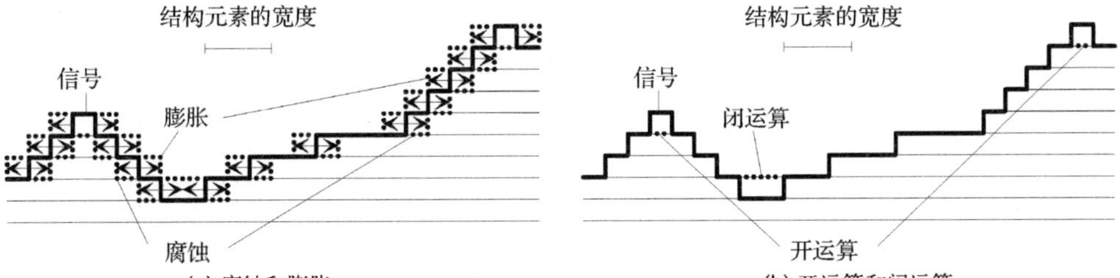

(a) 腐蚀和膨胀
(b) 开运算和闭运算

图 2.9 形态学运算应用于非二值信号

从趋势上看，膨胀后的图像振幅平均值将会增加，而腐蚀后的图像振幅平均值将会降低。开运算和闭运算的定义与之前一样，是对腐蚀和膨胀的进一步处理，反之亦然，但现在也使用最小值和最大值滤波器。这两种运算都具有信号振幅非线性均衡[见图 2.9(b)]的效果，其中开运算消除振幅图像的高峰值，闭运算填充振幅图像的波谷。原则上，这样会修改信号，从而生成类似于中值滤波的等振幅平台，但对于高或低异常值，会有选择地使用。

类似于式(2.11)和式(2.12)中内轮廓和外轮廓的定义，可以定义多级信号的形态梯度。梯度分析的一个典型目标就是在二维图像中寻找轮廓点。在二值情况下，轮廓是由形状及其膨胀(对于外轮廓)或腐蚀(对于内轮廓)的异或组合来定义的。因此，多级振幅信号的梯度是通过将腐蚀或膨胀信号的值与原始信号值进行差分来定义的。这被描述为腐蚀或膨胀梯度①。形态梯度是膨胀和腐蚀信号之间的差异；这将与最小最大差分滤波器式(2.6)的输出结果相同。通过计算开运算/闭运算结果和原始数据之间的差异，同样可以应用开重建和闭重建等操作分别识别 $s(\mathbf{n})$振幅面上高异常值和低异常值(小峰值和小低谷)的位置。

2.1.3 多项式滤波器

朴素(非自适应，移不变)多项式滤波器在概念上是 LSI 系统的超集(后者以其脉冲响应为特征)，但也包括样本的非线性组合，例如组合来自若干输入信号样本的乘积。实际上，在多媒体信号处理中，只有高达二阶的多项式滤波器，即 Volterra 滤波器是相关的。一维或多维 Volterra 滤波器的传递方程定义为

$$g(\mathbf{n}) = F_1[s(\mathbf{n})] + F_2[s(\mathbf{n})] \tag{2.17}$$

其中，线性(FIR)项是传统卷积(LSI 运算)：

$$F_1[s(\mathbf{n})] = \sum_{\mathbf{m}\in\mathcal{N}(\mathbf{n})} a(\mathbf{m})s(\mathbf{n}-\mathbf{m}) \tag{2.18}$$

非线性(二次)项是

$$F_2[s(\mathbf{n})] = \sum_{\mathbf{m}\in\mathcal{N}(\mathbf{n})} \sum_{\mathbf{p}\in\mathcal{N}(\mathbf{n})} b(\mathbf{m},\mathbf{p})s(\mathbf{n}-\mathbf{m})s(\mathbf{n}-\mathbf{p}) \tag{2.19}$$

① 为了获得绝对的正值，腐蚀梯度定义为 $s(\mathbf{n})-g_{\min}(\mathbf{n})$，膨胀梯度定义为 $g_{\max}(\mathbf{n})-s(\mathbf{n})$。

类似地可以定义递归结构，然而非线性分量的稳定性不像 LSI 系统那样容易测试。由于高阶项中输出信号的计算与高阶矩的计算类似(见 3.1 节)，后者可用于优化式(2.19)中的系数 $b(\mathbf{m},\mathbf{p})$，类似地，自相关或自方差函数常用于优化线性滤波器[例如，在 Wiener-Hopf 方程(A.96)中]。

2.2 幅值变换

幅值变换定义了输入振幅到输出振幅的映射。这可以解释为对概率分布的操作，例如对离散振幅直方图或连续振幅信号的概率分布函数(PDF)进行修改。振幅映射可以在全局或信号的小段内局部执行。

对比度增强是图像振幅变换的一个典型目标。在音频信号中，通常希望将振幅压缩到预定义的范围内，从而限制动态波动。例如，如果在音频广播应用中响度保持相对恒定，从而用户不必根据本地信号行为来改变音量设置，那么对于无线电用户来说是方便的。振幅映射的另一个应用是信号压扩，这通常在传输系统中进行。在传输系统中，噪声预计会干扰信号；当低振幅在传输之前增大时，噪声将在接收之后应用扩展(压缩的逆原理)来抑制，这降低了噪声振幅并将信号重建到其原始振幅范围。例如，该原理被应用于语音信号的 PCM 编码中，它可在低振幅电平内抑制量化噪声。

对于图像，振幅值映射可应用于亮度或颜色分量振幅。在色彩映射中，由于主观的色彩印象可能会以不希望的方式被篡改，所以定义客观的对比度增强函数并不简单。一个极端的例子是使用颜色查找表，它用于系统地突出显示特定的图像内容，而不再与原始的自然颜色保持一致。当可以显示的不同颜色数量有限时，也可以使用颜色查找表；在这种情况下，可以通过向量量化器码本设计来确定查找表(参见[MSCT，4.5 节])。量化和再量化确实可以看作是非线性振幅映射的特定优化情况。

2.2.1 振幅映射特性

将样本 $s(\mathbf{n})$ 的幅值映射到输出值 $g(\mathbf{n})$，这种关系可以用特征映射 $\theta(\cdot)$ 来描述，它可以是线性的，也可以是非线性的：

$$g(\mathbf{n})=\theta\left[s(\mathbf{n})\right] \tag{2.20}$$

如果特征映射是稳定的、唯一的和单调的，则映射是可逆的，即：

$$s(\mathbf{n})=\theta^{-1}\left[g(\mathbf{n})\right] \tag{2.21}$$

特征映射的示例如图 2.10 所示，其中还假设 $s(\mathbf{n})$ 和 $g(\mathbf{n})$ 的振幅范围在区间[0, A]中。在连续振幅情况下，图 2.10(a)中的函数是可逆的。不可逆函数如图 2.10(b)(量化器特性，不稳定)、图 2.10(c)(削波特性，在某些范围内不唯一)和图 2.10(d)(非单调函数)所示。一些重要的可逆映射特征包括：

- 线性特征[见图 2.11(a)]：

$$g(\mathbf{n})=\alpha s(\mathbf{n})+y_{\mathrm{a}};\quad s(\mathbf{n})=\frac{1}{\alpha}g(\mathbf{n})-\frac{y_{\mathrm{a}}}{\alpha} \tag{2.22}$$

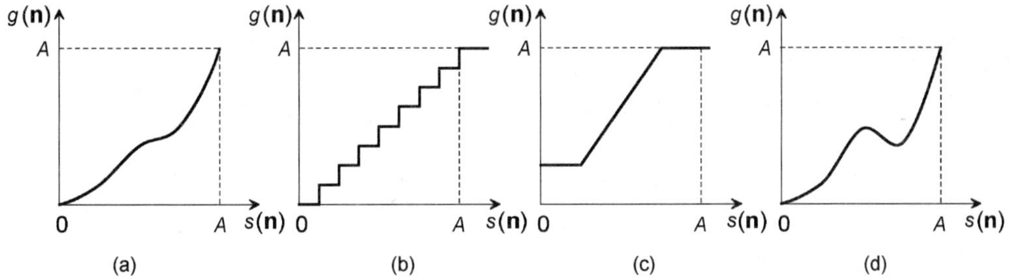

图 2.10　特征映射示例

其中包括负振幅映射的情况（$\alpha=-1$，$g_a=-A$）［见图 2.11（b）］；

- 分段线性特征［见图 2.11（c）］：

$$g(\mathbf{n})=\begin{cases}\alpha\, s(\mathbf{n})\,, & s(\mathbf{n})\leqslant x_{\mathrm{a}}\\ \beta\left[s(\mathbf{n})-x_{\mathrm{a}}\right]+y_{\mathrm{a}}\,, & x_{\mathrm{a}}\leqslant s(\mathbf{n})\leqslant x_{\mathrm{b}}\\ \cdots & \\ \sigma\left[s(\mathbf{n})-x_{\mathrm{r}}\right]+y_{\mathrm{r}}\,, & x_{\mathrm{r}}\leqslant s(\mathbf{n})\end{cases}\tag{2.23}$$

其中 $y_{\mathrm{a}}=\alpha x_{\mathrm{a}}, y_{\mathrm{b}}=\beta[x_{\mathrm{b}}-x_{\mathrm{a}}]+y_{\mathrm{a}}$ 等；这可用于任意数量的片段，并且如果所有斜率（$\alpha, \beta,\cdots$）都是符号相同的非零值，则是可逆的；

- 根特征和二次特征，可逆压缩/扩展[①]函数对的示例如图 2.11（d,e）所示：

$$g(\mathbf{n})=\sqrt{\alpha\left|s(\mathbf{n})\right|}\operatorname{sgn}\left(s(\mathbf{n})\right)\quad;\quad s(\mathbf{n})=\frac{g^2(\mathbf{n})}{\alpha}\operatorname{sgn}\left(g(\mathbf{n})\right),\ \alpha>0\tag{2.24}$$

- 对数和指数特征，通过以下方式建立另一个压缩/扩展对：

$$\begin{aligned}g(\mathbf{n})&=\log_{\alpha}\left(1+\left|s(\mathbf{n})\right|\right)\operatorname{sgn}\left(s(\mathbf{n})\right)\\ s(\mathbf{n})&=\left(\alpha^{|g(\mathbf{n})|}-1\right)\operatorname{sgn}\left(g(\mathbf{n})\right)\end{aligned}\ ,\ \alpha>1\tag{2.25}$$

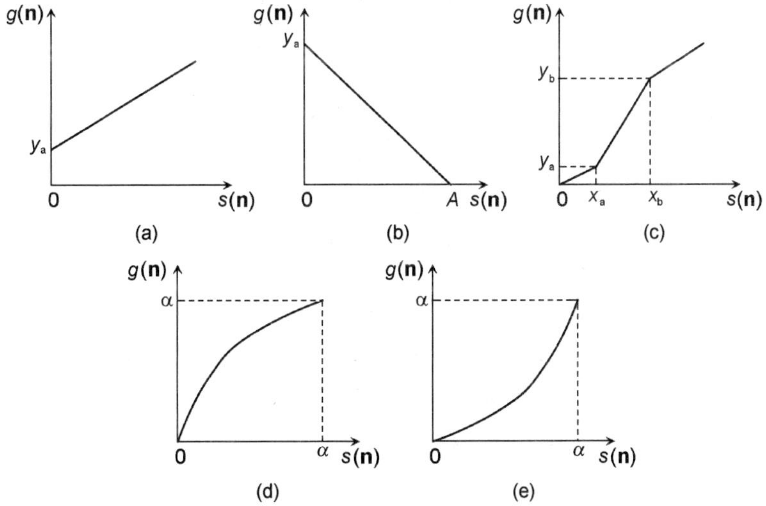

图 2.11　可逆特征映射的示例

① 压缩和扩展的可逆组合也被表示为压扩。例如，可用于传输中的噪声抑制。

2.2.2 概率分布修正与均衡

只要给出了优化准则，就可以系统地确定映射函数。例如，映射的目标可能是：

- 在输出端获得期望的概率分布，例如使信号的对比度最大或在离散表示中实现概率的均匀分布；
- 最小化从连续值到离散值信号(量化)[①]的映射所产生的误差。

对于稳定的单调函数，输入和输出的差分振幅范围内 PDF 下的面积必须相同(见图 2.12)：

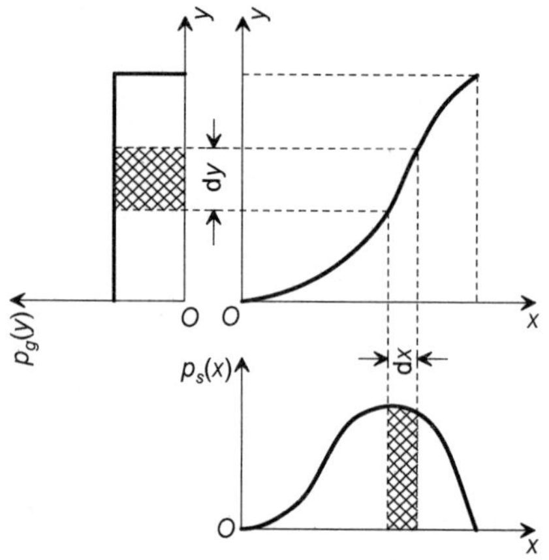

图 2.12 振幅映射中输入和输出信号的 PDF 关系

$$p_s(x)\,\mathrm{d}x = p_g(y)\,\mathrm{d}y \;\Rightarrow\; \frac{\mathrm{d}\theta(x)}{\mathrm{d}x} = \frac{p_s(x)}{p_g(y)} \quad \text{或} \quad \frac{\mathrm{d}\theta^{-1}(y)}{\mathrm{d}y} = \frac{p_g(y)}{p_s(x)} \tag{2.26}$$

此外，输入振幅区间$[x_a, x_b]$内的样本概率必须与对应的输出区间$[\theta(x_a), \theta(x_b)]$的概率相同：

$$\int_{x_a}^{x_b} p_s(x)\,\mathrm{d}x = \int_{\theta(x_a)}^{\theta(x_b)} p_g(y)\,\mathrm{d}y \tag{2.27}$$

因此输入和输出信号的累积分布函数必须具有以下关系：

$$\Pr\left[x \leqslant x_a\right] = \int_{-\infty}^{x_a} p_s(x)\,\mathrm{d}x = \int_{-\infty}^{\theta(x_a)} p_g(y)\,\mathrm{d}y = \Pr\left[\theta(x) \leqslant \theta(x_a)\right] \tag{2.28}$$

特别值得注意的是，特征映射应使输出在振幅范围 $0 \leqslant x \leqslant A_{\max}$ 内均匀分布，这是使图像信号的对比度最大化的解决方案。这里，$p_g(y) = 1/A_{\max}$，使得 $\Pr[y \leqslant y_a] = y_a/A_{\max}$，假设输入振幅限制在 $0 \leqslant x \leqslant A_{\max}$，则使用式(2.28)得到特征映射：

$$\frac{\theta(x)}{A_{\max}} = \int_0^x p_s(\xi)\,\mathrm{d}\xi \;\Rightarrow\; \theta(x) = A_{\max}\int_0^x p_s(\xi)\,\mathrm{d}\xi \tag{2.29}$$

原则上，任何 PDF 都可以作为输出信号的目标，但是对于非均匀目标的情况，解决方案则更为复杂，因为式(2.29)左侧的 $\theta(x)$ 的线性依赖性将被积分条件代替。这些方法同样

① 参见非均匀量化器特性的优化[MSCT，4.1 节]。

适用于直接映射到离散概率分布 $P_r(x_j)$ 的情况，这可以解释为非均匀量化器特性的设计。这样的量化器不是针对最小失真进行优化的，而是针对对比度的最大化或输出样本熵的最大化[①]而进行优化的。

一旦确定了离散到离散的映射，就可以使用查找表(LookUp Table，LUT)有效实现其处理。此外，这种通用方法不限于单个(单色)分量的情况。同样，可以为彩色三元组的输入/输出关系定义非线性映射函数，甚至可以应用从单色输入到多分量(颜色)输出的 LUT 映射[②]。

2.3　插值

在信号分析和输出表示中，通常需要在可用采样位置之间生成信号值。这种插值的最终目标是从离散样本中重建连续信号，这在带限信号的情况下是完全可能的，前提是采样率应至少是信号带宽的两倍；否则，它可以被理解为是一个估计问题。随后，已知位置将被表示为控制位置，该位置原则上可以被定义为任意采样位置，包括具有非等距位置的情况。对于不规则采样[见图 2.13(b)]，有必要描述实际位置 $t(n)$；对于规则(或时不变)情况[见图 2.13(a)]，$t(n) = nT$，其中 T 是采样距离。在不规则采样情况下，即使采样信号本来是带限的，也不可能通过高质量低通滤波器[③]进行重建。此外，不规则采样没有直接的光谱解析，混叠的出现是随机的，而不是确定的。

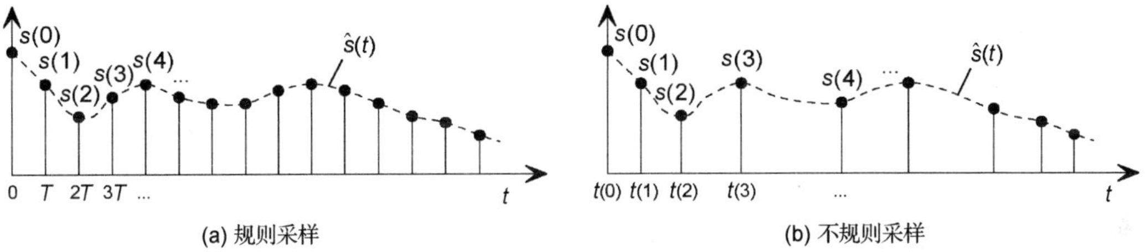

图 2.13　规则采样和不规则采样下的信号插值

为计算插值结果而组合的元素不一定是来自信号的原始样本。在广义方法中，这些可以被视为控制系数 $c(n)$。如果按照式(2.33)和式(2.34)分段定义插值，则用于插值的连续基函数是移位变量，并且仅在一个局部位置有效。如果任意位置 t 的插值含有 $P+1$ 个控制系数，则插值系统的阶数为 P。对于一维情况，这种插值的通用公式可以表示为

$$\hat{s}(t) = \sum_n c(n)\phi_n(t) \tag{2.30}$$

其中，$\phi_n(t)$ 是连续基函数系统中的一个成员，根据在 t 处的插值贡献采用系数 $c(n)$ 进行加权。最简单情况，将可用样本直接用作 $c(n)$；在下文描述的一些插值方法中，必须首先计算控制系数或附加参数。注意，一般而言，式(2.30)的求和可以是有限阶或无限阶(根

① 注意，当使用已经具有离散振幅的输入来定义这种映射时，除非输入量化级 J_i 的数量远远高于输出的数量 J_o，并且没有一个输入振幅的概率大于 $1/J_o$，否则输出可能不会被近似为精确的均匀分布。

② 在这种情况下，确定给定信号的最佳映射函数通常使用矢量量化方法(参见[MSCT，4.5 节])，这与 k 均值聚类(5.6.4 节)非常相似。

③ 有关使用低通滤波器解释插值的更多背景，请参阅[MSCT，2.8.1 节]或式(A.27)。

据用于确定位置 t 处插值结果的控制系数的数目而定)，以及有限或无限支撑(根据基函数的长度而定)。

还需要注意的是，在本书中使用的许多插值应用中，不必生成连续函数；此外，插值通常是为了生成更多或可选的离散位置而执行的，这意味着式(2.30)只需要使用函数 $\phi_n(t)$ 的采样值进行计算。

2.3.1 零阶和一阶插值基函数

已知控制位置 $t(n)$ 处信号 $s(t)$ 的值。对于规则采样 $t(n)=nT$ 的情况，有两个非常简单的插值函数，即零阶保持函数和一阶线性插值函数，可以直接使用可用样本作为控制系数，其中零阶保持函数如下：

$$\phi_n^{(0)}(t)=\mathrm{rect}\left(\frac{t}{T}-n-\frac{1}{2}\right) \quad 或 \quad \phi_n^{(0)}(t)=\mathrm{rect}\left(\frac{t}{T}-n\right) \tag{2.31}$$

其中左侧函数也可以表示为最近邻插值函数。一阶线性插值函数如下：

$$\phi_n^{(1)}(t)=\Lambda\left(\frac{t}{T}-n\right),其中\ \Lambda(t)=\begin{cases}1-|t|, & |t|<1\\ 0, & |t|\geqslant 1\end{cases} \tag{2.32}$$

这些基函数如图 2.14 所示。使用最近邻插值和线性插值的例子如图 2.15(a)，(b)所示。插值器的“阶数”是指叠加生成插值样本的基函数的数目；对于零阶插值，只涉及一个基函数；对于一阶插值，涉及两个基函数；依此类推。

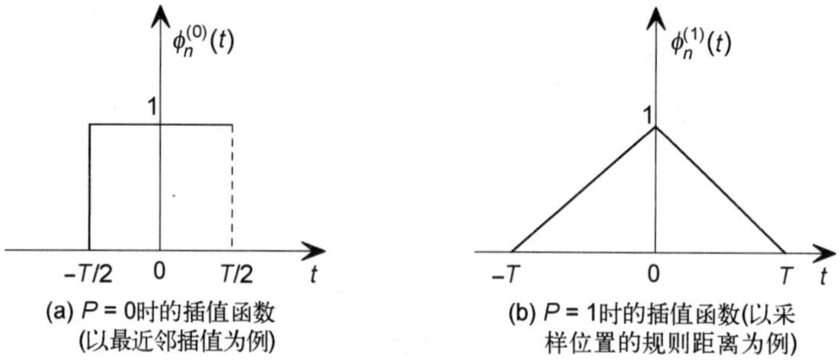

图 2.14 零阶和一阶插值基函数

即使在规则采样情况下，零阶保持和线性插值都违反了完美重建的条件，这是因为基函数的傅里叶变换在 1/2 采样率和 $1/(2T)$ 的范围内都不是平坦的，并且对于超过该点的频率其值也不为零，这会在插值信号中引入混叠(以边缘和角点的形式出现，即不连续的信号行为)。然而，这两个概念都可以直接扩展到不规则采样的情况，其中零阶情况如图 2.15(c)所示[①]，一阶情况如图 2.15(d)所示：

$$\begin{aligned}&\phi_n^{(0)}(t)=\mathrm{rect}\left(\frac{t-t(n)}{t(n+1)-t(n)}-\frac{1}{2}\right)\\ 或\quad &\phi_n^{(0)}(t)=\varepsilon\left(t-t(n)-\frac{t(n-1)-t(n)}{2}\right)-\varepsilon\left(t-t(n)-\frac{t(n+1)-t(n)}{2}\right)\end{aligned} \tag{2.33}$$

①图 2.15(a)和图 2.15(c)保持值 $s(n)$ 直到后续值生效；图 2.15(b)和图 2.15(d)将值向上一个和下一个采样值(即最近邻插值)的均值靠近，这就是最近邻插值。

$$\phi_n^{(1)}(t)=\begin{cases}[t-t(n-1)]/[t(n)-t(n-1)], & t(n-1)<t\leqslant t(n)\\ [t-t(n+1)]/[t(n)-t(n+1)], & t(n)<t\leqslant t(n+1)\\ 0, \quad 其他 & \end{cases} \tag{2.34}$$

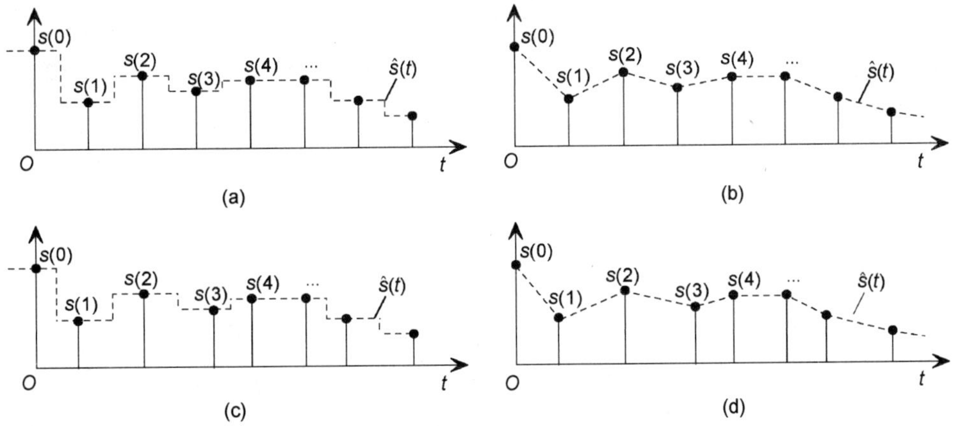

图 2.15 (a)，(c)系统使用零阶插值(最近邻保持元素)；(b)，(d)系统使用一阶插值(线性插值器)[(a)，(b)为等间距样本情况，(c)，(d)为非等间距样本情况]

2.3.2 LTI 系统插值

当对线性时不变系统进行插值时，通过低通滤波器的脉冲响应来定义函数 $\phi_n(t)=h(t-nT)$。由于脉冲响应的时间不变性，这种方法仅适用于规则网格的情况。根据采样定理，在理想情况下，滤波器应完全抑制采样中出现的周期性混叠谱，并且应在带限 $1/(2T)$ 内具有平坦响应，也就是采样频率的一半。这种理想的插值器是如式(A.30)所示的 sinc 函数，它在频域中具有无限的脉冲响应和理想的低通特性，并且还允许直接使用样本作为权重 $c(n)$，其中

$$\phi_n^{(\infty)}(t)=\mathrm{si}(\pi t/T-n), \quad 其中\ \mathrm{si}(x)=\frac{\sin x}{x}, \qquad \mathrm{si}(0)=1 \tag{2.35}$$

这种内插器需要将无限多的样本输入非因果滤波器，实际上无法实现；此外它还有一个缺点，即 sinc 函数表现出显著的负旁瓣，当信号不连续(如图像中的边缘)时，会导致在插值信号中出现振荡。

有限长度的 sinc 函数修正仍然可以提供有限阶的最优插值拟合，甚至可以减少不连续处的振荡。一种常见的方法是加窗，即将无穷基乘以有限函数 $w(t)$，使得 $\phi_n^{(P_W)}(t)=\phi_n^{(\infty)}(t)w(t-n)$，它由一个理想的低通(矩形)频率变换与傅里叶窗口频谱 $W(f)$ 卷积而成。加窗函数的设计通常可以避免在傅里叶传递函数中插值滤波产生的波纹，但仍然保留了相当明显的截止转换。例如，持续时间为 D 的汉明窗，

$$w(t)=\left[0.54+0.46\cos\left(\frac{2\pi t}{D}\right)\right]\mathrm{rect}\left(\frac{t}{D}\right) \tag{2.36}$$

根据与采样距离 T 相关的 D 的选择，可以调整插值器的有限阶数 P_W。另一个例子是文献[DUCHON 1979]中提出的 Lanczos 滤波器。其连续脉冲响应定义为

$$\phi_n^{(P_W)}(t)=\mathrm{si}\left(\frac{\pi t}{T}-n\right)\mathrm{si}\left(\frac{\pi t}{2DT}-n\right)\mathrm{rect}\left(\frac{t}{D}-n\right) \tag{2.37}$$

时间 t 内的两个 sinc 函数的乘积提供了一个具有线性衰减（宽度为 $1/D$ 线性斜率的梯形）的矩形作为频率传递函数。进一步地，对频域中的 sinc 函数（由于 t 中的矩形截止）进行卷积，与理想插值相比它并不重要，因为梯形函数可实现从通带到阻带的更平滑过渡。

还可以从维纳滤波器设计中获得优化的 LSI 插值函数，该函数可适应插值信号的特性（见 3.3.2 节）。这些可以进一步优化，以避免用于插值的样本中可能存在的加性噪声影响。

2.3.3 样条插值、拉格朗日插值和多项式插值

当原始的信号样本直接用作加权系数时，即 $c(n)=s[t(n)]$，对于任意一对 (m,n)，必须满足以下条件①：

$$\hat{s}\left[t(n)\right]=\sum_m s\left[t(m)\right]\cdot\phi_m(t)\overset{!}{=}s\left[t(n)\right]\quad\Rightarrow\phi_m(t(n))=\delta(n-m) \tag{2.38}$$

这意味着，在给定的采样位置，任何样本都不受其他采样位置的影响，且样本自身的权重为 1，以使插值与已知采样位置的原始信号值一致。该条件适用于第 2 章 2.3.1 节和 2.3.2 节中介绍的任何插值函数。它还可以通过拉格朗日插值基函数来实现：

$$\phi_n^{(P)}(t)=\prod_{\substack{m\neq n\\|m-n|\leqslant P}}\frac{t-t(m)}{t(n)-t(m)} \tag{2.39}$$

当将乘积中的 m 值范围限制在 n 的邻域内时，可以再次使用有限支撑来定义拉格朗日基函数，使得对于距离 $t(n)$ 较远的值 t，有 $\phi_n(t)=0$。若 $P=1$，将支撑限制为最接近 t 的两个值，$\phi_n(t)$ 与线性插值相同［见图 2.15（b），（d）］。

对于等距采样 $t(n)=nT$，拉格朗日插值是 $\phi_n(t)=\phi_0(t-nT)$ 具有移不变性。对于无限系列的样本，有

$$\phi_0(t)=\prod_{m\neq 0}\frac{t-mT}{-mT}=\prod_{m=1}^{\infty}\left(1-\frac{t}{mT}\right)\left(1+\frac{t}{mT}\right)=\prod_{m=1}^{\infty}\left(1-\left(\frac{t}{mT}\right)^2\right) \tag{2.40}$$

然后，用下列正弦函数的乘积展开式，将特定情况下的拉格朗日基函数转换为 sinc 函数，

$$\sin(x)=x\cdot\prod_{m=1}^{\infty}\left(1-\left(\frac{x}{m\pi}\right)^2\right)\Rightarrow\phi_0(t)=\mathrm{si}\left(\frac{\pi t}{T}\right) \tag{2.41}$$

与 sinc 函数一样，当 $P>1$ 时，拉格朗日插值基可能为负值，这可能导致在不连续处引起振动（过冲或振荡）。为了防止这种影响，平滑和非负插值函数将更有利，但这可能导致式（2.38）的条件不满足，使得已知样本 $s[t(n)]$ 不能直接用作式（2.53）中的权重 $c(n)$。

基样条（Basis splines，也称为 B 样条）是平滑和非负插值函数的一个示例。它们可以通过从零阶保持函数②开始的递归来更好地加以说明，

$$\phi_n^{(P)}(t)=\frac{t-t(n)}{t(n+P)-t(n)}\phi_n^{(P-1)}(t)+\frac{t(n+P+1)-t}{t(n+P+1)-t(n+1)}\phi_{n+1}^{(P-1)}(t) \tag{2.42}$$

① 后续方程中使用的表达式 $\delta(k)$ 是克罗内克函数，其中当 $k=0$ 时，$\delta(k)=1$，而 $k\neq 0$ 时，$\delta(k)=0$。

② 下面的一般方程是指从 $t(n)$ 开始到 $t(n+P+1)$ 结束的函数。如图 2.14/图 2.16 和随后的方程所示，为使它们居中对齐，有必要在等距采样时应用诸如 $t(n+P+1)-t(n)$ 进行移位。

对于规则采样 $t(n) = nT$，P 阶 B 样条将由宽度为 t 的矩形进行 P 次卷积来构造(即 P+1 个矩形卷积)，得到 $P = 0$ 时的零阶保持元素[见式(2.33)]和 $P = 1$ 的线性插值器[见式(2.34)]。对于 $P = 2$ 和 $P = 3$，二次和三次 B 样条函数定义如下(见图 2.16)：

$$\phi_n^{(2)}(t)=\begin{cases}\dfrac{3}{4}-\left(\dfrac{t-t(n)}{T}\right)^2, & |t-t(n)|\leqslant\dfrac{T}{2}\\ \dfrac{\left(1.5-\left|(t-t(n))/T\right|\right)^2}{2}, & \dfrac{T}{2}<|t-t(n)|\leqslant\dfrac{3}{2}T\\ 0, & |t-t(n)|>\dfrac{3}{2}T\end{cases} \tag{2.43}$$

$$\phi_n^{(3)}(t)=\begin{cases}\dfrac{4+3\left|(t-t(n))/T\right|^3-6\left|(t-t(n))/T\right|^2}{6}, & |t-t(n)|\leqslant T\\ \dfrac{\left(2-\left|(t-t(n))/T\right|\right)^3}{6}, & T<|t-t(n)|\leqslant 2T\\ 0, & |t-t(n)|>2T\end{cases} \tag{2.44}$$

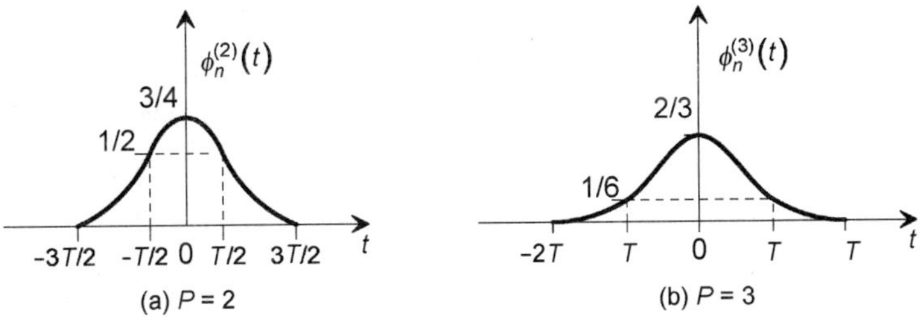

图 2.16 对于控制位置的规则网格，居中的 P 阶 B 样条函数

若 P 趋于无穷，则矩形的迭代卷积收敛为高斯函数。对于不规则采样，将根据各部分样本之间的距离对函数进行拉伸。

图 2.17 示出了在区间 $t(n)\leqslant t<t(n+1)$ 内对三次样条插值($P = 3$)的计算。共使用 4 个控制系数 $c(m)$，$n-1\leqslant m<n+2$ 对各插值函数进行加权，其中心位于 $t(n-1)$，$t(n)$，$t(n+1)$ 和 $t(n+2)$。插值的结果使用的基函数式(2.44)由式(2.30)确定。插值函数的参数在此表示为 $t'=t-t(n)$。此外，假设对采样距离 $T = 1$ 进行归一化，得到在各自范围 $t(n)\leqslant t<t(n+1)$ 内的插值结果，将其映射到 $0\leqslant t'<1$ 内，即

$$\begin{aligned}\hat{s}(t)&=c(n-1)\frac{\left(2-(t'+1)\right)^3}{6}+c(n)\frac{4+3t'^3-6t'^2}{6}+\\&\quad c(n+1)\frac{4-3\left(t'-1\right)^3-6\left(t'-1\right)^2}{6}+c(n+2)\frac{\left(2+(t'-2)\right)^3}{6}\\&=c(n-1)\frac{-t'^3+3t'^2-3t'+1}{6}+c(n)\frac{3t'^3-6t'^2+4}{6}\\&\qquad+c(n+1)\frac{-3t'^3+3t'^2+3t'+1}{6}+c(n+2)\frac{t'^3}{6}\end{aligned} \tag{2.45}$$

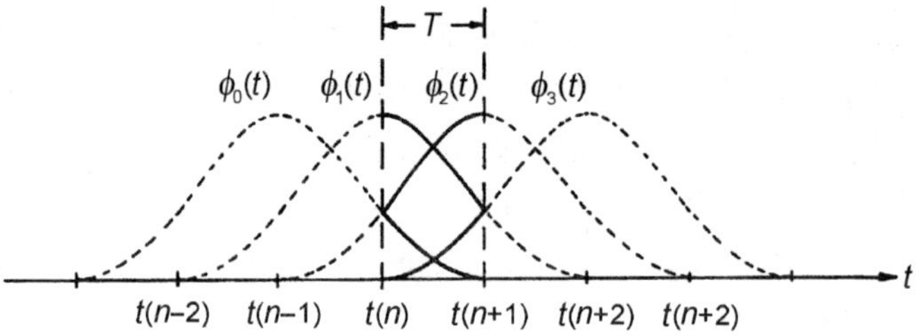

图 2.17　三次样条插值和基函数在区间 $t(m)\leqslant t<t(m+1)$ 内组合插值

式(2.45)可用以下矩阵进行表示：

$$\hat{s}(t)=\frac{1}{6}\begin{bmatrix}t'^3 & t'^2 & t' & 1\end{bmatrix}\begin{bmatrix}-1 & 3 & -3 & 1\\ 3 & -6 & 3 & 0\\ -3 & 0 & 3 & 0\\ 1 & 4 & 1 & 0\end{bmatrix}\begin{bmatrix}c(n-1)\\ c(n)\\ c(n+1)\\ c(n+2)\end{bmatrix} \tag{2.46}$$

剩下的问题是在已知的采样位置 $t'=0$，优化控制系数 $c(n)$，使得

$$\hat{s}\left[t(n)\right]=\frac{1}{6}\left[c(n-1)+4c(n)+c(n+1)\right] \tag{2.47}$$

其中，

$$\hat{s}\left[t(n)\right]\overset{!}{=}s\left[t(n)\right] \tag{2.48}$$

这一条件现在可用于确定 $c(n)$值。如果仅使用式(2.47)这一个条件，则这是一个不确定的问题。然而，由于任意系数 $c(n)$在四个不同的间隔和三个现有采样位置内都会对插值产生影响，因此有可能存在唯一解。在 M个采样位置的有限信号段上联合优化所有控制系数，这些位置的插值结果可以用以下向量-矩阵表达式来表示，假设这里控制系数序列的循环(周期)扩展为：

$$\underbrace{\begin{bmatrix}\hat{s}[t(1)]\\ \hat{s}[t(2)]\\ \hat{s}[t(3)]\\ \vdots\\ \\ \hat{s}[t(M)]\end{bmatrix}}_{\hat{\mathbf{s}}}=\frac{1}{6}\underbrace{\begin{bmatrix}4 & 1 & 0 & \cdots & 0 & 1\\ 1 & 4 & 1 & 0 & & 0\\ 0 & 1 & 4 & 1 & \ddots & \vdots\\ \vdots & \ddots & \ddots & \ddots & \ddots & \\ 0 & & 0 & 1 & 4 & 1\\ 1 & 0 & \cdots & 0 & 1 & 4\end{bmatrix}}_{\mathbf{H}}\underbrace{\begin{bmatrix}c(1)\\ c(2)\\ c(3)\\ \vdots\\ \\ c(M)\end{bmatrix}}_{\mathbf{c}} \tag{2.49}$$

利用式(2.48)，可以通过将式(2.49)的逆矩阵 **H** 乘以原始信号值的向量来计算控制系数：

$$\begin{bmatrix}c(1)\\ c(2)\\ c(3)\\ \vdots\\ \\ c(M)\end{bmatrix}=6\begin{bmatrix}4 & 1 & 0 & \cdots & 0 & 1\\ 1 & 4 & 1 & 0 & & 0\\ 0 & 1 & 4 & 1 & \ddots & \vdots\\ \vdots & \ddots & \ddots & \ddots & \ddots & \\ 0 & & 0 & 1 & 4 & 1\\ 1 & 0 & \cdots & 0 & 1 & 4\end{bmatrix}^{-1}\begin{bmatrix}s[t(1)]\\ s[t(2)]\\ s[t(3)]\\ \vdots\\ \\ s[t(M)]\end{bmatrix} \tag{2.50}$$

或者，与替代信号样本相比，也可以减少控制系数的数量。在这种情况下，矩阵 **H**

将不再是方阵，并且可以使用伪逆代替逆矩阵，伪逆是一系列样本中给定信息在最小二乘拟合优化问题中的最佳近似值(见 3.4 节)。

另一个确保重新生成可用样本的解决方案是多项式插值。假设信号可以用 P 阶多项式来近似，即：

$$\hat{s}(t) = \alpha_P t^P + \alpha_{P-1} t^{P-1} + \cdots + \alpha_1 t + \alpha_0 \tag{2.51}$$

为了确定系数 α_p，需要知道至少 P+1 个样本来求解下面的方程组[①]，即：

$$\hat{s}(t) = s(t), \qquad t = t(n)$$

$$\Rightarrow \begin{bmatrix} s[t(n-P/2)] \\ \vdots \\ s[t(n)] \\ \vdots \\ s[t(n+P/2)] \end{bmatrix} \overset{!}{=} \begin{bmatrix} t_{n-P/2}{}^P & t_{n-P/2}{}^{P-1} & \cdots & t_{n-P/2} & 1 \\ \vdots & & & & \vdots \\ t_n{}^P & t_n{}^{P-1} & \cdots & t_n & 1 \\ \vdots & & & & \vdots \\ t_{n+P/2}{}^P & t_{n+P/2}{}^{P-1} & \cdots & t_{n+P/2} & 1 \end{bmatrix} \begin{bmatrix} \alpha_P \\ \alpha_{P-1} \\ \vdots \\ \alpha_1 \\ \alpha_0 \end{bmatrix} \tag{2.52}$$

多项式插值不一定保证插值函数样本之间的平滑性，特别是当 P 阶数高，并且在观测样本集中出现显著的振幅变化时。多项式插值也可以在较长的扩展信号段上分段应用；如果相邻片段中使用的已知样本部分共享，则会降低在片段边界处出现不连续(边)的可能性。

2.3.4 二维网格上的插值

对于二维插值的情况，式(2.30)可以扩展如下：

$$\hat{s}(t_1, t_2) = \sum_{n_1}\sum_{n_2} c(n_1, n_2)\phi_{n_1,n_2}(t_1, t_2) \tag{2.53}$$

对于规则网格，或者在 t_1 和 t_2 采样位置之间通常不存在相互依赖性时，可以使用可分离的基函数，

$$\phi_{n_1,n_2}(t_1, t_2) = \phi_{n_1}(t_1)\phi_{n_2}(t_2) \tag{2.54}$$

例如，式(2.32)的二维可分形式是双线性插值，其原理如图 2.18 所示。位置(t_1，t_2)的估计值是从四邻域的样本中计算出来的，这些位置的权重取决于水平和垂直分数距离 d_1 和 d_2(由采样距离进行归一化)：

$$\begin{aligned} \hat{s}(t_1, t_2) &= s(n_1, n_2)(1-d_1)(1-d_2) + s(n_1+1, n_2)d_1(1-d_2) \\ &\quad + s(n_1, n_2+1)(1-d_1)d_2 + s(n_1+1, n_2+1)d_1 d_2 \end{aligned} \tag{2.55}$$

其中，$d_i = \dfrac{t_i}{T_i} - n_i$，$n_i = \left\lfloor \dfrac{t_i}{T_i} \right\rfloor$。

对于不规则网格，必须确定每个插值位置使用的是最近的采样点。对于欧氏距离，一种有效的方法是 Delaunay 三角剖分和对应的 Voronoi 网络，如图 2.19 所示。Delaunay 网是由控制点之间的内部连线构建的，若两条连线相交，则丢弃较长的边线[②]。这样，就可以构造出一个三角形面片集合，所有边都是尽可能短的 Delaunay 线。取所有边的中点，并绘制垂直线(表示为 Voronoi 线)，就形成了 Voronoi 网，其顶点为三角形外接圆的圆心。

① 在这个例子中，假设在某个给定的中心位置 $t(n)$ 周围有奇数个样本。

② 有关计算 Delaunay 网的有效方法，请参阅文献[CHENG，DEY，SHEWCHUK 2012]。

由 Voronoi 线为边界的 Voronoi 区域构成了最接近相应控制点的区域。若采用零阶保持（最邻近）插值，则落入同一 Voronoi 区域的所有样本将继承其质心样本①的振幅。在给定位置插值时，Delaunay 网络的拓扑结构还可以用来识别附加的控制点是否足够近，从而考虑是否需要参与插值。

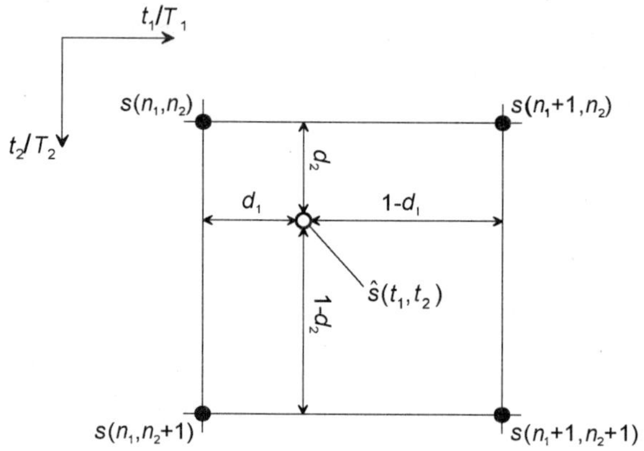

图 2.18 双线性插值

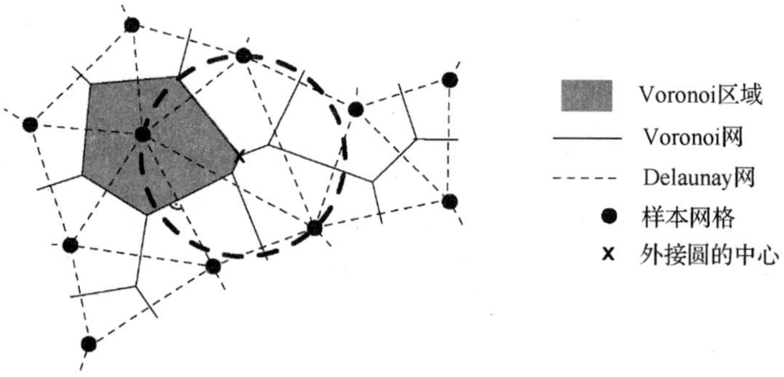

图 2.19 样本网格，Delaunay 三角剖分和 Voronoi 图

从有限个最近邻不规则定位样本集进行二维插值的一种可能的方法是倒数距离加权。当样本远离待插值的位置 $\mathbf{t}$ 时，样本影响会减小。设 $\mathbf{t}=[t_1, t_2]^{\mathrm{T}}$ 与 P 近邻之一 p（$p=1, \cdots, P$，图 2.20 示例中 $P=4$）的欧氏距离定义为：

$$\mathbf{d}_p=\left[t_1-t_1(p) \quad t_2-t_2(p)\right]^{\mathrm{T}} \quad \Rightarrow \left\|\mathbf{d}_p\right\|=\sqrt{\mathbf{d}_p{}^{\mathrm{T}}\mathbf{d}_p} \tag{2.56}$$

然后计算插值如下：

$$\hat{s}(t_1,t_2)=\frac{\sum_{p=1}^{P}\frac{s\left[t_1(p),t_2(p)\right]}{\left\|\mathbf{d}_p\right\|}}{\sum_{p=1}^{P}\frac{1}{\left\|\mathbf{d}_p\right\|}} \tag{2.57}$$

在采样位置，插值不是必需的，对于任何 $\|\mathbf{d}_p\|\to 0$，只有一个最接近的采样振幅能成为主导。也可以简单地检查要插值的位置是否包含在由当前控制位置集所跨的多边形区域内。

① 在可分离采样中，Voronoi 区域将是大小为 T_1T_2 的矩形。

与控制位置有关的差分向量 $\mathbf{d}_p$ 必须位于向量 $\mathbf{v}_p$ 的右侧，该向量按顺时针方向将当前控制位置与下一个相连，使得

$$\mathbf{v}_p = \left[t_1\left(\text{mod}(p,P)+1\right)-t_1(p) \quad t_2\left(\text{mod}(p,P)+1\right)-t_2(p)\right]^{\mathrm{T}}$$
$$\Rightarrow \det\left|\mathbf{v}_p \quad \mathbf{d}_p\right| \overset{!}{\geqslant} 0, \quad p=1,\cdots,P \tag{2.58}$$

这样，式(2.58)也可用于确定位置 **t** 的合适控制位置集，但也应注意，所有$\|\boldsymbol{d}_p\|$值都足够小(这对于 Delaunay 三角剖分来说显然是这样)。

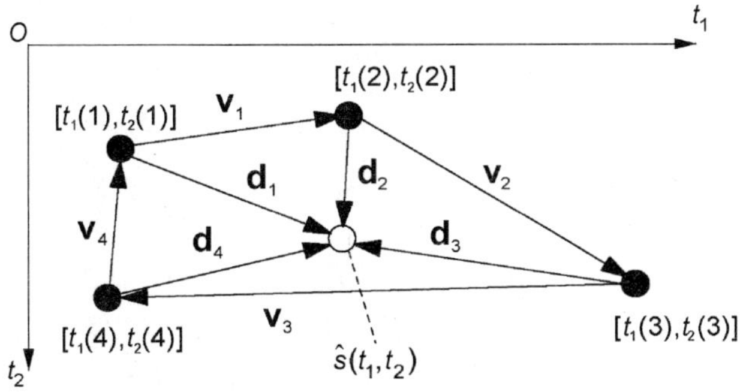

图 2.20　从四边形顶点对位置 $\hat{s}(t_1,t_2)$ 进行插值

在不规则二维网格上进行插值的替代方法是基于多项式拟合式(2.51)的二维扩展，因此二维曲面函数由已知控制位置的振幅决定。在执行 Delaunay 三角剖分后，每个三角形内的插值可按如下方式进行：

$$\hat{s}(t_1,t_2)=\alpha_0+\alpha_1 t_1+\alpha_2 t_2 \tag{2.59}$$

为了确定系数α_i，必须求解与控制位置振幅(即三角形的顶点或角点)有关的以下方程组 $\mathbf{a}=\mathbf{A}^{-1}\mathbf{s}$[①]：

$$\underbrace{\begin{bmatrix} s\left[t_1(1),t_2(1)\right] \\ s\left[t_1(2),t_2(2)\right] \\ s\left[t_1(3),t_2(3)\right] \end{bmatrix}}_{\mathbf{s}} = \underbrace{\begin{bmatrix} 1 & t_1(1) & t_2(1) \\ 1 & t_1(2) & t_2(2) \\ 1 & t_1(3) & t_2(3) \end{bmatrix}}_{\mathbf{A}} \underbrace{\begin{bmatrix} \alpha_0 \\ \alpha_1 \\ \alpha_2 \end{bmatrix}}_{\mathbf{a}} \tag{2.60}$$

在每个三角形内，插值振幅曲面根据式(2.59)描述为平面方程。当使用四个控制位置时，该方法可以扩展为双线性映射[②]：

$$\hat{s}(t_1,t_2)=\alpha_0+\alpha_1 t_1+\alpha_2 t_2+\alpha_3 t_1 t_2 \tag{2.61}$$

这里，确定系数α的方程组是：

$$\underbrace{\begin{bmatrix} s\left[t_1(1),t_2(1)\right] \\ s\left[t_1(2),t_2(2)\right] \\ s\left[t_1(3),t_2(3)\right] \\ s\left[t_1(4),t_2(4)\right] \end{bmatrix}}_{\mathbf{s}} = \underbrace{\begin{bmatrix} 1 & t_1(1) & t_2(1) & t_1(1)t_2(1) \\ 1 & t_1(2) & t_2(2) & t_1(2)t_2(2) \\ 1 & t_1(3) & t_2(3) & t_1(3)t_2(3) \\ 1 & t_1(4) & t_2(4) & t_1(4)t_2(4) \end{bmatrix}}_{\mathbf{T}} \underbrace{\begin{bmatrix} \alpha_0 \\ \alpha_1 \\ \alpha_2 \\ \alpha_3 \end{bmatrix}}_{\mathbf{a}} \tag{2.62}$$

---

① 当其中一个控制位置(例如 $p=1$)定义为(0, 0)，并且其他控制位置的坐标相应地调整为式(2.62)中的$t_i'(p)=t_i(p)-t_i(1)$，插值位置表示为式(2.61)中的$t_i'=t_i-t_i(1)$时，解可以被简化。

② 在可分离采样的情况下，这相当于式(2.55)。

这种方法可以进一步推广应用于高阶曲面拟合多项式。但是，增加控制位置的数量可能不是最佳选择，因为它们通常与要插值的位置相距较远。另一种方法是双立方插值，它还需要获知四个控制位置处水平、垂直和两个方向的导数(对于导数的离散近似，见 4.3.1 节)。插值计算如下[①]：

$$\hat{s}(t_1',t_2') = \sum_{j_1=0}^{3}\sum_{j_2=0}^{3} \alpha_{j_1 j_2}(t_1')^{j_1}(t_2')^{j_2} \tag{2.63}$$

系数 $\alpha_{j_1 j_2}$ 可以通过计算式(2.63)的偏导数得到：

$$\frac{\partial}{\partial t_1}\hat{s}(t_1',t_2'),\ \frac{\partial}{\partial t_2}\hat{s}(t_1',t_2'),\ \frac{\partial^2}{\partial t_1 \partial t_2}\hat{s}(t_1',t_2') \tag{2.64}$$

然后使用四个控制位置的已知值和这些位置的相应导数来求解包含 16 个未知量的方程组，以确定系数[②]。双立方插值的这种方法也可以应用于规则采样网格，然后在式(2.55)上得到改进的插值结果。

需要记住的是，这里介绍的所有插值方法都基于待插值信号的平滑性假设，在不连续的情况下(例如图像中的边缘)，上述插值方法会失效。对于具有亚采样精度的不连续位置的重建或不规则采样网格重建，需要附加假设条件，例如二维场上边缘轮廓的平直度或曲线平滑度。这可以通过将给定的样本集与模型基函数进行匹配来实现(见 4.3.4 节)。

高分辨率图像也可以从显示相同内容但采样位置略有不同的一系列低分辨率图像中生成。有关超分辨率方法的概述，请参阅文献[PARK，PARK and KANG 2003]。从样本中收集信息需要注册(实际上是通过对应分析完成的，参见 3.9 节)，组合成非均匀的样本网格，并且转换成更高分辨率的均匀网格。较为简单的方法是使用非均匀网格的直接插值，或者使用基于估计的方法，例如约束最小二乘法、最大后验概率法或凸集投影法，后者通常拥有更好的质量。对应估计的质量对于任何方法的可靠性而言都至关重要。应当注意的是，只有在同一场景的多张照片(或由移动相机拍摄的视频图像序列)中，同一区域完全可用的情况下才能生成超分辨率信息。

2.4 多分辨率表示

在信号分析中，多分辨率表示法(也称尺度空间表示法)因其可靠性和高效性得到了广泛的应用。基本假设是某些特征的出现对不同分辨率(尺度)的观测是不变的。这里应该注意的是，这种表示通常是过完备的，因为它们包含比原始信号更多的样本。这意味着存在一定数量的冗余，这对于可靠分析的目标而言并没什么危害，但应尽可能避免，因为它可能导致不合理的处理复杂性。另一方面，当在表示较低频率的尺度上进行下采样时，可以更有效地进行分析，因为如果从较低的尺度上就可以得出结论，则可以避免考虑具有更多样本的较高尺度中的对应位置信息。

---

① 根据第 24 页的脚注，使用归一化坐标 t'。

② 请注意，对于导数的计算，仅使用四个控制位置的样本可能不够；当考虑来自邻域的更多样本时，应能获得更好的准确度和抗噪声的独立性。梯度的使用同样适用于相邻的多边形面片，从而保证了面片边界之外的平滑过渡。

图 2.21(a)显示了对于二维信号生成这种表示的一般原理。缩放信号 $s_{u-1}(n)$是通过低通滤波以及下采样因子$|\mathbf{U}_u|$从 $s_u(n)$中生成的[表示多维采样矩阵的行列式，见式(A.57)]。最简单的情况是每个维度通过因子 2 进行可分离的下采样，得到二阶“金字塔”表示(用实线表示)。对于信号分析，可能需要在尺度之间进行更精细的处理；基本上，如果下采样因子为非整数(虚线)，则滤波器需要通过使用适当的子采样插值滤波器①来包含相移。但是，添加的尺度越多，整个表示就越过完备。

或者，为了避免非二阶重采样，也可以在每个二阶尺度内使用具有不同截止频率的多个低通滤波器，即使这会增加过完备性(因为对于附加中间尺度，采样频率高于两倍的截止频率)。相应的方案如图 2.21(b)所示。

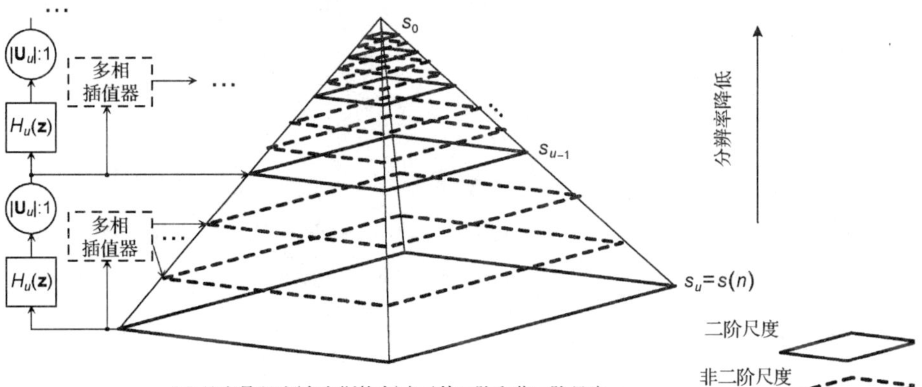

(a) 具有最紧凑(奈奎斯特率)表示的二阶和非二阶尺度

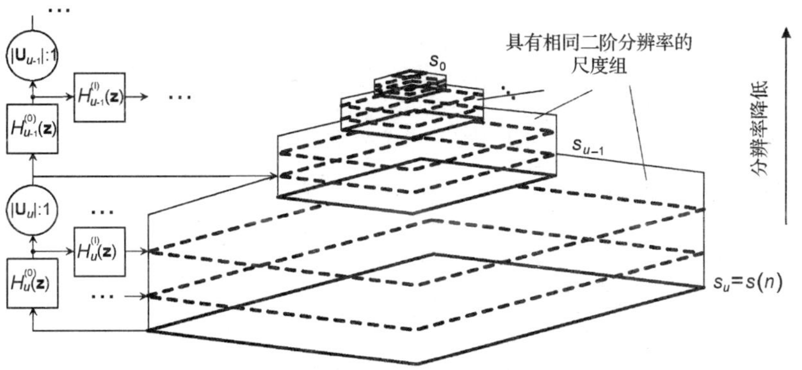

(b) 每个二阶尺度只进行一次子采样，通过附加低通滤波器生成中间尺度

图 2.21 尺度空间表示的生成与图示

通常，具有高斯形状脉冲响应(或采样等效)的滤波器是有利的，因为高斯函数的迭代卷积会再次导致更宽的高斯响应。因此，这些类型的尺度空间表示形式通常被称为高斯金字塔。

多分辨率金字塔建立了具有不同带宽(低通频率截止)的信号表示堆栈，可以预期相同的信号特性(或特征)会出现在并排位置，但可能提供互补信息；特别是，低分辨率尺度不会受到高频噪声的影响，而高分辨率尺度则带有更多的信息，例如边缘的锐度和位置。此外，当以降采样分辨率进行处理时，可以降低复杂度，并且只在找到相关信息的

① 这可以通过使用多相滤波器来有效实现，参见文献[MSCT，2.8.3 节]。

位置进行优化。这种方法的一个例子是分层运动估计(见 4.6.3 节)。

另外，重要信息也可以包含在更高分辨率展示的附加细节中。一种直接从金字塔图像中提取信息的常用方法是计算两个相邻尺度上信号之间的差异。这通常需要对较低分辨率信号进行上采样(样本插值)，并在具有相同下采样分辨率的尺度组中省略它们，如图 2.21(b)所示。当使用具有高斯形状的脉冲响应(或光谱响应)滤波器来计算不同尺度时，这称为高斯差分(Difference of Gaussian，DoG)。离散滤波系数通常是从连续的圆对称二维高斯函数中采样得到的：

$$h_G(t_1,t_2)=\frac{1}{\sqrt{2\pi\tau^2}}e^{-\frac{t_1^2+t_2^2}{2\tau^2}} \tag{2.65}$$

参数τ影响高斯形状的宽度，从而影响低通滤波的强度。该函数的二阶导数是高斯拉普拉斯算子(Laplacian of Gaussian，LoG)：

$$\nabla_G^2(t_1,t_2)=\frac{1}{\pi^2\tau^4}\left[2-\frac{t_1^2}{\tau^2}-\frac{t_2^2}{\tau^2}\right]e^{-\frac{t_1^2+t_2^2}{2\tau^2}} \tag{2.66}$$

该径向对称函数也被称为“墨西哥帽”滤波器，其一维截面如图 2.22 所示。对于离散近似，采样脉冲响应的中心将位于 $t=0$ 处(连续函数的最大值)。参数τ也可以设为 1，只需通过改变采样距离(相当于缩放)即可改变低通滤波的强度。

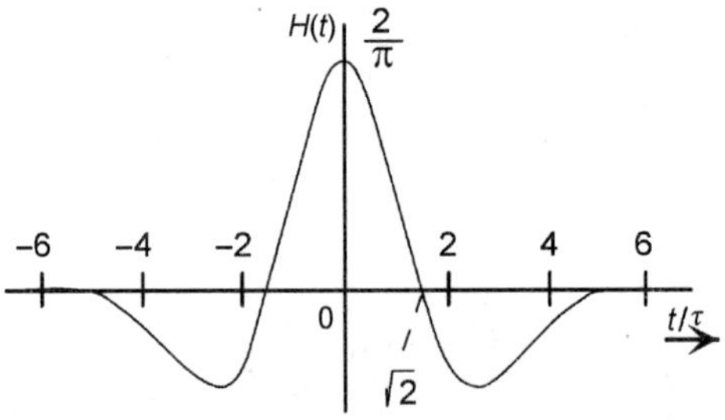

图 2.22 “墨西哥帽”滤波器脉冲响应

就谱行为而言，DoG 和 LoG 是相似的。当设计某种方式使得基本高斯低通函数的带宽在对数尺度上增加时，则对应的振幅传递函数表示一组带通滤波器，其中心频率和带宽以对数方式增加，如图 2.23 所示。

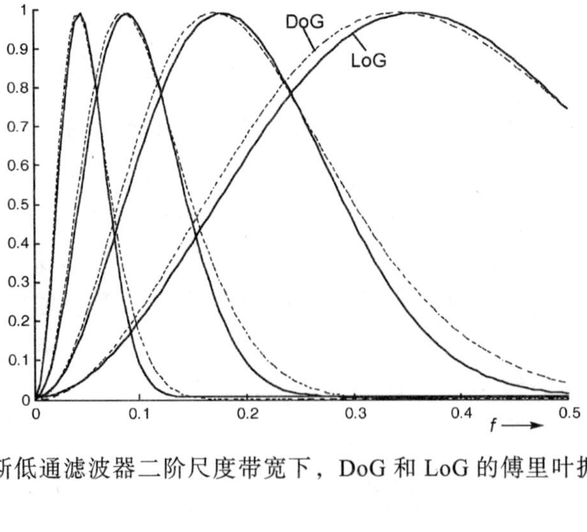

图 2.23 高斯低通滤波器二阶尺度带宽下，DoG 和 LoG 的傅里叶振幅传递函数

可以使用调制函数进行带通分析。与 DoG 或 LoG 方法相比，该方法的优点之一是降低了低频方向的带通函数重叠（特别是当高频方向的衰减相对平缓时，如高斯情况）。Gabor 小波分析是一种基于对数尺度上的频率最大化调制高斯函数分析方法，其基础滤波器的脉冲响应是高斯壳函数和复周期指数的乘积。其一般形式为：

$$h_{f_C,b}(t)=\frac{1}{\sqrt{2\pi b^2}}\mathrm{e}^{-\frac{\tau^2}{2b^2}}\mathrm{e}^{\mathrm{j}2\pi f_C t} \circ\!\!-\!\!\bullet\, H_{f_C,\sigma_t}(f)=\mathrm{e}^{-2\pi^2 b^2 (f-f_C)^2} \tag{2.67}$$

其中 f_C 与中心频率有关，b 是控制高斯壳宽度（或反过来是滤波器的带宽）的参数。Gabor 函数建立了过完备的非正交基集；可以证明，在信号域和频率域的规则间隔采样位置，任何带限无穷大函数 $s(t)$ 都可以从无限系列离散 Gabor 系数中精确地重建出来[Gabor 1946]。对于有限带通信号，则系数的数目也是有限的。当 Gabor 函数应用于对数频率轴上的离散位置时，为了实现离散小波变换（DWT）[MSCT，见 2.8.4 节]，必须观察所有 k 上两个相邻中心频率之间恒定对数尺度间隔的条件，例如，$\Delta=\log[f_C(k+1)/f_C(k)]=$ 常数。以二阶间距为例，在离散小波变换中经常使用 $\Delta=\log(2)$。这时中心频率将定位在

$$f_C(k)=f_0\times 2^{(k-K)\Delta} \tag{2.68}$$

其中，f_0 表示 $k=K$ 时的最高频率带通滤波器的中心频率，K 是带通信道的总数。此外，带通信道 k 的带宽必须与相邻频带的距离成正比，因此也随着频率的增加呈对数级增加，使得

$$b(k)=\frac{\beta}{f_C(k)} \tag{2.69}$$

其中 β 是一个常数，可根据附加标准（例如所有带通函数之和的最大恒定性）获得，以保留所有相关信息，若为二阶带间距，有研究称系数 $\sqrt{2\ln 2}$ 适用于该目的（文献[HALEY, MANJUNATH 1999]）。然而与 DWT 中经常使用的双正交基函数不同，这类 Gabor 小波在使用有限个系数（在时间和频率上采样）时不能直接实现信号的完全重建。

由于基的复杂性，可分离的二维 Gabor 小波实现完全保留了方向分析特性。图 2.24 显示了分析不同尺度（中心频率）和方向的二维带通脉冲响应示例。

然而，可分离方法的缺点在于，代表不同尺度（或中心频率）的高斯函数的二维组合沿着频域的水平轴和垂直轴具有不同的带宽，导致相应的二维函数呈圆形或椭圆形。图 2.25（a）显示了分别在 f_1 和 f_2 轴的离散位置定位中心频率的情况。这导致组合比例和方向的相对不规则布局，包括随着频率的增加，角方向的数量也会增加，这对于分析来说可能不是必需的。并且当在不同尺度分辨率下以一定角度定向进行分析时，也可能导致分析结果不一致。

为了使分析更加一致，可以使用沿角度和尺度（而不是水平和垂直）维度的可分离定义。这就出现了二维小波函数的极坐标表示[LEE 1996]，其中频带的中心频率位于不同径向（尺度）方向的倍频带模式中，此外在每个尺度上引入多个均匀间隔的角度（方向），如图 2.25（b）所示。在随后的定义中，频率 f 与径向方向（或中心频率 f_C，即与二维频率平面原点的距离）有关，角参数 θ_c 与角方向有关（θ 值在 $-1/2$ 到 $1/2$ 之间，相对于 f_1 轴的

角度在 $-\pi/2$ 到 $\pi/2$ 之间）。参数 b_ρ 和 b_θ 分别控制傅里叶变换函数中的带宽和角方向，

$$H_{\text{Polar}}(f,\theta)=H_{f_C,b_\rho}(f)\mathrm{e}^{-\frac{\pi^2 b_\theta^2(\theta-\theta_C)^2}{2}}，其中\ f=\sqrt{f_1^2+f_2^2},\theta=\arctan\left(\frac{f_2}{f_1}\right) \quad (2.70)$$

径向一维函数在 f 上的定义如式(2.67)所示。相应的复脉冲响应再次被调制为二维高斯壳，类似于图 2.24，但通常不是圆形，并按频率 f_C 沿 $\pi\theta_C$ 方向进行振荡传播。如上文所述，离散尺度 K 的相关频率 f_C 通常在对数尺度上进行定义。对于方向，定义 L 个离散角就足够了，这些离散角的均匀间隔为 π/L，范围从 $-\pi/2$ 到 $\pi/2-\pi/L$，或者从 0 到 $\pi-\pi/L$。这仅覆盖了 (f_1,f_2) 平面的两个象限，但是在分析实值信号时，相反的象限带有复共轭谱，因此，不会为分析添加更多信息。

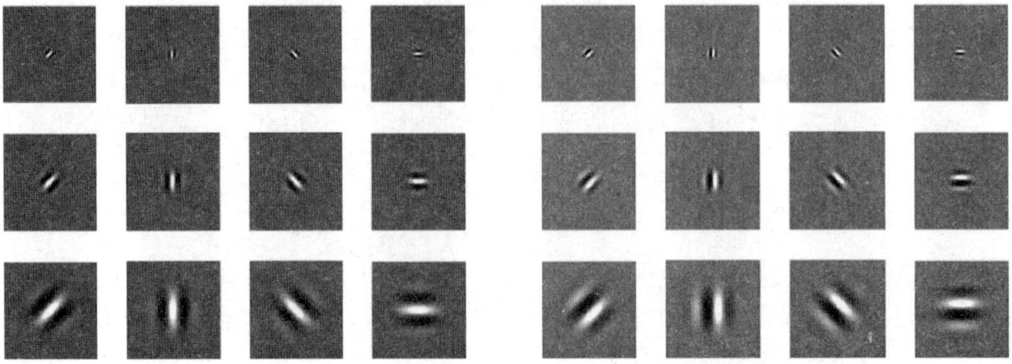

(a) 实部　　(b) 虚部

图 2.24　具有 4 个方向和 3 个不同尺度的定向复杂二维 Gabor 带通函数的脉冲响应

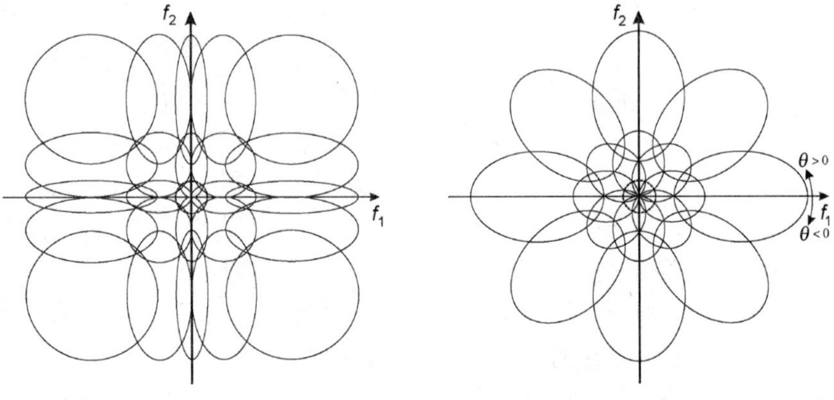

(a) 可分离的Gabor小波变换的频率布局　　(b) 不可分离Gabor小波变换的频率布局

图 2.25

另一种方法是文献[SIMONCELLI ET AL. 1992]提出的“可操纵金字塔”方法，以及与文献[PORTILLA，SIMONCELLI 2000]描述的复 Gabor 小波具有相似分析的复杂方法。可操纵金字塔将二维图像分解为具有圆对称傅里叶传递函数的低通带，以及多个角度的高通带(见图 2.26)。这种分解是可逆的，因为不同滤波器的频率传递函数在低通和高通之间的径向以及不同高通带之间的角方向上都设计为互补重叠的余弦形衰减。这样，

$\sum|H_k(\mathbf{f})|^2=$常数。在所有滤波器传递函数中，当复共轭滤波器及其输出的叠加进行合成时，可采用完全重建。由于未进行高通带的下采样并进行进一步分析，因此这种表示是过完备的。为了建立金字塔表示，对低通带进行下采样，并且在–1/4 到 1/4 之间的频率范围内再次进行等效分解。同样，角方向仅需要覆盖 180°的范围，因为对于实值信号，相反的谱带是复共轭的。

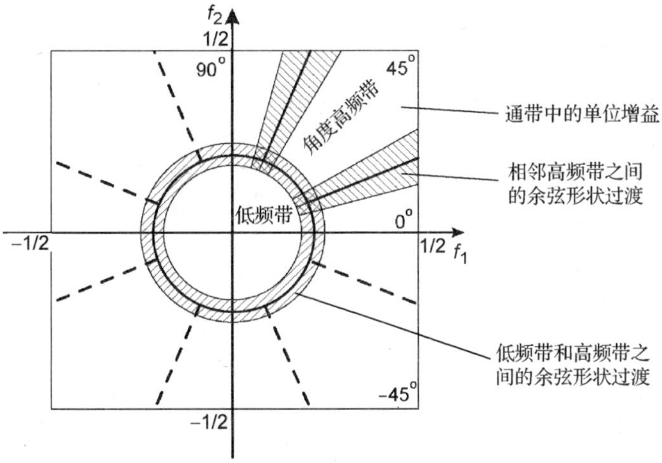

图 2.26 “可操纵金字塔”中一层的频率布局示例

2.5 局部自适应滤波器

在 2.1 节中展示了一些非线性滤波器在保持不连续性、去除异常样本和去噪方面优于线性滤波器的性能。然而，通过采用线性滤波器核也可以实现同样的效果，线性滤波器核必须根据信号本身的特性进行局部调整。这类方法将在后面的小节中讨论。

2.5.1 可控平滑滤波器

应用非线性处理的最主要目的是在去除局部变化(如噪声或其他不规则自然结构引起的变化)的同时保留相关结构(如边缘和拐角)。如果干扰很频繁，实现这一点的一个简单方法是对可能属于同一振幅区域的样本进行(加权)平均。例如，如果图片中存在边缘结构，则与该边缘平行的定向低通滤波将是有用的，而不会产生平滑边缘本身的效果。通过方向边缘分析(见 4.3.1 节)，可以获得必要的控制信息。例如，当边缘方向分为四类时，可以应用以下一组水平、垂直和两个对角线方向的二项式滤波器①：

$$\mathbf{H}_{\mathrm{h}}=\frac{1}{4}\begin{bmatrix}0&0&0\\1&2&1\\0&0&0\end{bmatrix};\ \mathbf{H}_{\mathrm{d^+}}=\frac{1}{4}\begin{bmatrix}1&0&0\\0&2&0\\0&0&1\end{bmatrix};\ \mathbf{H}_{\mathrm{v}}=\frac{1}{4}\begin{bmatrix}0&1&0\\0&2&0\\0&1&0\end{bmatrix};\ \mathbf{H}_{\mathrm{d^-}}=\frac{1}{4}\begin{bmatrix}0&0&1\\0&2&0\\1&0&0\end{bmatrix}\tag{2.71}$$

① 二项式滤波器的脉冲响应被构造成二项式级数，并用帕斯卡三角给出了生动的解释。另一种解释为 2 抽头平均滤波器 $\mathbf{h}=[0.5\ 0.5]^{\mathrm{T}}$ 的迭代卷积。二项式级数也可以解释为高斯函数的离散近似，因为后者可以通过大量矩形函数的迭代卷积获得。

尽管式(2.71)的单滤波器核属于 LSI 系统类，可局部自适应选择其中之一，但本节其余部分讨论的是基于局部平滑算子定义的滤波器类，其中来自邻域 $\mathcal{N}$ 的样本与输出中的某个线性权重 w 进行叠加：

$$g(\mathbf{n})=\frac{\sum\limits_{\mathbf{m}\in\mathcal{N}(\mathbf{n})} s(\mathbf{m})w(\mathbf{m},\mathbf{n})}{\sum\limits_{\mathbf{m}\in\mathcal{N}(\mathbf{n})} w(\mathbf{m},\mathbf{n})} \tag{2.72}$$

其中，权重由局部图像特性(例如梯度的强度和方向)或与局部位置相关的潜在附加线索(例如，深度或运动)控制。若权重 $w(\mathbf{m},\ \mathbf{n})$ 不变，则可以解释为卷积运算。在适配的情况下(如随后描述的方案)，LSI 属性将会丢失。

非局部均值(Non-Local Means，NLM)滤波。在这种类型的滤波器[BUADES 2005]中，当样本接近位置 $\mathbf{n}$ 附近的平均值时，权重变高，否则权重变低。一种简单的方法是使用高斯加权：

$$w(\mathbf{m},\mathbf{n})=\mathrm{e}^{-\frac{[s(\mathbf{m})-\mu(\mathbf{n})]^2}{b^2}}，\text{其中 } \mu(\mathbf{n})=\frac{1}{|\mathcal{N}|}\sum_{\mathbf{m}\in\mathcal{N}(\mathbf{n})} s(\mathbf{m}) \tag{2.73}$$

式中，b 确定加权函数的宽度(强度)，$|\mathcal{N}|$ 是邻域中的样本数。当 $d=s(\mathbf{m})-\mu(\mathbf{n})$ 时，可选的加权函数有指数函数，“Perona-Malik” 和 “Tukey’s biweight” 函数，分别如下所示：

$$w_{\mathrm{Exp}}(d)=\mathrm{e}^{-\frac{|d|}{b}};\quad w_{\mathrm{PeMa}}(d)=\frac{1}{1+\left(\dfrac{d}{b}\right)^2};\quad w_{\mathrm{TuBi}}(d)=\begin{cases}\left(1-\left(\dfrac{d}{b}\right)^2\right)^2, & |d|<|b|\\ 0, & \text{其他}\end{cases} \tag{2.74}$$

注意，式(2.73) ~ 式(2.75)中给出的函数定义不是归一化的，而是在它们的计算过程中进行的，例如在式(2.72)的分母中。另一种变体是线性斜坡函数[1]，它是在两个阈值 b_1 和 b_2 之间[2]进行定义的：

$$w_{\mathrm{Ramp}}[d]=\begin{cases}1, & |d|\leqslant b_1\\ 1-\dfrac{|d|-b_1}{b_2-b_1}, & b_1<|d|\leqslant b_2\\ 0, & |d|>b_2\end{cases} \tag{2.75}$$

双边滤波器。在 NLM 中，也可以采用加权平均值，其中接近 $\mathbf{n}$ 的样本对平均值计算的影响更大。通过双边滤波[TOMASI，MANDUCHI 1998]可以实现类似的效果，然而，影响权重 w_1 的差分表达式与平均值无关，而与邻域样本和当前样本之间的振幅偏差有关，即 $d=s(\mathbf{m})-s(\mathbf{n})$。此外，采样位置之间的几何距离(欧几里得距离)$\|\mathbf{m}-\mathbf{n}\|$影响第二个加权函数 w_2，从而生成以下输出：

$$g(\mathbf{n})=\frac{\sum\limits_{\mathbf{m}\in\mathcal{N}(\mathbf{n})} s(\mathbf{m})w_1(d(\mathbf{m}))w_2(\|\mathbf{m}-\mathbf{n}\|)}{\sum\limits_{\mathbf{m}\in\mathcal{N}(\mathbf{n})} w_1(d(\mathbf{m}))w_2(\|\mathbf{m}-\mathbf{n}\|)} \tag{2.76}$$

---

① 对称斜坡函数的形状为梯形。

② 可基于 $\cos^2$、arctan 和 sigmoid(5.156)函数定义替代非线性变换。高维函数可以是可分的或圆对称的。

虽然高斯函数式(2.73)是最常用的权重，但上述任何加权函数也都适用(w_1 和 w_2 也有不同的类型，或者具有单独的 b 值)。

2.5.2 迭代平滑(扩散滤波器)

中值滤波时，迭代运算将删除所有小于相应根信号的结构，并且在较大区域中倾向于使所有样本向均匀性收敛，同时仍然保留不连续性。在边缘保持平滑的情况下，可以采用类似的方法，其中输出值 $g(\mathbf{n})$ 被迭代地确定为来自输入 $s(\mathbf{n})$ 的估计。尽管估计算法将在第 3 章中进一步讨论。但这里引入一些基本概念，来演示在这种情况下考虑信号局部特性的方法。

全变分去噪。对于输出 $g(\mathbf{n})$，在每个位置 $\mathbf{n}$ 的样本与其邻域样本之间的局部变化，及随后在所有样本上的总变化(Total Variation，TV)可以定义为：

$$V\{g(\mathbf{n})\} = \sum_{\mathbf{m}\in\mathcal{N}(\mathbf{n})} \left|g(\mathbf{n}) - g(\mathbf{m})\right| \tag{2.77}$$

然而，$g(\mathbf{n})$ 与输入 $s(\mathbf{n})$ 类似，例如可以通过欧氏距离对其进行测试：

$$d\{g(\mathbf{n}), s(\mathbf{n})\} = \left|g(\mathbf{n}) - s(\mathbf{n})\right|^2 \tag{2.78}$$

这两个准则都可以通过在所有样本上最小化以下标准来共同优化：

$$J = \sum_{\mathbf{n}}\left[d\{g(\mathbf{n}), s(\mathbf{n})\} + \lambda V\{g(\mathbf{n})\}\right] \tag{2.79}$$

这可以通过区分式(2.79)和 $g(\mathbf{n})$ 来实现。随着λ 的增大，$g(\mathbf{n})$ 的均匀性权重将大于与原始信号 $s(\mathbf{n})$ 的相似性权重；根据趋势，TV 去噪将保留局部均值和不连续性。

各向异性扩散。假设样本来自同一随机过程，扩散过程通过连续将样本与其相邻样本对齐(即将上一步的输出作为下一步的递归输入)，从而在给定输入信号上求解随机微分方程。如果基本分布是高斯分布，这相当于通过高斯脉冲响应迭代卷积信号，使其逐渐平滑。最后的结果也可以通过卷积一个非常宽的高斯滤波核来获得，它可以平滑任何结构；这种情况称为各向同性扩散①。

在各向异性扩散[PERONA，MALIK 1990]中，基本上采用了相同的程序，但是当相邻样本振幅具有较大的偏差时，则不会进行平滑处理，从而保留不连续性。前面建议的相同类型的加权函数基本上也可以在这里应用，但根据它们防止扩散的作用，这些函数被表示为停止函数。其等效的离散实现(通常使用 4 邻域系统 $\mathcal{N}_1^{(1)}$)可将第 r 次迭代的结果计算为

$$\hat{s}^{(r)}(\mathbf{n}) = \hat{s}^{(r-1)}(\mathbf{n}) + \frac{\lambda}{|\mathcal{N}|}\sum_{\mathbf{m}\in\mathcal{N}(\mathbf{n})} w(\mathbf{m},\mathbf{n})\nabla(\mathbf{m},\mathbf{n})\hat{s}^{(r-1)}(\mathbf{n}) \tag{2.80}$$
$$\text{其中 } \nabla(\mathbf{m},\mathbf{n}) = \hat{s}^{(r-1)}(\mathbf{m}) - \hat{s}^{(r-1)}(\mathbf{n})$$

其中 $w(\mathbf{m}, \mathbf{n})$ 使用式(2.73)~式(2.75)中的函数。除非停止函数 $w(\mathbf{m}, \mathbf{n})$ 阻止这种情况(即在$\nabla(\mathbf{m}, \mathbf{n})$ 较大的情况下)，否则样本的振幅会向其相邻样本的振幅方向移动。扩散过程从 $\hat{s}^{(0)}(\mathbf{n}) = s(\mathbf{n})$ 开始，在 $g(\mathbf{n}) = \hat{s}^{(R)}(\mathbf{n})$ 第 R 次迭代后结束。

另一种等效的方法是应用迭代滤波(例如，使用高斯核)，其中第 r 次迭代中的停止

① 这在某种程度上相当于不进行二次采样的高斯金字塔的尺度空间方法(见 2.4 节)。

函数直接作为脉冲响应的一部分进行实现，标准是基于第 r–1 次迭代的结果。在下面的例子中，考虑当前样本与 $\mathcal{N}(\mathbf{n})$ 相邻样本之间的二阶导数差的绝对值①

$$\Delta(\mathbf{m},\mathbf{n}) = \left|\nabla^2 s^{(r-1)}(\mathbf{n}) - \nabla^2 s^{(r-1)}(\mathbf{n}+\mathbf{m})\right| \tag{2.81}$$

以及绝对强度的偏差$|\nabla(\mathbf{m}, \mathbf{n})|$。或者，可以定义值在 0 和 1 之间的外部控制函数$\theta(\mathbf{n})$。在给定位置设置$\theta(\mathbf{n}) = 1$ 将强制执行各向同性扩散过程（这意味着即使$|\nabla|$和Δ的值很大，也将执行边缘平滑②）。式(2.80)中位置 $\mathbf{n}$ 的权重可以通过以下方法来确定：

$$w(\mathbf{m},\mathbf{n}) = \left(w_1\left[\nabla(\mathbf{m},\mathbf{n})\right]\cdot w_2\left[\Delta(\mathbf{m},\mathbf{n})\right]\right)\cdot[1-\theta(\mathbf{n})]+\theta(\mathbf{n}) \tag{2.82}$$

对于基本函数 $w_1(\cdot)$ 和 $w_2(\cdot)$，可以再次使用式(2.73) ~ 式(2.76)。从相应的各向同性高斯核 $h_{\mathrm{G}}(\mathbf{m})$（例如，对于二维信号为式(2.65)的采样），可计算位置 $\mathbf{n}$ 处的各向异性核：

$$\tilde{h}(\mathbf{m},\mathbf{n}) = \frac{w(\mathbf{m},\mathbf{n})h_{\mathrm{G}}(\mathbf{m})}{\sum_{\mathbf{k}\in\mathcal{N}(\mathbf{n})} w(\mathbf{k},\mathbf{n})h_{\mathrm{G}}(\mathbf{k})} \tag{2.83}$$

第 r 次迭代中信号生成为

$$\hat{s}^{(r)}(\mathbf{n}) = \sum_{\mathbf{m}\in\mathcal{N}(\mathbf{n})} \hat{s}^{(r-1)}(\mathbf{m})\tilde{h}(\mathbf{m},\mathbf{n}) \tag{2.84}$$

由于高斯脉冲响应的迭代应用相当于更强的高斯低通滤波，因此各向异性扩散方法可以在每个迭代步骤中使用小的高斯滤波核。图 2.27 以邻域中存在的图像边缘为例，显示了各向同性和加权高斯核的二维脉冲响应形状。

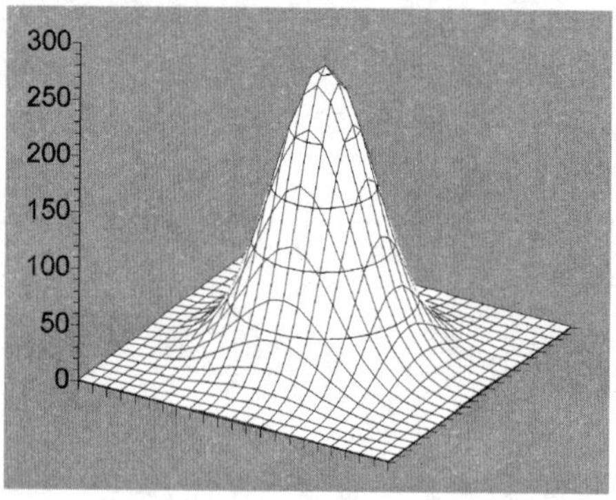

(a) 各向同性加权

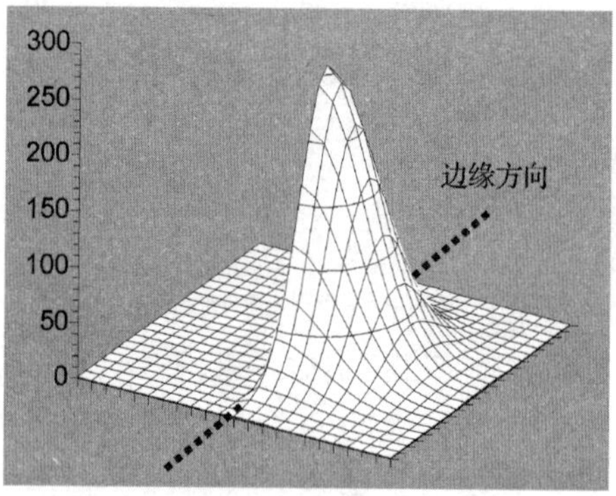

(b) 各向异性加权(例如，超出阶梯边缘的滤波器加权的限制)

图 2.27 高斯扩散滤波器内核 [来源：IZQUIERDO/OHM]

2.6 习题

习题 2.1 给定以下图像信号。

---

① 二阶导数 $\nabla^2(\mathbf{n})$ 可用 LOG 式(2.66)或滤波核式(4.60) ~ 式(4.62)计算。二阶导数的巨大差异表明梯度的变化，这是边缘位置存在的典型标志，参见 4.3.2 节。

② 这可以基于其他规则或标准，例如平滑区域的期望最小尺寸，或独立获得的其他特征，如当该方法用于平滑移动对象的外观时，运动矢量场的均匀性特征。

$$\begin{bmatrix} 5 & 5 & 15 & 15 \\ 10 & \boxed{30} & 25 & 20 \\ 5 & 20 & \boxed{25} & 20 \\ 5 & 5 & 10 & 20 \end{bmatrix}$$

a) 在框出的位置，使用以下非加权和加权方式执行中值滤波：

i) 4 邻域 $\mathcal{N}_1^{(1)}(n1,n2)$；

ii) 8 邻域 $\mathcal{N}_2^{(1)}(n1,n2)$；

iii) 邻域 $\mathcal{N}_1^{(1)}(n1,n2)$，中心样本加权三倍；

iv) 邻域 $\mathcal{N}_2^{(1)}(n1,n2)$，中心样本加权三倍。

b) 绘制 iii) 和 iv) 中值滤波器的根信号。

习题 2.2 绘制如图 2.28 所示中值滤波器几何结构的根信号。黑点表示属于滤波器掩模值的位置。

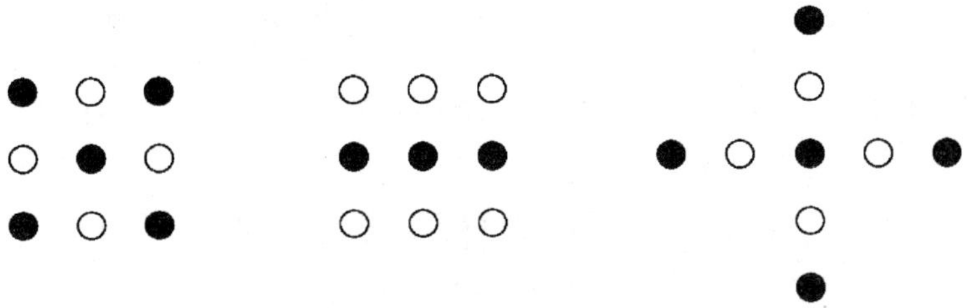

图 2.28 用于找到根信号的中值滤波器掩模

习题 2.3 在以下图像矩阵标记的区域内，使用 3×3 滤波器掩模执行非线性滤波操作。必要时，使用图像的定值扩展：a) 中值；b) 最大值（膨胀）；c) 最小值（腐蚀）；d) 最大差值；e) 开运算；f) 闭运算。

$$\mathbf{S} = \begin{bmatrix} 10 & 10 & 10 & 10 & 20 & 20 & 20 \\ 10 & 10 & 10 & 20 & 20 & 20 & 20 \\ 10 & 10 & 10 & 10 & 20 & 20 & 20 \\ 10 & 10 & 10 & 10 & 10 & 20 & 20 \\ 10 & 10 & 10 & 10 & 20 & 20 & 20 \end{bmatrix}$$

习题 2.4 对于图 2.29 所示的一维信号 $s(n)$，通过以下非线性滤波器操作来描绘结果。使用长度为 3 的结构元素，并在边界处假设进行定值扩展。i) 中值滤波器；ii) 最大差值滤波器；iii) 腐蚀滤波器；iv) 膨胀滤波器；v) 开运算滤波器；vi) 闭运算滤波器。

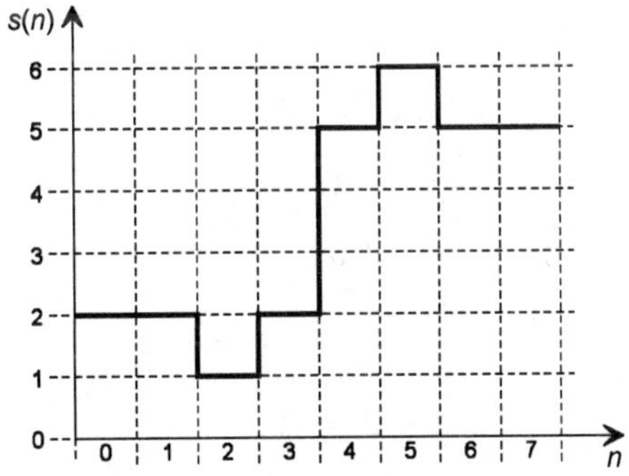

图 2.29 一维振幅形状

习题 2.5 图像信号(2, 3, 4, 5)的振幅值在图 2.30 所示的位置处已知。

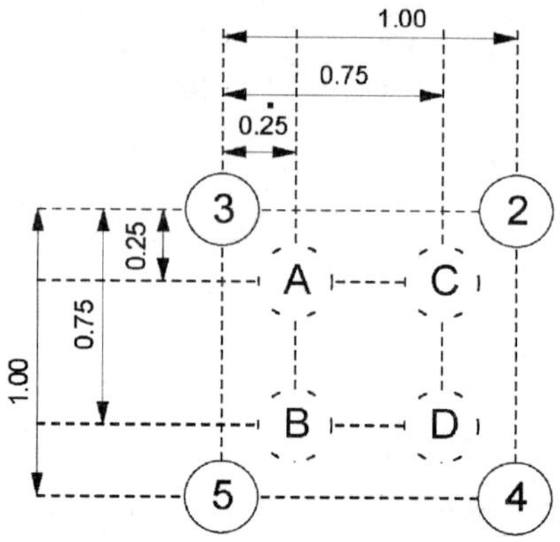

图 2.30 二维插值问题：整数表示已知的振幅及其位置，字母是要插值的位置

a)通过中值滤波器确定 A, B, C, D 的中间插值。这里，中值应从插值位置的最邻近的每三个采样位置计算。

b)在位置 A 和 B 处，确定中值插值与双线性插值式(2.55)的偏差[见式(2.55)]。

习题 2.6 二次样条插值的基函数按式(2.43)分段定义。

a)构造方程的矩阵形式，根据系数 c_0，c_1，c_2 确定与 t' 相关的 $\hat{s}(t)$。

b)确定从已知信号样本计算系数 $c(m)$ 的条件。

第 3 章　信号和参数估计

在多媒体信号分析中，经常采用信号估计或参数估计的方法。本章对线性估计和非线性估计的原理做了较为全面的介绍。本章以信号恢复为例来介绍估计的原理，它可以直接推广到不完备信号的预测和插值；所介绍的大多数方法不仅仅适用于信号的估计，同样也适用于参数的估计，特别适用于使用参数进行信号间的优化建模、映射或相似性比较的情况。对于不依赖于线性滤波器模型的非线性估计方法，本章介绍了其广泛的适用性。此外，还讨论了在估计过程和参数拟合中剔除不可靠数据的方法。最后介绍了几种稳定相干数据序列估计的状态建模方法。

3.1　期望值和概率描述

对于观测 K 维向量 $\mathbf{s}(\mathbf{t})$，函数 $F(\cdot)$ 上的期望值一般定义为：

$$\mathcal{E}\left\{F\left[\mathbf{s}(\mathbf{t}),\boldsymbol{\tau}\right]\right\}=\lim_{M\to\infty}\frac{1}{M}\sum_{k=1}^{M}F\left[{}^{k}\mathbf{s}(\mathbf{t}),\boldsymbol{\tau}\right]=\int_{-\infty}^{\infty}\cdots\int_{-\infty}^{\infty}F(\mathbf{x})p_{\mathbf{s}}(\mathbf{x},\boldsymbol{\tau})\mathrm{d}^{K}\mathbf{x} \tag{3.1}$$

期望值可以通过 M 个无穷大的观测值 ${}^{k}\mathbf{s}(\mathbf{t})$ 推导出来，也可以通过已知的 PDF 经验推导出来。在本书中，$\boldsymbol{\tau}$ 是一个向量，表示 $\mathbf{s}$ 中直接或间接观测到的不同元素的位置向量(例如，观测样本之间的延迟)。可通过 $F(\cdot)$ 定义的最常见函数与 PDF 的矩相关。如果已知高阶矩，就可以更精确地估计 PDF 的形状①。

以下方法既适用于基于样本的矩，也适用于更一般的联合期望矩。根据式(3.1)，基于样本的矩只是更一般的联合观测矩的特例，因此使用符号 $\varphi_s^{(P)}(\mathbf{t})$ 来表示。中心矩 $\mu_s^{(P)}(\mathbf{t})$ 是通过预先减去平均值 $m_s(t_p)$ 来定义的，它能够更好地反映总体变化，而不受均值影响：

$$\mu_s^{(P)}(\mathbf{t})=\mu_s^{(P)}(t_1,\cdots,t_P)=\mathcal{E}\left\{\left[s(t_1)-m_s(t_1)\right]\cdots\left[s(t_P)-m_s(t_P)\right]\right\} \tag{3.2}$$

$P=1$ 时中心矩为 0。对于基于样本矩的特殊情况，所有时间实例 $t_1\cdots t_p$ 均相同，式(3.2)在 $P=2$ 时得到方差：

$$\mu_s^{(2)}(t_1,t_1)=\sigma_s^{\,2}(t_1)=\mathcal{E}\left\{\left[s(t_1)-m_s(t_1)\right]^2\right\}=m_s^{(2)}(t_1)-\left[m_s(t_1)\right]^2 \tag{3.3}$$

其中，$\sigma_s(t_1)$ 是观测值的标准差。当 $P=3$ 时：

$$\mu_s^{(3)}(t_1,t_1,t_1)=\mathcal{E}\left\{\left[s(t_1)-m_s(t_1)\right]^3\right\}=m_s^{(3)}(t_1)-3m_s^{(2)}(t_1)m_s(t_1)+2\left[m_s(t_1)\right]^3 \tag{3.4}$$

当 $P=4$ 时：

$$\begin{aligned}\mu_s^{(4)}(t_1,t_1,t_1,t_1)&=\mathcal{E}\left\{\left[s(t_1)-m_s(t_1)\right]^4\right\}\\&=m_s^{(4)}(t_1)-4m_s^{(3)}(t_1)m_s(t_1)+6m_s^{(2)}(t_1)\left[m_s(t_1)\right]^2-3\left[m_s(t_1)\right]^4\end{aligned} \tag{3.5}$$

标准矩通过从中心矩计算各阶(P)标准差并对其进行归一化得到，即

① 特别是对于高斯 PDF 式(5.7)，一阶和二阶矩(线性平均，方差/协方差)足以精确地描述 PDF。

$$\rho_s^{(P)}(t_1,\cdots,t_P)=\frac{\mu_s^{(P)}(t_1,\cdots,t_P)}{\sigma_s(t_1)\cdots\cdots\sigma_s(t_P)} \tag{3.6}$$

对于单样本情况，即 $t_1 = t_2 = \cdots = t_P$，将式(3.4)中 $P = 3$ 时的标准矩表示为偏度(skewness)，并且将式(3.5)中 $P = 4$ 时的标准矩表示为峰度(kurtosis)。偏度通常用来确定潜在概率分布函数不对称性的参数(对称情况下为零)。峰度可以检验概率密度函数的高斯性。一般来说，高斯正态 PDF 的峰度①为 3，峰度越低说明 PDF 的曲率越平缓，峰度越高说明 PDF 的曲率越尖锐。

$P = 2$ 阶标准矩是归一化自方差函数②：

$$\rho_{ss}(t_1,t_2)=\frac{\mu_{ss}(t_1,t_2)}{\sigma_s(t_1)\sigma_s(t_2)} \tag{3.7}$$

其振幅范围在$|\rho_{ss}(t_1, t_2)|\leqslant 1$ 内。

累积量(Cumulants)提供了另一种表示 PDF 特性的方法。对于随机过程 $s(t)$，考虑以下生成函数：

$$\nu_s(\omega,t_1)=\log\mathcal{E}\left\{\mathrm{e}^{\omega s(t_1)}\right\} \tag{3.8}$$

累积量建立了系数的无穷级数，可改进生成函数为：

$$\nu_s(\omega,t_1)=\sum_{P=1}^{\infty}\kappa_s^{(P)}(t_1)\frac{\omega^P}{P!}\quad\text{，其中}\quad \kappa_s^{(P)}(t_1)=\left.\frac{\partial^P}{\partial\omega^P}\nu_s(\omega,t_1)\right|_{\omega=0} \tag{3.9}$$

对于平稳高斯(正态)分布过程的具体情况，由式(3.8)可得(见习题 3.1)：

$$\nu_s(\omega)=m_s\omega+\sigma_s^2\frac{\omega^2}{2} \tag{3.10}$$

通过应用式(3.9)可得：

$$\kappa_s^{(1)}=m_s,\ \kappa_s^{(2)}=\sigma_s^2\text{，并且}\ \kappa_s^{(P)}=0\text{，}\quad P>2 \tag{3.11}$$

这可以用来测试随机信号的高斯特性(Gaussianity)。基于样本的累积量通过以下递推公式进一步与矩相关：

$$\kappa_s^{(P)}(t_1)=m_s^{(P)}(t_1)-\sum_{p=1}^{P-1}\binom{P-1}{p-1}\kappa_s^{(p)}(t_1)m_s^{(P-p)}(t_1) \tag{3.12}$$

下面给出 $P = 1,\cdots, 4$ 的情况：

$$\begin{aligned}
\kappa_s^{(1)}(t_1)&=m_s^{(1)}(t_1)\\
\kappa_s^{(2)}(t_1)&=m_s^{(2)}(t_1)-\left[m_s^{(1)}(t_1)\right]^2\\
\kappa_s^{(3)}(t_1)&=m_s^{(3)}(t_1)-3m_s^{(2)}(t_1)m_s^{(1)}(t_1)+2\left[m_s^{(1)}(t_1)\right]^3\\
\kappa_s^{(4)}(t_1)&=m_s^{(4)}(t_1)-4m_s^{(3)}(t_1)m_s^{(1)}(t_1)-\\
&\quad 3\left[m_s^{(2)}(t_1)\right]^2 12m_s^{(2)}\left[m_s^{(1)}(t_1)\right]^2-6\left[m_s^{(1)}(t_1)\right]^4
\end{aligned} \tag{3.13}$$

或者用中心矩来简化表示(假设平稳性，亦即 t_1 的独立性)：

$$\kappa_s^{(2)}=\mu_s^{(2)}=\sigma_s^2;\quad \kappa_s^{(3)}=\mu_s^{(3)};\quad \kappa_s^{(4)}=\mu_s^{(4)}-3\sigma_s^2 \tag{3.14}$$

① 峰度的另一个定义为 $\varepsilon\{[s(t_1)-m_s(t_1)]^4\}/[\sigma_s(t_1)]^4-3$，用来测试式(3.14)中定义的相关累积量是否变为零，这是表明高斯 PDF 存在的必要条件。

② 在平稳的情况下，$\mu_{ss}(t_1,t_2)=\mu_{ss}(\tau)$，其中 $\tau = t_2-t_1$，σ_s为常数，与测量位置无关。

类似于矩和中心矩，累积量的概念同样可以扩展到联合统计，其中生成函数的定义如下：

$$\nu_s(\boldsymbol{\omega};\mathbf{t}) = \nu_s(\omega_1,\cdots,\omega_P;t_1,\cdots,t_P) = \log \mathcal{E}\left\{ \mathrm{e}^{\sum_{p=1}^{P}\omega_p s(t_p)} \right\} \tag{3.15}$$

基本上，上述关系保持相似，但是需要考虑所有可能的排列。例如，当从三阶或更低阶的矩①计算三阶累积量时，有如下公式：

$$\begin{aligned}\kappa_s^{(3)}(t_1,t_2,t_3) = {} & m_s^{(3)}(t_1,t_2,t_3) - m_s^{(2)}(t_1,t_2)m_s^{(1)}(t_3) - m_s^{(2)}(t_1,t_3)m_s^{(1)}(t_2) - \\ & m_s^{(2)}(t_2,t_3)m_s^{(1)}(t_1) + 2m_s^{(1)}(t_1)m_s^{(1)}(t_2)m_s^{(1)}(t_3)\end{aligned} \tag{3.16}$$

最后，还可以定义高阶矩的傅里叶变换，即高阶谱，以及高阶联合累积量的傅里叶变换，如式(3.16)即为累积量谱。两者都可用于分析非线性信号行为。对于平稳过程，P 阶谱可由 P 阶矩得到，用如下 P–1 维依赖关系②表示：

$$\begin{aligned}\phi_s^{(P)}(f_1,\cdots,f_{P-1}) &= \int_{-\infty}^{\infty}\cdots\int_{-\infty}^{\infty} \varphi_s^{(P)}(\tau_1,\cdots,\tau_{P-1})\,\mathrm{e}^{-\mathrm{j}(2\pi)\mathbf{f}^{\mathrm{T}}\boldsymbol{\tau}}\,\mathrm{d}^{P-1}\boldsymbol{\tau} \\ &\;\;\bullet\!\!-\!\!\circ \\ \varphi_s^{(P)}(\tau_1,\cdots,\tau_{P-1}) &= \int_{-\infty}^{\infty}\cdots\int_{-\infty}^{\infty} \phi_s^{(P)}(f_1,\cdots,f_{P-1})\,\mathrm{e}^{\mathrm{j}(2\pi)\mathbf{f}^{\mathrm{T}}\boldsymbol{\tau}}\,\mathrm{d}^{P-1}\mathbf{f}\end{aligned} \tag{3.17}$$

与 Parseval 定理类似的关系是，P 阶谱下的面积对应于 P 阶矩的中心值：

$$\varphi_s^{(P)}(0,\cdots,0) = \int_{-\infty}^{\infty}\cdots\int_{-\infty}^{\infty} \phi_s^{(P)}(f_1,\cdots,f_{P-1})\,\mathrm{d}^{P-1}\mathbf{f} \tag{3.18}$$

因此，可以定义归一化功率密度谱(P = 2)或更高阶的谱，使得频率相关函数下的面积或体积为 1：

$$\tilde{\phi}_s^{(P)}(f_1,\cdots,f_{P-1}) = \frac{\phi_s^{(P)}(f_1,\cdots,f_{P-1})}{\varphi_s^{(P)}(0,\cdots,0)} \tag{3.19}$$

式(3.1)给出了 PDF 与振幅期望值(以矩表示)之间的关系。原则上，这可以用 PDF 函数相对于随机振幅轴的质量(mass)分布描述来解释。线性平均值是质心，而标准差是关于质心的预期分布；高阶矩可以进一步得出关于对称性、曲率等的结论。

通过类似的概念，矩可以用来描述信号或者谱域函数在时间轴和频率轴上的位置。对于随机信号，由归一化自相关函数或归一化功率密度谱③导出的矩特别重要，例如：

$$\mu_{s,\tau}^{(p)} = \mathcal{E}^{(\varphi)}\{\tau^p\} = \int_{-\infty}^{\infty} \tau^p \underbrace{\frac{\varphi_{ss}(\tau)}{\phi_{ss}(0)}}_{\tilde{\varphi}_{ss}(\tau)}\mathrm{d}\tau\,;\ \mu_{s,f}^{(p)} = \mathcal{E}^{(\phi)}\{f^p\} = \int_{-\infty}^{\infty} f^p \underbrace{\frac{\phi_{ss}(f)}{\varphi_{ss}(0)}}_{\tilde{\phi}_{ss}(f)}\mathrm{d}f \tag{3.20}$$

由于自相关函数(Autocorrelation Function，ACF)和功率密度谱的对称性，一阶矩 p = 1(谱轴上的质心)至少在实值信号的情况下都为零，因此二阶矩特别重要。若为高斯白噪声，则 $\mathcal{E}^{(\varphi)}\{\tau^2\}=0$，而 $\mathcal{E}^{(\phi)}\{f^2\}$ 由于在 $\varphi_{ss}(0)$ 中发现了狄拉克脉冲，因此未定义。例如，有限功率高斯过程的归一化谱如下：

---

① 与式(3.13)的第三行相比较。

② 对于非平稳过程，依赖关系是 P 维的。

③ 参考式(3.19)进行归一化，使函数下的区域成为一个整体。

$$\begin{aligned}\mathcal{E}^{(\phi)}\left\{f^2\right\} &= \int_{-\infty}^{\infty} f^2 \tilde{\phi}_{ss}(f)\,\mathrm{d}f \\ &= \frac{\mathrm{d}^2}{\mathrm{d}t^2}\left[\frac{\varphi_{ss}(0)}{-4\pi^2\phi_{ss}(0)}\right] = \frac{1}{-4\pi^2\phi_{ss}(0)}\mathcal{E}\left\{\left|\frac{\mathrm{d}}{\mathrm{d}t}s(t)\Big|_{t=0}\right|^2\right\}\end{aligned} \tag{3.21}$$

这可以解释为对随机信号进行微分计算后的归一化功率。平方导数的平均值越大，并且假设零均值对称 PDF 使得负导数和正导数的可能性相等，则高值将表示在过程 $s(t)$ 中有更多的过零次数。当周期 T 对应于频率 $f=1/T$ 时，式(3.21)表示在随机信号中观测到的每个单位时间的平均过零次数，其表示为过零率，并且可以解释为随机过程的平均瞬时频率。

3.2　观测和退化模型

信号和参数估计的方法依赖于观测(输入)，以及该观测与实际信号之间关系的假设，实际信号应自行估计或由参数描述。通常，必须已知信号(过程)的统计模型和退化模型；但是，确定或优化表征这些模型的参数也可以是估计过程的一部分。在此基础上，采用客观标准(如原始信号和估计信号之间的期望差最小化)来获得最佳结果。图 3.1(a)所示为退化模型，它可以支持多媒体信号中可能出现的以下各种退化。

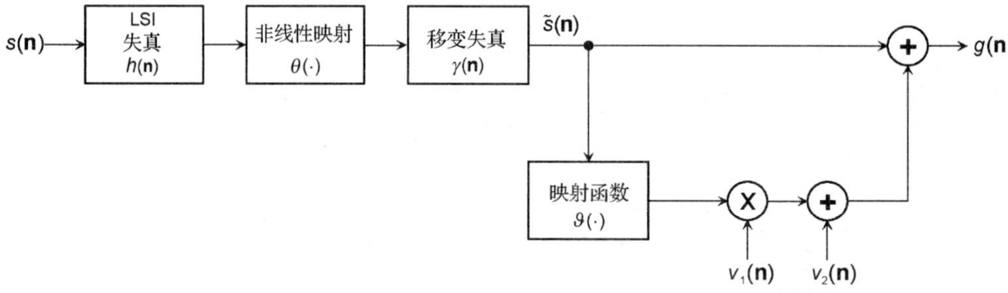

(a) 包括线性、非线性、几何失真，耦合和不相关噪声分量的退化模型

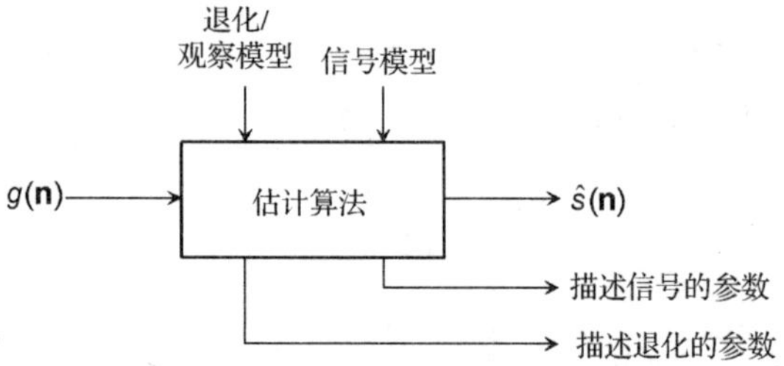

(b) 估计过程的输入和输出

图 3.1　退化模型

- 脉冲响应为 $h(\cdot)$ 的线性移不变滤波器，可以用于将退化建模为平滑或模糊，这些退化可能是由于传感器/采集设备(相机镜头焦距、麦克风)的分辨率有限或采样不精确(例如快门时间过长，导致运动模糊)导致的。
- 非线性失真 $\theta(\cdot)$，通常表示采集设备的非线性行为模型。指数函数就是一个典型的例子(其中 α, β 是特定类型的常数)①：

① 例如，这反映了相机传感器的伽马传递特性。

$$g(\mathbf{n})=\theta[s(\mathbf{n})],\quad \text{例如}\, g(\mathbf{n})=\alpha\cdot s^{\beta}(\mathbf{n}) \tag{3.22}$$

- 移变失真 $\gamma(\cdot)$，特别是对于图像采集，它为镜头的几何修改、光学失真提供了模型，但也可以表示投影失真，例如当相机与期望的位置或方向存在偏差时。
- 乘性噪声分量 $v_1(\mathbf{n})$，通过线性或非线性映射 $\vartheta(\cdot)$ 耦合成信号。这有助于对颗粒胶片噪声、电子相机中的光照相关噪声，甚至是编码噪声（例如，非均匀量化的振幅相关量化噪声）进行建模。
- 与信号不相关的加性噪声分量 $v_2(\mathbf{n})$。

关于估计过程输入和输出的高级视图如图 3.1(b)所示。信号观测 $g(\mathbf{n})$ 是估计算法的输入，通过该算法，基于信号和退化/观测过程模型来优化估计。输出可以是对信号的估计，因为可以提供描述信号或退化的参数。

3.3　基于线性滤波器的估计

在这类估计器中，目标是使用优化的“逆”线性滤波器 $h^{\mathrm{I}}(\mathbf{n})$ 来对观测信号进行估计，使得输出为

$$\hat{s}(\mathbf{n})=g(\mathbf{n})*h^{\mathrm{I}}(\mathbf{n}) \quad \circ\!-\!\bullet \quad \hat{S}_{\delta}(\mathbf{f})=G_{\delta}(\mathbf{f})\cdot H_{\delta}^{\mathrm{I}}(\mathbf{f}) \tag{3.23}$$

退化假设仅涉及线性失真分量 $h(\mathbf{n})$ 和加性噪声分量 $v(\mathbf{n})$，因此退化过程可以描述为

$$g(\mathbf{n})=s(\mathbf{n})*h(\mathbf{n})+v(\mathbf{n}) \quad \circ\!-\!\bullet \quad G_{\delta}(\mathbf{f})=S_{\delta}(\mathbf{f})\cdot H_{\delta}(\mathbf{f})+V_{\delta}(\mathbf{f}) \tag{3.24}$$

3.3.1　逆滤波器

以脉冲响应 $h(\mathbf{n})$ 为特征的线性失真具有傅里叶传递函数 $H_{\delta}(\mathbf{f})$。逆滤波器具有倒数传递函数：

$$H_{\delta}^{\mathrm{I}}(\mathbf{f})=\frac{1}{H_{\delta}(\mathbf{f})} \tag{3.25}$$

当 $H_{\delta}(\mathbf{f})$ 在整个 $\mathbf{f}$ 上不为零时，线性失真将完全消除。否则 $H_{\delta}^{\mathrm{I}}(\mathbf{f})$ 将在相应的频率位置出现奇点。对于这个问题的一个可能解决方案是所谓的伪逆滤波器：

$$H_{\delta}^{\mathrm{I}}(\mathbf{f})=\begin{cases}\dfrac{1}{H_{\delta}(\mathbf{f})}, & |H_{\delta}(\mathbf{f})|\geqslant\varepsilon \\ 0, & |H_{\delta}(\mathbf{f})|<\varepsilon\end{cases} \tag{3.26}$$

其中 ε 是一些小的正值。然而，逆滤波器和伪逆滤波器对加性噪声非常敏感，在模型中加性噪声不受线性失真 $h(\mathbf{n})$ 的影响。当噪声分量比 LSI 失真后剩余的可用信号分量能量更高时，$v(\mathbf{n})$ 可能被逆滤波器不可接受地放大。由式(3.24)可得

$$\hat{s}(\mathbf{n})=[s(\mathbf{n})*h(\mathbf{n})+v(\mathbf{n})]*h^{\mathrm{I}}(\mathbf{n}) \quad \circ\!-\!\bullet \quad \hat{S}_{\delta}(\mathbf{f})=S_{\delta}(\mathbf{f})\cdot H_{\delta}(\mathbf{f})\cdot H_{\delta}^{\mathrm{I}}(\mathbf{f})+V_{\delta}(\mathbf{f})\cdot H_{\delta}^{\mathrm{I}}(\mathbf{f}) \tag{3.27}$$

根据功率密度谱，假设加性噪声过程统计独立于信号，将得到误差谱：

$$e(\mathbf{n})=s(\mathbf{n})-\hat{s}(\mathbf{n}) \quad \circ\!-\!\bullet \quad E_{\delta}(\mathbf{f})=V_{\delta}(\mathbf{f})\cdot H_{\delta}^{\mathrm{I}}(\mathbf{f})\Rightarrow \phi_{ee,\delta}(\mathbf{f})=\phi_{vv,\delta}(\mathbf{f})\cdot\left|H_{\delta}^{\mathrm{I}}(\mathbf{f})\right|^{2} \tag{3.28}$$

显然，当滤波噪声的功率密度谱大于滤波信号的功率密度谱时，衰减滤波器是更好的策略。原则上可以在式(3.26)中通过使用与频率相关的阈值 ε 来实现，该阈值需要通过使用

关于可用信号和噪声的频谱知识来调整。如果目标准则是式(3.28)中误差方差的最小化，则这将成为维纳滤波器的基础(见 3.3.2 节)。

3.3.2　维纳滤波器

维纳滤波器是根据式(3.24)进行观测信号估计和重建的最优线性滤波器,其准则是在重建过程中使平方误差(欧几里得距离)最小。其目标是确定(未知)信号 $s(\mathbf{n})$ 的估计 $\hat{s}(\mathbf{n})$，尽可能地抑制噪声和消除线性失真，使得误差的方差

$$\sigma_e^2 = \mathcal{E}\left\{ \left(s(\mathbf{n}) - \hat{s}(\mathbf{n})\right)^2 \right\} \tag{3.29}$$

最小化。当通过 FIR 滤波器实现时，满足以下关系：

$$g(\mathbf{n}) = \sum_{\mathbf{p}} h(\mathbf{p}) s(\mathbf{n}-\mathbf{p}) + v(\mathbf{n}) \tag{3.30}$$

$$\hat{s}(\mathbf{n}) = \sum_{\mathbf{p}} h^{\mathrm{I}}(\mathbf{p}) g(\mathbf{n}-\mathbf{p}) \tag{3.31}$$

将式(3.31)代入式(3.29)并在维纳滤波器系数上进行求导可得

$$\sigma_e^2 = \mathcal{E}\left\{s^2(\mathbf{n})\right\} - 2\mathcal{E}\left\{s(\mathbf{n})\sum_{\mathbf{p}} h^{\mathrm{I}}(\mathbf{p}) g(\mathbf{n}-\mathbf{p})\right\} + \mathcal{E}\left\{\left[\sum_{\mathbf{p}} h^{\mathrm{I}}(\mathbf{p}) g(\mathbf{n}-\mathbf{p})\right]^2\right\} \tag{3.32}$$

$$\Rightarrow \frac{\partial \sigma_e^2}{\partial h^{\mathrm{I}}(\mathbf{k})} = -2\mathcal{E}\left\{s(\mathbf{n}) g(\mathbf{n}-\mathbf{k})\right\} + 2\mathcal{E}\left\{\left[\sum_{\mathbf{p}} h^{\mathrm{I}}(\mathbf{p}) g(\mathbf{n}-\mathbf{p})\right] g(\mathbf{n}-\mathbf{k})\right\} \tag{3.33}$$

当式(3.33)导数值为零时，可得到最佳系数集，从而得到以下形式的维纳-霍夫方程①：

$$\varphi_{gs}(\mathbf{k}) = \sum_{\mathbf{p}} h^{\mathrm{I}}(\mathbf{p}) \varphi_{gg}(\mathbf{k}-\mathbf{p}) \tag{3.34}$$

滤波器的阶数等于所得线性方程组的阶数。这可以用矩阵表示为

$$\mathbf{c}_{gs} = \mathbf{C}_{gg} \mathbf{h}^{\mathrm{I}} \Rightarrow \mathbf{h}^{\mathrm{I}} = \mathbf{C}_{gg}^{-1} \mathbf{c}_{gs} \tag{3.35}$$

事实证明，只有原始信号和观测信号之间的互相关所表示的统计建模关系是已知的。在式(3.35)中，线性失真滤波器 $h(\mathbf{p})$ 的脉冲响应也隐藏在 $\mathbf{c}_{gs}$ 和 $\mathbf{C}_{gg}$ 的互相关和自相关系数中。然而，根据畸变滤波器和逆滤波器的脉冲响应长度，该问题可在频域中得到更好的表达和求解。由于自相关函数和互相关函数的傅里叶变换是功率谱和互功率密度谱，则维纳-霍夫方程也可表示为

$$\phi_{gs,\delta}(\mathbf{f}) = \phi_{gg,\delta}(\mathbf{f}) H_\delta^{\mathrm{I}}(\mathbf{f}) \Rightarrow H_\delta^{\mathrm{I}}(\mathbf{f}) = \frac{\phi_{gs,\delta}(\mathbf{f})}{\phi_{gg,\delta}(\mathbf{f})} \tag{3.36}$$

假设信号和噪声是不相关的，使用频域公式

$$\phi_{gg,\delta}(\mathbf{f}) = \left|H_\delta(\mathbf{f})\right|^2 \phi_{ss,\delta}(\mathbf{f}) + \phi_{vv,\delta}(\mathbf{f});\quad \phi_{gs,\delta}(\mathbf{f}) = H_\delta^*(\mathbf{f}) \phi_{ss,\delta}(\mathbf{f}) \tag{3.37}$$

定义以下傅里叶传递函数：

$$H_\delta^{\mathrm{I}}(\mathbf{f}) = \frac{H_\delta^*(\mathbf{f}) \phi_{ss,\delta}(\mathbf{f})}{\left|H_\delta(\mathbf{f})\right|^2 \phi_{ss,\delta}(\mathbf{f}) + \phi_{vv,\delta}(\mathbf{f})} = \frac{H_\delta^*(\mathbf{f})}{\left|H_\delta(\mathbf{f})\right|^2 + \dfrac{\phi_{vv,\delta}(\mathbf{f})}{\phi_{ss,\delta}(\mathbf{f})}} \tag{3.38}$$

---

① 线性预测的 Wiener-Hopf 方程的一个近似表示是式(A.96)～式(A.98)，其中给出了自方差矩阵的典型结构。式(A.103)～式(A.107)提供了不可分离二维情况的扩展。

现在维纳滤波器由失真线性滤波器的传递函数、原始信号和加性噪声的功率密度谱来唯一描述。对于 $s(n)$，可以使用模型(例如，图像和语音信号的自回归模型)来描述原始信号的预期统计行为。在恢复问题中，也可以迭代地应用维纳滤波，其中一次迭代得到的估计结果用于确定下一次迭代的原始功率密度谱的改进近似值。例如，在视频序列中，由于自相关函数和功率密度谱对由于运动而产生的信号的相移是不变的，所以可以使用恢复先前的图像来确定估计。

由式(3.25)和式(3.38)的对比可知，零噪声的维纳滤波优化本身可得到逆滤波器；否则，与逆滤波器相比，维纳滤波器将根据该频率的信噪比影响特定频率分量的衰减。因此，即使重建质量在很大程度上取决于噪声的功率，维纳滤波器也至少在最小化信号和估计值之间的平方误差方面得到了最佳结果。

3.4　最小二乘估计

维纳滤波器优化准则是使估计(恢复)信号与原始信号之间的平方误差最小，条件是线性失真滤波器 $h(\mathbf{n})$以及信号和噪声的统计行为(或者根据原始信号和观测信号之间的相关性或频谱的相互依赖性)是已知的。在最小二乘估计中，准则是观测信号 $g(\mathbf{n})$与滤波估计 $\hat{s}(\mathbf{n})*h(\mathbf{n})$之间的能量最小化，其中再次假设 $h(\mathbf{n})$是已知的。从这一点出发考虑(与维纳滤波相反)不再需要关于原始信号统计模型[①]的先验知识：

$$\left\|g(\mathbf{n})-\hat{s}(\mathbf{n})*h(\mathbf{n})\right\|^2 \overset{!}{=} \min \tag{3.39}$$

应用于有限信号的 LSI 运算也可以用线性矩阵来表示，这种表示方法可进一步用于处理从 $\mathbf{s}$ 到 $\mathbf{g}$ 的移变映射的情况[②]。观测到的信号是：

$$\mathbf{g}=\mathbf{Hs} \tag{3.40}$$

其中滤波矩阵 $\mathbf{H}$ 是 $K\times L$ 的矩阵，K 为 $\mathbf{s}$ 中值的个数，L 为 $\mathbf{g}$ 中值的个数，这意味着有 L 个样本已知，而 K 个样本应重建。最小二乘估计本质上包括插值和抽取问题，在这些问题中，重建的样本少于或多于已知的观测样本。最小二乘问题目标的求解如下：

$$\|\mathbf{e}\|^2=\|\mathbf{g}-\mathbf{H}\hat{\mathbf{s}}\|^2=\left[\mathbf{g}-\mathbf{H}\hat{\mathbf{s}}\right]^{\mathrm{T}}\left[\mathbf{g}-\mathbf{H}\hat{\mathbf{s}}\right]\overset{!}{=}\min \tag{3.41}$$

伪逆矩阵 $\mathbf{H}^{\mathrm{p}}$ 的一种求解方法为：

$$\hat{\mathbf{s}}=\mathbf{H}^{\mathrm{p}}\mathbf{g} \tag{3.42}$$

区分为下列不同的情况：

$$\begin{aligned}
K<L:&\ \mathbf{H}^{\mathrm{p}}=(\mathbf{H}^{\mathrm{T}}\mathbf{H})^{-1}\mathbf{H}^{\mathrm{T}};\quad \mathbf{H}^{\mathrm{p}}\mathbf{H}=\mathbf{I};\quad \mathbf{H}\mathbf{H}^{\mathrm{p}}\neq\mathbf{I};\\
K=L:&\ \mathbf{H}^{\mathrm{p}}=\mathbf{H}^{-1};\quad \mathbf{H}^{\mathrm{p}}\mathbf{H}=\mathbf{H}\mathbf{H}^{\mathrm{p}}=\mathbf{I};\\
K>L:&\ \mathbf{H}^{\mathrm{p}}=\mathbf{H}^{\mathrm{T}}(\mathbf{H}\mathbf{H}^{\mathrm{T}})^{-1};\quad \mathbf{H}\mathbf{H}^{\mathrm{p}}=\mathbf{I};\quad \mathbf{H}^{\mathrm{p}}\mathbf{H}\neq\mathbf{I}
\end{aligned} \tag{3.43}$$

① 注意这是一种非常通用的方法。作为一种变体，考虑给定信号 $s(\mathbf{n})$和 $g(\mathbf{n})$且函数 $h(\mathbf{n})$未知的情况。那么，估计问题的公式将是 $\left\|g(\mathbf{n})-s(\mathbf{n})*\hat{h}(\mathbf{n})\right\|^2=\min$，然后针对滤波器脉冲响应的估计进行后续优化。由于卷积是可交换的，因此可以通过互换 s 和 h 的角色来执行所有后续步骤。此外，该概念不仅限于线性失真，还可以扩展到估计非线性和移变失真的参数(对于后一种情况，请参见后面的脚注)。

② 在描述 LSI 系统运算时，$\mathbf{H}$ 具有圆形结构(在周期卷积的情况下)或更一般的特普利茨(Toeplitz)结构(所有对角线上的项与迹相同)。在移不变的情况下，$\mathbf{H}$ 的行/列之间可能没有明显的依赖关系。

伪逆矩阵大小为 $L\times K$。对于 $K = L$ 的情况，则与常规的逆矩阵是相同的；对于 $K<L$，逆解也将是唯一的，这意味着只要可以计算逆或伪逆(即如果 $\mathbf{H}$ 具有满秩)，且观测不受噪声干扰，那么在这两种情况下有 $\hat{\mathbf{s}}=\mathbf{s}$；对于 $K>L$，方程组是欠定的，这意味着存在的条件(自由参数)比未知量少，因此通常有 $\hat{\mathbf{s}}\neq\mathbf{s}$。即使在这种情况下，当不存在噪声时，伪逆的解也使得式(3.41)中的误差能量最小。然而，如果在观测中存在加性噪声，伪逆将不再是最优解，例如[①]：

$$\mathbf{g}=\mathbf{Hs}+\mathbf{v} \quad \Rightarrow \mathcal{E}\left\{[\mathbf{g}-\mathbf{Hs}][\mathbf{g}-\mathbf{Hs}]^{\mathrm{T}}\right\}=\underbrace{\mathcal{E}\left\{\mathbf{vv}^{\mathrm{T}}\right\}}_{\mathbf{C}_{\mathbf{vv}}} \tag{3.44}$$

在这种情况下，还需要考虑噪声的性质。在式(3.44)两边同时乘以 $\mathbf{C}_{\mathbf{vv}}^{-1}$，可以得出以下误差能量准则最小化[②]的结论：

$$\|\mathbf{e}\|^2=[\mathbf{g}-\mathbf{H}\hat{\mathbf{s}}]^{\mathrm{T}}\mathbf{C}_{\mathbf{vv}}{}^{-1}[\mathbf{g}-\mathbf{H}\hat{\mathbf{s}}]\overset{!}{=}\min \tag{3.45}$$

其中，$\mathbf{C}_{\mathbf{vv}}^{-1}$ 是噪声自方差矩阵的逆矩阵[③]。假设噪声与信号不相关，则误差函数在估计值上的导数为：

$$\frac{\partial\|\mathbf{e}\|^2}{\partial\hat{\mathbf{s}}}=\nabla_{\mathbf{e}}=-2\mathbf{H}^{\mathrm{T}}\mathbf{C}_{\mathbf{vv}}{}^{-1}[\mathbf{g}-\mathbf{H}\hat{\mathbf{s}}] \tag{3.46}$$

该问题的常见解决方案是通过伪逆确定初始估计值 $\hat{\mathbf{s}}_0$，然后使用误差能量梯度式(3.46)来优化 $\hat{\mathbf{s}}$。在梯度下降的迭代过程中，从第 r 次迭代的估计 $\hat{\mathbf{s}}_r$ 沿着负梯度向量 $\nabla_{\mathbf{e},r}$ 的方向计算得到第 r+1 次迭代后更新的估计 $\hat{\mathbf{s}}_{r+1}$。梯度乘以步长因子 ε_r，使得：

$$\hat{\mathbf{s}}_{r+1}=\hat{\mathbf{s}}_r-\varepsilon_r\mathbf{d}_r\text{，其中 }\mathbf{d}_r=\nabla_{\mathbf{e},r} \tag{3.47}$$

由此可得：

$$\begin{aligned}\hat{\mathbf{s}}_{r+1}&=\hat{\mathbf{s}}_r+\varepsilon_r\underbrace{2\mathbf{H}^{\mathrm{T}}\mathbf{C}_{\mathbf{vv}}^{-1}\left(\mathbf{g}-\mathbf{H}\underbrace{\left[\hat{\mathbf{s}}_{r-1}-\varepsilon_{r-1}\nabla_{\mathbf{e},r-1}\right]}_{\hat{\mathbf{s}}_r}\right)}_{-\nabla_{\mathbf{e},r}}\\ \Rightarrow\nabla_{\mathbf{e},r}&=-2\mathbf{H}^{\mathrm{T}}\mathbf{C}_{\mathbf{vv}}^{-1}(\mathbf{g}-\mathbf{H}\hat{\mathbf{s}}_{r-1})-\varepsilon_{r-1}2\left[\mathbf{H}^{\mathrm{T}}\mathbf{C}_{\mathbf{vv}}^{-1}\mathbf{H}\right]\nabla_{\mathbf{e},r-1}\\ &=\nabla_{\mathbf{e},r-1}-\varepsilon_{r-1}2\left[\mathbf{H}^{\mathrm{T}}\mathbf{C}_{\mathbf{vv}}^{-1}\mathbf{H}\right]\nabla_{\mathbf{e},r-1}\end{aligned} \tag{3.48}$$

由于 $\nabla_{\mathbf{e},r}$ 可以通过递归计算得到，因此计算过程进行了简化。然而，这在很大程度上取决于步长系数的选择，即迭代收敛到最优值的速度。通常，梯度在开始时很大，但在接近误差曲面最小值时会变得越来越小。以下设置是提供合理快速收敛的典型示例，但是根据 $\mathbf{C}_{\mathrm{vv}}$ 中的噪声条件和矩阵 $\mathbf{H}$ 的性质，仍然需要大量的迭代：

$$\varepsilon_r=\frac{\nabla_{\mathbf{e},r}{}^{\mathrm{T}}\nabla_{\mathbf{e},r}}{\nabla_{\mathbf{e},r}{}^{\mathrm{T}}\left[\mathbf{H}^{\mathrm{T}}\mathbf{C}_{\mathbf{vv}}^{-1}\mathbf{H}\right]\nabla_{\mathbf{e},r}} \tag{3.49}$$

在多维误差曲面上，当与向量 $\mathbf{g}-\mathbf{Hs}$ 的某项相关的梯度占主导地位时，收敛往往遵循“之

---

① 式(3.44)是式(3.24)的矩阵形式。

② $\|\mathbf{e}\|^2$ 在依赖于 $\hat{\mathbf{s}}$ 时也被表示为代价函数，或者在多维优化的情况下，表示为误差面。

③ 这里假设为零均值噪声过程。通过协方差矩阵的逆对平方向量范数进行加权，相当于用该协方差矩阵表示的谱特性进行加权。引入 Mahalanobis 距离准则式(5.78)将更清楚地说明这一点；目前，我们只是得出结论，误差是由加性噪声的自协方差特性拟合得到的。

字形”路径，这也可能是陷入局部最小值的另一个原因。通过共轭梯度法对此进行了改进，该方法没有优化到负梯度方向，而是优化到式(3.47)中共轭向量 $\mathbf{d}$ 的方向上，其中式(3.48)和式(3.49)被替换为①：

$$\begin{aligned}&\mathbf{d}_r=-\nabla_{\mathbf{e},r}+\alpha_r\mathbf{d}_{r-1}，\text{其中 }\alpha_r=\frac{\nabla_{\mathbf{e},r}{}^{\mathrm{T}}\left[\mathbf{H}^{\mathrm{T}}\mathbf{C}_{\mathbf{vv}}^{-1}\mathbf{H}\right]\mathbf{d}_{r-1}}{\mathbf{d}_{r-1}{}^{\mathrm{T}}\left[\mathbf{H}^{\mathrm{T}}\mathbf{C}_{\mathbf{vv}}^{-1}\mathbf{H}\right]\mathbf{d}_{r-1}}\\&\nabla_{\mathbf{e},r}=\nabla_{\mathbf{e},r-1}-\varepsilon_{r-1}\left[\mathbf{H}^{\mathrm{T}}\mathbf{C}_{\mathbf{vv}}^{-1}\mathbf{H}\right]\mathbf{d}_{r-1}，\text{其中 }\varepsilon_r=\frac{\nabla_{\mathbf{e},r}{}^{\mathrm{T}}\mathbf{d}_r}{\mathbf{d}_r{}^{\mathrm{T}}\left[\mathbf{H}^{\mathrm{T}}\mathbf{C}_{\mathbf{vv}}^{-1}\mathbf{H}\right]\mathbf{d}_r}\end{aligned}\tag{3.50}$$

另一种方法是高斯-牛顿优化，因为系统地利用了误差向量元素和估计结果之间的相互依赖性，该方法也提供了更快的收敛速度。假设雅可比(Jacobi)矩阵由残差向量 $\mathbf{e}=[e_1e_2\cdots e_L]^{\mathrm{T}}$ 对估计值的每个元素(即长度 K 向量)的偏导数组成，定义如下：

$$\mathbf{J}(\hat{\mathbf{s}})=\begin{bmatrix}\frac{\partial e_1(\hat{\mathbf{s}})}{\partial\hat{s}_1}&\frac{\partial e_1(\hat{\mathbf{s}})}{\partial\hat{s}_2}&\cdots&\frac{\partial e_1(\hat{\mathbf{s}})}{\partial\hat{s}_K}\\\frac{\partial e_2(\hat{\mathbf{s}})}{\partial\hat{s}_1}&\ddots&&\vdots\\\vdots&&\ddots&\vdots\\\frac{\partial e_L(\hat{\mathbf{s}})}{\partial\hat{s}_1}&\cdots&\cdots&\frac{\partial e_L(\hat{\mathbf{s}})}{\partial\hat{s}_K}\end{bmatrix}\tag{3.51}$$

然后可以通过计算直接实现迭代更新：

$$\hat{\mathbf{s}}_{r+1}=\hat{\mathbf{s}}_r+\mathbf{d}_r\text{，其中 }\mathbf{d}_r=-\left[\mathbf{J}^{\mathrm{T}}(\hat{\mathbf{s}}_r)\mathbf{J}(\hat{\mathbf{s}}_r)\right]^{-1}\mathbf{J}^{\mathrm{T}}(\hat{\mathbf{s}}_r)\mathbf{e}(\hat{\mathbf{s}}_r)\tag{3.52}$$

$\mathbf{J}^{\mathrm{T}}\mathbf{J}$ 是对称矩阵也是正定矩阵，它可以通过 Cholesky 分解[Gulub，Van Boin 1996]进行有效的逆变换。另一种变体是 Levenberg Marquardt 方法[Levenberg-1944][Marquardt 1963]，将式(3.52)更新替换为：

$$\mathbf{d}_r=-\left[\left[\mathbf{J}^{\mathrm{T}}(\hat{\mathbf{s}}_r)\mathbf{J}(\hat{\mathbf{s}}_r)\right]^{-1}+\lambda_r\mathbf{I}\right]\mathbf{J}^{\mathrm{T}}(\hat{\mathbf{s}}_r)\mathbf{e}(\hat{\mathbf{s}}_r)\tag{3.53}$$

当 $\lambda_r\to0$ 时，该方法与高斯-牛顿法相同，而对于较大的 λ_r 值，则避免 $\mathbf{J}^{\mathrm{T}}\mathbf{J}$ 逆的额外加权，因此更接近基于梯度下降的方法。当迭代在减少 $\|\mathbf{e}\|^2$ 方面效果不够好时，一种典型的策略是增加 λ_r，这样可以更快地收敛，但也可能避免陷入局部极小值。另一种解释是，通过增加 λ_r，$\mathbf{e}$ 中大值的影响减小，特别是如果 $\mathbf{J}$ 中相应的部分梯度表明不存在唯一的优化方向，这可能意味着它们是异常值。通过这种方式，根据各个梯度的陡峭程度，为估计的不同元素建立信任区域(或者通过否定表达式建立拒绝区域)。

基本上，这里描述的迭代方法虽然目前是在线性优化问题的背景下讨论的，但同样适用于非线性问题，用于求解线性、非线性以及超定方程组。在本书的后续章节中可以找到许多此类问题的例子。图 3.2(a)以梯度下降为例说明了迭代优化的一般问题，其中 $\|\mathbf{e}\|^2$ 是应最小化的代价函数。一般来说，如果代价函数是凸的，则优化可保证找到最优值。如果存在多个局部极小值[见图 3.2(b)]，则该过程可能会陷入停滞，而无法达到全局最优。

① 在每次迭代中，必须首先计算 $\nabla_{\mathbf{e},r}$，然后确定共轭向量 $\mathbf{d}_r$。

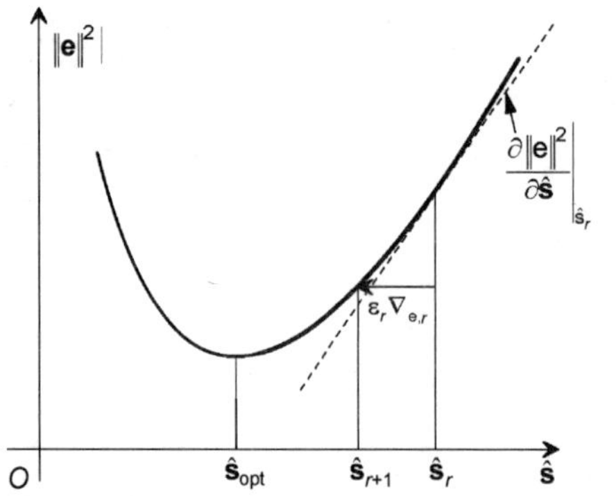

(a) 梯度下降中的最小代价函数(误差曲面)的收敛

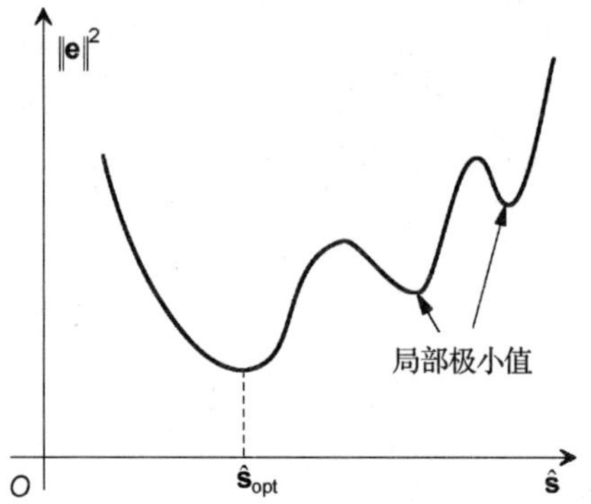

(b) 多个局部极小值

图 3.2

如果待估计的信号 **s** 与观测值 **g** 之间存在非线性关系，则通过在目标操作点附近用线性函数拟合非线性效应的类似方法来实现优化。例如，可以类似地应用最小二乘优化的示例，请参照式(3.60)。

3.5 奇异值分解

伪逆的推广可以通过矩阵 **H** 的奇异值分解(Singular Value Decomposition, SVD)来定义，如果 **H** 不为方阵(**H** 为 K 列 L 行的矩阵，$K\neq L$)，则 **H** 既不能求逆，也不能求行列式或特征值。然而，可以定义大小为 $N\times N$, $N\leqslant\min(K, L)$的子方阵。非方阵 **H** 的秩 R 等于具有非零行列式的最大子方阵的大小。如果观测结果是无噪声的并且 $R = \min(K, L)$，即 **H** 具有满秩，那么前述的伪逆方法允许在最小二乘拟合意义下估计问题的最优解。现在，已知 $L\times L$ 矩阵 $\boldsymbol{\Phi}$ 和 $K\times K$ 矩阵 $\boldsymbol{\Psi}$，通过如下公式定义与 **H** 的关系[①]：

$$\boldsymbol{\Phi}^{\mathrm{T}}\mathbf{H}\boldsymbol{\Psi}=\boldsymbol{\Lambda}^{(1/2)}=\underbrace{\left[\begin{array}{cccc|c} \sqrt{\lambda(1)} & 0 & \cdots & 0 & \vdots \\ 0 & \ddots & \ddots & \vdots & \mathbf{0} \\ \vdots & \ddots & \ddots & 0 & \vdots \\ 0 & \cdots & 0 & \sqrt{\lambda(R)} & \\ \cdots & \mathbf{0} & \cdots & & \mathbf{0} \end{array}\right]}_{R \quad\quad K-R}\begin{array}{l}\left.\begin{array}{c}\\ \\ \\ \\ \end{array}\right\}R \\ \}\ L-R\end{array} \tag{3.54}$$

$\boldsymbol{\Lambda}^{(1/2)}$中的元素是 **H** 的 R 奇异值$\lambda^{1/2}(r)$。奇异值是 $L\times L$ 阶矩阵 $\mathbf{HH}^{\mathrm{T}}$ 和 $K\times K$ 阶矩阵 $\mathbf{H}^{\mathrm{T}}\mathbf{H}$ 的 R 个非零特征值的正平方根($L>R$ 或 $K>R$ 时，$\mathbf{HH}^{\mathrm{T}}$ 和 $\mathbf{H}^{\mathrm{T}}\mathbf{H}$ 的其余特征值都为零)。矩阵 $\boldsymbol{\Phi}$ 的列向量为矩阵 $\mathbf{HH}^{\mathrm{T}}$ 中的特征向量 $\boldsymbol{\phi}_r$，矩阵 $\boldsymbol{\Psi}$ 的列向量为矩阵 $\mathbf{H}^{\mathrm{T}}\mathbf{H}$ 中的特征向量 $\boldsymbol{\psi}_r$。以下条件适用：

① 或者，将式(3.54)~式(3.56)中的Λ矩阵的行/列替换为零值，大小为 $R\times R$；在这种情况下，$\boldsymbol{\Phi}$必须写为 $L'\times L$ 矩阵，$\boldsymbol{\Psi}$ 写为 $K'\times K$ 矩阵，其中 $L'=\min(R,L)$ 和 $K'=\min(R,K)$。

$$\Phi^{\mathrm{T}}\left[\mathbf{H}\mathbf{H}^{\mathrm{T}}\right]\Phi=\Lambda^{(L)}=\underbrace{\begin{bmatrix}\lambda(1) & 0 & \cdots & 0 & \vdots\\ 0 & \ddots & \ddots & \vdots & \mathbf{0}\\ \vdots & \ddots & \ddots & 0 & \vdots\\ 0 & \cdots & 0 & \lambda(R) & \\ \cdots & \mathbf{0} & \cdots & & \mathbf{0}\end{bmatrix}}_{R \quad\quad L-R}\begin{matrix}\}R\\ \\ \}L-R\end{matrix} \tag{3.55}$$

$$\Psi^{\mathrm{T}}\left[\mathbf{H}^{\mathrm{T}}\mathbf{H}\right]\Psi=\Lambda^{(K)}=\underbrace{\begin{bmatrix}\lambda(1) & 0 & \cdots & 0 & \vdots\\ 0 & \ddots & \ddots & \vdots & \mathbf{0}\\ \vdots & \ddots & \ddots & 0 & \vdots\\ 0 & \cdots & 0 & \lambda(R) & \\ \cdots & \mathbf{0} & \cdots & & \mathbf{0}\end{bmatrix}}_{R \quad\quad K-R}\begin{matrix}\}R\\ \\ \}K-R\end{matrix} \tag{3.56}$$

通过对式(3.54)的转置，可以将 $\mathbf{H}$ 表示如下(由于$\Lambda^{(1/2)}$的性质，矩阵中只有 R 个非零元素存在)：

$$\mathbf{H}=\Phi\Lambda^{(1/2)}\Psi^{\mathrm{T}}=\sum_{r=1}^{R}\lambda^{1/2}(r)\cdot\phi_r\psi_r^{\mathrm{T}} \tag{3.57}$$

因此，$\mathbf{H}$ 可以由 Φ 和 Ψ 特征向量的外积$\phi_r\psi_r^{\mathrm{T}}$[①]与其奇异值$\lambda^{1/2}(r)$分别进行线性加权表示。由于所有特征向量都是正交的，因此由它们构造的矩阵集也将是正交的。它们的逆矩阵是转置矩阵，而矩阵$\Lambda^{(1/2)}$的逆矩阵是矩阵$\Lambda^{(-1/2)}$，$\Lambda^{(-1/2)}$的结构类似于$\Lambda^{(1/2)}$，但奇异值$\lambda^{1/2}(r)$被它们的倒数$\lambda^{-1/2}(r)$所替代。式(3.57)的广义逆 $\mathbf{H}^{\mathrm{g}}$是这三个逆矩阵的串联，在 $R=\min(K, L)$的情况下，与伪逆 $\mathbf{H}^{\mathrm{p}}$ 相同：

$$\mathbf{H}^{\mathrm{g}}=\Psi\Lambda^{(-1/2)}\Phi^{\mathrm{T}}=\sum_{r=1}^{R}\lambda^{-1/2}(r)\cdot\phi_r\psi_r^{\mathrm{T}} \tag{3.58}$$

与式(3.42)类似，如果不涉及加性噪声，以下解决方案将最小化最小二乘问题意义上的估计误差。与伪逆一样，$\mathbf{H}^{\mathrm{g}}$ 是 $L\times K$ 矩阵：

$$\hat{\mathbf{s}}=\mathbf{H}^{\mathrm{g}}\cdot\mathbf{g} \tag{3.59}$$

然而，因为使用了奇异值分解(SVD)，所以也可以通过省略式(3.58)中的一些奇异值和相关分量矩阵来进行估计。与特征向量式(A.126)一样，严格正奇异值是通过减小振幅或相关性来排序的。因此，如果剩余的 R' 奇异值很小，则仅使用第一个 R' 奇异值($R'<R$)就可以提供足够好的近似估计。这进一步抑制了重建中的噪声，因为较小的奇异值具有较大的倒数值，并且可能对式(3.58)和式(3.59)的逆计算产生不合理的影响。这种方法类似于式(3.27)中讨论的避免噪声放大的必要性。

3.6　ML 和 MAP 估计

生成估计假设也可以基于统计准则，特别是条件概率函数 $p(\cdot|\cdot)$。这里，首先考虑连

① 由于所有行/列的线性相关性，这些矩阵的秩为 1。

续值的情况。为简单起见，应使用向量高斯 PDF 式(3.61)对信号和噪声进行统计建模。类似的原理也适用于使用概率质量函数(Probability Mass Function，PMF)的离散信号值的情况。条件 PDF $p_{\mathbf{g}|\mathbf{s}}(\mathbf{y}\,|\,\mathbf{x})$ 表示从给定信号向量 $\mathbf{s}=\mathbf{x}$，预期观测值 $\mathbf{g}=\mathbf{y}$ 的概率。假设除线性失真 $\mathbf{H}$ 和加性噪声分量 $\mathbf{v}$ 外，已知的非线性振幅映射 $\theta(\cdot)$ 已在观测值 $\mathbf{g}$ 中生效，从而：

$$\mathbf{g}=\theta\left(\mathbf{Hs}\right)+\mathbf{v} \tag{3.60}$$

向量高斯 PDF 可表征零均值噪声过程如下：

$$p_{\mathbf{v}}(\mathbf{z})=\left[\frac{1}{(2\pi)^K\left|\mathbf{C}_{\mathbf{vv}}\right|}\right]^{1/2}\mathrm{e}^{-1/2\cdot\mathbf{z}^{\mathrm{T}}\mathbf{C}_{\mathbf{vv}}^{-1}\mathbf{z}}\;;\quad \mathbf{C}_{\mathbf{vv}}=\mathcal{E}\left\{\mathbf{v}\mathbf{v}^{\mathrm{T}}\right\} \tag{3.61}$$

条件 PDF $p_{\mathbf{g}|\mathbf{s}}(\mathbf{y}\,|\,\mathbf{x})$ 描述了观测信号 $\mathbf{g}$ 的统计描述中的剩余不确定性，前提是 $\mathbf{s}$ 上发生的失真由 $\mathbf{H}$ 和 $\theta(\cdot)$ 精确已知。在这种情况下，噪声可以用差分 $\mathbf{g}-\theta(\mathbf{Hs})=\mathbf{v}$ 来表示，并且不确定性纯粹是因为噪声引起的，可以通过其协方差系数来描述①：

$$p_{\mathbf{g}|\mathbf{s}}(\mathbf{y}|\mathbf{x})=\left[\frac{1}{(2\pi)^K\left|\mathbf{C}_{\mathbf{vv}}\right|}\right]^{1/2}\mathrm{e}^{-1/2\cdot[\mathbf{y}-\theta(\mathbf{Hx})]^{\mathrm{T}}\mathbf{C}_{\mathbf{vv}}^{-1}[\mathbf{y}-\theta(\mathbf{Hx})]} \tag{3.62}$$

在观测到 $\mathbf{g}$ 的情况下，用最大似然(Maximum Likelihood，ML)估计法选择估计值 $\hat{\mathbf{s}}$，使得

$$\hat{\mathbf{s}}=\underset{\mathbf{x};\mathbf{y}=\mathbf{g}}{\arg\max}\; p_{\mathbf{g}|\mathbf{s}}(\mathbf{y}\,|\,\mathbf{x}) \tag{3.63}$$

这意味着在给定观测约束条件下，选择使条件 PDF 最大的信号 $\hat{\mathbf{s}}=\mathbf{x}$ 作为估计值。对于高斯 PDF，可以通过式(3.62)的对数变换得到简单的解。对数不影响高斯函数的连续性，因此无论是在 $p_{\mathbf{g}|\mathbf{s}}(\mathbf{y}=\mathbf{g}\,|\,\mathbf{x})$ 中求最大值，还是在对数映射中求最大值都与优化无关，

$$\ln p_{\mathbf{g}|\mathbf{s}}(\mathbf{y}|\mathbf{x})=-1/2\left[\mathbf{y}-\theta(\mathbf{Hx})\right]^{\mathrm{T}}\mathbf{C}_{\mathbf{vv}}^{-1}\left[\mathbf{y}-\theta(\mathbf{Hx})\right]-1/2\ln\left[(2\pi)^K\left|\mathbf{C}_{\mathbf{vv}}\right|\right] \tag{3.64}$$

最右边的项是一个不依赖于 $\mathbf{x}$ 的常数，这样最佳估计 $\hat{\mathbf{s}}=\mathbf{x}$ 同样可以通过反转符号和最小化代价函数来实现：

$$\varDelta_{\mathrm{ML}}(\hat{\mathbf{s}})=1/2\left[\mathbf{g}-\theta(\mathbf{H}\hat{\mathbf{s}})\right]^{\mathrm{T}}\mathbf{C}_{\mathbf{vv}}^{-1}\left[\mathbf{g}-\theta(\mathbf{H}\hat{\mathbf{s}})\right] \tag{3.65}$$

通过对式(3.65)求导可得：

$$\frac{\partial\varDelta_{\mathrm{ML}}(\hat{\mathbf{s}})}{\partial\hat{\mathbf{s}}}=-\mathbf{H}^{\mathrm{T}}\mathbf{\Theta}'\mathbf{C}_{\mathbf{vv}}^{-1}\left[\mathbf{g}-\theta(\mathbf{H}\hat{\mathbf{s}})\right] \tag{3.66}$$

非线性函数的“导数”是用对角矩阵 $\mathbf{\Theta}'$ 表示的，该矩阵使用围绕实际值 $\mathbf{H}\hat{\mathbf{s}}$ 的偏导数进行线性近似。

$$\mathbf{\Theta}'=\begin{bmatrix}\left.\frac{\partial\theta(v)}{\partial v}\right|_{v=\hat{u}(1)} & 0 & \cdots & 0\\ 0 & \left.\frac{\partial\theta(v)}{\partial v}\right|_{v=\hat{u}(2)} & \ddots & \vdots\\ \vdots & \ddots & \ddots & 0\\ 0 & \cdots & 0 & \left.\frac{\partial\theta(v)}{\partial v}\right|_{v=\hat{u}(K)}\end{bmatrix} \tag{3.67}$$

其中 $\hat{\mathbf{u}}=\mathbf{H}\hat{\mathbf{s}}=\left[\hat{u}(1)\quad\hat{u}(2)\quad\cdots\quad\cdots\quad\hat{u}(K)\right]^{\mathrm{T}}$。

① 注意，当没有非线性失真时，条件概率的指数与式(3.45)相同。为了简单起见，这里假设观测样本和待估计样本的数量相等(K)，实际不一定这样。

注意，对于仅涉及线性失真的情况，$\theta(\mathbf{H}\hat{\mathbf{s}}) = \mathbf{H}\hat{\mathbf{s}}$，$\mathbf{\Theta}' = \mathbf{I}$，使得式(3.66)的结果与最小二乘代价函数式(3.46)的导数相同。通常 ML 估计是在最小二乘估计中通过迭代来找到式(3.65)的最小值解的。在这一过程中，可以通过使用上一步迭代的结果来计算 $\mathbf{\Theta}'$ 的线性近似值。

条件 PDF $p_{\mathbf{g}|\mathbf{s}}(\mathbf{y}\,|\,\mathbf{x})$ 仅描述源状态 $\mathbf{s} = \mathbf{x}$ 映射到观测状态 $\mathbf{g} = \mathbf{y}$ 的概率。因此，在没有关于源信号先验假设的前提下，由最大似然估计可得到“最佳猜测”。信号估计的最大后验概率（Maximum A Posteriori，MAP）法基于条件 PDF $p_{\mathbf{s}|\mathbf{g}}(\mathbf{x}\,|\,\mathbf{y})$。它表示观测值 $\mathbf{g} = \mathbf{y}$ 时，原始信号处于特定状态 $\mathbf{s} = \mathbf{x}$ 的概率有多大。因此，选择一个估算值 $\hat{\mathbf{s}}$ 是合理的：

$$\hat{\mathbf{s}} = \arg\max_{\mathbf{x};\mathbf{y}=\mathbf{g}} p_{\mathbf{s}|\mathbf{g}}(\mathbf{x}\,|\,\mathbf{y}) \tag{3.68}$$

根据贝叶斯定理[BAYES 1763]①，有

$$p_{\mathbf{s}|\mathbf{g}}(\mathbf{x}|\mathbf{y}) = \frac{p_{\mathbf{g}|\mathbf{s}}(\mathbf{y}|\mathbf{x}) \cdot p_{\mathbf{s}}(\mathbf{x})}{p_{\mathbf{g}}(\mathbf{y})} \tag{3.69}$$

这种优化可以独立于 $p_{\mathbf{g}}(\mathbf{y})$ 进行。使用向量高斯 PDF 代替 $\mathbf{s}$，并在式(3.69)中替换式(3.62)，通过对数变换得到：

$$\begin{aligned}\ln p_{\mathbf{s}|\mathbf{g}}(\mathbf{x}|\mathbf{y}) = &-\tfrac{1}{2}\left[\mathbf{y}-\theta(\mathbf{H}\mathbf{x})\right]^{\mathrm{T}} \mathbf{C}_{\mathbf{vv}}^{-1}\left[\mathbf{y}-\theta(\mathbf{H}\mathbf{x})\right] - \tfrac{1}{2}\ln\left[(2\pi)^{K}\left|\mathbf{C}_{\mathbf{vv}}\right|\right] \\ &-\tfrac{1}{2}\left[\mathbf{x}-\mathbf{m}_{\mathbf{s}}\right]^{\mathrm{T}} \mathbf{C}_{\mathbf{ss}}^{-1}\left[\mathbf{x}-\mathbf{m}_{\mathbf{s}}\right] - \tfrac{1}{2}\ln\left[(2\pi)^{K}\left|\mathbf{C}_{\mathbf{ss}}\right|\right] - \ln p_{\mathbf{g}}(\mathbf{y})\end{aligned} \tag{3.70}$$

在式(3.70)中，两条直线右侧的三个对数项不随 $\mathbf{x}$ 的变化而变化，因此是关于估计问题的常数。通过在剩余项中恢复符号，对以下函数进行最小化：

$$\Delta_{\mathrm{MAP}}(\hat{\mathbf{s}}) = \tfrac{1}{2}\left[\hat{\mathbf{s}}-\mathbf{m}_{\mathbf{s}}\right]^{\mathrm{T}} \mathbf{C}_{\mathbf{ss}}^{-1}\left[\hat{\mathbf{s}}-\mathbf{m}_{\mathbf{s}}\right] + \tfrac{1}{2}\left[\mathbf{g}-\theta(\mathbf{H}\hat{\mathbf{s}})\right]^{\mathrm{T}} \mathbf{C}_{\mathbf{vv}}^{-1}\left[\mathbf{g}-\theta(\mathbf{H}\hat{\mathbf{s}})\right] \tag{3.71}$$

对式(3.71)求 $\hat{\mathbf{s}}$ 的偏导数，可得：

$$\frac{\partial \Delta_{\mathrm{MAP}}(\hat{\mathbf{s}})}{\partial \hat{\mathbf{s}}} = \mathbf{C}_{\mathbf{ss}}^{-1}\left[\hat{\mathbf{s}}-\mathbf{m}_{\mathbf{s}}\right] - \mathbf{H}^{\mathrm{T}}\mathbf{\Theta}'\mathbf{C}_{\mathbf{vv}}^{-1}\left[\mathbf{g}-\theta(\mathbf{H}\hat{\mathbf{s}})\right] \tag{3.72}$$

通过比较代价函数式(3.65)和式(3.71)可以发现，与平均向量 $\mathbf{m}_{\mathbf{s}}$ 和协方差 $\mathbf{C}_{\mathbf{ss}}$ 不匹配的估计 $\hat{\mathbf{s}}$ 将被拒绝。与最小二乘估计中的迭代法类似，ML 或 MAP 估计中代价函数最小化可以采用下式进行迭代：

$$\hat{\mathbf{s}}_{r+1} = \hat{\mathbf{s}}_{r} - \varepsilon_{r} \cdot \frac{\partial \Delta(\hat{\mathbf{s}}_{r})}{\partial \hat{\mathbf{s}}_{r}} \tag{3.73}$$

3.7　参数估计与拟合

到目前为止，主要在信号恢复方面讨论了估计问题，即使用来自噪声和（线性或非线性）退化观测值 $\mathbf{g}$ 的数据来获得估计值 $\hat{\mathbf{s}}$。更普遍的是，例如式(3.60)中的观测模型也可以应用于估计问题：

$$\varphi(\mathbf{e}) = \varphi\left[\mathbf{g}-\theta(\mathbf{H}\mathbf{s})\right] = \min \tag{3.74}$$

① MAP 估计也称为贝叶斯估计。

可以使用一些函数 $\varphi(\cdot)$ 来加权估计误差（然而，使用绝对值或平方范数的好处是存在简单的优化解）。此外在式(3.74)中，方括号中的任何实体都可以作为估计的目标；例如，如果观测到 **s** 和 **g**，则估计的目的可以是最好地解释给定观测对之间的映射 θ 和 **H**。此外，在这种估计问题中，**H** 的项通常可以通过一个紧凑的参数集 **a** 来表示为 $\mathbf{H}=\varphi(\mathbf{a})$，其中任务是直接估计参数。在这种情况下，通常更适合在矩阵 **S** 中包括一个观测值或对其进行一些修改（例如样本差异），并使 $\mathbf{S}\hat{\mathbf{a}}$ 更接近另一个观测值 **g**。这方面的例子有运动位移估计（见 4.6.2 节）和相机参数估计（见 4.7.3 节）。**S** 的精确公式取决于根本问题，如果它是非线性的，则通过将公式映射到更高维的坐标空间（参见 4.5.4 节相机投影中齐次坐标的使用）对其进行线性化是可能的（也是有利的）。

一般来说，参数估计通常可以表示为求解一个超定方程组（观测方程多于未知量）。假设估计参数的观测数据是有噪声的，但仍然会遵循相同的参数描述，则使用超定方程组是有益的。此外，参数估计的结果本身可能是错误的（有噪声的），并且取决于如何将观测数据映射到参数中，因此确定参数噪声的特性可能并不简单。通常，拟合优度（即估计参数对观测数据的解释程度,其中误差 **e** 是一个标准）可以作为估计参数可靠性的指标。然而，如果已知存在系统误差（例如偏差），则最小二乘意义上的简单最小化可能不再是最优的，或用式(3.74)中的函数 φ 对此进行校正。

当误差准则本身可以在参数空间中表达时，通过将测量数据映射为能解释它们的参数，然后研究相同参数对多个测量数据是否有效，可以通过回归或聚类[①]来解决问题。然而对于这两种情况，最有效的解决方案同样需要平方误差准则。

类似地，奇异值分解也可用于求解噪声观测下的参数方程组，其中与最大特征值对应的特征向量提供了通过参数最大化测量数据合理性的解。如果存在多个大的特征值，则表明可能不存在唯一解，或者应将观测数据划分为子集，其中每个子集由一个参数集描述。

回归。回归的任务是通过一个函数尽可能地描述观测集或与之相关的参数。若为线性回归，函数是一条直线（或者在高维观测的情况下为平面/超平面）；若为多项式回归，函数是一些高阶多项式（对于向量观测数据，它是多项式曲面/（超）体积）。对于更一般的非线性回归，它也可以是更一般的非线性函数。对于线性回归，提供与回归函数最小平均欧氏距离的解就是最小二乘解。图 3.3(a)展示了观测数据点对之间线性回归的例子。对于线性回归，通常用于判断拟合优度的标准是协方差系数，但它严格要求数据对的排列可由多维高斯分布解释。另一个标准是置信区间，它研究回归函数周围的裕度，其中可以找到测量数据点的某个百分位。在多项式和非线性回归的情况下，回归函数不再是一条直线[见图 3.3(b)]。在这种情况下，协方差系数没有用，因为协方差表示数据振幅之间的线性相关性。将多项式或非线性函数映射到更高维参数空间中的线性函数是可能的，然而关于原始非线性函数的欧氏距离准则可能不再适用。这方面的例子即所谓的核映射函数，例如 $e^{-x^2/\omega}$，其中核的宽度参数 ω 的适配将作为附加维进行处理，或多项式 $y=x^2+ax+b$ 映射到具有两个随机变量的平面方程 $y=x_1+ax_2+b$。

① 有关聚类的介绍，请参阅 5.6.3 节。其参数估计的示例，另请参见 5.1.5 节广义 Hough 变换的讨论。

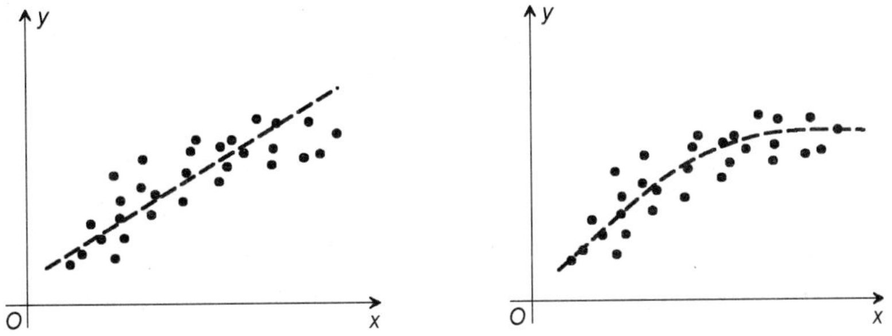

(a) 线性回归的例子 (b) 非线性回归的例子(例如多项式回归)

图 3.3 线性回归与非线性回归

3.8 异常值的剔除

用于估计的测量数据和由估计产生的参数可能是不可靠的，特别是在后一种情况下。通常情况下，只有一个子集的测量数据可以用公共参数来解释，而另一个子集被视为异常值。本书分为两种不同的情况：

- 可提供附加信息对特定测量数据的可靠性的分类。在这种情况下，在估计问题的全局优化中可以直接给予不可靠数据以较低的权重。
- 除某些测量数据与估计过程中获得的中间假设的拟合较差外，没有关于可靠性的提示。这是更普遍的情况，适用于(并发生在)许多估计问题当中。

随后描述的 M 估计的概念以及 Levenberg-Marquardt 方法式(3.53)涉及上述的第二种情况。在逆估计问题中，抑制与小奇异值相关的分量的奇异值分解(见 3.5 节)可以被解释为第一种情况的示例。

M 估计。M 估计是从极大似然理论发展而来的，以最小化优化问题中异常值的影响。在此，每个观测值被赋予一个独立的权重，该权重取决于误差标准。当误差标准提高时，在给定位置对估计结果的影响最小。

在极大似然估计中，估计的确定解释了观测数据最可能的原因。M 估计的工作原理类似，但在后验概率中消除了异常值，不需要关于异常值属性的先验知识。作为标准，残差向量 $\mathbf{e} = [e_1 e_2 \ldots e_K]^{\mathrm{T}}$ 按元素进行估计；对于参数估计，测量数据与估计模型的偏差可以用作误差标准。误差标准提高应为正值，例如使用绝对值 $\varepsilon_k = |e_k|$。那么平均误差为

$$\mu_\varepsilon = \frac{1}{K}\sum_{k=1}^{K}\varepsilon_k \tag{3.75}$$

在梯度法的后续迭代步骤中，计算更新向量，以便通过加权函数 $w(k)$ 对具有高值的异常值 ε_k 施加较小的影响。M 估计中常用的鲁棒函数是 Tukey 的双加权函数[①]：

① 式(2.74)和式(2.75)中的其他函数也可以类似地使用。

$$w(k)=\begin{cases}\left(1-\left(\dfrac{\lambda\varepsilon_k}{\mu_\varepsilon}\right)^2\right)^2, & \varepsilon_k<\dfrac{\mu_\varepsilon}{\lambda}\\ 0, & \varepsilon_k>\dfrac{\mu_\varepsilon}{\lambda}\end{cases} \tag{3.76}$$

系数λ的合理选择对算法的性能至关重要。当$\lambda=0$时，不采用加权，这样就可以进行无加权的正常梯度下降法。通过增加λ，异常值被赋予的权重越来越小，原则上$\lambda\to\infty$时，所有测量数据都可能被归为异常值(完全拟合的样本除外)，然后加权函数收敛为单位脉冲。此外可以调整λ，使得代价函数值能够最快下降，但还可以使用异常值的最大百分比等其他标准。

随机采样一致性(Random Sampling Consensus，RANSAC)。RANSAC 算法[FISCHLER，BOLLES 1981]可以应用于许多需要从数据集估计参数的问题，以及回归问题。它也可以被解释为一种方法，可以识别出与大多数数据相匹配的“多数聚类”，而其他数据则被识别为具有随机偏差的异常值。基本方法包括以下步骤：

- 随机选择一些数据点，足以确定一组参数；
- 评估剩余数据点是否支持参数选择，方法是分析一定范围内由参数解释的数据点数量(因此可能不会被归为异常值)以及误差(例如，与回归线的最小欧氏距离)。

该算法在第一步中重复使用不同的选取点集，最后根据第二步的评价准则选择出最优的参数集。通常至少选择一个集合，其中只存在少量异常值，以使其提供的参数集与其他大多数数据一致[①]。图 3.4 是在一组观测数据 x/y 上确定最佳拟合直线(特征为两个参数)的例子。作为扩展，可以根据剩余的内部数据进一步改进所选择的参数集，而忽略已识别的异常值。

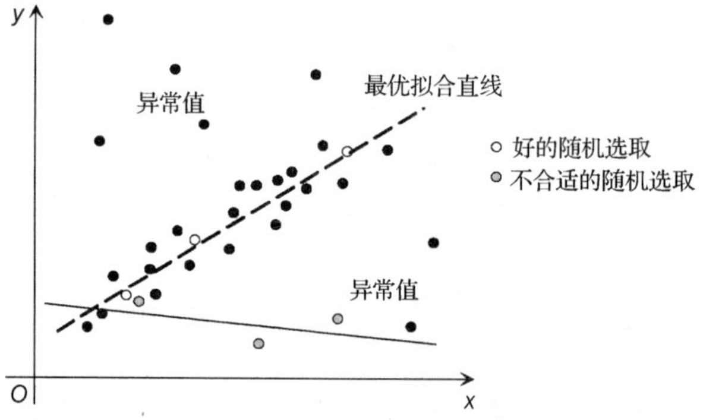

图 3.4　直线拟合的例子，随机选择一组观测值(包括异常值)进行初始化

3.9 对应分析

对应分析建立在样本对比的基础上，此外，在进行比较之前，还可以通过线性、非线性操作(滤波、变换等)或几何变换进行修改。要比较的实际信号结构由参数集中的参数来控制，其中具有最佳对应关系的参数值将映射为特征值。对应分析的应用是：

① 前提是数据集具有足够的均匀度。

- 将信号样本或信号的变换表示与模式的“目录”进行比较，例如用于识别物体，面部等。
- 通过比较两个或多个视频图像的样本模式进行运动分析。
- 通过比较不同相机视图的样本模式，在立体或多视图图像处理中进行视差分析。
- 在一个信号内搜索类似的信号段，例如用于周期性分析或结构分析。
- 语音识别中的音素分析。

对应分析依赖于代价函数，其中代价的优化给出了最佳对应匹配方案的提示。代价函数的典型例子是差分准则(要最小化)，但也可以使用相关准则(最大统计相关性)，信息相关准则(互信息，Fisher 信息或汉明距离)[①]。

为了识别在一个或多个信号中样本的对应(相似)结构，这些结构被称为来自于邻域上下文的模式。模式通常由一组相邻信号值的振幅组成。它也可以是其变换，例如与采样位置相关的振幅梯度。模式比较通常按样本进行；如果有用，可以在比较之前应用坐标映射或几何修改。例如，从一维或多维信号 $s(\mathbf{n})$ 中提取模式。要比较的模式应该有形状$\mathbf{\Lambda}$，只需要一组属于 $\mathbf{n}\in\mathbf{\Lambda}$ 的坐标样本来进行比较。如式(2.8)所示，可以用二值掩模来表征，其中$|\mathbf{\Lambda}|$是模式中的样本数：

$$\mathbf{\Lambda}=\{\ \mathbf{n}:b(\mathbf{n})=1\ \};\ |\mathbf{\Lambda}|=\sum_{\mathbf{n}}b(\mathbf{n}) \tag{3.77}$$

该模式应与来自另一信号或其他多个信号的参考相对应，其中还可允许其他的坐标映射。整个可能的比较集合应是有限的，例如假设给定一组参考信号集 $\mathcal{S}$，$r_i(\mathbf{n})\in\mathcal{S}$，并且对于每个信号，允许不同的坐标映射(对于图像可以是简单的移位，或者更复杂的几何变换)，$\gamma_j(\mathbf{n})\in\mathcal{G}$ 被定义为集合 $\mathcal{G}$ 中的元素。考虑到 $\mathcal{G}$ 的可能映射，现在有必要将模式与 $\mathcal{S}$ 的不同成员进行比较。进行这种比较的一个常见准则是模式差异的归一化能量：

$$\begin{aligned}\sigma_e^{\,2}(i,j)&=\frac{1}{|\mathbf{\Lambda}|}\sum_{\mathbf{n}\in\mathbf{\Lambda}}\left[s(\mathbf{n})-r_i\left(\gamma_j(\mathbf{n})\right)\right]^2\\&=\frac{1}{|\mathbf{\Lambda}|}\left[\sum_{\mathbf{n}\in\mathbf{\Lambda}}s^2(\mathbf{n})+\sum_{\mathbf{n}\in\mathbf{\Lambda}}r_i^{\,2}\left(\gamma_j(\mathbf{n})\right)-2\sum_{\mathbf{n}\in\mathbf{\Lambda}}s(\mathbf{n})\cdot r_i\left(\gamma_j(\mathbf{n})\right)\right]\end{aligned} \tag{3.78}$$

在式(3.78)最小化的情况下，假设最佳对应是合理的，得到：

$$\left[i,j\right]_{\text{opt}}=\underset{r_i\in\mathcal{S},\gamma_j\in\mathcal{G}}{\arg\min}\,\sigma_e^{\,2}(i,j) \tag{3.79}$$

当式(3.78)中的最后一项接近最大值时(前提是前两项对于两个给定信号近似恒定)，差分能量也将得到最小值：

$$\left[i,j\right]_{\text{opt}}=\underset{r_i\in\mathcal{S},\gamma_j\in\mathcal{G}}{\arg\max}\frac{1}{|\mathbf{\Lambda}|}\sum_{\mathbf{n}\in\mathbf{\Lambda}}s(\mathbf{n})\cdot r_i\left(\gamma_j(\mathbf{n})\right) \tag{3.80}$$

式(3.80)是给定几何映射下信号模式和参考集模式之间的互相关定义。然而，由式(3.80)获得的结果不一定与式(3.79)的结果相同。这是由于无论是在不同映射$\gamma_j(\mathbf{n})$上，还是在集合 $\mathcal{S}$ 的不同成员上，$[r_i(\gamma_j(\mathbf{n}))]^2$ 通常都不是常数。如果采用归一化相关进行比较，则可以获得更好的结果，其中归一化补偿了 $\mathcal{S}$ 和 $\mathcal{G}$ 之间的变化：

① 请参阅 5.2 节有关这些指标的进一步讨论。

$$[i,j]_{\mathrm{opt}}=\underset{r_i\in S,\gamma_j\in\mathcal{G}}{\arg\max}\frac{\sum_{\mathbf{n}\in\mathbf{\Lambda}}s(\mathbf{n})\cdot r_i\left(\gamma_j(\mathbf{n})\right)}{\sqrt{\sum_{\mathbf{n}\in\mathbf{\Lambda}}s^2(\mathbf{n})\cdot\sum_{\mathbf{n}\in\mathbf{\Lambda}}r_i^2\left(\gamma_j(\mathbf{n})\right)}} \tag{3.81}$$

柯西-施瓦茨不等式在式(3.78)中建立了三个项之间的相互依赖关系。由此可知式(3.81)绝对小于或等于 1①：

$$\left|\sum_{\mathbf{n}\in\mathbf{\Lambda}}s(\mathbf{n})\cdot r_i\left(\gamma_j(\mathbf{n})\right)\right|\leqslant\sqrt{\sum_{\mathbf{n}\in\mathbf{\Lambda}}s^2(\mathbf{n})\cdot\sum_{\mathbf{n}\in\mathbf{\Lambda}}r_i^2\left(\gamma_j(\mathbf{n})\right)} \tag{3.82}$$

如果 $s(\mathbf{n})=cr_i(\gamma_j(\mathbf{n}))$成立，则式(3.82)中的等式正好成立，其中 c 可以是任意实值常数。因此，与差分能量准则式(3.79)相比，式(3.81)等相关准则更普遍适用于模式匹配问题：如果信号模式 $s(\boldsymbol{n})$是参考模式 $r_i(\gamma_j(\mathbf{n}))$②的线性振幅缩放版本，则归一化相关系数仍然可以找到最佳匹配；当图像模式和参考模式的能量相差很大时，差分准则可能会产生误导。对于均值不为零的信号，一个更好的比较准则是归一化互协方差：

$$\begin{aligned}[i,j]_{\mathrm{opt}}&=\underset{r_i\in S,\gamma_j\in\mathcal{G}}{\arg\max}\frac{\sum_{\mathbf{n}\in\mathbf{\Lambda}}\left[s(\mathbf{n})-m_s\right]\cdot\left[r_i\left(\gamma_j(\mathbf{n})\right)-m_{r_i}\right]}{\sqrt{\sum_{\mathbf{n}\in\mathbf{\Lambda}}\left[s(\mathbf{n})-m_s\right]^2\cdot\sum_{\mathbf{n}\in\mathbf{\Lambda}}\left[r_i\left(\gamma_j(\mathbf{n})\right)-m_{r_i}\right]^2}}\\&=\underset{r_i\in S,\gamma_j\in\mathcal{G}}{\arg\max}\frac{\frac{1}{|\mathbf{\Lambda}|}\sum_{\mathbf{n}\in\mathbf{\Lambda}}s(\mathbf{n})\cdot r_i\left(\gamma_j(\mathbf{n})\right)-m_s m_{r_i}}{\sigma_s\sigma_{r_i}}\end{aligned} \tag{3.83}$$

在式(3.83)中，μ估计值和σ估计值代表 $s(\mathbf{n})$和 $r_i(\gamma_j(\mathbf{n}))$的均值和标准偏差，每个均在 $\mathbf{n}\in\mathbf{\Lambda}$ 区域上进行经验测量。

代价函数本身就表明了匹配结果的可靠性。如果找到代价函数③的一个唯一的最小值或最大值，则可以认为这个判决更可靠。基于互协方差的代价函数的典型图如图 3.5 所示④，其中包含一些可能导致错误的判决。理想情况如图 3.5(a)所示，其中存在一个唯一的最大值，在这个最大值下参数γ的判决可被认为是高度可靠的。相反，如果仅存在微弱的最大值[见图 3.5(b)]，则可以得出结论，根本没有合适的类似参考值。如果代价函数仅从最大值平滑衰减[见图 3.5(c)]，则该模式可能结构不充分，因此任何匹配都可能有效。如果存在几个明显不同的最大值[见图 3.5(d)]，则可能存在多个类似的参考值，但没有很好的迹象来表明哪一个实际上是最好的；一种典型的情况是周期性结构或其他迭代副本出现在信号模式和/或参考模式中。非唯一匹配现象被称为对应问题。如果代价函数是凸的并且仅有一个唯一最大值，则可以对最优参数进行迭代或分层搜索，这样通常

① 这里给出的是实值信号的情况。

② 在图像或视频中，如果光照条件改变，$s(\mathbf{n})$中相应区域与参考图像 $r_i(\gamma_j(\mathbf{n}))$的亮度将不同。对于音频信号，类似的情况是响度的变化。

③ 对于距离或差分标准，后续将采用“最小值”替代“最大值”。

④ 这里对几何映射γ的稠密变化进行参数化，形式上表示为一维函数；事实上，对几何映射函数中出现的不同参数的优化通常会导致多维优化问题，其中代价函数将成为多维曲面而不是一维图。然而，这里讨论的典型情况同样适用于单维参数和多维参数依赖关系。

可以成功地找到全局最优值。这基本上与梯度下降方法类似，允许显著加快完全搜索的速度[①]。

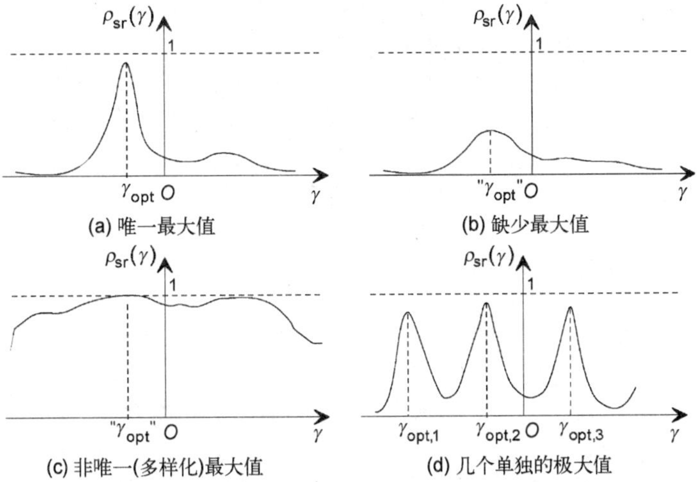

图 3.5　对应分析中归一化协方差准则的典型代价函数

3.10　状态建模与估计

3.10.1　马尔可夫过程和随机场

马尔可夫链定义了状态 S_j 和它们之间的转换(例如，在时间或空间坐标上)的简单模型，图 3.6(a)显示了最简单的二状态(二值)模型情况。它完全由可能的转移序列 $\Pr(S_0|S_1)$ (S_1 到 S_0)和 $\Pr(S_1|S_0)$ (S_0 到 S_1)的转移概率定义，而剩余概率 $\Pr(S_0|S_0)$ 和 $\Pr(S_1|S_1)$ (表示具有相等连续值的状态序列的出现)，在二状态链的情况下可以通过下式得出：

$$\Pr(S_i \mid S_i) = 1 - \Pr(S_j \mid S_i)\text{，其中 } i, j \in \{0,1\} \tag{3.84}$$

该模型的“马尔可夫性质”应满足两个条件：

- 处于某一状态的概率仅取决于导致该状态的转移概率，以及可能发生转移的状态的各自概率；
- 模型应是静止的，状态概率应独立于观测的时间或位置。

基于状态转移矩阵 **P**，二状态模型可以表示如下：

$$\begin{bmatrix} \Pr(S_0) \\ \Pr(S_1) \end{bmatrix} = \underbrace{\begin{bmatrix} \Pr(S_0 \mid S_0) & \Pr(S_0 \mid S_1) \\ \Pr(S_1 \mid S_0) & \Pr(S_1 \mid S_1) \end{bmatrix}}_{\mathbf{P}} \begin{bmatrix} \Pr(S_0) \\ \Pr(S_1) \end{bmatrix} \tag{3.85}$$

图 3.6(b)示出了对 J 个不同状态的扩展，其中状态转换以有序方式发生，使得 S_j 前后只有 S_{j+1} 和 S_{j-1}。最后，图 3.6(c)示出了任何状态可向其他任何状态转换的更一般情况，在

① 有关示例参见 4.6.3 节中的快速运动估计算法说明。

这种情况下，转换矩阵如下所示①：

$$\begin{bmatrix}\Pr(S_0)\\ \Pr(S_1)\\ \vdots \\ \Pr(S_{J-1})\end{bmatrix}=\begin{bmatrix}\Pr(S_0\mid S_0) & \Pr(S_0\mid S_1) & \cdots & \Pr(S_0\mid S_{J-1})\\ \Pr(S_1\mid S_0) & \Pr(S_1\mid S_1) & & \vdots\\ \vdots & & \ddots & \\ \Pr(S_{J-1}\mid S_0) & \cdots & & \Pr(S_{J-1}\mid S_{J-1})\end{bmatrix}\cdot\begin{bmatrix}\Pr(S_0)\\ \Pr(S_1)\\ \vdots \\ \Pr(S_{J-1})\end{bmatrix} \tag{3.86}$$

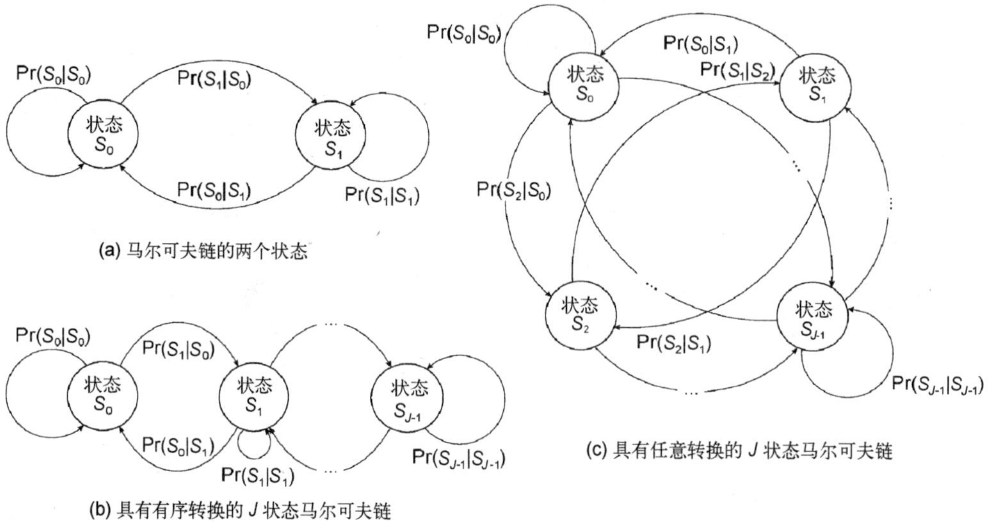

图 3.6

由此，处于一种状态的全局概率可以由进入与离开该状态的概率之比来确定：

$$\Pr(S_j)=\frac{\sum_{i\neq j}\Pr(S_j\mid S_i)\Pr(S_i)}{1-\Pr(S_j\mid S_j)} \tag{3.87}$$

一旦进入一种状态，剩余长度为 l 的“S_j”状态序列的概率就可以通过该模型在另外的 $l-1$ 循环中处于该状态的概率推断出来，然后变为不同的状态 S_i，$S_i\neq S_j$，

$$\text{Prob}[S_j(n)=\{..\underbrace{(j\,j..j)}_{\text{length } l}i..\}]=\Pr(S_j\mid S_j)^{l-1}\cdot\left[1-\Pr(S_j\mid S_j)\right] \tag{3.88}$$

这个概率随着长度 l 的增加呈指数衰减。后续状态也可能受到零概率转移的约束，如图 3.6（b）所示。如果马尔可夫链允许在有限的步数内以非零概率从任何状态转移到任何其他状态，则它是不可约的。如果存在一个或多个状态 S_i，且所有输出的转移概率 $\Pr(S_j|S_i)=0$，则至少存在一个输入的转移概率 $\Pr(S_i|S_j)>0$ 的链，但事实并非如此。这个 S_i 将是一个终止的状态，一旦达到这个状态就不再发生改变。当需要对具有预期终止的状态序列进行建模时，此类模型非常有用。

基本上，到目前为止，状态序列都是假设发生在一维数轴上的（例如随着时间的推移而变化）。由于马尔可夫性质，当考虑在离散网格上可以发生状态转移的对应邻居的数量仍然有限时，它可以直接扩展到二维或更高维度。这种扩展称为马尔可夫随机场（Markov Random Field，MRF），其中基本状态数可以变为无穷大，但这并不重要，因为仅需要考

① 在图 3.6（b）的情况下，只有 **P** 的迹和两个相邻的边对角线上的值是非零的。

虑局部有限数量的可能状态转换。实现这一点的概念是在多维采样网格上定义样本簇，并确定一个簇中的样本处于相同或不同状态的概率。有关如何将其应用于图像分割的示例，请参阅 6.1.4 节。

根据使用环境的不同，马尔可夫链或随机场的状态通常与某些特征属性相关。特征本身可以在每个状态内保持不变(例如，描述二值信号，值 $b(\mathbf{n})=0$ 或 $b(\mathbf{n})=1$ 表示当前状态)，也可以通过 PDF 来定义，该 PDF 将作为属于该状态的样本属性的统计模型。这样，基于马尔可夫模型的分析可表示相邻样本是否属于同一状态的概率期望，它比基于简单样本的统计更可靠。同时，实现起来(例如，将马尔可夫模型与不同状态下的样本统计模型相结合)比使用联合或向量统计更简单(否则必须使用它们)。此外，状态转换允许仅对局部平稳的信号(在属于同一状态的样本组内)进行建模，并且在其他情况下发生转换，例如图片中的边缘、音频信号中的音符和瞬态或语音中的口语词。

3.10.2　隐马尔可夫模型

马尔可夫模型由状态之间的转移概率描述，其中最普遍的定义式(3.86)将所有转移概率 $\Pr(S_j|S_i)$ 描述为转移矩阵 $\mathbf{P}$ 中的元素。通常，语义事件可以通过不同单一观测值的一致性来描述，这些观测值应该按照某种预期的序列发生。观测值预先分为一个有限观测符号集(例如语音识别中的音素)。可能发生的事件(例如，话音)的数量也应是有限的。只有观测结果是已知的。此外，观测值与马尔可夫模型状态的关联应存在一定程度的不确定性，这可能是由于观测方法不准确或观测值本身受噪声影响、事件来源有偏差等。通常，观测序列$\mathcal{O}$也将是有限的。隐马尔可夫模型(Hidden Markov Model，HMM)评估这些序列并确定基本观测序列对应于预期事件的确定性是基于以下参数集进行的：

- 序列开始时初始状态的概率；
- 状态之间转移的概率，实际上是马尔可夫模型本身的参数；
- 与给定状态相关的观测值发生的概率。

假设整个参数集Π可以表征 HMM。典型的优化问题如下[RABINER 1989]：

1. 给定模型参数Π，确定观测序列发生概率 $\Pr(\mathcal{O}|\Pi)$。这个问题的常见解决方案是前向-后向过程，它从序列中任何位置的给定状态确定一次序列开始的概率，以及一次序列结束的概率。
2. 给定模型参数Π，选择状态序列 S，使得与观测序列的联合概率 $\Pr(\mathcal{O}, S|\Pi)$最大。这是一个典型的分类问题，其中某个不同的预定义状态序列 S 是可预期的(例如，构成口语单词的音素序列，聋哑人手语的手势序列，体育比赛中以目标结束的回合序列)。
3. 导出模型参数Π，使 $\Pr(\mathcal{O}|\Pi)$ 或 $\Pr(\mathcal{O}, S|\Pi)$ 最大化。虽然前两个问题是分析相关的，但这个问题涉及模型的综合或者对于给定分类问题的训练。该问题的典型解决方案是分段 k 均值算法，该算法根据理想状态序列 S 测量训练集观测值$\mathcal{O}$的变化，以及 Baum-Welch 重新估计方法，该方法迭代地调整模型参数使得概率增加到最大值 [RABINER，JUANG 1986] 。

由于统计参数充分描述了 HMM，因此可以通过统计距离度量来计算两个模型之间的距离。特别值得注意的是 Kullback-Leibler 散度公式(5.53)和式(5.54)，假设$\mathbf{\Pi}_1$是给定参考模型的参数，$\boldsymbol{\lambda}_2$是与观测相关的参数，则可以将其重新表述如下：

$$\Delta(\mathbf{\Pi}_1,\mathbf{\Pi}_2)=\sum_{\mathcal{O}}\Pr(\mathcal{O}\mid\mathbf{\Pi}_1)\ln\frac{\Pr(\mathcal{O}\mid\mathbf{\Pi}_1)}{\Pr(\mathcal{O}\mid\mathbf{\Pi}_2)} \tag{3.89}$$

遗憾的是，直接求解式(3.89)将过于复杂，因为最小化需要对所有可能的状态序列进行穷举计算。利用基于包含的似然比来重新解释距离函数，可以通过 Viterbi 算法[Furnne 1973]实现更有效的解决方案，该算法分析了状态序列路径的似然度量。然后，要比较的最大路径数由模型中的状态数上限确定，并且消除在给定状态下劣于该状态最佳值的所有序列。

3.10.3 卡尔曼滤波器

第 1 章中介绍的估计方法是基于对观测到的一组信号值(向量 **g**)的估计结果进行的优化。特别是对于随时间或空间变化的信号，必须在各种时空实例中估计值或参数(例如，在每个视频图像的不同位置估计运动参数)。在这种情况下，如果应用递归估计方法，将先前的估计结果反馈到后续的估计步骤中，则可能是有利的。随后，假设待估计的信号或参数只是缓慢变化的，则可以通过预测后续状态来加以稳定，然后根据实际测量值①来更新该状态。

递归估计的另一个优点是抑制噪声，噪声可能影响估计结果的可靠性。卡尔曼滤波是一种基于状态模型的递推估计方法，在噪声存在的情况下优化递归估计。再次，以信号恢复为例介绍该方法，其中需要一个待估计信号的模型。这里使用向量状态模型，其中向量由状态 r 中的信号值 $\mathbf{s}_r$ 组成：

$$\mathbf{s}_r=\mathbf{A}_r\mathbf{s}_{r-1}+\mathbf{B}_r\mathbf{e}_r \tag{3.90}$$

上式是由先前状态向量 $\mathbf{s}_{r-1}$ 和假设与信号不相关的零均值新息(innovation)向量 $\mathbf{e}_r$ 来描述的。观测 $\mathbf{g}_r$ 是信号向量 $\mathbf{s}_r$ 的扰动版，用线性滤波器矩阵 $\mathbf{H}$ 和加性零均值噪声分量 $\mathbf{v}_r$ 建模生成：

$$\mathbf{g}_r=\mathbf{H}_r\mathbf{s}_r+\mathbf{v}_r \tag{3.91}$$

此外，自协方差矩阵 $\mathbf{C}_{\mathbf{ee},r}=\mathcal{E}\{\mathbf{e}_r\mathbf{e}_r^{\mathrm{T}}\}$和 $\mathbf{C}_{\mathbf{vv},r}=\mathcal{E}\{\mathbf{v}_r\mathbf{v}_r^{\mathrm{T}}\}$描述了状态 r 中的新息和噪声统计特性，并且应提供前一状态 r–1 的估计结果 $\hat{\mathbf{s}}_{r-1}$。这样，状态 r 中信号的初步估计可以由以下状态预测方程定义：

$$\hat{\mathbf{s}}'_r=\mathbf{A}_r\hat{\mathbf{s}}_{r-1} \tag{3.92}$$

由此产生误差估计：

$$\boldsymbol{\varepsilon}_r=\mathbf{s}_r-\hat{\mathbf{s}}'_r \tag{3.93}$$

以自协方差矩阵 $\mathbf{C}_{\varepsilon\varepsilon,r}=\mathcal{E}\{\boldsymbol{\varepsilon}_r\boldsymbol{\varepsilon}_r^{\mathrm{T}}\}$为特征②。现在使用$\hat{\mathbf{s}}'_r$来计算观测的估计值：

$$\hat{\mathbf{g}}_r=\mathbf{H}_r\hat{\mathbf{s}}'_r \tag{3.94}$$

其差

$$\mathbf{k}_r=\mathbf{g}_r-\hat{\mathbf{g}}_r=\mathbf{H}_r\mathbf{s}_r+\mathbf{v}_r-\mathbf{H}_r\hat{\mathbf{s}}'_r=\mathbf{H}_r\boldsymbol{\varepsilon}_r+\mathbf{v}_r \tag{3.95}$$

---

① 例如，由于实际运动物体的质量惯性，视频序列的运动或多或少遵循一个连续和稳定的轨迹。

② 如果假设初始状态为 $\hat{s}_0=0\Rightarrow\hat{s}'=0_1$，则$\boldsymbol{\varepsilon}$的自协方差与信号自协方差 $\mathbf{C}_{\varepsilon\varepsilon,1}=\mathcal{E}\{\mathbf{s}_0\mathbf{s}_0^{\mathrm{T}}\}$相同。

被称为卡尔曼新息，它反映了新信号状态和失真的不确定性。假设$\boldsymbol{\varepsilon}$和 $\mathbf{v}$ 不相关，则 $\mathbf{v}_r$ 具有自协方差矩阵：

$$\mathbf{C}_{\mathbf{kk},r} = \mathcal{E}\left\{ \mathbf{k}_r \mathbf{k}_r^{\mathrm{T}} \right\} = \mathbf{H}_r \mathbf{C}_{\varepsilon\varepsilon,r} \mathbf{H}_r^{\mathrm{T}} + \mathbf{C}_{\mathbf{vv},r} \tag{3.96}$$

在状态递归过程中，应最小化误差式(3.93)。这里，矩阵 $\mathbf{C}_{\varepsilon\varepsilon,r}$ 累积了所有先前观测 $\mathbf{g}_t$ 协方差的所有信息，其中 $t<r$。对于 K 维状态向量 $\mathbf{s}$，该矩阵具有以下形式：

$$\mathbf{C}_{\varepsilon\varepsilon,r} = \begin{bmatrix} \mathcal{E}\left\{ \varepsilon_r^2(1) \mid \mathbf{g}_t,\cdots,\mathbf{g}_1 \right\} & \mathcal{E}\left\{ \varepsilon_r(1)\varepsilon_r(2) \mid \mathbf{g}_t,\cdots,\mathbf{g}_1 \right\} & \cdots & \mathcal{E}\left\{ \varepsilon_r(1)\varepsilon_r(K) \mid \mathbf{g}_t,\cdots,\mathbf{g}_1 \right\} \\ \mathcal{E}\left\{ \varepsilon_r(2)\varepsilon_r(1) \mid \mathbf{g}_t,\cdots,\mathbf{g}_1 \right\} & \mathcal{E}\left\{ \varepsilon_r^2(2) \mid \mathbf{g}_t,\cdots,\mathbf{g}_1 \right\} & & \\ \vdots & & \ddots & \vdots \\ \mathcal{E}\left\{ \varepsilon_r(K)\varepsilon_r(1) \mid \mathbf{g}_t,\cdots,\mathbf{g}_1 \right\} & & \cdots & \mathcal{E}\left\{ \varepsilon_r^2(K) \mid \mathbf{g}_t,\cdots,\mathbf{g}_1 \right\} \end{bmatrix} \tag{3.97}$$

如果优化的目标是最小化ε的能量，那么必须最小化该矩阵的迹。这是通过对矩阵进行预测来实现的，该矩阵根据式(3.90)描述了状态变化。结果是如下协方差预测方程：

$$\hat{\mathbf{C}}_{\varepsilon\varepsilon,r} = \mathbf{A}_r \mathbf{C}_{\varepsilon\varepsilon,r-1} \mathbf{A}_r^{\mathrm{T}} + \mathbf{B}_r \mathbf{C}_{\mathbf{ee},r} \mathbf{B}_r^{\mathrm{T}} \tag{3.98}$$

由此确定卡尔曼增益矩阵为

$$\mathbf{K}_r = \hat{\mathbf{C}}_{\varepsilon\varepsilon,r} \mathbf{H}_r^{\mathrm{T}} \mathbf{C}_{\mathbf{kk},r}^{-1} \tag{3.99}$$

利用卡尔曼增益进行状态更新，然后计算最终估计结果：

$$\hat{\mathbf{s}}_r = \hat{\mathbf{s}}_r' + \mathbf{K}_r \mathbf{k}_r \tag{3.100}$$

最后一步是更新下一状态的协方差矩阵，也表示为 Riccati 方程：

$$\mathbf{C}_{\varepsilon\varepsilon,r} = \hat{\mathbf{C}}_{\varepsilon\varepsilon,r} - \mathbf{K}_r \mathbf{H}_r \hat{\mathbf{C}}_{\varepsilon\varepsilon,r} \tag{3.101}$$

如果 $\mathbf{H}_r$ 是 $M\times N$ 的矩阵(其中 M 是 $\mathbf{s}/\mathbf{e}/\boldsymbol{\varepsilon}$的长度，$N$ 是 $\mathbf{g}/\mathbf{v}/\mathbf{k}$ 的长度)，$\mathbf{K}_r$ 是一个 $N\times M$ 矩阵，并且卡尔曼估计器也适用于观测信号中样本数不等于待估计样本数的情况，或者必须从信号观测中估计参数状态的情况。

图 3.7(a)展示了状态模型和观测模型的元素；图 3.7(b)展示了如上所述卡尔曼估计器的结构。如果在每个步骤中将所有的元素进行更新，那么卡尔曼估计在计算上会相当复杂。如果假设信号状态模型或观测模型不变，就可以实现简化。卡尔曼估计器也适用于受加性噪声分量影响的信号预测。

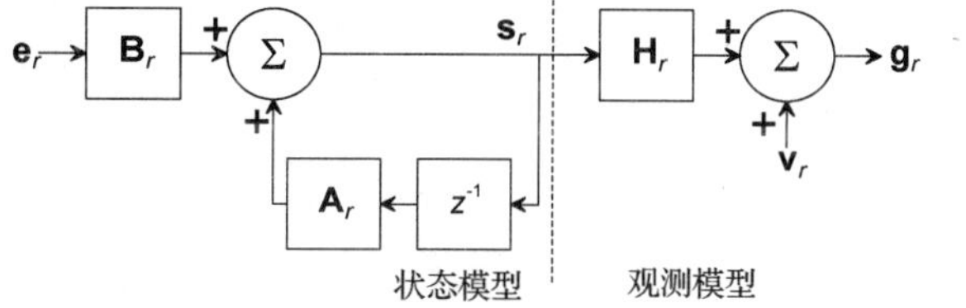

(a) 状态模型与观测模型

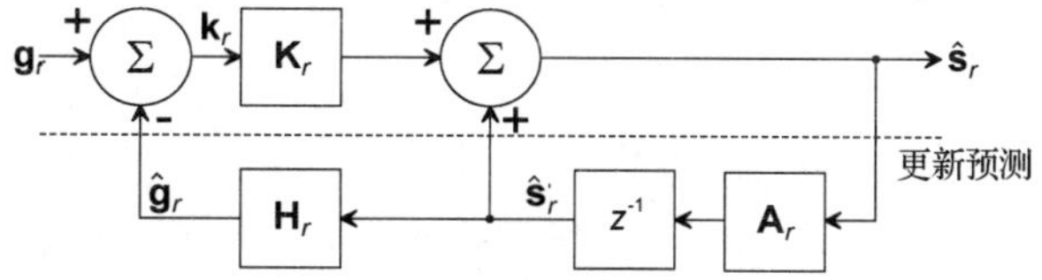

(b) 卡尔曼估计器的结构

图 3.7

3.10.4 粒子滤波器

粒子滤波器直接使用贝叶斯方程来根据观测结果确定状态的概率。它与卡尔曼滤波器方法不同，卡尔曼滤波方法是基于状态转移的线性方程假设，并且(由于使用协方差统计)假设基本观测误差是服从高斯分布的，而粒子滤波器也可以支持非线性转移和非高斯情况。基本上，假设要估计的隐状态 $\hat{\mathbf{s}}_r$ 取决于当前和过去的条件概率观测值：

$$\Pr(\hat{\mathbf{s}}_r \mid \mathbf{g}_r, \mathbf{g}_{r-1}, \cdots) \tag{3.102}$$

同时，基本的状态转移可以用一阶马尔可夫性质来解释：

$$\Pr(\hat{\mathbf{s}}_r \mid \hat{\mathbf{s}}_{r-1}) \tag{3.103}$$

该一阶马尔可夫性质具有从初始状态 $\hat{\mathbf{s}}_0$ 开始的递归依赖性。状态估计方法基于蒙特卡罗方法，从假设的基础分布中提取随机样本序列，考虑相关性[见式(3.103)]，并根据它们与式(3.102)中观测结果 $\mathbf{g}_r$ 的一致性，递归地为其分配权重。得到最大权重的序列被认为是状态的最可能估计。在这种情况下，通常出现的一个问题是简并性，这意味着经过几次迭代之后，大多数序列都将权值分配为零，这样以后就不会再考虑它们了。这通常是通过试探性地将它们的值移到更高的加权状态来加以解决。另一个问题是，若状态向量是高维的，则解可能不会收敛，或者需要大量的随机样本图。对于粒子滤波器的有效计算，存在不同的算法，对此更深入的论述，感兴趣的读者可以参考文献[ARULAMPALAM ET AL. 2002]。

3.11 习题

习题 3.1 证明在高斯分布情况下，高阶矩(对于 $P = 3$ 和 $P = 4$)是不独立的，并且根据生成函数的性质，得到相关的累积量为零。

习题 3.2 图像信号在采集过程中会由于运动模糊而失真。这种失真可以用保持元素来描述，保持元素对图像矩阵中三个水平相邻样本进行平均。在水平方向进行以下重建工作：

a)计算线性失真的传递函数。

b)确定逆滤波器和伪逆滤波器的传递函数(对于逆滤波导致不稳定结果的情况)。如果在图像水平尺寸为 i) $N_1 = 30$ 个样本；ii) $N_1 = 32$ 个样本的 DFT 域中执行逆滤波，那么潜在的不稳定性是否仍然是关键的?

c)该信号具有一维功率谱 $\phi_{vv,\delta}(f_1) = A$，频谱噪声 $\phi_{vv,\delta}(f_1) = A/2$ 被添加到模糊信号中。重建后的谱噪声能量不应高于任何频率下的信号能量，如何对伪逆滤波器进行修正?

d)对于 c)的情况，确定维纳滤波器的传递函数及其在 c)中找到的截止频率处的增益。

习题 3.3 图像信号在通过离焦镜头采集时发生失真。通过一个线性滤波器对此进行建模，该滤波器在任何径向上的传递函数特征表示为 $H(z) = (z^1+2+z^{-1})/4$。

a)计算线性失真的传递函数 $H_\delta(f)$。

b)计算逆滤波器的传递函数 $H_\delta^{\mathrm{I}}(f)$。逆滤波是否允许在频率范围 $0 \leqslant |f| < 1/2$ 内进行完全重建?

c)采样信号具有功率谱 $\phi_{ss}(f) = \sin^{-2}(2\pi f)$，并且被具有功率谱 $\phi_{vv,\delta}(f_1) = 1/4$ 的 CCD 芯片的

噪声干扰失真。确定最佳维纳滤波器 $H_{\delta}^{\mathrm{I}}(f)$ 的传递函数。

d) $H_{2D}(f_1,f_2)$ 应为旋转对称的 2D 传递函数，使得 $H_{2D}(f_1,f_2)=H(f)$，其中 $|f|$ 是任何频率对 (f_1,f_2) 距 2D 频率平面原点的距离。将 $H_{2D}(f_1,f_2)$ 表示为 f_1 和 f_2 的函数。

e) 当 $0\leqslant|f_1|<1/2$，$0\leqslant|f_2|<1/2$ 时，定义逆滤波器和（在不稳定情况下）伪逆滤波器 $H_{2D}^{\mathrm{I}}(f)(f_1,f_2)$。

习题 3.4　信号向量 $\mathbf{s}=[3\ 9\ 15]^{\mathrm{T}}$ 由以下矩阵映射到观测 $\mathbf{g}$ 中：

$$\text{i) }\mathbf{H}=\begin{bmatrix}\frac{1}{2} & \frac{1}{2} & 0\\ 0 & \frac{1}{2} & \frac{1}{2}\end{bmatrix};\quad \text{ii) }\mathbf{H}=\begin{bmatrix}1 & 0 & 0\\ \frac{1}{3} & \frac{2}{3} & 0\\ 0 & \frac{2}{3} & \frac{1}{3}\\ 0 & 0 & 1\end{bmatrix}$$

a) 计算两种情况下的 $\mathbf{g}$ 值。

b) 计算矩阵 i) 和 ii) 的伪逆。

c) 确定重建值 $\hat{\mathbf{s}}$。

d) 对于情况 i)，确定 $\mathbf{HH}^{\mathrm{T}}$ 的奇异值；然后，仅使用第一奇异值用 SVD 方法进行重建。

习题 3.5　$\Pr(0)=0.2$ 和 $\Pr(1)=0.8$ 的二值图像信号 $b(\mathbf{n})$（振幅值为 0 和 1）受到方差为 $\sigma_v^2=0.1$ 的高斯白噪声的干扰。信号中可能存在的相关性未知。观测值 $g=0.3$；0.5；0.7。使用以下方法确定三个值的最优重建。

a) 最大似然准则；

b) 最大后验概率准则。

习题 3.6　信号 $s(n)$ 可以描述为 AR(1) 过程，其 $\rho=0.75$，$\sigma_v^2=16/7$。加性高斯白噪声 $v(n)$ 的方差 $\sigma_v^2=1$ 会使信号失真。观测到两个相邻的样本，它们组合成向量 $\mathbf{g}=[1\ 3]^{\mathrm{T}}$。

a) 确定自方差矩阵 $\mathbf{C_{vv}}$、$\mathbf{C_{ss}}$ 及其逆矩阵。

现在，给出两个假设估计，即 $\hat{\mathbf{s}}_1=[0\ 4]^{\mathrm{T}}$ 和 $\hat{\mathbf{s}}_2=[3\ 3]^{\mathrm{T}}$。

b) 通过最大似然准则确定两种估计的较好者。

c) 通过最大后验准则确定两种估计的较好者。

d) 信号方差的哪个因素较大，使 ML 和 MAP 的估计会取得相同的结果？

第 4 章　多媒体信号特征

特征提取是从多媒体信号中获取内容相关信息的第一步，也就是通过特征属性来比较两个信号。通常，特征提取输出的是一组参数，这些参数应该在很大程度上能够对信号可能发生的典型失真和变化，如几何修正、噪声、光照、响度或速度/节奏变化等保持不变。特征描述方法可以基于统计模型、物理模型或感知模型，或与特征属性的底层参数化有关。图像和视频信号的重要特征是颜色，纹理，边角结构、形状、几何、运动、深度和空间(2D/3D)结构。对于音频信号，时间、谱或倒谱函数的包络(外壳)和其他属性，乐曲的音色、音调、响度、节奏、和声结构、旋律和结构都是重要的特征。一些高层特征可以直接与语义相关。

4.1　颜色

对于人类的视觉感知来说，颜色是识别和区分外部世界物体的重要标准。可见光的光谱(波长 400 nm～700 nm)由相机传感器进行粗略采样，通常只有 R(红色)、G(绿色)和 B(蓝色)这些基本的颜色分量，由具有特定颜色敏感度的光感应器进行输出[①]。对于卫星和夜间拍摄等特定应用，可使用超可见光(例如红外线)的多光谱传感器和相机，它们甚至可以提供比人眼分辨能力更多的信息。为了捕获颜色分量，使用具有带通特性的光学滤波器，其中不同颜色通道的光谱传递函数通常重叠。因此，由于不同颜色图像基本上具有相同的结构，可以预期颜色通道的信号是相关的并且存在冗余。如果颜色通道的数目为 K，则形成 K 维颜色空间；该空间的坐标轴与各个分量的振幅级相关。从概念上讲，这与表示组合信号样本或特征的向量空间没有区别(参见 5.1 节)。由此，在给定时空位置处的颜色样本的属性可以由维度为 K 的颜色向量 $\mathbf{s}(\mathbf{n})$表示，其在κ维上的位置由索引向量 $\mathbf{n}$ 进行定义。

4.1.1　颜色空间变换

由于以下原因，图像传感器提供的颜色表示通常不直接适用于颜色分类：

- 不同颜色分量之间存在冗余，特别是在多光谱图像的情况下，这会导致颜色空间不必要的高维性；
- 捕捉的颜色空间允许出现自然图像中几乎不存在的颜色组合，或者可能与区分颜色无关；
- 简单的距离准则，例如获取颜色空间中两种颜色之间的欧氏距离，与对这些颜色

---

① 此外，电子相机通常执行光强度到振幅值的非线性映射，为较暗的值提供更精细的振幅范围。这表示为采集设备的伽马传输特性，由(近似)传输方程 $A=c_1\Phi^{\gamma}+c_2$ 描述。式中 Φ 是归一化为最大电平的光通量，A 是信号的振幅，c_1 是相机的灵敏度，c_2 是偏移值。

之间差异的主观感知不是线性相关的。

因此，对于颜色特征提取来说，使用颜色空间是有利的，其中分量在统计上是独立的，它支持颜色的自然出现，提供尽可能紧凑的表示，并且适合人类的颜色感知特性。事实上，人们已经提出了大量不同的颜色空间表示，根据获取颜色空间和表示颜色空间之间的关系，可以大致分为线性变换和非线性变换。线性颜色变换可以用矩阵运算来描述。输出分量的数量不一定需要与实际获得的输入分量的数量一致；线性颜色变换的一种通用形式可以通过将 K 个输入分量 s 映射到 L 个输出分量 $\tilde{s}$ 来表示：

$$\begin{bmatrix} \tilde{s}_1(\mathbf{n}) \\ \tilde{s}_2(\mathbf{n}) \\ \vdots \\ \tilde{s}_L(\mathbf{n}) \end{bmatrix} = \begin{bmatrix} a_{11} & a_{12} & \cdots & a_{1K} \\ a_{21} & a_{22} & \ddots & \vdots \\ \vdots & & \ddots & \\ a_{L1} & \cdots & & a_{LK} \end{bmatrix} \begin{bmatrix} s_1(\mathbf{n}) \\ s_2(\mathbf{n}) \\ \vdots \\ s_K(\mathbf{n}) \end{bmatrix} \tag{4.1}$$

当 $L<K$ 时，待处理的颜色空间的维数会降低；一个目标是将信息转换成更少数量的统计独立分量，并保留关于输入颜色属性的大部分信息。对于多光谱图像（如卫星图像），可以通过应用主成分分析式（5.10）或独立成分分析（参见 5.1.3 节）来实现。这两种方法也可以根据给定的源统计数据进行调整。

通过将 RGB 颜色源分解为一个亮度分量（Y）和两个色差或色度分量，提出了一种常用的预定义颜色变换方法。例如，YC_bC_r 颜色空间可以通过以下线性矩阵映射来定义，其中 Y 主要与 G 相关，而 C_b 和 C_r 分别表示色差 $B-Y$ 和 $R-Y$ ①：

$$\begin{bmatrix} Y \\ C_b \\ C_r \end{bmatrix} = \begin{bmatrix} 0.299 & 0.587 & 0.114 \\ -0.169 & -0.331 & 0.5 \\ 0.5 & -0.419 & -0.081 \end{bmatrix} \begin{bmatrix} R \\ G \\ B \end{bmatrix} \tag{4.2}$$

此外，色度图像通常是亚采样的，因为它们包含的细节结构较少，而且对于颜色感知，人类视觉的分辨能力较低[MSCT，3.1.3 节]。

参考颜色的定义。在目前介绍的颜色表示中，没有考虑主要分量与物理颜色之间的直接关系，忽略了人的颜色感知特性（即使技术系统需要与物理颜色相匹配）。由于以下原因，无法直接定义参考颜色：

- 当物体表面被不同的光线照明时，相机传感器会感知或捕捉到不同的颜色，因此可能需要关于图像拍摄期间光照条件的知识；
- 在人类感知方面，存在个体差异；
- 众所周知，即使由于眼睛中感光体的生理作用②，人类可以通过混合三原色来刺激感光体感知各种其他颜色，也不可能由此在可见光谱范围内产生任意颜色；特别是具有多个谱峰的非单色颜色可能很难匹配。

为解决这些问题，需将人类的颜色感知与精确已知其特性的参考颜色发光系统相匹

① 有时也被表示为 YUV，这是在传统模拟电视中使用的对应映射；对于数字格式的 YC_bC_r，也存在不同的定义，例如在高清和超高清的视频应用中，后者能够支持更大范围的色域［参见图 4.2（b）］。基本上，在 RGB 输入值为 $0 \sim A_{max}$ 的范围内，Y 将在相同的值域内，而色度分量在 $-A_{max}/2 \sim A_{max}/2$ 的范围内。此外，为了在这些范围的低端和高端引入未使用值的安全边界，经常会执行剪切。

② 视网膜包含三种颜色敏感的视锥细胞，见[MSCT，3.1.1 节]

配。1930 年左右，人们进行了这样的努力，从而引出了“标准观察者”(standard observer)的定义，同时定义了光谱中频以及与原色相关的传递函数；这在标准 CIE15.2[CIE 1931]中有具体规定。基础实验是让人观察调整发射的红、绿、蓝光源，使在屏幕上投影的混合颜色看上去接近它旁边显示的参考颜色。这是为覆盖可见光波长 λ 的各种单色(窄带光)参考颜色进行的。实验中三种光源的初始波长分别为：红光约 700 nm，绿光 546.1 nm，蓝光 435.8 nm。目标是为每个单色参考确定三个分量的权重，使混合物看起来是等效的单色光；这些权重因子表示为三刺激值。当绘制整个可见光光谱时，就建立了三刺激图，表示为 $R_C(\lambda)$、$G_C(\lambda)$ 和 $B_C(\lambda)$。然而，事实证明，在 450 ~ 550 nm(青色到绿色)范围内，不可能准确地产生单色光，可能是因为实验中使用的红光光源的光谱衰减太平缓，无法达到较低的波长。通过减少相应参考色中的红色分量，并通过在该范围内的三色中定义假设的负红色来补偿该分量，可解决这一问题[见图 4.1(a)]。

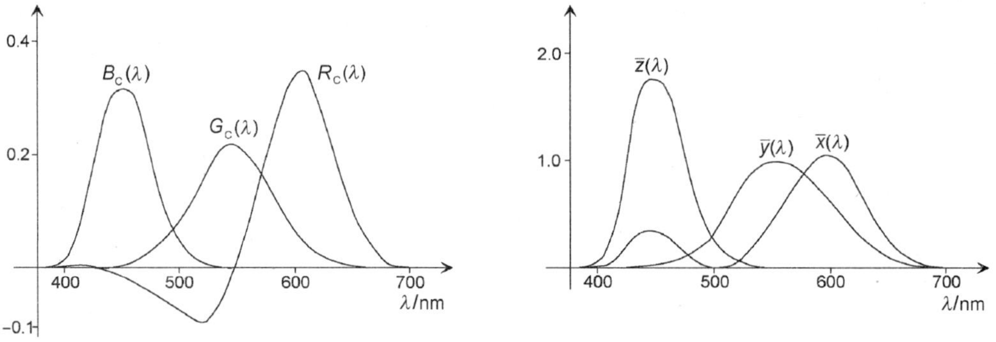

(a) 参考三刺激图 (b) CIE“标准观察者”权值

图 4.1

由于负三刺激值是不合理的，并且反映了当时的技术无法通过混合给定的光源来产生所有可能的单色光色调这一事实，CIE 定义了所谓“标准观察者”[见图 4.1(b)]的纯正波长相关的颜色匹配图 $\bar{x}(\lambda),\bar{y}(\lambda),\bar{z}(\lambda)$(大约分别与红色、绿色和蓝色有关)。应该注意的是，这是一个纯技术上的定义，并不完全与人类的颜色感知相匹配，而且光源的特性也是假设的，偏离了上述实验的真实光源，特别是红色的情况。尽管如此，这一定义还是很有用的，从定义之日起就被确立为颜色测量和校准的最终参考标准。虽然给定波长 λ 的图形大致反映了在该波长周围产生单色光所需的权重，但具有更宽光谱强度分布 $I(\lambda)$ 的光仍然可以合理地近似为三原色的混合，其权重为 X, Y, Z(近似与应混合具有类似光谱特性的红、绿和蓝光的权重有关)，通过计算标准观察者颜色匹配图的光谱相关性来确定：

$$X=\int_{\lambda_{\min}}^{\lambda_{\max}} I(\lambda)\bar{x}(\lambda)\mathrm{d}\lambda;\quad Y=\int_{\lambda_{\min}}^{\lambda_{\max}} I(\lambda)\bar{y}(\lambda)\mathrm{d}\lambda;\quad Z=\int_{\lambda_{\min}}^{\lambda_{\max}} I(\lambda)\bar{z}(\lambda)\mathrm{d}\lambda \tag{4.3}$$

这个结果就是 CIE-XYZ 主分量系统的定义，其中参考 CRT 显示器中使用的发光体荧光粉的颜色激发原理，RGB 的一般转换公式如下①：

① 注意，这里的 Y 与式(4.2)中的亮度定义相同。当 RGB 原色的定义不同时(例如，在 sRGB 或宽色域颜色空间中，见第 63 页的脚注②，将应用其他矩阵系数。

$$\begin{bmatrix} X \\ Y \\ Z \end{bmatrix} = \begin{bmatrix} 0.607 & 0.174 & 0.200 \\ 0.299 & 0.587 & 0.114 \\ 0.000 & 0.066 & 1.116 \end{bmatrix} \begin{bmatrix} R \\ G \\ B \end{bmatrix} \tag{4.4}$$

应该注意的是，XYZ 空间中的每个主分量都与对应 RGB 空间中的一个主分量具有主导关系；但是，在表示饱和单色方面，有限值范围内的 XYZ 空间允许比 RGB 空间具有更大的灵活性，因为根据定义，XYZ 空间与颜色的视觉感知直接相关。然而，由于原始设置的缺陷，导致了如上标准观察者的定义，因此不可能从 XYZ 分量产生对白光(同样包含可见光谱范围的所有色调)的精确感知。然而，对某一物理光辐射的参考值可以由 XYZ 的主值进行定义，然后，将其称为白光参考值，无论人类观察者是否将其视为“白色”。CIE 定义中所采用的方法涉及加热到一定温度的黑色物体，其光辐射的颜色随后表示为色温(CT)。例如，白色参考 D65(与 6500 K 的色温相关)由值 $X_0 = 0.3127$、$Y_0 = 0.3290$、$Z_0 = 0.3583$ 定义。通常，光照源可以由其 CT 进行指定，因此可以直接将参考白点移到 XYZ 空间中的另一位置以确定在不同 CT、不同光照源条件下如何感知给定颜色，或者确定自然白光下的真实颜色。通常，低 CT 更呈红色，高 CT 更呈蓝色。

为了更好地解释前段文字中给出的注意事项，将 XYZ 主值映射到色度图中是有益的，色度图基本上将亮度的影响与颜色感知分开。这是通过以下归一化转换实现的：

$$x = \frac{X}{X+Y+Z}; \quad y = \frac{Y}{X+Y+Z}; \quad z = \frac{Z}{X+Y+Z} = 1 - x - y \tag{4.5}$$

值 x、y 和 z 在 0 和 1 之间，如果 XYZ 空间值为正值，则它们为正值。经过归一化，X、Y 和 Z 之间的相对分布被反射，而不是它们的绝对值，因此 xyz 表示与亮度无关。此外，三个值中的一个[如式(4.5)中的 z 所示]是冗余的；在给定的情况下，识别 xy 平面上的点就足够了，这是本书常用的方法。现在，当已知标准观察者饱和单色光点的 XYZ 空间值映射到 xy 时，它们在色度图中建立可见色域的外壳，如图 4.2(a)所示。xy 平面中的可能值只能在由直线 $z = 0$ 和两个轴建立的三角形内。白点(由于亮度独立，基本上包括黑白之间的任何灰度)应定位在 $X = Y = Z$ 附近，即 $x = y = z = 1/3$。然而，通过定义不同的白色参考值，其含义可能会发生变化，其中图 4.2(a)中的粗线图解释了人类如何感知不同色温的参考值。此外，在颜色混合中，当最低(蓝色)和最高(红色)波长的两个原色混合产生紫色时，它主观上看起来像单色，但不能与可见光范围内连续波长轴上的单个点相关。为了解决这个问题，紫色线被定义为红色和蓝色之间的连接，在色度图的该区域内建立色域的边界。

色度图中接近白点的颜色表示为低饱和度。它们越接近色域的边界，颜色就越饱和越单一。此外，色调一词是指单色色调，它是通过将色域内的非饱和点投影到“马蹄形”边界而发现的。“相反”色调值是通过白点将两个边界点互连而得到的①。

由于 CIE 标准观察者不能精确地匹配人类的感知，并且原始的三刺激图需要负红色来生成某些单色，特别是在蓝青绿的范围内，因此 X 分量需要负值才能实际达到该部分色域。当在式(4.4)中使用振幅值为 $0 \sim A_{\max}$ 的 RGB 值时，与单色的可感知范围相比，色域的范围受到了更大的限制。该范围成为一个三角形，将三个单色 RGB 颜色向量$[1\ 0\ 0]^{\mathrm{T}}$、

① 当比较主动光与红、绿、蓝三原色的混合与印刷或绘画中的混合过程时，相反的色调值是相关的。墨水和油漆具有吸收颜色(而不是反射颜色)的特性。因此，混合过程需要反转，必须使用青色(吸收红光)、品红(吸收绿光)和黄色(吸收蓝光)三种颜色。另外还需要黑色，吸收所有光线。

$[0\ 1\ 0]^T$和$[0\ 0\ 1]^T$投影到 XYZ 颜色空间和 xy 平面。为避免剪切，可以增加一些限制以获得更安全的边界范围，例如，某些规范允许 8 位颜色分量仅表示 16～240 的振幅范围，这个范围不支持完全饱和度。例如，PAL/SECAM YUV 格式的限制如图 4.2(b)所示。该定义专门针对 CRT 显示器的颜色发射特性进行了调整，但是对于更高级的显示(例如基于有源 LCD/LED)和真彩色分析来说可能限制过多。因此，较新的颜色空间定义通常允许表达更广泛的色域①。

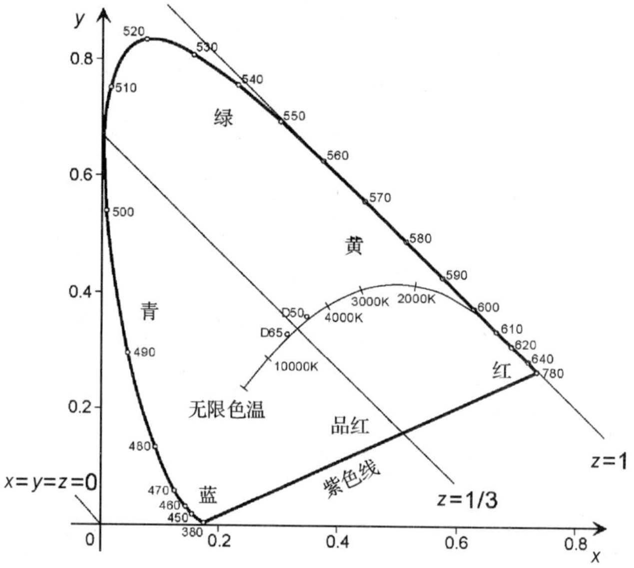

(a) 色度图

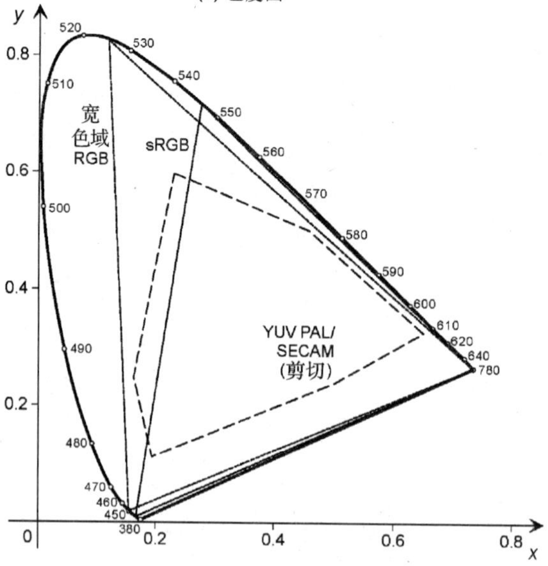

(b) 不同颜色空间的局限性

图 4.2

① 注意，色域外壳上 RGB 原色的实际单色色调位置可以在颜色空间规范中进行不同的定义。图 4.2(b)展示了宽色域颜色空间的典型示例(例如，ITU-R BT.2020 中的定义)。1996 年为数字媒体和显示器定义的标准 RGB(表示为 sRGB)虽然比 PAL/SECAM 等模拟电视的色域宽，但要窄得多。

由于颜色空间被不同地调整以适应人们对颜色的感知，显然，它们也将不同地适用于判断颜色的差异，就像人类感知它们一样。通常，欧氏距离是在向量空间中被广泛使用的距离度量，但是，由于式(4.2)和式(4.4)这样的变换不是正交的，因此 RGB 颜色空间中两个颜色三元组(R_1、G_1、B_1)和(R_2、G_2、B_2)之间的欧氏距离与 YC_bC_r 或 XYZ 中相应三元组之间的欧氏距离无法线性匹配，

$$d=\sqrt{(R_1-R_2)^2+(G_1-G_2)^2+(B_1-B_2)^2} \tag{4.6}$$

此外，在判断颜色偏差时，以诸如色度图中的色调和饱和度之类的感知判断为标准，可能比式(4.6)中的欧氏距离更合适，因为后者主要取决于亮度。然而，由于色域形状具有不规则性，原色和混合单色沿边界的分布非常不均匀。色度图中的距离可能并不完全合适，这可能是受定义中使用的光源类型的影响，解决这个问题的一个更简单的替代方案是使用 HSV 颜色空间①，它将色域映射成半径为 1 的圆，其中，在极坐标中，距离中心的径向距离表示饱和度，色调是一个角度方向，任意两个原色之间的等距角为 2π/3。完全饱和的相反色调值(角度差π)被定义为最大颜色差异，欧氏距离为 2(圆的直径)。在下面的定义中，$H=0$ 是表示原色为红色的角度；$A_{\max}$ 是用作源的 RGB 空间中分量的最大振幅范围；输出值归一化为 $0\leqslant(V,S)\leqslant 1$, $0\leqslant H\leqslant 2\pi$：

$$\begin{aligned}
&V=\frac{\text{MAX}}{A_{\max}};\ S=1-\frac{\text{MIN}}{\text{MAX}},\quad V>0;\\
&H'=\arccos\frac{\frac{1}{2}\left[(R-G)+(R-B)\right]}{\left[(R-G)^2+(R-B)(G-B)\right]^{\frac{1}{2}}},\quad S>0\\
&H=\begin{cases}H', & B\leqslant G,\\ 2\pi-H', & B>G\end{cases}
\end{aligned} \tag{4.7}$$

HSV 变换是非线性的，但仍然是唯一可逆的(见习题 4.2)。RGB 输入值限定在[0，$A_{\max}$]的情况下，极坐标变换将 HSV 颜色空间的外边界形成为圆柱体(见图 4.3)，其中心轴上的位置确定 V，垂直圆形切片表示 H 和 S(见图 4.3)。中心轴上 $S=0$ 对应于所有原色都相等的情况，而 $S=1$ 是完全饱和的颜色，这意味着三个分量中至少有一个完全为零。$V=0$(黑色)是一种特殊情况，其中 $S=0$ 也适用。此外，当 $S=0$ 时，H 未定义。通过角度 H，可以找到青色、洋红和黄色这三种单合成色(分别具有红色、绿色和蓝色的相反色调)，它们被解释为两种相邻原色的均匀混合。整个六种原色和合成色的集合被放置在圆周围的等距角步长π/3 处。

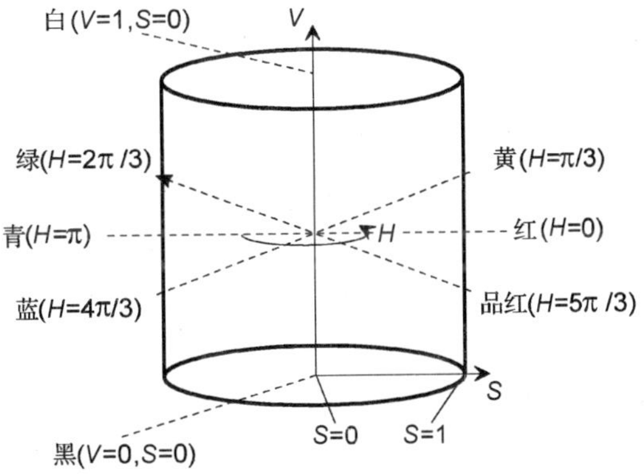

图 4.3　HSV 色柱的表示，原色和合成色的位置

① 色调、饱和度和亮度。其他类似的变换也存在，例如 HSI(I 表示强度)和 HLS(L 表示亮度)。有关这些定义的概述，请参见[PLATANIOTIS，VENETSANOPOULOS 2000]。HSV 和这些相关的空间都不能像 XYZ 一样进行颜色校准。

由于快速算法的存在，可以不计算平方、平方根和三角函数就能近似计算出 H。例如以下定义，该定义已用于 MPEG-7 标准（ISO/IEC 15938 第 3 部分）中 HSV 颜色转换的简化规范中：

$$H=\begin{cases}\dfrac{G-B}{\mathrm{MAX}-\mathrm{MIN}}\cdot\dfrac{\pi}{3}, & R=\mathrm{MAX}\wedge B=\mathrm{MIN}\\ 2\pi-\dfrac{B-G}{\mathrm{MAX}-\mathrm{MIN}}\cdot\dfrac{\pi}{3}, & R=\mathrm{MAX}\wedge G=\mathrm{MIN}\\ \left[2+\dfrac{B-R}{\mathrm{MAX}-\mathrm{MIN}}\right]\cdot\dfrac{\pi}{3}, & G=\mathrm{MAX}\\ \left[4+\dfrac{R-G}{\mathrm{MAX}-\mathrm{MIN}}\right]\cdot\dfrac{\pi}{3}, & B=\mathrm{MAX}\end{cases},\quad S>0 \tag{4.8}$$

两个颜色三元组（H_1，S_1，V_1）和（H_2，S_2，V_2）之间的归一化欧氏距离计算如下[①]：

$$d=\sqrt{\frac{(V_1-V_2)^2+(S_1\cdot\cos H_1-S_2\cdot\cos H_2)^2+(S_1\cdot\sin H_1-S_2\cdot\sin H_2)^2}{5}} \tag{4.9}$$

颜色距离与主观评估的一致性。与 RGB 空间相比，HSV 颜色空间中的欧氏距离已经更好地适应了人类的感知，因为 V 中的距离影响较小，并且用不同 S 相同 H 表示的点彼此相近。通常，H 和 S 是主观判断颜色的重要特征。然而，仅仅与色度值相关可能过于简单，因为在不同光照下，人对色调的感知确实不同。为了更好地适应光照条件的变化对颜色的主观感知，最好回到 XYZ 分量。CIE 给出的 L*a*b*颜色空间[②]定义很好地符合人类的色差感知，该定义考虑了白色参考（例如，允许考虑捕获时光源的影响），并且进一步对振幅传递进行非线性校正：

$$L^*=\begin{cases}25\left[100\dfrac{Y}{Y_0}\right]^{\frac{1}{3}}-16, & \dfrac{Y}{Y_0}>8.856\times10^{-3}\\ 903.3\dfrac{Y}{Y_0}, & \dfrac{Y}{Y_0}\leqslant 8.856\times10^{-3}\end{cases}$$
$$a^*=500\left[\left[\frac{X}{X_0}\right]^{\frac{1}{3}}-\left[\frac{Y}{Y_0}\right]^{\frac{1}{3}}\right];\quad b^*=200\left[\left[\frac{X}{X_0}\right]^{\frac{1}{3}}-\left[\frac{Z}{Z_0}\right]^{\frac{1}{3}}\right] \tag{4.10}$$

此转换也可由下式表示[③]：

$$X=X_0\left[\frac{a^*}{500}+\left[\frac{1}{100}\right]^{\frac{1}{3}}\left[\frac{L^*+16}{25}\right]\right]^3;\quad Y=Y_0\left[\left[\frac{1}{100}\right]^{\frac{1}{3}}\left[\frac{L^*+16}{25}\right]\right]^3;$$
$$Z=Z_0\left[\frac{a^*}{500}+\left[\frac{1}{100}\right]^{\frac{1}{3}}\left[\frac{L^*+16}{25}\right]-\frac{b^*}{200}\right]^3 \tag{4.11}$$

---

① 通过系数 $\sqrt{5}$ 进行归一化，使得 $0\leqslant d\leqslant 1$。或者，可以省略 V，以便仅判断 S 和 V 中的色度差；在这种情况下，通过系数 2 进行归一化是合适的。

② 另一个类似的定义是 CIE 给出的 L*u*v*颜色空间。有关不同颜色空间的确切定义，请参见[PLATANIOTIS，VENETSANOPOULOS 2000]。和 XYZ 一样，这些颜色空间也是在人类颜色感知实验的基础上发展起来的。

③ 此处仅显示较高亮度范围的情况。

颜色(L_1*，a_1*，b_1*)和颜色(L_2*，a_2*，b_2*)之间的欧氏距离给出了一个合理匹配主观感知的色差准则[CIE 1976]：

$$\Delta E_{ab}^* = \sqrt{\left|L_1^* - L_2^*\right|^2 + \left|a_1^* - a_2^*\right|^2 + \left|b_1^* - b_2^*\right|^2} \tag{4.12}$$

为了实现与亮度无关的颜色比较，也可以只测试 a*和 b*中的欧氏距离。通过以下推导的定义 E94[CIE 1995]，可以更好地适应人类的颜色感知：

$$\Delta C_{ab}^* = \left|\sqrt{\left(\left|a_1^*\right|^2 + \left|b_1^*\right|^2\right)} - \sqrt{\left(\left|a_2^*\right|^2 + \left|b_2^*\right|^2\right)}\right| \tag{4.13}$$

$$\Delta H_{ab}^* = \sqrt{\left(\Delta E_{ab}^*\right)^2 - \left|L_1^* - L_2^*\right|^2 - \left(\Delta C_{ab}^*\right)^2} \tag{4.14}$$

$$\Delta E_{94}^* = \sqrt{\left|L_1^* - L_2^*\right|^2 + \left(\frac{\Delta C_{ab}^*}{S_C}\right)^2 + \left(\frac{\Delta H_{ab}^*}{S_H}\right)^2} \tag{4.15}$$

其中 $S_C = 1 + 0.045 C_{ab}^*$；$S_H = 1 + 0.015 C_{ab}$，且

$$C_{ab}^* = \sqrt{\left(\left|a_1^*\right|^2 + \left|b_1^*\right|^2\right) \cdot \left(\left|a_2^*\right|^2 + \left|b_2^*\right|^2\right)} \tag{4.16}$$

式(4.13)～式(4.16)的一个改进是ΔE_{2000}距离，其中包括更接近 HSV 概念的色度和饱和度规范，但具有与上述类似的非线性映射。具体规范请参见[CIE 2012]。

4.1.2 颜色特征表示

对图像信号的每个样本进行颜色变换。为了表示图像和视频信号的颜色，通常使用以下特征准则：

- 统计颜色特征：基于样本颜色出现的概率分布或直方图；通过搜索概率分布中的密度(聚类)来识别主色调；
- 颜色在时间和空间上的局部化特性，或在一个邻域内的颜色结构。

颜色直方图。直方图基于量化信号值的出现，分析潜在概率分布的离散近似值。对于颜色，待量化的信号空间的维数与颜色分量的数目相关。量化①的目的是获得足够数量的可分辨的颜色类；这些颜色类由索引表示，其中落入颜色空间相同类分区的颜色样本被赋予相同的值。图 4.4 给出了 HSV 颜色空间中一种可能的分区示例。首先，圆柱体被细分为 4 个切片，其中切片的识别通过 V 的均匀量化来执行[见图 4.4(a)]。然后在 H 和 S 中进一步划分这些切片[见图 4.4(b)]。首先，必须应用 S 中的标量量化来确定分区将位于切片的哪个环。最后，H 根据环的半径 S 被量化成若干级。此方案生成大小基本相等的分区。对于低饱和度值，无论如何都不能区分色调(H)，而对于高饱和度值，最外面的环形分区的中心正好位于图 4.3(b)所示的六个原色和合成色。在示例中，直方图直方条的总数为 4×10 = 40。

① 有关量化方法的更多详细信息，请参阅[MSCT，4.1 条]。

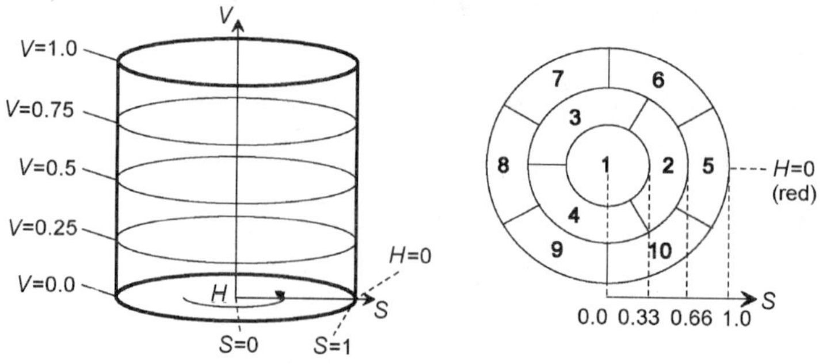

(a) V 中色柱的分层量化
(b) S 和 H 中切片的量化

图 4.4 HSV 颜色空间的颜色量化示例

颜色直方图可以从完整图像、图像区域、视频图像序列或一系列静止图像中提取，前提是所分析的样本集以合理的方式表示视觉项的颜色特性。若与图像或区域大小无关，则只需通过计算直方图的样本数对计数进行归一化处理。得到的一组直方图值建立了一个特征向量，其维数等于直方条的数量。通常应至少提供 30 ~ 40 个直方条，以充分体现不同图像颜色直方图之间的差别；最大直方条数取决于特定应用所需的精度，但更具表现力的饱和度通常可以观察到超过 300 ~ 500 个直方条[OHM ET AL. 2002]。可以进一步预期，直方图上相邻直方条的值将具有统计意义上的相关性。这可以由以下事实加以说明，例如由于光照变化、阴影等的影响，在给定图像中出现的典型颜色在特定模式(基本 PDF 的最大值)周围会出现统计波动。为了得到颜色直方图的更紧凑表示，可以应用线性变换，这也有利于简化特征的比较(见 5.1 和 5.3 节)。图 4.5 给出了对颜色直方图上的出现值进行哈尔变换[见式(A.39)]的过程，该方法在 MPEG-7 标准的可伸缩颜色描述符(Scalable Color Descriptor，SCD)中实现。该变换系统地计算直方图相邻直方条对的和与差，从而实现对直方图的可伸缩表示①。

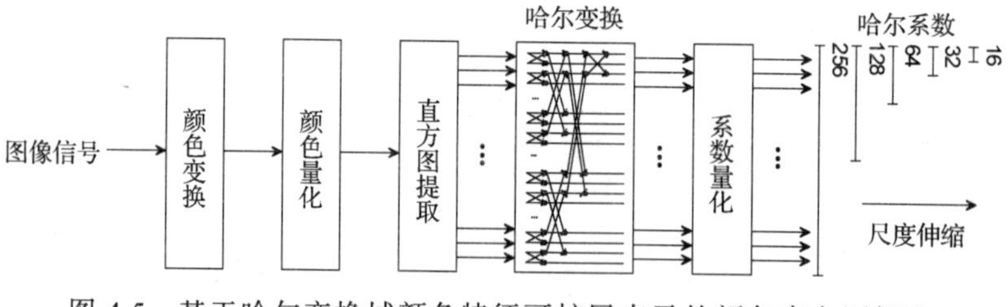

图 4.5 基于哈尔变换域颜色特征可扩展表示的颜色直方图提取

主色聚类。直方图描述了图像中所有颜色出现的概率分布。如果它很稀疏，则可以描述出一些经常出现的颜色。有趣的是，在某些情况下，这可能与内容的语义属性(例如天空的蓝色、火的红色、脸的肤色)直接相关。主色调的提取是一个分类问题，其中颜色特征空间中的聚集度(聚类)必须被识别②。然后，可以通过对划分到聚类 S 的一组颜色样

① 请注意，在计算“低通”系数时，将两个相邻的直方图直方条相加等于计算包含一半直方条数的直方图。在 SCD 的情况下，多维颜色特征空间的尺度缩放是通过在不同的 H、S 和 V 维度上对“样本”(颜色分区)数量的双倍递减来完成的。

② 识别和定义聚类的方法见 5.1.6 节和 5.6.3 节。

本 x 进行统计分析来表征主色调的特性。最简单的方法是通过单个颜色分量的均值和方差，并将其组合成均值和方差向量来进行表征：

$$\mathbf{m}_S = \int\cdots\int \mathbf{x}\cdot p(\mathbf{x}\mid S)\,\mathrm{d}\,\mathbf{x}\ ;\ \boldsymbol{\sigma}_S{}^2 = \int\cdots\int \left\|\mathbf{x}-\mathbf{m}_S\right\|^2 p(\mathbf{x}\mid S)\,\mathrm{d}\,\mathbf{x} \tag{4.17}$$

作为扩展，每个聚类的颜色分量之间的协方差由各自的协方差矩阵进行表征：

$$\mathbf{C}_S = \int\cdots\int (\mathbf{x}-\mathbf{m}_S)\cdot(\mathbf{x}-\mathbf{m}_S)^{\mathrm{T}}\ p(\mathbf{x}\mid S)\,\mathrm{d}\,\mathbf{x} \tag{4.18}$$

到目前为止所介绍的统计描述对于图像的几何修改实际上是不变的。在分析图像的颜色特性时，通常与确定在图像中的位置，以及在图像整个区域中，颜色是局部集中(在某个区域中占主导地位的可见光)还是随机分布并与其他颜色混合有关。

颜色定位。颜色定位特性可以通过局部地分析主色调并将其与图像中的位置相关联来描述。在图像的较小区域内，颜色可能更为均匀，这样只会发现一种或很少几种主要颜色。一种简单的方法是在预定义的块网格①中分析主色调；更复杂的方法可以执行区域分割(见 6.1 节)，但需要结合描述区域形状的特征。使用预定义的块划分，相邻块可能会显示类似的主色调。如果图像中存在更大的均匀颜色区域，例如天空、水、草地等区域，则尤其会发生这种情况。为了利用局部特征信息中的这种依赖关系获得更紧凑的表示，可以将 2D 变换应用于由块相关特征值组合而成的小图像。特别是在主色调的情况下，适用于 2D 图像压缩的任何类型的变换，例如 DCT[见式(A.35)]。然后，变换系数的集合建立特征向量，其中变换的去相关特性也允许仅使用系数的子集合(见 5.1.2 节)。这为图像颜色布局提供了非常紧凑的特征向量表示。图 4.6 给出了从块网格中提取主色调的示意图。主块颜色矩阵通过 2D 块变换进行处理，然后由变换空间②中的量化系数来表示特征。

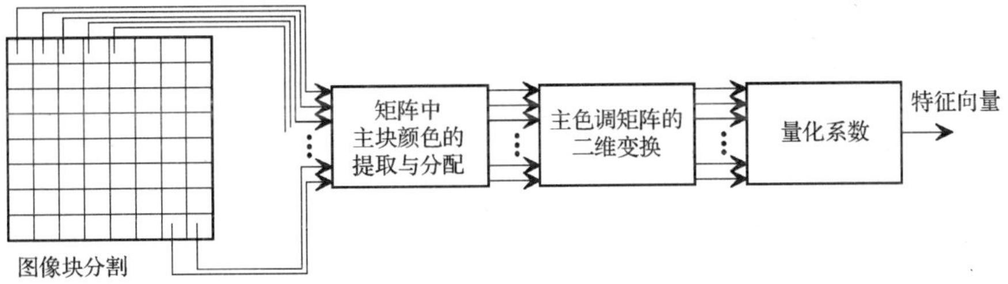

图 4.6　基于变换空间特征表示的块网格主色调特征提取

颜色结构。对于同一颜色的样本局部集中形成斑点，或者在图像的大面积上大量分散并与其他颜色混合，表现为“颜色噪声”时，主观印象和语义内涵将非常不同。在后一种情况下，人类观察者将无法识别独特的颜色。然而，在两种情况下，由一阶样本出现次数计算得到的直方图可能是相同的。通过形态学预处理的应用，可以分析如下差异。假设已将图像的颜色量化为 J 个直方条，使得每个样本映射到各自的索引值 $s(n_1, n_2)\rightarrow i(n_1, n_2)$。接下来，可以定义 J 个二值图像，其中

① 注意，这里描述的主色调示例的方法同样也可以用于许多其他特征的空间定位，如纹理、边缘、运动、深度属性。在 MPEG-7 标准中，这被定义为网格布局。

② MPEG-7 标准的颜色布局描述符使用了这一原理。

$$b_j(\mathbf{n})=\begin{cases}1, & i(\mathbf{n})=j \\ 0, & \text{其他}\end{cases}, \quad j=1,\cdots,J \tag{4.19}$$

图 4.7 给出了量化为三种颜色的图像示例。在提取图像 $b_j(n_1, n_2)$之后，执行形态学处理。通常，开运算是最有用的，因为它丢弃了颜色索引的孤立样本，但也可以应用腐蚀或膨胀运算来压缩或扩展任意结构。在图 4.7 中，使用了一种具有齐次邻域形状 $\mathcal{N}_1^{(1)}$ (4 邻域)的结构元素。现在计算直方图，使得对于每个直方条 j，计算形态学处理 $b_j(n_1, n_2)$值为 1 的数目。这里给出了零散情况下的计数值[hist(1)，hist(2)，hist(3)] = [54, 53, 57]和类似斑点情况[1]下的计数值 = [31, 28, 34]。相比之下，在这两种情况下，直接应用于 $i(n_1, n_2)$的直方图计数将得到[20, 19, 27]。在实际实现中，可以并行地运行所有运算，使得在 $i(n_1, n_2)$中结构元素的给定位置处找到的每个不同颜色索引的直方条计数值简单地增加 1(膨胀时)。该方法用于 MPEG-7 标准定义的颜色结构描述符中。

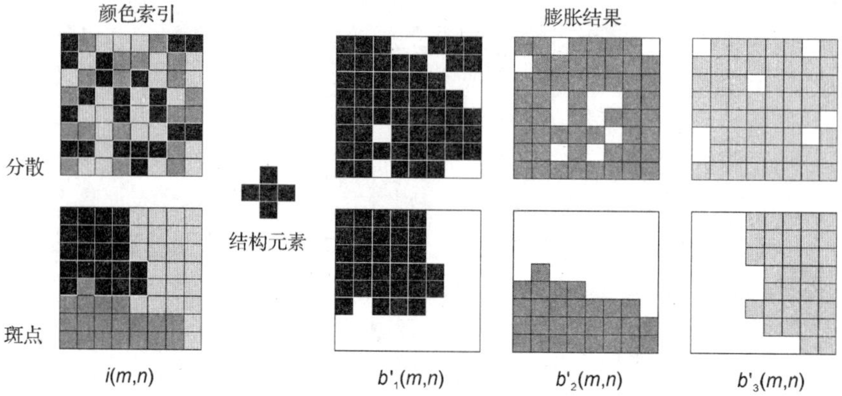

图 4.7 用颜色索引值形态膨胀法分析颜色结构

色斑检测与描述。斑点是一个与周围区域显著不同的区域，在本例中是指颜色特征。这意味着该特征的梯度在斑点的边界处变化很大，并且在同一位置的二阶导数具有最大值或最小值。但是，由于斑点的大小可能未知，因此可以在尺度空间(即分辨率金字塔)中应用分析(见第 2.4 节)，在迭代地减小尺度之后，斑点应该出现在某个尺度的某个采样位置，但二阶导数仍然应该显示极值。因此，寻找局部极值(最大值或最小值)，即在不同尺度的拉普拉斯高斯或等价的差分高斯表示上，寻找绝对值大于所有邻域的样本，是检测斑点的常用方法；斑点所在的分辨率层级/尺度进一步提供了斑点的大小信息。在色斑检测时，极值搜索可以在所有三个颜色分量(R、G、B 或 Y、U、V)的组合，或者可以限制在色度分量(U、V 或 H、S)上进行。类似的斑点检测也可以应用于灰度图像，只需分析 Y 分量。

然而，在噪声条件下或在极端几何形状的情况下，LoG 或 DoG 表示中的斑点检测可能变得更加不可靠。更可靠的方法是最大稳定极值区域(Maximum Stable Extremal Region，MSER)检测(见第 4.4 节)、聚类和均值移位算法(见 5.6.4 节)、基于区域的分割如水平集方法(见 6.1.4 节)，以及分水岭算法(见 6.1.3 节)。对于斑点属性的描述，

① 在这里，即使是对大小相等的图片，也有必要将单位计数进行标准化，使用膨胀更有用，因为腐蚀(在颜色非常分散的情况下)可能会完全导致零计数。

相关的特征值是其颜色（该颜色与主色调[见式(4.17)]接近），以及形状（如 4.5 节中介绍的特征所述）。

4.2 纹理

纹理是局部结构，例如，由于外部世界物体的粗糙表面特性和从这些表面发出的光反射而出现，它们在图像中显示为特征强度和颜色结构。然而，纹理分析通常仅限于强度（亮度）分量，而颜色变化通常不会提供额外的线索，如果有必要，可以通过单独的颜色特征分析进行更好的处理。给定纹理的系统行为具有规律性和随机性。某些类型的纹理，如头发、水面等，可以描述为平稳的随机过程，如自回归（AutoRegressive，AR）或移动平均（Moving Average，MA）模型，或随机场（见 4.2.2 节）。后一种情况还可以包括重复的纹理，例如周期元素或随机迭代结构，也被表示为基元（textons）[JULESZ 1981]。另一种方法是对纹理固有的分形特性（自相似性）进行建模[MANDELBROT 1982] [KAPLAN 1999]。

若近似周期性重复，则傅里叶分析或更通用的光谱分析（见 4.2.3 节）提供了非常稀疏的纹理表示。如果可以建立唯一的表征模型，则纹理被称为是均匀的。从这样一个纹理中随机抽取的块将被认为具有相同的视觉外观。均匀纹理的一些典型示例如图 4.8 所示。规则性通常被理解为周期性或迭代结构程度的同义词，而不规则性则更倾向于随机的、类似噪声的结构。图 4.8 中，最规则的结构位于左上角，最不规则的结构位于右下角。应该指出的是，在自然图像中，真正的周期性结构几乎不存在。即使可以识别出周期模式，它们往往也会有一定程度的周期变化。自然界中的许多物体结构都是如此，例如波浪、晶体结构、蜂巢，甚至是人类建造的结构。相机投影的影响也可能导致原本周期性的 3D 结构在 2D 成像平面中变为非周期性，例如，它是在非平面表面上被发现的（参见 4.5.4 节）。因此，可以预见，复合带通噪声（而不是线谱）这种频率分析的替代方法（如 2.4 节中的小波）通常被认为比傅里叶分析更适合。事实上，这些分类并不完全清晰，如图 4.8 中的一些其他示例，很难明确区分规则和不规则的纹理类别。

在语义内容分析的背景下，如检测可能属于同一物体的均匀区域，则非均匀纹理的相关性会比较小。原则上，整个图像可以表示为非均匀纹理[①]。非均匀纹理的特征可以通过其包含的局部结构来进行最好的描述，例如方向的出现、局部变化量等。对于这些类型的纹理描述符，其与边缘和显著特征分析方法的区别，以及颜色分析中与结构相关部分的区别，都没有明确的定义。为此，大多数与发生次数相关的方法（见 4.2.1 节）都是合适的。非均匀纹理分析之所以有意义，是因为它可以映射到预期的外观模型，一个具体的例子来自人脸检测和识别。

对于视频而言，时空纹理也是相关的。这些纹理可以大致分为静态纹理和动态纹理，静态纹理是对有规律运动（通过物体或相机运动）的刚性材料的视频捕获；动态纹理则是由于下层表面的柔韧性或弹性所形成的不规则运动，例如在风中移动的水、烟和树叶。由于动态纹理与运动建模和分析高度相关，因此在本节中不再进一步讨论时空纹理（参见[MSCT，7.7.3 节]关于动态纹理的讨论）。

---

① “纹理”一词有时在更抽象的意义上用于整个基于样本的图像信息，包括颜色。

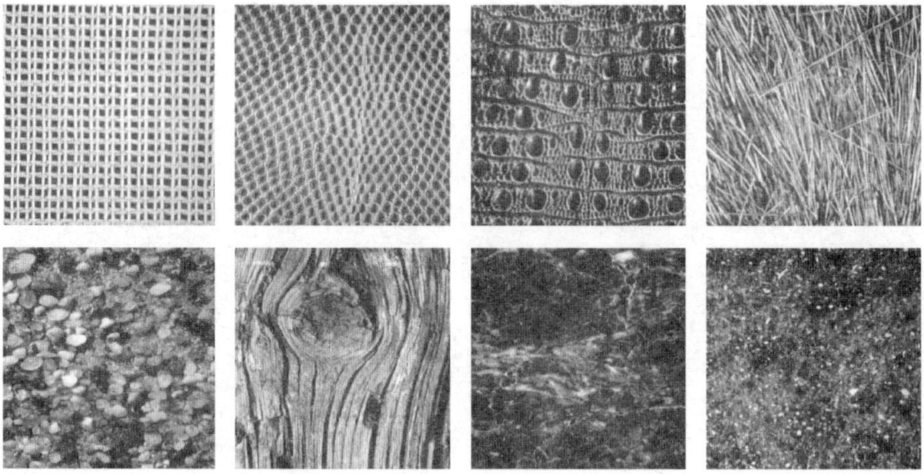

图 4.8 纹理图像示例(来自数据库[BRODATZ 1966])

4.2.1 基于出现次数的纹理分析

纹理细节可以通过测量均值和方差(一阶和二阶矩)分析局部振幅的变化来表示。这可以通过使用应用于每个样本位置的邻域上的分析窗口，或者通过将图像分割为预定义的块网格来执行。注意，在亮度局部变化的情况下，参考全局平均计算的方差值不会表现为纹理特征；局部变化分析(例如，在小块上计算的方差)能够更好地捕捉到样本在相近邻域中的行为。

在文献[OHM ET AL. 2000]中提出了一个基于直方图的矩统计分析的例子。如图 4.9 所示，均值和方差从非重叠的块网格中提取，并量化为少量层级①，在两个直方图中计算每个级别的值出现的次数。

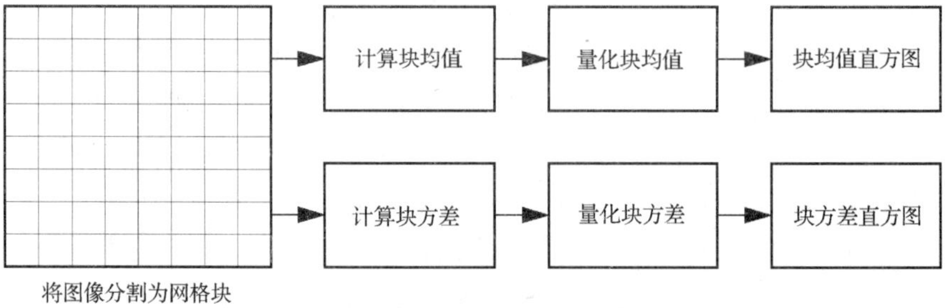

图 4.9 从块的非重叠网格中提取一阶和二阶矩统计量的直方图特征

对直方图进行计数和量化(具有非均匀特征)后建立特征向量；当直方图分布没有明显的峰值时，纹理通常是不均匀的(因为高峰值表示均值和方差具有均匀性)。但是，请注意，这种方法并没有获得关于相邻样本特定关系的专用信息；特别是，没有保留关于方向结构的信息。

局部二值模式(Local Binary Pattern，LBP)。LBP 方法[OJALA，PIETIKÄINEN，

① 请注意，基本上块均值直方图的表示与样本振幅直方图的表示相似；但是，直方图提取前的平均计算对离群样本具有平滑效果。

HARWOOD 1996]基于将每个样本 $s(\mathbf{n})$ 与坐标位置 $\mathbf{m}(i)$ 处的一组相邻样本 B 进行比较，并创建一个二值字符串，用长度为 B 的无符号整数表示。

$$\mathrm{lbp}(\mathbf{n})=\sum_{i=0}^{B-1}2^i b(i),\quad 其中\ b(i)=\begin{cases}0, & s(\mathbf{m}(i))\leqslant s(\mathbf{n})\\ 1, & s(\mathbf{m}(i))>s(\mathbf{n})\end{cases} \tag{4.20}$$

然后，$\mathrm{lbp}(\mathbf{n})$ 值可以用作一种非常简单的特征，以识别在位置 $\mathbf{n}$ 处存在的某个纹理、边缘或拐角结构。或者，对于给定的图像、图像区域或点的局部邻域，可以计算 LBP 直方图，通过计算不同模式的出现次数，两幅图像或图像区域的相似性可以通过比较 LBP 直方图来确定。

LBP 的最初方法是在 8 个邻域上进行的计算，这样每个直方图由 256 个直方条组成。然而，有些模式更具表现力，可表示边缘或拐角结构，而另一些模式则可能受到噪声的干扰。因此，当仅使用那些模式时，可以构造更紧凑的直方图，这些模式包括相邻样本的 $b(i)=0$ 和 $b(i)=1$ 之间的少量过渡，而更分散的模式则包含在单个直方图的直方条中。为了一致性，还可以看到一个专门的直方条，其中 $s(\mathbf{n})$ 与其任何相邻直方条之间的差值低于某个阈值。

式(4.20)中描述的方法通常适用于任意邻域，包括视频的时空邻域和体数据的三维空间邻域。其扩展方法包括样本与其邻域(而不是邻域本身)的平均值进行比较的方法、多分量(例如颜色)样本法和多尺度分析法[ZHU，BICHOT，CHEN 2010]。

共生矩阵。共生矩阵的纹理分析和分类[Gotlieb，Kreyszig 1990]是通过联合直方图来进行计算的，计算从样本点对到 k_1 个水平距离和 k_2 个垂直距离的一个运行-长度距离的振幅值组合。如果分析 J 个不同的振幅级，则联合直方图和共生矩阵的大小为 $J\times J$[1]。

例如，如下所示图像矩阵 $\mathbf{S}$ 中的样本被量化为 $J=3$ 个不同的振幅级 0 ~ 2：

$$\mathbf{S}=\begin{bmatrix}\underline{0}&\underline{0}&\underline{0}&\underline{1}&2\\ \underline{1}&\underline{1}&\underline{0}&\underline{1}&1\\ \underline{2}&\underline{2}&\underline{1}&\underline{0}&0\\ \underline{1}&\underline{1}&\underline{0}&\underline{2}&0\\ 0&0&1&0&1\end{bmatrix} \tag{4.21}$$

共生矩阵由计数 $\mathrm{cnt}(x_i,x_j)$ 进行填充，当位置 (n_1,n_2) 的幅值 x_i 与位置 (n_1+k_1,n_2+k_2) 的幅值 x_j 共同发生时，则计数值加 1，

$$\mathbf{C}=\begin{bmatrix}\mathrm{cnt}(0,0)&\mathrm{cnt}(1,0)&\cdots&\mathrm{cnt}(J-1,0)\\ \mathrm{cnt}(0,1)&\mathrm{cnt}(1,1)&\ddots&\mathrm{cnt}(J-1,1)\\ \vdots&\ddots&\ddots&\vdots\\ \mathrm{cnt}(0,J-1)&\mathrm{cnt}(1,J-1)&\cdots&(J-1,J-1)\end{bmatrix} \tag{4.22}$$

在上例中，仅对式(4.21)中 16 个带下画线的值进行分析，以避免对应采样点 (n_1+k_1,n_2+k_2) 位于图像之外[2]。对于水平、垂直和对角线邻域关系，计算出的矩阵 $\mathbf{C}^{(k_1,k_2)}$ 为

① 振幅级的数量不一定需要与信号的原始表示相同。为了保持共生分析的简单性，建议在提取联合直方图之前对信号幅度级别进行更粗略的量化。

② 在习题 4.4 中，同样的例子用于周期性边界扩展。

$$\mathbf{C}^{(1,0)}=\begin{bmatrix}3&3&1\\2&3&1\\1&1&1\end{bmatrix};\ \mathbf{C}^{(0,1)}=\begin{bmatrix}1&4&1\\4&1&2\\1&2&0\end{bmatrix};\ \mathbf{C}^{(1,1)}=\begin{bmatrix}4&2&1\\2&3&2\\0&2&0\end{bmatrix} \tag{4.23}$$

对于图像大小的独立性，通过样本计数对结果进行归一化，在以下矩阵中给出一个经验概率表达式 $\Pr_{i,j}^{(k_1,k_2)}$：

$$\hat{\mathbf{P}}^{(1,0)}=\frac{1}{16}\begin{bmatrix}3&3&1\\2&3&1\\1&1&1\end{bmatrix};\ \hat{\mathbf{P}}^{(0,1)}=\frac{1}{16}\begin{bmatrix}1&4&1\\4&1&2\\1&2&0\end{bmatrix};\ \hat{\mathbf{P}}^{(1,1)}=\frac{1}{16}\begin{bmatrix}4&2&1\\2&3&2\\0&2&0\end{bmatrix} \tag{4.24}$$

为了获得足够的纹理特征表达能力，必须对多个样本的移位距离计算得到共生矩阵。因此，直接将它们用于表示是不切实际的。接下来列出表征共生分析结果式(4.24)的合理特征准则，可直接用于比较不同纹理的特征：

- 最大发生次数和索引：$\max\limits_{i,j}(\Pr_{i,j}^{(k_1,k_2)});\ \arg\max\limits_{i,j}(\Pr_{i,j}^{(k_1,k_2)})$ (4.25)
- P 阶差分矩：$\sum\limits_{i}\sum\limits_{j}\left|x_i-x_j\right|^P \Pr_{i,j}^{(k_1,k_2)}$ (4.26)
- P 阶逆差分矩：$\sum\limits_{i}\sum\limits_{\substack{j\\i\neq j}}\dfrac{\Pr_{i,j}^{(k_1,k_2)}}{\left|x_i-x_j\right|^P}$ (4.27)
- 熵①：$-\sum\limits_{i}\sum\limits_{j}\Pr_{i,j}^{(k_1,k_2)}\log\Pr_{i,j}^{(k_1,k_2)}$ (4.28)
- 一致性：$\sum\limits_{i}\sum\limits_{j}\left(\Pr_{i,j}^{(k_1,k_2)}\right)^2$ (4.29)

共生矩阵也可以基于模型生成。例如，将二值信号用一个两状态的马尔可夫链进行建模，在水平相邻的距离样本 $(k_1, k_2) = (1, 0)$ 之间具有转移概率 $\Pr(0|1)$ 和 $\Pr(1|0)$ (参见 3.10.1 节)。于是，归一化共生矩阵可以写成：

$$\mathbf{P}^{(1,0)}=\begin{bmatrix}\Pr^{(1,0)}(0,0)&\Pr^{(1,0)}(0,1)\\\Pr^{(1,0)}(1,0)&\Pr^{(1,0)}(1,1)\end{bmatrix}=\begin{bmatrix}\Pr^{(1,0)}(0\,|\,0)\Pr(0)&\Pr^{(1,0)}(0\,|\,1)\Pr(1)\\\Pr^{(1,0)}(1\,|\,0)\Pr(0)&\Pr^{(1,0)}(1\,|\,1)\Pr(1)\end{bmatrix} \tag{4.30}$$

4.2.2 基于统计模型的纹理分析

自相关分析。对于两个样本之间的特定位移 (k_1, k_2)，计算出的共生矩阵 $\hat{\mathbf{P}}^{(k_1,k_2)}$ 是联合概率值的近似(估计)。这还可用于计算自相关函数；注意式(4.31)中的等式仅在计算自相关和共生值时使用相同的边界值扩展才成立：

$$\varphi_{ss}(k_1,k_2)=\sum_{i=1}^{J}\sum_{j=1}^{J}x_i x_j \hat{P}_{i,j}^{(k_1,k_2)}\approx\frac{1}{N_1N_2}\sum_{n_1=0}^{N_1-1}\sum_{n_2=0}^{N_2-1}s(n_1,n_2)\cdot s(n_1+k_1,n_2+k_2) \tag{4.31}$$

从自相关值序列(即在 $-P_i \leqslant k_i \leqslant P_i$ 范围内)或减去平均值后的自方差中，可以使用 Wiener-Hopf 方程式(A.97)及其 2D 扩展来确定自回归(AR)图像模型的参数。然后用递归滤波器的系数 **a** 来描述该模型，该系数可通过求解线性方程组从自方差函数的值计算得出

① 这里定义的熵可以使用对数的任何底，因为它与信息单位没有直接关系。连续随机变量的情形见式(5.56)。

$$\mathbf{c}_{ss}=\mathbf{C}_{ss}\cdot\mathbf{a}\Rightarrow\mathbf{a}=\mathbf{C}_{ss}^{-1}\cdot\mathbf{c}_{ss} \tag{4.32}$$

AR 模型适用于均匀纹理特征描述，可以认为是准平稳的。AR 模型参数或自相关函数都是纹理功率谱的等价近似。假设纹理用滤波器系数向量 $\mathbf{a}_s$ 来表征，而自方差矩阵 $\boldsymbol{C}_{ss}$ 已知，则应将其与由滤波器系数 $\mathbf{a}_r$ 表示的参考纹理进行比较。如果差异[①]

$$d=\left[\mathbf{a}_s-\mathbf{a}_r\right]^{\mathrm{T}}\mathbf{C}_{ss}\left[\mathbf{a}_s-\mathbf{a}_r\right] \tag{4.33}$$

最小，则得到光谱的最佳近似值。此外，具有系数 $\mathbf{a}_r$ 的滤波器可以用于纹理信号的线性预测。然后，可以进一步使用预测误差信号 $e(\mathbf{n})$ 的统计分析来描述如图 4.10 所示的纹理，该预测误差信号 $e(\mathbf{n})$ 不一定为零均值高斯白噪声。这包括：

- $e(\mathbf{n})$ 的概率分布，也可能表明孤立高值的出现，不连续/边缘的“不可预测性”；
- $e(\mathbf{n})$ 的均值和方差；
- $e(\mathbf{n})$ 的光谱，也可以指示周期性。

方差由 AR 分析预先确定。如果不是白噪声，预测误差谱的性质表明给定的纹理不能很好地建模为 AR 过程。预测误差谱的低通特性可以用一个非递归滤波器[称为移动平均(Moving Average，MA)滤波器]来建模。它可以与递归 AR 合成滤波器互补，当输入为高斯白噪声 $v(\mathbf{n})$ 时，递归 AR 合成滤波器总是全局和局部生成零均值信号。先将 $v(\mathbf{n})$ 送入“着色”MA 滤波器，然后送入 AR 合成滤波器的过程称为 ARMA 过程。此外，还可以执行全局平均值相加。

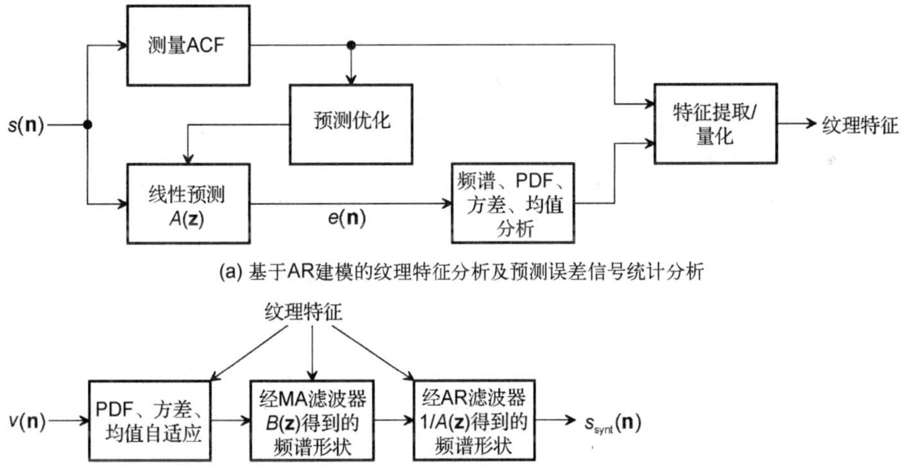

(a) 基于AR建模的纹理特征分析及预测误差信号统计分析

(b) 纹理的ARMA合成

图 4.10

ARMA 建模也可用于纹理的 ARMA 合成[图 4.10(b)]：白噪声信号(可选地适用于在预测误差信号不是高斯信号情况下测量的 PDF)，首先由 MA 滤波器“着色”，最后输入 AR 合成滤波器。如果这一过程每个阶段的统计参数与分析所得的参数一致，则可以使用

① 自相关矩阵和系数向量的形式如式(A.101)。当 $\mathbf{C}_{ss}\mathbf{a}=[\sigma_v^2\ 0\cdots 0]^{\mathrm{T}}$ 时，$\mathbf{a}^{\mathrm{T}}\mathbf{C}_{ss}\mathbf{a}=\sigma_v^2$。因此，式(4.33)表示两个预测误差信号方差之间的差异，其中被分析的纹理一次由滤波器 $\mathbf{a}_s$ 预测，一次由参考滤波器 $\mathbf{a}_r$ 预测。该准则可以映射到由 AR 模型参数表示的两个功率密度谱之间的相似性。

这种方法合成自然外观的纹理[Chelapp，KASHYAP 1985]。有关使用 AR 建模进行纹理合成的进一步讨论，参见 7.3 节。

马尔可夫随机场。在共生矩阵和自相关函数的计算中，对于每个特定的移位距离，分别确定样本与其邻域之间的统计关系。如果振幅值之间的统计相关性是线性的，这就足够了。马尔可夫随机场(Markov Random Field，MRF)模型①更普遍适用，因为它们基于覆盖完整邻域集的条件概率，这也建立了对非线性依赖关系建模的能力。为了实现这一点，如果来自邻域系统的样本有振幅模式 $\mathbf{s}(n_1, n_2)$，则必须确定样本 $s(n_1, n_2)$具有特定振幅值的概率。若为式(2.1)的齐次邻域系统 $\mathcal{N}_c^{(2)}(n_1,n_2)$，这可以表示为：

$$\Pr\left[s(n_1,n_2)=x_i \mid \mathbf{s}(n_1,n_2)=\mathbf{x}_j\right] \tag{4.34}$$

其中，

$$\mathbf{s}(n_1,n_2)=\left\{\ s(m_1,m_2)\ :\ 0<(m_1-n_1)^2+(m_2-n_2)^2\leqslant c\ \right\}$$

由于 $\mathbf{s}(n_1, n_2)$可能有很多种模式，如果并非不可能，其概率值的完整表达式将具有极高的复杂性。即使对于最简单的齐次四邻域系统($c=1$)和振幅级 $J=16$，$\mathbf{s}(n_1, n_2)$也要由 16^4 个不同的值实例化。实际上，如果对给定的纹理图像进行转换概率的分析，大多数状态转换都不会发生，因此可以根据给定纹理块的经验测量推断条件概率为零。另一种方法是用自方差函数拟合已知的联合概率估计，得到向量高斯分布式(5.7)。

与传统的 AR 建模方法不同，MRF 可以使用非因果(同质)邻域。MRF 模型意味着邻域关系是对称的，并且必须满足以下条件：

$$s(n_1,n_2)\in\mathcal{N}_c(m_1,m_2)\Leftrightarrow s(m_1,m_2)\in\mathcal{N}_c(n_1,n_2) \tag{4.35}$$

MRF 模型有另一种解释，即作为马尔可夫链概念(见 3.10.1 节)等状态模型的扩展。当每个样本有 J 个不同振幅值时，下一个状态可能有 J 个不同的跃迁，但当 K 是邻域向量中的样本数时，整个状态数将为 J^K。然而，式(4.34)描述的一般情况是，假如邻域较大，下一个状态转移概率不再被描述为无记忆或独立于前一个状态转移。

4.2.3 纹理的谱特征

基于傅里叶谱的纹理分析。功率谱密度是自相关函数的傅里叶变换。因此，纹理特征同样可以由空间域或光谱域中的特征来表示。与 DFT 相关的谱表示可以通过快速傅里叶变换(Fast Fourier Transform，FFT)来计算。然而，需要注意的是，只有近似周期性的纹理在 DFT 域中才具有合理的稀疏性，而类似噪声的纹理可以更好地用光谱外壳来表示，它可以用自回归过程的性质(用自方差或生成滤波器的系数)来表示。然而，DFT 能量谱密度②仍然可以表示光谱外壳的特性，但是特征描述需要大量系数。

一种直接测量纹理图像 $s(n_1, n_2)$与参考纹理 $s_{\text{ref}}(n_1, n_2)$相似性的方法可以使用 2D DFT 能量谱的距离③：

① 有关该主题的参考资料，见[CHELAPPA，JAIN 1996]。

② 纹理的随机性主要体现在 DFT 系数相位的随机性上，而绝对或平方(能量)谱可以用于相似性匹配。

③ 或者，基于交叉功率密度谱的归一化幅度最大化的相似性准则将是适用的。这可以解释为“光谱能量相关系数”，它也忽略了纹理之间的相位差异，$c=\sum_{k_1}\sum_{k_2}|S_{\text{d}}^*(k_1,k_2)S_{\text{d,ref}}(k_1,k_2)|/\sqrt{\sum_{k_1}\sum_{k_2}|S_{\text{d}}(k_1,k_2)|^2\sum_{k_1}\sum_{k_2}|S_{\text{d,ref}}(k_1,k_2)|^2}$

$$d=\sum_{k_1}\sum_{k_2}\left|\left|S_{\mathrm{d}}(k_1,k_2)\right|^2-\left|S_{\mathrm{d,ref}}(k_1,k_2)\right|^2\right| \tag{4.36}$$

但是，如果图像相对于参考纹理进行旋转或缩放，则无法通过这种比较方法找到相似性：

- 在图像旋转的情况下，功率谱同步旋转；
- 如果从不同距离而不是参考纹理捕获图像，则光谱将在所有维度上缩小（若空间扩展）或扩大（若空间缩小）；但是，如果沿着光谱区域中某一方向的射线进行测量，整个谱能量（经过单位样本面积归一化）在这两种情况下都将相同。

当谱值 $S_\delta(f_1,f_2)$ 或其离散（采样）DFT 等价量 $S_{\mathrm{d}}(k_1,k_2)$ 被重新采样到离散极坐标 $S_\delta(\rho_r,\theta_q)$ 中时，这两个特性都可以利用，使得

$$f_1(\rho_r,\theta_q)=\rho_r\cos\left(2\pi\theta_q\right)\ \text{且}\ f_2(\rho_r,\theta_q)=\rho_r\sin\left(2\pi\theta_q\right)$$
$$\rho_r=\frac{r}{2R},\quad 0\leqslant r<R\ \text{且}\ \theta_q=\frac{q\pi}{Q},\quad 0\leqslant q<Q \tag{4.37}$$

然后，如图 4.11 所示，谱功率值沿着环 R（恒定半径ρ）或射线 Q（恒定角度 θ）累积。结果是$|S_{\mathrm{d}}(r)|^2$ 为旋转不变环能谱，$|S_{\mathrm{d}}(q)|^2$ 为尺度不变射线能谱：

$$\left|S_{\mathrm{d}}(r)\right|^2=\sum_{q=0}^{Q-1}\left|S_\delta(\rho_r,\theta_q)\right|^2\quad \text{和}\quad \left|S_{\mathrm{d}}(q)\right|^2=\sum_{r=0}^{R-1}\left|S_\delta(\rho_r,\theta_q)\right|^2 \tag{4.38}$$

对于角方向θ_q，由于由实值信号计算 2D 能量谱的对称性，对 0 到π之间的范围进行采样就足够了。对于径向方向ρ_r，整个谱信息范围在 0 到 1/2（采样频率的一半）①之间。

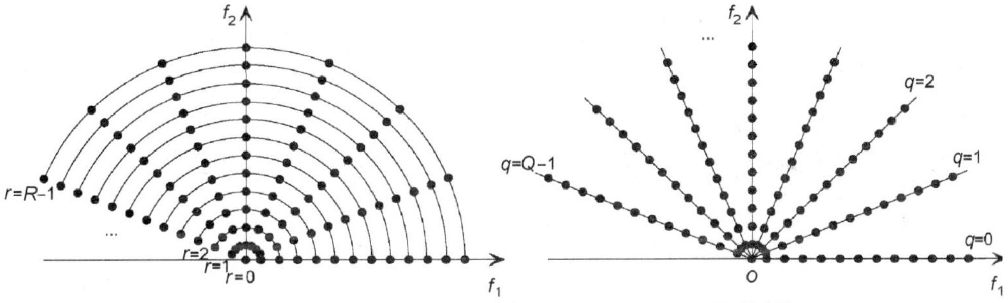

图 4.11　极性 DFT 样本的位置

使用这个方法，可以降低比较和分类的复杂性，这是因为要比较的参数的数量要少于原始功率谱中系数的数量。如果表达式

$$d=\sum_{r=0}^{R-1}\left|\left|S_{\mathrm{d}}(r)\right|^2-\left|S_{\mathrm{d,ref}}(r)\right|^2\right| \tag{4.39}$$

变为最小值，则可以假定两个纹理相似，旋转角度除外。如果下式

$$d=\sum_{q=0}^{Q-1}\left|\left|S_{\mathrm{d}}(q)\right|^2-\left|S_{\mathrm{d,ref}}(q)\right|^2\right| \tag{4.40}$$

① 二维极性傅里叶变换的离散估计是存在的[BADDOUR 2011]，但对矩形网格上的采样图像进行计算并不简单，通常会出现过完备的现象。有必要在远离原点径向距离的低分辨率图像平面上进行离散极坐标表示插值，或者在频域内对系数进行插值。由于极坐标中的非均匀重采样不能提供正交表示，也不能保持能量，因此对原始样本进行完美重建通常是不可能的，“能量谱”的表示也需要小心。傅里叶域中重采样所需的插值也可以使用更强的低通滤波器来完成，这将影响平滑，即只显现光谱的外壳而不是其离散值。

取最小值，则它们是相似的，尺度因子除外。如果必须比较可以旋转和缩放的纹理，则仍然需要通过确定多个角度方向上的最小值①来进行比较：

$$d=\min_{\Delta q}\sum_{q=0}^{Q-1}\left|\left|S_{\rm d}(q)\right|^2-\left|S_{\rm d,ref}(q+\Delta q)\right|^2\right|\;;\;0\leqslant\Delta q<Q \tag{4.41}$$

或者计算多个尺度因子上的最小值 s②来进行比较：

$$d=\min_{s}\sum_{r=0}^{\min(R-1,s\cdot r)}\left|\left|S_{\rm d}(r)\right|^2-\left|S_{\rm d,ref}(sr)\right|^2\right|\;;\;s_{\min}\leqslant s\leqslant s_{\max} \tag{4.42}$$

基于滤波器组的纹理分析。用于纹理特征提取的频率分析不一定要通过傅里叶变换来完成。傅里叶变换的一个问题是要事先确定(矩形)块的大小，而在自然图像中，可能不清楚整个块是否被均匀纹理覆盖，例如任意形状纹理物体的情况。此外，某些类型的纹理可能包括具有方向性和锐度等类似于边缘的随机结构，这些特性要求用傅里叶变换的周期基函数来表示大量(然后是小值)系数。基于滤波器组的频率分析，特别是小波变换，以及尺度空间方法(如 LoG 和 DoG，见 2.4 节)是纹理分析的可选方法，其优点是不限于基于块的处理，具有与不连续性相关的局部化特性，并以更紧凑的方式表示更高频分量。进一步地允许使用这些纹理特征进行分割[JAIN，FARROKHNIA 1991]。

如果放开对没有过完备的频率表示的要求，也可以使用具有任意方向或尺度分析粒度的小波滤波器。由于复极性 Gabor 函数(具有复指数调制高斯壳脉冲响应的带通滤波器,参见2.4节)在方向和尺度适应性方面的特性,因此它可以很好地用于此目的[HALEY，MANJUNATH 1999]。图 4.12 给出了 MPEG-7 标准中用于均匀纹理描述的频率布局的示例。图中在 5 个八维带宽尺度和 6 个等距角方向上对信号进行了分析，以 30° 步长扫描频谱。由于实值信号频谱的共轭对称性，频率平面的另一半是多余的。径向频率 f 和角频率 θ 的含义以中心频率(f_c, θ_c)为例示出。在 5 个径向尺度和 6 个角度下，频道总数为 5×6 = 30。

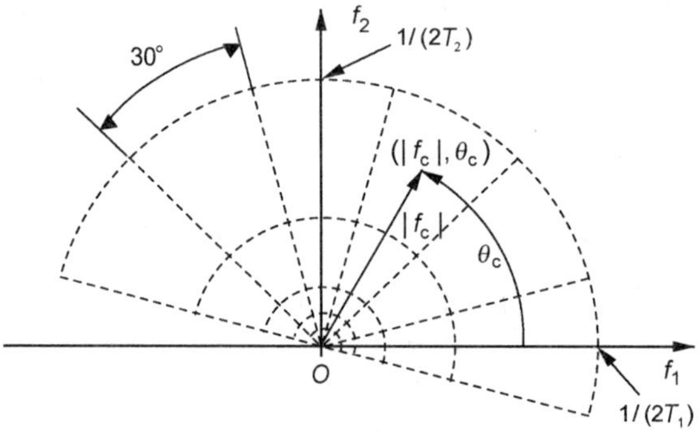

图 4.12　基于复 Gabor 小波函数的纹理分析频率布局实例[见式(2.70)]

根据小波树的深度和纹理区域的大小，滤波的结果将是表示每个频带的一定数量的系数。在傅里叶分析中，应定义一种表示法，该表示法对纹理的局部变化和移位保持不

① Q 以外的值可以在假设径向周期 $\left|S_{\rm d,ref}(\tilde q)\right|=\left|S_{\rm d,ref}(\tilde q-Q)\right|$ 在 $\tilde q\geqslant Q$ 的情况下确定。

② 可以对参考光谱中的值进行插值，或者使用最接近的可用值。

变。如果对系数的绝对值进行统计分析，就可以实现这一点。如果在频带内用索引 **k** 计算了若干 $N_{\mathbf{k}}$ 系数 $c_{\mathbf{k}}(\mathbf{m})$，则 P 阶绝对矩定义为①：

$$\mu_{\mathbf{k}}^{(P)} = \frac{1}{N_{\mathbf{k}}}\sum_{\mathbf{m}}\left|c_{\mathbf{k}}(\mathbf{m})\right|^{P} \tag{4.43}$$

例如，MPEG-7 中均匀纹理的特征表示(见上文)在 30 个不同尺度和方向的频带上使用 $P=1$ 和 $P=2$ 阶的绝对矩。

高阶矩可进一步用于研究纹理的高斯特性，但仍应保留该特性，以使所有频带内的系数表现为高斯随机过程。特别是，峰度[见式(3.5)]是测试高斯特性的合适标准，如文献[PORTILLA, SIMONCELLI 2000]中提出的，可通过复杂的可操纵金字塔进行纹理分析。在这方面使用的其他标准是频带内和频带间的系数相关性，特别是幅度相关性和相位相关性。后者，如果在给定频带内沿主方向进行空间观测，则表示其结构中存在某种周期性；如果在相同空间位置的频带间观察到高相位相干，则表示存在局部不连续性。类似的标准也可用于随机合成等效纹理(参见 7.3 节)。

高频分量表征了纹理中经常观察到的图像振幅的高局部变化。另外，这也可能与物体边界的不连续性有关。然而，边缘的随机性比纹理小，因为它们由同一位置出现的宽光谱(一个方向所有频带上的显著频率系数)表示。从这个角度来看，应用于纹理和边缘分析的信号处理方法并非完全独立，尺度空间方法也可以作为一种传递频率/带宽分析的方法用于边缘检测和显著特征分析(参见 4.3.3 节和 4.4 节)。

4.2.4　非均匀纹理分析

如果对图像的内容有某种预期，那么对非均匀纹理进行整体分析是有意义的。例如，人脸纹理模型可以用于人脸识别。作为第一步，有必要执行配准，即通过几何映射对齐面部，以使眼睛、嘴等位于模型假设的相同位置。还需要补偿不同光照条件的影响。对于正面人脸分析，通常在椭圆形状内定义面部纹理。非均匀人脸纹理描述的一种可能方法是特征脸分析[TURK，PENTLAND 1991]。人脸特征向量由模型人脸的自方差分析构造得到，是人脸纹理模型最佳变换的基础图像。图 4.13 给出了从平均面部纹理模型中提取的前 10 个特征脸的示例。

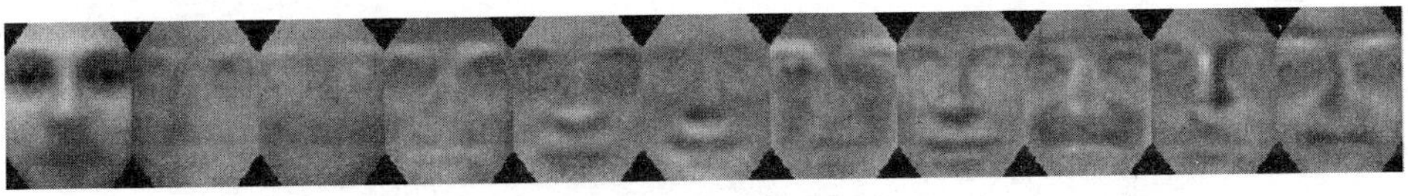

图 4.13　根据一组几何调整后的人脸图像及前 10 个特征脸计算出的“平均脸”纹理模型(由 B. MENSER 提供)

特征脸纹理模型既可以生成单个人脸，也可以生成多个人的平均人脸；第一种方法对于人脸识别很有用，在这种情况下，可以测试获取图像的人脸是否符合特定人预定义的特征脸。用于整体人脸纹理分析的替代基函数是 Gabor 小波[BUHMANN ET AL.1992](见 4.2.3 节)或线性判别分析基函数(参见 5.5.1 节)。

① 假设平均系数为零。注意，$P=1$ 的绝对矩与均值无关，而与频带 **k** 系数的平均 L_1 范数[见式(5.36)]有关。

4.3 边缘分析

图像内容的大量语义信息是通过物体的形状来表达的。物体边缘分析是人类视觉系统感知轮廓和形状的物理基础，简单地说，边缘就是振幅的不连续。在自然图像中，几乎不会发生振幅 A 和振幅 B 两个不同值急剧分开的边缘情况。这种类型的阶梯边缘[见图 4.14(a)]可以在合成生成的图形图像中找到，即使在那里也不理想，因为它无法提供照片的真实感。在自然图像中，由于存在阴影和反射现象，因此斜坡边缘[见图 4.14(b)]模型更为真实，其特征是边缘宽度为 a 和边缘坡度为 b。其自然边缘更加平滑，如图 4.14(c)所示；坡度在边缘上不是恒定的，因此可以识别最大边缘坡度点，也被称为"真"边缘位置。

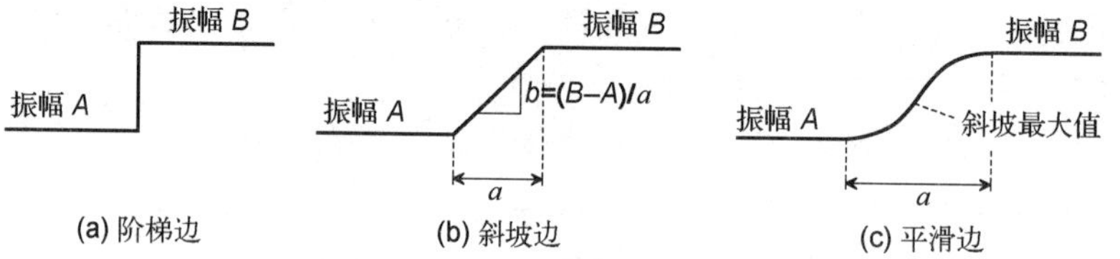

图 4.14 边缘模型类型

4.3.1 基于梯度算子的边缘检测

局部振幅梯度是检测图像中是否存在边缘的重要指标。应用垂直梯度分析检测水平边缘是必要的，反之亦然；梯度总是与边缘轮廓垂直相关的；对于可以通过直线方程描述的直线边缘，最大梯度的方向符合直线的法向量。梯度可离散近似为相邻样本之间的差异，沿水平和垂直方向定义为

$$\left.\begin{aligned}\frac{\partial s(t_1,t_2)}{\partial t_1}&\approx\frac{1}{T_1}\cdot\left[s(n_1,n_2)-s(n_1-1,n_2)\right]\\\frac{\partial s(t_1,t_2)}{\partial t_2}&\approx\frac{1}{T_2}\cdot\left[s(n_1,n_2)-s(n_1,n_2-1)\right]\end{aligned}\right\}\quad\text{对于位置}\quad t_i=n_iT_i \tag{4.44}$$

如果省略水平和垂直采样距离 T_1 和 T_2 的归一化(即假设单位采样间隔)，则通过使用离散滤波核的水平和垂直滤波操作来执行沿边缘的梯度检测①：

$$\nabla_1=\begin{bmatrix}-1 & 1\end{bmatrix}\quad;\quad\nabla_2=\begin{bmatrix}-1\\1\end{bmatrix} \tag{4.45}$$

然而，这些简单的梯度滤波器对噪声非常敏感。如果梯度滤波器与局部平均值或低通滤波操作相结合，其中平均值是与预期边缘线平行或垂直于相应梯度滤波器的方向计算的，则可以避免这种情况：

$$\mathbf{M}_2=\begin{bmatrix}1\\1\end{bmatrix}\quad;\quad\mathbf{M}_1=\begin{bmatrix}1 & 1\end{bmatrix} \tag{4.46}$$

① 注意，这里使用的滤波器矩阵以及随后使用的滤波器矩阵表示水平和垂直翻转的 FIR 滤波器的脉冲响应。

垂直或水平边缘的简单边缘检测算子可以解释为相应的(方向交替的)一维梯度和均值滤波器的可分离组合，二维滤波器核①定义如下：

$$\mathbf{E}_{\mathrm{v}}=\nabla_1\times\mathbf{M}_2=\begin{bmatrix}-1 & 1\\ -1 & 1\end{bmatrix}\quad ; \quad \mathbf{E}_{\mathrm{h}}=\nabla_2\times\mathbf{M}_1=\begin{bmatrix}-1 & -1\\ 1 & 1\end{bmatrix} \tag{4.47}$$

类似地，可以计算对角线方向的梯度。方向梯度和相应的均值滤波器定义为②：

$$\nabla_{\mathrm{d}^+}=\begin{bmatrix}0 & 1\\ -1 & 0\end{bmatrix};\quad \nabla_{\mathrm{d}^-}=\begin{bmatrix}-1 & 0\\ 0 & 1\end{bmatrix};\quad \mathbf{M}_{\mathrm{d}^+}=\begin{bmatrix}1 & 0\\ 0 & 1\end{bmatrix};\quad \mathbf{M}_{\mathrm{d}^-}=\begin{bmatrix}0 & 1\\ 1 & 0\end{bmatrix} \tag{4.48}$$

滤波器核对的卷积产生以下边缘检测滤波器核：

$$\mathbf{E}_{\mathrm{d}^+}=\boldsymbol{\Delta}_{\mathrm{d}^+}*\mathbf{M}_{\mathrm{d}^+}=\begin{bmatrix}0 & 1 & 0\\ -1 & 0 & 1\\ 0 & -1 & 0\end{bmatrix};\quad \mathbf{E}_{\mathrm{d}^-}=\boldsymbol{\Delta}_{\mathrm{d}^-}*\mathbf{M}_{\mathrm{d}^-}=\begin{bmatrix}0 & -1 & 0\\ -1 & 0 & 1\\ 0 & 1 & 0\end{bmatrix} \tag{4.49}$$

后一种滤波器的输出对于在中心样本位置具有最大梯度的边缘是最大的，这与式 (4.48)的情况不同，后者的最大梯度可以假设在两个样本之间的中间位置。前述的水平/垂直滤波器式(4.45) ~ 式(4.47)也可以进行类似的修改，以分析中心位置的边缘，近似为

$$\begin{aligned}\frac{\partial s(t_1,t_2)}{\partial t_1}&\approx\frac{1}{2T_1}\cdot\left[s(n_1+1,n_2)-s(n_1-1,n_2)\right]\qquad \text{对于位置}\quad t_i=n_iT_i,\\ \frac{\partial s(t_1,t_2)}{\partial t_2}&\approx\frac{1}{2T_2}\cdot\left[s(n_1,n_2+1)-s(n_1,n_2-1)\right]\end{aligned} \tag{4.50}$$

在这种情况下，也更适合使用 3 抽头均值滤波器，以便作为附加作用更好地实现噪声抑制③：

$$\nabla_1=\begin{bmatrix}-1 & 0 & 1\end{bmatrix};\ \nabla_2=\begin{bmatrix}-1\\ 0\\ 1\end{bmatrix};\quad \mathbf{M}_2=\frac{1}{3}\begin{bmatrix}1\\ 1\\ 1\end{bmatrix};\quad \mathbf{M}_1=\frac{1}{3}\begin{bmatrix}1 & 1 & 1\end{bmatrix} \tag{4.51}$$

如果用于对角线边缘检测，均值滤波器修改为：

$$\mathbf{M}_{\mathrm{d}^+}=\frac{1}{3}\begin{bmatrix}1 & 1\\ 1 & 1\end{bmatrix}\quad ; \quad \mathbf{M}_{\mathrm{d}^-}=\frac{1}{3}\begin{bmatrix}1 & 1\\ 1 & 1\end{bmatrix} \tag{4.52}$$

定义以下具有 4 个方向的边缘检测滤波器核的集合：

$$\begin{aligned}&\mathbf{E}_{\mathrm{v}}=\frac{1}{3}\begin{bmatrix}-1 & 0 & 1\\ -1 & 0 & 1\\ -1 & 0 & 1\end{bmatrix};\ \mathbf{E}_{\mathrm{h}}=\frac{1}{3}\begin{bmatrix}-1 & -1 & -1\\ 0 & 0 & 0\\ 1 & 1 & 1\end{bmatrix}\\ &\mathbf{E}_{\mathrm{d}^+}=\frac{1}{3}\begin{bmatrix}0 & 1 & 1\\ -1 & 0 & 1\\ -1 & -1 & 0\end{bmatrix};\ \mathbf{E}_{\mathrm{d}^-}=\frac{1}{3}\begin{bmatrix}-1 & -1 & 0\\ -1 & 0 & 1\\ 0 & 1 & 1\end{bmatrix}\end{aligned} \tag{4.53}$$

---

① 下标“h”和“v”与梯度方向无关，但表示各个滤波器要检测的水平/垂直边缘线。

② 在文献[ROBERTS 1963]中提出了两个对角梯度滤波器，被称为“交叉算子”。

③ 注意，这种修改也可解释为对两个垂直于各自边缘方向的梯度进行平均。此外，在细线或脉冲的精确位置，输出可能为零，而在前/后相邻位置，将产生一个大的正值和负值。

以及另一组用于低通滤波的均值滤波器①：

$$\mathbf{M}_2=\frac{1}{4}\cdot\begin{bmatrix}1\\2\\1\end{bmatrix};\quad \mathbf{M}_1=\frac{1}{4}\cdot\begin{bmatrix}1&2&1\end{bmatrix};\quad \mathbf{M}_{d^+}=\frac{1}{4}\cdot\begin{bmatrix}1&2\\2&1\end{bmatrix};\quad \mathbf{M}_{d^-}=\frac{1}{4}\cdot\begin{bmatrix}2&1\\1&2\end{bmatrix} \tag{4.54}$$

则可得到 SOBEL-FELDMAN 算子[SOBEL，FELDMAN 1968]：

$$\mathbf{E}_v=\frac{1}{4}\begin{bmatrix}-1&0&1\\-2&0&2\\-1&0&1\end{bmatrix};\ \mathbf{E}_h=\frac{1}{4}\begin{bmatrix}-1&-2&-1\\0&0&0\\1&2&1\end{bmatrix};\ \mathbf{E}_{d^+}=\frac{1}{4}\begin{bmatrix}0&1&2\\-1&0&1\\-2&-1&0\end{bmatrix};\ \mathbf{E}_{d^-}=\frac{1}{4}\begin{bmatrix}-2&-1&0\\-1&0&1\\0&1&2\end{bmatrix} \tag{4.55}$$

方向算子的正交性。注意，这里介绍的边缘检测滤波器算子，不论是水平/垂直滤波器对，还是两个对角线滤波器对都是正交的；而水平或垂直滤波器都不与任何对角线滤波器正交。因此，在纯水平边缘的情况下，垂直运算符输出一个零值，而两个对角线运算符都不输出零值；尽管如此，这里对角线运算符的输出将低于水平运算符的输出。该系统可由与任何其他算子正交的算子进行补充。这对于识别图像区域中是否含有高细节但没有唯一的边缘方向是有用的。这类与式(4.53)和式(4.55)全向滤波器正交的算子由以下滤波器矩阵定义，它称为“无清晰方向的结构”检测器：

$$\mathbf{E}_{\text{no-edge}}=\begin{bmatrix}-1&1&-1\\1&0&1\\-1&1&-1\end{bmatrix} \tag{4.56}$$

通过将 $g_{1|2}(n_1,n_2)=s(n_1,n_2)**\nabla_{1|2}(n_1,n_2)$ 转换为极坐标(向量)表示，其中绝对值表示强度，弧表示边缘的角度方向②，实现了水平和垂直边缘检测算子合成输出的可能：

$$\begin{aligned}\varsigma(n_1,n_2)&=\sqrt{g_1{}^2(n_1,n_2)+g_2{}^2(n_1,n_2)}\\ \theta(n_1,n_2)&=\arctan\frac{g_1(n_1,n_2)}{g_2(n_1,n_2)}\left(\pm\pi,\quad g_1(n_1,n_2)<0\right)\end{aligned} \tag{4.57}$$

4.3.2 基于二阶导数的边缘描述

二阶导数的数学运算 $\partial^2 s/\partial t_1^2+\partial^2 s/\partial t_2^2$ 由拉普拉斯算子Δs 描述。在式(4.44)中，部分二阶导数可以用差分算子的离散自卷积来逼近，如下所示：

$$\left.\begin{aligned}\frac{\partial^2 s(t_1,t_2)}{\partial t_1{}^2}&\approx\frac{1}{T_1^2}\cdot\left[s(n_1-1,n_2)-2s(n_1,n_2)+s(n_1+1,n_2)\right]\\ \frac{\partial^2 s(t_1,t_2)}{\partial t_2{}^2}&\approx\frac{1}{T_2{}^2}\cdot\left[s(n_1,n_2-1)-2s(n_1,n_2)+s(n_1,n_2+1)\right]\end{aligned}\right\},\quad t_i=n_iT_i \tag{4.58}$$

当通过采样距离 T_i 进行归一化时，还可以用梯度滤波器式(4.45)的自卷积来定义二阶导数滤波器：

$$\Delta_1=\boldsymbol{\nabla}_1^2=\frac{1}{2}\nabla_1*\nabla_1=\frac{1}{2}\begin{bmatrix}1&-2&1\end{bmatrix};\quad \Delta_2=\boldsymbol{\nabla}_2^2=\frac{1}{2}\nabla_2*\nabla_2=\frac{1}{2}\begin{bmatrix}1\\-2\\1\end{bmatrix} \tag{4.59}$$

---

① 对于水平和垂直方向，这些是二项式滤波器。

② 注意，由于采样效应，仅从水平/垂直分析获得的最大梯度通常与使用 d^+和 d^-对角滤波器核得到的结果不同。

然而，应该注意的是，由于二阶导数的过零点表示最大梯度(边缘位置)，但是如果梯度为零，二阶导数也是零，因此不可能直接根据方向二阶导数来确定边缘方向。因此，对于全方位边缘分析，可以计算水平和垂直二阶导数的平均值，而不是单独的方向分析。确定方向需要通过分析过零点位置周围二阶导数的最大斜率来进行第二步。在式(4.59)中，采用两个滤波器矩阵的中心对齐加法可以得到邻域系统 $\mathcal{N}_1^{(1)}$ 的不可分离 2D 拉普拉斯算子：

$$\text{la}\,\Delta_{\mathcal{N}_1^{(1)}}=\frac{\Delta_1+\Delta_2}{2}=\frac{1}{4}\begin{bmatrix}0&1&0\\1&-4&1\\0&1&0\end{bmatrix}\tag{4.60}$$

进一步定义对角方向的二阶导数滤波器为：

$$\Delta_{d^-}=\frac{1}{2}\begin{bmatrix}0&0&1\\0&-2&0\\1&0&0\end{bmatrix}\;;\;\Delta_{d^+}=\frac{1}{2}\begin{bmatrix}1&0&0\\0&-2&0\\0&0&1\end{bmatrix}\tag{4.61}$$

通过对式(4.59)和式(4.61)的所有 4 个方向滤波器进行平均，建立具有邻域系统的 2D 拉普拉斯算子 $\mathcal{N}_2^{(2)}$，该算子为所有边缘方向提供近似相同的输出振幅：

$$\Delta_{\mathcal{N}_2^{(2)}}=\frac{\Delta_1+\Delta_2+\Delta_{d^-}+\Delta_{d^+}}{4}=\frac{1}{8}\begin{bmatrix}1&1&1\\1&-8&1\\1&1&1\end{bmatrix}\tag{4.62}$$

二阶导数表征梯度的变化。因此，当梯度本身为最大值或最小值时，可以找到二阶导数的过零点，这可以分别解释为正负边缘斜率情况下边缘的真实位置。如果边缘具有足够强的振幅转换特性，则必须在接近过零点的二阶导数中找到一个明显的最大值和最小值。然后，最大值和最小值之间的空间距离可以解释为边缘的宽度，最大值和最小值之间的差值允许用来确定边缘强度①。通过在二阶导数上执行最大差分滤波器，可以找到二阶导数的相关过零点(由明显的最大值和最小值界定)，提供邻域内最小值和最大值之间的绝对差。图 4.15 显示了信号一阶和二阶导数的振幅，其中模型是斜坡边缘和梯度连续变化的平滑边缘。更为人工的斜坡边缘不会出现唯一的过零现象，但极端最大值和最小值可表示边缘宽度和强度。

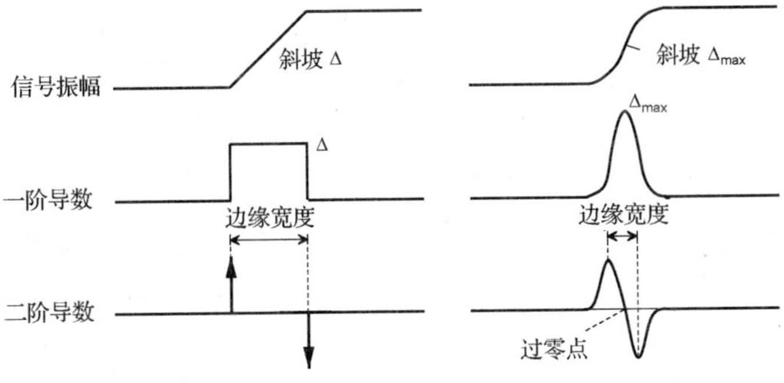

(a) 坡度连续变化的斜坡边缘模型　　(b) 光滑边缘模型

图 4.15　图像边缘信号振幅的一阶和二阶导数示意图

① 或者，三阶导数可以表示过零点的斜率或“强度”。

拉普拉斯算子对振幅和噪声的颗粒变化也很敏感。在计算二阶导数之前应用低通滤波可以避免这种情况。具有高斯型脉冲响应的滤波器通常用于此目的。高斯拉普拉斯(Laplacian of Gaussian, LoG)算子[见式(2.66)]为基于二阶导数的边缘检测提供了一种稳健的方法，主要应用于下一节描述的多分辨率边缘分析。

4.3.3　边缘查找与一致性分析

前面介绍的梯度滤波器(用于计算一阶和二阶导数)是线性滤波器，只是应用于边缘或形状特征提取的第一步。4.3.1 节末尾描述了识别边缘强度和方向的一种可能方法。或者，如果一组方向运算符 I 用于分析各个方向，则必须计算 I 的输出信号 $g_i(n_1, n_2)$[①]。那么，

- 边缘方向(根据与最大滤波器输出的索引相对应的离散值)可以定义为

$$i_\theta(n_1,n_2)=\underset{i=1,\cdots,I}{\arg\max}\left(g_i(n_1,n_2)\right) \tag{4.63}$$

- 位置的边缘强度(可以可视化为边缘图)如下所示：

$$\varsigma(n_1,n_2)=\max_{i=1,\cdots,I}\left(g_i(n_1,n_2)\right) \tag{4.64}$$

图 4.16 给出了由 Sobel 算子式(4.55)方向组合输出而生成的示例。

- 二值边缘图的生成。对于图像位置是否存在边缘的判断，可以应用阈值准则，通过阈值准则对边缘的存在进行假设。生成的二值边缘图可以分别计算每个边缘方向的 $b_i(n_1, n_2)$，或者根据式(4.64)对所有方向的运算符进行组合：

$$b_i(n_1,n_2)=\begin{cases}0, & g_i(n_1,n_2)<\Theta\\ 1, & g_i(n_1,n_2)\geqslant\Theta\end{cases},\quad b(n_1,n_2)=\begin{cases}0, & \max\left(g_i(n_1,n_2)\right)<\Theta\\ 1, & \max\left(g_i(n_1,n_2)\right)\geqslant\Theta\end{cases} \tag{4.65}$$

这些简单的阈值和方向准则对噪声非常敏感，而最佳阈值通常因图像而异。此外，很难从语义上区分真实边缘和纹理的高细节。为了提高边缘检测的可靠性，需要引入更多的准则，例如邻域准则，检查是否只存在孤立的高梯度值，或者是否存在一致的高梯度值，从而可以推断是否存在边缘连通性或轮廓链。分析这种一致性的有效方法是层次边缘分析以及边缘跟踪。

(a) 原始图像

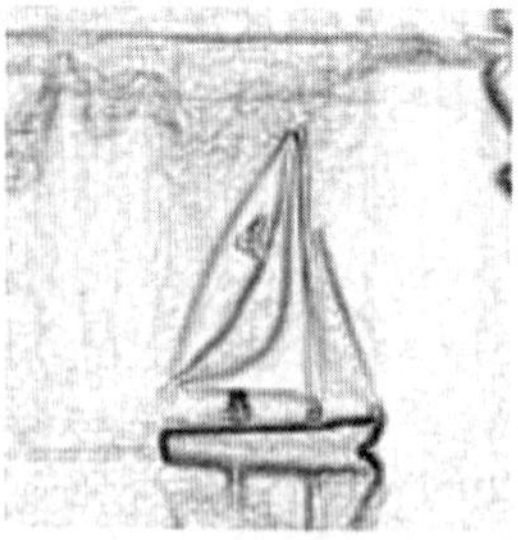

(b) 由Sobel算子方向组合后得到的输出图像[见式(4.55)](梯度高的绝对值显示为深色)

图 4.16

① 注意，对于许多对称方向运算符(例如 Sobel)，镜像方向(例如 45°和 235°)产生符号的反向输出，这意味着只需要计算 $I/2$ 输出。

层次边缘分析。该方法研究检测到的边缘是全局相关(分离较大区域)还是仅与振幅的小尺度局部变化相关。使用不同强度的低通滤波在不同的分辨率级别上执行边缘分析，然后进行可能的子采样。然后根据不同分辨率对应位置的边缘存在性匹配准则判断边缘检测的可靠性，检查是否在所有尺度上一致地发现边缘。这可以在金字塔表示中最有效地实现(参见 2.4 节)。分析通常从金字塔的顶端开始，即最低的分辨率级别。在这个级别检测到的边缘被认为是全局相关的，由于采用强低通滤波，在这个级别很难找到局部精细结构。然后，处理更精细的分辨率，这增加了定位的准确性；另外，额外的边缘位置只能在更精细的分辨率上检测到，可以被认为是越来越不相关的，很可能只表示局部精细结构。至少在二阶分辨率上，高斯差分(Difference of Gaussians，DoG)或高斯拉普拉斯(Laplacian of Gaussian，LoG)方法的输出，可用于此目的(参见 2.4 节)。

边缘跟踪。式(4.65)中定义的二值边缘图像很可能包含比一个样本更宽的线条。可能无法找到一致连接的边缘轮廓，因此有必要连接孤立的轮廓段。这需要消除 $b(n_1, n_2)$ 中值为“1”的一些样本，或者对于不完整的边缘线条，将值从“0”更改为“1”。这可以通过边缘跟踪过程来实现，如图 4.17 所示。图 4.17(a)示出了由式(4.64)产生的示例输出图像 $\xi(n_1, n_2)$。图 4.17(b)示出了如果在式(4.65)中选择更高的阈值 $\Theta_a = 7$，则保留在边缘图像 $b(n_1, n_2)$ 中的那些样本。选择这些样本作为假设要跟踪的边缘的初始点。然后将每个初始点与图 4.17(a)中梯度值最高的邻域相连接，再与其余 7 个邻域中的最高邻域相连接。结果是图 4.17(c)中的等高线图像。在该示例中，找到三个不同的边缘等高线链，编号为 1～3。然而，仅当最高邻域值至少高于较低阈值 Θ_b 时，才需要将边缘连接起来。由于与滞后切换过程相似，这种方法也被称为滞后阈值法。这可以通过不同的变体来实现，例如，跟踪已知线条的边缘轮廓；比较整个边缘路径，基于连接点链上累积的梯度值进行决策。图 4.17(d)示出了对长度为 2 的边缘链进行判定的结果。右下象限中的值“9”可以与“4-4”或“3-7”连接。虽然在图 4.17(c)的基本方案中，可直接基于较高的值“4”来决定第一条路径，但图 4.17(d)的方案还研究了在另一条路径中“3”之后的“7”。这进一步导致了两条轮廓链的合并。

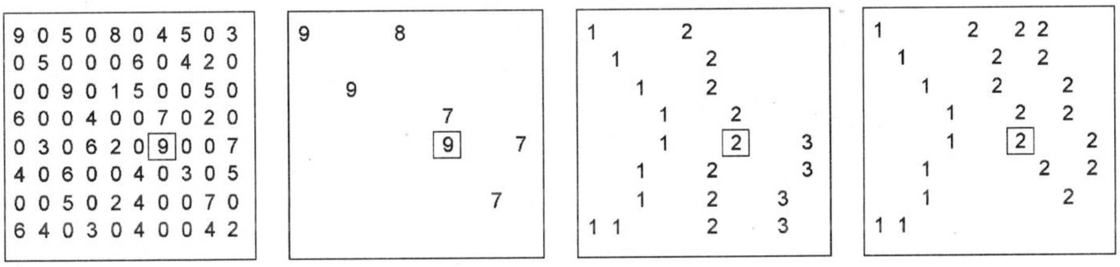

(a)　(b)　(c)　(d)

图 4.17　边缘跟踪

一个完整的边缘检测算法。在文献[CANNY 1986]中提出的算法是一个典型的例子，它包含了目前讨论的许多方法，通常用于边缘检测。它包括以下步骤：

1. 使用高斯核的低通滤波：此预处理步骤的主要目的是抑制噪声。
2. 梯度和方向分析：将式(4.53)或式(4.55)等典型边缘检测算子的水平和垂直滤波核应用于图像，然后根据式(4.57)计算梯度强度和方向，并用 45° 步长对梯度进行量化。

3. 非最大抑制：梯度方向上的两个相邻点(如0°方向上的左、右相邻点)的梯度强度不是最大的任何样本位置标记为“没有边缘”。
4. 最后采用滞后阈值法进行边缘跟踪。

4.3.4 边缘模型拟合

对于垂直阶梯边缘，可以定义简单的二维边缘模型，如图 4.18 所示。模型参数是边缘两侧的振幅平台值 A 和 B、边缘位置 $\mathbf{t}_{\text{edge}}$ 和方向角 θ①：

$$\hat{\phi}(t_1,t_2)=\begin{cases}A,\ (t_1-t_{1,\text{edge}})\cdot\sin\theta\geqslant(t_2-t_{2,\text{edge}})\cdot\cos\theta\\ B,\ \text{其他}\end{cases} \tag{4.66}$$

通过采用更复杂的模型，例如包括边缘的宽度或梯度，还可以对斜坡边缘或其他类型边缘的参数进行建模。边缘轮廓的局部弯曲度(见 4.5.2 节)也可以包括在内。目标是调整边缘模型信号 $\hat{\phi}(t_1,t_2)$，使得将模型与图像信号 $s(n_1,\ n_2)$的局部特性进行比较时，误差标准(例如均方误差)最小化。一种实用的方法是通过一组基于边缘模型的基函数进行分析，并对其与信号的相关性进行测试，从而识别出在给定位置是否存在潜在的边缘特征。从概念上讲，这可以被视为非常接近方向梯度算子(其脉冲响应可以解释为一个简单的边缘模型)，但函数的设计比梯度/均值滤波更普通。图 4.19 给出了一个简单的例子，其中两幅四边形正交基图像与两侧具有相当大振幅区的对角线阶梯边缘模型有关。由于基函数的性质，在分析中隐式地忽略了这些区域内局部的振幅变化。替代函数是圆形函数，以及两侧边权重不为 1 的函数，后者的例子是高斯加权函数(最大值在期望的边线上，衰减取决于距该边的距离)，类似地，还有线性斜坡加权函数。此外，可以使用附加的方向，但是这些方向可能不再与集合的其他函数正交。

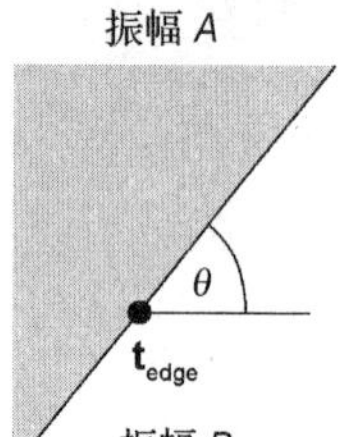

图 4.18 阶梯边缘模型中的振幅和方向[见式(4.66)]

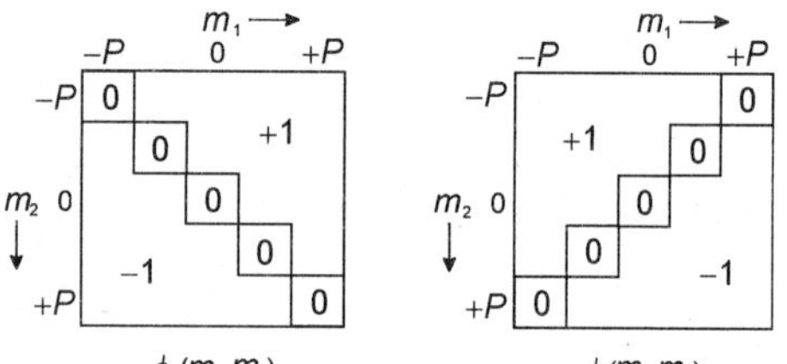

图 4.19 对角边模型拟合的正交基图像

给定位置的系数计算如下：

$$c_k(n_1,n_2)=\sum_{m_1=-P}^{P}\sum_{m_2=-P}^{P}s(n_1+m_1,n_2+m_2)\cdot\phi_k(m_1,m_2),\quad k=0,1 \tag{4.67}$$

与基函数方向相关的模型边缘的角度为

$$\alpha(n_1,n_2)=\arctan\frac{c_1(n_1,n_2)}{c_0(n_1,n_2)}\left(\pm\pi,\quad c_0<0\right) \tag{4.68}$$

① 根据定义，$\theta=0$ 与位于振幅 B 上方振幅 A 的水平边缘有关。或者，可以使用一组离散的角度集(边缘方向)，对局部图像与对应基函数进行匹配分析。即使在随后的推导中确定了连续角度值，也可以将其量化为离散值。这可能不会太有害，因为无论如何，由于噪声的影响，分析可能具有一些模糊性。

最后，如图 4.18 所示的边缘角度计算为

$$\tan\theta = \frac{\tan\alpha - 1}{\tan\alpha + 1} = \frac{c_1 - c_0}{c_1 + c_0} \Rightarrow \theta(n_1, n_2) = \arctan\frac{c_1 - c_0}{c_1 + c_0}\left(\pm\pi, \quad c_1 + c_0 < 0\right) \tag{4.69}$$

边缘强度的计算方法与式(4.57)类似，后者应高于阈值以识别有效边缘。

类似的方法被用于显著特征的局部分析，这也包括角点和线条等更广义结构的基函数(见 4.4 节)。

4.3.5 边缘属性描述与分析

边缘直方图。图像中边缘或边缘方向的出现可以用边缘直方图来描述。根据基本边缘检测方法的精度，必须分析许多不同的边缘方向[①]。此外，可以计算“无方向”边的出现次数，例如通过滤波器矩阵式(4.56)进行分析。图 4.20 给出了最终由 5 个直方条组成的边缘直方图向量的示例。如图所示的边缘直方图分析不同方向的出现频率，而不考虑边缘的位置。

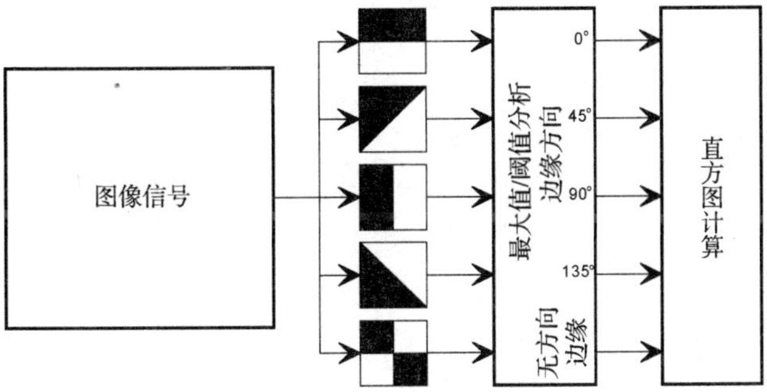

图 4.20 边缘直方图提取系统

Hough 变换。Hough 变换是一种参数化描述，允许确定建立直线的边缘样本集。下面用极坐标形式表示直线参数的方程，适用于任何直线上坐标为(n_1, n_2)的点[②]：

$$\rho = n_1\cos\alpha + n_2\sin\alpha \tag{4.70}$$

式(4.70)允许在边缘点[例如，式(4.65)中 $b(n_1, n_2) = 1$ 的点]的坐标之间建立关系，这些点可能位于距离ρ和角方向α的同一条线上[见图 4.21(a)]。转换到 Hough 空间(ρ, α)的结果是，边缘上的每个点对应一条线，表示有哪些以(ρ, α)参数为特征的直线将穿过该点。如果这些线在 Hough 空间中的一个点相交，则与该图对应的所有边缘点将位于同一直线上，并由 Hough 空间中相交点的坐标(ρ_s, α_s)表示[见图 4.21(b)]。实际上，由于边缘检测中的测量误差和采样误差，两个以上的 Hough 图通常不会在唯一点上完全相交。因此，有必要在 Hough 空间的特定邻域范围内测试两个图交点的密集度[见图 4.21(c)]。聚类分析可用于发现此类密集度(见 5.6.3 节)。实际上，这也可以通过对 Hough 空间进行足够精细的量化来实现，即计算每个量化单元的遍历图的数目。一般来说，Hough 变换不局限于直线的分析；例如，如果用高阶多项式局部描述曲线边缘轮廓，

① 实际上，这至少应该是 4 个基本方向，即水平方向、垂直方向和两个对角线方向(如果反方向之间的差异也相关的话，则为 8 个)。事实上，更多的不同方向只能由滤波器矩阵，或者使用大于 3×3 样本的基函数来区分。

② 关于笛卡儿坐标上 Hough 变换的参数化，请参考习题 4.8。

Hough 空间的维数将增加，但原则上同样的方法也适用于对模型轮廓上的成员进行分类。广义 Hough 变换(见 5.1.5 节)将这一概念进一步扩展到对样本相关特征的任意参数描述的分析。

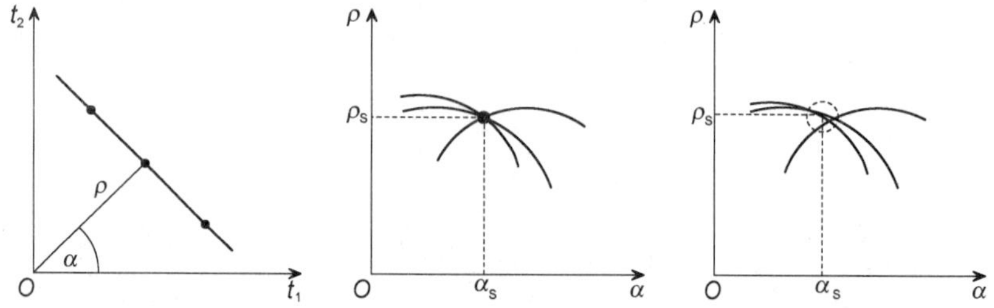

(a) 极坐标系中直线的参数化　(b) 理想情况下用图表示Hough空间中的边缘点　(c) 实际(非理想)情况下用图表示Hough空间中的边缘点

图 4.21

4.4 显著特征检测

使用先前引入的用于边缘检测的基函数进行模型拟合的概念(见 4.3.4 节)可以扩展到检测图像中更多的特征标志(“显著特征”)。例如“类哈尔特征”，它是一组与哈尔变换式(A.39)模糊相关的基函数。这些特征可分为边缘、线条、中心环绕和对角线特征，其示例如图 4.22 所示；该概念最初是由[VIOLA，JONES 2001][VIOLA，JONES 2004]在人脸检测算法的背景下提出的，但原则上也可以应用于其他内容。为了使检测与目标尺寸无关，采用了多个尺度(分辨率)相同的基函数。

检测是基于相关匹配的(见 3.9 节)，其中基函数在图像上进行移动以识别具有高相似度的位置。由于在许多基函数中存在相同的+/−1 子块，因此可以通过所谓的“积分图像”计算(即重复使用先前样本滑动窗口的累积值结果)有效地执行计算。然而，由于采用了相关匹配的方法，当相关物体出现较大的旋转时，该方法将失效；在文献[LIENHARDT，MAYDT 2002]和[MESSOM，BARCZAK 2006]中提出了考虑倾斜和旋转的扩展方法。此外，特征表达式本身不会对几何变形保持不变性；因此，Viola-Jones 人脸检测器是训练好的基于自适应增长的分类器(参见 5.4 节)。

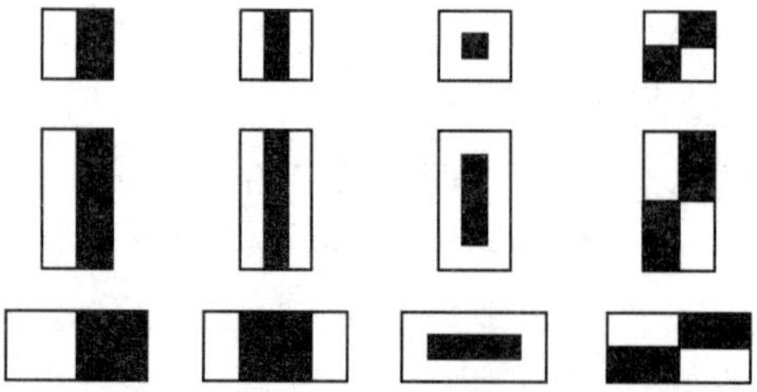

(a) 边　(b) 线　(c) 中心　(d) 对角线

图 4.22　“类哈尔特征”(黑/白表示基函数的+/−1 值，相应地可以定义(a)/(b)的 90°旋转版本)

除边缘外，角点是图像中的重要标志。如果特征点方向不同的两条边重合，则可以通过 Hough 变换找到这些点(见 4.3.3 节)。或者，通过在每个样本周围的窗口中执行局部特征分析，可以直接找到角点。例如，Harris 角点检测器[Harris，STEPHENS 1988]就是基于分析当前位置及其周围窗口$\mathcal{N}$的相邻样本之间的加权平方差来进行的：

$$s_{\nabla^2}(\mathbf{n},\mathbf{k})=\sum_{\mathbf{m}\in\mathcal{N}(\mathbf{n})}w(\mathbf{m}-\mathbf{n})\big(s(\mathbf{m})-s(\mathbf{m}+\mathbf{k})\big)^2 \tag{4.71}$$

通常，使用圆对称高斯函数进行加权。距离 **k** 的差值可以用泰勒级数近似，忽略高阶项，只使用当前位置的水平/垂直梯度：

$$s(\mathbf{m}+\mathbf{k})\approx s(\mathbf{m})+\sum_{i=1,2}k_i\underbrace{T_i\left.\frac{\partial s(\mathbf{t})}{\partial t_i}\right|_{\mathbf{t}=\mathbf{Tm}}}_{s_i(\mathbf{m})} \tag{4.72}$$

其中梯度可根据式(4.44)或式(4.50)计算。使用式(4.72)，式(4.71)可以通过矩阵$\mathbf{S}_{\nabla^2}(\mathbf{n})$代替，该矩阵表示为位置 **n** 处梯度的结构张量或二阶矩矩阵：

$$s_{\nabla^2}(\mathbf{n},\mathbf{k})\approx\mathbf{k}^{\mathrm{T}}\mathbf{S}_{\nabla^2}(\mathbf{n})\mathbf{k} \tag{4.73a}$$

其中，

$$\mathbf{S}_{\nabla^2}(\mathbf{n})=\sum_{\mathbf{m}\in\mathcal{N}(\mathbf{n})}w(\mathbf{m}-\mathbf{n})\begin{bmatrix}s_{\nabla1}^2(\mathbf{m}) & s_{\nabla1}(\mathbf{m})s_{\nabla2}(\mathbf{m})\\ s_{\nabla1}(\mathbf{m})s_{\nabla2}(\mathbf{m}) & s_{\nabla2}^2(\mathbf{m})\end{bmatrix} \tag{4.73b}$$

结构张量提供方向梯度在$\mathcal{N}(\mathbf{n})$邻域上是否一致的信息，其中特征向量/特征值分析提供关于局部特征的以下信息：

- 两个低特征值λ_k：没有边缘；
- 一个低特征值和一个高特征值：具有唯一边缘，平行方向的高值特征向量；
- 两个高特征值λ_k：两个明显不同的边缘方向，角点。

两个高特征值的存在可由“转角”标准确定：

$$\det\left|\mathbf{S}_{\nabla^2}(\mathbf{n})\right|-\kappa\left(\mathrm{tr}\left[\mathbf{S}_{\nabla^2}(\mathbf{n})\right]\right)^2=\lambda_1\lambda_2-\kappa\left(\lambda_1+\lambda_2\right)^2 \tag{4.74}$$

此外，特征值和特征向量可用于分析关键点周围区域的可能线性几何形变，相当于仿射变换中的矩阵 **A**[见式(4.110)]。当将由特征向量的方向和长度定义的椭圆区域(通过样本的几何映射)转换为圆形区域时，可进一步识别仿射变形下不同图像中的等效关键点[LINDEBERG 1995]，其中也隐含了旋转和尺度不变性。

另一种类似的方法是 Hessian 角点检测器，它基于包含图像亮度二阶导数的 Hessian 矩阵，通过离散近似式(4.58)和式(4.59)计算。这也包括在二阶导数计算之前的低通滤波，以便有效使用 LoG[见式(2.66)]：

$$\mathbf{\Delta}(\mathbf{n})=\left.\begin{bmatrix}\dfrac{\partial^2 s(\mathbf{t})}{\partial {t_1}^2} & \dfrac{\partial^2 s(\mathbf{t})}{\partial t_1\partial t_2}\\ \dfrac{\partial^2 s(\mathbf{t})}{\partial t_1\partial t_2} & \dfrac{\partial^2 s(\mathbf{t})}{\partial {t_2}^2}\end{bmatrix}\right|_{\mathbf{t}=\mathbf{Tn}} \tag{4.75}$$

角点出现在式(4.75)的所有项都很高的位置周围，可以通过计算行列式或$\mathbf{\Delta}(\mathbf{n})$的轨迹来测试，当多个方向在给定位置重合时，该行列式或$\mathbf{\Delta}(\mathbf{n})$的轨迹将变得很高。对于 Harris 检测器的情况，仿射不变性可以类似地实现[MIKOLAJCZIK，SCHMID 2004]。

上述角点检测方法也可以与多尺度方法相结合，在金字塔或尺度空间表示的各种尺度上，或从用不同截止频率进行低通滤波的一组图像中执行结构张量或 Hessian 分析（见 2.4 节）；例如，在式(4.75)的情况下，可使用式(2.66)中高斯低通滤波器的不同宽度参数τ计算二阶导数近似值，从而可在各种尺度上进行分析。

"尺度不变特征变换"（Scale Invariant Feature Transform，SIFT）算法[LOWE 2001]也采用了类似的方法，该算法是一种广泛使用的显著特征点检测器，但对于关键点的识别不使用梯度方向分析。计算了如图 2.21(b)所示的尺度空间表示，通常每二阶尺度层级使用五个中间尺度。然后，从每对相邻的具有相同分辨率的低通滤波信号中计算高斯差(DoG)(参见 2.4 节)。在随后的分析中，如果样本高于阈值，并且 DoG 样本在其三维 $\mathcal{N}_2^{(2)}$ (3×3×3)邻域内(即在当前尺度空间上和在两个邻域尺度上)具有最大的绝对振幅，则将其归类为相关的关键点[见图 4.23(a)]。

为了描述在给定尺度下检测到的关键点周围的图像特性(局部特征)，SIFT 通过一种相当于式(4.57)的方法提取每个关键点周围邻域图像样本的梯度大小和方向。尺度不变性是隐含的，因为如果图像被放大，最大值会出现在不同的尺度上。将邻域划分为子区域，并对每个子区域提取方向直方图，其中梯度方向量化为给定数量的直方条(8 个方向，即通常为 45° 步长)。直方图值是通过累加振幅来计算的，并且根据与关键点的距离，通过圆形高斯函数进行加权。例如，图 4.23(b)中给出了在 8×8 块中生成 4 个方向直方图(细分为 4×4 大小的子区域)，其中左侧的圆指示高斯加权窗口的扩展。SIFT 中通常使用的邻域其实际大小是围绕关键点的 16×16 块，这些块进一步划分为 16 个子区域，每个子区域有 4×4 个样本。

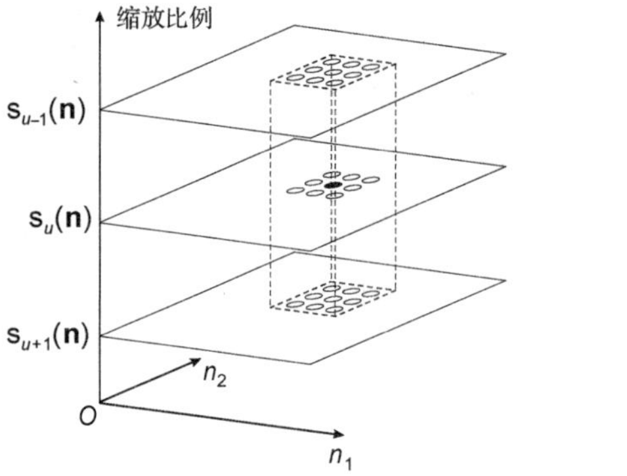

(a) SIFT关键点检测中使用的空间/尺度邻域：如果在三维邻域$\mathcal{N}_2^{(2)}$上建立最大值，则将DoG尺度空间中的样本(•)分为相关的

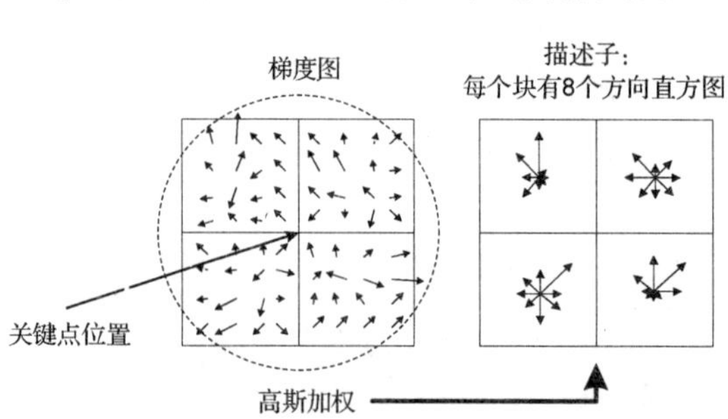

(b) SIFT关键点周围4×4子区域内方向直方图的提取[LOWE 2001]

图 4.23

关键点周围所有子区域的直方图建立了关键点描述符，若方向为 8 个，子区域为 16

个，该描述符给出 128 个描述符值。关键点相似性的比较是在匹配这些直方图的基础上进行的；在这种情况下，假设最大直方图线条的方向表示关键点周围梯度的主方向，就可以实现旋转不变性。

当直方图的方向不唯一时，可以生成额外的关键点，以简化匹配。因此，原则上表示相同显著性的几个 SIFT 关键点可能存在于同一位置或附近，或者来自多个尺度，或者来自非唯一方向。然而，这并不重要，因为当特定最小数量的关键点与其描述符值足够匹配时，通常认为存在相同或相似的视觉内容。

当使用高斯(分别为 LoG/DoG)尺度空间进行近似计算时，SIFT 中使用的概念可以进一步简化。例如，文献[BAY ET AL. 2008]提出的加速鲁棒特征(Speeded Up Robust Features，SURF)算法。使用与图 4.22 中的“类哈尔特征”类似的具有常值±1 的函数，即所谓的盒式滤波器，其中不同的滤波器输出可以通过“积分”计算再次进行有效计算。

SIFT 方法和其他类似的局部特征描述方法的一个普遍问题是，与尺度和旋转的情况不同，当存在诸如透视、剪切或长宽比的变化等其他几何修改时，梯度直方图可能会发生显著变化(见 4.5.4 节)。SIFT 的仿射不变量在文献[MOREL，YU 2009]中被提出，但是它在计算上要复杂得多。

基于区域的方法。显著性检测也可以是基于区域的。基本假设是，物体的特征部分在不同图像中类似于恒定亮度区域或色块。相似性比较的标准是基于区域大小、形状、区域质心位置、邻接性、与其他区域的邻接性或用于确定区域的分割参数的唯一性。请注意，根据要执行比较的情况，其中一些标准可能不适用，例如改变光照条件下的颜色。例如，文献[MATAS ET AL. 2002]提出的最大稳定极值区域(Maximally Stable Extremal Regions，MSER)方法，其中候选区域由类似于 6.1.1 节所述方法的局部阈值操作确定，但仅考虑分割结果在阈值范围内稳定的区域。该方法对仿射形变具有不变性。

4.5　轮廓与形状分析

4.5.1　轮廓拟合

通过轮廓拟合和边界拟合，隐式生成闭合边缘轮廓。基本原理是用函数系统从观测到的边缘样本位置逼近轮廓。在普遍应用的方法中，将更详细地讨论傅里叶、小波、样条函数和多边形逼近的类型。

下面给出索引值为 $0\leqslant n_3<N_3$ 之间 N_3 轮廓样本的离散轮廓。这可以由离散网格上轮廓样本的 n_1 和 n_2 坐标唯一描述。对于每个轮廓样本，数值 $n_1(n_3)$ 和 $n_2(n_3)$ 描述位置(见图 4.24)。轮廓可以是闭合的[见图 4.24(a)]，也可以是开放的[见图 4.24(b)]。如果轮廓采样不规则，则索引为 n_3 和 n_3+1 的轮廓样本原则上可以具有任意距离，但如果轮廓是在直接相邻的密集网格上表示的，则它们最多可以变化±1。坐标 $n_1(n_3)$ 和 $n_2(n_3)$ 可被解释为图 4.24(c)中的两个一维信号。要实现平移不变的轮廓表示(描述独立于其在图像网格上绝对位置的轮廓)，减去轮廓的平均值①就足够了：

① 注意，平均值 $\bar{n}_i$ 不一定是整数值。如果轮廓样本在减去平均值后仍保持在采样网格位置，则必须舍入。

$$\tilde{n}_i(n_3)=n_i(n_3)-\bar{n}_i,\ \text{其中}\ \bar{n}_i=\frac{1}{P}\sum_{n_i=0}^{P-1}n_i(n_3) \tag{4.76}$$

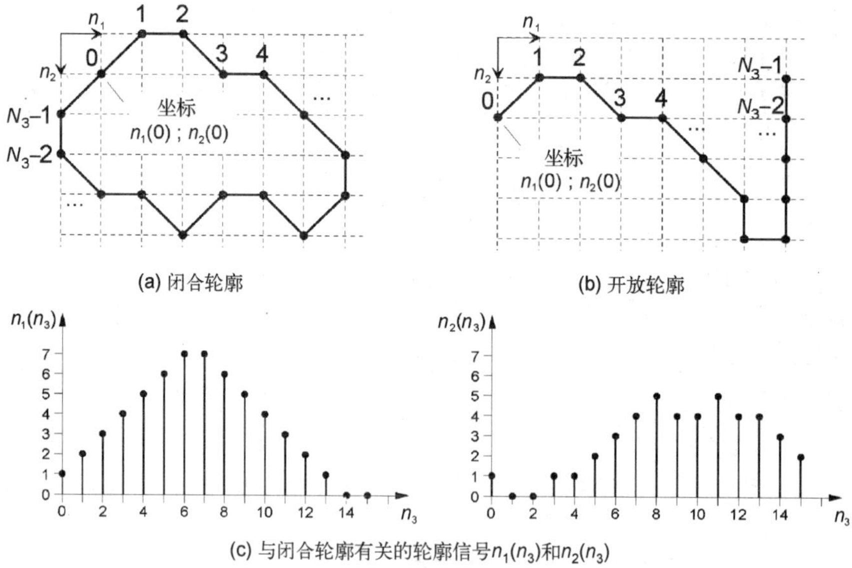

图 4.24　离散轮廓图的索引

通过将轮廓位置转换成极坐标，也可以得到另一种表示形式，也可以分解成两个一维信号：

$$\begin{aligned}\rho(n_3)&=\sqrt{[\tilde{n}_1(n_3)]^2+[\tilde{n}_2(n_3)]^2}\\ \varphi(n_3)&=\arctan\frac{\tilde{n}_2(n_3)}{\tilde{n}_1(n_3)}\left(\pm\pi,\quad \tilde{n}_1(n_3)<0\right)\end{aligned} \tag{4.77}$$

类似的方法随后可以应用于笛卡儿坐标或极坐标。用极坐标表示是有利的，因为忽略了近似旋转不变量$\varphi(n_3)$，并且忽略了$\rho(n_3)$，获得了近似缩放不变的轮廓描述①。如果使用式(4.76)中的零均值坐标，则式(4.77)中的$\rho(n_3)$近似给出每个轮廓样本与轮廓中心之间的距离。衡量两个轮廓 A 和 B 之间相似性的一种合理的距离准则是计算二维成像平面上轮廓之间的面积。比较两组轮廓点的另一个常见标准是 Hausdorff 距离[见式(5.47)]。

下一小节中介绍的所有方法都可以用于轮廓分析，也可以用于连续或离散轮廓的有损或无损编码。对得到的轮廓参数进行量化和编码是必要的。

傅里叶轮廓谱。为了用傅里叶系数来描述轮廓，两个“坐标信号”表示为复数的实部和虚部：

$$c(n_3)=n_1(n_3)+\mathrm{j}n_2(n_3)\,,\ 0\leqslant n_3<N_3 \tag{4.78}$$

当轮廓闭合时，复轮廓信号$c(n_3)$是n_3样本上的周期(圆形)函数。然后，对于$c(n_3)$②，DFT 是最佳变换，它将分析的样本片段隐式地解释为周期性信号。N_3轮廓 DFT 系数$C_\mathrm{d}(k)$在

① 应该注意的是，在离散轮廓的情况下，缩放改变了样本N_3的数量，这样即使忽略了$\rho(n_3)$，也有必要对序列$\varphi(n_3)$进行插值或消去。这可以在使用常数N_3表示时实现，而不考虑轮廓的大小。

② DFT 是周期信号的最佳分解变换。可以最简洁地描述的轮廓是圆，其中信号$n_1(n_3)$和$n_2(n_3)$是周期为N_3的正弦和余弦，相移取决于轮廓起点的定义。一个复 DFT 系数就足够进行完美描述了。

N_3上也是复数和周期性的；然而，由于轮廓函数本身是复数的，因此系数 $C_d(k)$和 $C_d(N_3-k)$之间不存在复共轭对称性。在任一表示$[n_i(n_3)$，$c(n_3)$或 $C_d(k)]$中，线性无关值的数目为 $2N_3$。通过计算逆变换也可以唯一地重建轮廓：

$$C_d(k)=\sum_{n_3=0}^{N_3-1}c(n_3)e^{-j\frac{2\pi kn_3}{N_3}} \quad 且 \quad c(n_3)=\frac{1}{N_3}\sum_{k=0}^{N_3-1}C_d(k)e^{j\frac{2\pi kn_3}{N_3}} \tag{4.79}$$

根据 DFT 的性质，下列条件成立：

- 轮廓移位（在 n_1 或 n_2 中添加恒定偏移量）只会改变表示轮廓坐标平均值的系数 $C_d(0)$；如果按式(4.76)中所述提前移除，则 $C_d(0)$将为零。
- 尺度缩放（在不改变中心点或形状的情况下改变大小）将导致所有系数 $C_d(k)$的振幅以 $0<k<N_3$ 线性缩放，而相位没有改变。
- 轮廓的旋转映射到所有系数 $C_d(k)$上会呈现线性相移，$0<k<N_3$，而振幅不改变。

如果轮廓的相似性与尺寸、位置和方向无关，则这些特性是有利的。如果轮廓的形状相对平坦，DFT 轮廓谱在低频区域能量较为集中。由于变换是正交的，所以可以在变换域中直接计算两个轮廓之间的平方偏差。还可以通过减少变换系数来近似表示轮廓，这样可以简化两个轮廓之间的比较。通过舍弃 $C_d(N_3/2)$附近的高频系数，可以对轮廓进行平滑。如果轮廓不是闭合的，或者轮廓坐标是从非直接相邻的位置提取的，那么傅里叶表示的效率将会降低，并且会失去其中的一些优点。特别是，不连续性不能很好地用正弦曲线来近似。

样条逼近。样条插值（见 2.3.3 节）通过一组离散控制系数来逼近连续函数。由于它非常适合于非均匀采样的情况，并且避免了振荡插值结果，因此通常用于假设轮廓是光滑的情况下，从一小组点逼近轮廓。I 控制系数向量 $\mathbf{c}(k)=[c_1(k)\,c_2(k)]^{\mathrm{T}}$对连续轮廓 $\mathbf{t}(t_3)=[t_1(t_3)\,t_2(t_3)]^{\mathrm{T}}$进行插值：

$$t_i(t_3)=\sum_{k=0}^{I-1}c_i(k)\phi_k^{(P)}(t_3),\quad i=1,2 \tag{4.80}$$

函数 $\phi_k^{(P)}(t)$是根据式(2.42)的 P 阶 B 样条，分别应用于水平和垂直维度。必须确定控制系数，以便在已知轮廓的位置 $n_i(n_3)$能够保持下列条件［参见式(2.49)］：

$$n_i(n_3)=\sum_{k=0}^{I-1}c_i(k)\phi_k^{(P)}[t_3(n_3)];\quad 0\leqslant n_3<N_3;\quad i=1,2 \tag{4.81}$$

式(4.81)表示方程式系统，也可以用矩阵表示法写成

$$\mathbf{n}_i=\mathbf{\Phi}^{(P)}\mathbf{c}_i \tag{4.82}$$

其中

$$\mathbf{n}_i=\begin{bmatrix}n_i(0)\\ \vdots \\ n_i(N_3-1)\end{bmatrix};\quad \mathbf{c}_i=\begin{bmatrix}c_i(0)\\ \vdots \\ c_i(I-1)\end{bmatrix};\quad i=1,2 \tag{4.83}$$

$\mathbf{\Phi}^{(P)}$是大小为 $I\times N_3$ 的矩阵，它同样用于水平和垂直方向。如果 $N_3>I$（控制点的个数低于原始轮廓线坐标的个数），式(4.82)是一个超定方程组。控制点值的计算可以通过矩阵$\mathbf{\Phi}^{(P)}$的伪逆［关于伪逆的定义，请参阅式(3.43)］来进行：

$$\mathbf{c}_i = \left[\mathbf{\Phi}^{(P)} \right]^{\mathrm{p}} \mathbf{n}_i \tag{4.84}$$

对于 $I = N_3$ 的特殊情况，其与逆$[\mathbf{\Phi}^{(p)}]^{-1}$相同。

多边形逼近。多边形逼近的原理是对轮廓进行线性插值，这意味着它与 $Q = 1$ 阶样条插值相同。控制点的确定是迭代执行的，每个迭代步骤设置一个以上的控制点。估计从一条线开始。对于开放的轮廓，这条线将轮廓的起始点 A 和 B 互连，对于闭合轮廓，在所有可能的点对之间寻找具有最大距离的点对。进一步地，须在原始轮廓上找到与多边形近似轮廓具有最大几何距离的位置。在这个位置，设置一个新的控制点。图 4.25 所示给出了一个示例，其中图(a)/(b)给出了选择控制点 C 和 D 的前两个近似步骤。如果满足保真度标准，例如，近似轮廓与原始轮廓的偏差不超过某个最大距离 $d_{\max}$[见图 4.25(c)]，则逼近过程终止。如果一个轮廓形状实际上由直线组成并且有角，那么多边形逼近可以获得比高阶样条函数更好的逼近效果。多边形由一系列顶点唯一描述，这些顶点是控制点的坐标位置。

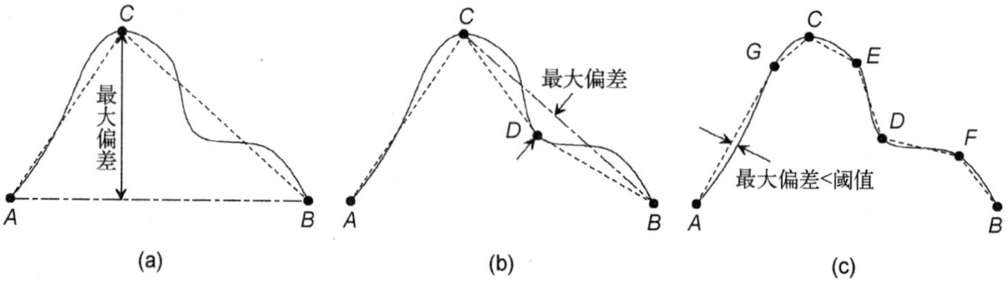

图 4.25 轮廓的多边形逼近

小波逼近。对于轮廓的逼近，小波基函数也同样适用[Chung，KUO 1996]。这些可以通过由离散系数表示的一系列分辨率尺度来表示轮廓信号。通过对轮廓坐标序列的小波分析，简单地获得系数。

在二阶小波基的情况下，如果轮廓点的个数是 2 的幂次方，则可得到小波树的最大可能深度。设 N_3 为轮廓像素的数目，且 N_3'为下一个更高的 2 次幂，使得 $R = N_3' - N_3$ 个轮廓样本丢失。如果在模值 $\bmod(n_3, N_3/R) = 0$[见图 4.26(a)][MÜLLER，OHM 1999]的每个位置 n_3 插入额外的点，就可以解决这个问题。如果插值生成新的点，则最高频带的相关小波系数将接近于零。然后，可以通过 $\log_2 P'$ 级的 2 段分割将形状分解为 $N_3'-1$ 个小波系数和一个缩放系数[参见图 4.26(b)]。后者表示轮廓的均值。

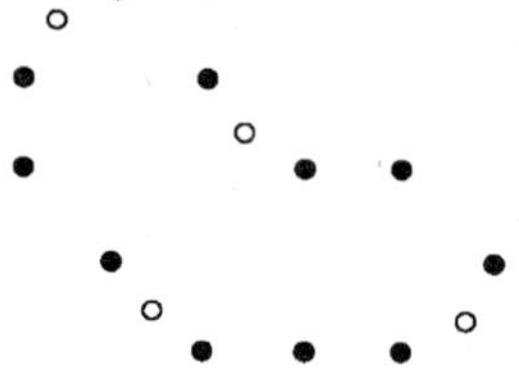

(a) 将轮廓插值到等于 2 的幂次方的多个样本 P' 中(插入白点)

图 4.26

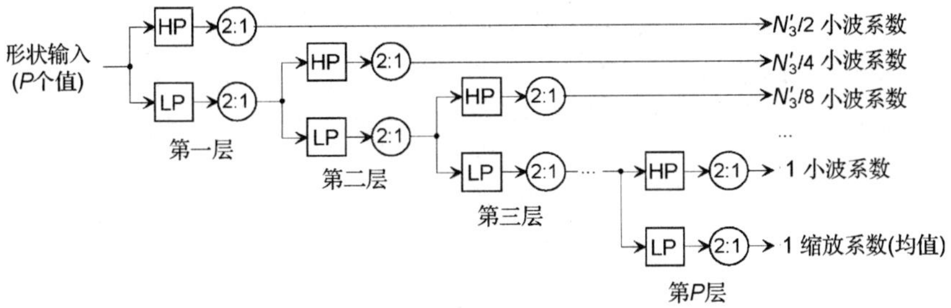

(b) 轮廓长度 N_3' 的二阶小波分解

图 4.26(续)

4.5.2 基于方向和曲率的轮廓描述

无分支的连续轮廓路径 $\mathcal{C}$ 应通过其二维坐标 $\mathbf{t}_{\mathcal{C}}(t_3)=[t_{e,1}(t_3)\,t_{e,2}(t_3)]^{\mathrm{T}}$ 来描述。轮廓路径的长度为 T_3，$0\leqslant t_3\leqslant T_3$。若轮廓闭合，则必须在某个位置定义起点，并且“轮廓信号”是循环的，即 $\mathbf{t}_{\mathcal{C}}(0)=\mathbf{t}_{\mathcal{C}}(T_3)$。或者，可以通过切向角 φ 或其沿轮廓路径的差分变化 $\Delta\varphi$ 来描述轮廓。图 4.27 示出了连续轮廓情况下的广义链编码[①]原理。位置 t_3 处的切角可按如下方式确定：

$$\cos[\varphi_{\mathrm{e}}(t_3)]=\frac{\mathrm{d}t_{\mathrm{e},1}(t_3)}{\mathrm{d}t_3}\;;\;\sin[\varphi_{\mathrm{e}}(t_3)]=\frac{\mathrm{d}t_{\mathrm{e},2}(t_3)}{\mathrm{d}t_3}$$
$$\Rightarrow \varphi_{\mathrm{e}}(t_3)=\arctan\frac{\mathrm{d}t_{\mathrm{e},2}(t_3)}{\mathrm{d}t_{\mathrm{e},1}(t_3)}\left(\pm\pi,\quad \mathrm{d}t_{\mathrm{e},1}(t_3)<0\right) \tag{4.85}$$

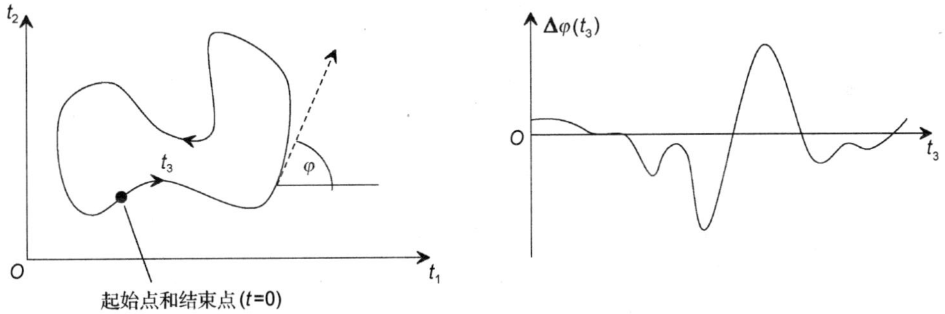

图 4.27 关于连续轮廓(包括长度 T_3)的广义链编码

给定位置的轮廓方向可以用切线角度表示，也可以用与切线垂直的法向量表示。如果由 P 采样位置 $t(n_3)$，$0\leqslant n_3<P$ 得到离散轮廓，则以下轮廓坐标差的近似值可用于计算表示两个样本之间直线方向的切角：

$$\varphi_{\mathrm{e}}\left[t_3(n_3)\leqslant t_3\leqslant t_3(n_3+1)\right]=\arctan\frac{t_{\mathrm{e},2}(n_3+1)-t_{\mathrm{e},2}(n_3)}{t_{\mathrm{e},1}(n_3+1)-t_{\mathrm{e},1}(n_3)}$$
$$\left(\pm\pi,\quad [t_{\mathrm{e},1}(n_3+1)-t_{\mathrm{e},1}(n_3)]<0\right) \tag{4.86}$$

当样本作为直接邻域排列在经过单位采样距离归一化的离散矩形网格上时，它可以近似简化为

① 在离散轮廓的情况下，参考链编码和差分链编码的原理[MSCT，6.1.3 节]；在这些情况下，使用离散角度集。

$$\left. \mathrm{d}t_{e,i}(t_3) \right|_{t_3(n_3)\le t_3 \le t_3(n_3+1)} \sim \nabla n_i(n_3) = n_i(n_3+1) - n_i(n_3)\;;\; i=1,2 \tag{4.87}$$

然而，即使在这种情况下，样本之间的距离也可能不相同，除非轮廓路径只允许在 $\mathcal{N}_1$ 邻域(水平/垂直邻域)上进行。对于 8 邻域 $\mathcal{N}_2$ 的更相关情况，通过如下直线插值得到轮廓长度的近似值：

$$L \approx \sum_{p=0}^{P-1} \sqrt{\nabla n_1^2(n_3) + \nabla n_2^2(n_3)} \tag{4.88}$$

但应注意的是，从离散点开始的轮廓线性插值的长度通常比通过这些点的实际连续轮廓的长度短(见图 4.28)①。

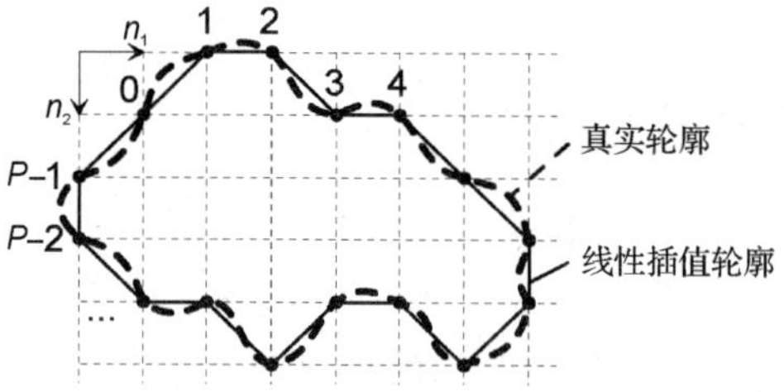

图 4.28　离散网格上连续与线性插值轮廓的长度

另一个轮廓特征是曲率，可通过计算轮廓信号的二阶导数来确定，其绝对值为任何给定轮廓位置提供一个参数：

$$|\kappa(t_3)| = \sqrt{\left(\frac{\mathrm{d}^2 t_{e,1}(t_3)}{\mathrm{d}t_3{}^2}\right)^2 + \left(\frac{\mathrm{d}^2 t_{e,2}(t_3)}{\mathrm{d}t_3{}^2}\right)^2} \tag{4.89}$$

对于式(4.87)中假设的规则网格上的离散轮廓，曲率可以通过轮廓位置 n_3 处的二阶导数进行以下近似计算，这类似于拉普拉斯算子式(4.59)计算信号的二阶导数：

$$\left. \frac{\mathrm{d}^2 t_{e,i}(t_3)}{\mathrm{d}t_3{}^2} \right|_{t_3(n_3)} \sim \Delta n_i(n_3) = n_i(n_3+1) - 2n_i(n_3) + n_i(n_3-1);\; i=1,2 \tag{4.90}$$

图 4.29 给出了几个几何形状的曲率参数 $|\kappa(t_3)|$ 的定性示例图。

轮廓曲率的极值(转折点)以某种方式表征轮廓的特性，这种方式对投影和形变引起的变化具有一定的不变性，特别是考虑它们的相对位置时。非刚性物体自然会受到形状和轮廓的几何修正，例如马有四条腿、一个头等，但它们可能会根据采集过程中的位置而不同。相关参数包括存在的一定数量的曲率极值、它们的强度和在轮廓上的位置。轮廓曲率的极值点可由以下函数确定，该函数被解释为轮廓信号方向无关的三阶导数，其过零点表示轮廓的转折点：

$$\lambda(t_3) = \frac{\dfrac{\mathrm{d}t_{e,1}(t_3)}{\mathrm{d}t_3}\dfrac{\mathrm{d}^2 t_{e,2}(t_3)}{\mathrm{d}t_3{}^2} - \dfrac{\mathrm{d}t_{e,2}(t_3)}{\mathrm{d}t_3}\dfrac{\mathrm{d}^2 t_{e,1}(t_3)}{\mathrm{d}t_3{}^2}}{\sqrt{\left(\left(\dfrac{\mathrm{d}t_{e,1}(t_3)}{\mathrm{d}t_3}\right)^2 + \left(\dfrac{\mathrm{d}t_{e,2}(t_3)}{\mathrm{d}t_3}\right)^2\right)^3}} \tag{4.91}$$

① 另一方面，任意的连续轮廓很难精确地通过离散采样网格。例如，图 4.28 中的“真轮廓”可以完全在线性插值轮廓内，可能比后者更短。此外，当连续轮廓坐标由离散网格位置表示时，通常不可能仅通过“量化”来实现。对于误差最小的最优表示，需要考虑连续轮廓线和离散轮廓线之间的最小距离或最小面积等准则。

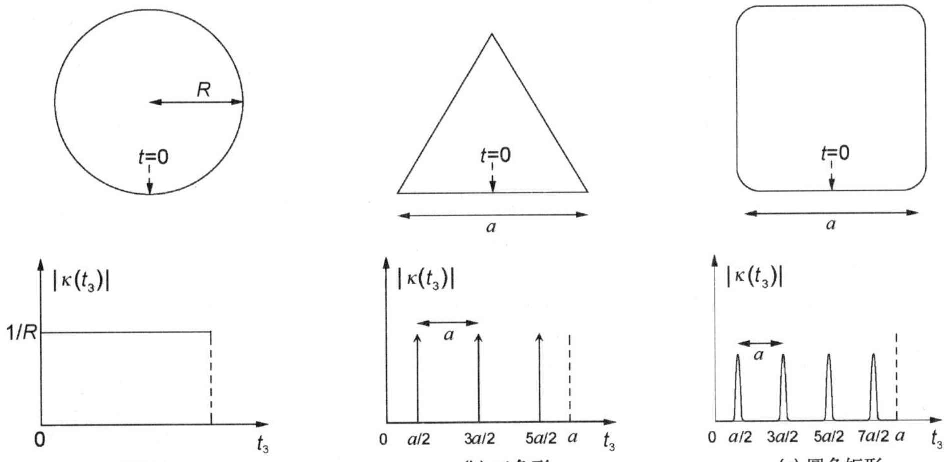

(a) 圆　(b) 三角形　(c) 圆角矩形

图 4.29　曲率$|\kappa(t_3)|$

为了在离散轮廓上计算$\lambda(t_3)$，可以使用二阶导数式(4.90)和一阶导数式(4.87)的离散近似。如果代表物体形状的两个轮廓被相同数量 N_3 的离散轮廓点(等距分布在轮廓上)采样，则可以使用由$\lambda(t_3)$携带的信息来比较轮廓，而不考虑原始(连续)轮廓大小。然而，有必要确定最相关的过零点，以最好地表示轮廓的全局特性。其背后的思想非常类似于边缘检测的分层方法(见 4.3.3 节)①，其中过零点周围的坡度可用作边缘强度的指示器。

曲率尺度空间分析。轮廓平滑(消除局部不规则和偏差)可以通过轮廓信号 $n_1(n_3)$和$n_2(n_3)$②的低通滤波来执行，并且消除局部的不规则。从轮廓的傅里叶谱来看，当仅保留最低频率系数时，将出现椭圆；这是凸的，因此没有任何转折点。但是，即使轮廓经过强平滑处理，也可以保留$\lambda(t_3)$的“强”过零(表示曲率极值或轮廓方向的转折点)。当平滑过程迭代进行时，类似于高斯金字塔或尺度空间方法(见 2.4 节)，即使是一个强极值也会被平滑，若轮廓闭合，凸特性会提前或晚些达到。

由于与信号的尺度空间分析类似，下面的方法被表示为曲率尺度空间(Curvature Scale Space，CSS)分析[MOKHTARIAN，BOBER 2003]。二项式滤波器 $\mathbf{h} = [1/4\ 1/2\ 1/4]^T$ 作为高斯型脉冲响应的简单核近似，可用于 CSS 分析。一旦轮廓是凸的，就不再存在转折点，这样就不会在$\lambda(t_3)$中发现过零点。要将其用于轮廓特性的表达式，必须描述每个相关过零点的位置和强度。在对轮廓进行每一步迭代低通滤波平滑之后，必须再次计算函数式(4.91)以检测过零点。越来越多的过零点将通过更强的平滑而消失，这样曲率转折点的强度可以通过平滑迭代次数来表征，这些迭代次数必须应用到它逐渐变为凸性为止。同样，可以定义曲率峰值位置，即在过零点消失之前最后观察到的位置。这种行为可以通过 CSS 图可视化，CSS 图显示了平滑过程迭代次数上的过零位置(见图 4.30)。该方法用于 MPEG-7 标准的轮廓形状描述。图 4.30 显示了迭代低通滤波的轮廓示例和相关的 CSS 图。轮廓中的任何非凸段都由两个曲率转折点构成，这两个曲率转折点通常在迭代平滑过程中相互移动，并且在达到凸性时会在同一位置消失。

① 事实上，如梯度分析所确定的，在轮廓信号 $t_1(t_3)$和 $t_2(t_3)$或其离散对应的 $n_1(n_3)$和 $n_2(n_3)$中，$\lambda(t_3)$的过零点表征了不连续性。

② 见习题 4.9。

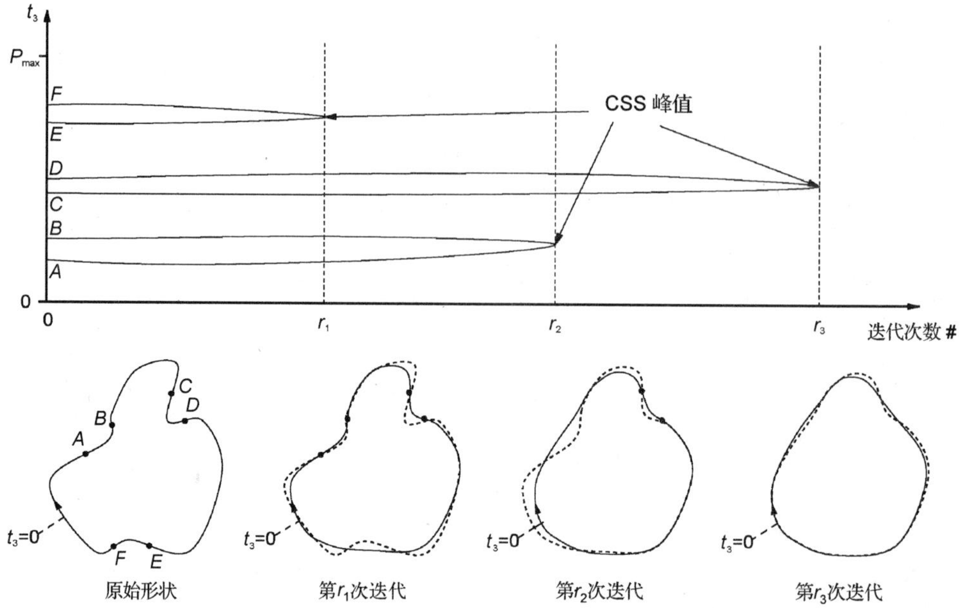

图 4.30 迭代低通滤波轮廓曲率参数$\lambda(t)$中过零位置的 CSS 图

4.5.3 几何特征与二值形状特征

轮廓描述方法适合于描述物体的轮廓形状。常使用不同的分析方法来描述与面积相关的形状特性。物体的二值形状如式(2.8)所示。这可用于确定一些基本的形状特征。形状的面积(通过非零样本的数量进行测量)为

$$A = \sum_{n_1}\sum_{n_2} b(n_1, n_2) \tag{4.92}$$

形状的几何中心①位于如下坐标处：

$$\overline{n}_i = \frac{1}{A}\sum_{n_1}\sum_{n_2} b(n_1, n_2)n_i; \quad i = 1,2 \tag{4.93}$$

一般来说，必须考虑二值形状的离散坐标表示会受到一些不确定性的影响(对于轮廓也是如此)。假设表示是基于矩形的采样单元，则与基本连续形状相比，它会出现混叠。从连续形状到离散“填充”坐标转换的合理方法是，如果基本连续形状覆盖了 50%以上的面积，则矩形单元格的值为“1”。连续形状和离散形状之间的偏差仅发生在边界样本上，其中离散二值形状的面积可以大于或小于边界样本面积的至多一半②。当相同的连续形状相对于采样网格移动时，离散形状也可能不同，这样即使对与相机平面平行的物体进行纯平移，离散形状也可能会变。显然，采样单元越小，偏差越小。在重建过程中，具有对角线方向的边看起来像楼梯的效果被称为“边混叠”。

此外，在离散网格上定义的二值形状的质心通常不是整数，因此它可以位于采样网格点之间。边界矩形定义了最小矩形图像的尺寸，该图像可以通过坐标系的方向包含整个形状。由边长进行定义[见图 4.31(a)]。对于连续坐标的形状，有

---

① 注：这是样本“质量”的重心，与轮廓点的平均值[见式(4.76)]不同。

② 然而，平均而言，这些区域之间的偏差很小，除非边界样本的覆盖范围系统偏离某个方向。

$$a_i = \max\left[t_i\big|_{b(t_1,t_2)=1}\right] - \min\left[t_i\big|_{b(t_1,t_2)=1}\right];\quad i=1,2 \tag{4.94}$$

对于离散坐标的形状①，有

$$a_i = \max\left[n_i\big|_{b(n_1,n_2)=1}\right] - \min\left[n_i\big|_{b(n_1,n_2)=1}\right] + 1;\quad i=1,2 \tag{4.95}$$

或者，可以定义最小的外接矩形[参见图 4.31(a)]，其中 a_1 和 a_2 侧的方向由主轴②确定。其他的外接图形，例如椭圆，也很有用。

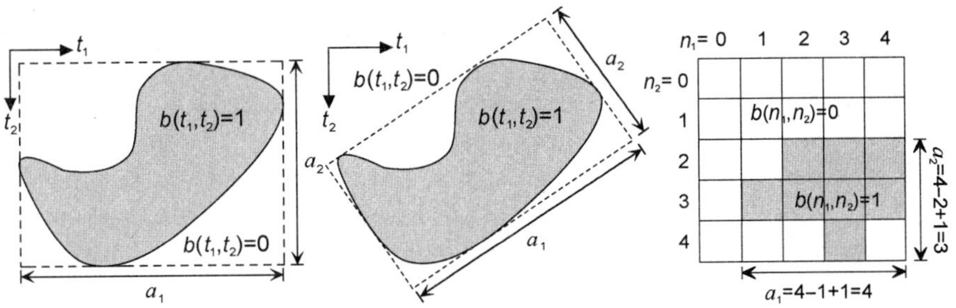

(a) 连续矩形(左/中)和离散二值形状矩形(右)的定义

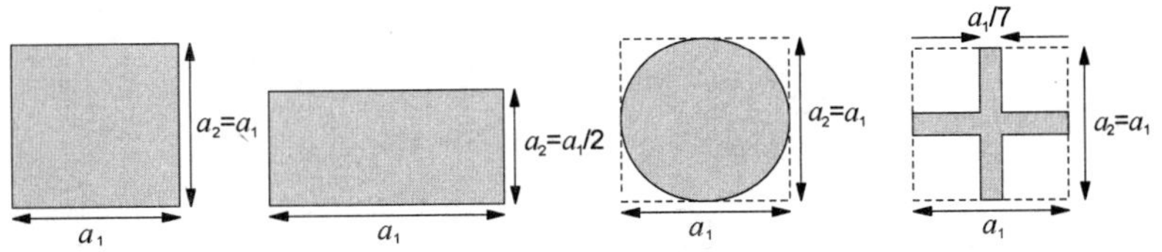

ξ_A	1	2	1	1
ξ_C	1	1	π/4	13/49
ξ_F	1	9/8	1	1
ξ_R	π/4	2π/9	1	3π/49

(b) 二值形状的例子及其基本形状参数

图 4.31

然后可以为形状描述确定以下基本特征参数：

- 宽高比：$\xi_A = \dfrac{a_1}{a_2}$ (4.96)
- 紧凑度：$\xi_C = \dfrac{A}{a_1 a_2}$ (4.97)
- 形状因子：$\xi_F = \dfrac{4(a_1+a_2)^2}{a_1 a_2}$ (4.98)
- 圆形度③：$\xi_R = \dfrac{4\pi A}{L^2}$ (4.99)

轮廓长度 L 可根据式(4.88)计算。图 4.31(b)给出了这些不同形状的参数示例。除圆之外，不使用旋转不变性。如果需要旋转不变性，则可以使用不遵循坐标系方向的最小

① 由于 $b(n_1,n_2)$ 中最大和最小坐标描述了内轮廓的样本，因此有必要将式(4.95)中的差值增加 1。这是基于对二维图像矩阵的几何解释，该矩阵是一组矩形单元，其中采样坐标为中心，轮廓位置位于矩形的边界，因此需要添加一个矩形采样单元的宽度。

② 主轴可以通过特征向量分析来确定，参见式(4.132)。

③ 表示为圆度的类似参数定义为(周长)^2/面积= $4\pi/\xi_R$。

外接矩形来计算足够多的参数，并且必须事先确定①。

投影剖面由水平分量Π_h和垂直分量Π_v组成，它们分析了形状外接矩形每行或每列中包含的样本数量(见图 4.32)。如果离散形状具有水平/垂直边长 a_1 和 a_2 的边界矩形，则此范围内的投影轮廓的特征值总计为 a_1+a_2，定义如下：

$$\Pi_h(n_2)=\sum_{n_1=0}^{a_1-1} b(n_1,n_2)\,;0\leqslant n_2 < a_2,$$
$$\Pi_v(n_1)=\sum_{n_2=0}^{a_2-1} b(n_1,n_2)\,;0\leqslant n_1 < a_1 \tag{4.100}$$

轮廓投影只允许执行与给定方向和大小相关的物体宽度和大小的分析，它们不具备尺度不变性和旋转不变性。

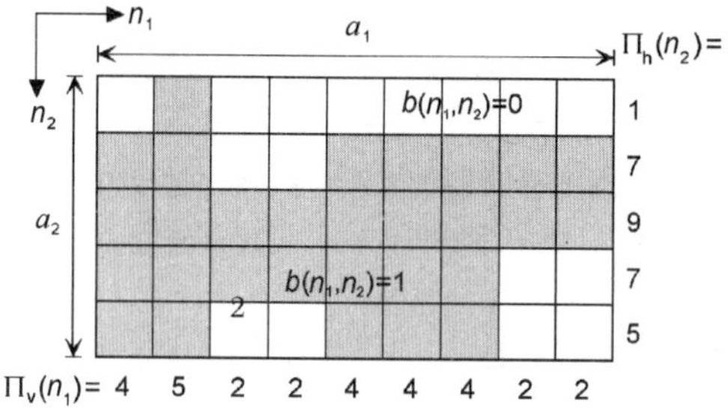

图 4.32 投影轮廓示例

距离变换和骨架描述。通过形态腐蚀的迭代应用(见 2.1.2 节)，物体的形状可以变细，直到只剩下线条；它们的集合表示为形状的骨架。然而，因为外边界不规则的不同形状可能出现相同的腐蚀结果，所以不同的形状可能具有相同的骨架。如果除骨架外，其点到原始物体边界的距离已知，则可以对形状进行唯一重建(请参见习题 4.11)。骨架和距离的组合提供了形状的紧凑表示，这些参数同样可以用作形状特征。距离信息可以通过距离变换生成。对于二值形状的每个样本[见图 4.33(a)]，确定与物体边界的最短水平或垂直距离[见图 4.33(b)]。该信息可以通过使用 3×3 结构元素的腐蚀迭代获得，其中距离是将丢弃相应样本的腐蚀步骤的迭代次数。然后通过一组点建立骨架，这组点是根据式(2.1)确定的，即它的 4 邻域 $\mathcal{N}_1^{(1)}(n_1,n_2)$ 的任何成员都没有更大的距离值[见图 4.33(c)]。在骨架中，距离值最大的点对形状描述的影响最大，通过比较这些点的骨架图，可以看出两个形状的相似度。从图 4.33(c)中的示例可以进一步证明，骨架不一定由相邻连接的样本组成。

(a) 一个物体的形状　(b) 距离变换的值　(c) 形态骨架

图 4.33 骨架描述

① 与外接性矩形的长宽比类似的参数是偏心率[见式(4.132)]。

4.5.4 投影与几何映射

形状特征化和比较的最终目标可能是从图像和视频信号中识别外部世界物体。但是，投射到成像平面的投影取决于相机和所捕获的三维世界物体的相对位置。“世界坐标系”表示 t 时刻的位置 $\mathbf{W}=[W_1, W_2, W_3]^{\mathrm{T}}$，$\mathbf{W}$ 的原点准确位于相机的位置和方向，使得相机的光轴为 W_3 轴①。投影的一个简单模型是图 4.34 所示的针孔相机。仅考虑单一视图，在 t 时刻捕获的二维图像被解释为从 3D 外部世界到相机成像平面的投影。在针孔相机模型中，在外部世界坐标 $\mathbf{W}_{\mathscr{P}}=[W_{1,\mathscr{P}} \quad W_{2,\mathscr{P}} \quad W_{3,\mathscr{P}}]^{\mathrm{T}}$ 处，只有一条来自外部世界点 $\mathscr{P}$ 的光线到成像平面②的坐标 $\mathbf{t}_{\mathscr{P}}=[t_{1,\mathscr{P}} \quad t_{2,\mathscr{P}}]^{\mathrm{T}}$。$\mathscr{P}$ 与其投影到成像平面的关系用中心投影方程表示：

$$t_{i,\mathscr{P}}=F\frac{W_{i,\mathscr{P}}}{W_{3,\mathscr{P}}};\quad i=1,2 \tag{4.101}$$

其中 F 是相机的焦距。

世界坐标系的原点位于“针孔”的位置，也被定义为相机的焦点。光轴是 W_3 轴，垂直于成像平面。后者位于 $W_3=-F$ 处，中心位于 $W_1=0$、$W_2=0$ 处，t_1 轴位于 $W_2=0$，指向 $-W_1$ 方向，t_2 轴位于 $W_1=0$，指向 $-W_2$ 方向。同样的投影方程也适用于光线穿过位于 $W_3=F$ 处的镜像平面的位置，但沿 W_1/W_2 轴的 t_1/t_2 轴没有符号反转。成像平面本身具有宽度 S_1 和高度 S_2。围绕光轴对称横跨可见视野的水平和垂直视角是

$$\varphi_1=\pm\arctan\frac{S_1}{2F}s;\quad \varphi_2=\pm\arctan\frac{S_2}{2F} \tag{4.102}$$

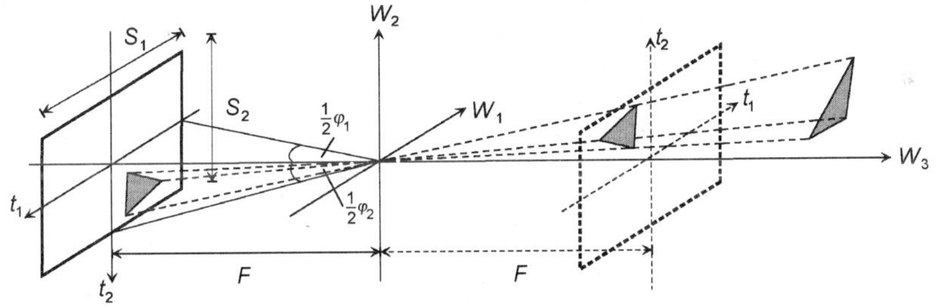

图 4.34 针孔相机模型

如果 3D 空间中的物体距离相机较远，也可以使用正交投影（平行投影）来合理地近似。在这种情况下，只有水平/垂直 3D 坐标 $W_{1,\mathscr{P}}$ 和 $W_{2,\mathscr{P}}$ 被投影到图像坐标中，而焦距和深度（距离）都由因子 C 来补偿，该因子可以在物体上的所有点上保持恒定：

$$t_{i,\mathscr{P}}=\frac{W_{i,\mathscr{P}}}{C};\quad i=1,2 \tag{4.103}$$

接下来，描述相对于相机位置改变刚性物体 3D 位置时的投影关系。原则上，如果这种

① 为了获得 3D 空间中相机捕捉的完整信息，有必要了解到达任何可能相机位置 $\mathbf{C}=[C_1, C_2, C_3]^{\mathrm{T}}$ 的光强和颜色信息 $I(\mathbf{C}, \boldsymbol{\theta}, \lambda, t)$，以及任何时刻 t、任意波长 λ 的所有可能的光轴方位角/仰角方向 $\boldsymbol{\theta}=[\theta_1, \theta_2]^{\mathrm{T}}$，这依赖于 7 个维度，被称为全光函数[ADELSON，BERGEN 1991]。

② 在镜头相机中，这是不同的，因为许多光线被一个镜头捆绑在一起，所有光线都瞄准一个点；理想情况下，如果镜头对焦，所有这些光线都来自外部世界中物体的同一点。

相对位置的变化是由于相机移动或物体移动而产生的，则是不相关的。对于物体内的质点，由此产生的从位置 $\mathbf{W}=[W_{1,\mathscr{P}}\quad W_{2,\mathscr{P}}\quad W_{3,\mathscr{P}}]^{\mathrm{T}}$ 到位置 $\tilde{\mathbf{W}}_{\mathscr{P}}$ 的移位可以描述为①

$$\tilde{\mathbf{W}}_{\mathscr{P}}=\mathbf{R}\mathbf{W}_{\mathscr{P}}+\boldsymbol{\tau} \tag{4.104}$$

式中，平移向量 $\boldsymbol{\tau}=[\tau_1\ \tau_2\ \tau_3]^{\mathrm{T}}$ 描述了固定在物体上并随物体移动的坐标系在相机世界坐标系内的位移。若物体是刚性的，旋转矩阵 $\mathbf{R}$ 可以用三个旋转角 φ_1、φ_2 和 φ_3 的依赖关系来描述，这三个旋转角反映与先前位置对齐的坐标系的相对方向变化。若物体是非刚性的，旋转矩阵的项可以用无穷小体积元的线性形变来表示，若形变均匀，则可以全局作用于整个物体。附加的自由度是与物体的旧位置对齐的正交和特征归一化坐标轴的缩放和剪切。图 4.35 显示了旋转矩阵

$$\mathbf{R}=\begin{bmatrix}\rho_{11} & \rho_{12} & \rho_{13}\\ \rho_{21} & \rho_{22} & \rho_{23}\\ \rho_{31} & \rho_{32} & \rho_{33}\end{bmatrix} \tag{4.105}$$

的影响。一个无穷小的体积元素，它有 9 个自由度(旋转，缩放，三个坐标轴的剪切)。

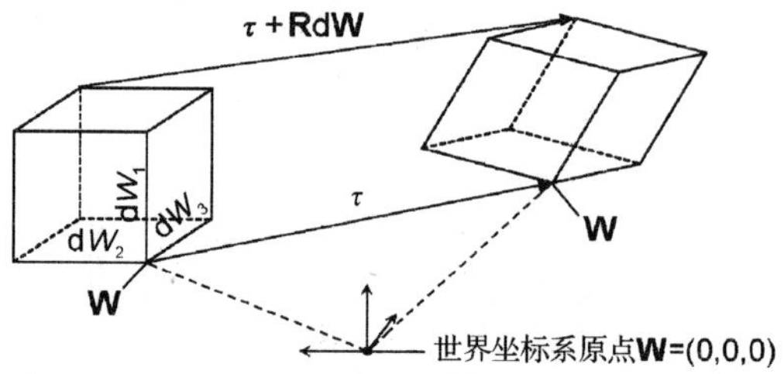

图 4.35 无穷小体积元 dW 的运动(平移、旋转)和线性形变(缩放、剪切)

加上平移向量一起，这 12 个自由度可以完全描述均匀形变物体上的点②在世界坐标系中的变化。由于投影的影响，在投影到相机的成像平面后，刚体运动的相对紧凑描述没有保留下来。从式(4.104)开始，相对位置变化后的坐标可以描述为

$$\tilde{W}_{i,\mathscr{P}}=\tau_i+\sum_{j=1}^{3}\rho_{ij}W_{j,\mathscr{P}};\quad i=1,2,3 \tag{4.106}$$

将式(4.106)代入式(4.101)，投影到成像平面上得到

$$\frac{\tilde{W}_{3,\mathscr{P}}}{F}\tilde{t}_{i,\mathscr{P}}=\rho_{i1}\frac{W_{3,\mathscr{P}}}{F}t_{1,\mathscr{P}}+\rho_{i2}\frac{W_{3,\mathscr{P}}}{F}t_{2,\mathscr{P}}+\rho_{i3}W_{3,\mathscr{P}}+\tau_i;\quad i=1,2 \tag{4.107}$$

$\tilde{t}_{1,\mathscr{P}}$ 和 $\tilde{t}_{2,\mathscr{P}}$ 的直接规范化，可通过下式来进行：

$$\tilde{t}_{i,\mathscr{P}}=\frac{\rho_{i1}t_{1,\mathscr{P}}+\rho_{i2}t_{2,\mathscr{P}}+\rho_{i3}F+F\dfrac{\tau_i}{W_{3,\mathscr{P}}}}{\rho_{31}\dfrac{1}{F}t_{1,\mathscr{P}}+\rho_{32}\dfrac{1}{F}t_{2,\mathscr{P}}+\rho_{33}+\dfrac{\tau_3}{W_{3,\mathscr{P}}}};\quad i=1,2 \tag{4.108}$$

① 式(4.104)也可以用齐次坐标表示为

$$\begin{bmatrix}\tilde{W}_{1,\mathscr{P}}\\ \tilde{W}_{2,\mathscr{P}}\\ \tilde{W}_{3,\mathscr{P}}\\ 1\end{bmatrix}=\begin{bmatrix}\rho_{11} & \rho_{12} & \rho_{13} & \tau_1\\ \rho_{21} & \rho_{22} & \rho_{23} & \tau_2\\ \rho_{31} & \rho_{32} & \rho_{33} & \tau_3\\ 0 & 0 & 0 & 1\end{bmatrix}\begin{bmatrix}W_{1,\mathscr{P}}\\ W_{2,\mathscr{P}}\\ W_{3,\mathscr{P}}\\ 1\end{bmatrix}$$

② 对于刚性物体，6 个参数与平移 τ_1,τ_2,τ_3 和旋转 $\varphi_1,\varphi_2,\varphi_3$ 有关。

式(4.108)定义了运动后的成像平面坐标 $\tilde{t}_{1,\mathscr{P}}$ 和 $\tilde{t}_{2,\mathscr{P}}$ 与运动前成像平面坐标 $t_{1,\mathscr{P}}$ 和 $t_{2,\mathscr{P}}$ 的函数关系。进一步的依赖关系来自于描述运动的参数，即焦距 F 和深度距离 $W_{3,\mathscr{P}}$。对于正交投影式(4.103)，用以下关系表示运动前后成像平面坐标的依赖关系：

$$\tilde{t}_{i,\mathscr{P}} = \rho_{i1}t_{1,\mathscr{P}} + \rho_{i2}t_{2,\mathscr{P}} + \frac{\rho_{i3}W_{3,\mathscr{P}} + \tau_i}{C};\quad i = 1,2 \tag{4.109}$$

其中，焦距和 W_3 方向的平移 τ_3 不存在依赖关系。整个映射由线性关系描述。根据式(4.103)，由于 $W_{3,\mathscr{P}}$ 不存在依赖性，因此 $\rho_{13} = \rho_{23} = 0$。然而，这些简化是对投影建模的一种不太精确的权衡，只适用于距离相机较远的物体。然后可以通过仿射变换来描述式(4.109)中的关系，仿射变换通过 6 个参数来表示线性矩阵，其中包括坐标(t_1, t_2)和$(\tilde{t}_1, \tilde{t}_2)$的偏移关系：

$$\begin{aligned}\tilde{t}_1 &= a_1t_1 + a_2t_2 + d_1\\ \tilde{t}_2 &= a_3t_1 + a_4t_2 + d_2\end{aligned}\quad \text{或}\quad \underbrace{\begin{bmatrix}\tilde{t}_1\\ \tilde{t}_2\end{bmatrix}}_{\tilde{\mathbf{t}}} = \underbrace{\begin{bmatrix}a_1 & a_2\\ a_3 & a_4\end{bmatrix}}_{\mathbf{A}} \cdot \underbrace{\begin{bmatrix}t_1\\ t_2\end{bmatrix}}_{\mathbf{t}} + \underbrace{\begin{bmatrix}d_1\\ d_2\end{bmatrix}}_{\mathbf{d}} \tag{4.110}$$

图 4.36 示出了不同参数对以成像平面原点为中心的正方形区域进行修正的影响结果。基本上，$d_{1|2}$ 影响水平|垂直方向上的坐标移位(平移)；$a_{1|4}$ 影响水平|垂直缩放，$a_{2|3}$ 表示水平|垂直方向上的坐标剪切。应注意的是，只有在坐标居中的情况下，才可能完全隔离不同参数的影响，如图 4.36 所示。此外，图 4.37 示出了几个仿射变换参数组合进行几何修正的示例。表 4.1 概述了这些影响。这些几何修正与刚性物体的某些三维(3D)→二维(2D)投影近似相关，但对于深度变化较大且表面方向变化(或非平面)的物体，这些修正并不完全精确，尤其是对于靠近相机位置的物体。下例给出 3D 空间中与成像平面平行放置的平面，若进行中心投影①，可观察到以下现象：

- 与成像平面平行的 3D 平移近似地显示为 2D 平移；
- 朝向焦点的三维平移显示为二维缩放；
- 围绕 W_3 轴或平行于 W_3 轴的 3D 轴旋转近似显示为 2D 旋转；
- 围绕平行于 W_1 或 W_2 坐标轴的 3D 轴旋转近似地显示为宽高比的变化；
- 围绕多个轴旋转的混合形式会影响映射到非正交坐标系，若三维曲面为平面，该坐标系可由透视投影描述，但可以近似为剪切。

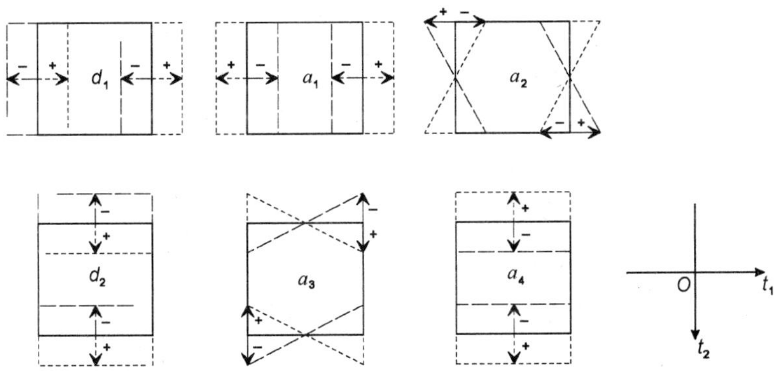

图 4.36　受仿射变换单个参数(坐标系中心在正方形中心)影响的正方形的几何修正

① 在下文中，二维中的“近似”外观是指忽略透视效果这一事实，这在小运动和小尺寸物体的情况下是合适的。此外，假设三维曲面近似为平面。

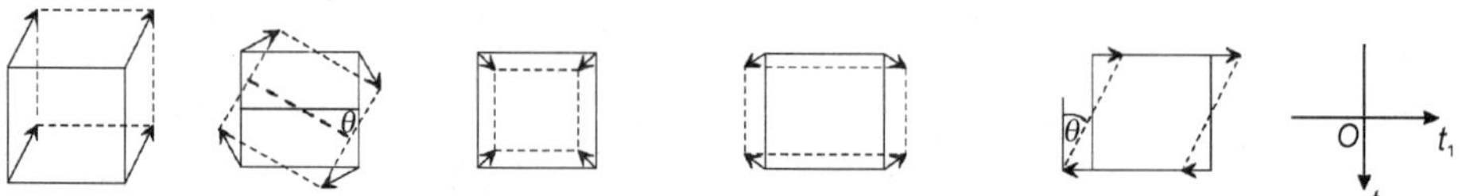

(a) 平移 (b) 旋转 (c) 缩放$\Theta_1=\Theta_2$ (d) 宽高比变化$\Theta_1\neq\Theta_2$ (e) 垂直坐标轴剪切

图 4.37 正方形区域的仿射变换映射

为了更好地进行解释，矩阵 **A** 可以分解如下：

$$\underbrace{\begin{bmatrix} a_1 & a_2 \\ a_3 & a_4 \end{bmatrix}}_{\mathbf{A}}=\underbrace{\begin{bmatrix} \cos\theta_1 & -\sin\theta_1 \\ \sin\theta_1 & \cos\theta_1 \end{bmatrix}}_{旋转}\underbrace{\begin{bmatrix} \Theta_1 & 0 \\ 0 & \Theta_2 \end{bmatrix}}_{缩放}\underbrace{\begin{bmatrix} 1 & -\tan\theta_2 \\ 0 & 1 \end{bmatrix}}_{剪切} \tag{4.111}$$

表 4.1 仿射映射的几何修正与几个参数典型组合的关系

	a_1	a_2	a_3	a_4	d_1	d_2
平移 k_1, k_2	1	0	0	1	k_1	k_2
旋转 $\forall\theta_1$	$\cos\theta_1$	$-\sin\theta_1$	$\sin\theta_1$	$\cos\theta_1$	0	0
水平缩放 Θ_1	Θ_1	0	0	1	0	0
水平缩放 Θ_2	1	0	0	Θ_2	0	0
垂直轴剪切 $\forall\theta^2$	1	$-\tan\theta^2$	0	1	0	0

与式(A.14)中引入的坐标变换和采样系统变换相比，类比是显而易见的。由此导出的空间/频率映射关系可直接用于理解仿射变换情况下二维谱的变化：所有线性几何修正都可以用坐标系的规则变换来描述，坐标系的原点、缩放比例和轴的方向都不同。式 (4.110)中矩阵 **A** 的行列式表示面积的变化，如果全方位考虑，它是有效的尺度因子，并且与诸如相机和被捕捉物体之间的距离变化有关。平移对应于参考坐标系的更改。总的来说，通过由与平移相关的对偶矩阵$[\mathbf{A}^{-1}]^{\mathrm{T}}$和线性相移$\mathrm{e}^{\mathrm{j}2\pi(f_1d_1+f_2d_2)}$执行的映射来修正频谱。

如果假设从三维进行正交投影[见式(4.103)]，则仿射变换对于二维中的几何映射是完美的。对于离相机不远的较大刚性三维物体，投影的所有变化仍然可以用 6 个三维旋转和平移参数来描述。从式(4.108)中可以得出结论，中心投影式(4.101)后图像坐标的变化不再为真。对于平面物体表面的特殊情况，存在线性关系$W_{3,\mathscr{P}}=aW_{1,\mathscr{P}}+bW_{2,\mathscr{P}}+c$，[①] 这可以用来消除对式(4.108)中$W_{3,\mathscr{P}}$的依赖性。结果是以下 8 参数模型，称为透视映射：

$$\tilde{t}_1=\frac{a_1t_1+a_2t_2+d_1}{b_1t_1+b_2t_2+1};\quad \tilde{t}_2=\frac{a_3t_1+a_4t_2+d_2}{b_1t_1+b_2t_2+1} \tag{4.112}$$

除仿射模型的修正外，图 4.38(a)给出了根据式(4.112)对正方形进行的几何修正。由于包含变量t_1和t_2的多项表达式的除法，透视映射不再是线性的，但是应该注意，仿射映射也是严格线性的，仅与矩阵 **A** 的乘有关，而不与常数偏移量d_1和d_2有关。例如，当矩阵相乘时，不允许几个映射运算的简单连接。利用齐次坐标，仿射映射和透视映射都可

① 以下完美映射也适用于不改变焦点位置的情况下旋转相机拍摄任意静态三维场景的情况。在可能发生光学(透镜)失真的相机系统中，这可能不再是真实的，因此中心投影方程并不适用。

以转化为纯线性(矩阵乘法)问题。这是通过增加维数来实现的，将向量 $\mathbf{t}=[t_1\ t_2]^{\mathrm{T}}$ 映射到 $\lambda\mathbf{t}'=\lambda[t_1\ t_2\ 1]^{\mathrm{T}}$，下面给出了 $\lambda=1$ 时仿射映射的情况：

$$\underbrace{\lambda\begin{bmatrix}\tilde{t}_1\\ \tilde{t}_2\\ 1\end{bmatrix}}_{\tilde{\mathbf{t}}'}=\underbrace{\begin{bmatrix}a_1 & a_2 & d_1\\ a_3 & a_4 & d_2\\ 0 & 0 & 1\end{bmatrix}}_{\mathbf{A}'}\cdot\underbrace{\begin{bmatrix}t_1\\ t_2\\ 1\end{bmatrix}}_{\mathbf{t}'} \tag{4.113}$$

对于 $\lambda=b_1t_1+b_2t_2+1$ 时的透射映射为

$$\underbrace{\lambda\begin{bmatrix}\tilde{t}_1\\ \tilde{t}_2\\ 1\end{bmatrix}}_{\tilde{\mathbf{t}}'}=\underbrace{\begin{bmatrix}a_1 & a_2 & d_1\\ a_3 & a_4 & d_2\\ b_1 & b_2 & 1\end{bmatrix}}_{\mathbf{H}'}\cdot\underbrace{\begin{bmatrix}t_1\\ t_2\\ 1\end{bmatrix}}_{\mathbf{t}'} \tag{4.114}$$

齐次坐标下的计算对任何常数 λ 都是有效的，但通常有无穷多个常数满足相同的目的。同时，点 $\mathbf{W}_{\mathscr{P}}=[W_{1,\mathscr{P}}\quad W_{2,\mathscr{P}}\quad W_{3,\mathscr{P}}]^{\mathrm{T}}$ 在相机平面上的中心投影式(4.101)也可以用齐次坐标表示：

$$\underbrace{\lambda\begin{bmatrix}t_{1,\mathscr{P}}\\ t_{2,\mathscr{P}}\\ 1\end{bmatrix}}_{\mathbf{t}'_{\mathscr{P}}}=\underbrace{\begin{bmatrix}F & 0 & 0 & 0\\ 0 & F & 0 & 0\\ 0 & 0 & 1 & 0\end{bmatrix}}_{\mathbf{L}}\cdot\underbrace{\begin{bmatrix}W_{1,\mathscr{P}}\\ W_{2,\mathscr{P}}\\ W_{3,\mathscr{P}}\\ 1\end{bmatrix}}_{\mathbf{W}'_{\mathscr{P}}} \tag{4.115}$$

式中，$\lambda=W_{3,\mathscr{P}}$。

对于透视图，式(4.114)中的 λ 表示一个线性方程，它与式(4.115)结合得到三维空间中的平面方程。因此，如果坐标 $\mathbf{t}'$ 与三维平面上的一组点相关，则 λ 为常数。在这种情况下，通过 λ 对 $\mathbf{H}'$ 的所有项进行归一化，进行单应映射，该映射精确定义了三维世界中任意两个平面(包括成像平面)点之间的投影：

$$\underbrace{\begin{bmatrix}\tilde{t}_1\\ \tilde{t}_2\\ 1\end{bmatrix}}_{\tilde{\mathbf{t}}'}=\underbrace{\begin{bmatrix}h_{11} & h_{12} & h_{13}\\ h_{21} & h_{22} & h_{23}\\ h_{31} & h_{32} & h_{33}\end{bmatrix}}_{\mathbf{H}}\cdot\underbrace{\begin{bmatrix}t_1\\ t_2\\ 1\end{bmatrix}}_{\mathbf{t}'} \tag{4.116}$$

将式(4.116)与中心投影式(4.115)连接起来，通过焦距 F 对投影进行进一步的尺度缩放。事实上，坐标系原点定义为 $\mathbf{W}=(0,0,F)$ 的相机平面只是一个可能的投影平面，只要焦点不变，单应性映射允许将投影变换成可选的投影平面(光轴方向不同，F 也可能不同)。因此，当相机围绕焦点(世界坐标系的原点)旋转时，在不改变其位置的情况下，通过二维坐标的透视①(或单应)映射来唯一地描述该映射。

双线性映射②定义为

$$\begin{aligned}\tilde{t}_1&=b_1t_1t_2+a_1t_1+a_2t_2+d_1=\left(b_1t_2+a_1\right)t_1+a_2t_2+d_1\\ \tilde{t}_2&=b_2t_1t_2+a_3t_1+a_4t_2+d_2=a_3t_1+\left(b_2t_1+a_4\right)t_2+d_2\end{aligned} \tag{4.117}$$

---

① 这方面的内容将在 4.7 节中进一步讨论。

② 双线性映射相当于从四个角位置的各自值对矩形面片内进行有目的的双线性插值[见式(2.55)]映射，或对任意四边形面片使用更一般的形式[见式(2.62)]。

它也使用 8 个参数，其中参数 a_i 和 d_i 在 $b_1 = b_2 = 0$ 的情况下与仿射模型的参数相同，但是 b_i 参数与透视模型的参数不同。

双线性映射的效果由式(4.117)右侧公式的重定义来表示：b 参数根据另一方向的坐标值(通过直线方程表示)，在一个方向上产生附加的偏移。因此，在透视投影中，任何一行上的点仍然映射到另一行。透视图和双线性映射之间的差异用图 4.38(b) ~ (d)中十字线图案的例子来说明。然而，在透视投影中，当水平尺寸缩小时(反之亦然)，垂直距离变得更窄，而双线性投影使它们保持恒定。

如果刚性三维物体具有非平面表面(曲面)，则当物体在三维世界中旋转时，映射会发生高阶非线性几何畸变。例如，绘制在抛物面上的直线在投影到成像平面后显示为抛物线，其实际曲率取决于成像平面相对于曲面的方向。这种更高阶的几何畸变可以由高阶多项式模型描述。双二次模型包括 2 次以内的所有多项式，共 12 个参数：

$$\begin{aligned}\tilde{t}_1 &= c_1 t_1^2 + c_2 t_2^2 + b_1 t_1 t_2 + a_1 t_1 + a_2 t_2 + d_1 \\ \tilde{t}_2 &= c_3 t_1^2 + c_4 t_2^2 + b_2 t_1 t_2 + a_3 t_1 + a_4 t_2 + d_2\end{aligned} \tag{4.118}$$

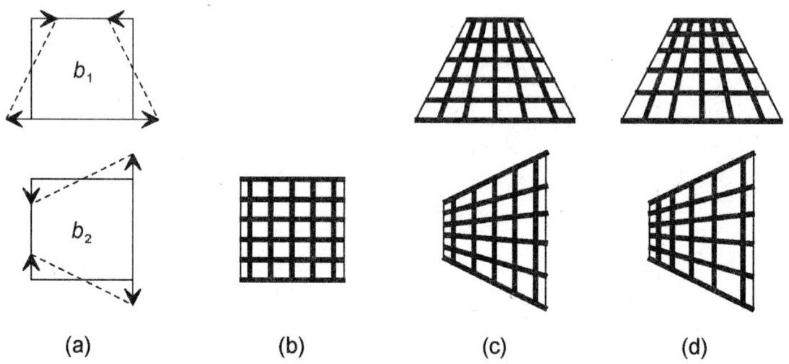

图 4.38 (a)通过透视映射和双线性坐标映射中的参数 b_1 和 b_2，使用十字线图案对正方形区域进行修正；图案(b)在双线性坐标映射(c)和透视映射(d)下的修正结果

双二次模型的参数 b_1 和 b_2 具有与双线性模型相同的效果[见图 4.38(c)]。其他非线性参数 $c_1 \sim c_4$ 的影响如图 4.39 所示。通过参数 $b_1|c_3$ 和 $b_2|c_1$ 的组合，可以实现与透视映射模型类似的效果。

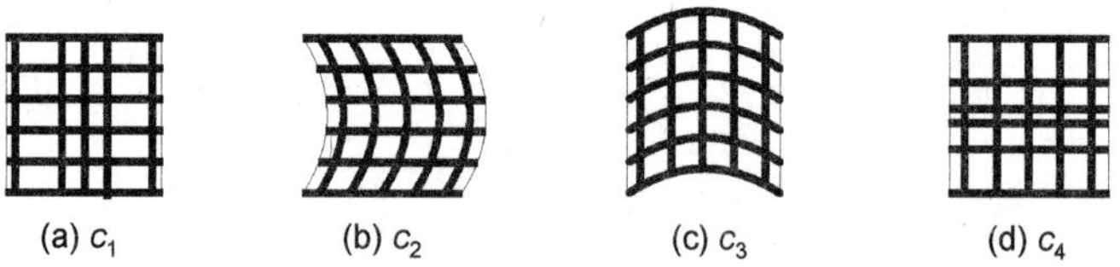

图 4.39 受双二次映射(中心位置坐标系原点)参数的影响，对图 4.38(b)中十字线图案的几何修正

映射模型式(4.117)和式(4.118)不能用坐标向量 $\mathbf{t}$ 或 $\mathbf{t}'$ 的直接矩阵相乘来表示。然而，通过定义 $t_3 = t_1 t_2$、$t_4 = t_1^2$ 等附加变量，使得高维坐标空间中的线性表达成为可能。但需要注意的是，将非线性关系映射为高维线性关系并不能保持坐标位置之间的欧氏距离，因此可能并不可取。

到目前为止，旋转和缩放的效果与中心坐标有关(特别是在表 4.1 中)。如果物体围绕图像的中心旋转，或者如果相机执行旋转或缩放，并且光轴正好位于成像平面的中心，则此操作是正确的。尺度通常可以由尺度因子Θ和尺度中心$(t_{1,S}, t_{2,S})$①的坐标来描述。然后，将样本的位置 **t** 进行移位[见图 4.40(a)]：

$$\tilde{t}_i = \Theta\cdot(t_i - t_{i,S}) + t_{i,S};\qquad i = 1,2 \tag{4.119}$$

如果围绕不是坐标系原点的点$(t_{1,R}, t_{2,R})$旋转角度θ，则位置 **t** 将根据坐标移动到目的地[见图 4.40(b)]

$$\begin{aligned}\tilde{t}_1 &= \cos\theta(t_1 - t_{1,R}) - \sin\theta(t_2 - t_{2,R}) + t_{1,R}\\ \tilde{t}_2 &= \sin\theta(t_1 - t_{1,R}) + \cos\theta(t_2 - t_{2,R}) + t_{2,R}\end{aligned} \tag{4.120}$$

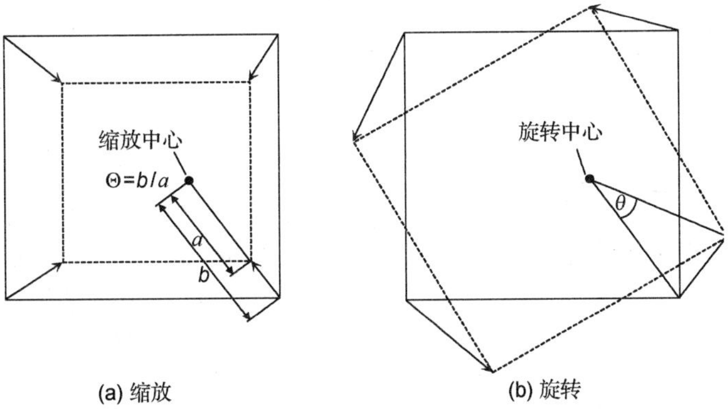

图 4.40　对非中心点进行缩放和旋转操作的几何映射图

除平移之外，旋转和缩放是最重要的几何修正。这可以集成到一个简化的映射模型中，该模型不包括仿射变换的所有其他修改。将式(4.119)和式(4.120)代入仿射方程式(4.110)，得到

$$\begin{aligned}\tilde{t}_1 &= \Theta\cos\theta\cdot t_1 - \Theta\sin\theta\cdot t_2 - \Theta(\cos\theta - 1)\cdot t_{1,R} + \Theta\sin\theta\cdot t_{2,R} - (\Theta-1)t_{1,S} + t_{1,D}\\ \tilde{t}_2 &= \Theta\sin\theta\cdot t_1 + \Theta\cos\theta\cdot t_2 - \Theta\sin\theta\cdot t_{1,R} - \Theta\cdot(\cos\theta - 1)\cdot t_{2,R} - (\Theta-1)t_{2,S} + t_{2,D}\end{aligned} \tag{4.121}$$

式中，值 $t_{i,D}$ 表示此处的旋转和缩放独立于位移，例如由相机平移引起的位移。这导致模型只有 4 个参数，

$$\begin{aligned}\tilde{t}_1 &= a_1 t_1 - a_2 t_2 + d_1\\ \tilde{t}_2 &= a_2 t_1 + a_1 t_2 + d_2\end{aligned} \tag{4.122}$$

其中②

$$\begin{aligned}a_1 &= \Theta\cos\theta\\ a_2 &= \Theta\sin\theta\end{aligned};\quad \begin{aligned}d_1 &= -\Theta(\cos\theta-1)\cdot t_{1,R} + \Theta\cdot\sin\theta\cdot t_{2,R} - (\Theta-1)\cdot t_{1,S} + t_{1,D}\\ d_2 &= -\Theta\sin\theta\cdot t_{1,R} - \Theta\cdot(\cos\theta-1)\cdot t_{2,R} - (\Theta-1)\cdot t_{2,S} + t_{2,D}\end{aligned} \tag{4.123}$$

到目前为止，几何变换是针对连续坐标 **t** 的情况而制定的。即使原始位置来自规则网格的整数值$(t_i = n_i T_i)$，到离散坐标 $\tilde{n}_i = \tilde{t}_i / T_i$ 的映射通常不再在规则采样网格上(参数 d_i 为整数的纯平移除外)。如果需要参考两个规则网格(参见 4.6 节的运动估计，7.3 节的图像扭曲)，则必须进行样本插值。投影方程到离散坐标 **n** 的映射还需要观测实际采样距离 T_i 或采样宽高比的归一化。对于仿射映射和双二次映射，其中参数 a_i、b_i、c_i、d_i 应与连续坐标中各自映射的参数相同，离散映射的示例可描述如下：

---

① 这也被表示为扩张的焦点或收缩的焦点，即描述映射的局部方向的所有差分向量 $\tilde{\mathbf{t}}(\mathbf{t}) - \mathbf{t}$ 将指向的位置。

② 请注意，参数 d_1 和 d_2 现在还取决于旋转和缩放中心，除原始平移分量外，所有采样都必须不断补偿其从原点的位移。

仿射离散映射：

$$\tilde{n}_1 = a_1 n_1 + a_2 \frac{T_2}{T_1} n_2 + \frac{d_1}{T_1};\quad \tilde{n}_2 = a_3 \frac{T_1}{T_2} n_1 + a_4 n_2 + \frac{d_2}{T_2} \tag{4.124}$$

双二次离散映射：

$$\begin{aligned} \tilde{n}_1 &= c_1 T_1 n_1^{\ 2} + c_2 \frac{T_2^{\ 2}}{T_1} n_2^{\ 2} + b_1 T_2 n_1 n_2 + a_1 n_1 + a_2 \frac{T_2}{T_1} n_2 + \frac{d_1}{T_1} \\ \tilde{n}_2 &= c_3 \frac{T_1^{\ 2}}{T_2} n_1^{\ 2} + c_4 T_2 n_2^{\ 2} + b_2 T_1 n_1 n_2 + a_3 \frac{T_1}{T_2} n_1 + a_4 n_2 + \frac{d_2}{T_2} \end{aligned} \tag{4.125}$$

4.5.5 区域形状的矩分析

类似式(3.20)的矩也可用于直接解释获得与时间或空间振幅剖面“质量(mass)分布”相关的信号函数特性。对于图像信号，应用矩分析，对空间坐标上的信号样本进行与密度函数类似的处理，其中信号可以是二值的、多级的或多分量的(例如颜色)。对于表示形状的二值图像，质量密度是其存在的“是/否”特征，但也可以使用介于 0 和 1 之间的连续值来表示属于物体的样本概率。二维离散图像信号 $s(n_1, n_2)$ 的 (P_1, P_2) 阶空间矩定义为①

$$\mu^{(P_1,P_2)} = \sum_{n_1=0}^{N_1-1} \sum_{n_2=0}^{N_2-1} n_1^{\ P_1} n_2^{\ P_2} s(n_1, n_2) \tag{4.126}$$

质量重心(质心)位于

$$\overline{n}_1 = \frac{\mu^{(1,0)}}{\mu^{(0,0)}};\ \overline{n}_2 = \frac{\mu^{(0,1)}}{\mu^{(0,0)}} \tag{4.127}$$

通过减去质心坐标，(移不变)(P_1, P_2)阶中心矩定义为

$$\rho^{(P_1,P_2)} = \frac{\sum_{n_1=0}^{N_1-1} \sum_{n_2=0}^{N_2-1} (n_1 - \overline{n}_1)^{P_1} (n_2 - \overline{n}_2)^{P_2} s(n_1, n_2)}{\mu^{(0,0)}} \tag{4.128}$$

虽然质心坐标可以用来表示形状的位置，但是不管形状在图像中的位置如何，中心矩作为参数来表示形状属性是很有价值的。以下关系适用于低阶矩和中心矩②：

$$\rho^{(0,0)} = \frac{\sum_{n_1=0}^{N_1-1} \sum_{n_2=0}^{N_2-1} s(n_1, n_2)}{\mu^{(0,0)}} = 1 \tag{4.129}$$

$$\rho^{(1,0)} = \frac{\sum_{n_1=0}^{N_1-1} \sum_{n_2=0}^{N_2-1} (n_1 - \overline{n}_1) s(n_1, n_2)}{\mu^{(0,0)}} = \frac{\mu^{(1,0)}}{\mu^{(0,0)}} - \overline{n}_1 = 0 \tag{4.130}$$

---

① 在二值形状的情况下，$s(n_1, n_2)$可以被 $b(n_1, n_2)$正式替换。

② 另请参阅习题 4.12 和习题 4.13，除此之外，还建立了矩和中心力矩与投影轮廓[见式(4.100)]的关系。

$$\rho^{(1,1)}=\frac{\sum_{n_1=0}^{N_1-1}\sum_{n_2=0}^{N_2-1}(n_1-\overline{n}_1)(n_2-\overline{n}_2)s(n_1,n_2)}{\mu^{(0,0)}}$$
$$=\frac{\mu^{(1,1)}-\overline{n}_1\mu^{(0,1)}-\overline{n}_2\mu^{(1,0)}+\overline{n}_1\overline{n}_2\mu^{(0,0)}}{\mu^{(0,0)}}=\frac{\mu^{(1,1)}}{\mu^{(0,0)}}-\overline{n}_1\overline{n}_2 \tag{4.131}$$

同样，$\rho^{(0,1)}=0,\rho^{(2,0)}=\mu^{(0,0)}/-\overline{n}_1^2$ 和 $\rho^{(0,2)}=\mu^{(2,0)}/\mu^{(0,0)}-\overline{n}_2^2$。除了原本的移不变性，将中心矩作为旋转不变性准则也很有用。假设旋转是围绕质心进行的。为了简化以下表达式，坐标系的参考系由质心坐标（$\overline{\mathbf{n}}=\mathbf{0}$）处的“零均值”定义。如果物体旋转了一个角度$\alpha$，则坐标 $\mathbf{n}$ 将移动到以下位置：

$$\begin{bmatrix}\tilde{n}_1\\ \tilde{n}_2\end{bmatrix}=\begin{bmatrix}\cos\alpha & -\sin\alpha\\ \sin\alpha & \cos\alpha\end{bmatrix}\cdot\begin{bmatrix}n_1\\ n_2\end{bmatrix}\equiv\tilde{\mathbf{n}}=\mathbf{Rn} \tag{4.132}$$

式(4.132)中的旋转矩阵 $\mathbf{R}$ 建立了正交基系。因此，

$$\mathbf{RR}^{-1}=\mathbf{I}\;;\;\mathbf{R}^{-1}=\mathbf{R}^{\mathrm{T}}\;;\;\|\mathbf{Rn}\|=\|\mathbf{n}\| \tag{4.133}$$

现在，将所有二阶中心矩正式组合成矩阵①

$$\boldsymbol{\Gamma}=\begin{bmatrix}\rho^{(2,0)} & \rho^{(1,1)}\\ \rho^{(1,1)} & \rho^{(0,2)}\end{bmatrix}=\frac{1}{\mu^{(0,0)}}\sum_{n_1=0}^{N_1-1}\sum_{n_2=0}^{N_2-1}\begin{bmatrix}n_1^{\ 2} & n_1n_2\\ n_1n_2 & n_2^{\ 2}\end{bmatrix}s(n_1,n_2) \tag{4.134}$$

对相同形状的物体进行旋转，得到另一个矩阵

$$\tilde{\boldsymbol{\Gamma}}=\begin{bmatrix}\tilde{\rho}^{(2,0)} & \tilde{\rho}^{(1,1)}\\ \tilde{\rho}^{(1,1)} & \tilde{\rho}^{(0,2)}\end{bmatrix}=\frac{1}{\mu^{(0,0)}}\sum_{n_1=0}^{N_1-1}\sum_{n_2=0}^{N_2-1}\begin{bmatrix}\tilde{n}_1^{\ 2} & \tilde{n}_1\tilde{n}_2\\ \tilde{n}_1\tilde{n}_2 & \tilde{n}_2^{\ 2}\end{bmatrix}s(\tilde{n}_1,\tilde{n}_2) \tag{4.135}$$

另外，

$$\begin{bmatrix}\tilde{n}_1^{\ 2} & \tilde{n}_1\tilde{n}_2\\ \tilde{n}_1\tilde{n}_2 & \tilde{n}_2^{\ 2}\end{bmatrix}=\begin{bmatrix}\tilde{n}_1\\ \tilde{n}_2\end{bmatrix}\begin{bmatrix}\tilde{n}_1 & \tilde{n}_2\end{bmatrix}=\tilde{\mathbf{n}}\tilde{\mathbf{n}}^{\mathrm{T}}=\mathbf{Rnn}^{\mathrm{T}}\mathbf{R}^{\mathrm{T}}=\mathbf{R}\begin{bmatrix}n_1^{\ 2} & n_1n_2\\ n_1n_2 & n_2^{\ 2}\end{bmatrix}\mathbf{R}^{\mathrm{T}} \tag{4.136}$$

最后，由式(4.134) ~ 式(4.136)，有

$$\tilde{\boldsymbol{\Gamma}}=\mathbf{R}\cdot\boldsymbol{\Gamma}\cdot\mathbf{R}^{\mathrm{T}} \tag{4.137}$$

旋转矩阵 $\mathbf{R}$ 是正交变换矩阵。因此，如果应用于二阶中心矩矩阵$\boldsymbol{\Gamma}$，则旋转矩阵$\tilde{\boldsymbol{\Gamma}}$必须具有相同的特征值和行列式。因此，两个特征值$\lambda_1$ 和λ_2 可以用作旋转不变的标准。或者，特征值之和可用作特征，与两个矩阵中任何一个的迹相同：

$$u_{\mathrm{M},1}=\lambda_1+\lambda_2=\mathrm{tr}(\boldsymbol{\Gamma})=\mathrm{tr}(\tilde{\boldsymbol{\Gamma}})\Rightarrow\rho^{(2,0)}+\rho^{(0,2)}=\tilde{\rho}^{(2,0)}+\tilde{\rho}^{(0,2)} \tag{4.138}$$

特征值由以下特征多项式进行计算：

$$\lambda^2-\lambda\cdot\mathrm{tr}(\boldsymbol{\Gamma})+\mathrm{Det}(\boldsymbol{\Gamma})=0 \tag{4.139}$$

它的解为

$$\lambda_{1,2}=\frac{1}{2}\left[\mathrm{tr}(\boldsymbol{\Gamma})\pm\sqrt{\left(\mathrm{tr}(\boldsymbol{\Gamma})\right)^2-4\cdot\mathrm{Det}(\boldsymbol{\Gamma})}\right]$$
$$=\frac{1}{2}\left[\rho^{(0,2)}+\rho^{(2,0)}\pm\sqrt{\left(\rho^{(0,2)}\right)^2+2\rho^{(0,2)}\rho^{(2,0)}+\left(\rho^{(2,0)}\right)^2-4\rho^{(0,2)}\rho^{(2,0)}+4\cdot\left(\rho^{(1,1)}\right)^2}\right] \tag{4.140}$$
$$=\frac{1}{2}\left[\rho^{(0,2)}+\rho^{(2,0)}\pm\sqrt{\left(\rho^{(0,2)}-\rho^{(2,0)}\right)^2+4\cdot\left(\rho^{(1,1)}\right)^2}\right]$$

① 矩阵$\boldsymbol{\Gamma}$的构造类似于式(5.8)中的协方差矩阵，其在坐标轴上表示几何方差和协方差。

因此，特征值的差异可以作为第二个旋转不变特征：

$$u_{M,2}=\lambda_1-\lambda_2=\sqrt{\left(\rho^{(0,2)}-\rho^{(2,0)}\right)^2+4\cdot\left(\rho^{(1,1)}\right)^2} \tag{1.141}$$

对于这种旋转不变分析方法，根本不需要本征向量。但是，它们是有用的，因为它们无形中确定了形状的方向主轴。这样，阶为 2 的矩可以用来描述质量分布为二维高斯壳表示的椭圆形状。因此，特征向量表示椭圆主轴的方向：第一个特征向量沿着形状的主轴（经度延伸），第二个特征向量表示横向延伸的方向。特征值的平方根表示两个轴的长度，用来表示形状的纵向延伸和横向延伸在质量分布方面的长宽比①。这可以用偏心率来表示：

$$\xi_E=\sqrt{\frac{\lambda_1}{\lambda_2}} \tag{4.142}$$

对于高阶中心矩可以定义更多的旋转不变准则。例如，若 $P_1+P_2=3$，则以下五个附加条件是有用的（有关解释，请参见文献[HU 1962]）：

$$u_{M,3}=\left(\rho^{(3,0)}-3\rho^{(1,2)}\right)^2+\left(3\rho^{(2,1)}-\rho^{(0,3)}\right)^2 \tag{4.143}$$

$$u_{M,4}=\left(\rho^{(3,0)}+\rho^{(1,2)}\right)^2+\left(\rho^{(2,1)}+\rho^{(0,3)}\right)^2 \tag{4.144}$$

$$\begin{aligned}u_{M,5}=&\left(\rho^{(3,0)}-3\rho^{(1,2)}\right)\cdot\left(\rho^{(3,0)}+\rho^{(1,2)}\right)\cdot\left[\left(\rho^{(3,0)}+\rho^{(1,2)}\right)^2-3\left(\rho^{(2,1)}+\rho^{(0,3)}\right)^2\right]\\&+\left(3\rho^{(2,1)}-\rho^{(0,3)}\right)\cdot\left(\rho^{(2,1)}+\rho^{(0,3)}\right)\cdot\left[3\left(\rho^{(3,0)}+\rho^{(1,2)}\right)^2-\left(\rho^{(2,1)}+\rho^{(0,3)}\right)^2\right]\end{aligned} \tag{4.145}$$

$$\begin{aligned}u_{M,6}=&\left(\rho^{(2,0)}-\rho^{(0,2)}\right)\cdot\left[\left(\rho^{(3,0)}+\rho^{(1,2)}\right)^2-\left(\rho^{(2,1)}+\rho^{(0,3)}\right)^2\right]\\&+4\rho^{(1,1)}\left(\rho^{(3,0)}+\rho^{(1,2)}\right)\cdot\left(\rho^{(2,1)}+\rho^{(0,3)}\right)\end{aligned} \tag{4.146}$$

$$\begin{aligned}u_{M,7}=&\left(3\rho^{(2,1)}-\rho^{(0,3)}\right)\cdot\left(\rho^{(3,0)}+\rho^{(1,2)}\right)\cdot\left[\left(\rho^{(3,0)}+\rho^{(1,2)}\right)^2-3\left(\rho^{(2,1)}+\rho^{(0,3)}\right)^2\right]\\&+\left(3\rho^{(2,1)}-\rho^{(0,3)}\right)\cdot\left(\rho^{(2,1)}+\rho^{(0,3)}\right)\cdot\left[3\left(\rho^{(3,0)}+\rho^{(1,2)}\right)^2-\left(\rho^{(2,1)}+\rho^{(0,3)}\right)^2\right]\end{aligned} \tag{4.147}$$

基于中心矩的特征准则的取值范围也极不相同，因此它们对形状特征没有统一的影响。在特征值归一化方面，采用 5.1.1 节的处理方法，较好地解决了这一问题。如果对中心矩进行归一化，则本节定义的准则也可以变为尺度不变性。一种简单的二阶中心矩归一化方法是利用矩阵 Γ 的迹：

$$\rho^{(2,0)*}=\frac{\rho^{(2,0)}}{\rho^2}\text{；}\rho^{(0,2)*}=\frac{\rho^{(0,2)}}{\rho^2}\text{ 其中 }\rho^2=\rho^{(2,0)}+\rho^{(0,2)} \tag{4.148}$$

当特征值之和被归一化为$\lambda_1+\lambda_2=1$时，剩下的比较准则将是特征值的差与和之比：

$$\xi_M=\frac{u_{M,2}}{u_{M,1}}=\frac{\lambda_1-\lambda_2}{\lambda_1+\lambda_2} \tag{4.149}$$

该特征的表示类似于式(4.142)，但其值限制在$-1\leqslant\xi_M\leqslant1$的范围内。

4.5.6 基于基函数的区域形状分析

矩分析根据与多项式相关的质量分布描述区域形状。另一种方法是用与基函数相关的系数展开来表示，它可以适应特定的形状特性，并表达与这些特性的相关性。这种变

---

① 即使对于形状的水平或垂直方向，也不会与外接矩形的长宽比[见式(4.96)]相同，因为外接矩形可能会被形状的任何薄附件来扩展，这几乎不会影响质量分布。

换基础的一个例子是角径向变换（Angular Radial Transform，ART），它在 MPEG-7 标准中用于二值形状描述。为了实现对尺度和平移的不变性，将形状居中置于归一化大小的圆形窗口内，这意味着形状可以按窗口大小进行缩放，这取决于它的最大扩展度。ART 是一种复杂的二维变换，在单位圆盘上以连续极坐标表达式进行定义，其中二值形状 $b(n_1, n_2)$ 也必须事先转换为极坐标表示[①]：

$$c_{\mu,\alpha} = \int_0^{2\pi}\int_0^1 \phi_{\mu,\alpha}(\rho,\theta) b(\rho,\theta)\rho \,\mathrm{d}\rho\,\mathrm{d}\theta \tag{4.150}$$

在式（4.150）中，$c_{\mu,\alpha}$是阶数μ和α的离散系数，$\phi_{\mu,\alpha}(\rho, \theta)$是相关的基函数，在角方向和径向上是可分离的：

$$\phi_{k,l}(\rho,\theta) = a_k(\theta) r_l(\rho) \tag{4.151}$$

其中

$$a_k(\theta) = \frac{1}{2\pi}\mathrm{e}^{-\mathrm{j}k\theta}, \quad r_l(\rho) = \begin{cases} 1, & l = 0 \\ 2\cos(\pi l \rho), & l \neq 0 \end{cases} \tag{4.152}$$

这些是与极坐标的复数（角方向）和实值（径向）傅里叶/余弦变换有关的基函数。角方向上复函数的优点是，形状的旋转可以用相移来表示，这样只分析幅度就成了旋转不变量。在 MPEG-7 描述符中，定义了 12 个角频率和 3 个径向频率（见图 4.41）。系数 $c_{0,0}$ 与覆盖单位圆盘的形状面积有关。因此，当提供其他机制来描述形状的面积或大小时，可以对其进行省略。将一阶绝对矩（系数的绝对值）用作特征值。

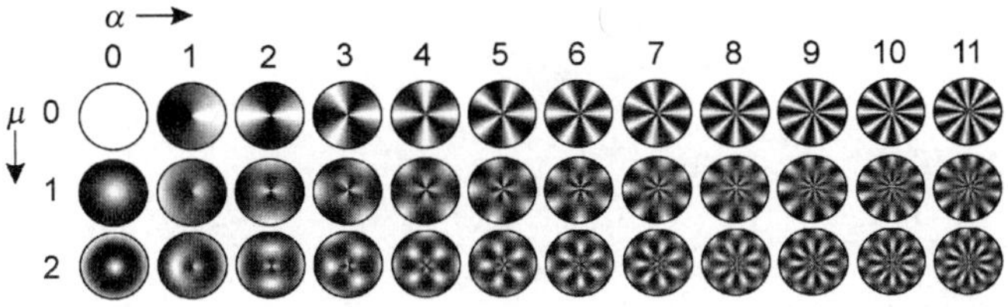

图 4.41　为 MPEG-7 区域形状描述符定义的 ART 基函数

4.6　运动分析

4.6.1　将三维运动在成像平面上进行投影

根据针孔相机模型（见图 4.34），点 $\mathscr{P}$ 的三维世界坐标 $\mathbf{W}_{\mathscr{P}} = [W_{1,\mathscr{P}} \quad W_{2,\mathscr{P}} \quad W_{3,\mathscr{P}}]^{\mathrm{T}}$ 由中心投影方程式（4.101）映射到成像平面坐标 $\mathbf{t}_{\mathscr{P}} = [\mathbf{t}_{1,\mathscr{P}} \quad \mathbf{t}_{2,\mathscr{P}}]^{\mathrm{T}}$ 中。

三维空间中 $\mathscr{P}$ 点的速度 $\mathbf{V}_{\mathscr{P}} = [V_{1,\mathscr{P}} \quad V_{2,\mathscr{P}} \quad V_{3,\mathscr{P}}]^{\mathrm{T}}$ 由其位置随时间的变化而确定。通过对式（4.101）按时间进行求导，在成像平面中观察到的水平/垂直运动将具有速度 $\mathbf{v}_{\mathscr{P}} = [v_{1,\mathscr{P}} \quad v_{2,\mathscr{P}}]^{\mathrm{T}} = \mathrm{d}\mathbf{t}_{\mathscr{P}}/\mathrm{d}t_3$：

$$v_{i,\mathscr{P}} = \frac{1}{W_{3,\mathscr{P}}}\left(FV_{i,\mathscr{P}} - t_{i,\mathscr{P}}V_{3,\mathscr{P}}\right); \quad i = 1,2 \tag{4.153}$$

将式（4.101）代入式（4.153），结果表明，在三维世界中发生的运动可以是不可见的，或者

① 实际计算是在离散坐标系下进行的，随着样本数的增加，计算精度明显提高。描述本身由一组离散的系数组成，它们的值可能有一些偏差，这取决于计算的精度。

当在相机成像平面中进行分析时并不能唯一解释。例如，如果 $V_{i,\mathcal{P}}/V_{3,\mathcal{P}} = W_{i,\mathcal{P}}/W_{3,\mathcal{P}}$，即当运动轨迹指向相机投影的焦点时，将不会观察到运动。

通常，由于物体的质量具有惯性，速度函数在一段时间内也具有稳定的行为(即运动轨迹通常是平滑的)。速度可以是恒定的($\mathrm{d}\mathbf{v}/\mathrm{d}t = 0$)或加速的[①]($\mathrm{d}\mathbf{v}/\mathrm{d}t \neq 0$)。在时间采样的情况下，只有当轨道上至少三个时间位置的质点已知时，才能分析加速度。在识别和唯一解释成像平面中的位移时，会出现以下问题：

- 孔径问题：如果用于位移分析的窗口区域振幅均匀，则根本无法识别位移[见图 4.42(a)]。如果结构仅沿一个方向改变(例如单向边缘)，则位移可能无法唯一识别[见图 4.42(b)]。

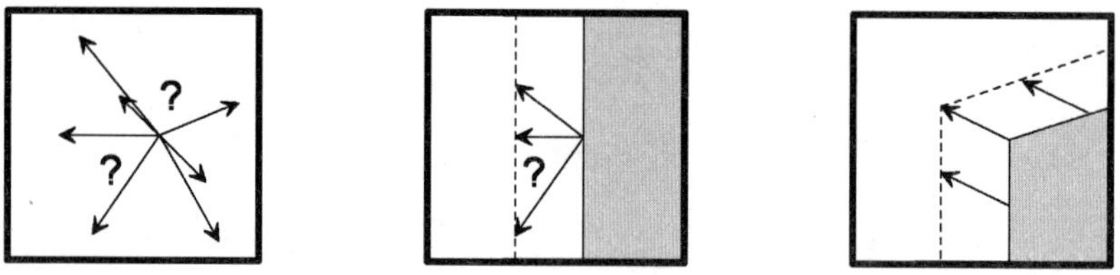

(a) 在均匀区域内无法检测位移　　(b) 单向边缘的非唯一位移　　(c) 拐角处的唯一位移检测

图 4.42　孔径问题

- 对应问题：在多个相等的物体或规则的周期图案下，可能无法识别真正的对应关系[见图 4.43(a)/(c)]。若物体形变，也可能无法找到唯一的对应关系[见图 4.43(b)]。

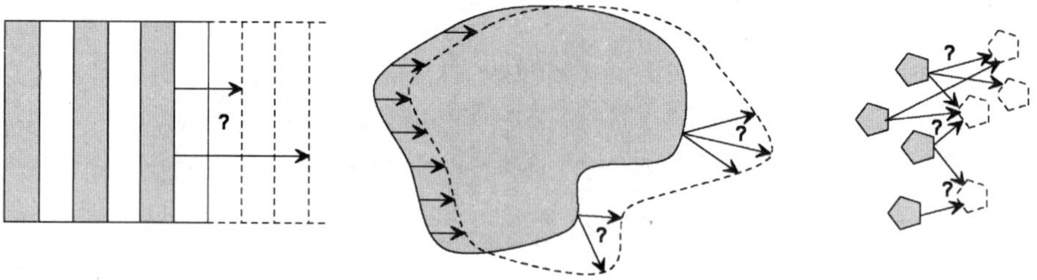

(a) 周期结构　　(b) 物体形变　　(c) 多个相同物体

图 4.43　不同情形下的对应问题

- 遮挡问题：由于投影的原因，部分场景(背景或物体)可以被遮挡在一幅图像中，但如果相机和物体之间的相对位置发生变化，则会变得可见(见图 4.44)。如果区域被覆盖或未覆盖，则在运动估计中它们无法唯一匹配。

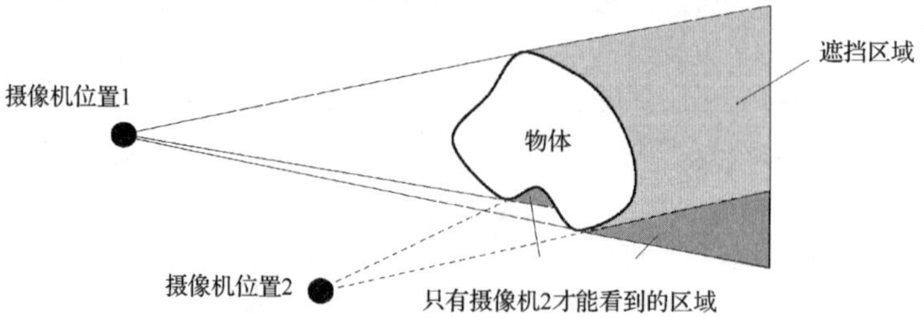

图 4.44　不同相机位置遮挡

① 这包括减速的负加速度。

如上所述，关于速度和位移之间的关系，与三维空间中质点的移动和成像平面中相应的投影位置有关。位置 **t** 处的点应受到速度 **v**(**t**)的影响，但可能在局部发生变化。然而，具有在三维中一致运动的质量的物体通常也只在二维投影中表现出局部位移的差异变化。为了研究这一效应，有必要建立一种以速度向量场及其变化 **v**(**t**+**dt**)为特征的相邻向量位置之间的关系。图 4.45 给出了可由仿射变换式(4.110)描述的示例。

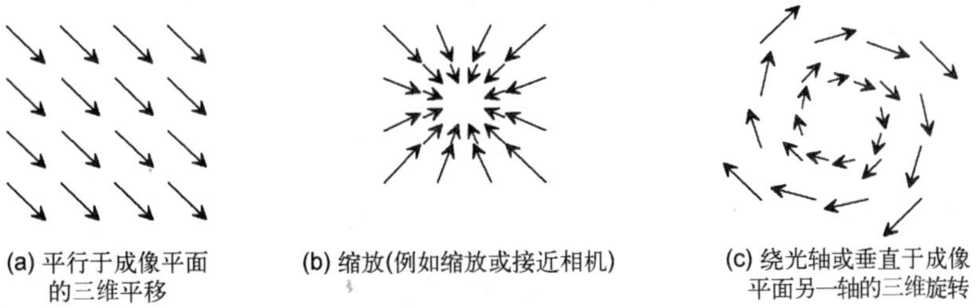

图 4.45　不同物体运动情况下的位移向量场

与之前对图 4.35 中的三维无穷小体积元素所做的类似分析可以使用无穷小二维面积元素 $\mathbf{dt} = [dt_1, dt_2]^T$ 来执行。速度向量场可用平移(2 自由度)、旋转(1 自由度)和形变(3 自由度)的和来描述，可以映射到仿射变换的另一个表达式式(4.111)所支持的 6 个自由度，见图 4.37。速度向量场的变化可以局部描述为

$$\mathbf{v}(\mathbf{t}+\mathbf{dt}) = \mathbf{v}(\mathbf{t}) + \mathbf{A}\mathbf{dt} \tag{4.154}$$

其中，当 **t** 是坐标修正的当前中心且 **v**(**t**)表示其平移时，**A** 将与式(4.110)中的矩阵相同。在 4.5.4 节的讨论中，很明显，该模型(除了与成像平面平行的运动或表平面的特定情况等琐碎情况)不适用于较大三维物体的二维投影，即使它们是刚性的。此外，完全不考虑遮挡问题。如果由于物体运动发生遮挡，当部分背景被覆盖或未覆盖时，则速度向量场的连续性和仅差分变化的假设将不再有效。

图 4.46 示出了两个朝相反方向移动的区域(例如前景/背景)边界处向量场的可能配置。在图 4.46(a/b)中，部分背景物体被揭示(向量在此位置发散)，而在图 4.46(c)/(d)中，显示了背景被遮盖的情况(向量收敛)。边界运动总是与前景物体的运动相耦合。覆盖或未覆盖的条纹宽度对应垂直于边界的位移分量(与边界法向相同的向量分量)。在示例中，未覆盖或覆盖的区域必须被划分到区域 A[见图 4.46(a)/(c)]或区域 B[见图 4.46(b)/(d)]。

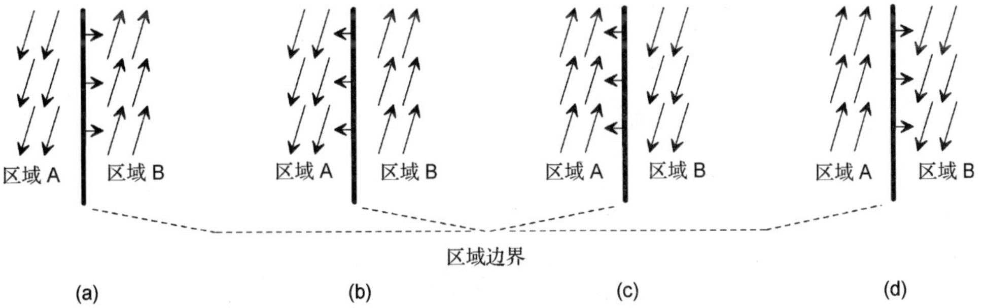

图 4.46　区域边界处的遮挡情况

在连续的时空坐标系上定义速度向量场 **v**(**t**)。如果在时间和空间上采样，同时其值

以采样单位数表示，则得到位移向量场 $\mathbf{k}(\mathbf{n})$。在数字视频序列分析中，通常会对该实体进行分析，但如果结果应用于解释二维图像或三维世界中的运动，则有必要了解其与速度向量场 $\mathbf{v}(\mathbf{t})$ 的关系。通过式(4.155)，可得到全离散位移向量 $\mathbf{k}$ 和全连续速度向量 $\mathbf{v}$ 之间的直接关系，其中式(A.16)中的采样矩阵 $\mathbf{T}$ 用于表示空间采样过程，T_3 是视频图像帧之间的时间距离①。

$$\mathbf{v}=\frac{\mathbf{Tk}}{T_3}\Rightarrow\mathbf{k}=T_3\mathbf{T}^{-1}\mathbf{v} \tag{4.155}$$

向量 $\mathbf{k}(\mathbf{n})$ 表示单个样本在位置 $\mathbf{n}$ 的位移。在下面的章节中，介绍了最常用的基于光流原理和匹配方法的运动估计器。首先进行平移运动参数估计。如果运动特征提取允许根据映射模型(例如仿射变换)通过一组小参数来描述物体或相机运动的行为，则必须估计参数，以便与整个区域的向量场相匹配，或在全局(例如相机)运动的情况下，甚至与整个图像相匹配。在 4.6.4 节中，该基本原理将推广到任意非平移运动参数的估计。

4.6.2 基于光流原理的运动估计

图 4.47 示出了连续信号 $s(t_1)$ 在时间点 t_3 和 $t_3+\mathrm{d}t_3$ 处的信号振幅。假设第二个振幅在空间上移动，但在其他方面是第一个振幅的完美副本，使得在坐标位置 $\mathbf{t}=(t_1, t_2)$ 处出现差值 $\mathrm{d}s=s(t_1,t_2,t_3)-s(t_1,t_2,t_3+\mathrm{d}t_3)$。如果仅考虑此变化的线性部分，则可从偏微分 $\partial s/\partial t_i$ 或 $\partial s/\partial t_3$ 对差分 $\mathrm{d}s$ 进行线性近似②：

$$\mathrm{d}s\approx\frac{\partial s}{\partial t_i}\mathrm{d}t_i\approx-\frac{\partial s}{\partial t_3}\mathrm{d}t_3,\qquad i=1,2 \tag{4.156}$$

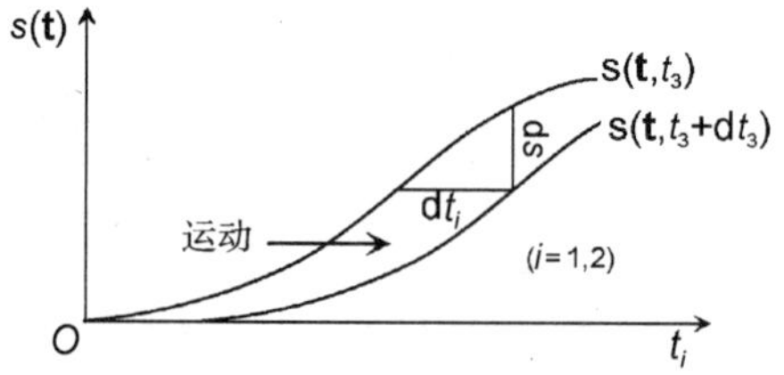

图 4.47 时间段 $\mathrm{d}t_3$ 内视频信号的空间位移 $\mathrm{d}t_i$ 及其与观测振幅差值 $\mathrm{d}s$ 的关系

如果考虑两个空间坐标，则信号值 $s(\mathbf{t})$ 在时间段 $\mathrm{d}t_3$ 内用 $\mathrm{d}t_1$ 和 $\mathrm{d}t_2$ 的移位可表示为

$$s(t_1,t_2,t_3)=s(t_1+\mathrm{d}t_1,t_2+\mathrm{d}t_2,t_3+\mathrm{d}t_3) \tag{4.157}$$

式(4.157)右侧用泰勒级数展开得到

$$s(t_1+\mathrm{d}t_1, t_2+\mathrm{d}t_2, t_3+\mathrm{d}t_3)=s(t_1,t_2,t_3)+\frac{\partial s(t_1,t_2,t_3)}{\partial t_1}\mathrm{d}t_1+\frac{\partial s(t_1,t_2,t_3)}{\partial t_2}\mathrm{d}t_2+\frac{\partial s(t_1,t_2,t_3)}{\partial t_3}\mathrm{d}t_3+\varepsilon \tag{4.158}$$

其中 ε 表示二阶及更高阶的非线性项。此外，速度 $\mathbf{v}=[v_1, v_2]^{\mathrm{T}}$ 和移位 $\mathbf{dt}=[\mathrm{d}t_1, \mathrm{d}t_2]^{\mathrm{T}}$ 之间存在以下相互关系：

$$v_i=\frac{\mathrm{d}t_i}{\mathrm{d}t_3}\Rightarrow\mathrm{d}t_i=v_i\mathrm{d}t_3\ ;\quad i=1,2 \tag{4.159}$$

① 也可以使用时空采样矩阵[MSCT，2.3.3 节]，但速度向量应在齐次坐标系中表示为 $\mathbf{v}'=[\mathrm{d}t_1\ \mathrm{d}t_2\ \mathrm{d}t_3]^{\mathrm{T}}$。

② 在这个方程中，假设变化只在水平方向或垂直方向发生。更一般的情况在式(4.157)中处理。

去掉高阶项，由式(4.158)和式(4.159)得到的结果即为流体力学的连续方程，然后可以用它来确定位置 $\mathbf{t}$ 的水平和垂直流速 v_i①：

$$\frac{\partial s(\mathbf{t})}{\partial t_1}v_1(\mathbf{t})+\frac{\partial s(\mathbf{t})}{\partial t_2}\cdot v_2(\mathbf{t})+\frac{\partial s(\mathbf{t})}{\partial t_3}=0 \tag{4.160}$$

与流体流动类似，术语光流用于表征样本在成像平面上随时间的运动。另一个常用于式(4.160)的术语是亮度恒定约束方程(Brightness Constancy Constraint Equation，BCCE)，其动机是假设初始亮度恒定。然而，由于 $\mathbf{v}$ 中的两个未知参数必须被确定，因此只有一个方程不存在唯一解。假设速度向量场在有限的测量窗口 $\Lambda(\mathbf{t})$ 上近似连续，通常以位置 $\mathbf{t}$ 为中心，得到以下最小化公式②：

$$\begin{aligned}\mathbf{v}_{\text{opt}}=\arg\min_{\mathbf{v}}\iint_{\Lambda(\mathbf{t})}&\left\|\frac{\partial s(\mathbf{t})}{\partial t_1}v_1(\mathbf{t})+\frac{\partial s(\mathbf{t})}{\partial t_2}v_2(\mathbf{t})+\frac{\partial s(\mathbf{t})}{\partial t_3}\right\|^2\\&+c_1\left\|\frac{\partial \mathbf{v}(\mathbf{t})}{\partial t_1}+\frac{\partial \mathbf{v}(\mathbf{t})}{\partial t_2}\right\|^2+c_2\left\|\frac{\partial \mathbf{v}(\mathbf{t})}{\partial t_3}\right\|^2\mathrm{d}^2\mathbf{t}\end{aligned} \tag{4.161}$$

式中，常数 c_1 和 c_2 是附加的加权因子，用于惩罚场的强空间(c_1)或时间(c_2)变化。通过评估与邻近位置测量值的差异，速度场的波动或不连续性被认为是不可靠的结果。式(4.161)涵盖了不同的解决方案，将在随后进行讨论。首先，将引入流动条件的离散公式，其中尚未实现速度场连续性的约束，这意味着参数 c_1 和 c_2 设置为零。

对于采样信号 $s(\mathbf{n})$，分析相关的离散位置 $n_i=t_i/\mathrm{T}_i$，可对梯度进行以下近似：

$$\begin{aligned}\left.\frac{\partial s(\mathbf{t})}{\partial t_1}\right|_{\mathbf{Tn}}&\approx\frac{1}{2T_1}\left[s(n_1+1,n_2,n_3)-s(n_1-1,n_2,n_3)\right]=\frac{1}{T_1}s_{\nabla 1}(\mathbf{n})\\\left.\frac{\partial s(\mathbf{t})}{\partial t_2}\right|_{\mathbf{Tn}}&\approx\frac{1}{2T_2}\left[s(n_1,n_2+1,n_3)-s(n_1,n_2-1,n_3)\right]=\frac{1}{T_2}s_{\nabla 2}(\mathbf{n})\\\left.\frac{\partial s(\mathbf{t})}{\partial t_3}\right|_{\mathbf{Tn}}&\approx\frac{1}{2T_3}\left[s(n_1,n_2,n_3+1)-s(n_1,n_2,n_3-1)\right]=\frac{1}{T_2}s_{\nabla 3}(\mathbf{n})\end{aligned} \tag{4.162}$$

如式(4.155)所示，使用位移向量 $\mathbf{k}$，可推出连续性方程的离散形式。$\mathbf{k}$ 中运动位移的解仍然是连续的(即它们可以用子样本单位表示位移)，但也定义了空间和时间中离散(采样)位置 $\mathbf{n}$ 的解：

$$k_1(\mathbf{n})s_{\nabla 1}(\mathbf{n})+k_2(\mathbf{n})s_{\nabla 2}(\mathbf{n})+s_{\nabla 3}(\mathbf{n})=0 \tag{4.163}$$

如果微分值 $s_{\nabla 1}$，$s_{\nabla 2}$ 和 $s_{\nabla 3}$ 至少在两个不同的采样位置已知，则可以求解该方程。在实际应用中，由于噪声的影响，运动估计会出现误差。因此，最好使用两个以上的位置来确保稳定性。测量区域包括坐标 $\mathbf{n}(1)\sim\mathbf{n}(P)$ 的 P 个位置，通常从以当前估计位置为中心的邻域 $\mathcal{N}$ 收集。P 的实现式(4.163)导致了一个 P 阶的超定方程组，用于估计 $\mathbf{k}$ 中的两个未

---

① 齐次坐标系下的另一个公式是 $[\nabla s(\mathbf{t})]^{\mathrm{T}}\mathbf{v}'(\mathbf{t})=0$，$\mathbf{v}'$ 的定义与 116 页脚注①中的 $\mathbf{v}'$ 相似。

② 加窗方法也可能意味着作用的非均匀加权，特别是靠近窗口中心(当前位置)的样本影响更大，而靠近边界的权重更低。

知参数。在矩阵表示法中，这可以写成[①]

$$\begin{bmatrix} s_{\nabla 1}(1) & s_{\nabla 2}(1) \\ s_{\nabla 1}(2) & s_{\nabla 2}(2) \\ \vdots & \vdots \\ \vdots & \vdots \\ s_{\nabla 1}(P) & s_{\nabla 2}(P) \end{bmatrix} \cdot \begin{bmatrix} k_1 \\ k_2 \end{bmatrix} = -\begin{bmatrix} s_{\nabla 3}(1) \\ s_{\nabla 3}(2) \\ \vdots \\ \vdots \\ s_{\nabla 3}(P) \end{bmatrix} \quad \Leftrightarrow \quad \mathbf{Sk} = \mathbf{s} \tag{4.164}$$

从式(4.161)开始，以下准则适用：

$$\|\mathbf{e}\|^2 = \|\mathbf{s} - \mathbf{Sk}\|^2 \overset{!}{=} \min \tag{4.165}$$

通过计算矩阵 **S** 的伪逆式(3.43)得到可能的解，

$$\mathbf{k} = \mathbf{S}^{\mathrm{p}}\mathbf{s}, \text{其中} \quad \mathbf{S}^{\mathrm{p}} = \left(\mathbf{S}^{\mathrm{T}}\mathbf{S}\right)^{-1}\mathbf{S}^{\mathrm{T}} \tag{4.166}$$

这里用误差能量$\|\mathbf{e}\|^2$ 作为判断运动估计精度的标准。特别是在运动位移大、局部信号振幅波动大的情况下，式(4.166)的结果可能只是真实运动的粗略近似值。这部分是由于抛弃了式(4.158)中的非线性项(仅在小的空间邻域中有用)，以及伪逆解通常对噪声敏感。采用递推或迭代运动估计方法进行改进，通过梯度更新逼近误差能量的最小值(分别为最优运动位移)。然后，由向量 **s** 表示的图像差被替换为移位图像差(Displaced Picture Difference，DPD)向量$\mathbf{s}(\hat{\mathbf{k}})$，该向量考虑了在估计的前一步骤中计算的位移向量[②]：

$$\mathbf{s}(\hat{\mathbf{k}}) = \begin{bmatrix} s'_{\nabla 3}(1,\hat{\mathbf{k}}) \\ s'_{\nabla 3}(2,\hat{\mathbf{k}}) \\ \vdots \\ \vdots \\ s'_{\nabla 3}(P,\hat{\mathbf{k}}) \end{bmatrix}, \text{其中} \quad s'_{\nabla 3}(p,\hat{\mathbf{k}}) = s\left(\mathbf{n}(p)\right) - s\left(\mathbf{n}(p) - \hat{\mathbf{k}}\right); \quad \hat{\mathbf{k}} = \begin{bmatrix} \hat{k}_1 \\ \hat{k}_2 \\ 1 \end{bmatrix} \tag{4.167}$$

在样本递归方法中，$\hat{\mathbf{k}}$ 由先前估计的来自同一图像相邻位置的运动向量值确定；在图像递归方法中，使用来自先前图像的一个或多个向量作为新估计步骤的初始化。运动向量场的时空连续性是这种方法成功的一个明确条件。通过在式(4.166)的计算中使用$\mathbf{s}(\hat{\mathbf{k}})$，确定更新向量 $\mathbf{k}_{\mathrm{u}}$，从而得到向量 **k** 的改进估计：

$$\mathbf{k}_{\mathrm{u}} = \mathbf{S}^{\mathrm{p}}\mathbf{s}(\hat{\mathbf{k}}) \quad \Rightarrow \quad \mathbf{k} = \hat{\mathbf{k}} + \mathbf{k}_{\mathrm{u}} \tag{4.168}$$

递归也可以在当前位置迭代应用。预测向量 $\hat{\mathbf{k}} = \mathbf{k}^{(r)}$ 是第 r 次迭代步骤的结果。这是由更

---

① 或者，齐次坐标形式的公式是

$$\begin{bmatrix} s_{\nabla 1}(1) & s_{\nabla 2}(1) & s_{\nabla 3}(1) \\ s_{\nabla 1}(2) & s_{\nabla 2}(2) & s_{\nabla 3}(2) \\ \vdots & \vdots & \vdots \\ \vdots & \vdots & \vdots \\ s_{\nabla 1}(P) & s_{\nabla 2}(P) & s_{\nabla 3}(P) \end{bmatrix} \cdot \begin{bmatrix} k_1 \\ k_2 \\ 1 \end{bmatrix} = \begin{bmatrix} 0 \\ 0 \\ \vdots \\ \vdots \\ 0 \end{bmatrix} \quad \Leftrightarrow \quad \mathbf{Sk}' = \mathbf{0}$$

显然，当矩阵 **S** 的对应列为 0 时，k_i 值不能得到唯一的解，这表明存在孔径问题。解的一种可能方法是对 **S** 进行奇异值分解(见 3.5 节)，其中属于单个小奇异值的特征向量将是所需的移位向量 **k**(将矩阵 **S** 的列投影为零)。这将对应于图 3.5 (a)，而没有小的或多个小奇异值的情况将指示非唯一的情况。最后，该替代公式可以配备单独的权重，例如通过最小化表达式$[\mathbf{Sk}']^{\mathrm{T}}\mathbf{W}[\mathbf{Sk}']$，其中，在最简单的情况下，权重矩阵 **W** 可以是具有在 $\mathbf{n}(1) \sim \mathbf{n}(P)$ 处为样本赋予单独权重项的对角矩阵。

② 应注意，本节中光流的推导假定正号意味着从当前时间 t_3 向右或向下移到 $t_3+\mathrm{d}t_3$(见图 4.47)。因此为了使用沿时间轴的正确轨迹，必须在后面的方程中反转 **k** 的符号。

新向量 $\mathbf{k}_{\mathrm{u}}^{(r)}$ 修正的，使得

$$\mathbf{k}^{(r+1)} = \mathbf{k}^{(r)} + \mathbf{k}_{\mathrm{u}}^{(r)} \tag{4.169}$$

最佳更新通常通过梯度下降法找到（见 3.4 节），它是基于 DPD 能量 $\mathbf{s}^{\mathrm{T}}\mathbf{s}$ 的导数最小化的方法：

$$\mathbf{k}_{\mathrm{u}}^{(r)} = -\frac{1}{2}\varepsilon \cdot \frac{\partial}{\partial \mathbf{k}^{(r)}}\left[\mathbf{s}(\mathbf{k}^{(r)})^{\mathrm{T}}\mathbf{s}(\mathbf{k}^{(r)})\right] \tag{4.170}$$

在目前讨论的任何方法中，运动向量场的不连续性或遮挡位置的错误值都可能是问题所在。在递归估计中，这可以部分地通过自适应来解决，例如基于单个 DPD 值选择性地改变以确定 $\hat{\mathbf{k}}$ 的位置。此外，可以使用如式(4.161)中运动向量场的惩罚发散准则。在迭代估计中，解决最小二乘准则的估计过程可以通过异常值剔除的方法来实现（见 3.7 节）。

用光流法估计的运动向量值是连续的。因此，计算 $\mathbf{s}(\hat{\mathbf{k}})$ 需要中间值的空间插值。现在可以直接计算迭代解，而不必显式求解式(4.166)中矩阵 $\mathbf{S}$ 的伪逆；使用伪逆作为估计的第一步可能是有利的，但原则上也可以从一开始就使用最快下降法，例如，从零向量或初始估计 $\hat{\mathbf{k}}^{(0)}$ 开始进行第一次迭代。

如果通过设置式(4.161)中的 $c_1>0$ 来加强运动向量场的空间连续性，则不能再单独考虑不同采样位置处的迭代。在这种情况下，在进行下一步 $r+1$ 之前，最好在所有位置同时(或顺序)执行任何迭代步骤 r。同样，递归和迭代光流估计的组合也是可能的。接下来将描述一种更系统的对空间连续递归流量估计施加约束的方法。

带平滑约束的递归估计。作为求解光流方程的初始条件，可以假定运动向量场的平滑性。然后，根据式(4.161)，相邻估计运动向量之间的梯度必须同时对联合代价准则与 DFD 能量最小化。运动向量梯度的最小化是通过假设二阶导数为零来实现的。二阶导数由拉普拉斯算子 $\Delta\mathbf{k} = \alpha(\bar{\mathbf{k}} - \mathbf{k})$ 近似，其中 $\bar{\mathbf{k}}$ 是来自当前样本位置附近的一组离散运动向量的平均值或加权平均值，α 是加权因子。由文献[HORN，SCHUNCK 1981]提出的以下解决方案可用于位置 $\mathbf{n}$ 运动参数的迭代计算：

$$k_i^{(r+1)} = \bar{k}_i^{(r)} - s_i(\mathbf{n}) \cdot \beta(\mathbf{n})\,; \quad i = 1,2 \tag{4.171}$$

其中

$$\beta(\mathbf{n}) = \frac{s_{\nabla 1}(\mathbf{n}) \cdot \bar{k}_1^{(r)} + s_{\nabla 2}(\mathbf{n}) \cdot \bar{k}_2^{(r)} + s_{\nabla 3}(\mathbf{n}, \bar{\mathbf{k}})}{c_1 + s_{\nabla 1}{}^2(\mathbf{n}) + s_{\nabla 2}{}^2(\mathbf{n})} \tag{4.172}$$

请注意，只有当前采样位置的梯度近似和上一次迭代的运动参数的局部平均值对新结果有影响，这意味着不再在较大的测量窗口上计算 DPD 准则。参数 c_1 应设置为大约等于梯度近似中产生的误差 $[s_{\nabla 1}^2(\mathbf{n}) + s_{\nabla 2}^2(\mathbf{n})]$，例如由噪声引起的误差。因此，$c_1$ 的相关影响主要在局部振幅几乎恒定的区域有效。

光流运动估计对于计算任意采样位置的稠密位移向量场非常有效，在本书中也称为流场。然而，应注意的是，孔径问题可能使在没有结构的位置估计向量的真实值成为不可能。递归估计可以部分地解决在这些位置没有更新的问题。另一个有效的选择是多分辨率估计（见 4.6.3 节），该方法首先在图像的子采样中估计场，然后从该子采样开始对高

分辨率图像进行预测。最后，如果不需要稠密的流场，也可以仅在不存在孔径问题的显著位置(如边缘、角点等)求解流动方程(见 4.4 节)。

4.6.3 基于匹配的运动估计

基于光流的方法使用图像内和图像间的差异作为位移估计的标准。基本假设是亮度随时间不变。实际上，光照可能会发生变化(如打开灯，太阳隐藏在云层后面等)，来自移动物体表面的反射可能会发生变化，或者物体作为一个整体可以移动到阴影区域。如 3.9 节所述，在这种情况下，互协方差式(3.80)可能是更有用的位移估计标准，但没有直接的方法将微分流方程与相关测量联系起来。然而，式(4.161)的基本概念可以与 3.9 节的概念结合起来。即在局部区域 $\mathbf{\Lambda}$ 搜索速度 $\mathbf{v}$ 或位移 $\mathbf{k}$ 的参数空间 $\mathbf{\Pi}$，从而优化匹配准则(基于相关或基于差分)。在极端情况下，这可以产生与基于流的方法类似的输出，即每个样本位置一个速度或位移向量。这里的主要问题是参数空间的可能大小，即当要比较许多不同的候选者 $\mathbf{v}$ 或 $\mathbf{k}$ 时，对于密集向量场的估计，运算可能变得过于复杂。然而，可以应用类似的策略，如递归估计，在向量场不变的假设下，使用先前的邻域位置估计来减少候选数目，以及进行迭代估计，通过多个步骤收敛到最终结果，而不扫描每个可能的候选者。除此之外，匹配通常应用子采样的方式，不是在每个采样位置估计向量，而是假设在诸如小矩形或四边形块之类的局部区域上恒定平移是有效的，对于这些区域确定了公共位移向量。这通常被称为块匹配，将在后面的段落中描述。但应注意的是，这只是一个帮助了解基本原理的具体实例，一般局部区域可以有任意形状或可变大小，也可以有重叠等。

图 4.48(a)示出了将均匀、不重叠的四边形网格块作为匹配区域的情况下，平移位移块匹配方法是如何工作的。对于当前图像的每个块，根据相似性准则(相关或差异，见 3.9 节)来寻找参考图像中最相似的块。可能位移向量 $\mathbf{k}$ 的参数空间 $\mathbf{\Pi}$ 的大小受搜索区域(从当前位置开始的最大位移)和搜索步长(即两个相邻候选向量之间的差异)的影响。图 4.48(b)示出了在对两个相邻匹配块生成的最佳向量不同的情况下，该概念的主要不一致性。即使它们在当前图像 $\mathbf{S}(n_3)$ 中不重叠，但是参考图像[①]的对应块之间也可能发生重叠。从运动向量场的性质来看，这可以解释为：当渐变发生时，块常数运动模型是不充分的；此外，由于不连续性只可能出现在预先定义的块边界位置，因此很难与物体边界向量场的真正不连续性相一致。

如果使用较大的搜索范围，则可以通过 DFT 在频域内有效计算基于互相关的代价函数，从而在整个搜索范围内同时生成相关结果。频域处理的一个特殊变体是相位相关，其中只有相位谱用于相关计算[CASTRO，MORANDI 1987]。这在匹配比较中更加强调细节结构、边缘等。然而，差分准则在块匹配中也经常使用。为了确定最佳平移位移向量 $\mathbf{k}_{\mathrm{opt}}$，可以使用范数 P 的差分准则[②]：

---

① 在随后的大多数方程中，假设参考图像(由运动向量参考的图像)是前一幅图像 $\mathbf{S}(n_3-1)$。原则上，可以参考任何过去或未来的图像。

② $P=1$ 表示最小绝对差(Minimum Absolute Difference，MAD)，$P=2$ 表示最小平方差(Minimum Squared Difference，MSD)；有关 L_P 范数的更深入讨论，请参阅 5.2.1 节。

$$\mathbf{k}_{\mathrm{opt}} = \underset{\mathbf{k}\in\mathbf{\Pi}}{\arg\min}\left|\frac{1}{|\mathbf{\Lambda}|}\sum_{\mathbf{n}\in\mathbf{\Lambda}}\sum\left|s(n_1,n_2,n_3)-\hat{s}(n_1+k_1,n_2+k_2,n_3+k_3)\right|^P\right|^{\frac{1}{P}} \tag{4.173}$$

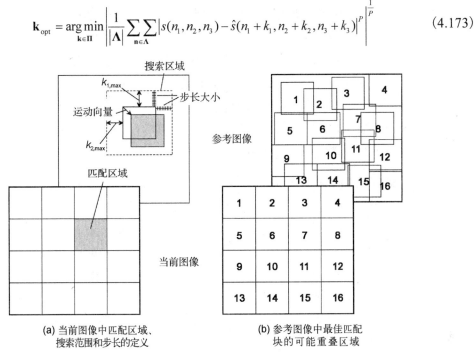

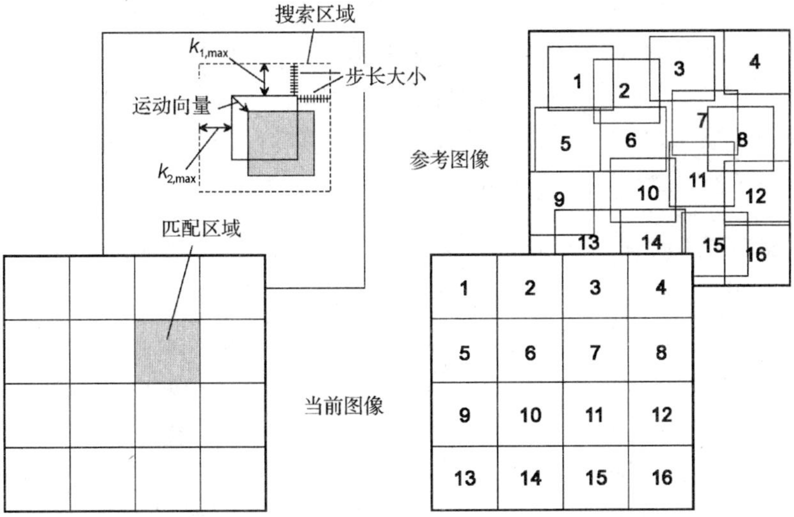

(a) 当前图像中匹配区域、搜索范围和步长的定义　(b) 参考图像中最佳匹配块的可能重叠区域

图 4.48　块匹配运动估计

参考拍摄到相隔 k_3 时间单位的图像，例如，前一图像的 $k_3 = -1$。序列图像之间的真实运动通常不是通过样本的整数移位来实现的。在光流方法中，因为连续值向量是隐式计算的，因此这没有问题。为了通过匹配实现子样本的精确比较，有必要通过插值在参考图像中生成额外的离散子样本位置(参见 2.3 节)，这里用符号 $\hat{\mathbf{S}}$ 表示参考图像。通常使用的策略是从样本或更大的搜索步长开始，然后仅在后续步骤中将估计的运动向量细化为子样本精度。

块匹配运动估计的复杂度主要受离散参数集大小的影响，即不同的运动位移候选量必须用代价准则进行比较。如果选中所有候选项，则运算次数线性依赖于搜索范围的大小，线性依赖于每个维度的搜索步长(水平/垂直)，并且线性依赖于基本代价函数计算的复杂性①。如果匹配区域不重叠，则若修改其大小，原则上计算次数不会改变。然而，较小和不规则形状的匹配区域可能会降低内存访问速度，从而形成不利。

穷举块匹配对参数集的所有可能值执行完全搜索。这保证了找到的运动向量对于给定的代价准则函数是最优的，但不一定与真实运动一致。此外，因为线性依赖于几个参数，如搜索范围、步长等，穷举搜索匹配是非常复杂的。假设搜索范围是矩形，其中所有整数移位位置在 $(\pm k_{1,\max}, \pm k_{2,\max})$ 之间的应进行比较。然后，有必要计算每个具有 $|\Lambda|$ 个样本的块在 $(2k_{1,\max}+1)(2k_{2,\max}+1)$ 候选位置处的代价准则，这意味着需要进行 $|\Lambda|$ 次乘法或绝对值计算、$2|\Lambda|$ 次加法/减法和一次比较运算。对于最大位移 $k_{1,\max} = k_{2,\max} = 15$ 的例子，必须评估 $31^2 = 961$ 个候选位置。快速运动向量搜索算法的实现可以显著降低计算复杂度。这些算法

① 由于 L_1 范数或最小绝对差(MAD)准则计算复杂度较低，在运动估计中经常使用。

大多不再保证在相同的参数空间范围内找到全搜索的全局最优解。然而，由于复杂度降低，可以增加参数空间的大小，快速算法通常可以在相同的条件下获得更好的结果，甚至比穷举法的计算复杂度更低。在某种程度上，快速运动估计算法隐含利用了：

- 当参数值略有变化时，代价函数的光滑性，允许通过迭代逐步优化结果；
- 运动向量场的平滑度，允许从先前估计的结果预测良好的初始估计；
- 信号和运动向量场的尺度特性，使得对于低通滤波和空间下采样的图像，与采样相关的操作的数量和搜索范围的大小都可以减少[①]。

快速全局最优搜索。在一定条件下，可以达到与全搜索相同的全局最优，但节省了大量的计算复杂度。由于通常在匹配区域的样本位置上按顺序计算代价函数，因此在累积代价贡献期间，可以检查到目前为止找到的最佳匹配的代价是否已经被取代；在这种情况下，可以终止当前计算，并且拒绝相应的运动向量。更先进的方法将匹配和参考块区域解释为随机信号空间 $\mathcal{R}^K$ 中的向量。然后，用一些简单的标准来分析某些候选者，如果远离最优值，则可以立即将其排除在外[BRÜNIG，NIEHSEN 2001]。

多步搜索。两种快速运动估计方法的原理如图 4.49(a)和(b)所示，它们都是从整个参数集中选择一小部分经过测试的搜索位置，通过多步迭代搜索代价最优的有利方向。在图 4.49(a)和(b)中，在特定步骤中所有测试位置被标记为黑点，不同步骤用数字表示，在相应步骤中找到的最佳值用圆圈表示。在这两个例子中，运动向量最终被发现为 $k_1 = -5$，$k_2 = 2$。这两种算法是各种类似方法的典型代表(见[GHANBARI 1990]、[NAM ET AL. 1995]，[PO，MA 1996])。

图 4.49(a)的方法被称为多步搜索法[MUSMANN ET AL. 1985]，每个迭代步骤只在 9 个位置的小搜索范围内计算。同时，每次迭代都会减小搜索步长(在示例中，三次迭代的样本数分别为 $s = 3，2，1$)。从上一次迭代 $r–1$ 的最佳匹配位置中选择迭代步骤 r 的搜索范围中心，使得在迭代 2 和 3 中仅需要计算 8 个新位置的代价准则。在本例中，需要在三次迭代中比较总共 9+8+8 = 25 个候选位置，并且可能的参数范围是 $k_{1,\max} = k_{2,\max} = \pm 6$ 个样本。在同一搜索范围内进行全搜索需要比较 $13^2 = 169$ 种情况。搜索范围越大，迭代次数越多，计算复杂度的降低就越大。

在图 4.49(b)所示的定向搜索方法中，在第一步迭代中仅比较 5 个不同的位置。搜索从 $\mathbf{k} = \mathbf{0}$ 开始，检查水平或垂直距离为 2 的其他样本。在找到最佳匹配后，将其与另外三个位置进行比较，这三个位置是上一步尚未比较的两个采样距离处的剩余水平和垂直的相邻样本。这一过程一直持续到最佳匹配位置保持不变，这表明已接近代价函数的最小值。最后，围绕此最佳值的所有 8 个位置将再次作为候选位置进行检查。在本例中，必须计算总共 5+2×3+8 = 19 个候选位置的代价函数。

① 缩放特性也对图像大小和运动估计的复杂性有影响。如果图像大小水平和垂直翻倍，则采样数将增加 4 倍。但是，搜索范围的大小也必须在水平和垂直方向上加倍(如果以样本数计算)，并且在式(4.155)中的移位向量 $\mathbf{k}$ 加倍。考虑到穷举搜索，这导致在双图像分辨率的情况下复杂性增加了 16 倍。

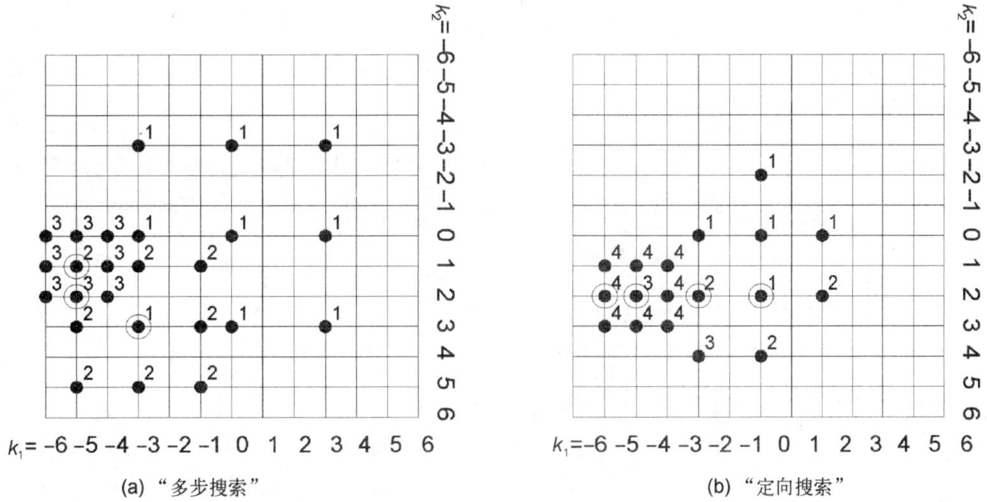

图 4.49　多步块匹配估计方法

如果代价函数在 **k** 上是凸的，则这些算法实际上会达到全局最优结果(如在全搜索中)，从而在参数空间上达到最优。但是，如果存在局部最优，则结果可能会陷入局部最优点。例如，当存在周期结构时，就可能出现这种情况。

递归块匹配和运动向量预测器的使用。可以利用来自当前匹配块的空间或时间邻域的已知估计结果。由于运动向量场的连续性，可以期望从邻域获得正确向量或至少是对正确向量的良好预测。原则上，这是 4.6.2 节所述的采样器方法的扩展，只是现在应用于整个块。块递归可以沿着时间轴和/或两个空间维度进行。图 4.50 示出了先前处理的向量的可能候选，其可用于预测当前块的初始向量值。在最佳情况下，时域预测器的选择应使得向量(或其还原版本取决于前一图像中运动估计的方向)从其所在参考图像中的位置指向当前块；原因很简单，"共定位"坐标位置的向量也经常用于此目的。可以采用不同的方法确定当前的估计数：

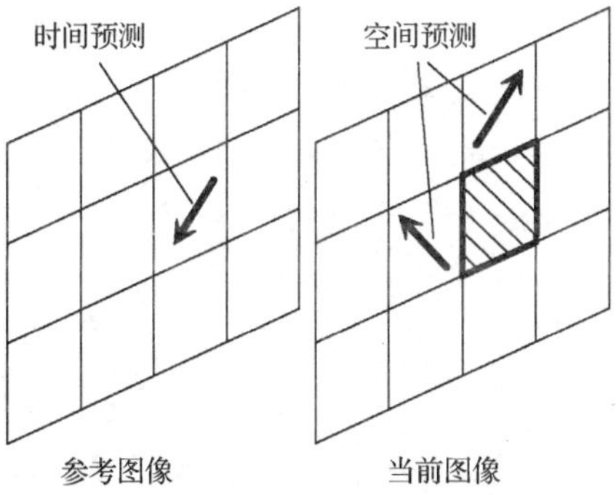

图 4.50　递归块匹配中事先计算的时空相邻的可能候选向量

- 计算作为预测器候选的先前估计向量的平均值或中值，并围绕该初始假设在搜索范围内对新值进行优化；
- 如果发现先前向量的不连续性，可以应用附加规则；
- 将预测器候选者的最小值和最大值之间的范围用作搜索范围，作为可选的额外边距的扩展；

- 从已知的候选向量开始，围绕一个或多个最有希望的候选预测位置，测试附加搜索范围来改进结果。

块递归匹配的主要优点是，围绕初始预测向量值的搜索范围会变小，但却可能得到正确的结果。与多步搜索方法相结合也是可能的。根据代价准则①，更快的方法就是基于以下条件仅检查极少数可能更新预测向量的候选者：

- 随机值的选择[DE HAAN ET AL. 1993]；
- 样本递归梯度优化[BRAUN ET AL. 1997]。

多分辨率分层运动估计。与多步搜索方法一样，多分辨率估计逐步提高了估计结果的精度，同时系统地修正了搜索参数②。这两种方法在迭代过程中搜索范围和搜索步长通常都会减小。在多分辨率估计中，也提高了信号的分辨率(采样率)，在分层估计中，匹配区域也逐步减小。两种方法都可以结合起来。这直接关系到信号的层次表示，例如高斯金字塔(见 2.4 节)；对不同分辨率信号的分析，产生了分辨率和精度不断提高的运动向量场金字塔。假设金字塔是二值的，从金字塔的顶部开始进行估计，每个维度的分辨率(信号中的样本数)增加一倍，即每个迭代步骤增加四倍。如果在每个分辨率层级上搜索范围的参数相同，在估计过程中使用固定步长和匹配块大小，必然达到预期效果：在下采样图像中，同样大小的块覆盖了比全分辨率图像更大的相对区域；对图像每个维度按比例 U 进行缩小，得到的下采样图像搜索范围在$\pm(k_{1,\max}, k_{2,\max})$之间，等于原始全分辨率图像中的搜索范围为$\pm(Uk_{1,\max}, Uk_{2,\max})$。类似的关系涉及搜索步长，使得在复杂性方面的增益与图 4.49(a)所示多步算法中的增益相似。

如果运动估计的最终结果是由单层向量的累积产生的，则向量的最大范围明显大于在每个步骤中使用范围的累积。从这个角度来看，多分辨率估计可以看作前述快速估计方法的推广，但是在降低计算复杂度方面有额外的效果，因为第一步迭代中图像的缩小也减少了算术运算的次数(参见 122 页的脚注)。

通过同时减小等效参考区域和搜索区域的大小，运动估计的结果被正则化，使得最高分辨率层级的相邻块不再有很大的差异③。因此，与 4.6.1 节描述的运动模型一致，可分层估计隐式生成空间平滑的运动向量场。图 4.51 示出了在两个不同级别上匹配区域和估计的运动向量之间的关系。

约束估计。与光流法中的平滑度约束类似，在匹配过程中可以建立相邻匹配区域之间的相互关系。与式(4.173)类似的优化准则的一个例子是参数 $\mathbf{k}(\mathbf{m})$，其中 $\mathbf{m}$ 是与有序集邻域 $\mathcal{N}(\mathbf{m})$ 相匹配区域的索引，该邻域可包含来自空间或时间相邻位置的向量：

$$\mathbf{k}(\mathbf{m})_{\text{opt}} = \arg\min_{\mathbf{k}\in\mathbf{\Pi}}\left[\frac{1}{|\mathbf{\Lambda}|}\sum\sum_{\mathbf{n}\in\mathbf{\Lambda}} \left|s(\mathbf{n})-\hat{s}(\mathbf{n}+\mathbf{k})\right|^P + \frac{c}{|\mathcal{N}|}\left(\sum_{\mathbf{o}\in\mathcal{N}(\mathbf{m})}\left|\mathbf{k}(\mathbf{m})-\mathbf{k}(\mathbf{o})\right|^P\right)\right] \tag{4.174}$$

① 这些方法针对相对较小的块的块匹配运动估计进行了优化，并且目的在于优选地估计平滑运动向量场，例如运动补偿帧内插所需的平滑运动向量场。

② 多步和多分辨率方法通常都被表示为分层运动估计。

③ 如果上一步迭代(粗金字塔级别)的相邻块向量具有很大不同，也可以允许更大的搜索范围。这种方法可以很好地与随后描述的约束估计相结合。

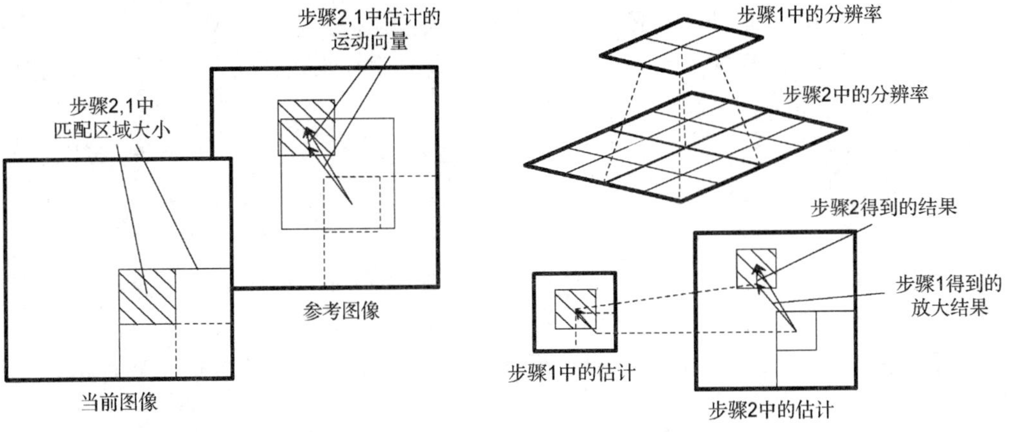

(a) 全分辨率解释　　(b) 步骤1中降分辨率原理

图 4.51　两步分级运动估计

对于非因果邻域系统，由于相互影响，这种优化只能迭代进行。

块重叠估计。到目前为止，块匹配被认为是使用不重叠的匹配区域或块分区来操作的。这些区块参考区域也可以重叠[见图 4.52(a)][ORCHARD, SULLIVAN 1994]。这里，块中心位于水平和垂直距离 U_1 和 U_2 处，匹配的块区域大小为 $M_1 \times M_2$，$M_1 \geqslant U_1$，$M_2 \geqslant U_2$。每一侧重叠水平距离为$(M_1-U_1)/2$，垂直距离为$(M_2-U_2)/2$。为了实现快速算法，可以将代价函数的计算分为若干子块，这些子块可用于相邻位置的向量估计。在重叠估计的情况下，相邻位置处的结果可能表现出更大的依赖性，其可能的副作用就是使运动向量场更平滑。原则上，对于 $U_1 = U_2 = 1$，在任意采样位置应用块匹配估计，可生成密集的运动向量场。然后，匹配区域最好解释为当前样本位于其中心位置的块[见图 4.52(b)]。从概念上讲，这与光流法的解没有太大区别，光流法也使用邻域来稳定估计结果。然而，一般来说，当运动向量场的变化平滑时，不需要非常密集的估计，例如可以通过递推估计进行有效评估，通过空间邻域也是合理的最小化代价函数的适当候选。

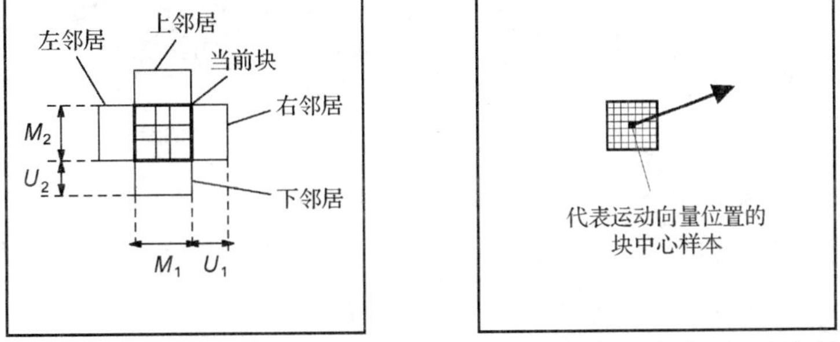

(a) 具有水平和垂直距离(U_1, U_2)的块位置　　(b) 运动向量在当前块中心有效性的解释

图 4.52　采用块重叠的块匹配

在具有块重叠的估计中，考虑到向量最佳有效位置在块中心的原理，在代价计算中应用加权函数 $w(\mathbf{n})$ 同样有用，对于差分准则，可以实现为

$$\mathbf{k}_{\text{opt}} = \arg\min_{\mathbf{k}\in\mathbf{\Pi}} \left[\frac{1}{|\mathbf{\Lambda}|} \sum_{\mathbf{n}\in\mathbf{\Lambda}}\sum \left| w(\mathbf{n})\left[s(\mathbf{n}) - \hat{s}(\mathbf{n}+\mathbf{k}) \right] \right|^P \right]^{\frac{1}{P}} \tag{4.175}$$

函数 $w(\mathbf{n})$（例如高斯、斜坡或 $\cos^2$）通常朝着块边界方向减小。

在所有生成平滑运动向量场的方法中，运动向量场在物体边界处本质上是不连续的。估计中的参数应适当选择，例如，在分层搜索方法中允许相邻块的运动向量之间存在足够的偏差。在任何情况下，在向量场的均匀性（连续性）和必然出现的不连续性之间找到一个很好的折中是最重要的。只有当运动估计直接与区域分割相结合时，才能获得更精确的解（见 6.2.4 节）。

图 4.53 给出了运动估计的结果，其中在块匹配中使用了不同的搜索策略。从图可以观察到，平滑运动向量场的生成方法能够更好地捕捉真实运动。全搜索法客观上最小化了 DPD 能量准则，从真实运动估计的角度来看，这可能不是最佳选择。在本例中，这显然是由对应问题引起的，其中不同的相似结构出现在背景区域中。这也表明，层次搜索和平滑约束可以通过在较大区域上引入相关性来部分解决多个匹配结构的对应问题①。

特征匹配。当应用中不需要在固定的离散网格上使用位移向量时，基于特征匹配的运动估计可以提供额外的稳定性。例如，当描述全局运动（例如相机运动）的参数应根据有限的局部向量集进行估计时，第一步是选择唯一的关键点或特征区域，这些关键点或特征区域应具有唯一的地标属性，以允许其对应关系的可靠匹配。这可以是边缘点、角点或邻域样本的最大已知变化点，以便结构充分以避免孔径问题。然后，在以特征点为中心的块区域上进行匹配，也可以直接匹配特征数据，例如边缘和角强度、方向、尺度（参见 4.4 节）。然而，由于从图像数据到特征数据的映射通常包含各种非线性，因此当匹配显著特征时，平方误差准则并不适合。此外，匹配的唯一性和特征相似性更能反映匹配是否有效。

(a) 全搜索　　(b) 多分辨率搜索　　(c) 约束搜索

图 4.53　采用不同搜索策略的块匹配运动估计

虽然关键点的检测在很大程度上不受振幅、尺度和旋转等外观变化的影响，但是在关键点特征匹配时要注意的另一个问题是，关键点位置的确定可能不完全精确，特别是在低分辨率较低下被检测到。因此，子样本精度的运动估计比光流法和传统匹配方法的精度要低。

4.6.4　非平移运动参数估计

当运动估计的目的是提取与运动相关的语义特征或进行运动补偿帧插值时，必须找

① 另一种解决非结构化区域对应问题的简单方法是“零向量阈值”：如果匹配区域的方差低于预定义阈值，则向量将被强制为零，或者标记为不可靠。

到物体真实的运动。此外，参数的数量应尽可能少。例如全局运动，它受相机变焦或平移的影响，对于整个图像，只有一组参数可以非常紧凑地描述。如果目标是描述较小区域的非平移运动特性，则可以应用类似的原理。非平移参数可以通过分析局部平移参数之间的出现和关系来估计。局部运动参数已知的位置应表示为测量点，可通过寻找特征匹配的关键点来确定。通过将测量点的位移定义为 $k_i(\mathbf{n}) = \tilde{n}_i - n_i$ 并使用仿射映射式(4.124)的离散情况为例，参数化由下式给出：

$$k_1(\mathbf{n}) = (a_1-1)n_1 + a_2\frac{T_2}{T_1}n_2 + \frac{d_1}{T_1} \quad ; \quad k_2(\mathbf{n}) = (a_4-1)n_2 + a_3\frac{T_1}{T_2}n_1 + \frac{d_2}{T_2} \tag{4.176}$$

根据单一测量点的 $\boldsymbol{k}$ 值，无法计算非平移参数（参见 4.6.1 节）。为了确定仿射模型的参数，必须至少从 3 个不同的测量点 $\mathbf{n}(p)$ 及其位移 $\mathbf{k}(p)$ 获得信息[①]，得到一个由六个未知量组成的唯一可解方程组；事实上，该方程组可分为两个由三个未知量组成的方程组：

$$\begin{bmatrix}(a_1-1)T_1\\ a_2T_2\\ d_1\end{bmatrix} = T_1\begin{bmatrix}n_1(1) & n_2(1) & 1\\ n_1(2) & n_2(2) & 1\\ n_1(3) & n_2(3) & 1\end{bmatrix}^{-1}\begin{bmatrix}k_1(1)\\ k_1(2)\\ k_1(3)\end{bmatrix}; \begin{bmatrix}a_3T_1\\ (a_4-1)T_2\\ d_2\end{bmatrix} = T_2\begin{bmatrix}n_1(1) & n_2(1) & 1\\ n_1(2) & n_2(2) & 1\\ n_1(3) & n_2(3) & 1\end{bmatrix}^{-1}\begin{bmatrix}k_2(1)\\ k_2(2)\\ k_2(3)\end{bmatrix} \tag{4.177}$$

如果数据来自三个以上的测量点，则超定方程组的结果类似于式(4.164)，其解可以通过诸如伪逆来获得[②]：

$$\begin{bmatrix}(a_1-1)T_1\\ a_2T_2\\ d_1\end{bmatrix} = T_1\begin{bmatrix}n_1(1) & n_2(1) & 1\\ n_1(2) & n_2(2) & 1\\ \vdots & \vdots & \vdots\\ n_1(P) & n_2(P) & 1\end{bmatrix}^{\mathrm{p}}\begin{bmatrix}k_1(1)\\ k_1(2)\\ k_1(3)\end{bmatrix}; \begin{bmatrix}a_3T_1\\ (a_4-1)T_2\\ d_2\end{bmatrix} = T_2\begin{bmatrix}n_1(1) & n_2(1) & 1\\ n_1(2) & n_2(2) & 1\\ \vdots & \vdots & \vdots\\ n_1(3) & n_2(3) & 1\end{bmatrix}^{\mathrm{p}}\begin{bmatrix}k_2(1)\\ k_2(2)\\ k_2(3)\end{bmatrix} \tag{4.178}$$

选择测量点以使估计值 $\mathbf{k}(p)$ 变得高度可靠是有用的。这可以通过附加准则来实现，例如从高空间细节的位置进行选择，或者通过分析代价函数来检查测量点运动估计的可靠性，这可以进一步用于在优化中为它们赋予适当的权重（参见 3.8 节）。RANSAC 算法的使用（见 3.8 节）在这方面也是有益的。

光流估计。用光流法可以直接估计非平动运动模型的参数。将式(4.176)代入式(4.163)得到

$$\left[(a_1-1)n_1 + a_2\frac{T_2}{T_1}n_2 + \frac{d_1}{T_1}\right]s_{\nabla 1}(\mathbf{n}) + \left[a_3\frac{T_1}{T_2}n_1 + (a_4-1)n_2 + \frac{d_2}{T_2}\right]s_{\nabla 2}(\mathbf{n}) = -s_{\nabla 3}(\mathbf{n}) \tag{4.179}$$

如果使用 P 个测量点（$P \geqslant 6$），则矩阵公式为

$$\begin{bmatrix}n_1(1)s_{\nabla 1}(1) & n_2(1)s_{\nabla 1}(1) & n_1(1)s_{\nabla 2}(1) & n_2(1)s_{\nabla 2}(1) & s_{\nabla 1}(1) & s_{\nabla 2}(1)\\ n_1(2)s_{\nabla 1}(2) & n_2(2)s_{\nabla 1}(2) & n_1(2)s_{\nabla 2}(2) & n_2(2)s_{\nabla 2}(2) & s_{\nabla 1}(2) & s_{\nabla 2}(2)\\ \vdots & \vdots & \vdots & \vdots & \vdots & \vdots\\ n_1(P)s_{\nabla 1}(P) & n_2(P)s_{\nabla 1}(P) & n_1(P)s_{\nabla 2}(P) & n_2(P)s_{\nabla 2}(P) & s_{\nabla 1}(P) & s_{\nabla 2}(P)\end{bmatrix} \cdot \begin{bmatrix}a_1-1\\ a_2\frac{T_2}{T1}\\ a_3\frac{T_1}{T_2}\\ a_4-1\\ d_1\frac{1}{T_1}\\ d_2\frac{1}{T_2}\end{bmatrix} = -\begin{bmatrix}s_{\nabla 3}(1)\\ s_{\nabla 3}(2)\\ \vdots\\ s_{\nabla 3}(P)\end{bmatrix} \tag{4.180}$$

---

① 推广到与 P 无关的参数模型，至少要给出两个方向上具有非模糊位移的 $P/2$ 测量点。

② 伪反转（参见 3.4 节）给出了一个合理的结果，以便通过基于最小二乘法的函数拟合测量数据，前提是使用的数据集不受噪声影响。对于非平移运动估计问题，这意味着对于测量点，运动估计的误差应该很小。3.7 节介绍了在这种方法中检测异常值的方法。

对于 $P>6$，可以再次通过计算伪逆式(4.165)来解决。也可以使用递推和迭代方法来最小化估计误差，如 4.6.2 节所述。

这里介绍的所有通过仿射模型估计非平移参数的方法可以扩展到其他多项式参数模型，以及可以通过定义齐次坐标转换为线性问题的模型，例如透视投影模型[见式(4.116)]。

4.6.5 物体边界运动向量场估计

为了解决遮挡问题，必须正确地检测和解决运动向量场的不连续性。但是，对于不存在对应关系的区域，无法估计有效的运动参数。但是，如果尝试估计运动，则结果将是错误的，甚至可能影响相邻非遮挡区域的参数，例如，如果匹配区域偶尔包含遮挡和非遮挡位置。如果有可靠的物体边界位置信息，运动估计可能很完美；然而不幸的是，这些信息通常在运动估计①时是未知的。但是，可以从推测到的不可靠的运动信息中获得关于不连续普遍存在的假设，以及遮挡类型(覆盖或未覆盖区域)的分类。

前向/后向估计。在前向运动估计中，参考图像先于当前图像。在大多数运动估计算法中，运动向量是针对当前图像的每个采样点进行的，而不管它们是否都有效。然而，在这种情况下，就有可能出现新出现区域的运动向量未定义的情况，因为无法在参考图像中找到对应关系。参考图像中被当前图像覆盖的区域会被标记出来，运动向量中不会考虑这部分区域。在后向估计中(后序图像是参考图像)，这些条件则相反(见图 4.54)。当检测遮挡区域时，计算图像对中前向和后向运动向量的和是有用的。向量 $\mathbf{k}_\mathrm{f}(\mathbf{n})$ 表示将图像 n_3 作为“当前”图像估计的前向向量，$\mathbf{k}_\mathrm{b}(\mathbf{n})$ 是后向向量，其中图像 n_3-1 是“当前”图像。通常，向量应该是一致的，这意味着它们应该唯一地连接两个位置；因为前向和后向向量只有符号不同，总和应该是零。因此，通过比较向量和的范数与阈值Θ，可以得到检测遮挡或其他不可靠位置的准则。判定图 n_3-1 中样本位置 $\mathbf{n}$ 被覆盖的简单准则如下：

$$\left\|\mathbf{k}_\mathrm{b}(\mathbf{n})+\mathbf{k}_\mathrm{f}(\mathbf{n}+\mathbf{k}_\mathrm{b}(\mathbf{n}))\right\|>\Theta \tag{4.181}$$

如果准则值超过阈值，则图像 n_3 中的位置 $\mathbf{n}$ 可能变得不可见。

散度分析。采样点 $\mathbf{n}$ 的离散运动向量场的散度可以定义为②

$$\nabla\mathbf{k}(\mathbf{n})=k_1(n_1,n_2+1)-k_1(n_1,n_2)+k_2(n_1,n_2+1)-k_2(n_1,n_2) \tag{4.182}$$

散度(div)是在位移估计中比较的两幅图像之间几何收缩或膨胀的通用准则。例如，

- div>0[见图 4.55(a)]，当参考图像区域比当前图像区域大时，其将被表示为膨胀的运动向量场；
- div<0[见图 4.55(b)]，当参考图像区域比当前图像区域小时，这意味着运动向量场是收缩的。

在运动向量场的不连续位置，在遮挡情况下可以观察到散度不为零。与基本收缩或膨胀行为相比，差异在于散度的瞬时变化，这意味着散度的导数在不连续处不为零。然

① 这是一个“鸡-蛋”问题：甚至可能需要可靠的运动信息来提供关于物体边界位置的充分证据。6.2.4 节将讨论可能的解决方案。

② 对于块运动向量的情况，此分析将与每个块右下角的样本位置有关。

而,如果不连续性使得两个物体在相反的方向上反向移动而不影响遮挡,则散度为零[见图 4.55(c)]。否则，可以得出结论，对于 div>0，新区域被覆盖[见图 4.55(d)]，而对于 div<0，区域被覆盖。

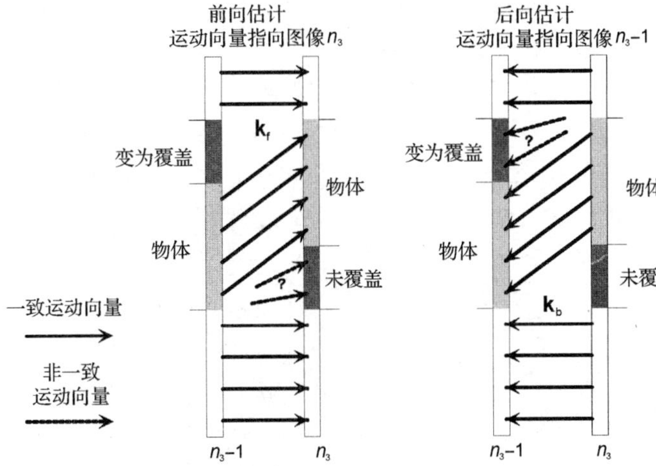

图 4.54　基于前/后向运动估计的遮挡区域检测

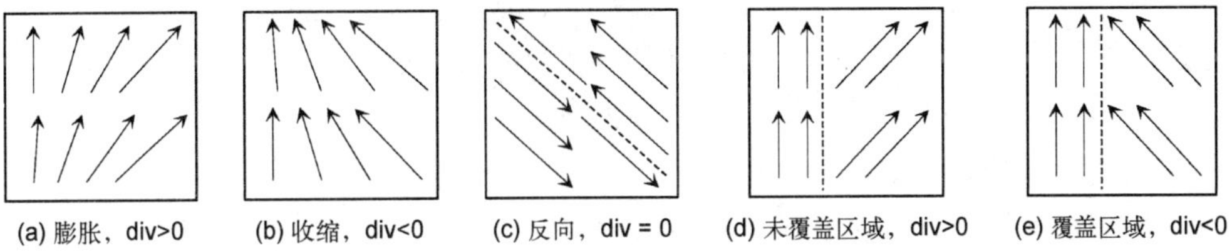

图 4.55　运动场散度分析中的分布图

散度准则只有在估计正确的情况下才是有效的，在运动不连续时是很重要的。因此，不应基于检测不可靠的向量进行散度分析。事实上，散度分析仅通过不同准则的组合(如前向/后向估计、代价函数分析等)来消除小的噪声影响，定义阈值Θ，以确定运动向量场是否显示“正常”行为，它是“收缩”(被覆盖区域)还是“膨胀”(未被覆盖区域)[①]：

$|\nabla\mathbf{k(n)}| \leqslant \Theta$：“正常”；

$|\nabla\mathbf{k(n)}| > \Theta$：“膨胀”或“未被覆盖区域”；

$|\nabla\mathbf{k(n)}| < -\Theta$：“收缩”或“被覆盖区域”；

散度的绝对值也可用于估计被遮挡区域的宽度。

在不同的场景下，也会出现运动向量场的收缩或膨胀行为，例如变焦、物体接近或从相机中消失等，但这些场景通常会表现出较小的发散，在特定的局部区域内将保持一致，否则将出现破坏性的严重遮挡。在全局相机运动的情况下(例如，相机平移)，遮挡也经常出现在图像的边界处，但是可以直接识别。

虽然运动向量场的不连续性是运动物体边界存在的一个有用指标，但运动向量不可能是恒定的(在平移的情况下)，甚至不会遵循仿射、透视或双二次映射等齐次变化。对

① 这些定义适用于后向估计；在前向估计中，“覆盖”和“未覆盖”的角色必须互换。

于某些自然景物，如水波、烟雾、随风飘动的树叶，它们的变化是在微观层面上表现出来的；另一方面，随着时间的推移，仍有可能识别出运动轨迹，而这种轨迹在空间上也是不均匀的。这种类型的内容通常被称为“动态纹理”。分析这一点的另一困难在于，由于局部变化的表面反射和微观遮挡，运动估计中经常假设的亮度恒定性可能会被破坏。文献[DORETTO ET AL. 2003]提出基于 ARMA 模型（随机噪声驱动）的低维状态模型，通过求解一个线性系统将其转化为一系列图像，其结果包括运动和纹理的变化。文献[MA ET AL. 2009]提出的另一种方法是将非均匀运动向量场建模为二维相关噪声过程，类似于 AR 建模。然而，还没有证明这些方法是否足够通用，能够对任何类型的动态纹理都进行建模；它们可能可以用于定义反映局部不均匀程度的特征描述符，例如通过 AR/MA 模型的参数。

4.7 视差与深度分析

视差分析也基于对位移向量进行估计的匹配分析，其中参考图像是另一相机同时捕获的同一外部世界的场景图像。这通常用于立体相机系统的深度分析。当场景是静态的，并且在拍摄两个连续图像之间，相机从位置 I 转换到位置 II 时，由照相机同时从不同位置 I 和 II 获取两个图像的关系可被解释为等同于视频信号两个图像的关系。根据这一观察，可以预期运动分析和视差分析之间不存在根本的区别。然而，必须考虑的是，在相机运动中，相机位置发生真实平移的情况要比不改变位置的运动更为罕见，特别是当相机安装在三脚架上时。由于镜面反射和两个相机的光学传输差异而导致的光照/光照偏差也可能存在。在相机平移和立体采集的情况下，遮挡效果更严重，遮挡区域可能更宽，尤其是当物体与相机的距离相对较短时。因此，位移估计需要稳健的方法，这对于多分辨率块匹配和特征匹配等方法是有利的。在立体分析中，通常使用具有预定距离和相对方向的两个近似相等的相机来获取关于场景或物体的深度信息。

4.7.1 共面立体视觉

共面相机立体采集的原理如图 4.56 所示。中心投影方程式（4.101）中，相机 I 的焦点在 $\mathbf{C}_{\mathrm{I}}=[0\ 0\ 0]$，相机 II 的焦点在 $\mathbf{C}_{\mathrm{II}}=[b_1\ b_2\ 0]$。距离 b_1 和 b_2 分别定义了水平和垂直方向上相机之间的基线距离。光轴是平行的，两个相机都朝着同一点“看”无限远。图像平面的中心位于$[0\ 0\ F]$和$[b_1\ b_2\ F]$，并且成像平面与全局坐标系的(W_1, W_2)平面平行。来自外部世界的坐标点 $\mathbf{W}_{\mathscr{P}}=[W_{1,\mathscr{P}}\ W_{2,\mathscr{P}}\ W_{3,\mathscr{P}}]$投影到位于 $\mathrm{t}_{\mathrm{I},\mathscr{P}}=[t_{1,\mathrm{I},\mathscr{P}}\ t_{2,\mathrm{I},\mathscr{P}}]^{\mathrm{T}}$ 位置的相机 I 的成像平面，以及位于 $\mathbf{t}_{\mathrm{II},\mathscr{P}}=[t_{1,\mathrm{II},\mathscr{P}}\ t_{2,\mathrm{II},\mathscr{P}}]^{\mathrm{T}}$（见图 4.56）位置的相机 II 的成像平面①。代入式（4.101），有

$$W_{i,\mathscr{P}}=t_{i,\mathrm{I},\mathscr{P}}\frac{W_{3,\mathscr{P}}}{F_{\mathrm{I}}}=b_i+t_{i,\mathrm{II},\mathscr{P}}\frac{W_{3,\mathscr{P}}}{F_{\mathrm{II}}};\quad i=1,2 \tag{4.183}$$

假设两个相机的焦距 $F=F_{\mathrm{I}}=F_{\mathrm{II}}$ 相同，则该点的深度距离可以计算为

$$W_{3,\mathscr{P}}=F\frac{b_i}{t_{i,\mathrm{I},\mathscr{P}}-t_{i,\mathrm{II},\mathscr{P}}} \tag{4.184}$$

① 成像平面坐标指的是作为各相机成像平面中心的原点。

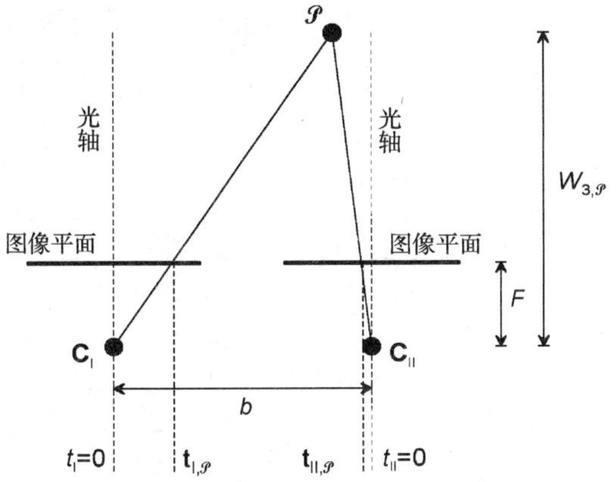

图 4.56　点 P 从外部世界投影到立体相机系统的像面

在相机 I 和 II 的成像平面中观察到相同点的坐标之间的相对偏移是立体视差。其离散等价，即离散图像中一定数量样本的位移，是视差 d_1(水平)或 d_2(垂直)；视差与通过采样距离 T_i 归一化的视差值相关：

$$d_i(\mathcal{P})=\frac{t_{i,\mathrm{I},\mathcal{P}}-t_{i,\mathrm{II},\mathcal{P}}}{T_i}=\frac{b_iF}{T_iW_{3,\mathcal{P}}} \tag{4.185}$$

视差和差异取决于 $\mathcal{P}$ 的深度距离：

$$W_{3,\mathcal{P}}=F\frac{b_i}{t_{i,\mathrm{I},\mathcal{P}}-t_{i,\mathrm{II},\mathcal{P}}}=F\frac{b_i}{T_id_i(\mathcal{P})} \tag{4.186}$$

原则上，深度可以通过水平视差或垂直视差来确定，前提是使用非零基线距离。将式(4.184)代入式(4.183)，可以计算出坐标 $W_{1,\mathcal{P}}$ 和 $W_{2,\mathcal{P}}$。因此，通过给定的方程，可以确定点在 3D 世界中的位置。前提是立体相机系统已知且具有足够高的精度，并且可以估计出水平或垂直视差(基线距离不等于零)。除了式(4.183) ~ 式(4.186)，当两个相机的光轴会聚在有限距离处时，也会经常使用立体成像结构。其目的之一就是，在立体相机成像(类似于人类视觉)中，最好在两个相机[①]成像平面的中心处或附近都能看到这个物体。然后，光轴必须会聚。假设相机处于相同的垂直位置($b_2=0$)，并且仅通过成像平面围绕与 W_2 轴平行的轴旋转来实现会聚。光轴以会聚角 α 相互倾斜。然后，视差 d^* 在无穷远处不会变为零，而是在会聚点[②]处变为负。如图 4.57 所示，位于圆上的任何点 $\mathcal{P}$(称为视觉单像区)处视差均为零；对于所有这些点，角 α 值相同。

一般来说，不能断定基线距离越大，视差估计效果越好，其原因是基线距离越大，两幅图像之间的差异性越大，所需的对应点匹配可能就越不可靠。若光轴会聚于一点，另一个挑战可能是相似性匹配不再基于纯平移移位。随着基线距离的增加，这种偏差也将变大。因此，通常采用“校正”(见 4.7.3 节)。会聚相机的映射将在 4.7.2 节中进一步详细说明。

与运动估计一样，视差估计的基本问题是确定在相机 I 和相机 II 成像平面中出现的投影点之间的精确对应点。对于前景物体的边界，部分背景将被其中一个相机的图像遮

① 在人类视觉中，物体被眼睛聚焦投射到视网膜中央凹处，在那里它以最高的分辨率出现(参见[MSCT，3.1.1 节])。
② 注意真正的会聚点(两个相机的光轴相交)几乎不存在。对于这种点的近距离测定方法，见图 6.10。

挡，因此会产生问题：对于这些位置，不可能确定视差和距离(见图 4.58)。这一现象也适用于人类视觉，然而人类通常会利用语义知识来猜测距离，例如，通过双眼看到的区域推断深度①。

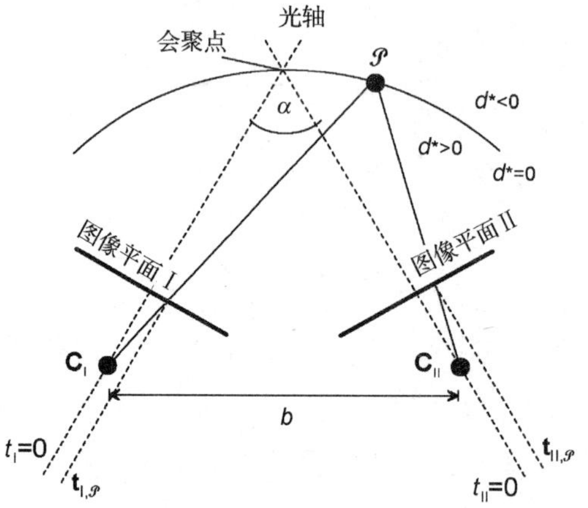

图 4.57 带有会聚相机轴和视差为零的世界坐标点位置的双眼单视界②立体相机系统

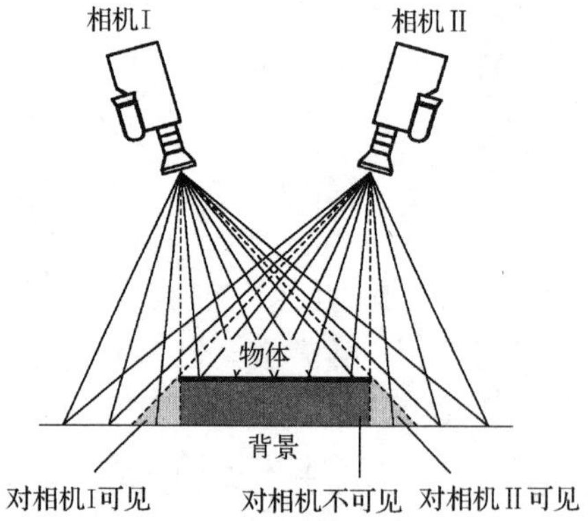

图 4.58 立体采集中遮挡引起的对应问题

由于视差移位的估计过程类似于运动位移的估计，因此不再展开讨论。当两个相机的关系(至少部分)已知时，会出现一个重要的差异，该差异可用于强制执行所谓的对极约束，其中不满足对极几何条件的将被认为是不合理的，应予以排除。基本原则将在后面的章节中介绍。

4.7.2 对极几何

在另一相机图像中找到对应点的位置在某种程度上是可预见的，如图 4.59 所示。如果 $\mathscr{P}$ 出现在成像平面 I 的 $\mathbf{t}_{\mathscr{P},\mathrm{I}}$ 处，它将被定位在视线 $\overline{\mathbf{C}_\mathrm{I}\mathbf{t}_{\mathscr{P},\mathrm{I}}}$ 上的 3D 世界中，这条线连接着焦点 $\mathbf{C}_\mathrm{I}$ 和 $\mathbf{t}_{\mathscr{P},\mathrm{I}}$。这条线是相机 I 的“视觉光线”之一，但是还不知道 $W_3\mathscr{P}$ 位于光线上

① 一般来说，对于人类视觉中的深度知觉，立体视差只在相对近的范围内(10 米)才具有更高的重要性。其他效果，特别是运动视差(在视点稍微改变的地方)也扮演着同样重要的角色。

② 这里显示的双眼单视界是超比例的。实际上，这个圆圈会经过 $\mathbf{C}_\mathrm{I}$ 和 $\mathbf{C}_\mathrm{II}$。然而，根据经验，双眼单视界的外形是椭圆形，而不是圆形[SOLOMONS 1975]。

的距离。然而，$\mathscr{P}$ 在 $\mathbf{t}_{\mathscr{P},\mathrm{II}}$ 处到成像平面 II 的投影是从 $\overline{\mathbf{C}_{\mathrm{I}}\mathbf{t}_{\mathscr{P},\mathrm{I}}}$ 上的某个点开始的，并向相机 II 的焦点 $\mathbf{C}_{\mathrm{II}}$ 传播。外极平面是指投影中心之间由 $\overline{\mathbf{C}_{\mathrm{I}}\mathbf{t}_{\mathscr{P},\mathrm{I}}}$ 和基线 $\overline{\mathbf{C}_{\mathrm{I}}\mathbf{C}_{\mathrm{II}}}$ 所跨越的平面。成像平面 II 中 $\mathscr{P}$ 的投影位置只能在极线上，即极线平面与成像平面 II 的交点。将这个原理反过来（从投影到相机 II 的成像平面开始），也定义了成像平面 I 中的极线。对应点只需沿极线搜索（只要相机配置参数已知），从而简化了视差估计。极线平面与对应成像平面（极线）的交点取决于 $\mathscr{P}$ 的位置。对于左相机成像平面中的任何点，在右侧平面存在唯一的极线，反之亦然①。对于 $b_2=0$ 的同平面相机，所有极线都是水平的，即对于左侧图像的垂直位置 $t_{2,\mathrm{I}}$ 中的给定点，极线在右侧图像的位置 $t_{2,\mathrm{II}}=t_{2,\mathrm{I}}$，反之亦然。因此，共面构形的视差估计非常简单，需要在其他图像的相同行中单独搜索对应项。然而，这需要对相机进行非常精确的调整。通过对相机进行校准（见 4.7.3 节），可以确定相机的准确配置，并补偿与完美共面调整的偏差。下文给出了更一般的立体视图和其他多视图相机系统中投影关系的视图。

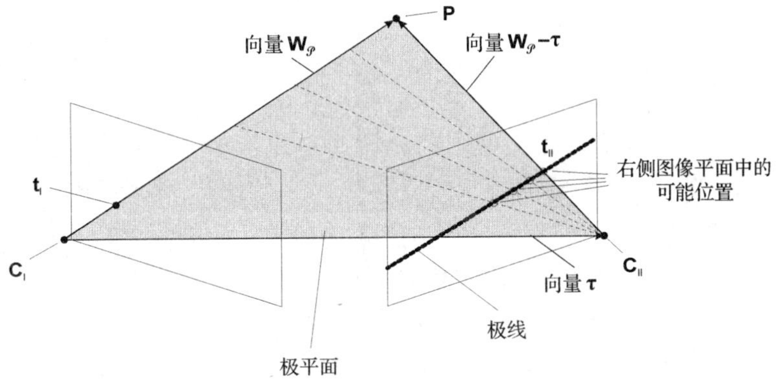

图 4.59　具有会聚光轴的立体相机系统中的极线几何（$\mathbf{C}_{\mathrm{I}}$ 中世界坐标系的原点）

外极平面由三个向量 $\mathbf{W}_{\mathscr{P}}$、$\boldsymbol{\tau}$ 和 $\mathbf{W}_{\mathscr{P}}-\boldsymbol{\tau}$ 中的任意两个来定义。因此，其中两个乘以第三个的叉乘必须为零：

$$\left[\mathbf{W}_{\mathscr{P}}-\boldsymbol{\tau}\right]^{\mathrm{T}}\left[\boldsymbol{\tau}\times\mathbf{W}_{\mathscr{P}}\right]=0 \tag{4.187}$$

另一方面，根据式(4.104)，参考相机 II 的坐标系来定义 $\mathbf{W}_{\mathscr{P}}-\boldsymbol{\tau}$②：

$$\tilde{\mathbf{W}}_{\mathscr{P}}=\mathbf{R}^{\mathrm{T}}\left[\mathbf{W}_{\mathscr{P}}-\boldsymbol{\tau}\right]\Rightarrow\mathbf{W}_{\mathscr{P}}-\boldsymbol{\tau}=\tilde{\mathbf{W}}_{\mathscr{P}}\left[\mathbf{R}^{-1}\right]^{\mathrm{T}}=\tilde{\mathbf{W}}_{\mathscr{P}}\mathbf{R} \tag{4.188}$$

因此

$$\tilde{\mathbf{W}}_{\mathscr{P}}{}^{\mathrm{T}}\mathbf{R}^{\mathrm{T}}\left[\boldsymbol{\tau}\times\mathbf{W}_{\mathscr{P}}\right]=0 \tag{4.189}$$

这也可以写成

$$\underbrace{\tilde{\mathbf{W}}_{\mathscr{P}}{}^{\mathrm{T}}\mathbf{R}^{\mathrm{T}}\begin{bmatrix}0 & -\tau_3 & \tau_2\\ \tau_3 & 0 & -\tau_1\\ -\tau_2 & \tau_1 & 0\end{bmatrix}}_{\mathbf{E}}\mathbf{W}_{\mathscr{P}}=\tilde{\mathbf{W}}_{\mathscr{P}}{}^{\mathrm{T}}\mathbf{E}\mathbf{W}_{\mathscr{P}}=0 \tag{4.190}$$

① 但是，其他点可以具有相同的极线。如果外极线完全在相机 II 的图像平面之外，则该点在该相机中不可见。此外，在相机 II 的投影中，如果投影光线被前景物体遮挡，即使存在极线，也找不到对应点。

② 注意，与式(4.104)相比，$\mathbf{W}_{\mathscr{P}}$ 和 $\tilde{\mathbf{W}}_{\mathscr{P}}$ 的配置是相反的，由于正交性，相应的反向投影为 $\mathbf{W}_{\mathscr{P}}=\mathbf{R}^{-1}(\tilde{\mathbf{W}}_{\mathscr{P}}-\boldsymbol{\tau})$ 和 $\mathbf{R}^{-1}=\mathbf{R}^{\mathrm{T}}$。

其中 **E** 是描述两个相机之间投影向量映射的本质矩阵。注意 **E** 的秩必须为 2，因为式(4.190)中有 τ_{i} 项的矩阵秩为 2。此外，在齐次坐标系式(4.115)下的中心投影方程为

$$\mathbf{t}'_{\mathrm{II},\mathscr{P}}{}^{\mathrm{T}}\mathbf{E}\mathbf{t}'_{\mathrm{I},\mathscr{P}} = \mathbf{t}'_{\mathrm{I},\mathscr{P}}{}^{\mathrm{T}}\mathbf{E}\mathbf{t}'_{\mathrm{II},\mathscr{P}} = 0 \tag{4.191}$$

然而，由于只知道另一个相机的投影向量必须在极线上，所以只能确定具有坐标($\mathbf{t}_{\mathrm{I}}$, $\mathbf{t}_{\mathrm{II}}$)的一对点是否可以是同一 3D 投影点 $\mathscr{P}$，原则上这意味着，给定坐标 $\mathbf{t}_{\mathrm{I}}$，式(4.191)描述相机 II 平面中相应的极线，反之亦然。

上述对应关系可以映射到离散的坐标中，将水平和垂直采样距离 T_1 和 T_2 的倒数作为仿射变换的缩放参数，并提供位置 $\mathbf{n}_0$(光轴穿过成像平面的位置)作为相机坐标系中的附加位移，则有

$$\underbrace{\begin{bmatrix} n_1 \\ n_2 \\ 1 \end{bmatrix}}_{\mathbf{n}'} = \underbrace{\begin{bmatrix} 1/T_1 & 0 & n_{1,0} \\ 0 & 1/T_2 & n_{2,0} \\ 0 & 0 & 1 \end{bmatrix}}_{\mathbf{A}'} \cdot \underbrace{\begin{bmatrix} t_1 \\ t_2 \\ 1 \end{bmatrix}}_{\mathbf{t}'} \sim \mathbf{A}' \underbrace{\begin{bmatrix} F & 0 & 0 & 0 \\ 0 & F & 0 & 0 \\ 0 & 0 & 1 & 0 \end{bmatrix}}_{\mathbf{L}} \cdot \underbrace{\begin{bmatrix} W_1 \\ W_2 \\ W_3 \\ 1 \end{bmatrix}}_{\mathbf{W}'} \tag{4.192}$$

在基本条件式(4.191)中，焦距与中心投影的点距离之比似乎是一个线性因素(由于齐次坐标映射的比例性)，但结合成像平面中的偏移 $\mathbf{n}_0$，现在有必要显式地表示它。因此，焦距 F 可以直接作为 $\mathbf{A}'$(以水平/垂直采样单位表示焦距)中的一个附加缩放因子，该系数现在被表示为相机内参矩阵：

$$\mathbf{M} = \begin{bmatrix} F/T_1 & 0 & n_{1,0} \\ 0 & F/T_2 & n_{2,0} \\ 0 & 0 & 1 \end{bmatrix} = \begin{bmatrix} F\mathbf{T}^{-1} & \mathbf{n}_0 \\ \mathbf{0} & 1 \end{bmatrix} \tag{4.193}$$

根据式(A.17)，上式右侧包括更通用的采样矩阵 **T**(而不是这里使用的规则矩形)。结合式(4.191)～式(4.193)得出

$$\mathbf{n}'_{\mathrm{I,P}}{}^{\mathrm{T}} \underbrace{\left[\mathbf{M}_{\mathrm{I}}^{-1}\right]^{\mathrm{T}} \mathbf{E}\mathbf{M}_{\mathrm{II}}^{-1}}_{\mathbf{F}} \mathbf{n}'_{\mathrm{II,P}} = \mathbf{n}'_{\mathrm{I,P}}{}^{\mathrm{T}}\mathbf{D}\mathbf{n}'_{\mathrm{II,P}} = 0 \tag{4.194}$$

基础矩阵 **D** 提供两个相机采样得到的图像中点和点之间的直接映射。对于立体相机系统，它依赖于总共 22 个参数(来自 **R** 和τ的 12 个外参和来自两个相机矩阵 **M** 的 2×5 个内参)。基础矩阵(和计算过程中所使用的本质矩阵一样)的秩仍为 2。它有 9 个元素，但是式(4.193)在确定 **D** 时只允许缩放(其中一个元素定义为 1)，这意味着它有 8 个自由度。因此，仅知道 **D**，还是不可能完全确定内参和外参。

4.7.3 相机标定

为了估计 **D**，两个相机图像中至少要有 8 个可靠的对应点。这形成了一个非齐次线性方程组，称为 8 点算法[LONGUET-HIGGINS 1981]。将式(4.193)重新写为

$$\begin{bmatrix} n_{1,\mathrm{I}}(p) & n_{2,\mathrm{I}}(p) & 1 \end{bmatrix} \begin{bmatrix} d_{11} & d_{12} & d_{13} \\ d_{21} & d_{22} & d_{23} \\ d_{31} & d_{32} & 1 \end{bmatrix} \begin{bmatrix} n_{1,\mathrm{II}}(p) \\ n_{2,\mathrm{II}}(p) \\ 1 \end{bmatrix} = 0, \quad p = 1,\cdots,8 \tag{4.195}$$

其中

$$\underbrace{\begin{bmatrix} n_{1,\mathrm{I}}(1)n_{1,\mathrm{II}}(1) & n_{1,\mathrm{I}}(1)n_{2,\mathrm{II}}(1) & n_{1,\mathrm{I}}(1) & n_{2,\mathrm{I}}(1)n_{1,\mathrm{II}}(1) & n_{2,\mathrm{I}}(1)n_{2,\mathrm{II}}(1) & n_{2,\mathrm{I}}(1) & n_{1,\mathrm{II}}(1) & n_{2,\mathrm{II}}(1) \\ \vdots & \vdots & \vdots & \vdots & \vdots & \vdots & \vdots & \vdots \\ n_{1,\mathrm{I}}(8)n_{1,\mathrm{II}}(8) & n_{1,\mathrm{I}}(8)n_{2,\mathrm{II}}(8) & n_{1,\mathrm{I}}(8) & n_{2,\mathrm{I}}(8)n_{1,\mathrm{II}}(8) & n_{2,\mathrm{I}}(8)n_{2,\mathrm{II}}(8) & n_{2,\mathrm{I}}(8) & n_{1,\mathrm{II}}(8) & n_{2,\mathrm{II}}(8) \end{bmatrix}}_{\mathbf{B}} \begin{bmatrix} d_{11} \\ \vdots \\ d_{32} \end{bmatrix} = -\begin{bmatrix} 1 \\ \vdots \\ 1 \end{bmatrix} \quad (4.196)$$

如果矩阵 **B** 具有全秩，则可能有唯一解。如果其中两条线是线性相关的，例如，如果两对或几对对应点位于同一对极线上，或者所有点都遵循一个共同的单应关系(即在三维世界中位于同一个平面上)，则不会出现这种情况。通常，8 点算法的结果质量高度依赖所选点对的质量。原则上，可以使用 8 个以上的点，在这种情况下，可以通过最小二乘解找到 **D**：

$$\sum_p \left(\mathbf{n}'_{\mathrm{I}}(p)^{\mathrm{T}}\mathbf{D}\mathbf{n}'_{\mathrm{II}}(p)\right)^2 = \min \quad (4.197)$$

在这种情况下，不保证 **D** 的秩为 2(它应该有)。得到接近秩为 2 的矩阵的一种可能方法是奇异值分解，仅使用两个最大的奇异值进行重建(见 3.4 节)。

由于式(4.191)和式(4.194)都描述了另一个相机平面上的极线，而且极点需要在极线上，所以通过求解不在同一极线上的任意两点的条件，就有可能找到极线 $\mathbf{e}_{\mathrm{I}}$ 和 $\mathbf{e}_{\mathrm{II}}$：

$$\mathbf{n}_{\mathrm{I}}{}^{\mathrm{T}}\mathbf{D}\mathbf{e}_{\mathrm{II}} = 0, \qquad \mathbf{n}_{\mathrm{II}}{}^{\mathrm{T}}\mathbf{D}^{\mathrm{T}}\mathbf{e}_{\mathrm{I}} = 0 \quad (4.198)$$

然而，由于 **D** 不是空矩阵，这相当于条件 $\mathbf{D}\mathbf{e}_{\mathrm{II}} = 0$ 和 $\mathbf{D}\mathbf{e}_{\mathrm{I}} = 0$。通过了解外极(以及外极线)可以验证在给定立体相机场景中点对之间是否可能存在对应关系。

相机标定包括对内参和外参的估计，这只有在精确地知道三维世界中的点坐标时才可能实现，因此需要用到标定板来实现。标定板必须包括来自多个平面的 3D 点，否则 3D→2D 映射就可以通过单应变换来描述，并且有可能不是唯一的。通常，会在立方体表面，或者两个呈 90° 角排列的平面上，印上棋盘格图案或带有圆形或椭圆的规则网格图案。立方体的一个顶点或两个曲平面的底角可以定义为三维世界坐标系的原点(见图 4.60)。

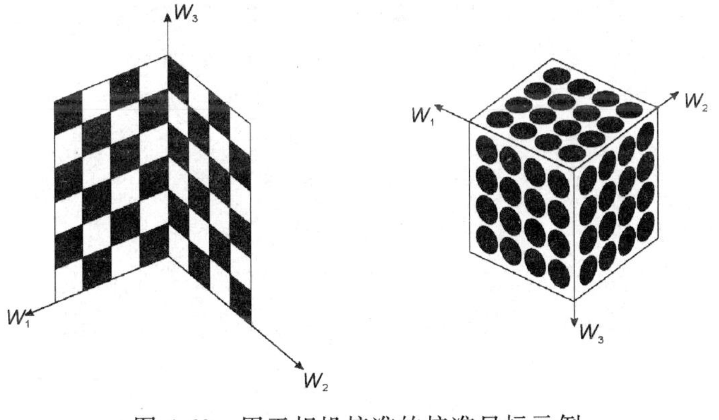

图 4.60　用于相机校准的校准目标示例

然后，需要在相机图像中找到特征点(如棋盘格的角点、圆心等)的相应位置，并用它们来求解映射方程的参数。为此，很容易将式(4.192)重写如下：

$$\underbrace{\begin{bmatrix} n_1 \\ n_2 \\ 1 \end{bmatrix}}_{\mathbf{n}'} = \underbrace{\begin{bmatrix} F/T_1 & 0 & n_{1,0} \\ 0 & F/T_2 & n_{2,0} \\ 0 & 0 & 1 \end{bmatrix}}_{\mathbf{M}} \underbrace{\begin{bmatrix} 1 & 0 & 0 & 0 \\ 0 & 1 & 0 & 0 \\ 0 & 0 & 1 & 0 \end{bmatrix}}_{[\mathbf{I}|\mathbf{0}]} \underbrace{\begin{bmatrix} W_{1,\mathrm{C}} \\ W_{2,\mathrm{C}} \\ W_{3,\mathrm{C}} \\ 1 \end{bmatrix}}_{\mathbf{W}'_{\mathrm{C}}} \quad (4.199)$$

投影时，世界坐标必须以相机的投影点 **C** 为原点。为了使其与校准目标的坐标相匹配，可以使用式(4.104)中的旋转矩阵 $\mathbf{R}^{\mathrm{T}}$ 和平移向量 $\boldsymbol{\tau}=-\mathbf{R}^{\mathrm{T}}\mathbf{C}$，得到关系

$$\mathbf{n}'=\mathbf{M}\mathbf{R}^{\mathrm{T}}\left[\mathbf{I}_3\,|-\mathbf{C}\right]\mathbf{W}'=\boldsymbol{\Gamma}\mathbf{W}' \tag{4.200}$$

矩阵 $\boldsymbol{\Gamma}$ 是一个 4×3 矩阵，该矩阵应具有 11 个自由度，即 5 个相机内参数、$\boldsymbol{\tau}$ 的 3 个平移参数和 **R** 的 3 个旋转角度，并且利用它的特殊性质，上三角矩阵 **M**、正交旋转矩阵 **R** 和左三列是相同的矩阵。从校准点到相机坐标的映射中进行测量时，可以使用以下步骤。

投影点 **C**(相机相对于世界坐标的平移)必须满足 $\boldsymbol{\Gamma}\mathbf{C}=0$。因此，**C** 可以被看作 $\boldsymbol{\Gamma}$ 的最小奇异值的特征向量。基于 SVD 的 $[\mathbf{I}_3\,|\,\mathbf{W}_C]$ 重建分离后，运用矩阵乘积 **MR**。这可以分解为 $\mathbf{M}\mathbf{R}_1\mathbf{R}_2\mathbf{R}_3$，其中三个正交旋转矩阵 $\mathbf{R}_i$ 表示相机相对于世界坐标系三个轴的方向旋转。现在，外部参数已知，内部参数可由 **M** 得出。在这种情况下，可以直接得到移位参数 $\mathbf{n}_0$，但是焦距 F 和采样距离 T_i 组合在一起还是有问题的。此外，这个问题还与 $\mathbf{n}'$ 和 $\mathbf{W}'$ 都是在齐次坐标系中进行表示有关，它们是成比例的，其中比例因子与 F 密切相关。一般来说，精确确定 F 是相机参数估计中最大的挑战。因此，预先知道具有较高精度的参数 T_i 和 F，例如从相机数据表中获得相关信息，对于确定相机参数非常有用。

由于 $\mathbf{n}'$ 和 $\mathbf{W}'$ 之间的比例关系，$\mathbf{n}'\times\boldsymbol{\Gamma}\mathbf{W}'=0$，可以从一组数据点得到 $\boldsymbol{\Gamma}$ 的改进估计，于是得到 $\boldsymbol{\Gamma}$ 的三个行向量值的以下等式：

$$\mathbf{n}'\times\boldsymbol{\Gamma}\mathbf{W}'=\underbrace{\begin{bmatrix}\mathbf{0}_4^{\mathrm{T}} & -\mathbf{W}'^{\mathrm{T}} & n_2\mathbf{W}'^{\mathrm{T}}\\ \mathbf{W}'^{\mathrm{T}} & \mathbf{0}_4^{\mathrm{T}} & -n_1\mathbf{W}'^{\mathrm{T}}\\ -n_2\mathbf{W}'^{\mathrm{T}} & n_1\mathbf{W}'^{\mathrm{T}} & \mathbf{0}_4^{\mathrm{T}}\end{bmatrix}}_{\mathbf{B}}\begin{bmatrix}\boldsymbol{\gamma}_1\\ \boldsymbol{\gamma}_2\\ \boldsymbol{\gamma}_3\end{bmatrix}=0,\ \text{其中}\ \boldsymbol{\Gamma}=\begin{bmatrix}\boldsymbol{\gamma}_1^{\mathrm{T}}\\ \boldsymbol{\gamma}_2^{\mathrm{T}}\\ \boldsymbol{\gamma}_3^{\mathrm{T}}\end{bmatrix} \tag{4.201}$$

当映射 $\mathbf{W}'\rightarrow\mathbf{n}'$ 可用于校准目标的至少 6 个点时，可以找到该解，其中不超过 3 个点必须与一个单应重合(即不超过 3 个点必须来自模式的一个平面)。或者，可以寻求最小二乘解 $\|\mathbf{B}\boldsymbol{\gamma}\|^2=\min$。

在式(4.193)中，相机内部参数的表达式是简单的，并且仅由针孔相机严格实现。当使用透镜相机时，光轴的方向由透镜的特性决定，并且根据相机制造过程的精度，成像平面可能不再与光轴垂直。在这种情况下，矩阵 **M** 可以扩展，它可以支持角度或透视投影①元素之间的错切。透镜产生的另一个相关效应是径向畸变，例如广角光学的所谓鱼眼效应。在几何映射中包含径向畸变的简单模型(参考 $\mathbf{n}_0$，即光轴穿过相机平面的点)是

$$\begin{aligned}&\tilde{\mathbf{n}}-\mathbf{n}_0=\lambda(r)(\mathbf{n}-\mathbf{n}_0)\\ &\text{其中}\ r=\sqrt{\left(n_1-n_{1,0}\right)^2+\left(n_2-n_{2,0}\right)^2}\quad\text{且}\ \ \lambda(r)=1+\kappa_1 r+\kappa_2 r^2+\cdots\end{aligned} \tag{4.202}$$

通常，需要不超过两个参数 κ_1 和 κ_2 来充分表征透镜失真。注意，双二次映射式(4.118)还包括表征这些透镜畸变的能力。

① 例如 **M** 与仿射映射式(4.113)或透视映射式(4.114)的投影矩阵的连接。由于后者在 3D 中唯一描述了两个平面之间的投影，因此它可以模拟未正确调整到世界坐标系的成像平面的所有效果(即不垂直于光轴，也不平行于水平/垂直世界坐标)。

对于立体相机，若光轴平行、图像平面共面，并且相机焦距相同，则可以简化外部参数的标定问题。如果没有给出，可以通过校正来实现，其中一个(或两个)相机视图通过适当的单应映射进行修正，使得极线变得平行(或极线位于无穷远处)，并且处于相同的垂直坐标处[①]。在这种情况下，第二个相机的附加外部参数的数量可以减少到一个(没有旋转，只有水平平移，如果外极线在同一图像线上，并且相机投影点 $\mathbf{C}_{\mathrm{I}}$ 和 $\mathbf{C}_{\mathrm{II}}$ 都映射在深度距离为零的位置)。但是，应该考虑到校正本身是不确定的，首先是单应映射可能受到噪声观测的影响；其次，由于需要对样本进行插值，校正后的图像的直线距离可能小于或大于原始图像中的直线距离。因此，来自校正立体对的三维估计并不一定更可靠，校正的主要目的是简化三维分析中的计算，或为立体显示做准备，其中左视图和右视图的对应点也应位于相同的垂直位置(见 7.7 节)。

4.8　音频信号特征

音频(音乐、语音等)信号要么源于话筒捕获，要么是合成产生的，因此本质上是随时间而定义的 1D 信号。因此，所有特性通常都是根据它们的依赖性和在时间线上的变化来分析(见 4.8.1 节)。基本特征可进一步分为时域特征(见 4.8.2 节)和频域特征(见 4.8.3 节)，后者需要进一步考虑具有谐波特性的信号(见 4.8.4 节)。除此之外，倒谱域(见 4.8.4 节)中的特征在音频信号分析中起着重要作用。对于使用多个麦克风捕获信号的情况，多通道功能(见 4.8.6 节)非常重要。此外，可以考虑人类听觉感知的特性(见 4.8.7 节)，在更高的层次上，需要考虑语义特征(见 4.8.8 节)。分析中考虑的其他方面可能涉及声音产生和混合的影响(见 7.8.1 节)和房间特性(见 7.8.2 节)等。

在定义表征声音信号的合理特征时，考虑这些特征的生成原理是有用的。源滤波器模型在这方面起着重要的作用，因为语音和音乐的产生是一个周期性或非周期性的激励过程，它通过系统进一步传递，该系统大致可以由滤波器的特性(如共振体、声道)来建模。音频信号分析的重要方面还与可能影响捕获信号的房间特性有关。在语义层面上，有必要将信号分类为语音、音乐、声音或声音事件、音符、旋律、不同乐器等。MPEG-7 标准(ISO/IEC15938 第 4 部分)规定了用于各种目的的音频特征描述符集合[KIM，MOREAU，SIKORA 2005]，其中一些将在随后的小节中讨论。有关 MPEG-7 及更高版本的音频特征描述符的概述，请参见文献[PEETERS 2004]。

4.8.1　基于时间线的音频特征提取

图 4.61 示出了包含用于各种类型音频特征描述符的构建块的高级框图。从信号 $s(n)$ 中，首先需要为当前时间线上的分析单元选择一组样本。这是通过分割完成的，最简单的情况(规则分割)是从 $n = mU$ 开始，选择 M 个连续样本，其中 U 是跳跃数(连续分析单元之间的样本数)。然后，将对应段的特征与索引 m 相关联，该索引 m 相对于样本的原始索引 n 以因子 U 进行子采样。在更复杂的方法中(可能提供更多的特征表达)，分割是

① 或者，对于垂直共面相机，在相同的水平坐标下。

以信号自适应的方式进行的(参见 6.4.1 节),例如通过检测音符、声音或语音的开头和结尾来进行分割。

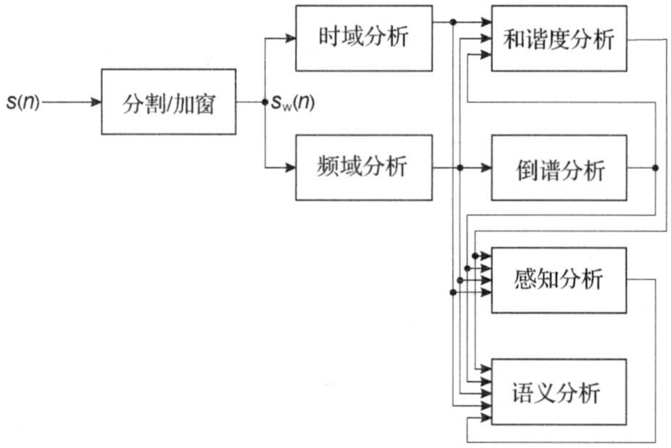

图 4.61 提取各种类型音频特征的处理过程

除选择样本的分段外,通常还应采用加窗,加窗通常使位于分段中心的样本具有更高的权重,而权重向分段/窗口的尾部收敛到零。加窗允许参考分析窗口的中心位置,更精确地关联特征测量。对于 $U<M$ 的情况,窗口是重叠的。规则分割和加窗的结果是长度为 M 的有限信号与 m 段相关联:

$$s_{\mathrm{W}}(m,n)=w(n)s(mU-M/2+n),\ 0\leqslant n\leqslant M-1 \tag{4.203}$$

窗口函数的定义[假定在式(4.203)中定义的 n 的范围内为非零]可能需要额外的约束来保持某些特征属性。例如,加窗段的叠加再现原始信号可能是有利的:

$$\sum_m s_{\mathrm{W}}(m,n-mU)=C\cdot s(n), \qquad n\Rightarrow\sum_m w(n-mU)\overset{!}{=}C \tag{4.204}$$

当所有窗口函数的 U 周期叠加得到一个常数值时,就可以实现。

时间/频率描述(与时间相关的频谱特性)对于音频信号分析非常重要。频谱图通常被视为二维图像,其中水平位置表示时间轴,垂直位置表示频率轴,亮度或颜色表示频谱幅度、功率或相位。原则上,可以使用任何频率变换方法,但通常将长度为 M 的 DFT 应用于 $s_{\mathrm{W}}(m,n)$,从 $s_{\mathrm{W}}(m,n)$ 中通常仅分析谱振幅(M 为绝对值,或在实值信号情况下由于频率对称而产生的 $M/2$ 绝对值)(参见图 4.62)。然而,由于 DFT 事实上分析的是等效的周期为 M 的信号,而不是来自分段的有限信号,当分段长度 M 与多个周期波长不一致时,分割截断会产生频谱误差,特别是对于周期分量。尾部衰减为零的窗口会减弱此影响,但同时会污染频谱值,这只能通过增加 M 来抑制。另一方面,大的 M 值会导致时间局部化的不确定性;该问题只能通过使用自适应段长度(静止部分为长,瞬时部分为短)来解决。出于这个原因,与图 4.61 左侧所示的不同,不使用相同的窗口进行时域和频域特征分析也是一种常见的做法。

类似的考虑同样适用于其他类型的特征;但是,当它们依赖于谱(DFT)分析时(例如倒谱,它是在谱的对数变换之后应用的逆变换,参见 4.8.4 节),它们必须遵循谱分析的加窗策略。

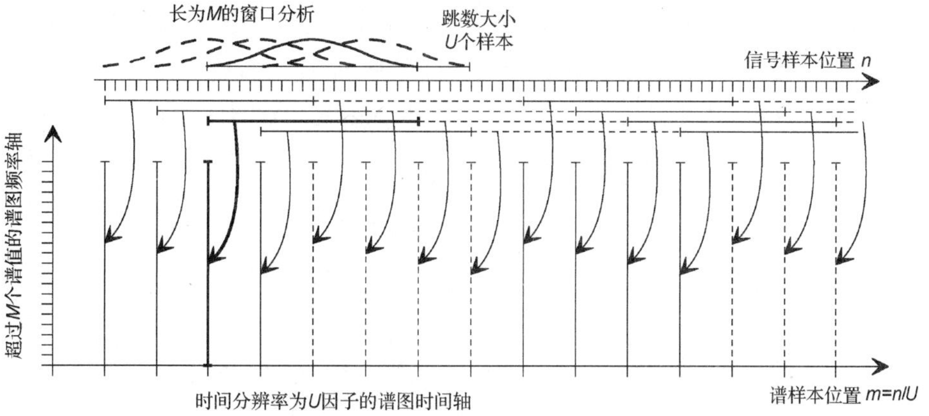

图 4.62　基于跳数为 U 的重叠窗口音频信号谱图表示的生成

4.8.2　时域特征

m 段加窗信号的自方差函数定义为

$$\mu_{ss}(m,l)=\sum_{n=0}^{M-1} s_{\mathrm{W}}(m,n)s_{\mathrm{W}}(m,n+l)-\mu_s^{\ 2},\qquad 0\leqslant l\leqslant M-1 \tag{4.205}$$

它还可以通过方差 $\sum s_{\mathrm{W}}^2(n)-\mu_s^2$ 归一化到 0 ~ 1。如果信号本身具有周期性行为，则协方差函数在 l 上表现出周期性(具有周期)；此外，外壳的衰减表明信号壳在给定段内随时间变化的速度。自方差函数在 m 上的变化进一步指示段之间的变化程度，即信号是否在 m 到 m+1 之间表现为平稳。最后，在条件式(4.204)下，$\mu_{ss}(m,\ 0)/C$①提供围绕段中心位置的样本平均瞬时功率的估计。

对于连续时间信号，考虑了以下因素，但如果满足采样定理的条件，则可以使用数字信号处理有效实现。不分析实值音频信号 $s(t)$，而是考虑其复值分析分量，该分量可通过希尔伯特变换②计算

$$s_+(t)=\frac{1}{2}s(t)+\frac{\mathrm{j}}{2}s(t)*\frac{1}{\pi t} \tag{4.206}$$

当实值信号被某个截止频率 f_{c}[见图 4.63(a)]限制在上频带时，其分析分量可以由以下复数信号 $s_{\mathrm{D}}(t)$等效表示，该复数信号 $s_{\mathrm{D}}(t)$是通过将频谱左移 $f_0 = f_{\mathrm{c}}/2$[见图 4.63(b)]产生的，或者等同于在时域“解调”该信号：

$$s_{\mathrm{D}}(t)=2s_+(t)\mathrm{e}^{-\mathrm{j}2\pi f_0 t}=s_{\mathrm{Dr}}(t)+\mathrm{j}s_{\mathrm{Di}}(t) \tag{4.207}$$

其中

$$\begin{aligned} s_{\mathrm{Dr}}(t)&=\underbrace{s(t)\cos(2\pi f_0 t)}_{s_1(t)}+\underbrace{\left[s(t)*\frac{1}{\pi t}\right]\sin(2\pi f_0 t)}_{\hat{s}_1(t)}\\ s_{\mathrm{Di}}(t)&=\underbrace{\left[s(t)*\frac{1}{\pi t}\right]\cos(2\pi f_0 t)}_{\hat{s}_2(t)}\underbrace{-s(t)\sin(2\pi f_0 t)}_{s_2(t)} \end{aligned} \tag{4.208}$$

① C 是式(4.204)中的常数。

② $S_+(t)$的傅里叶谱与 $f>0$ 时 $s(t)$的相同，$f<0$ 时为 0，见图 4.63(a)。

结果表明，分量 $\hat{s}_{1|2}(t)$ 仅在 $f>f_0$ 范围内与 $s_{1|2}(t)$ 不同，因此，产生 $s_D(t)$ 的另一种方法是直接用复周期函数解调 $s(t)$，并应用具有 f_0 截止的实值高质量低通滤波器；此后，$s_D(t)$ 的实部和虚部都可以使用采样率 $f_c=2f_0$ 进行采样，这意味着对实值信号 $s(t)$ 进行采样的有效采样率不高于 $2f_c$[见图 4.63(b)]。

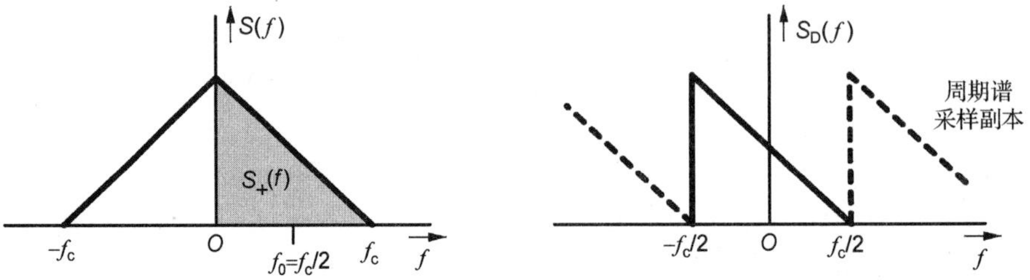

(a) 频带限制为 f_c(左)的实值信号的傅里叶谱　(b)“解调”复值分析分量谱，以及以频率 f_c 采样后的周期谱副本

图 4.63

从 $s_D(t)$ 重建 $s(t)$ 很容易定义如下：

$$s(t)=2\,\mathrm{Re}\left\{s_+(t)\right\}=\frac{1}{2}s_D(t)\mathrm{e}^{\mathrm{j}2\pi f_0 t}+\frac{1}{2}\left[s_D(t)\mathrm{e}^{\mathrm{j}2\pi f_0 t}\right]^*=\mathrm{Re}\left\{s_D(t)\mathrm{e}^{\mathrm{j}2\pi f_0 t}\right\} \tag{4.209}$$

信号 $s_D(t)$ 也表示为 $s(t)$ 的复外壳。它的时间依赖绝对值

$$|s_D(t)|=\sqrt{s_{Dr}^2(t)+s_{Di}^2(t)}=\sqrt{s_D(t)s_D{}^*(t)} \tag{4.210}$$

是 $s(t)$ 的瞬时振幅外壳，它对外壳下面的振荡是中性的。这可以进一步解释为极坐标表示的一部分[①]

$$s_D(t)=|s_D(t)|\,\mathrm{e}^{\mathrm{j}\theta_D(t)},\ 其中\ \theta_D(t)=\arctan\frac{s_{Di}(t)}{s_{Dr}(t)} \tag{4.211}$$

$\theta_D(t)$ 是瞬时相位，代入式(4.209)提供了另一种 $s(t)$ 描述：

$$s(t)=|s_D(t)|\cos[\underbrace{2\pi f_0 t+\theta_D(t)}_{\psi(t)}] \tag{4.212}$$

瞬时振幅和瞬时相位不能直接从实值信号中提取，需要将其转换为解析分量和等效 $s_D(t)$。在这种情况下，另一个与时间相关的信息是 $s(t)$ 的瞬时频率。利用式(4.212)中余弦参数 $\psi(t)$，将其值改变 2π 所需的时间跨度被称为信号振荡的瞬时周期，即使它可能随时间而变化；瞬时周期的倒数是瞬时频率。计算持续时间间隔内的周期数 Δt，得到该间隔内的频率估计：

$$N_\Delta(t)=\frac{\psi(t+\Delta t)-\psi(t)}{2\pi}\Rightarrow f_\Delta(t)=\frac{N_\Delta(t)}{\Delta t} \tag{4.213}$$

当 $\Delta t\to 0$ 时，$s(t)$ 的瞬时频率表达式如下：

$$f_{\mathrm{inst}}(t)=\lim_{\Delta t\to 0}\frac{\psi(t+\Delta t)-\psi(t)}{2\pi\Delta t}=\frac{1}{2\pi}\frac{\mathrm{d}}{\mathrm{d}t}\psi(t) \tag{4.214}$$

特别地，对于式(4.212)中的 $\psi(t)$，有

$$f_{\mathrm{inst}}(t)=\frac{1}{2\pi}\frac{\mathrm{d}}{\mathrm{d}t}[2\pi f_0 t+\theta_D(t)]=f_0+\underbrace{\frac{1}{2\pi}\frac{\mathrm{d}}{\mathrm{d}t}\theta_D(t)}_{f_D(t)} \tag{4.215}$$

① 随后的 arctan 函数需要在 $s_{Dr}(t)<0$ 时向相位添加一个值 π。

式(4.215)中的右边项 $f_D(t)$ 是 $s_D(t)$ 的瞬时频率，它可以为正值或负值，这取决于 $s(t)$ 中瞬时振荡的频率是否高于或低于 f_0。对式(4.215)中的 t 进行求导，得到

$$f_D(t)=\frac{1}{2\pi}\frac{d}{dt}\theta_D(t)=\frac{1}{2\pi}\frac{d}{dt}\left[\arctan\frac{s_{Di}(t)}{s_{Dr}(t)}\right] \\ =\frac{1}{2\pi}\frac{s_{Dr}(t)\frac{d}{dt}s_{Di}(t))-s_{Di}(t)\frac{d}{dt}s_{Dr}(t)}{{s_{Dr}}^2(t)+{s_{Di}}^2(t)} \tag{4.216}$$

根据采样信号计算外壳时，通常采用一种简化的方法，即在 $s(n)$[①]的绝对值上使用加权窗口的平滑平均值

$$|s_D(n)|\approx\frac{1}{C}\sum_{m=-L/2}^{L/2-1}h(m)|s(m+n)|，\text{其中}\ C=\sum_{m=-L/2}^{L/2-1}h(m) \tag{4.217}$$

这里，$h(n)$ 通常是对称加权函数，可解释为平滑 $|s(n)|$ 的 FIR 滤波器的脉冲响应。从上述结果来看，滤波器的截止频率不应高于 f_0，即从 $s(n)$[②]中移除的周期振荡的基音频率。但是，它也不应该太低，否则，以振幅外壳突变为标志的瞬态检测可能会受到影响。

作为从外壳提取特征的简单示例，音符活动为每个分段描述分段 m 中的样本百分比，其中外壳高于阈值 Θ(假设播放了音符)与所有值：

$$\mathrm{NA}(m)=\frac{1}{M}\sum_{n=-L/2}^{L/2-1}\varepsilon\left[|s_D(mU+n)|-\Theta\right]，\text{其中}\ \varepsilon(x)=\begin{cases}0, & x<0\\1, & x>0\end{cases} \tag{4.218}$$

式(4.218)存在的问题是它对响度具有依赖性，这就要求根据本地信号或外壳标准调整阈值。

与通过瞬时相位的导数计算瞬时频率不同，可通过过零率计算式(4.213)低复杂度的离散近似值(这里给出的是过零率相对于绝对样本数的比率)：

$$N_{ZC}(n)=\frac{1}{L}\sum_{m=-L/2}^{L/2-1}\varepsilon\left[-s(m+n-1)s(m+n)\right] \tag{4.219}$$

但应注意的是式(4.219)对噪声引起的小尺度振荡非常敏感。为了避免这个问题，可以在 $\varepsilon(\cdot)$ 参数中加入额外的阈值标准(单阈值或滞后阈值方法)。对于窗口大小 M 的选择，需要进行与瞬时外壳检测类似的考虑。M 数量太少的话精度不够，且容易受到噪声的影响；另一方面，瞬变位置的瞬时相位变化很快，因此过零率的变化也反映了这一点。如果 M 值太大，则很难检测到这种变化。

乐器演奏的音符的时间包络。乐器演奏的音符的时间包络可以分为以下几个周期(见图 4.64)：

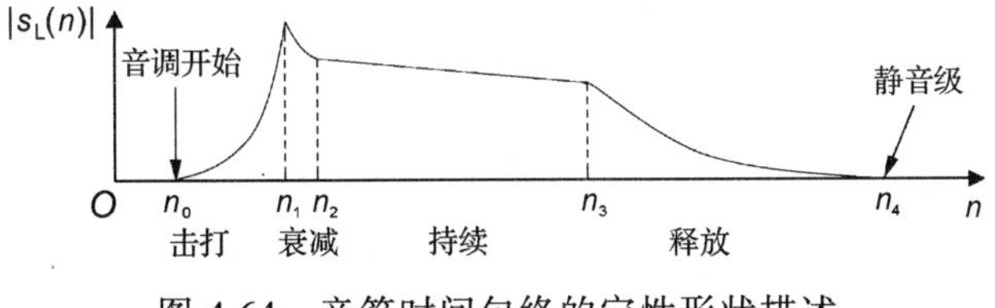

图 4.64　音符时间包络的定性形状描述

① 注意，这相当于振幅解调中包络检测接收器的操作，与式(4.210)的方法相比，其在噪声灵敏度和可能的非线性失真方面较差。这里假设非零系数的数目 L 是偶数。

② 注意，应移除的绝对外壳下的基音频率约为 $2f_0$。

- 信号幅度增长至最大电平(击打)的周期；
- 从最大电平到随后的持续电平(衰减)的(快速)幅度减小的周期；
- (几乎)恒定信号幅度(持续)的周期；
- 最终减小信号幅度(释放)的周期。

并不是所有时期都有乐器。乐器可以大致分为和声和打击乐器。和声通常也是持续和连贯的，这意味着它们在较长的时间间隔(几个分析段)内保持相似的特性。由于人耳的生理特性(振荡刺激基底膜，参见[MSCT，3.2 节])，和声通常被认为更悦耳。打击性的声音没有持续阶段，它们通常是由类似脉冲的事件(钢琴的键，在鼓上拍打)而不是谐波乐器的永久性激励(小提琴弦通过弓的运动而振动)而形成的。对于由脉冲激发但由机械体(如钟)共振放大的仪器，可能存在一个维持阶段。然而，这通常比永久激励具有更清晰的衰减坡度。即使是非谐波，一些共振驱动的声音仍然是连贯的，因为它们在一段时间内保持准平稳特性。此外，完全不相干的声音也存在，其特征类似于彩色噪声。

击打时间(n_1-n_0)、衰减时间(n_2-n_1)、持续时间(n_3-n_2)和释放时间(n_4-n_3)的值是表征音调的时间特性以及相应振幅水平的重要特征。这些参数也是声音合成器中常用的控制参数。但是，请注意，从信号中提取的时间包络通常不具有图 4.64 所示的理想特性，检测到的变化点可能不唯一，并且分析容易受到噪声的干扰。

在乐器的特性方面，击打阶段的持续时间和陡度以及包络线的紧凑度起着重要的作用。在击打阶段，通常可以观察到易于测量的最大坡度，或者可以安全地应用简单的阈值标准来检测其起点和终点(例如,将它们分别标记为 n_1 位置外壳峰值的 10%和 90%处)。击打特征描述的一个合适参数是对数击打时间：

$$u_{\mathrm{LAT}}=\log(n_1-n_0) \tag{4.220}$$

以及平均击打坡度：

$$u_{\mathrm{AAS}}=\frac{1}{n_1-n_0}\sum_{n=n_0+1}^{n_1}\left|s_{\mathrm{D}}(n)-s_{\mathrm{D}}(n-1)\right| \tag{4.221}$$

就外壳紧凑度而言，时间外壳和质心(偏移起始时间 n_0)是一个有用的特征，它进一步提供了关于音符持续时间的提示：

$$u_{\mathrm{TC}}=\sum_{m=n_0}^{n_4}(m-n_0)\left|s_{\mathrm{D}}(m)\right|\Big/\sum_{m=n_0}^{n_4}\left|s_{\mathrm{D}}(m)\right| \tag{4.222}$$

此外，波峰系数，即外壳的最大振幅与平均振幅之比，是音符振幅变化的指示器：

$$u_{\mathrm{CF}}=(n_4-n_0)\max_{m=n_0\ldots n_4}\left|s_{\mathrm{D}}(m)\right|\Big/\sum_{m=n_0}^{n_4}\left|s_{\mathrm{D}}(m)\right| \tag{4.223}$$

在持续阶段，不同乐器的时间衰减特性不同。由于指数衰减是可以预期的，因此可以使用在持续阶段与指数衰减参数相匹配的包络。如果改用外壳的对数，则可通过回归分析线性近似找到参数(参见 3.7 节)。

若是谐波仪器，震音和颤音可以出现在持续阶段，这可能使得振幅外壳的分析更加困难；实际上，震音是瞬时振幅的周期性变化，而颤音是瞬时频率的周期性变化(参见 7.8.1 节)。

速度。旋律序列的节奏可以通过音调的可分辨率来分析，音调的可分辨率被它们的起始时间 n_0 所抵消。如果发现起始时间为 $n_0(p)$ 的 P 调，则平均持续时间（以每个音调的样本表示）为

$$\Delta_{\text{Tone}}=\frac{1}{P-1}\sum_{p=2}^{P}n_0(p)-n_0(p-1) \tag{4.224}$$

对音长变化的分析如下①：

$$\Delta_{\text{Var}}=\frac{1}{P-2}\sum_{p=2}^{P-1}\frac{n_0(p+1)-n_0(p)}{n_0(p)-n_0(p-1)} \tag{4.225}$$

4.8.3　谱域特征

谱矩。与 m 段 DFT 能量密度相关的 P 阶谱矩定义为②

$$v_s^P(m)=\frac{\sum_{k=1}^{K-1}f^P(k)\cdot\left|S_{\mathrm{d}}(k,m)\right|^2}{\sum_{k=1}^{K-1}\left|S_{\mathrm{d}}(k,m)\right|^2} \tag{4.226}$$

其中 $f(k)$ 是与 DFT 系数 k③相关联的频率。对于 $P=1$，功率谱分布的质心计算如下：

$$v_s^1(m)=\frac{\sum_{k=1}^{K-1}f(k)\left|S_{\mathrm{d}}(k,m)\right|^2}{\sum_{k=1}^{K-1}\left|S_{\mathrm{d}}(k,m)\right|^2} \tag{4.227}$$

其进一步用于定义高阶中心谱矩④：

$$v_s^P(m)=\frac{\sum_{k=1}^{K-1}\left(f(k)-v_s^1(m)\right)^P\cdot\left|S_{\mathrm{d}}(k,m)\right|^2}{\sum_{k=1}^{K-1}\left|S_{\mathrm{d}}(k,m)\right|^2} \tag{4.228}$$

当 $P=2$、3 和 4 时，式(4.228)分别表示为谱扩展、谱偏度和谱峰度。谱扩展反映了质心附近的变化，而从偏度和峰度可以推断谱功率分布的不对称性和显著边峰的存在。

或者，在矩计算中，类似倍频程的缩放可以应用于频率轴，以便更好地跟踪音高的感知特性（见 4.8.7 节）。然后，根据 1 kHz 的锚定频率计算矩：

$$\hat{v}_s^P(m)=\frac{\sum_{k=1}^{K-1}\left[\log_2\left(f(k)/1000\right)\right]^P\cdot\left|S_{\mathrm{d}}(k,m)\right|^2}{\sum_{k=1}^{K-1}\left|S_{\mathrm{d}}(k,m)\right|^2} \tag{4.229}$$

谱功率分布。矩和中心矩是标量参数，仅大致表示频谱功率在频率范围内的划分。此外，即使它们是在式(4.229)中的对数频率轴上计算的，这也可能无法与感知特性相匹配。感知调谐频率轴变换的一个例子是 Bark 尺度（Bark Scale）[ZWICKER 1982][MSCT

---

① 其中，$n_0(p+1)>n_0(p)>n_0(p-1)$。

② 由于音频信号通常为零均值，因此在这里和随后的方程中省略 DFT 的 DC 系数 $S_{\mathrm{d}}(0)$。

③ 通常 $f(k)=k\,f_{\mathrm{T}}/K$，其中 $f_{\mathrm{T}}=1/T$ 是采样率；然而，也可以将频率范围限制在频谱的可听部分，并且使用比最初样本计算更少的 DFT 系数。

④ 注意，式(4.229)的频率轴的倍频程标度同样可以应用于式(4.227)和式(4.228)。

3.2.2 节]，它与 $f < 0.5$ kHz 时的赫兹尺度近似呈线性，根据文献[TRAUNMÜLLER 1990]，将其近似定义如下[见图 4.65(a)]：

$$\frac{f}{\text{Bark}} = 13\arctan\left(0.76\frac{f}{\text{kHz}}\right) + 3.5\arctan\left(\frac{1}{7.5}\frac{f}{\text{kHz}}\right) \tag{4.230}$$

然后将结果量化为整数值。图 4.65(b)示出了将频率的可听范围映射到 Bark 尺度的离散值上，该离散值建立了从 0～24 范围内的频带边界。

类似的想法可定义 Mel 表，最初是在文献[STEVENS，VOLKMAN 1940]中提出的①。

$$\frac{f}{\text{Mel}} = 1.127\ln\left(1 + \frac{f}{0.7\text{ kHz}}\right) \tag{4.231}$$

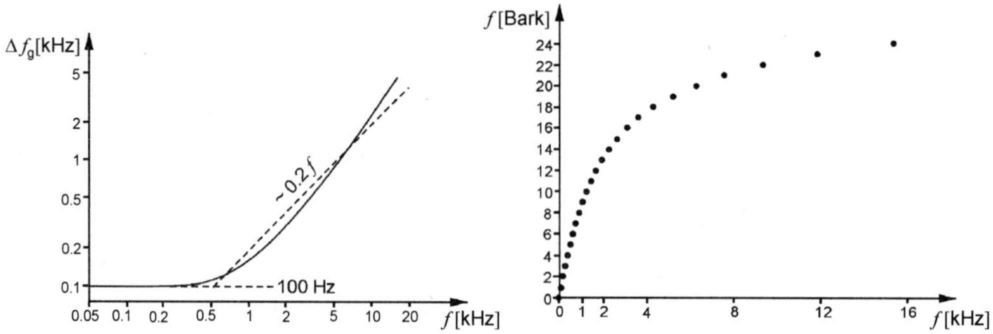

(a) 可听谱范围内频率和频率组宽度之间的关系　　(b) Bark尺度上离散频率的定义

图 4.65

对于离散处理，定义有限个频带是合适的。这在感知上也是恰当的，因为 Bark 尺度定义背后的动机是，在 24 个 Bark 带(覆盖频谱的可听范围)中落入相同的窄带噪声信号是不可区分的。通过执行式(4.230)的逆映射，可将频带极限的线性间隔转换为赫兹尺度，从而找到每个频带内的 DFT 频谱系数。

假设在感知频率轴的频带 b 内(无论是否使用 Bark 或 Mel 映射)，最小 DFT 频率索引将为 $k_L(b)$，最大 DFT 频率索引将为 $k_H(b)$。然后，落入段 m 频带 b 的频谱功率百分比可以计算为

$$Q_s(b,m) = \frac{\sum_{k=k_L(b)}^{k_H(b)} |S_d(k,m)|^2}{\sum_{k=1}^{K-1} |S_d(k,m)|^2} \times 100 \quad [\%] \tag{4.232}$$

在 Mel 尺度的背景下，通常将频谱功率划分计算与三角形重叠带通滤波器的方法相结合，中心频率在 Mel 尺度上进行线性定位(因此在赫兹尺度上呈对数)，见图 4.66。在这种情况下，每个 DFT 系数在两个相邻的 Mel 频带内均有贡献，但是所有频带的总谱功率没有变化。在这种情况下，通常使用 25～30 个 Mel 频带跨越频谱的可听范围。Mel 功率谱可定义为

$$Q_s(b,m) = \sum_k H(k,b)|S_d(k,m)|^2, \text{ 其中 } \sum_b \sum_k H(k,b) = 1 \tag{4.233}$$

① 式(4.231)中的版本是在文献[O'SHAUGHNESSY 1987]中提出的。它与高达 0.7 千赫的赫兹尺度呈线性关系。其他流行版本的线性频率高达 1 千赫兹。

其中 $H(k, b)$ 是在 DFT 系数 k 的频率下 Mel 频带 b 的三角形权重。

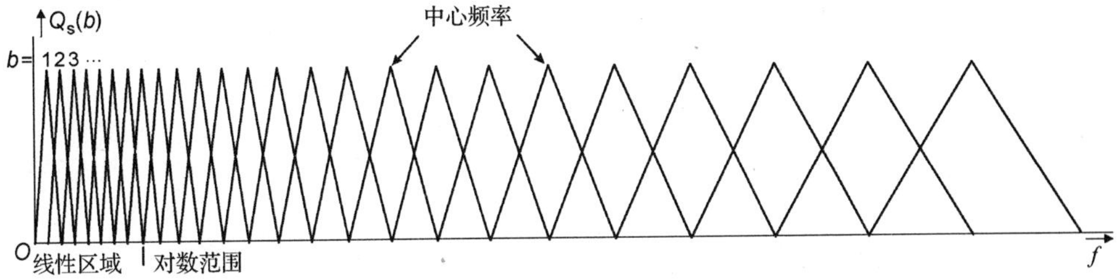

图 4.66　25 频带三角形 Mel 滤波器组的频率分布

与 m 段内感知频带 b 相关的另一个特征是频谱平坦度①：

$$\gamma_s(b,m)=\frac{\sqrt[k_{\mathrm{H}}(b)-k_{\mathrm{L}}(b)+1]{\prod_{k=k_{\mathrm{L}}(b)}^{k_{\mathrm{H}}(b)}\left|S_{\mathrm{d}}(k,m)\right|^2}}{\frac{1}{k_{\mathrm{H}}(b)-k_{\mathrm{L}}(b)+1}\sum_{k=k_{\mathrm{L}}(b)}^{k_{\mathrm{H}}(b)}\left|S_{\mathrm{d}}(k,m)\right|^2} \tag{4.234}$$

它是几何平均值和算术平均值的比值，表示给定感知频带内 DFT 功率系数的均匀性；对于频带内的平坦频谱，$\gamma_s(b)=1$；否则，值将介于 0 和 1 之间②。

谱包络建模。对于某些谱特征分析任务，使用平滑谱包络代替 DFT 能量谱值是有用的。这可以通过对相邻的平方值进行加权平均来实现③：

$$\left|\overline{S_{\mathrm{d}}}(k,m)\right|^2=\frac{1}{M}\sum_{l=k-L/2}^{k+L/2-1}H(l)\left|S_{\mathrm{d}}(l,m)\right|^2,\ \text{其中}\quad \sum_{l=k-L/2}^{k+L/2-1}H(l)=1 \tag{4.235}$$

谱包络建模的另一种方法是首先估计段上的自方差，然后通过 Wiener-Hopf 方程式（A.101）计算线性预测滤波器的系数 $a(p)$。光谱外壳的估计值可通过相应的自回归合成滤波器在连续频率上计算为

$$\hat{S}_{\delta}(f)=\frac{\sigma_v^2}{\left|1-\sum_{p=1}^{P}a(p)\mathrm{e}^{-\mathrm{j}2\pi fp}\right|^2} \tag{4.236}$$

这种方法通常用于语音信号，其中，根据极点角位置的自回归模型（在 IIR 滤波器脉冲响应的 z 变换中，该模型将接近单位圆）与声道的共振频率相关[HANZO ET AL. 2007]，并在式（4.236）中观察到谱峰。它们对应于音高频率及其谐波的频率，也称为共振峰。共振峰也用于乐器的特征描述，然而自回归建模可能与潜在的物理发声原理不匹配（例如乐器体的共振）。在这种情况下，可以使用式（4.235）结果中的谱峰检测来代替。

4.8.4　倒谱域特征

人工词"倒谱"cepstrum（"谱"的口头倒置）[BOGERT ET AL. 1963]提到这样一个事

---

① 频谱平坦度也可以在整个频谱范围内进行全局计算，但在感知频带内的计算提供了更多关于潜在信号的信息。在音频段上频带频谱平坦区域的面积也是音乐片段的一个特点，并且已经被用于它们的识别[HERRE ET AL. 2001]。

② 请注意，对于频带内没有功率的情况（所有系数为零），极限过渡也会给出 1 的值，但将其标记为"无效"可能更合理。

③ 在谱范围之外，式（4.235）将访问具有 $l<0$ 或 $l>M-1$ 的谱线，因此需要适当进行扩展（例如镜像）。

实，即通过对谱进行变换（具体来说是对数映射，然后是逆傅里叶变换）来获得关于信号的附加信息。解析信号的实倒谱由振幅谱$|S(f)|$或平方谱①$|S(f)|^2$的逆傅里叶变换定义：

$$\chi_{ss}(\tau)=\int_{-\infty}^{\infty}\ln\left|S(f)\right|\mathrm{e}^{\mathrm{j}2\pi f\tau}\,\mathrm{d}f=\frac{\int_{-\infty}^{\infty}\ln\left(\left|S(f)\right|^2\right)\mathrm{e}^{\mathrm{j}2\pi f\tau}\,\mathrm{d}f}{2} \tag{4.237}$$

如果倒谱是从 LTI 系统的输出计算出来的，可以得到

$$\begin{aligned}\chi_{gg}(\tau)&=\int_{-\infty}^{\infty}\ln\left|G(f)\right|\mathrm{e}^{\mathrm{j}2\pi f\tau}\,\mathrm{d}f=\int_{-\infty}^{\infty}\ln\left(\left|S(f)\right|\left|H(f)\right|\right)\mathrm{e}^{\mathrm{j}2\pi f\tau}\,\mathrm{d}f\\&=\underbrace{\int_{-\infty}^{\infty}\ln\left|S(f)\right|\mathrm{e}^{\mathrm{j}2\pi f\tau}\,\mathrm{d}f}_{\chi_{ss}(\tau)}+\underbrace{\int_{-\infty}^{\infty}\ln\left|H(f)\right|\mathrm{e}^{\mathrm{j}2\pi f\tau}\,\mathrm{d}f}_{\chi_{hh}(\tau)}\end{aligned} \tag{4.238}$$

结果，时域 t 中的卷积被映射到倒谱域中的加法（轴τ也被映射为“倒频率”）：

$$g(t)=s(t)*h(t)\Rightarrow\chi_{gg}(\tau)=\chi_{ss}(\tau)+\chi_{hh}(\tau) \tag{4.239}$$

由于这一特性，倒谱分析为源滤波器模型的反卷积提供了有用信息，这对于语音和乐器声音的产生都很重要。一个例子是语音或音乐信号的音调分析，它可以通过输入 LTI 系统（乐器的声道或共振体）的脉冲串源激励来建模，在 LTI 系统中识别脉冲和在倒谱叠加中确定它们的音调周期更为简单②。

上面介绍的实值倒谱不考虑相位信息。相应地，复倒谱是用复数的对数来定义的：

$$\begin{aligned}\chi_{ss}(\tau)&=\int_{-\infty}^{\infty}\ln\left(S(f)\right)\mathrm{e}^{\mathrm{j}2\pi f\tau}\,\mathrm{d}f\\&=\int_{-\infty}^{\infty}\ln\left(\left|S(f)\right|\mathrm{e}^{\mathrm{j}\varphi(f)}\right)\mathrm{e}^{\mathrm{j}2\pi f\tau}\,\mathrm{d}f=\int_{-\infty}^{\infty}\left[\ln\left|S(f)\right|+\mathrm{j}\varphi(f)\right]\mathrm{e}^{\mathrm{j}2\pi f\tau}\,\mathrm{d}f\end{aligned} \tag{4.240}$$

同样，如果进行分割和离散分析，DFT 倒谱可以计算为

$$\chi(m,n)=\sum_{k=0}^{K-1}\ln\left|S_{\mathrm{d}}(k,m)\right|\cdot\mathrm{e}^{\mathrm{j}2\pi\frac{nk}{K}} \tag{4.241}$$

若段 m 包含周期分量，脉冲序列的轨迹通常可以在 $\chi(m,n)$ 的 n 上识别。

相应地，倒谱系数也可以从感知对齐的谱表示中计算得到。对于 Mel 频率倒谱系数（Mel Frequency Cepstral Coefficients，MFCC），对 Mel 谱的对数应用逆 DFT 或 DCT［见式（4.233）］。从 MFCC 可以得到的相关特征是倒谱域中峰的位置和大小；此外，MFCC 序列上的一阶和二阶导数可以用作附加特征。MFCC 特征已成功应用于语音识别[RABINER，SCHAFER 1978]和乐器识别等领域。

4.8.5 谐波特征

音频信号通常是谐波的，在这种情况下，频谱主要由基音频率的分量及其倍数（谐波）分量组成。音调分析是音频信号分析中的一项重要工作，对语音和音乐都是必不可少的。基音检测方法包括自相关分析（其中在基音周期及其倍数处发现自相关函数的侧极大

---

① 对于连续信号，这里解释倒谱的概念。它直接扩展到短时谱、采样信号的周期谱以及 DFT 谱［后者用于式（4.241）］。

② 注意，时间上的脉冲序列映射到频率上的脉冲序列，在对数映射后再次映射到倒谱域上的脉冲序列。

值)、计算 DFT 倒谱或分析 DFT 频谱本身。但是，在后一种情况下，精度取决于 DFT 分析长度，并进一步受到之前 DFT 应用的加窗的影响①。

和谐度。音频信号的和谐度测量可以通过自相关分析来完成，自相关分析在移位位置有侧峰，即基音周期的倍数。最小的合理基音周期为 $l_{\min}=2$（相当于采样频率一半的周期），因为乐器演奏的音调通常在较低的频率，它也可以被限定为其他值。同样，最大 $l_{\max}$ 取决于应检测的最小基音频率。在长为 M 的加窗分析段 m 内，归一化自相关系数序列的计算类似于式(4.205)②：

$$\rho_{ss}(m,l)=\frac{\sum_{n=0}^{M-1}s_{\mathrm{W}}(m,n)s_{\mathrm{W}}(m,n+l)}{\sum_{n=0}^{M-1}s_{\mathrm{W}}^{2}(m,n)},\quad l_{\min}\leqslant l\leqslant l_{\max} \tag{4.242}$$

谐波比(Harmonic Ratio，HR)是给定 l 范围内最大系数的值，基音周期(Pitch Period，PP)是相关联的移位 l 本身，

$$\mathrm{HR}(m)=\max_{l_{\min}\leqslant l\leqslant l_{\max}}(\rho_{ss}(m,l))\,;\ \mathrm{PP}(m)=\arg\max_{l_{\min}\leqslant l\leqslant l_{\max}}(\rho_{ss}(m,l)) \tag{4.243}$$

在确定基音频率后，可以进行频谱分析，特别是谐波分析。一种直接的方法是识别对应于频率 $f(l)=l/\mathrm{PP}(m)$ 的 DFT 谱线。DFT 谱线对应于频率 $f(k)=k/M$，使得可以在第 l 个谐波位于 DFT 谱线 $k(l)=lM/\mathrm{PP}(m)$ 处的地方执行映射，该 DFT 谱线不一定是整数。为了避免由加窗分析引起的相关谱模糊和能量扩散，可以使用一组索引为 $k\in\mathcal{N}(l)$ 的相邻系数进行计算，其中必须根据窗口特性和当前谱位置确定精确的加权因子 $H_l(k)$：

$$\left|\tilde{S}_{\mathrm{d}}(l,m)\right|^{2}=\sum_{k\in\mathcal{N}(l)}H_{l}(k)\left|S_{\mathrm{d}}(k,m)\right|^{2} \tag{4.244}$$

这也可用于确定段 m 中谐波分量的能量与总能量的比值，作为 HR 的替代定义，其中 L 是谐波总数：

$$u_{\mathrm{HR}}(m)=\frac{\sum_{l=1}^{L}\left|\tilde{S}_{\mathrm{d}}(l,m)\right|^{2}}{\sum_{k=1}^{K-1}\left|S_{\mathrm{d}}(k,m)\right|^{2}} \tag{4.245}$$

式(4.244)方法的一个缺点是相邻的谱位置也可能包含非谐波分量。分离谐波的另一种方法是梳状滤波，它完全抵消了信号中的基音频率的分量及其谐波分量，另外还考虑了 HR 参数，该参数可以解释为从一个周期到下一个周期对当前段的样本执行的最佳线性预测系数：

$$g(n)=s(n)-\mathrm{HR}(m)s(n-\mathrm{PP}(m)) \tag{4.246}$$

---

① 当 DFT 的分析块长度不是真基音周期的倍数时，谱线通常分布在一系列相邻频率上。只有当基音周期和 DFT 块长度匹配，并且信号是完全周期的且没有任何变化时，才能从 DFT 结果中检测出真实的线谱；此外，在 DFT 分析的背景下应用的加窗具有频谱淡化的效果，这有利于基音和 DFT 频率不匹配的情况，但是会影响真谱线。如果在分析过程中使用适当的时间窗，谐波的谱能量可以通过 k(l) 附近的多条谱线的加权平均来确定。

② 注意，ACF 的计算可以通过 DFT 域中的乘法和随后的 IDFT 有效地执行。在基音检测的情况下，使用循环卷积也很有用，即直接在信号段上应用长度为 M 的 DFT，该信号段被 DFT 隐式地认为是周期性的，而 ACF 的周期性为 M。在这种情况下，由于 ACF 的对称性，最大合理基音周期为 $l_{\max}=M/2$。

接下来，对于从 $k=1$ 开始的每个 DFT 频率位置，梳状滤波和原始信号谱的谐波功率比可以计算为

$$u_{\mathrm{HPR}}(k,m)=\frac{\sum_{q=k}^{K-1}\left|G_{\mathrm{d}}(q,m)\right|^2}{\sum_{q=k}^{K-1}\left|S_{\mathrm{d}}(q,m)\right|^2};\quad k=1,\cdots,K-1 \tag{4.247}$$

当梳状滤波器成功滤除谐波能量时，随着 k 的增加，$u_{\mathrm{HPR}}(k,m)$ 会增加，因此，这些高于 k 值的增加可以用来识别强谐波的位置。和谐度的上限可以进一步定义为 $u_{\mathrm{HPR}}(k,m)$ 高于某些预定义阈值Θ的最高频率。

然而，频谱也有可能包含显著的峰(共振峰，参见 4.8.3 节)，这些峰不在预期基音频率的倍数处。假设已经检测到基音频率 $f_{\mathrm{P}}(m)=1/\mathrm{PP}(m)$，并且在位置 $f(l)$ 处发现 $L-1$ 个其他峰值。那么，不和谐度可表示为①

$$u_{\mathrm{NH}}(m)=\frac{1}{f_0}\frac{\sum_{l=2}^{L}\left(f(l)-lf_{\mathrm{P}}\right)\left|\bar{S}_{\mathrm{d}}(k(l),m)\right|^2}{\sum_{l=2}^{L}\left|\bar{S}_{\mathrm{d}}(k(l),m)\right|^2} \tag{4.248}$$

谐波音色。对于谐波信号，“音色”一词与音调的“锐度”密切相关，其可以通过频谱功率向高频谐波衰减的陡度，或通过谐波频谱的衰减特性来解释。假设 $L-1$ 高次谐波存在于频率 $f(l)=lf_P$，基音频率 $f_{\mathrm{P}}=f(1)$。然后，平均减少量可以表示为[MATHEWS 1999]：

$$u_{\mathrm{AD}}(m)=\frac{10}{L}\sum_{l=2}^{L}\frac{\log_{10}\left(\left|\tilde{S}_{\mathrm{d}}(1,m)\right|^2/\left|\tilde{S}_{\mathrm{d}}(l,m)\right|^2\right)}{\log_2 l}\quad[\mathrm{dB/octave}] \tag{4.249}$$

平均减少量的另一个定义是

$$u_{\mathrm{AD}}(m)=\frac{\sum_{l=2}^{L}\frac{\left|\tilde{S}_{\mathrm{d}}(l,m)\right|^2-\left|\tilde{S}_{\mathrm{d}}(1,m)\right|^2}{l-1}}{\sum_{l=1}^{L}\left|\tilde{S}_{\mathrm{d}}(l,m)\right|^2} \tag{4.250}$$

谐波频谱的衰减特性可以通过最低谐波分量 q 的频率来定义，即总频谱能量的某一百分比将集中在小于等于该频率范围内：

$$u_{\mathrm{RO}}(m)=f(q)\ \text{s.t.}\ \frac{\sum_{l=1}^{q}\left|\tilde{S}_{\mathrm{d}}(l,m)\right|^2}{\sum_{l=1}^{L}\left|\tilde{S}_{\mathrm{d}}(l,m)\right|^2}\leqslant\Theta,\ 0<\Theta<1 \tag{4.251}$$

谐波谱矩。4.8.3 节中介绍的谱矩同样可以在谐波的谱分量上有选择地计算。分段 m 的谐波谱质心(Harmonic Spectral Centroid，HSC)定义为

$$u_{\mathrm{HSC}}(m)=\frac{\sum_{l=1}^{L}f(l)\left|\tilde{S}_{\mathbf{d}}(l,m)\right|^2}{\sum_{l=1}^{L}\left|\tilde{S}_{\mathbf{d}}(l,m)\right|^2}\quad[\mathrm{Hz}] \tag{4.252}$$

① 为了简单起见，这里使用索引 l 来表示峰值 l 处光谱能量外壳[见式(4.235)]的值。这可以从离散或连续光谱外壳确定。

此外，一组包含持续谐波的后续段的平均值可以通过下式计算：

$$u_{\mathrm{HSC}}(m_{\mathrm{start}},m_{\mathrm{end}})=\frac{1}{m_{\mathrm{end}}-m_{\mathrm{start}}+1}\sum_{m=m_{\mathrm{start}}}^{m_{\mathrm{end}}}u_{\mathrm{HSC}}(m) \tag{4.253}$$

谐波频谱偏差(Harmonic Spectral Deviation，HSD)是纯谐波谱线和包络线式(4.235)之间的差，可以用来确定色调的“纯净度”①：

$$u_{\mathrm{HSD}}(m)=\frac{\sum_{l=1}^{L}\left|\tilde{S}_{\mathbf{d}}(l,m)\right|-\overline{S_{\mathbf{d}}}(k(l),m)}{\sum_{l=1}^{L}\left|\tilde{S}_{\mathbf{d}}(l,m)\right|} \tag{4.254}$$

谐波频谱扩展(Harmonic Spectral Spread，HSS)表征了质心周围的频谱振幅集中的标准偏差：

$$u_{\mathrm{HSS}}(m)=\frac{\sum_{l=1}^{L}\left|\tilde{S}_{\mathbf{d}}(l,m)\right|^{2}\left(f(l)-\mathrm{HSC}(m)\right)^{2}}{\sum_{l=1}^{L}\left|\tilde{S}_{\mathbf{d}}(l,m)\right|^{2}} \tag{4.255}$$

谐波谱变化(Harmonic Spectral Variation，HSV)是基于相邻分析窗口谱能量之间的归一化互相关：

$$u_{\mathrm{HSV}}(m)=1-\frac{\sum_{l=1}^{L}\left|\tilde{S}_{\mathbf{d}}(l,m)\right|^{2}\left|\tilde{S}_{\mathbf{d}}(l,m-1)\right|^{2}}{\sum_{l=1}^{L}\left|\tilde{S}_{\mathbf{d}}(l,m)\right|^{2}\sum_{l=1}^{L}\left|\tilde{S}_{\mathbf{d}}(l,m-1)\right|^{2}} \tag{4.256}$$

对于低变化(能量密度谱的同一性)，其值为零；对于最大不相似性(没有相同的谱线)，其值为 1。

紧凑的谐波特性。当对单次谐波乐器演奏的音符进行分类时，一个重要的标准是偶数和奇数谐波所含能量的比率，表示为偶数和奇数谐波比率②：

$$u_{\mathrm{EOR}}(m)=\frac{\sum_{l=1}^{L/2}\left|\tilde{S}_{\mathrm{d}}(2l)\right|^{2}}{\sum_{l=1}^{L/2}\left|\tilde{S}_{\mathrm{d}}(2l-1)\right|^{2}} \tag{4.257}$$

最后，在文献[POLLARD ET AL. 1982]中提出了谐波的三刺激值(类似于可见光谱的三刺激值，参见 4.1.1 节)。考虑到前几次谐波的能量集提供了有关谐波音调特性(包括其向更高频率衰减和衰减特性)的重要线索，三刺激值定义为

$$u_{\mathrm{TS_1}}(m)=\frac{\left|\tilde{S}_{\mathrm{d}}(1,m)\right|^{2}}{\sum_{l=1}^{L}\left|\tilde{S}_{\mathrm{d}}(l,m)\right|^{2}};\ u_{\mathrm{TS_2}}(m)=\frac{\sum_{l=2}^{4}\left|\tilde{S}_{\mathrm{d}}(l,m)\right|^{2}}{\sum_{l=1}^{L}\left|\tilde{S}_{\mathrm{d}}(l,m)\right|^{2}};\ u_{\mathrm{TS_3}}(m)=\frac{\sum_{l=5}^{L}\left|\tilde{S}_{\mathrm{d}}(l,m)\right|^{2}}{\sum_{l=1}^{L}\left|\tilde{S}_{\mathrm{d}}(l,m)\right|^{2}} \tag{4.258}$$

由于 $u_{\mathrm{TS1}}+u_{\mathrm{TS2}}+u_{\mathrm{TS3}}=1$，三刺激特征表达式只需要其中两个值。

---

① 一组段的平均值，如式(4.253)中的 u_{HSC}，也可以计算 u_{HSD} 和 u_{HSS}。还应注意的是，它取决于式(4.244)中权重 $H_1(k)$ 的选择，是否可以合理地比较 $\left|\tilde{S}_d(l)\right|$ 和 $\left|\tilde{S}_d(k(l))\right|$ 的幅度。

② 在式(4.257)中，假设谐波为偶数 L。

4.8.6 多通道特征

当允许更好地分离同时播放的不同声源时，使用多个麦克风捕获音频场景是有利的。但是，这需要确定捕获设置的排列方式。当同一声源由不同麦克风录制时，级别差异和运行时差异(可以映射到谱域中的相位差异)也能定位①。

当具有运行时差异的不同麦克风捕捉到音频信号并且信号被叠加时，当某些频率(运行时差异将引起 180° 相移)被消除而其他频率被放大的情况下，会发生梳状滤波器效应。根据逆原理，可以利用这一点，在捕获后补偿运行时的差异，这是在麦克风阵列记录具有特定方向位置的声源并添加输出信号时所期望的。在这种情况下，来自相应方向的任何声音都将被放大，而来自其他方向的声音将至少被部分丢弃。这一原理被称为波束成形(beamforming)，允许将位于不同方向上的声源与麦克风阵列隔离[BILLINGSLEY，KINNS 1976]。

然而，波束成形的原理对于不同麦克风位置的错误假设非常敏感，特别是当阵列由大量麦克风组成时(这将提高分离质量)。因此，有必要在安装后校准阵列[BIRCHFIELD，SUBRAMANYA 2005]。

4.8.7 感知特征

4.8.3 节介绍了音频频谱特征分析中的感知对齐问题。本节中进一步考虑音高和音调相似性(尤其是对和声)、响度和静音、清晰度和音色的感知。

音高和相似性。音调及其谐波通常是由乐器清晰产生的。对于某些乐器，不同音调的数量可能是有限的，即除去调音的情况外，乐器只能从离散的集合(例如，长笛、钢琴；反例：弦乐乐器)生成音调。对于声音的整体印象，基音也相当重要；然而，两个音调之间的基音距离并不是一个很好的指标，它无法映射到人类区分不同音调的能力中。例如，一个高出八度的音调被认为只比一个稍微高一点但不包含第一个音调的谐波的音调更相似。与通过高度区分两个音调的相似性和能力有关，图 4.67 所示的“音调螺旋线”提供了一种解释[SHEPARD 1999]，其中基音相差一个八度的音调被直接堆叠在彼此之上。还应注意的是，需要满足最小数量的时间段来识别音高。人类通常需要听到至少 10～20 个周期的波形，直到能够识别出短时脉冲的频率，否则会被认为是短暂的。

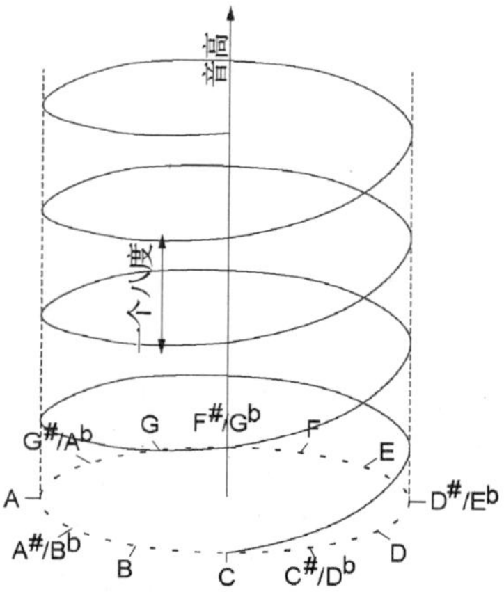

图 4.67 音调螺旋线[SHEPARD]

响度和静音。可通过瞬时功率分析[例如使用式(4.217)的平方]获得音频轨迹瞬时响度的粗略近似值。然而，这并不能完全反映对响度的感知，响度依赖于频率特性。对于静音的感知也是如此，因为听觉阈值也与频率有关。实际的

① 有关使用类似参数(如信道间电平差、信道间相位差和频谱分量的信道间相关性)的双耳提示编码原理的讨论，请参阅文献[MSCT，8.2.3 节]。

响度与乐曲或声音事件的感知等级有关。众所周知，主观感觉的“响度倍增”并不对应声压级的倍增。单位“phon”使用对数尺度(分贝尺度)，然而，由于基数 10 的对数与声压和主观感觉的响度倍增之间的非线性关系不匹配，因此仍然不可能将 phon 单位的特定增加与整个范围内的响度倍增联系起来。在根据声压定义 phon 时，进一步认为人类听觉系统的灵敏度在频率上不是恒定的，并且在不同声压水平下，频率依赖性是可变的(参见[MSCT，3.2.2 节])。另一个更接近于人类对响度的频率依赖性和音阶依赖性感知的指标是“sone”，它是基于心理声学适应 Bark 尺度[见式(4.230)][ZWICKER 1982]。在此，首先通过转换，根据能量，即式(4.232)的分子来确定每个 Bark 频带的比响度(specific loudness)：

$$u_{\mathrm{LS}}(b,m)=\left[\sum_{k=kl(b)}^{kh(b)}\left|S_{\mathrm{d}}(k,m)\right|^{2}\right]^{0.23} \tag{4.259}$$

而不同频带的绝对响度和相对响度定义为

$$u_{\mathrm{LA}}(m)=\sum_{b=1}^{24}u_{\mathrm{LS}}(b,m)\text{；}\quad u_{\mathrm{LR}}(b,m)=\frac{u_{\mathrm{LS}}(b,m)}{u_{\mathrm{LA}}(m)} \tag{4.260}$$

根据定义，1 sone 被定义为响度，其测量值为 40 phon，响度的扩展表示贡献能量是否集中在 Bark 尺度的一个或多个频带内，通过最大比响度和绝对响度之间的差异来表示：

$$u_{\mathrm{SL}}(m)=\frac{u_{\mathrm{LA}}(m)-\max_{b}\left\{u_{\mathrm{LS}}(b,m)\right\}}{u_{\mathrm{LA}}(m)} \tag{4.261}$$

根据心理声学标准分析响度和静音的模式如图 4.68 所示。基于 sone 测量的响度值，应用阈值操作检测静音，该操作还考虑了时间掩蔽效应(参见[MSCT，3.2.2 节])。由于时间掩蔽，静音期只有在超过一定的最小持续时间时才相关，这进一步取决于之前的响度水平。为了避免在低响度时因变化而波动，静音检测将频繁地打开和关闭。可以应用如图 4.69 所示的滞后阈值原理[①]，如果不超过较低阈值，则假设静音期开始。只有后来用另一个更高的阈值取代时，该假设才会在静音期结束时失效。此外，只有在较低阈值标准保持一定的最小持续时间 $t_{\min}$ 时，才切换到静音期。这种方法可能有许多不同的变体，例如使用两个以上的阈值级别、自适应阈值或最小持续时间的上下文相关定义等。

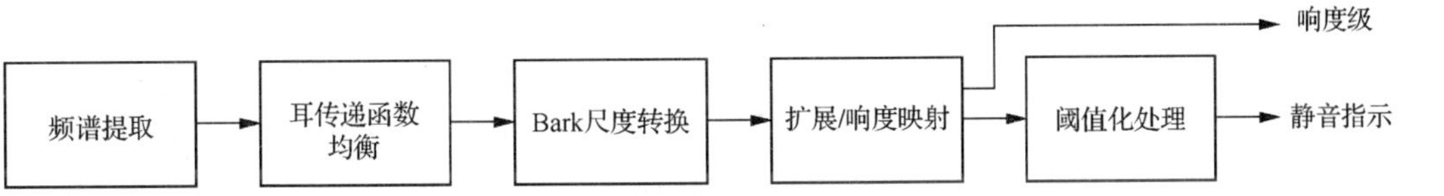

图 4.68　响度与静音的分析方法

音色和清晰度。声音的音色与它的温暖度有关，是一种侵入感。从心理声学的角度来看，可以用尖锐度度量，这可以通过每个 Bark 频带的相对响度来确定，这里用它作为密度函数来确定 Bark 尺度上加权频谱质心的位置[ZWICKER 1977]；质心越高，感觉到的声音就越尖锐：

$$u_{\mathrm{SH}}(m)=0.11\sum_{b=1}^{24}b\,w(b)\,u_{\mathrm{LR}}(b,m)\text{，其中 }w(b)=\begin{cases}1, & b<15\\ 0.066\mathrm{e}^{0.171b}, & \text{其他}\end{cases} \tag{4.262}$$

① 注意，在边缘跟踪中使用了类似的双阈值方法(见 4.3.3 节)和视频分割(见 6.2.1 节)。

对于打击音，也可用对数击打时间[见式(4.220)]进行音色的特征表示；若是和声，降低和衰减特征式(4.249) ~ 式(4.251)也很重要。

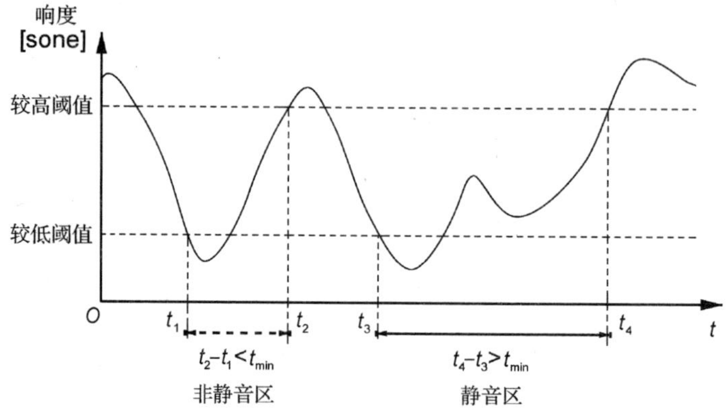

图 4.69 使用两种不同阈值检测感知静音的阈值分析[采用 MPEG-7 音频标准]

4.8.8 语义特征

语音识别。语音信号直接关系到话音的潜在语义。因此，在语音处理中，最重要的语义特征提取是语音识别和文字转录。通常不可能直接通过语音信号识别语音字母，因为上下文对于确定字母的发音方式很重要。语音和字母之间的间接映射由音素的元单位实现，音素是字母在某一发音中的组合。音素的定义很大程度上取决于语言，通常音素的数量会明显高于字母的数量(10 ~ 15 倍)。

浊音和清音的性质也可以从频谱中确定。在浊音中，典型的频谱分布呈现出少量谱线。主谐波称为共振峰，其中最大的三个共振峰通常足以区分不同的语音。在清音中，频谱最大值和衰减/衰减特性(向高频衰减)等指标也起着重要作用。此外，像振幅包络线这样的时间特性也很重要，例如可以区分扑通声和嗖嗖声。

Mel 频率倒谱系数(Mel-Frequency Cepstrum Coefficients，MFCC，见 4.8.4 节)已经成功用于区分音位特征[DAVIS，MERMELSTEIN 1980]。为了准确识别语音，简单将已识别的音素连接起来是不够的。这一点尤为正确，因为音素特征会变化，而有些音素具有很高的相似性(例如，包含口语字母“b”或“d”、“t”或“p”的声音)。因此，这个决定可能很模糊；有必要分析音位序列的出现，得到单词的上下文。这可以通过应用概率模型来实现。最广泛使用的语音识别方法是隐马尔可夫模型(Hidden Markov Models，HMM，参见 3.10.1 节)，由状态转移概率来描述，状态表征随后的音位。在此基础上，通过比较分析音位序列与状态序列在不同假设条件下音位序列的似然性，检测出概率最高的序列。最近，基于神经网络的分类(特别是深度学习网络，它可以根据先前错误的决策进行永久性更新，见 5.6.6 节)已被确定为语音识别领域的最新技术[HINTON ET AL. 2012]。

另外就是无语音间隔的检测。这对于将信号分割成小段以便进一步分析是必要的，例如将单独的句子分解成单个单词。最简单的方法，可以通过阈值检测(抑制小振幅)来实现，但是如果存在背景噪声，阈值检测的方法将不再有效。音位分离更困难，但往往会出现振幅较小的过渡阶段，而且音位特征的变化本身就是一个标准。然后，通过首先在固定块长度的光栅上执行分析来实现分离，当两个连续分析块的特征显著不同时，就认为音素出现了变化。然后在更细的层面上进行分析，找到精确的边界。一般来说，在被背景噪声扭曲的环境中，语音识别的可靠性将明显降低。

与语音语义相关的其他方面是说话人差异化分析[TRANTER，REYNOLDS 2006]，即分析对话并将对话分割成单个说话人正在讲话的部分，以及说话人识别[KINNUNEN，LI 2010]。

音乐结构。到目前为止所描述的基本分析元素可用来捕捉音乐作品的结构，如歌曲等。为此，有必要进行分割，分析在时间上下文和变化中基本特征相对稳定的周期，或表示某种更高层次结构的重复部分。音频段的特征向量从 t_{start} 开始，持续时间为 t_{duration}，并具有以下结构

$$\mathbf{u}_{\text{segment}} = \begin{bmatrix} t_{\text{start}} & t_{\text{duration}} & u_1 & \dots & u_K \end{bmatrix}^{\mathrm{T}} \tag{4.263}$$

通过分析这些向量序列在时间上的变化，有可能刻画出整首乐曲的结构，包括对歌曲中的诗句、副词等的检测。6.3 节进一步讨论了基于特征的分割问题。特别是，当迭代部分表示简介、诗句、合唱等结构时，可用隐马尔可夫模型（见 3.10.2 节）进行分析。

旋律。通过对音调相关片段的分析，可以从音频信号中提取旋律。这通常需要结合时序（功率、包络）分析来确定音调的开始和持续时间以及不同的过渡阶段，并结合频谱分析来确定音调的高度。用和声乐器演奏的带有声调约束的旋律最好能从频谱标准来分析。频谱变化准则可用于检测持续音调或过渡阶段，然而，分析的时间粒度将高度依赖于计算频谱的变换块长度。原则上，频谱图已具有足够的表现力进行分析，但对于复杂的乐团声,分析可能会失败。通过盲源分离的方法可将音乐曲目分离成单音调（见 6.3 节），这种分析通常是基于对频谱图时间/谱特性的分析。此外，这里最终目标是将分析的音频信号自动转录成乐谱，从而进一步用于音乐作品的识别。

4.9　习题

习题 4.1　计算下列颜色变换的基向量（变换矩阵行）之间的角度。基向量是正交的吗？有任何变换是正交的吗？[RGB 空间应解释为正交的参考空间]

a) YC_bC_r 变换式（4.2）。

b) XYZ 变换式（4.4）。

c) 根据下式进行 IKL 变换

$$\begin{bmatrix} I \\ K \\ L \end{bmatrix} = \begin{vmatrix} \frac{1}{3} & \frac{1}{3} & \frac{1}{3} \\ -\frac{1}{\sqrt{6}} & -\frac{1}{\sqrt{6}} & \frac{2}{\sqrt{6}} \\ \frac{1}{\sqrt{6}} & -\frac{1}{\sqrt{6}} & 0 \end{vmatrix} \cdot \begin{bmatrix} R \\ G \\ B \end{bmatrix}$$

注：IKL 变换是 IHS（强度、色调、饱和度）变换的线性第一步。然后将 K 和 L 转换为极坐标系，其中 H 表示色调角度，S 表示从原点到饱和度的距离。此转换是非线性的，但完全可逆：

$$H = \arctan\left[\frac{L}{K}\right];\ S = \sqrt{K^2 + L^2} \Rightarrow K = S\cos H \quad ; \quad L = S\sin H$$

习题 4.2

a) 确定 HSV 颜色变换的逆映射式(4.8)。

b) 在 RGB 颜色空间中确定 $S=1$，$V=0.5$ 和 $S=0.5$，$V=0.5$ 的黄色、青色和洋红(见图 4.3)的颜色值。

c) 计算 HSV 和 RGB 颜色空间中黑色值($V=S=R=G=B=0$)和 b) 中颜色之间的距离。解释结果。

习题 4.3 主分量 RGB 的颜色变换应通过：

$$\begin{bmatrix} I \\ D_1 \\ D_2 \end{bmatrix} = \begin{bmatrix} 1/3 & 1/3 & 1/3 \\ 2/3 & -1/3 & -1/3 \\ -1/3 & -1/3 & 2/3 \end{bmatrix} \cdot \begin{bmatrix} R \\ G \\ B \end{bmatrix}$$

a) 将分量 D_1 和 D_2 分别表示为 I 加上一个主分量的函数。

b) 检查变换是否正交。

c) 确定逆颜色变换。

d) 两对 RGB 颜色三元组定义如下：

$$\mathbf{s}_{A,1} = [0\ 0]^T, \ \mathbf{s}_{B,1} = [1\ 1]^T; \ \mathbf{s}_{A,2} = [1\ 0]^T, \ \mathbf{s}_{B,2} = [0\ 1]^T$$

计算 RGB 颜色空间和 ID_1D_2 颜色空间中的欧氏距离 $d_2(\mathbf{s}_{A,i}, \mathbf{s}_{B,i})$。在两个颜色空间中，哪个会受到强度($I$)的影响？

f) 假设三个主分量具有高斯 PDF，互不相关，且分别具有均值 $m_R=5$；$m_G=8$；$m_B=2$ 和方差 $\sigma_R^2=4$; $\sigma_G^2=3$; $\sigma_B^2=2$。确定分量 I 的均值和方差。

习题 4.4

a) 在式(4.21)中确定图像矩阵 $\mathbf{S}$，尺寸为 3×3 的共现矩阵 $\mathbf{C}^{(1,1)}$，假设信号将周期性地超出边界；然后使用所有 25 个样本来确定共现。

b) 确定以下图像矩阵的共现矩阵 $\mathbf{C}^{(1,1)}$，假设信号周期性扩展如下：

$$\mathbf{S} = \begin{bmatrix} 1 & 0 & 0 & 1 & 0 \\ 2 & 0 & 0 & 0 & 1 \\ 1 & 1 & 1 & 0 & 1 \\ 0 & 2 & 2 & 1 & 0 \\ 0 & 1 & 1 & 0 & 2 \end{bmatrix}$$

c) 对于三个振幅级为 0, 1, 2 的信号，式(4.28)和式(4.29)，谁是使式(4.26)中 $q=2$ 的值？当 i) $\mathbf{P}^{(1,1)}$ 中所有项都相等时；ii) 图像具有恒定的灰度。从 a) 和 b) 的共现矩阵计算相同的准则，比较并解释结果。

习题 4.5 对于二值图像 $b(n_1, n_2)$ 的纹理特征表示，可用水平和垂直相邻样本的共现矩阵进行归一化形式描述如下：

$$\hat{\mathbf{P}}^{(1,0)} = \begin{bmatrix} 0.45 & 0.05 \\ 0.05 & 0.45 \end{bmatrix}; \ \hat{\mathbf{P}}^{(0,1)} = \begin{bmatrix} 0.4 & 0.1 \\ 0.1 & 0.4 \end{bmatrix}, \text{其中 } \hat{\mathbf{P}}^{(k,l)} = \begin{bmatrix} \hat{\Pr}^{(k,l)}(0,0) & \hat{\Pr}^{(k,l)}(0,1) \\ \hat{\Pr}^{(k,l)}(1,0) & \hat{\Pr}^{(k,l)}(1,1) \end{bmatrix}$$

假设出现值与信号模型的概率分布值相同。

a) 确定概率 $\Pr(0)$ 和 $\Pr(1)$。

b) 确定二值纹理的均值和方差。

c) 计算自相关值 $\varphi_{bb}(0,1)$ 和 $\varphi_{bb}(1,0)$，自方差值 $\mu_{bb}(0,1)$ 和 $\mu_{bb}(1,0)$，以及自方差系数 $\rho_{bb}(0,1)$

和$\rho_{bb}(1,0)$。

d) 根据图 4.70 中的框图，通过该方法合成类似的纹理。在此，$v(n_1,n_2)$应为方差为σv^2的零均值高斯噪声。假设连续值过程$s(n_1,n_2)$的相关特性由二值过程$b(n_1,n_2)$继承。**TH** 为具有以下特性的阈值判定电路：

$$b(n_1,n_2)=\begin{cases}0\ , & s(n_1,n_2)\leqslant\Theta\\ 1\ , & s(n_1,n_2)>\Theta\end{cases}$$

确定参数 A、B 和 C。

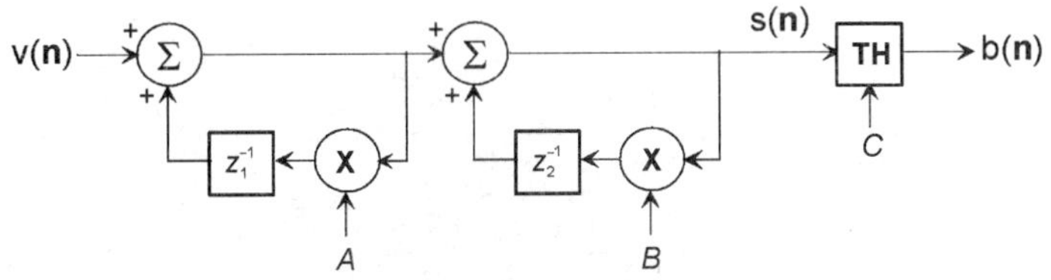

图 4.70　生成二值纹理的电路

习题 4.6　纹理应通过各向同性一阶自回归二维模型的参数来描述。功率密度谱应为圆对称，如式 (A.88) 所示。如果发生了：

a) 纹理图案旋转 45° 或 90°；

b) 按 0.5（压缩）或 2.0（扩展）因子均匀缩放纹理图案；

c) 纵横比从 1:1 改为 1:2。

频谱将如何改变？

习题 4.7

a) 应使用式 (4.53) 不同方向掩模的运算符对如下所示的图像矩阵 **S** 进行滤波。分析限于有界区域，并确定结果。

$$\mathbf{S}=\begin{bmatrix}5&5&5&5&10&10\\5&5&5&5&10&10\\5&5&5&10&10&10\\5&5&10&10&10&10\\5&5&10&10&10&10\\10&10&10&10&10&10\end{bmatrix}$$

b) 使用 a) 的结果，通过绝对值计算和不同方向滤波器结果之间的最大搜索来确定边缘图像。通过式 (4.65) 确定阈值，从而获得具有一个样本宽的边缘图像。

c) 将拉普拉斯算子式 (4.60) 用于有界区域的边缘检测。通过应用具有齐次邻域$\mathcal{N}_1^{(1)}$的最大差分滤波器式 (2.6)，确定二阶导数的过零点。假设拉普拉斯滤波器的结果在标记区域外设置为零。

习题 4.8　边缘检测器识别出图像中存在以下六个(t_1,t_2)坐标对的边缘样本：

$$t_1(p)=[2.0\quad 1.5\quad 1.0\quad -0.5\quad 0\quad 0.5]$$
$$t_2(p)=[1.0\quad 1.5\quad 2.0\quad 0.5\quad 1.0\quad 1.5]$$

通过应用 Hough 变换，应确定两条直线的参数（角度α，坐标原点距离ρ）。连续极坐标的 Hough 变换为$\rho=t_1\cos(\alpha)+t_2\sin(\alpha)$。

a) 绘制图像平面并绘制边样本的位置。

b) 在 Hough 空间中计算和绘制结果图，并确定直线参数。

c) 根据直线方程的斜率/截距确定 Hough 变换的参数表达式。基于此参数化方法，在 Hough

空间中绘制结果。

d)如何确定线段的端点？

习题 4.9 二值形状的内轮廓如图 4.71 所示。

a)轮廓开始位置 $p=0$ 应为轮廓左上角的样本。使用三个相邻值(轮廓样本及其两侧的相邻值)对轮廓线坐标 $n_1(p)$ 和 $n_2(p)$ 执行均值滤波操作；观察轮廓线的循环连续性，其中位置 $p=7$ 处的样本与 $p=0$ 相邻。将结果舍入到最接近的整数并绘制过滤后的轮廓。

b)计算原始轮廓和过滤轮廓的轮廓长度、形状面积、压实度参数 ξ_K 和形状因子 ξ_F。

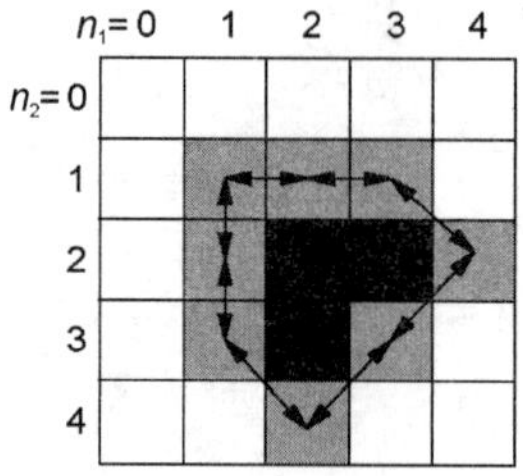

图 4.71 离散网格上的二值形状及其内轮廓

习题 4.10 在图 4.72 中，已知三个连续轮廓 A、B 和 C。首先，确定轮廓线的长度，假设水平和垂直网格的距离是一致的。现在，对轮廓进行采样。采样轮廓线应位于相邻单元的中心；将其连接应使连续轮廓和产生的离散轮廓之间的面积最小。现在，离散轮廓线的长度应在以下两种相邻互连配置中确定：

a)式(2.1)的邻域系统 $\mathcal{N}_1^{(1)}$；

b)式(2.1)的邻域系统 $\mathcal{N}_2^{(1)}$。

比较连续轮廓和离散轮廓的长度。

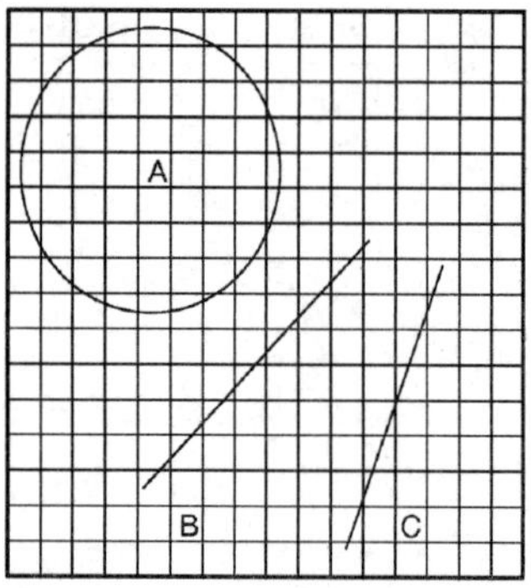

图 4.72 在离散采样网格上绘制的三个连续轮廓 A、B、C

习题 4.11 具体说明从图 4.33(c)的骨架和距离变换的值重建图 4.33(a)形状的算法。

习题 4.12 确定中心矩 $\rho^{(2,0)}$ 和 $\rho^{(0,2)}$ 的关系，这两个关系可以从矩 $\mu^{(P_1,P_2)}$ 计算得到，其中 $P_1+P_2\leqslant 2$。

习题 4.13 图 4.73 给出了二值形状(黑色：$b(n_1,n_2)=1$)。

a)计算距离变换。与边界的最短距离只能在水平和垂直方向上确定。绘制形状的骨架。

b)计算投影轮廓。

c)根据投影轮廓的值确定重心。

d)计算中心力矩 $\rho^{(2,0)}$、$\rho^{(0,2)}$ 和 $\rho^{(1,1)}$。根据式(4.134)构造矩阵 Γ，确定旋转不变准则式(4.138)

和式（4.141）。

e) 构造相同形状的矩阵 $\tilde{\mathbf{\Gamma}}$，逆时针旋转 90°。

f) 将旋转不变准则与 d) 的结果进行比较。

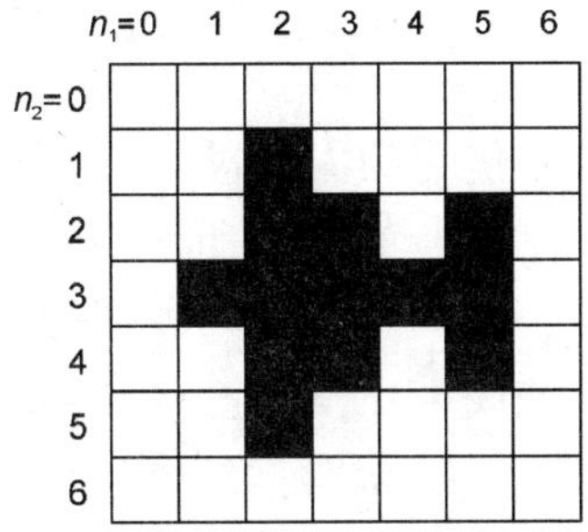

图 4.73　二值形状示例

习题 4.14　以下图像矩阵表示视频序列中两个连续图像的值。使用水平和垂直搜索范围为±1 个样本的块匹配方法，确定参考图像 $\mathbf{S}(n_3)$ 加框块的运动位移。

$$\mathbf{S}(n_3)=\begin{bmatrix}5&5&5&7&9&9\\5&5&5&7&9&9\\5&5&7&9&9&9\\5&7&9&9&9&9\\5&5&5&5&5&5\\5&5&5&5&5&5\end{bmatrix};\quad \mathbf{S}(n_3-1)=\begin{bmatrix}5&5&5&9&9&9\\5&5&5&9&9&9\\5&5&5&9&9&9\\5&5&9&9&9&9\\5&9&9&9&9&9\\5&5&5&5&5&5\end{bmatrix}$$

a) 在全样本精度的情况下，需要比较多少个移位位置？

b) 计算搜索范围内图像式 (3.79) 和图像差的均方误差 (MSE) 式 (3.78) 互相关情况下的代价函数值 (匹配条件)。

c) 在半样本精度条件下，移位位置 $k_1=-0.5$，$k_2=1$，计算两个代价函数的值。使用双线性插值计算中间值。

习题 4.15　对于具有四个参数的参数模型式 (4.122)，构造类似于式 (4.179) 的光流方程。如果水平/垂直采样距离为 $T_1\neq T_2$，而运动估计器假设 $T_1=T_2$，那么纯旋转和缩放运动对仿射模型的参数有什么影响？

第 5 章　特征变换与分类

单个特征通常不足以对多媒体信号的内容进行检测、表征或分类。决策通常来自多个特征；这些特征在物理意义上可能非常不同，但在统计意义上可能在值的范围、均值、方差等方面具有显著不同。此外，不同特征之间可能存在线性或非线性统计相关性，在相似性标准和分类中必须考虑这些因素。本章首先介绍特征加权和变换的方法，后者可以将特征值集合映射为可能是少量的独立值。分类本身需要相似性准则，通过相似性准则可以将某一特征与某一类的特征属性进行匹配，或者通过相似性准则判断两个不同信号特征的相似性。接下来讨论不同的相似性准则，包括单一特征值的比较、统计分布和数据集的比较。此外，还介绍了分类质量的判定标准。讨论了各种分类方法，其中优化通常依赖于通过训练集获得的类定义，但有些方法也允许对数据集进行盲分类或分区。线性分类、基于聚类和最近邻方法、贝叶斯分类、人工神经网络、支持向量机和 boosting 是一些最新的分类方法，本章将对此进行详细的说明。本章最后提出了量化不确定性和证据的概念。

5.1　特征值归一化与变换

不同含义、不同来源的多个特征值的归一化和加权是本章后面介绍的分类方法成功运用的重要条件。因为它们所表达的含义不同(例如角度值、光谱功率分布、直方图等)，用于分类的特征通常具有不同的值域。其次，需要定义距离函数，以确定特征空间中两个不同特征值或特征向量的相似性。特征加权和归一化问题对后续的分类具有重要影响。特别是，优化通常是通过分析典型值的训练集来获得的，而这些训练集必须仔细挑选，来作为给定分类问题的代表。在某些情况下，还需要建立预期分类的先验知识，例如类的数量、每个类内特征值的统计分布等。乍一看，这似乎是一个“鸡和蛋”问题。然而，应当考虑到，这些先验假设可以是初步的，可以根据已经做出的分类决策动态更新，甚至可以在运行期间通过进一步优化（“主动学习”）或进一步的人机交互进行更新[SETTLES 2009 年]。这意味着自适应和在线学习系统可以不断提高其性能。接下来，定义如下：

- $\breve{\mathbf{u}} = [\breve{u}_1, \breve{u}_2 \cdots \breve{u}_K]^{\mathrm{T}}$ 是由 K 个非归一化特征值 $\breve{u}_K$ 组成的特征向量。
- $\mathbf{u}=[u_1, u_2, \cdots, u_K]^{\mathrm{T}}$ 是特征向量 $\breve{\mathbf{u}}$ 的归一化。
- $\mathbf{u}_q$ 是来自训练集 S 的一个归一化特征向量，它具有 q=1，2，…，Q 共 Q 个项；$\mathbf{u}_q$ 包含 K 个特征值 $u_{k,q}$。
- $\mathbf{u}_q^{(l)}$ 是来自同一训练集的归一化特征向量，该特征向量具有指定的类标签 $S(q)=S_l$，将其指定为属于 L 类中某类的成员。整个训练集 S 可以看作与类相关的子集 S_l 的集合，其中每个子集的元素数应为 Q_l，$Q=\Sigma Q_l$。

- $\mathbf{m}_{\mathbf{u}}^{(l)}=[m_{u,1}^{(l)},m_{u,2}^{(l)},\cdots,m_{u,k}^{(l)}]^{\mathrm{T}}$ 是质心向量（平均值），它表示与 **u** 具有相同含义的特征值；$\mathbf{m}_{\mathbf{u}}^{(l)}$ 包含与 S_l 类相关的 K 个归一化平均特征值 $m_{u,k}^{(l)}$。可以通过统计模型预先定义这些质心，或者根据训练集的值进行计算①：

$$\mathbf{m}_{\mathbf{u}}^{(l)}=\frac{1}{Q_l}\sum_{q=1}^{Q}\mathbf{u}_q w(q),\quad \text{其中}\quad w(q)=\begin{cases}1, & S(q)=S_l\\ 0, & \text{其他}\end{cases}\tag{5.1}$$

特征变换的目的是分析从多媒体信号中提取的不同特征值之间的相互依赖关系。然后使用它生成一个尽可能紧凑的特征描述。在同一信号的不同位置或不同时间实例中，表达相同特征的值之间也存在相互依赖性。本节首先考虑线性相关性，其可通过分析不同特征值之间的协方差来获取。这些问题可以通过特征向量分析或奇异值分解（Singular Value Decomposition, SVD）来解决。通过独立成分分析（Independent Component Analysis, ICA）、非负矩阵分解（Non-negative Matrix Factorization, NMF）或广义 Hough 变换，可进一步挖掘特定的非线性相关性。

5.1.1　特征值归一化

为了适应特征值的范围，通常使用以下方法：

- 极值归一化。归一化因子 e_k 是从整个训练集中任何出现的最小值和最大值之间的差异得出的，或者是从客观给定的最小值/最大值中得到的，例如 $-\pi\sim\pi$ 这样的角度表达式；如果需要，可将最小值作为偏移量减去，这样归一化的值将严格为正，或者减去平均值，这样得到的归一化特征将具有零均值：

$$e_k=\left[\max_{q=1,\cdots,Q}(\breve{u}_{k,q})-\min_{q=1,\cdots,Q}(\breve{u}_{k,q})\right];\ u_k=\frac{\breve{u}_k-u_{\text{offset}}}{e_k}$$
$$\text{其中}\ u_{\text{offset}}=\min_{q=1,\cdots,Q}(\breve{u}_{k,q})\ \text{或}\ u_{\text{offset}}=\frac{1}{Q}\sum_{q=1}^{Q}\breve{u}_{k,q}\tag{5.2}$$

  该方法在有异常值的情况下是不利的，并且可能被误解为最小值和最大值。然后，可以通过截断异常值来改进它，从而通过剪裁得到更合理的值（例如，代表足够大比例的训练集成员的最小值和最大值）。

- 标准偏差归一化。针对训练集上的标准偏差或标准偏差的期望值，对特征值进行归一化；此外，也可以减去平均值，生成零均值特征向量：

$$\sigma_k=\sqrt{\frac{1}{Q}\sum_{q=1}^{Q}(\breve{u}_k-\overline{\breve{u}}_k)^2};\ u_k=\frac{\breve{u}_k-\overline{\breve{u}}_k}{\sigma_k};\ \overline{\breve{u}}_k=\frac{1}{Q}\sum_{q=1}^{Q}\breve{u}_k\tag{5.3}$$

此外，非线性变换可以应用于特征值。例如，遵循在特定值范围内提供更好的分辨能力的目标。典型的例子是对数、指数、幂或根变换，类似于 2.2.1 节讨论的非线性振幅传递函数。为了更简洁地以数字格式存储特征值，也可以与非均匀量化相结合（参见文献[MSCT, 4.1 节]），并限制振幅范围。另一个非线性变换的例子是 Box-Cox 变换[Box, Cox 1964]。

$$u_k=\frac{|\breve{u}_k|^{\alpha}-1}{\alpha}\operatorname{sgn}(\breve{u}_k)\tag{5.4}$$

---

① 式 (5.1) 中给出的 $w(q)$ 的定义与硬类分配有关。在软分配中，可以是 0 到 1 之间的任何值，例如反映正确分配的概率。在这种情况下，必须通过权重之和来执行归一化。

它也可转化为 $\alpha\to 0$ 的对数变换。此外，还可以使用式(2.74)或类似定义的函数。

相关性归一化。这种方法需要有特定分类问题中给定特征相关性的先验知识。这可以通过使用在特征提取过程中获得的附加可靠性信息来实现，也可以通过使用相关反馈的方法来实现，其中用户所做的决策的修正被用于修改分类系统的性能。给定特征值，它与其他向量特征值的相关性可以通过系数 w_k 进行线性加权：

$$u_k = w_k \breve{u}_k \tag{5.5}$$

或者通过一些其他的线性或非线性加权函数 $f[\cdot]$ 也可以包括该特征与特征向量中其他特征的关系：

$$u_k = f\left[\breve{u}_k, \breve{\mathbf{u}}\right] \tag{5.6}$$

或者使用信念/证据(belief/evidence)的原则(见 5.7 节)。此外，与给定分类问题相关的权重也可以从类似然函数中得到，在这种情况下，类似然函数是表示特征能否进行类分割的良好指示器。在后续的章节中，特别是在 5.5.1 和 5.7 节中，将讨论是否可以明确解决给定特征值集分类问题的度量方法。

5.1.2 特征值集的特征向量分析

假设特征向量 $\mathbf{u}=[u_1, u_2, \cdots, u_K]^{\mathrm{T}}$ 由 K 个不同的特征值组成。这些向量元素之间的线性统计相关性可以用多元高斯 PDF 协方差矩阵来描述：

$$p_{\mathbf{u}}(\mathbf{x}) = \frac{1}{\sqrt{(2\pi)^K \cdot |\mathbf{C}_{\mathbf{uu}}|}} \cdot \mathrm{e}^{-\frac{1}{2}[\mathbf{x}-\mathbf{m}_{\mathbf{u}}]^{\mathrm{T}} \mathbf{C}_{\mathbf{uu}}^{-1} [\mathbf{x}-\mathbf{m}_{\mathbf{u}}]} \tag{5.7}$$

其中

$$\mathbf{C}_{\mathbf{uu}} = \begin{bmatrix} c_{uu}(1;1) & c_{uu}(1;2) & c_{uu}(1;3) & \cdots & c_{uu}(1;K) \\ c_{uu}(2;1) & c_{uu}(2;2) & c_{uu}(2;3) & & \vdots \\ c_{uu}(3;1) & c_{uu}(3;2) & \ddots & \ddots & \\ \vdots & & \ddots & \ddots & \vdots \\ c_{uu}(K;1) & \cdots & & \cdots & c_{uu}(K;K) \end{bmatrix} \tag{5.8}$$

且

$$\mathbf{C}_{\mathbf{uu}} = \mathcal{E}\left\{ [\mathbf{u}-\mathbf{m}_{\mathbf{u}}][\mathbf{u}-\mathbf{m}_{\mathbf{u}}]^{\mathrm{T}} \right\} \quad \text{相应地 } c_{uu}(k;l) = \mathcal{E}\left\{ \left(u_k - m_{u_k}\right)\left(u_l - m_{u_l}\right) \right\} \tag{5.9}$$

$$\mathbf{m}_{\mathbf{u}} = \mathcal{E}\{\mathbf{u}\} \quad \text{相应地 } m_{u_k} = \mathcal{E}\{u_k\}$$

与具有 Toeplitz 结构[见式(A.98)]平稳过程的自相关或自方差矩阵相比，$\mathbf{C}_{\mathbf{uu}}$ 直接表示向量中包含的任何可能特征值对之间的协方差值。特征向量 $\mathbf{u}$ 可以通过以下特征向量变换[见式(A.126)]去相关，使得基本特征值变得线性无关：

$$\mathbf{\Phi}^{\mathrm{T}} \mathbf{C}_{\mathbf{uu}} \mathbf{\Phi} = \mathbf{\Lambda} = \begin{bmatrix} \lambda_1 & 0 & \cdots & & 0 \\ 0 & \lambda_2 & 0 & & \vdots \\ \vdots & 0 & \lambda_3 & \ddots & \\ & & \ddots & \ddots & 0 \\ 0 & \cdots & & 0 & \lambda_K \end{bmatrix} \tag{5.10}$$

在变换矩阵$\mathbf{\Phi}$中，列是 $\mathbf{C_{uu}}$ 的特征向量，建立变换的基向量。这里已知 K 个不相关的变换系数，其方差用特征值$\lambda_1,\cdots,\lambda_K$表示。对于给定的特征向量 $\mathbf{u}$，变换 $\mathbf{v}=\mathbf{\Phi}^{\mathrm{T}}\mathbf{u}$ 用于生成向量 $\mathbf{v}$ 中的变换系数，该变换系数也表示为主成分，其分析称为主成分分析(Principal Component Analysis, PCA)。如果特征向量的元素高度相关，则当保留 K 个分量中的前 T 个时，只会出现可忽略的误差。

统计相关性不仅存在于特征向量内，还存在于相同类型的特征向量之间，例如，表示信号在时间或空间不同位置的特征。假设有 L 个相同类型的特征向量 $\mathbf{u}$，它们可以排列在 $K\times L$ 矩阵中：

$$\mathbf{U}=\left[\mathbf{u}_1 \quad \mathbf{u}_2 \quad \cdots \quad \mathbf{u}_L\right]^{\mathrm{T}} \tag{5.11}$$

由于该矩阵不是方阵($K=L$ 的情况除外)，不可能计算特征向量；作为非方阵的替代解，将式(3.54)中介绍的 SVD 展开应用于矩阵 $\mathbf{U}$，结果如下：

$$\mathbf{\Phi}^{\mathrm{T}}\mathbf{U}\mathbf{\Psi}=\mathbf{\Lambda} \tag{5.12}$$

其中$\mathbf{\Lambda}$是包含奇异值的对角矩阵，这些奇异值是 $\mathbf{U}\mathbf{U}^{\mathrm{T}}$ 或 $\mathbf{U}^{\mathrm{T}}\mathbf{U}$ 特征值的平方根(见 3.5 节)。原则上，$L\times L$ 矩阵 $\mathbf{U}\mathbf{U}^{\mathrm{T}}$ 的特征向量$\boldsymbol{\phi}_r$ 用于去除向量之间的时间相关性，而 $\mathbf{U}^{\mathrm{T}}\mathbf{U}$ 的特征向量$\boldsymbol{\psi}_r$ 同样用于去除特征值向量之间的相关性。即使仅知$\mathbf{\Lambda}$值时不可能重建 $\mathbf{U}$，但这些值也建立了一种概括所有向量 $\mathbf{u}$ 上表达的特征值的紧凑表示。或者，如果 $\mathbf{u}$ 已经包含不相关的元素(例如光谱表征值或其他去相关变换的值)，只需计算特征向量$\boldsymbol{\phi}_r$并应用变换$\mathbf{\Phi}^{\mathrm{T}}\mathbf{U}$ 即可。

5.1.3　独立成分分析

主成分分析是一种正交变换，它意味着在信号空间中随机向量值的投影是在一组正交轴上进行的，这样得到的表示大部分是不相关的。这并不一定意味着统计独立性的实现，高斯分布除外。对于其他情况，投影到非正交轴上可以得到更紧凑的表示，独立成分分析(Independent Component Analysis, ICA)适用于这种情况(有关更多详细信息，请参阅文献[HYVÄRINEN，KARHUNEN，OJA 2001])。

若向量观测值 $\mathbf{u}$ 由统计相关值组成，假设该观测在统计上独立，向量 $\mathbf{v}$ 未知。另一个假设是 $\mathbf{u}$ 和 $\mathbf{v}$ 之间的映射是线性的，例如可通过矩阵乘法表示如下①：

$$\mathbf{u}=\mathbf{A}\mathbf{v},\ \text{其中}\ \mathbf{A}=\begin{bmatrix} a_{11} & \cdots & a_{1K} \\ \vdots & \ddots & \vdots \\ a_{L1} & \cdots & a_{LK} \end{bmatrix} \tag{5.13}$$

举个简单的例子，假设 $\mathbf{v}$ 中的独立值遵循具有零均值的高斯 PDF，由于 $\mathbf{A}$ 继承的权重，其在特征空间 $\mathbf{u}$ 中表现为多变量高斯 PDF(然而，具有不同的方向)。图 5.1 给出了 $K=L=2$ 的例子。基本上，通过计算 $\mathbf{v}=\mathbf{\Theta}\mathbf{u}$，其中 $\mathbf{\Theta}=\mathbf{A}^{-1}$，重建是可能的，除非 $\mathbf{A}$ 不是满秩②。然而，这是不可能的，因为 $\mathbf{A}$ 的映射也是未知的，并且必须估计得到 $\mathbf{v}$ 值。在大多数情况下，除非 $\mathbf{A}$ 是正交矩阵，否则即使 $\mathbf{v}$ 值在统计上独立，$\mathbf{u}$ 值也是相关的。因此，作为

① 独立成分分析也可用于音频源分离，其中观察到 K 个音频源信号的混合(在 $\mathbf{v}$ 中分离)被 $\mathbf{u}$ 中 $L\geqslant K$ 个麦克风信号记录为混合(见 6.4.2 节)。但这仅适用于线性混合(无延迟)情况，此时矩阵 $\mathbf{A}$ 应为实值。对于复值，可进一步表示不同混合路径的振幅/相位行为。

② 在 $K\neq L$ 的情况下，伪逆式(3.43)或广义逆式(3.58)也可用于 $\mathbf{\Theta}$。

获得 $\mathbf{v}$ 中统计独立值的第一步，可以使用 PCA（或在 $K<L$ 的情况下使用 SVD）从 $\mathbf{u}$ 中产生一组近似不相关分量 $\hat{\mathbf{v}}$ 的投影，其中变换基$\mathbf{\Phi}$由协方差 $\mathbf{C_{uu}}$ 确定：

$$\hat{\mathbf{\Theta}}^{(0)} = \mathbf{\Phi}^{\mathrm{T}}; \quad \hat{\mathbf{v}}^{(r)} = \hat{\mathbf{\Theta}}^{(r)}\mathbf{u}; \quad r \geqslant 0 \tag{5.14}$$

然而，即使 $\mathbf{v}$ 的初始源是独立的高斯过程，也应考虑 $\mathbf{u}$ 值不会遵循向量高斯分布，除非某些特殊情况，例如 $\mathbf{A}$ 是单位矩阵或某种其他类型的对角矩阵。因此，PCA 的结果没有给出数据分布到转换坐标之间的最佳紧凑映射[见图 5.1(a)]。PCA/SVD 的第一步被称为“预白”。在此步骤中，应进一步将分量归一化为单位方差（即通过标准偏差归一化 $\hat{\mathbf{v}}$ 值）。在随后的步骤中，迭代更新变换 $\hat{\mathbf{\Theta}}^{(r)} \to \hat{\mathbf{\Theta}}^{(r+1)}$，使得 $\hat{\mathbf{v}}^{(r)}$ 坐标系旋转到一个新系统中，在该系统中以尽可能最佳的方式近似统计独立性的标准。如果 $\mathbf{v}$ 值的高斯性假设成立，则相当于优化，使得观测样本向坐标系轴的投影产生最小二乘准则。在其他情况下，有用的准则是互信息的最小化[见式(5.55)]或 Kullback-Leibler 散度的最大化[见式(5.53)]。结果转换被表示为独立成分分析（ICA），其通常建立到非正交坐标轴的映射[见图 5.1(b)]。但应注意的是，由于“预白”步骤中需要将标准偏差进行归一化，因此 $\hat{\mathbf{v}}$ 无法恢复 $\mathbf{v}$ 的原始振幅。

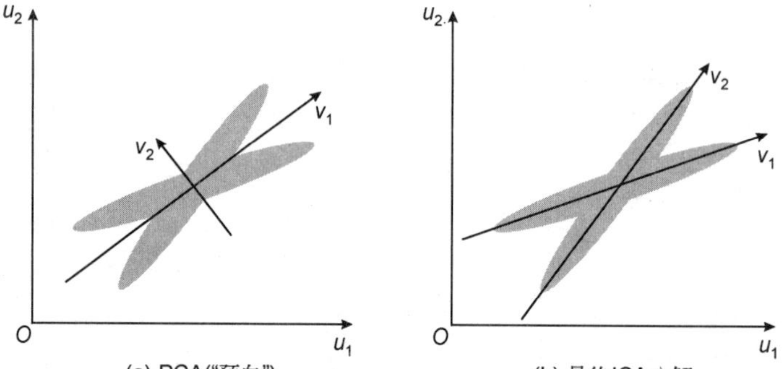

图 5.1　由两个独立的向量高斯过程混合建立的数据集

5.1.4　非负矩阵分解

对于奇异值分解，矩阵 $\mathbf{U}$ 可由 R 个矩阵重建：

$$\mathbf{U} = \sum_{r=0}^{R-1} \lambda_r \boldsymbol{\phi}_r \boldsymbol{\psi}_r^{\mathrm{T}} \tag{5.15}$$

其中，来自特征向量$\boldsymbol{\phi}_r$和$\boldsymbol{\psi}_r$的每个乘积矩阵具有线性相关行/列，因此其秩为 1。然而，即使 $\mathbf{U}$ 只有正值，也不能保证特征向量和特定乘积矩阵不具有负值。当它们分别用于与 $\mathbf{U}$ 相同的目的时（例如，如果 $\mathbf{U}$ 是绝对值谱图），这可能是不可取的。导致类似因子分解（但仅具有正值）的另一种方法是非负矩阵分解（Non-negative Matrix Factorization, NMF），其中矩阵 $\mathbf{U}$ 由一组 I 个秩为 1 的矩阵再次表示，然而，这些矩阵被确定为不包含负值。关于不同方法的研究，请参阅文献[WANG, ZHANG2013]。与 SVD 不同，这可能不允许 $\mathbf{U}$ 的完美重建，除非 M 值很大并且（或者）$\mathbf{U}$ 是稀疏的，即包含大量的零。在 NMF 中，$K\times L$ 矩阵 $\mathbf{U}$ 由 $I\times L$ 矩阵 $\mathbf{W}$ 的列向量 $\mathbf{w}_q$ 和 $K\times I$ 矩阵 $\mathbf{V}$ 的行向量 $\mathbf{v}_q$ 的乘积来近似：

$$\mathbf{U} \approx \hat{\mathbf{U}} = \sum_{i=0}^{I-1} \mathbf{w}_i \mathbf{v}_i^{\mathrm{T}} \quad 使得 \quad \mathrm{d}(\mathbf{U}, \hat{\mathbf{U}}) = \min \tag{5.16}$$

即根据某种距离准则 d(·)，$\hat{\mathbf{U}}$ 近似值为最优的条件下，乘积 $\mathbf{w}_q\mathbf{v}_q^{\mathrm{T}}$ 应尽可能独立[①]。显然，对于 SVD，所有贡献矩阵都有依赖的行/列，因此秩都是 1。对矩阵 $\mathbf{w}_i\mathbf{v}_j^{\mathrm{T}}$，$i\neq j$ 的组合条件没有要求，因为这些条件在式(5.16)中没有使用。在迭代过程中计算基矩阵 $\mathbf{W}$ 和 $\mathbf{V}$ 向量，从而满足为正值、d(·)最小化和独立性准则，从一些初始化开始[例如，随机填充值、基于某些先验知识的初始化(例如，统计或物理模型)，或在 SVD 负值基础上替换一些小的正值]。只要因式分解提供足够多的近似，基数值 I 可以选择远低于 min(K,L)的值。这会导致 $\mathbf{U}$ 底层特性的表示更加紧凑。通常，NMF 优化会自动检测 $\mathbf{U}$ 中上下文中相同/相似的行或列。分别基于矩阵 $\mathbf{U}$ 的 $u_{k,l}$ 和 $\hat{u}_{k,l}$ 项之间的欧几里得(L_2)距离准则及其近似值，可以通过最小二乘法最小化得到一个简单解：

$$\mathrm{d}_{\mathrm{EU}}(\mathbf{U},\hat{\mathbf{U}})=\sum_k\sum_l\left(u_{k,l}-\hat{u}_{k,l}\right)^2 \tag{5.17}$$

然而，对于 $\mathbf{W}$ 和 $\mathbf{V}$ 中生成元素的独立性来说，这可能不是最佳的。因此，Kullback-Leibler 散度式(5.53)[②]的一个修正版本如下：

$$\mathrm{d}_{\mathrm{KL}}(\mathbf{U},\hat{\mathbf{U}})=\sum_k\sum_l\hat{u}_{k,l}\log\frac{\hat{u}_{k,l}}{u_{k,l}}-\hat{u}_{k,l}+u_{k,l} \tag{5.18}$$

定义 Itakura-Saito 距离为

$$\mathrm{d}_{\mathrm{IS}}(\mathbf{U},\hat{\mathbf{U}})=\sum_k\sum_l\log\frac{u_{k,l}}{\hat{u}_{k,l}}+\frac{\hat{u}_{k,l}}{u_{k,l}}-1 \tag{5.19}$$

它经常在 NMF 的上下文中使用。当被赋予特定任务以比较包含在 $\mathbf{U}$ 中的光谱能量外壳时，使用后面这个距离定义方法。三种方法在 β 散度内都是统一的：

$$\mathrm{d}_{\beta}(\mathbf{U},\hat{\mathbf{U}})=\sum_k\sum_l\frac{1}{\beta^2-\beta}\left[\hat{u}_{k,l}{}^{\beta}+(\beta-1)u_{k,l}{}^{\beta}-\beta\hat{u}_{k,l}u_{k,l}{}^{\beta-1}\right] \tag{5.20}$$

当 β=2 时，它是欧氏距离，并且对于以下极限情况：

$$\lim_{\beta\to 0}\frac{x^{\beta}-1}{\beta}=\log x \tag{5.21}$$

若 β=0，则与式(5.19)相同，若 β=1，则有式(5.18)。这样，可以通过 β 的变化在不同的准则之间平滑地改变，这可能更适合给定的因式分解任务。

通常，当 $\mathbf{U}$ 表现出某种稀疏性时，可以用相对低的 Q 分量近似表示。NMF 可扩展到非负张量分解(Non-negative Tensor Factorization, NTF)，其中 $\mathbf{W}$ 的 $1\times L$ 向量可扩展到 $J\times L$ 矩阵，当在 $\mathbf{U}$ 的水平方向上观察到系统相干性(或类似地在 V 的垂直方向上)时，这是有益的。NTF 是 J=1 的特例。另一个变体是非负矩阵反卷积(Non-negative Matrix Deconvolution, NMD)，其中只有 $\mathbf{W}$ 被扩展成 $J\times L$ 矩阵，这样当项与时间轴相关时，可以解释为 J 个样本的时间权重(脉冲响应)。

5.1.5 广义 Hough 变换

Hough 变换最初用于轮廓特征的参数化描述(见 4.3.5 节)。这一概念更普遍地适用于

① 在奇异值分解的情况下，不同的矩阵 $\boldsymbol{\varphi}_r\boldsymbol{\psi}_r^{\mathrm{T}}$ 是正交的，但这可能不足以建立完全(包括非线性)独立性。

② 请注意，当 $\mathbf{U}$ 和 $\hat{\mathbf{U}}$ 中的所有元素的和将给出相同的 L_1 范数时，不考虑式(5.18)中的项$(-\hat{u}+u)$。否则，它将确保距离始终大于零。式(5.19)右边的两项起着类似的作用。

将与任何参数特征描述相关的测量转换为相关参数空间（广义 Hough）[BALLARD，BROWN 1985]。在 Hough 空间，搜索参数空间中某些位置的局部聚集度，以确定一个或多个参数模型是否一致匹配。广义 Hough 空间必须定义在一系列维数上，这些维数等于参数模型中自由参数的数目。

实例：参数运动模型的广义 Hough 分析。式(4.122)中 4 参数模型描述的运动位移表示视频序列两个图像之间的平移、旋转和缩放变化①：

$$\begin{bmatrix}\tilde{n}_1\\\tilde{n}_2\end{bmatrix}=\begin{bmatrix}a_1 & -a_2\frac{T_2}{T_1}\\a_2\frac{T_1}{T_2} & a_1\end{bmatrix}\cdot\begin{bmatrix}n_1\\n_2\end{bmatrix}+\begin{bmatrix}d_1\cdot\frac{1}{T_1}\\d_2\cdot\frac{1}{T_2}\end{bmatrix};\ a_1=\Theta\cdot\cos\theta;\ a_2=\Theta\cdot\sin\theta \tag{5.22}$$

如果运动位移 $k_i=\tilde{n}_i-n_i$ 估计为多个样本位置，则以下关系适用：

$$\begin{aligned}k_1&=(\Theta\cdot\cos\theta-1)\cdot n_1-\Theta\cdot\tfrac{T_2}{T_1}\cdot\sin\theta\cdot n_2+d_1\cdot\tfrac{1}{T_1}\\k_2&=\Theta\cdot\tfrac{T_1}{T_2}\cdot\sin\theta\cdot n_1+\Theta\cdot(\cos\theta-1)\cdot n_2+d_2\cdot\tfrac{1}{T_2}\end{aligned} \tag{5.23}$$

例如，可根据两个平移参数对旋转和尺度变化参数的依赖性进行重新制定：

$$\begin{aligned}d_1&=f(\Theta,\theta)=\left(n_1+k_1\right)T_1+\Theta\left(n_2T_2\sin\theta-n_1T_1\cos\theta\right)\\d_2&=f(\Theta,\theta)=\left(n_2+k_2\right)T_2-\Theta\left(n_1T_1\sin\theta+n_2T_2\cos\theta\right)\end{aligned} \tag{5.24}$$

由于 k_i、n_i 和 T_i 是给定测量点的常数，式(5.24)描述了（超）表面方程 $d_1=f(\Theta,\theta)$ 和 $d_2=f(\Theta,\theta)$。在广义 Hough 空间中，如果在给定点 $(\Theta s,\theta s;d_{1S},d_{2S})$ 周围出现平面交点集，则检测一组测量点的唯一参数运动行为。原则上，在本例中，d_1 和 d_2 的交叉点位置是独立的，但是为了运动模型的有效性，必须与相同的参数 $(\Theta s,\theta s)$ 相关。通过交叉点处簇的存在，可以得出相关测量点属于遵循一致运动模型的对象的结论[KRUSE 1996]。

5.1.6 统计表示的推导

为了更抽象地表示给定多媒体信号中来自局部或全局特征值（如颜色、纹理等）的随机观测，通常使用统计特性。例如，统计矩（如均值、方差、协方差等）是从基础样本中确定的，然后用作建立代表性特征值的参数描述。另一种方法是计算量化特征值样本的出现频率或同时出现的频率，并将其表示为具有一定数量直方条的直方图。用矩来描述参数，直接比较就可以提供关于两个物体相似性的线索；然而，由于矩与基础观测的概率分布密切相关，另一种方法是比较它们所描述的概率密度函数（Probability Density Function, PDF）。

基于直方图的方法。将特征值量化为离散状态，计算直方图来确定每个状态的出现频率。对观察值总数对的出现次数进行归一化，将其称为潜在 PDF 的经验测量值。在光滑性和单位积分区域等附加假设条件下，通过将离散随机空间插值到连续随机空间，可以估计出连续随机变量上的 PDF。

PDF 参数拟合。当从给定的数据集中提取高达二阶的矩（均值、方差、协方差）时，对于高斯 PDF②，拟合是最佳的。然而，同样的参数也可以由不同的 PDF 形状③进行解释。

---

① 这里使用的离散坐标与式(4.176)类似。

② 高斯 PDF 的离散（采样）对应项是 J 个离散值上的二项概率分布 $p_s(x)=\sum_{j=0}^{J-1}\binom{J-1}{j}\alpha^j(1-\alpha)^{J-j-1}\delta(x-j),\ 0\leqslant\alpha\leqslant1$。

③ 还可以通过分析高阶矩来确定不同的 PDF 形状（参见 3.1 节）

因此，有必要进行额外的验证，以确定经验概率测量的形状是否符合给定的假设。这还可用于确定附加参数，例如广义高斯 PDF 的陡峭度参数γ[见式(A.64)]。

对于离散分布，经常采用两种方法来检验从随机样本[①] $\mathcal{X}$ 的总体测量的估计 $\hat{p}_x$ 和由参数集 θ 表征的模型分布 p_θ 之间的相似性。一种叫卡方检验(chi-square test)：

$$\Delta_{\mathrm{CS}}\left(\hat{p}_{\mathcal{X}}, p_\theta\right)=\sum_{j=1}^{J}\frac{\left[\hat{p}_{\mathcal{X}}(j)-p_\theta(j)\right]^2}{p_\theta(j)} \tag{5.25}$$

另一种是基于累积概率最大偏差的科斯二代检验(Kolmogorov-Smirnov)[②]：

$$\Delta_{\mathrm{KS}}\left(\hat{p}_{\mathcal{X}}, p_\theta\right)=\max_{j=1,\ldots,J}\left|\hat{P}_{\mathcal{X}}(j)-P_\theta(j)\right| \tag{5.26}$$

对于式(5.25)和式(5.26)，以最小值给出了适合参数 θ 的最佳模型，并且在某些条件下，这两个测试都可以从似然比准则中导出。

蒙特卡罗法。在此，使用生成器来绘制具有某种已知概率分布的随机样本。这是根据一组观察数据进行测试的，可以使用上面的测试之一，也可以使用 5.2.2 节中介绍的方法来验证以下假设，即给定集合将与随机样本具有相同的概率分布[RUBINSTEIN，KROESE 2008]。

词袋直方图。直方图不一定代表线性振幅尺度上的值。如果某些多维特征值的分布代表了某些属性(例如，来自图像的 SIFT 关键点特征，见 4.4 节)，则代表值可以解释为词汇的“单词”。然后，需要将给定多媒体信号的特征值映射到最相似的代表值，并且在直方图中计算出现的频率。词汇表示为词袋 BOW(bag of words)，或者，对于图像信号的视觉词包 BOVW(bag of visual words)，相应的直方图表示为 BOW 直方图。两个信号的比较可以通过简单地比较直方图来完成。此外，还可以考虑特征值与对应代表 BOW 值的实际匹配程度，从而可以将不匹配的特征值排除在比较之外。构建 BOW 词汇表的典型方法是基于一组具有代表性的训练数据进行聚类，这些数据通常通过聚类中心来表示单词(见 5.6.3 节)，或使用其他合适的分类方法[③]。

高斯混合。特征的统计特性也可以用连续 PDF 参数来表示。例如，可以是标量或多元高斯分布的均值、方差和协方差。

在许多情况下，单个高斯壳不足以刻画特征的概率分布。例如，当一幅图像显示多个显著的主色浓度时，可以通过高斯混合(Mixture of Gaussians, MOG)来更好地进行建模，该混合由 J 个不同的多元高斯 PDF 方程式(5.7)组成，每个方程用加权因子 G_j、平均值向量 $\mathbf{m}_{\mathbf{u}}^{(j)}$ 和协方差矩阵 $\mathbf{C}_{\mathbf{uu}}^{(j)}$ 进行特征表示：

$$p_{\mathbf{u},\mathrm{mix}}(\mathbf{x})=\sum_{j=1}^{J}G_j\cdot\frac{1}{\sqrt{(2\pi)^K\cdot\left|\mathbf{C}_{\mathbf{uu}}^{(j)}\right|}}\cdot\mathrm{e}^{-\frac{1}{2}\left[\mathbf{x}-\mathbf{m}_{\mathbf{u}}^{(j)}\right]^{\mathrm{T}}\left[\mathbf{C}_{\mathbf{uu}}^{(j)}\right]^{-1}\left[\mathbf{x}-\mathbf{m}_{\mathbf{u}}^{(j)}\right]}，\ 其中\ \sum_{j=1}^{J}G_j=1 \tag{5.27}$$

上述标准直接适用于这种情况，但计算起来更为复杂，因为式(5.27)的和在式(5.53)的对数和式(5.62)的底层函数之内。

当使用高斯混合来表示一组数据(例如，局部图像描述符)的统计信息时，可以通过

---

① 如果样本不属于离散字母表值，则在执行测试之前，应将它们映射到具有 J 个离散值的量化表中。然后通过直方图测量来确定 $\hat{p}_{\mathcal{X}}$。

② KS 检验也可解释为提供两个概率分布之间差函数的最大斜率。因此，如果从中确定 $\hat{p}_{\mathcal{X}}$ 的样本数量太少，则可能不可靠。

③ 实际上，BOVW 词汇表的构造通常采用向量量化算法，如广义 Lloyd 算法(参见[MSCT，4.5.3 节])。

Fisher 向量进行有效的表示（参见 5.2.3 节）[SÁNCHEZ ET AL. 2013]。

期望最大化。期望最大化（Expectation Maximization, EM）是从随机观测样本中确定高斯混合参数（权重 G_j、协方差矩阵 $\mathbf{C_{uu}}^{(j)}$ 和质心 $\mathbf{m_u}^{(j)}$ 以及分量数 J）的一种典型算法。它从模型的一些随机设置（一定数量的具有一定形状、位置和权重的高斯壳）开始，迭代执行以下两个步骤，直到收敛①：

1. 期望步骤：将随机观测的每个样本 $\mathbf{u}_i$ 与每个分量 j 进行比较，以计算通过该分量的当前参数解释的样本的似然权重，即

$$w_{i,j} = \frac{1}{\sqrt{(2\pi)^K \cdot \left|\mathbf{C}_{\mathbf{uu}}^{(j)}\right|}} \cdot \mathrm{e}^{-\frac{1}{2}\left[\mathbf{u}_i - \mathbf{m}_{\mathbf{u}}^{(j)}\right]^{\mathrm{T}}\left[\mathbf{C}_{\mathbf{uu}}^{(j)}\right]^{-1}\left[\mathbf{u}_i - \mathbf{m}_{\mathbf{u}}^{(j)}\right]} \tag{5.28}$$

2. 最大化步骤：将各分量的参数校准，这基本上意味着 $\mathbf{C_{uu}}^{(j)}$、$\mathbf{m_u}^{(j)}$ 和 G_j 值通过对观测样本进行加权平均来更新，如下所示：

$$\mathbf{m}_{\mathbf{u}}^{(j)} = \frac{\sum_i w_{i,j}\mathbf{u}_i}{\sum_i w_{i,j}};\quad \mathbf{C}_{\mathbf{uu}}^{(j)} = \frac{\sum_i w_{i,j}\mathbf{u}_i\mathbf{u}_i^{\mathrm{T}}}{\sum_i w_{i,j}};\quad G_j = \frac{\sum_i w_{i,j}}{\sum_i\sum_k w_{i,k}} \tag{5.29}$$

分量数 J 可以进一步校准，使得具有极低权重 G_j 的分量被移除，或者当总期望没有收敛到足够大的值时添加新的分量。

一旦确定，高斯混合参数可以是比离散表示（直方图）更紧凑的一种表示，用以表示特征样本集合的概率特性。

EM 算法中的一个问题是初始化，无论是在定位不同的高斯分量方面，还是在分量数 J 方面。基本上，从样本的观测值中既不知道潜在分布的可能性也不知道其参数，但是，可以映射到直方图（一阶或联合/向量统计）。随后，核密度估计方法可用于估计模式（峰值）以及峰值周围的聚集度，以获得潜在的概率分布，在特定情况下，该方法也可用于确定混合高斯分布的参数或 EM 聚类的初始参数。然而，它们也可以支持更一般的概率密度函数类型，而无需紧凑的参数描述。

核密度估计。在观测值较少的情况下，与直方图计算相比，核密度估计方法在逼近连续 PDF 方面通常能提供更好的结果。假设 Q 个测量样本 $\mathbf{u}_q$ 代表随机分布。然后，可以通过在 K 维随机变量 $\mathbf{x}$ 上定义的核函数 $k(\mathbf{x})$ 来实现底层 PDF 的核密度估计，该核函数的体积应为 1，但可以通过一些基 $\mathbf{\Omega}$ 进行缩放，并且是非负的：

$$\hat{p}_{\mathbf{u}}^{(k)}(\mathbf{x}) = \frac{1}{Q|\mathbf{\Omega}|}\sum_{q=1}^{Q} k\left(\mathbf{\Omega}^{-1}\left[\mathbf{x} - \mathbf{u}_q\right]\right) \tag{5.30}$$

通常，核被定义为 $\mathbf{u}$ 在不同维度上的可分割函数，并且当核的扩展基于各维的宽度乘以因子 ω 进行相同的缩放时，$\mathbf{\Omega}=\omega\mathbf{I}$ 是对角矩阵。

在这种情况下，通过直方图比较 KDE 和 PDF 估计方法可能是有价值的。基于直方图计数的估计通常在测量次数较多且直方图格数较多的情况下给出合理的结果，即对随机值轴和大量测量数据进行精细量化。然后，通常使用不重叠的矩形函数来绘制连续的

① 以下方法称为 EM 聚类。由于期望步骤得到的权重与分量的实际参数不匹配，但仍用于最大化步骤，因此无法保证收敛到全局最优。有关替代方法的概述，请参见文献[LACHLAN，KRISHNAN 2008]。还要注意 k-均值聚类（5.6.3 节）可以解释为 EM 聚类的一个特定变体，但其中一个分量（最佳匹配）的权重 $w_{i,j}$ 始终设置为 1，而所有其他分量的权重均为 0。

PDF。然而，在测量数量少和直方条数高的情况下，许多直方条可能是空的，这意味着底层 PDF 将具有零分布的范围，这种情况显得不合理。因此，在这种情况下，如图 5.2(a)所示，应该减少直方条的数量。为了避免不自然的阶梯现象，可以进一步进行平滑，但这不会解决由于量化直方条的宽度较大而导致估计不精确的问题。图 5.2(b)示出了应用于同一组测量 u_q 的 KDE 方法。在测量的每个位置放置一个核函数，最后对这些函数进行相加。此外，当估计的 PDF 接近于零时，会出现范围变化；这可能是由于观测值的数量不足造成的，可以通过使用更大的尺度参数(即更宽的核函数①)来解决。然而，从图 5.2(a)和图 5.2(b)与基于直方图的方法的比较中可以明显看出，KDE 方法能更好地了解 PDF 的实际形状。

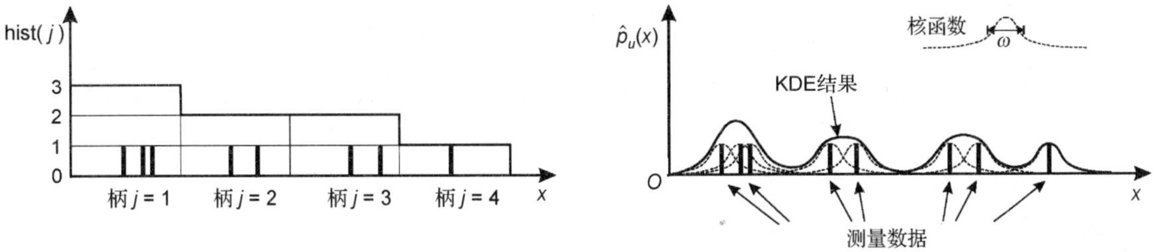

(a) 根据4柄柱状图估计　　(b) 根据KDE估计

图 5.2　由一组 Q=8 测量值估计潜在概率分布

如果可分割核函数在不同维上是径向对称的(如随后讨论的情况)，一种更实际的方法是将核密度估计表示为由一维轮廓函数 $k_{\mathrm{P}}(x)$ 加权的均方误差，使得②

$$\hat{p}_{\mathbf{u}}^{(k)}(\mathbf{x})=\frac{C_k(K)}{Q\omega^K}\sum_{q=1}^{Q}k_{\mathrm{P}}\left(\left\|\frac{\mathbf{x}-\mathbf{u}_q}{\omega}\right\|^2\right) \tag{5.31}$$

常用的核函数类型是球形的(也称为 Parzen 核)，以矩形函数为轮廓③：

$$k_{\mathrm{P,P}}(x)=\begin{cases}1, & |x|\leqslant 1\\ 0, & |x|>1\end{cases}\Rightarrow k_{\mathrm{P}}(\mathbf{x})=\begin{cases}V_K^{-1}, & \|\mathbf{x}\|\leqslant 1\\ 0, & \|\mathbf{x}\|>1\end{cases} \tag{5.32}$$

具有三角形轮廓的 Epanechnikov 核：

$$k_{\mathrm{P,E}}(x)=\begin{cases}1-|x|, & |x|\leqslant 1\\ 0, & |x|>1\end{cases}\Rightarrow k_{\mathrm{E}}(\mathbf{x})=\begin{cases}\dfrac{K+2}{2V_K}\left(1-\|\mathbf{x}\|^2\right), & \|\mathbf{x}\|\leqslant 1\\ 0, & \|\mathbf{x}\|>1\end{cases} \tag{5.33}$$

以及高斯核：

$$k_{\mathrm{P,G}}(x)=\begin{cases}\exp(-x/2), & |x|\leqslant 1\\ 0, & |x|>1\end{cases}\Rightarrow k_{\mathrm{G}}(\mathbf{x})=\begin{cases}(2\pi)^{-K/2}\exp(-\|\mathbf{x}\|/2), & \|\mathbf{x}\|\leqslant 1\\ 0, & \|\mathbf{x}\|>1\end{cases} \tag{5.34}$$

Epanechnikov 核实际上对密度估计的均方误差进行了最小化[SILVERMAN 1998]。常见的问题是设置核宽度参数ω。必须在估计 PDF 的平滑度和重建局部峰值的精度之间进行折中。有关根据观测数据集的特性选择最佳宽度的不同方法的讨论，请参见文献[JONES，

---

① 另一方面，更宽的核将不允许估计 PDF 的窄峰(模式)，这也可能是不可取的。实际上，核的宽度应该与不确定度的大小，以及测量数据对潜在概率分布特性的代表性有一定的关系。

② $C_k(K)$是提供 K 维核 $k(\mathbf{x})$单位体积的因子。

③ 在式(5.32)和式(5.33)中，V_K表示 K 维超球面的体积。

MARRON，Skeler 1996]。当基本 PDF 为高斯分布时，“Silverman 经验法则”指出，最佳选择将取决于观察范围内的标准偏差σ和样本数 N，约为$\omega \approx 1.06\sigma N^{-1/5}$。

根据核密度估计的结果，可以估计潜在 PDF 的模式（局部峰值），这些模式位于 $\hat{p}_{\mathbf{u}}^{(k)}(\mathbf{x})$ 的一阶导数变为零且二阶导数小于零的位置。此外，二阶导数的绝对值暗示了模式的“强度”，即如果它很大，则围绕局部最大值的标准偏差很小。当还必须确定混合高斯的参数时，这些结果可以用来初始化 EM 算法。

5.2 距离度量

5.2.1 向量距离度量

定义随后引入的距离度量来表示特征向量 $\mathbf{u}$ 和参考向量 $\mathbf{u}_{\text{ref}}$ 之间的相似性或相异性。对于简单的分类方法，参考向量可以是类的质心 $\mathbf{m}_{\mathbf{u}}^{(l)}$，使得必须针对多个候选计算距离度量，并且将选择距离最小的一个。也可以计算两个不同特征向量之间的距离，例如，研究从中提取两个信号之间的相似性。

一个广泛使用的距离度量是欧氏距离，它是两个向量之间差的平方范数[①]：

$$d_2(\mathbf{u},\mathbf{u}_{\text{ref}}) = \left\|\mathbf{u}-\mathbf{u}_{\text{ref}}\right\|_2 = \sqrt{\sum_{k=1}^{K}\left|u_k - u_{k,\text{ref}}\right|^2} = \sqrt{(\mathbf{u}-\mathbf{u}_{\text{ref}})^{\text{H}}(\mathbf{u}-\mathbf{u}_{\text{ref}})} \tag{5.35}$$

这是 L_P 范数

$$d_P(\mathbf{u},\mathbf{u}_{\text{ref}}) = \left\|\mathbf{u}-\mathbf{u}_{\text{ref}}\right\|_P = \left(\sum_{k=1}^{K}\left|u_k - u_{k,\text{ref}}\right|^P\right)^{\frac{1}{P}} \tag{5.36}$$

的一个特例[②]。对于 P=1，式(5.35)提供所有特征值的绝对差值之和；对于 $P\to\infty$，只有最大的绝对特征值差是相关的[③]：

$$d_\infty(\mathbf{u},\mathbf{u}_{\text{ref}}) = \max_{k=1,\cdots,K}\left|u_k - u_{k,\text{ref}}\right| \tag{5.37}$$

L_1 和 L_∞范数的计算特别简单，无需乘法。二维特征空间中距离 L_1、L_2 和 L_∞的几何解释如图 5.3 所示。

一般来说，可以单独对特征向量 $\mathbf{u}$ 的单个值的距离进行加权，使得在前一节中引入的相关加权成为距离的一部分：

$$d_P^{\text{W}}(\mathbf{u},\mathbf{u}_{\text{ref}}) = \left(\sum_{k=1}^{K}{w_k}^P\left|u_k - u_{k,\text{ref}}\right|^P\right)^{\frac{1}{P}} \tag{5.38}$$

特别是对于欧几里得范数，可以引入加权矩阵，该矩阵还允许在计算距离时考虑特征值的相互依赖性：

$$\begin{aligned} d_2^{\text{W}}(\mathbf{u},\mathbf{u}_{\text{ref}}) &= \sqrt{\sum_{j=1}^{K}\sum_{k=1}^{K} w_{j,k}(u_j - u_{k,\text{ref}})^*(u_k - u_{k,\text{ref}})} \\ &= \sqrt{(\mathbf{u}-\mathbf{u}_{\text{ref}})^{\text{H}}\mathbf{W}(\mathbf{u}-\mathbf{u}_{\text{ref}})}\ ;\ \mathbf{W}=\left[w_{j,k}\right] \end{aligned} \tag{5.39}$$

---

① 利用厄米特(复共轭转置)算子来表达复杂特征。

② 在本书中，如果表示范数 P 的下标缺失，我们假设欧几里得范数 P=2。

③ 一般来说，当 P 较大时，向量特征值之间的距离越大，对结果的影响就越大。

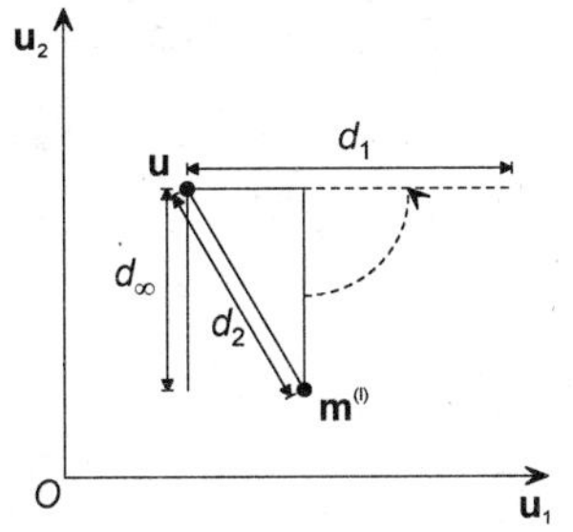

图 5.3　K=2 特征空间中 P=1,2,∞的 L_P 范数的解释

如果 $\mathbf{u}$ 的不同特征值之间不存在相互依赖关系，则 $\mathbf{W}$ 是对角矩阵，其中只有 $w_{j,k|j=k}$ 由式(5.38)中相应的 w_k 值填充。当预计 $\mathbf{u}$ 中的值具有一定的统计相关性时，在设计 $\mathbf{W}$ 时应考虑到这一点。例如，如果两个元素 u_k 和 u_l 是相关的，则应预计 $\mathbf{u}$ 和 $\mathbf{u}_{\text{ref}}$ 之间的差存在相同的相关性。若 $\mathbf{W}=\mathbf{C}_{\mathbf{uu}}^{-1}$，则可以适当地考虑任意两个元素之间的成对相关性。

式(5.35)平方根下的参数也可以表示为

$$\begin{aligned}(\mathbf{u}-\mathbf{u}_{\text{ref}})^{\text{H}}(\mathbf{u}-\mathbf{u}_{\text{ref}}) &= \sum_{k=1}^{K}(u_k-u_{k,\text{ref}})^*(u_k-u_{k,\text{ref}}) \\ &= \sum_{k=1}^{K}\left[|u_k|^2+|u_{k,\text{ref}}|^2-2\,\text{Re}\left\{u_k^{\ *}u_{k,\text{ref}}\right\}\right]=\mathbf{u}^{\text{H}}\mathbf{u}+\mathbf{u}_{\text{ref}}^{\text{H}}\mathbf{u}_{\text{ref}}-2\,\text{Re}\left\{\mathbf{u}^{\text{H}}\mathbf{u}_{\text{ref}}\right\}\end{aligned} \tag{5.40}$$

最后一个参数是向量 $\mathbf{u}$ 和 $\mathbf{u}_{\text{ref}}$ 之间的互相关(或标量积)的实部。在与多个参考候选者的比较中，如果每个候选者具有相同的欧氏向量范数$\|\mathbf{u}_{\text{ref}}\|^2$，则最大化互相关等同于最小化欧氏距离。归一化互相关系数(也称为皮尔逊相关系数)可以表示为①

$$\rho_{\mathbf{u}\mathbf{u}_{\text{ref}}}=\frac{\mathbf{u}^{\text{H}}\mathbf{u}_{\text{ref}}-\mathbf{m}_{\mathbf{u}}^{\text{H}}\mathbf{m}_{\mathbf{u}}}{\|\mathbf{u}-\mathbf{m}_{\mathbf{u}}\|\|\mathbf{u}_{\text{ref}}-\mathbf{m}_{\mathbf{u}}\|} \tag{5.41}$$

若向量为实值，由于关系 $\mathbf{a}^{\text{T}}\mathbf{b}=\|\mathbf{a}\|\,\|\mathbf{b}\|\cos\alpha$，相关系数也可用角 α 表示，即余弦相似性。其中仅在正的情况下角度值在 0~π/2 范围内，或在均值移除情况下角度在−π~π范围内。很容易将其映射到角距离，角距离将 arccos 函数应用到相关系数后使用角度本身。注意，由于角度和相关系数之间的关系是非线性的，因此在某些应用情况下，角度可以更好地区分好的匹配和异常值。

当特征值本身表示一个角度(例如周期振荡的相位或边缘的角度方向)时，由于通常计算角度的 arctan 函数的非唯一性(小的负角度和大的正角度是相同的)，因此每次完全旋转后会出现 2π的不连续性。这可能导致不合理的角度差异，可以通过计算两个角度 φ_1 和 φ_2 之间的差来解决：

$$d(\varphi_1,\varphi_2)=\min\left(|\varphi_2-\varphi_1|,\big||\varphi_2-\varphi_1|-2\pi\big|\right) \tag{5.42}$$

当特征向量 $\mathbf{u}$ 是 K 个二进制数字串(例如，所包含的特征值已分别量化为两个离散振幅)

① 均值 $\mathbf{m}_{\mathbf{u}}$ 被式(5.41)中最右边的项去掉。然后，即使在 $\mathbf{u}$ 值严格为正的情况下，相关系数的实部(事实上表示协方差)也可以取−1 到 1 之间的值。值 1 表示两个向量指向同一方向，−1 将指向相反方向(参考平均值)。值为零表示正交性。在某些情况下，例如表示出现频率(直方图)的向量严格为正时，去除均值并不可取；于是，相关系数将取 0 到 1 之间的值。只有相关系数的实部是相关的，在复杂特征向量 $\mathbf{u}$ 的情况下也是相关的，因为虚部表示与实部 $\mathbf{u}$ 和虚部 $\mathbf{u}_{\text{ref}}$ 之间的交叉关系。

时，欧氏距离将与汉明距离 $d_{\mathrm{H}}(\mathbf{u},\ \mathbf{u}_{\mathrm{ref}})$ 相同，汉明距离 $d_{\mathrm{H}}(\mathbf{u},\ \mathbf{u}_{\mathrm{ref}})$ 是应用于比特串 $\mathbf{u}$ 和 $\mathbf{u}_{\mathrm{ref}}$ 的逻辑异或(⊕)操作，以及结果为 1 的后续位数(即两个字符串中不同的位数)。表示最大不相似度的最大汉明距离为 K，同样，两个二进制串之间的相关系数(导致值介于 0 和 1 之间)可以表示为①

$$\rho_{\mathbf{uu}_{\mathrm{ref}}}=\frac{\sum_{k=1}^{K}1-u_k\oplus u_{k,\mathrm{ref}}}{K}=1-\frac{d_{\mathrm{H}}(\mathbf{u},\mathbf{u}_{\mathrm{ref}})}{K} \tag{5.43}$$

5.2.2 与集合比较相关的距离度量

在某些情况下，多媒体项的属性由一组特征样本表示。在这种情况下，距离度量必须确定集合 $\mathcal{A}$ 和 $\mathcal{B}$ 的特征值(例如，向量 $\mathbf{u}_{\mathrm{a}}$ 和 $\mathbf{u}_{\mathrm{b}}$)之间在相似性方面存在多大的重叠。例如，从两个信号中提取特征，其中必须确定它们之间存在多大的相似性。另一个例子是评估由一组坐标构成的形状的相似性。在此经常出现的一个问题是，两个集合中的项数通常不相等，因为它可能依赖于信号。

在这种情况下通常应用的第一步是成对匹配。对于集合 $\mathcal{A}$ 中的每个项，确定集合 $\mathcal{B}$ 中最相似的项[其中，适用于判断相似性的距离准则 $d(\mathbf{u}_{\mathrm{a}},\ \mathbf{u}_{\mathrm{b}})$ 取决于特征，例如，可以使用欧氏距离]。注意，这与从集合 $\mathcal{A}$ 或 $\mathcal{B}$ 的角度搜索最相似的项不同。可以定义附加标准来判断成对匹配的可靠性，例如通过拒绝

- 匹配，其中 $d(\mathbf{u}_{\mathrm{a}},\ \mathbf{u}_{\mathrm{b}})$ 高于阈值，表示缺乏相似性；
- 存在具有相似值 $d(\mathbf{u}_{\mathrm{a}},\ \mathbf{u}_{\mathrm{b}})$ 的附加匹配的情况；
- 通过匹配 $\mathcal{A}\to\mathcal{B}$ 找到的对与通过匹配 $\mathcal{B}\to\mathcal{A}$ 找到的对不同的情况。

接下来可以使用的一个简单度量是 Jaccard 相似系数[Jaccard 1901]，它将两个集合的交集(根据找到的成对匹配)进行统一加权，其补集是 Jaccard 距离：

$$d_{\mathrm{JC}}(\mathcal{A},\mathcal{B})=1-\underbrace{\frac{\mathcal{A}\cap\mathcal{B}}{\mathcal{A}\cup\mathcal{B}}}_{c_{\mathrm{JC}}(\mathcal{A},\mathcal{B})}=1-\frac{\mathcal{A}\cap\mathcal{B}}{\mathcal{A}+\mathcal{B}-\mathcal{A}\cap\mathcal{B}} \tag{5.44}$$

式(5.44)中距离的可能值介于 0(最高相似系数)和 1(最低相似系数)之间。最简单的情况是，存在成对匹配的所有项的数量将建立交集，并且统一由该数量加上两个集合中不匹配项的数量组成。作为扩展，可以通过累积匹配的概率权重来计算交集，例如，使用从距离 $d(\mathbf{u}_{\mathrm{a}}, \mathbf{u}_{\mathrm{b}})$ 确定的高斯权重。

Jaccard 相似性还可用于比较二值字符串，例如，通过逻辑“1”值表示真(或假)决策。让向量 $\mathbf{u}_{\mathrm{a}}$ 和 $\mathbf{u}_{\mathrm{b}}$ 各自包含 K 个二进制值。然后，相似性可以表示为

$$c_{\mathrm{JC}}(\mathbf{u}_{\mathrm{a}},\mathbf{u}_{\mathrm{b}})=\frac{\sum_{k=1}^{K}u_{\mathrm{a},k}\wedge u_{\mathrm{b},k}}{\sum_{k=1}^{K}u_{\mathrm{a},k}\vee u_{\mathrm{b},k}}=\frac{\sum_{k=1}^{K}u_{\mathrm{a},k}\wedge u_{\mathrm{b},k}}{\sum_{k=1}^{K}u_{\mathrm{a},k}+\sum_{k=1}^{K}u_{\mathrm{b},k}-\sum_{k=1}^{K}u_{\mathrm{a},k}\wedge u_{\mathrm{b},k}} \tag{5.45}$$

这个方法也被称为 Tanimoto 相似度。在此背景下，提出了距离标准 $d=-\log_2(c_{\mathrm{JC}})$ [ROGERS,

① 最小化汉明距离，即两个比特串之间不同的比特数，等于最小化 L_1 或 L_2 范数，或最大化互相关。

TANIMOTO, TAFFEE 1960]。

与 Jaccard 方法思路类似的方法是 Srrensen-Dice 相似系数[Dice 1945][Srrensen 1948]：

$$c_{SD}(\mathcal{A},\mathcal{B})=\frac{2(\mathcal{A}\cap\mathcal{B})}{\mathcal{A}+\mathcal{B}} \tag{5.46}$$

同样，其最大差异性(没有匹配项)为 0，最高相似性为 1；通常，较低的分数与使用 Jaccard 系数的分数略为相似。与 Jaccard 方法不同，相关距离度量 $1-c_{SD}$ 不满足三角形等式，即，其可能是两个被判断为彼此不同的项都与第三个项非常相似的情况。这种特性在某些应用中是可取的，例如词汇关联。表示两个集合上真实决策共同性的二值串计算概率相等。

在集合 $\mathcal{A}$ 和 $\mathcal{B}$ 中的项对之间再次使用基本距离准则 $d(\mathbf{u}_a,\mathbf{u}_b)$，Hausdorff 距离 d_{HD} 被定义为

$$\begin{gathered} d_{HD}(\mathcal{A},\mathcal{B})=\max\left(\tilde{d}_{HD}(\mathcal{A},\mathcal{B}),\tilde{d}_{HD}(\mathcal{B},\mathcal{A})\right) \\ \text{其中，}\ \tilde{d}_{HD}(\mathcal{A},\mathcal{B})=\max_{a\in\mathcal{A}}\left\{\min_{b\in\mathcal{B}} d\left(\mathbf{u}_a,\mathbf{u}_b\right)\right\};\ \ \tilde{d}_{HD}(\mathcal{B},\mathcal{A})=\max_{b\in\mathcal{B}}\left\{\min_{a\in\mathcal{A}} d\left(\mathbf{u}_a,\mathbf{u}_b\right)\right\} \end{gathered} \tag{5.47}$$

它可以被解释为搜索一个集合的所有成员在另一个集合中最接近的匹配(不管另一个集合的某些成员是否被多次划分)，然后在这些距离中寻找最大距离。这个过程应用于两个方向，然后再次考虑这两种情况的最大值。图 5.4 中给出了使用 Hausdorff 距离基于欧氏距离比较两个轮廓的示例。然而，很明显，Hausdorff 距离只对少数在另一个集合中不存在紧密匹配的项非常敏感，而 Jaccard 和 Srrensen-Dice 距离在很大程度上忽略了这些情况，如果有的话也很少。

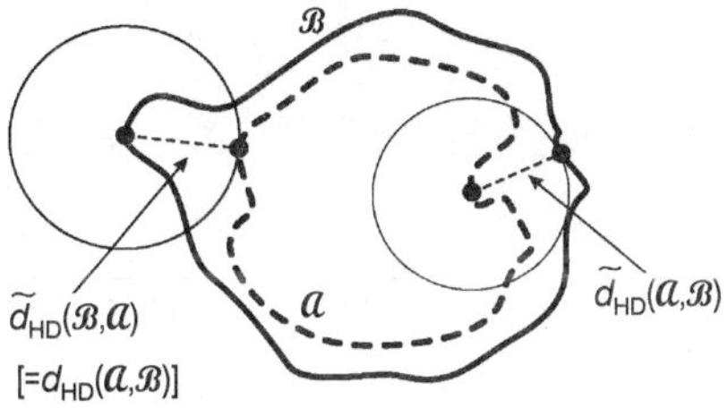

图 5.4　两个轮廓 $\mathcal{A}$ 和 $\mathcal{B}$ 之间的 Hausdorff 距离图解

5.2.3　概率分布的相似性

在下文中，通常假设基于基本概率函数 $p_{\mathcal{A}}$ 和 $p_{\mathcal{B}}$，比较两项或两个集合数据 $\mathcal{A}$ 和 $\mathcal{B}$ 的特征。基本上，这可以是连续随机变量上的 PDF，或者是量化(或其他自然离散)值上定义的离散概率分布。本节讨论的所有相似性准则可应用于连续或离散概率函数，以及标量和向量概率①。示例通常只针对每个案例中的一个给出，但是映射到其他案例很简单。

评价两个 PDF 相似性的一个简单、直接的标准是 Bhattacharyya 系数和相关的 Bhattacharyya 距离[Bhattacharyya 1943]：

① 通常，对于离散概率函数，随机变量上的积分必须用求和来代替。对于向量变量，必须使用嵌套积分/求和。

$$c_{\mathrm{BC}}(p_{\mathcal{A}},p_{\mathcal{B}})=\int_{x=-\infty}^{\infty}\sqrt{p_{\mathcal{A}}(x)p_{\mathcal{B}}(x)}\,\mathrm{d}x\;;\quad d_{\mathrm{BC}}(p_{\mathcal{A}},p_{\mathcal{B}})=-\ln\left(c_{\mathrm{BC}}(p_{\mathcal{A}},p_{\mathcal{B}})\right) \tag{5.48}$$

系数 c_{BC} 可以解释为两个 PDF 之间的归一化互相关。值的范围将介于 0(最低相似度)和 1(最高相似度，即相同)之间。同样，对于相同的 PDF，距离 d_{BC} 为零，并且距离随着相似性降低而增加。

假设随机观测向量 $\mathbf{x}\in\mathcal{X}$ 由参数集 $\boldsymbol{\theta}$(例如高斯情况下的均值和协方差)指定的 PDF $p_{\mathcal{X}}(\mathbf{x}|\boldsymbol{\theta})$ 来解释，则相关似然函数被定义为 PDF 的尺度值：

$$L(\boldsymbol{\theta}\mid\mathbf{x})=\alpha\cdot p_{\mathcal{X}}(\mathbf{x}\mid\boldsymbol{\theta}) \tag{5.49}$$

为了区分两个不同的假设 $\boldsymbol{\theta}_1$ 和 $\boldsymbol{\theta}_2$，似然比是有用的，定义为

$$\Lambda(\mathbf{x})=\frac{L(\boldsymbol{\theta}_1\mid\mathbf{x})}{L(\boldsymbol{\theta}_2\mid\mathbf{x})} \tag{5.50}$$

在这种情况下，如果在两个似然函数的定义中选择了相同的 α，则当 $\Lambda(\mathbf{x})<1$ 时，参数集 $\boldsymbol{\theta}_2$ 将是随机变量出现的更好解释。通常情况下，这两种假设概率都没有先验值。由于模型的 PDF 方程(如高斯、拉普拉斯)通常是由随机变量上的指数定义的，所以使用对数似然比更方便：

$$\log\Lambda(\mathbf{x})=\log L(\boldsymbol{\theta}_1\mid\mathbf{x})-\log L(\boldsymbol{\theta}_2\mid\mathbf{x}) \tag{5.51}$$

在对数空间中，决策阈值将为 0。这种方法的典型应用是分类，其中关于观测值 $\mathbf{x}$ 的最大似然决策可由两个假设中基于阈值准则的其中一个来解释。对于两个以上假设的情况 $\boldsymbol{\theta}_l$，l=1，…，L，可以类似地做出如下决定①：

$$l_{\mathrm{ML}}=\max_{l}\log L(\boldsymbol{\theta}_l\mid\mathbf{x})=\max_{l}\log p_{\mathcal{X}}(\mathbf{x}\mid\boldsymbol{\theta}_l) \tag{5.52}$$

该方法还可用于检验随机变量基于参数 $\boldsymbol{\theta}_{\mathcal{A}}$ 具有 PDF $p_{\mathcal{A}}(\mathbf{x})$ 情况下的对数似然比，而另一种假设是它具有基于 $\boldsymbol{\theta}_{\mathcal{B}}$ 的 PDF $p_{\mathcal{B}}(\mathbf{x})$。该方法可等效地用于比较 PDF $p_{\mathcal{A}}(\mathbf{x})$ 和 $p_{\mathcal{B}}(\mathbf{x})$。随机变量所有可能状态的平均值是 Kullback-Leibler 散度(KLD)，它通过 K 次积分表示两个概率密度函数之间的距离度量(与 $\mathbf{x}$ 中随机值的数量有关)：

$$\Delta_{\mathrm{KL}}\left(p_{\mathcal{A}}\parallel p_{\mathcal{B}}\right)=\int_{-\infty}^{\infty}p_{\mathcal{A}}(\mathbf{x})\log\frac{p_{\mathcal{A}}(\mathbf{x})}{p_{\mathcal{B}}(\mathbf{x})}\mathrm{d}^{(K)}\mathbf{x} \tag{5.53}$$

在这种情况下，用于计算平均值的权重采用 $p_{\mathcal{A}}(\mathbf{x})$，使得对数似然比为负的情况将与小的权重一致，而正值获得较大权重，从而使得 KLD 始终为正(或当 $p_{\mathcal{A}}(\mathbf{x})$ 和 $p_{\mathcal{B}}(\mathbf{x})$ 在所有 $\mathbf{x}$ 上完全相同时为零)。同样的概念也适用于离散 PMF，其中积分被求和所代替；这也被表示为潜在概率分布之间的相对熵。Kullback-Leibler 散度不是对称的，即 $\Delta(p_{\mathcal{A}},p_{\mathcal{B}})\neq\Delta(p_{\mathcal{B}},p_{\mathcal{A}})$。如果需要对称，可以使用以下函数：

$$\bar{\Delta}_{\mathrm{KL}}\left(p_{\mathcal{A}}\parallel p_{\mathcal{B}}\right)=\frac{1}{2}\left[\Delta_{\mathrm{KL}}\left(p_{\mathcal{A}}\parallel p_{\mathcal{B}}\right)+\Delta_{\mathrm{KL}}\left(p_{\mathcal{A}}\parallel p_{\mathcal{B}}\right)\right] \tag{5.54}$$

另一个相关但对称的函数是基于互信息的②：

---

① 式(5.52)中最右边的等式仅当在所有假设下使用相同的 α 值确定概率的可能性时才有效。

② 见文献[MSCT，2.5.5 节]。互信息是一个涉及信息共享的信息论概念。这里用微分熵表示，即连续值随机变量。

$$H(\mathcal{A};\mathcal{B}) = \int_{-\infty}^{\infty}\int_{-\infty}^{\infty} p_{\mathcal{AB}}(\mathbf{x},\mathbf{y})\log\frac{p_{\mathcal{AB}}(\mathbf{x},\mathbf{y})}{p_{\mathcal{A}}(\mathbf{x})p_{\mathcal{B}}(\mathbf{y})}\mathrm{d}^{(K)}\mathbf{x}\,\mathrm{d}^{(K)}\mathbf{y}$$
$$= H(\mathcal{A}) - H(\mathcal{A}|\mathcal{B}) = H(\mathcal{B}) - H(\mathcal{B}|\mathcal{A}) = H(\mathcal{B};\mathcal{A}) \tag{5.55}$$

其一阶和条件熵表示为

$$H(\mathcal{A}) = -\int_{-\infty}^{\infty} p_{\mathcal{A}}(\mathbf{x})\log p_{\mathcal{A}}(\mathbf{x})\mathrm{d}^{(K)}\mathbf{x}$$
$$H(\mathcal{A}|\mathcal{B}) = -\int_{-\infty}^{\infty}\int_{-\infty}^{\infty} p_{\mathcal{AB}}(\mathbf{x},\mathbf{y})\log p_{\mathcal{AB}}(\mathbf{x}|\mathbf{y})\mathrm{d}^{(K)}\mathbf{x}\,\mathrm{d}^{(K)}\mathbf{y} \tag{5.56}$$

将参数集$\boldsymbol{\theta}_l$的似然函数式(5.49)的原始公式解释为条件概率(在类数有限的分类问题中是离散的)，并将其与 Bayes 定理[见式(3.69)]相结合得到

$$L(\boldsymbol{\theta}_l|\mathbf{x}) \sim \Pr(\boldsymbol{\theta}_l|\mathbf{x}) = \frac{\Pr(\boldsymbol{\theta}_l)}{p_{\mathcal{X}}(\mathbf{x})}\cdot p_{\mathcal{X}}(\mathbf{x}|\boldsymbol{\theta}_l) \Rightarrow \alpha(l) \sim \frac{\Pr(\boldsymbol{\theta}_l)}{p_{\mathcal{X}}(\mathbf{x})} \tag{5.57}$$

这意味着，已知给定类的先验概率(由参数集表示)，类决策的对数似然准则可以修改为[表示为最大后验(Maximum a Posteriori, MAP)或贝叶斯准则]①

$$l_{\mathrm{MAP}} = \max_l\left[\log p_{\mathcal{X}}(\mathbf{x}|\boldsymbol{\theta}_l) + \log\Pr(\boldsymbol{\theta}_l)\right] \tag{5.58}$$

在式(5.49)中设置 $\alpha=1$，并计算式(5.51)中对数似然的偏导数$\boldsymbol{\theta}$，得到观测值 $\mathbf{x}$ 的 Fisher 分值[JAAKOLA，HAUSSLER 1998]

$$\mathbf{f}_{\boldsymbol{\theta}}(\mathbf{x}) = \nabla_{\boldsymbol{\theta}}\log p_{\mathcal{X}}(\mathbf{x}|\boldsymbol{\theta}) \text{ 或 } \mathbf{f}_{\boldsymbol{\theta}}(\mathbf{x}) = \left\{f_{\theta_i}(\mathbf{x})\right\}，\text{其中 } f_{\theta_i}(\mathbf{x}) = \frac{\partial}{\partial\theta_i}\log p_{\mathcal{X}}(\mathbf{x}|\boldsymbol{\theta}) \tag{5.59}$$

Fisher 分值是一个向量，其元素数量与参数向量$\boldsymbol{\theta}$相同。对于提供最大对数似然的参数集，例如，当 $\mathbf{x}$ 随机值在潜在 PDF 的最大值处出现时，它将在所有元素上变为零。在这种情况下，假设由$\boldsymbol{\theta}$参数化的 PDF 可为 $\mathbf{x}$ 的随机行为提供很好的解释。如果它是稳定的和连续可微的，则随机分布 $p_{\mathcal{X}}(\mathbf{x}|\boldsymbol{\theta})$ 的 Fisher 分值的一阶矩为零，如下所示：

$$\mathcal{E}\left\{f_{\theta_i}(\mathbf{x})\right\} = \mathcal{E}\left\{\frac{\frac{\partial}{\partial\theta_i}\log p_{\mathcal{X}}(\mathbf{x}|\boldsymbol{\theta})}{p_{\mathcal{X}}(\mathbf{x}|\boldsymbol{\theta})}\right\} = \int\frac{\frac{\partial}{\partial\theta_i}p_{\mathcal{X}}(\mathbf{x}|\boldsymbol{\theta})}{p_{\mathcal{X}}(\mathbf{x}|\boldsymbol{\theta})}p_{\mathcal{X}}(\mathbf{x}|\boldsymbol{\theta})\mathrm{d}^{(K)}\mathbf{x}$$
$$= \frac{\partial}{\partial\theta_i}\int p_{\mathcal{X}}(\mathbf{x}|\boldsymbol{\theta})\mathrm{d}^{(K)}\mathbf{x} = 0 \tag{5.60}$$

Fisher 信息 $I(\boldsymbol{\theta})$通过 Fisher 分值的二阶矩来定义，基本上用其元素的方差和协方差表示。其中 $\boldsymbol{\theta}$ 中某个元素的方差可以用对数似然的负二阶导数来表示，因为

$$I(\theta_i) = -\mathcal{E}\left\{\frac{\partial^2}{\partial\theta_i^2}\log p_{\mathcal{X}}(\mathbf{x}|\boldsymbol{\theta})\right\} = \mathcal{E}\left\{\left(\frac{\partial}{\partial\theta_i}\log p_{\mathcal{X}}(\mathbf{x}|\boldsymbol{\theta})\right)^2\right\} - \mathcal{E}\left\{\frac{\frac{\partial^2}{\partial\theta_i^2}p_{\mathcal{X}}(\mathbf{x}|\boldsymbol{\theta})}{p_{\mathcal{X}}(\mathbf{x}|\boldsymbol{\theta})}\right\} \tag{5.61}$$

其中最右边的项通过与式(5.60)中类似的考虑变成零。两个观测值 $\mathbf{x}_1$ 和 $\mathbf{x}_2$ 的 Fisher 分值可通过 Fisher 核(一个标量值)解释其属于同一随机分布的相似性

① 由于式(5.57)中的 $p_{\mathcal{X}}(\mathbf{x})$ 独立于 $\boldsymbol{\theta}$，因此可在导出的标准中省略它。

$$k(\mathbf{x}_1,\mathbf{x}_2)=\mathbf{f}_\theta^{\mathrm{T}}(\mathbf{x}_1)\mathbf{F}_\theta^{-1}\mathbf{f}_\theta(\mathbf{x}_2) \tag{5.62}$$

其中 $\mathbf{F}_\theta$ 是 Fisher 信息矩阵，它基本上可以解释为 Fisher 分值中随机分布 $p_{\mathcal{X}}(\mathbf{x}|\boldsymbol{\theta})$ 元素之间的协方差矩阵，即

$$\mathbf{F}_\theta=\mathcal{E}\left\{\mathbf{f}_\theta\mathbf{f}_\theta^{\mathrm{T}}\right\} \text{ or } \mathbf{F}_\theta=\left\{f_{i,j}\right\} \tag{5.63}$$

Fisher 信息矩阵的项 $f_{i,j}$ 是 Fisher 分值的二阶矩，它可以再次定义为对数似然的二阶导数[如式(5.61)所示]：

$$f_{i,j}=\mathcal{E}\left\{\left(\frac{\partial}{\partial\theta_i}\log p_{\mathcal{X}}(\mathbf{x}\,|\,\boldsymbol{\theta})\right)\left(\frac{\partial}{\partial\theta_j}\log p_{\mathcal{X}}(\mathbf{x}\,|\,\boldsymbol{\theta})\right)\right\}=-\mathcal{E}\left\{\frac{\partial^2}{\partial\theta_i\partial\theta_j}\log p_{\mathcal{X}}(\mathbf{x}\,|\,\boldsymbol{\theta})\right\} \tag{5.64}$$

二阶导数表达式对 PDF 峰值附近的对数似然行为进行了有趣解释(类似于轮廓的二阶导数表示极端曲率的转折点，见 4.5.2 节)。当 PDF 具有窄峰值且最大值显著，对数似然性最高时，其附近的二阶导数将具有大的负值，并且 Fisher 信息将变高；而在 PDF 平缓的峰值附近，Fisher 信息将低得多。

将$\boldsymbol{\Phi}$定义为从 $\mathbf{F}_\theta$ 的正交特征向量建立的变换基，使得$\boldsymbol{\Phi}\boldsymbol{\Phi}^{\mathrm{T}}=\mathbf{I}$，式(5.62)可用下式替换如下：

$$k(\mathbf{x}_1,\mathbf{x}_2)=\underbrace{\mathbf{f}_\theta^{\mathrm{T}}(\mathbf{x}_1)\boldsymbol{\Phi}}_{\mathbf{g}_\theta^{\mathrm{T}}(\mathbf{x}_1)}\underbrace{\boldsymbol{\Phi}^{\mathrm{T}}\mathbf{F}_\theta^{-1}\boldsymbol{\Phi}}_{\boldsymbol{\Lambda}^{-1}}\underbrace{\boldsymbol{\Phi}^{\mathrm{T}}\mathbf{f}_\theta(\mathbf{x}_2)}_{\mathbf{g}_\theta(\mathbf{x}_2)}=\mathbf{g}_\theta^{\mathrm{T}}(\mathbf{x}_1)\boldsymbol{\Lambda}^{-1}\mathbf{g}_\theta(\mathbf{x}_2) \tag{5.65}$$

如式(5.10)所示，矩阵$\boldsymbol{\Lambda}$是由 $\mathbf{F}_\theta$ 的特征值组成的对角矩阵，因此，在变换基$\boldsymbol{\Phi}$上变换分值函数 $\mathbf{f}_\theta(\mathbf{x})$，得到一个等价的向量空间，其中 $\mathbf{g}_\theta(\mathbf{x})$ 中的元素(表示为 Fisher 向量)可以独立地被测试①。如果采用 Fisher 核方法对两组观测值的元素进行成对比较，式(5.62)或式(5.65)可以对所有观测值进行简单平均。

如果潜在 PDF 是多元高斯函数，其特征是平均向量 $\mathbf{m}_\mathbf{u}$ 和协方差矩阵 $\mathbf{C}_{\mathbf{uu}}$，如式(5.9)所示，式(5.63)的项表示 $\mathbf{x}=\bar{\mathbf{u}}$ 周围对数似然的二阶导数，它可以由 $\mathbf{m}_\mathbf{u}^{\mathrm{T}}\mathbf{C}_{\mathbf{uu}}^{-1}\mathbf{m}_\mathbf{u}$ 确定。当仅通过参数向量$\boldsymbol{\theta}$的表示来确定平均值时，可进一步简化。类似地，该方法可扩展到高斯混合式(5.27)来表示随机集的性质，只有那些能在局部提供与 Fisher 核准则很好匹配的性质才对总体相似性排序有显著贡献。如果用 Fisher 向量表示(高斯混合的每种模式)，则高值表示不相似，而低值可以表示完全相似(在不太可能生成的混合分量的实际平均值处)，或者远离模型的任何模式，其中 PDF 几乎是平坦的。类似地，由于 Fisher 信息通常可以解释为对数似然的导数，Fisher 向量的方向将移至模型模式方向，以提供更好的匹配。

概率分布通常是通过计算从有限信号或信号段中提取的直方图来近似获得的，其中样本的变化可能不足以表现向真实期望值的收敛性。当典型的连续模型分布在随机变化的振幅上平滑变化时，直方图计算结果通常更不连续，或者可能只反映给定信号或段的个别特性的几个峰值(模式)。因此，直方图的值可以直接解释为一个向量特征，并通过计算直方图之间差异的 L_P 范数来进行两个项的比较。事实上，P 阶矩基本特征的差异，将量化为第 j 条直方图线的 x_j 值，并随其概率分布的差异大致呈线性变化：

① 在这里使用的符号中，Fisher 信息矩阵的特征向量建立了$\boldsymbol{\Phi}$列。此外，可以通过相应的特征值进行归一化，以获得与 Fisher 核准则完全相同的数值。

$$m_{\mathcal{A}}^{(P)}-m_{\mathcal{B}}^{(P)}=\sum_{j}x_j^p\left(\mathrm{Pr}_{\mathcal{A}}(j)-\mathrm{Pr}_{\mathcal{B}}(j)\right)\leqslant\sum_{j}\left|x_j\right|^p\left|\mathrm{Pr}_{\mathcal{A}}(j)-\mathrm{Pr}_{\mathcal{B}}(j)\right| \tag{5.66}$$

与式(5.25)和式(5.26)中的统计检验类似，式(5.66)近似计算两个概率分布之间的面积，至少对相邻 x_j 的均匀间距(例如特征均匀量化)，与概率的绝对差异分析相对应。因此，在实际应用中，L_1 范数比欧几里得(L_2)范数更适合于比较由直方图描述的特征。例如，比较描述项 $\mathcal{A}$ 和项 $\mathcal{B}$ 的特征的归一化[①]直方图向量 $\mathbf{h}_{\mathcal{A}}$ 和 $\mathbf{h}_{\mathcal{B}}$，L_1 距离函数为

$$d_1(\mathbf{h}_{\mathcal{A}},\mathbf{h}_{\mathcal{B}})=\left\|\mathbf{h}_{\mathcal{A}}-\mathbf{h}_{\mathcal{B}}\right\|_1=\sum_{j=1}^{J}\left|h_{\mathcal{A}}(j)-h_{\mathcal{B}}(j)\right|,\ \text{其中}\sum_{j}h_{\mathrm{X}}(j)=1 \tag{5.67}$$

尽管式(5.67)表示两个直方图之间的差异，其值范围在 0(最相似)和 1(最不相似)之间，但也可以通过计算直方图交集来表示相似性：

$$c_1(\mathbf{h}_{\mathcal{A}},\mathbf{h}_{\mathcal{B}})=\sum_{j=1}^{J}\min\left\{h_{\mathcal{A}}(j),h_{\mathcal{B}}(j)\right\},\ \text{其中}\sum_{j}h_{\mathrm{X}}(j)=1 \tag{5.68}$$

问题是式(5.67)和式(5.68)都没有考虑由不同直方图线所描述的基本特征值的距离：假设两个量化值 $\mathbf{y}_i\approx\mathbf{y}_j$ 相似，当只有 $h_{\mathrm{A}}(i)+h_{\mathrm{A}}(j)\approx h_{\mathrm{B}}(i)+h_{\mathrm{B}}(j)$ 时，两个信号可能确实非常相似；但当分别比较与指数 i 和 j 相关的直方图柄时，可能会发现更大的差异。考虑到这一影响，当直方图直方条代表相似的特征值振幅时，可以用这些直方图柄的集合来执行距离计算。这可以通过使用核加权函数修正直方图来实现，这样

$$\hat{h}_{\mathrm{X}}(i)=\sum_{j}w_{i,j}h_{\mathrm{X}}(j)\quad \text{s.t.}\quad \sum_{i}\hat{h}_{\mathrm{X}}(i)=1 \tag{5.69}$$

值 $\hat{h}_{\mathrm{x}}(i)$ 可直接用于式(5.67)和式(5.68)。正值加权函数取决于由直方图直方条表示的量化特征 $\mathbf{y}$ 之间的差异。典型的加权函数是高斯核加权：

$$w_{i,j}=\mathrm{e}^{-\frac{\left\|\mathbf{y}_i-\mathbf{y}_j\right\|^2}{2\omega^2}} \tag{5.70}$$

相关加权

$$w_{i,j}=C\frac{\mathbf{y}_i^{\mathrm{T}}\mathbf{y}_j}{\sqrt{\left\|\mathbf{y}_i\right\|_2^2\left\|\mathbf{y}_j\right\|_2^2}}\ \text{若}\ i\neq j;\quad w_{i,j}=1,\ i=j \tag{5.71}$$

和线性距离加权，其中当一对($\mathbf{y}_i$，$\mathbf{y}_j$)之间的欧氏距离超过值$\Delta_{\max}$时，权重变为零：

$$w_{i,j}=1-\min\left\{\frac{\left\|\mathbf{y}_i-\mathbf{y}_j\right\|_2}{\Delta_{\max}},1\right\} \tag{5.72}$$

基本上，式(5.69)具有平滑直方图(消除单峰)的效果，其中平滑强度可通过式(5.70)中的参数 ω、式(5.71)中的 C 和式(5.72)中的 $\Delta_{\max}$ 进行调整。

5.2.4　基于类先验知识的距离度量

高斯 PDF 是描述信号和特征统计特性的一种常用模型，特别适用于对数变换后的随

---

① 直方图应归一化，以允许解释为密度函数，即所有值的单位和。这使得直方图也独立于值计数，并允许比较不同样本数的信号。

机空间平方误差最小化来解析优化问题。假设特征向量的 PDF(已事先分配给 S_1 类的集合)可表示为多元高斯分布：

$$p_{\mathbf{u}}(\mathbf{x}\mid S_l)=\frac{1}{\sqrt{(2\pi)^K\left|\mathbf{C}_{\mathbf{uu}}^{(l)}\right|}}\cdot \mathrm{e}^{-\frac{1}{2}(\mathbf{x}-\mathbf{m}_{\mathbf{u}}^{(l)})^{\mathrm{T}}\left[\mathbf{C}_{\mathbf{uu}}^{(l)}\right]^{-1}(\mathbf{x}-\mathbf{m}_{\mathbf{u}}^{(l)})} \tag{5.73}$$

其中，$\mathbf{C_{uu}}^{(l)}$表示类似于式(5.8)的协方差矩阵，但仅描述类 S_l 的成员。当类成员的数目 Q_l 足够大时，可以从训练集中获得协方差矩阵和类质心 $\mathbf{m_u}^{(1)}$：

$$\mathbf{C_{uu}}^{(l)}=\frac{1}{Q_l}\sum_{q=1}^{Q_l}\left[\mathbf{u}_q^{(l)}-\mathbf{m}_{\mathbf{u}}^{(l)}\right]\left[\mathbf{u}_q^{(l)}-\mathbf{m}_{\mathbf{u}}^{(l)}\right]^{\mathrm{T}}\ ;\ \mathbf{m}_{\mathbf{u}}^{(l)}=\frac{1}{Q_l}\sum_{q=1}^{Q_l}\mathbf{u}_q^{(l)} \tag{5.74}$$

与式(5.10)类似，协方差矩阵的特征向量和特征值可以专门为这类确定。通过使用特征向量矩阵$[\mathbf{\Phi}^{(l)}]^{\mathrm{T}}$的转置，可以将给定特征向量 $\mathbf{u}$ 与类质心之间的距离转换为非相关分量空间：

$$\mathbf{v}^{(l)}=\left[\mathbf{\Phi}^{(l)}\right]^{\mathrm{T}}(\mathbf{u}-\mathbf{m}_{\mathbf{u}}^{(l)}) \tag{5.75}$$

根据式(A.126)的特征值 $\lambda_k^{(l)}$ 表示变换分量向量 $\mathbf{v}^{(l)}$的期望类内方差。如果将欧氏距离准则式(5.35)应用于变换后的分量，并通过其方差(特征值)进行归一化，则向量 $\mathbf{u}$ 与类质心之间的距离可以表示为

$$d_l^{\mathrm{M}}\left(\mathbf{u},\mathbf{m}_{\mathbf{u}}^{(l)}\right)=\sum_{k=1}^{K}\frac{\left(v_k^{(l)}\right)^2}{\lambda_k^{(l)}}=\left[\ \mathbf{v}^{(l)}\right]^{\mathrm{T}}\left[\mathbf{\Lambda}^{(l)}\right]^{-1}\mathbf{v}^{(l)} \tag{5.76}$$

显然，利用特征空间中的距离关系可建立式(5.76)右侧的矩阵方程：

$$d_l^{\mathrm{M}}\left(\mathbf{u},\mathbf{m}_{\mathbf{u}}^{(l)}\right)=\underbrace{\left[\ \mathbf{u}-\mathbf{m}_{\mathbf{u}}^{(l)}\right]^{\mathrm{T}}\mathbf{\Phi}^{(l)}}_{\left[\mathbf{v}^{(l)}\right]^{\mathrm{T}}}\underbrace{\left[\ \mathbf{\Phi}^{(l)}\right]^{\mathrm{T}}\left[\mathbf{C}_{\mathbf{uu}}^{(l)}\right]^{-1}\mathbf{\Phi}^{(l)}}_{\left[\mathbf{\Lambda}^{(l)}\right]^{-1}}\underbrace{\left[\ \mathbf{\Phi}^{(l)}\right]^{\mathrm{T}}\left[\ \mathbf{u}-\mathbf{m}_{\mathbf{u}}^{(l)}\right]}_{\mathbf{v}^{(l)}} \tag{5.77}$$

然后，根据正交变换的条件$[\mathbf{\Phi}^{(l)}]^{\mathrm{T}}=\mathbf{\Phi}^{-1}$ 和$\mathbf{\Phi\Phi}^{-1}=\mathbf{I}$，可得

$$d_l^{\mathrm{M}}\left(\mathbf{u},\mathbf{m}_{\mathbf{u}}^{(l)}\right)=\left[\ \mathbf{u}-\mathbf{m}_{\mathbf{u}}^{(l)}\right]^{\mathrm{T}}\left[\mathbf{C}_{\mathbf{uu}}^{(l)}\right]^{-1}\left[\ \mathbf{u}-\mathbf{m}_{\mathbf{u}}^{(l)}\right] \tag{5.78}$$

式(5.78)表示为马氏距离（Mahalanobis Distance）。与式(5.39)相比，协方差矩阵的逆起着加权矩阵的作用。这种加权完全等价于相关分量空间中的去相关和方差归一化，而不必计算变换本身。

基本上，对于式(5.73)中属于 S_l 类的任何两个具有相同可能性的特征向量，如果它们是从多元高斯 PDF 中提取的，则马氏距离相等。

例：K=2 时马氏距离的解释，

$$d_l^{\mathrm{M}}\left(\mathbf{u},\mathbf{m}_{\mathbf{u}}^{(l)}\right)=\frac{\left[v_1^{(l)}\right]^2}{\lambda_1^{(l)}}+\frac{\left[v_2^{(l)}\right]^2}{\lambda_2^{(l)}} \tag{5.79}$$

这是一个椭圆方程，距离函数在变换后的分量空间内对椭圆轮廓具有恒定值。质心的变换值确定了中心，特征值的平方根是主轴的长度(见图 5.5)。为了将特征向量划分到类中，允许在随机空间中选择与质心偏差更大的那些方向，在这些方向上给定类的变化可能更大。这通常是沿着椭圆主轴的方向。对于 K>2，同样的解释适用于 K 维椭圆。

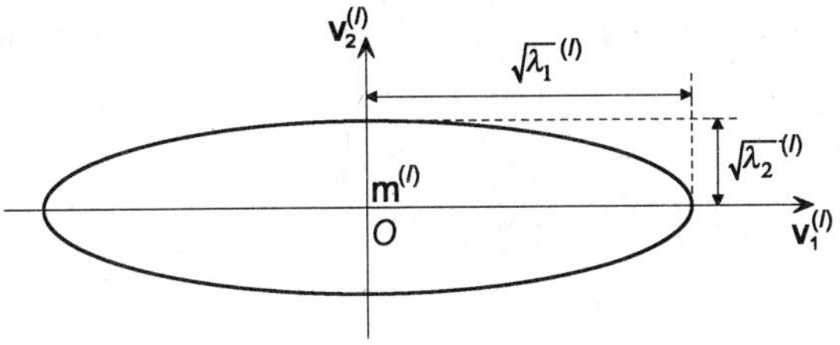

图 5.5　马氏距离的解释，K=2

5.3　特征数据的压缩表示

从多媒体信号提取的特征数据可能需要比数据本身或其压缩数据更多的存储空间。因此，如果特征数据的存储或传输起作用，则可以认为，最好在需要时存储或传输多媒体信号并立即提取特征数据①。另外，除了多媒体信号本身，特征数据的表示具有很高的冗余度，使得可以执行特征数据的压缩。这对于后续的分类也非常有利，因为压缩同样可以降低特征空间的维数，并且简化分类。在极端情况下，当在压缩域中进行分类时，可以对二值字符串使用非常简单的相似性准则，如汉明距离[见式(5.43)]，这可以显著加快分类和数据库搜索的速度。特征数据中存在冗余的原因如下：

- 多维特征数据向量可以具有统计依赖性。当执行特征空间的适当变换时(例如，使用 PCA[见式(5.10)]或 SVD[见式(3.57)]可以避免这种情况。
- 从多媒体信号的多个位置提取的特征数据可以是冗余的，特别是当信号的特征随空间和时间缓慢变化时。在这种情况下，可以对一系列特征数据应用预测(包括变化/无变化的指示)或适当的变换。
- 在统计上，特征数据的不同可能值可能分布不均匀。如果某些值以较高的概率出现，它们可以用较短的比特字符串表示(即可以使用熵编码，参见文献[MSCT，4.4 节]。或者可以对量化前的值应用非线性振幅变换。

通常，特征数据的量化或向量量化(参见文献[MSCT，4.1/4.5 节])是提供更简洁数字表示的关键。然而，这不应显著地影响表现性，即随后的使用(例如用于分类)不应因量化误差而在性能上受到影响。通常分类质量(参见 5.5.2 节)不应基于信号样本量化的标准(通常为平方误差)，而应基于量化特征数据进行研究。

最后，特征数据的编码表示的可伸缩性是相关的，首先是在必要的存储和传输容量方面。其次，如果可以在压缩域执行分类和匹配，则可以利用可伸缩表示的前几层来提供第一个粗略决策，随后可以基于更完整的表示(所有层)对其进行细化。这可用于快速拒绝不同的项(例如，在数据库搜索应用程序中)，而无需基于全部特征数据进一步考虑它们。可缩放特征表示的变体有：

- 通过将第一(最重要)层定义为对给定分类任务具有最高表达度的特征数据的类型，直接进行特征伸缩；
- 转换表示的可伸缩性，例如，在 PCA 中定义与更高特征值相关的更相关层；

① 还应记住，从压缩版的多媒体信号中提取的特征与从未压缩版信号中提取的特征数据不同。

- 量化表示的可伸缩性（增加量化层级的数量），例如，从二值表示开始；
- 一系列特征值的可扩展性：代表整个序列的值（例如通过平均值），以及系列的部分或单个元素的附加值。该序列可以是表示随着时间变化的项的相同特征值的时间序列、空间序列（例如在图像的子块上提取的描述符值）等。

5.4 基于特征的比较

单一特征或特征组合可用于比较两个多媒体信号项的相似性。对于具有归一化特征向量 $\mathbf{u}$ 表示的特征项，应从 N 个其他项集合中找到最相似的项。每一项都由一个相同类型的特征向量表示 $\mathbf{u}_1,\mathbf{u}_2,\cdots,\mathbf{u}_N$。基于给定的距离准则 $d(\cdot)$，最相似项的索引 i 可以确定为

$$i=\underset{n=1\cdots N}{\arg\min}\ d(\mathbf{u},\mathbf{u}_n) \tag{5.80}$$

在一些应用中（例如，从数据库中搜索和检索相似信号），通过相似性比较得到 M 个最相似项的排序集（其中通常 $M<<N$）是有趣的。然后，不仅需要确定最佳匹配，而且还需要按相似性降序排列计算索引 $i_1,\cdots,i_M$，使得①

$$d(\mathbf{u},\mathbf{u}_{i_1})\leqslant d(\mathbf{u},\mathbf{u}_{i_2})\leqslant\cdots\leqslant d(\mathbf{u},\mathbf{u}_{i_M}) \tag{5.81}$$

在这种比较中，搜索的复杂度线性取决于特征向量值的数目 K 和要比较的特征向量总数 N；计算量与 KN 成正比。如果使用基于加权矩阵的差值度量（如马氏距离或加权直方图差），复杂度甚至会增加 K 的平方，但仍与 N 成线性关系。这可以通过转换为低维特征空间（如使用 PCA 或 SVD，省略低值特征向量成分）。然而，通常 $N>>K$，减少 N 的比较次数是降低复杂性的关键，例如，对于大型数据库中的搜索更是如此。通常情况下，数据库中的大多数项与目标非常不同，因此在只测试少数重要特征值之后，它们可以作为候选项被拒绝，这可以用来降低比较的复杂性。

分层搜索。分层搜索策略的目的是首先使用一个小的特征值子集，实现对一些好的候选对象的初步选择，以便进行更准确的比较，并对大多数其他项进行排序。这也可以应用于多个级别。在预选择中降低特征空间维数是很重要的，而保留的特征应尽可能具有表现力。

假设 $\mathbf{u}_n^{(v)}$ 是具有 $K^{(v)}<K$ 的特征值子向量 $\mathbf{u}_n$。在分层搜索中总共有 V 个步骤时，以下条件适用：

$$\left\{\mathbf{u}_n^{(1)}\right\}\subset\left\{\mathbf{u}_n^{(2)}\right\}\subset\cdots\subset\left\{\mathbf{u}_n^{(V-1)}\right\}\subset\left\{\mathbf{u}_n\right\}\ ;\ K^{(1)}<K^{(2)}<\cdots<K^{(V-1)}<K \tag{5.82}$$

仅在第一步中，必须使用小长度特征子向量 $K^{(1)}$ 来比较整个 N 项集合。从这里开始，选择 $M^{(1)}$ 个最佳匹配，通过 $K^{(2)}$ 个特征值的更精确比较以选择 $M^{(2)}$ 个最佳匹配等；到最后一步，$M^{(V)}$ 个最相似项（通过所有已知的 $K^{(V)}$ 个特征值进行比较）保留在式（5.81）提供的排序列表中。每个步骤保留的项数将进一步减少，使得 $M^{(1)}>M^{(2)}>\ldots>M^{(V)}$。若进行完全搜索，值比较操作（例如，差值计算）的次数是 $NK^{(1)}+M^{(1)}K^{(2)}+\cdots+M^{(V-1)}K$，而不是 NK。原理如图 5.6 所示。

如果通过特征向量分析式（5.10）将特征值转换为不相关的分量表示，则用于预选的子

① 式（5.81）中的 i_1 与式（5.80）中的 i 相同。可以通过比较 $d(\mathbf{u},\mathbf{u}_{i_1})$ 和 $d(\mathbf{u},\mathbf{u}_{i_2})$ 等来进一步确定第一个（最佳匹配）项的唯一性，例如，当差异小于某个阈值时，将丢弃匹配为非唯一的值。

空间的定义要简单得多，但可缩放特征表示的其他方法(参见 5.3 节)也可根据具体应用类似地使用。若变换空间，当相关特征值按从大到小排序时，分量向量 $\mathbf{v}=\mathbf{\Phi}^{\mathrm{T}}\mathbf{u}$ 值也将按从大到小的相关性进行排序。然后，可以简单地通过将转换后的特征表示截短为较少的分量来实现最佳子空间划分，这些分量仍尽可能地对给定减少数量的值的特征区分具有表现力。根据以下模式将向量 $\mathbf{t}$ 划分为 V 个子向量：

$$\mathbf{v}=[\underbrace{\underbrace{\underbrace{v_1 \;\cdots\; v_{K^{(1)}}}_{\mathbf{v}^{(1)}:K^{(1)}\text{组}} \;\underbrace{v_{K^{(1)}+1} \;\cdots\; v_{K^{(2)}}}_{\mathbf{v}^{(2)}:K^{(2)}-K^{(1)}\text{组}}}_{K^{(2)}\text{组}} \cdots \underbrace{v_{K^{(V-1)}+1} \;\cdots\; v_K}_{\mathbf{v}^{(T)}:K-K^{(V-1)}\text{组}}}_{K\text{组}}]^{\mathrm{T}} \tag{5.83}$$

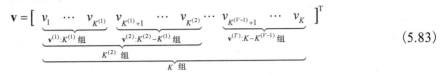

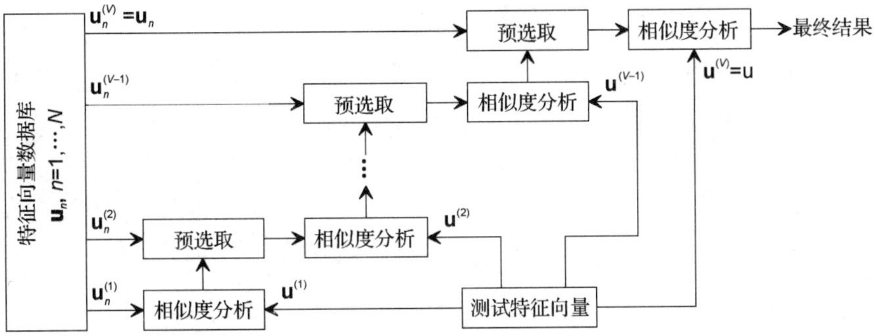

图 5.6　特征向量的分层比较

如果相关特征值较低，则可以完全丢弃一些子向量。此外，采用二进制汉明距离(Hamming distance)准则压缩特征，可以简化比较的复杂度。

对于 PCA，子向量 $\mathbf{v}^{(v)}$ 建立正交互补，全向量 $\mathbf{v}$ 是级联矩阵$[\mathbf{v}^{(1)}\mathbf{v}^{(2)}\ldots\mathbf{v}^{(V)}]^{\mathrm{T}}$，它包含与原始向量 $\mathbf{u}$ 相同的关于特征的证据。除非对查询使用特定的转换，否则可以预先为数据库中包含的项计算转换后的分量表示，并在任何比较操作中使用。如果数据库中 N 个参考特征向量的集合是固定的，则可以进一步将它们组织成子空间簇的分层结构，用于基于树的决策，从而进一步改进和加快预选过程。特别是对于多维特征空间，K-d 树方法[BENTLEY 1980]是一种高效的方法，它通过最近邻方法对数据集进行重组，这样一旦找到合理的第一个匹配，则只需要研究很少的相邻元素即可。

成对比较。基于特征的比较可以进行完整多媒体项的全局比较；也可以在其局部上执行，例如，当仅搜索图像中的特定对象时(本地匹配)。在上面讨论的检索场景中，通常将一个查询项与一组 N 个其他项进行比较，并生成按相似度降序排列的列表。然而，在一些应用中，还需要将集合 $\mathcal{A}$ 中的每个 N_1 项与集合 $\mathcal{B}$ 中的每个 N_2 项进行比较，这样就需要进行 N_1N_2 次比较。例如，一种成对匹配的方法(见 5.2.2 节)需要对两个信号的一组已知本地特征值进行比较，这些特征值本身并不相关。除了搜索复杂度很高(如上文所示，这可以再次通过分层和快速搜索方法来解决)这一事实外，还可以出现各种分布。在多媒体数据基于特征的搜索情形中，以下问题最为相关[①]：

- 如果特征距离太大，则应拒绝匹配；

① 关于成对比较问题的彻底论述，请参阅文献[DAVID 1988]。

- 当存在与第一个匹配具有相似特征距离的第二个匹配时，应将匹配视为非唯一匹配；
- 如果只需要唯一匹配，则应拒绝前一项中的非唯一匹配；
- 执行组的匹配也可能是有益的(例如，对于图像中特定对象特征的一组关键点描述符，可能以特定的局部顺序进行描述)；
- 可以基于有效匹配的百分比来评估项的相似性。

Boosting。boosting[SHAPIRE，SINGER 1999]的基本思想是将几个弱分类器的结果结合起来，得到一个强分类器。用来确定弱分类器假设的特征应该是独立的。只要每个分类器的错误率保持在0.5①以下，则 L 个分类器级联的总错误率将是

$$\mathrm{Pr}_{\mathrm{error}} \leqslant 0.5^L \tag{5.84}$$

通常，该策略首先使用错误率最小的分类器，这样一旦达到目标错误率，就可以终止添加更多的分类器。这里对二元(2 类)分类问题进行了[ROJAS 2009]后续推导。已知训练集 Q，示例实体 $\mathfrak{X}q$，它们每一个都具有可划分的类，决策函数为 S_1:C_q=1 或 S_2:C_q=−1。进一步地，与示例实体相关的是一组分类器，其从特征向量 $\mathbf{u}_{l,q}$ 生成相关假设 $H_{l,q} \in \{1,-1\}$。现在，假设 t–1 个分类器已经通过线性叠加进行加权组合，使得

$$\hat{C}_{t-1,q} = \sum_{l=1}^{t-1} \alpha_l H_{l,q} \tag{5.85}$$

从目前尚未使用的分类器组中，应选择一个将式(5.85)扩展为

$$\hat{C}_{t,q} = \hat{C}_{t-1,q} + \alpha_t H_{t,q}, \quad \text{其中 } \hat{C}_{t,q} = 0 \tag{5.86}$$

使得误差(惩罚)项

$$J = \sum_{q=1}^{Q} \mathrm{e}^{-C_q \hat{C}_{t,q}} \tag{5.87}$$

最小。注意，当 $\mathrm{sgn}(\hat{C}_{l,q}) = C_q$ 时，式(5.87)会变小，而式(5.85)会变大。假设已确定 α_{t-1} 之前的所有权重，则可以通过重新写入式(5.87)来优化权重 α_t:

$$J = \sum_{q=1}^{Q} w_{t,q} \mathrm{e}^{-C_q \alpha_t H_{t,q}}, \quad \text{其中 } w_{t,q} = \mathrm{e}^{-C_q \hat{C}_{t-1,q}} \tag{5.88}$$

下面，将其分为可能导致正确或错误判别的实例，

$$J = \sum_{q|H_q=C_q} w_{t,q} \mathrm{e}^{-\alpha_t} + \sum_{q|H_q \neq C_q} w_{t,q} \mathrm{e}^{\alpha_t} = \sum_{q=1}^{Q} w_{t,q} \mathrm{e}^{-\alpha_t} - \sum_{q|H_q \neq C_q} w_{t,q} \left[\mathrm{e}^{\alpha_t} - \mathrm{e}^{-\alpha_t} \right] \tag{5.89}$$

把 α_t 上的导数设为零，得到最佳值

$$\alpha_t = \frac{1}{2} \ln \left[\frac{\sum_{q|H_q=C_q} w_{t,q}}{\sum_{q|H_q \neq C_q} w_{t,q}} \right] = \frac{1}{2} \ln \left[\frac{1-\varepsilon_t}{\varepsilon_t} \right], \quad \text{其中 } \varepsilon_t = \frac{\sum_{q|H_q \neq C_q} w_{t,q}}{\sum_{q=1}^{Q} w_{t,q}} \tag{5.90}$$

当 t=L[见式(5.84)]足够小[相当于式(5.90)中的 ε_t 足够小]时，向级联添加更多分类器的操

① 注意，在没有先验知识的二类问题中，错误率为 0.5(50%)是最坏的情况。

作终止。最终的分类决策基于 $\text{sgn}(\hat{C}_{L,q})$。

一般来说，应该注意的是，就其性能而言，增强级联很大程度上取决于对训练项的正确选择，如果训练集不够大，则可能会趋于过拟合。

5.5 可靠性

5.5.1 可靠性准则

虽然距离度量为分类建立了标准，但是当必须区分多个类别时，决策的可靠性就非常重要了。在这种情况下，应将以下观察结果视为相关的：

- 特征向量和匹配参考之间距离的实际值(例如，给定类 S_l 的质心)；
- 与其他可能的候选匹配相比，最佳匹配的相对距离(例如，当最佳匹配的类质心本身接近其他类质心时)；
- 选定 S_l 类的先验概率参数，特别是该类的总体概率和围绕质心的特征值的预期变化。

这些准则隐含地包括不同类的质心之间的距离和类相关概率密度函数的可能重叠。例如，如果两个类的质心非常接近，并且在类内观察到高的方差，则关于特征向量的决策可能不可靠。为了分析确定这些关系，首先根据训练集确定 S_l 类的概率为

$$\hat{\Pr}(S_l)=\frac{Q_l}{Q} \tag{5.91}$$

其中训练集上所有特征向量的全局质心为

$$\mathbf{m}_{\mathbf{u}}=\sum_{l=1}^{L}\hat{\Pr}(S_l)\mathbf{m}_{\mathbf{u}}^{(l)} \tag{5.92}$$

下面，定义和类质心与全局质心的偏差相关的协方差矩阵

$$\mathbf{C}_{\mathbf{mm}}=\sum_{l=1}^{L}\hat{\Pr}(S_l)\left[\mathbf{m}^{(l)}-\mathbf{m}\right]\left[\mathbf{m}^{(l)}-\mathbf{m}\right]^{\mathrm{T}} \tag{5.93}$$

可以表示“类间”协方差参数。此外，下述“类内”协方差矩阵可用类协方差矩阵式(5.74)的平均值计算：

$$\mathbf{C}_{\mathbf{uu}}=\sum_{l=1}^{L}\hat{\Pr}(S_l)\mathbf{C}_{\mathbf{uu}}^{(l)} \tag{5.94}$$

为了实现类的可靠分割，式(5.93)的值应该越大越好，而式(5.94)的值应该越小越好[①]。可能的准则如下，每个表达式用一个(标量)值表示给定分类问题的特定特征集的可靠性：

$$c_1=\operatorname{tr}\left\{\mathbf{C}_{\mathbf{uu}}{}^{-1}\mathbf{C}_{\mathbf{mm}}\right\}\quad\text{或}\quad c_1'=\frac{\operatorname{tr}\left\{\mathbf{C}_{\mathbf{mm}}\right\}}{\operatorname{tr}\left\{\mathbf{C}_{\mathbf{uu}}\right\}} \tag{5.95}$$

$$c_2=\operatorname{tr}\left\{\left(\mathbf{C}_{\mathbf{uu}}+\mathbf{C}_{\mathbf{mm}}\right)^{-1}\mathbf{C}_{\mathbf{mm}}\right\}\quad\text{或}\quad c_2'=\frac{\operatorname{tr}\left\{\mathbf{C}_{\mathbf{mm}}\right\}}{\operatorname{tr}\left\{\mathbf{C}_{\mathbf{uu}}+\mathbf{C}_{\mathbf{mm}}\right\}} \tag{5.96}$$

① 大的“类间”协方差表示类质心在特征空间中广泛分布，而小的“类内”协方差表示(平均)类成员特征向量在各自质心周围的狭窄集中。

$$c_3 = \frac{\det\left|\mathbf{C}_{\mathbf{mm}}\right|}{\det\left|\mathbf{C}_{\mathbf{uu}}\right|} \quad 或 \quad c_3' = \log\frac{\det\left|\mathbf{C}_{\mathbf{mm}}\right|}{\det\left|\mathbf{C}_{\mathbf{uu}}\right|} \tag{5.97}$$

$$c_4 = \frac{\det\left|\mathbf{C}_{\mathbf{mm}}\right|}{\det\left|\mathbf{C}_{\mathbf{uu}} + \mathbf{C}_{\mathbf{mm}}\right|} \quad 或 \quad c_4' = \log\frac{\det\left|\mathbf{C}_{\mathbf{mm}}\right|}{\det\left|\mathbf{C}_{\mathbf{uu}} + \mathbf{C}_{\mathbf{mm}}\right|} \tag{5.98}$$

在所有准则式(5.95)~式(5.98)中，较大的值表示类的分割决策具有较大的可靠性。这些准则也可用于为给定的分类问题选择最佳特征。如果将式(5.93)中的质心向量 **m** 替换为特征向量 **u** 的实例，则可以使用相同的准则来判断该向量分类决策的可靠性。

另一种方法是对特征向量 **m** 应用线性变换$\mathbf{\Psi}$，使分类问题中类的可分性最大化，这应满足类间和类内协方差之比最大化的条件。使用类似于式(5.97)的准则：

$$c_5 = \frac{\det\left|\mathbf{\Psi}^{\mathrm{T}}\mathbf{C}_{\mathbf{mm}}\mathbf{\Psi}\right|}{\det\left|\mathbf{\Psi}^{\mathrm{T}}\mathbf{C}_{\mathbf{uu}}\mathbf{\Psi}\right|} \tag{5.99}$$

由式(5.10)确定的变换 $\mathbf{v}=\mathbf{\Phi}^{\mathrm{T}}\mathbf{u}'$ [①]描述了基于整个向量集的统计主成分分析(PCA)，若集合是各种类别混合的，则从去相关的角度来看，这不是很有效。与此相反，式(5.75)使用不同类的统计先验知识来确定能够更好地进行区分的转换。对于基于 $\mathbf{C}_{\mathbf{uu}}^{-1}\mathbf{C}_{\mathbf{mm}}$ 的特征向量的变换，实现式(5.99)或类似准则的最大化，可计算如下：

$$\mathbf{\Psi}^{\mathrm{T}}\left[\mathbf{C}_{\mathbf{uu}}^{-1}\mathbf{C}_{\mathbf{mm}}\right]\mathbf{\Psi} = \mathbf{\Lambda} \tag{5.100}$$

其中，$\mathbf{\Lambda}$是一个对角矩阵，根据类别的可分辨性，按相关性顺序包含变换分量的期望值。应用于特征向量的变换 $\mathbf{v}=\mathbf{\Psi}^{\mathrm{T}}\mathbf{u}'$ 可表示为线性判别分析(Linear Discriminant Analysis, LDA)[MUIRHEAD，CHEN 1994]。

图 5.7 中给出了两类协方差统计量相同但质心不同时，LDA 与 PCA 比较的效果示例。在这种情况下，全局协方差准则将无法在低维特征空间中获得等效分析，因为特征将被判断为不相关；PCA 将与全局平均值对齐，但保持 **v** 坐标相对于 **u** 坐标的方向不变[见图 5.7(a)]。与此相反，LDA 变换基将在能够最好地区分类的方向上获得其主(v_1)轴方向，如图 5.7(b)所示。

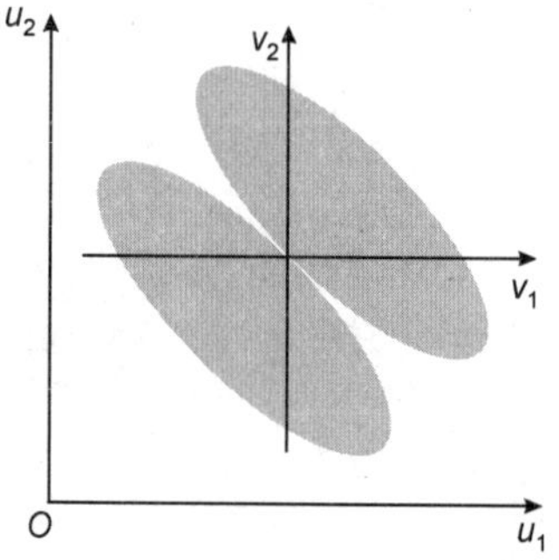

(a) 基于全局协方差统计的PCA优化

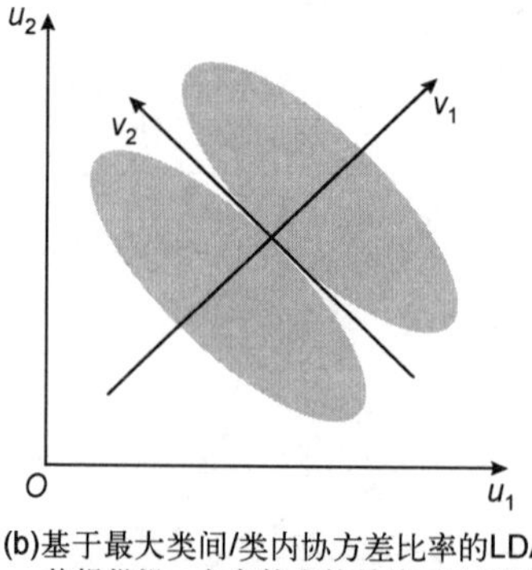

(b)基于最大类间/类内协方差比率的LDA，其提供沿v_1方向的类的最佳可分辨性

图 5.7　具有高斯分布特征值的两个类的示例

---

① **u**′表示均值为零的特征向量。

5.5.2　分类质量

对于 5.6 节将描述的大多数分类方法，分类算法的优化要求从信号[①]中提取特征数据训练集的可用性。关于类划分的先验知识可以通过诸如手动注释训练集，或者通过准备训练集以使最优分类本身已知来获得。例如，在人的识别问题中，应当为每个人提供若干照片(有足够的种类)，以供识别，或者必须保证新拍摄的照片基本上与参考照片相匹配。然后从该集合中提取特征，训练分类器。但是，必须验证训练集在分类预期中的适用性。为了评估分类器的性能，通常存在正确和错误决策率的标准。从 5.5.1 节讨论的可靠性考虑，如果在特征空间中明确划分了类别，则正确分类的数量将很高。然而，训练集的选择必须能够反映预期的分类目标。这甚至意味着最好在训练集中包括一些更关键的数据。例如，在人脸识别中，应该从显示同一个人的各种图像(例如，显示该人在不同视角、不同照明条件下的照片等)中选择这个特定人的代表性特征数据。分类的总目标是尽可能多地正确检测给定类的成员，同时不允许其他类的成员被错误地分到该类中。准确率和召回率的概念反映了这两种范例(见下文)。虽然通常可以为一个特定类求解出最优解，但对于多个分类，则可能无法达到。

要判断一种分类算法或检索方法的质量，必须依赖于预定义的基准集。这通常是由人所期望的分类结果决定的，由此可以判定算法是否工作良好。通过训练集优化分类器，基准集通常可以定义为与训练集中的项所做的先验类划分相同。然而，对于分类性能的客观评价，让基准集(作为判断算法的一种手段)与优化算法的训练集重叠是不合理的。由于预分类的训练集可能是一个理想的基准集，因此，客观评价的解决方案是将训练集内的某一部分数据分割出来，这些数据只用作基准集，而不用于分类器优化。这被称为“留一”策略。例如，如果训练集中属于每类的 10%的数据被分割为基准集，则算法仍然可以使用剩余的 90%进行优化，但分类质量将由未用于训练的 10%来判断。然后，可以通过分割 10%的另一个子集等来迭代该过程，最后通过平均单个结果来判断质量。

一旦在预先注释的测试集上运行了分类器，就可以建立一个混淆矩阵，它总结了所有正确和错误的分类：

$$\mathbf{P}=\begin{bmatrix} \Pr(S_1\mid S_1) & \Pr(S_1\mid S_2) & \cdots & \cdots & \Pr(S_1\mid S_L) \\ \Pr(S_2\mid S_1) & \Pr(S_2\mid S_2) & & & \vdots \\ \vdots & & \ddots & & \\ & & & \ddots & \\ \Pr(S_L\mid S_1) & & \cdots & & \Pr(S_L\mid S_L) \end{bmatrix} \tag{5.101}$$

其中 $\Pr(S_k|S_l)$ 是指分类器原本属于 S_l 却被判定为 S_k 的概率。

正确决策的概率[②]是 $\mathbf{P}$ 的迹。错误分类的总概率为

$$\Pr_{\text{error}}=\sum_{\substack{k=1\\(k\neq l)}}^{L}\sum_{l=1}^{L}\Pr(S_k\mid S_l)\Pr(S_l)=1-\operatorname{tr}(\mathbf{P}) \tag{5.102}$$

---

① 这里描述的方法涉及离线学习，在离线学习中，分类器是预先设计/训练的，在使用时不会进一步修改。最近越来越频繁使用在线或主动学习，可以根据用户反馈(例如，用户指出不充分或更可取的决定)获得额外的训练数据。这可用于更新分类算法，以便随后在适当的情况下提供更好的决策[SETTLES 2009]。

② 即准确率。

然而，当直接从训练集确定分类时，这些标准可能并不有用，因为首先，它可能是有目的地增加了一个类的更多示例，而不是通常会发生的(为了能够对很少的事件进行训练)，并且，针对分类问题，在某些类中可以对分类器进行各种优化，以减少“误报”或“漏报”。

假设给定类 S_l 在训练集中有 Q_l 个成员。然后，从该类角度看，有多少其他类的成员被正确地判定为完全不相关。此外，与此相关的是该类正确判定的数量

$$N_{\text{correct}}(S_l) \sim \Pr(S_l \mid S_l)\Pr(S_l) \tag{5.103}$$

以及由两种不同情况组成的错误分类的数量。首先，并非所有的原始成员都可以通过分类来识别，这意味着他们被遗漏了：

$$N_{\text{missed}}(S_l) \sim \sum_{\substack{k=1 \\ (k \neq l)}}^{L} \Pr(S_k \mid S_l)\Pr(S_l) \tag{5.104}$$

其次，一定数量的元素可能被错误地划分给了某类，这个类原本属于其他类，或者只是随机出现的、不唯一属于任何类的成员项：

$$N_{\text{false}}(S_l) \sim \sum_{\substack{k=1 \\ (k \neq l)}}^{L} \Pr(S_l \mid S_k)\Pr(S_k) \tag{5.105}$$

以百分比来解释正确与错误成员的一个准则是准确率(找到的相关实例的分数)[①]：

$$\text{PREC}(S_l) = \frac{N_{\text{correct}}(S_l)}{N_{\text{correct}}(S_l) + N_{\text{false}}(S_l)} \tag{5.106}$$

同样，为了调查正确与遗漏的成员，所有预期发现项与实际发现项的百分比可以用召回率(找到的相关实例的分数)来表示：

$$\text{REC}(S_l) = \frac{N_{\text{correct}}(S_l)}{N_{\text{correct}}(S_l) + N_{\text{missed}}(S_l)} \tag{5.107}$$

请注意，对于给定的类，可以优化分类算法，以使准确率或召回率最大化[②]。例如，在某些安全紧急应用中，可能需要检测所有紧急情况，但某些误报必须手动处理[③]，这是可以接受的。在这里，算法应该进行调整以使准确率最大。另外，在利用人脸检测算法进行自动门禁检测的应用中，宁可拒绝(漏掉)授权人，也不能让未授权(错误)的人通行。在这种情况下，算法应该调整为召回率最大。一般来说，在多类决策问题中，人们会通过人为增加某类的召回率来惩罚其他类的召回率，反之亦然。在这种情况下，最好的办法是保持遗漏和错误元素的数量平衡，即准确率和召回率的调和平均值(表示为 F_1 分数)最大化：

$$F_1 = \frac{\text{PREC} \cdot \text{REC}}{\frac{1}{2}(\text{PREC} + \text{REC})} \overset{!}{=} \max \tag{5.108}$$

这是更常见的 F_α 分值的一个具体情况(α=1)，再次在准确率或召回率方面给予更多的考

① 在二类判定的情况下，当视点是 S_1 的正确检测时，PREC(S_1)也被表示为真阳性率，并且 1-PREC(S_1)被表示为假发现率。同样地，从这个观点来看，假阳性率是 PREC(S_2)，并且 1-PREC(S_2)被表示为特异性。

② 这通常适用于两类决策问题。对于多类情况，有必要对所有具有多个相互依赖关系的类计算平均准确率和召回率，从而难以找到最佳设置。

③ 注意，如果误判的后果是不可接受的(例如，作为惩罚需支付高昂的费用)，则最好进行优化以避免误判。

虑：

$$F_{\alpha}=\left(1+\alpha^{2}\right)\frac{\text{PREC}\cdot\text{REC}}{\alpha^{2}\text{PREC}+\text{REC}} \tag{5.109}$$

为了判断诸如搜索引擎这类检索应用的质量，可以应用类似的概念。不同之处在于，与期望得到明确（正确或错误）答案的分类不同，当提供多个选项[①]时，用户可能会感到满意；但是，最佳匹配不会出现在列表后面。为了测试检索算法，可以再定义一个基准集，制定相关查询，并且检索算法期望通过找到相关的基准项（例如，包含在测试数据库中）来响应每个查询。

假设已知查询 q 有若干个基准项 NG(q)，理想情况下，算法应该在检索结果的第一个 NG(q)列找到这些项。然而，用户可能仍然对 $K(q)>\text{NG}(q)$ 的列[②]感到满意。设数值 $N_{\text{found}}\leqslant \text{NG}(q)\leqslant K(q)$ 为属于查询基准集的项数，这些项实际上是在检索的第一个 $K(q)$ 列中找到的。与式(5.106)非常相似（但不太严格）的度量标准是与查询 q 相关的检索率 RR(q)。由此，在所有 NQ 查询中确定平均检索率 ARR 为

$$\text{RR}(q)=\frac{N_{\text{found}}}{\text{NG}(q)} \quad \Rightarrow \text{ARR}=\frac{1}{\text{NQ}}\sum_{q=1}^{\text{NQ}}\text{RR}(q) \tag{5.110}$$

像式(5.110)这样的标准也可以标绘为 q 上的一个轮廓，通过这个轮廓可以确定算法返回的是合适的项，而不是在第一个或仅在排序靠后的结果中。

5.6 分类方法

分类需要先验知识才能将特征映射到内容相关（语义）特征上。因此，有关典型特征图或规则的知识将使系统能够对特定内容进行归纳，并允许以更抽象的级别描述多媒体信号。另一方面，判定标准可能不唯一，或者特征数据可能被前面描述的机制标记为不可信。在这种情况下，不确定性必须与分类判定相关联，并且尝试通过附加特征来获取更多证据。注意，人类观察者认知的过程非常相似：分析可靠性并得出结论。例如，即使观察者可以认识到一张脸在图像中是可见的，但由于光照条件不足，该脸看起来不可分辨，则可能无法识别特定的人。随后的验证步骤可以通过更具体的特征来检查初始假设，例如，对假设在场景中存在的特定人的特殊面部特征进行调查。

类分割问题。用特征值表示的类的最佳分割是需要解决的基本问题。如果维度 K 的特征向量已知，则在 K 维特征空间中执行分类，该特征空间必须根据类 L 的数目划分为子空间。该类分割问题以图 5.8 中具有 K=2 个特征（维度）和 L=2 个类的特征空间为例来说明。需要定义特征空间中不同类的划分之间的边界，以便定义给定特征向量到某个类的划分。应确定这些边界，以尽量减少错误分类的数量。

首先引入线性分类器，它允许根据类的线性统计特性（如均值、方差、协方差）来研究类分割和区分的效果，并且易于实现。然而，当存在两个以上的类时，线性分类器并不能为类分割问题提供唯一的解决方案。此外，如图 5.8 示例中的类分割不能由线性分类器来解决，因为特征空间中类 S_1 和 S_2 的划分之间的边界不能表示为线性函数。

---

① 可能会出现这种情况，即正确的检索项与其他项简单排序穿插在一起。

② 通常，$K(q)=2\text{NG}(q)$ 仍然是一个合理值。

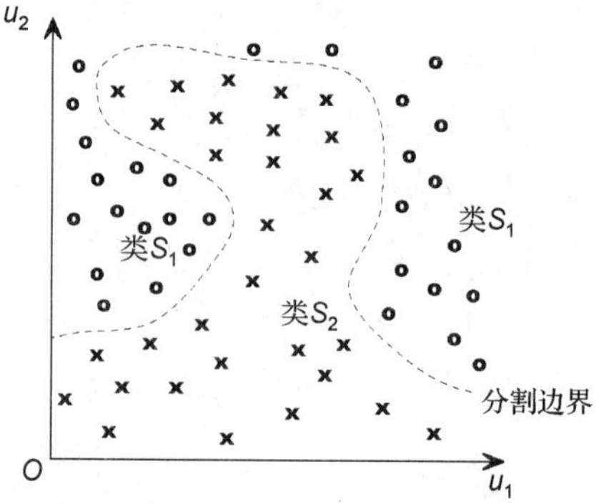

图 5.8 两类分类问题中的子空间划分示例

5.6.1 两类线性分类

在线性分类中，两类之间的分隔边界由二维特征空间中的决策线、高维特征空间中的决策平面或超平面来描述。图 5.9 给出了二维特征空间的图示。决策线方程如下：

$$w_0 + w_1 u_{1,0} + w_2 u_{2,0} = 0 \tag{5.111}$$

所有特征向量 $\mathbf{u}_0=[u_{1,0}\ u_{2,0}]^{\mathrm{T}}$ 都在决策线上，其中 $\mathbf{w}=[w_1, w_2]^{\mathrm{T}}$ 是任何长度大于 0 的法向量。决策线与特征空间原点之间的距离为

$$d_0 = \frac{|w_0|}{\|\mathbf{w}\|} \tag{5.112}$$

对 $\mathbf{w}$ 的长度进行归一化，得到任何特征向量 $\mathbf{u}=[u_1\ u_2]^{\mathrm{T}}$ 和决策线之间的距离：

$$d(\mathbf{u}) = \left|\frac{w_0 + w_1 u_1 + w_2 u_2}{\|\mathbf{w}\|}\right| = \frac{|\mathbf{w}^{\mathrm{T}} \cdot \boldsymbol{\Delta}|}{\|\mathbf{w}\|}，其中 \boldsymbol{\Delta} = \mathbf{u} - \mathbf{u}_0 \tag{5.113}$$

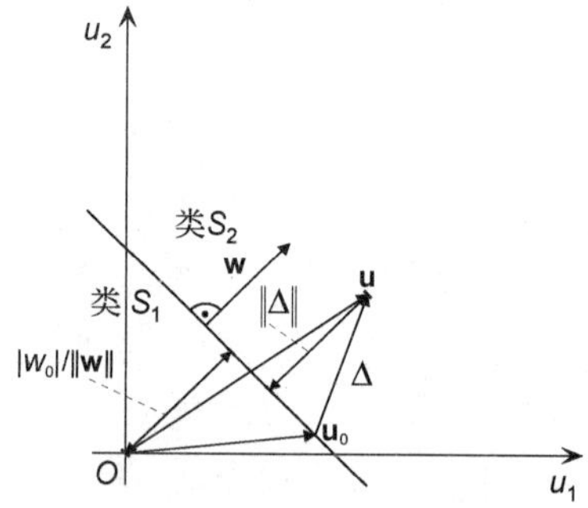

图 5.9 特征空间 K=2 维线性分类器的定义

通过将 $\mathbf{u}$ 空间描述扩展到齐次坐标[参见式(4.113)]，距离 w_0 可以包括在 $\mathbf{w}$ 中。同时，对 $\mathbf{w}$ 的长度进行归一化①：

① 参数函数 $\mathbf{w}'^{\mathrm{T}}\mathbf{u}'$ 被称为距决策线的“有符号欧氏距离”，其中该符号指示特征向量 $\mathbf{u}$ 位于判定线哪一侧的特征空间中。在图 5.9 的示例中，符号将在类 S_2 的分区中为正。这可以作为线性二类决策中一个非常简单的分类准则。

$$d(\mathbf{u})=\left|\mathbf{w}'^{\mathrm{T}}\mathbf{u}'\right|,\quad \text{其中 } \mathbf{w}'=\begin{bmatrix}\dfrac{w_0}{\|\mathbf{w}\|}\\ \dfrac{\mathbf{w}}{\|\mathbf{w}\|}\end{bmatrix}=\begin{bmatrix}w_0'\\ w_1'\\ \vdots\\ w_K'\end{bmatrix},\quad \mathbf{u}'=\begin{bmatrix}1\\ \mathbf{u}\end{bmatrix}=\begin{bmatrix}1\\ u_1\\ \vdots\\ u_K\end{bmatrix} \tag{5.114}$$

当 $d(\mathbf{u})=0$ 时，类比式(5.111)得到描述决策超平面的方程。要求解的问题是超平面的位置和方向的优化。第一种优化方法是通过对训练集中的元素进行分析来确定的，这些元素对于任何给定的决策超平面都是错误分类的。设 $\mathbf{u}_p^{(2|1)}$ 是一个属于 S_1 但被错误划分到类 S_2 的特征向量，设 $\mathbf{u}_p^{(1|2)}$ 表示相反的情况。错误划分到类 S_1 和 S_2 的向量数分别为 R_1 和 R_2。$\mathbf{u}_p'^{(1|2)}$ 和 $\mathbf{u}_p'^{(2|1)}$ 为给定类的假阳性索引集。然后，根据错误索引与决策线的绝对距离，分类的总体误差可以用以下代价函数表示：

$$\Delta(\mathbf{w}')=\sum_{p=1}^{R_1}\left|\mathbf{w}'^{\mathrm{T}}\mathbf{u}_p'^{(1|2)}\right|+\sum_{p=1}^{R_2}\left|\mathbf{w}'^{\mathrm{T}}\mathbf{u}_p'^{(2|1)}\right|=\sum_{p=1}^{R_2}\mathbf{w}'^{\mathrm{T}}\mathbf{u}_p'^{(2|1)}-\sum_{p=1}^{R_1}\mathbf{w}'^{\mathrm{T}}\mathbf{u}_p'^{(1|2)} \tag{5.115}$$

与第 1 章描述的梯度优化算法类似，在 $\mathbf{w}'$ 上导出的代价函数式(5.115)的负梯度方向上进行优化。对于式(5.115)的右侧，参数 $\mathbf{w}'^{\mathrm{T}}\mathbf{u}'$ 在类 S_1 的分区中始终为负。其导数为

$$\frac{\mathrm{d}}{\mathrm{d}\mathbf{w}'}\big(\Delta(\mathbf{w}')\big)=\sum_{p=1}^{R_2}\mathbf{u}_p'^{(2|1)}-\sum_{p=1}^{R_1}\mathbf{u}_p'^{(1|2)} \tag{5.116}$$

方向向量 $\mathbf{w}'$ 的迭代线性优化表示为

$$\mathbf{w}'^{(r+1)}=\mathbf{w}'^{(r)}-\alpha^{(r)}\cdot\frac{\mathrm{d}}{\mathrm{d}\mathbf{w}'}\big(\Delta(\mathbf{w}')\big) \tag{5.117}$$

通常，当接近收敛时，收敛速度因子 $\alpha^{(r)}$ 必须减小，例如，通过计算与错误分类元素的百分比 $\sum R_i^{(r)}/Q$ 来表示。但是，如果接近决策边界的特征向量的数目很高，则优化的收敛性可能较差，因为在每个迭代步骤中，可能会从假阳性变为真阳性，反之亦然。这可以通过引入拒绝区或边缘区(margin)[见图 5.10(a)]来避免，该拒绝区或边缘区定义为在决策边界两侧平行对称的“无人区”条带①。

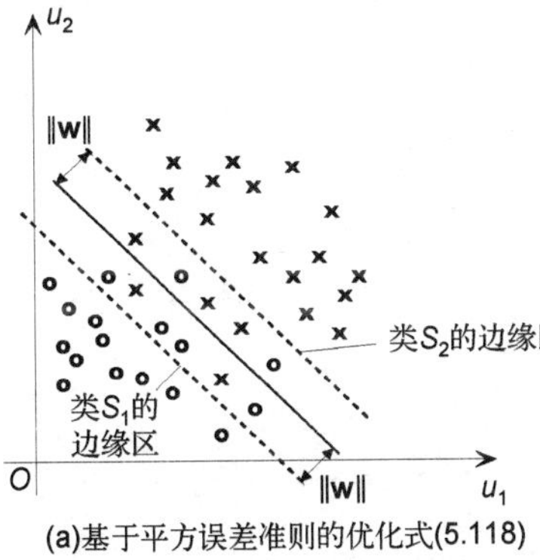

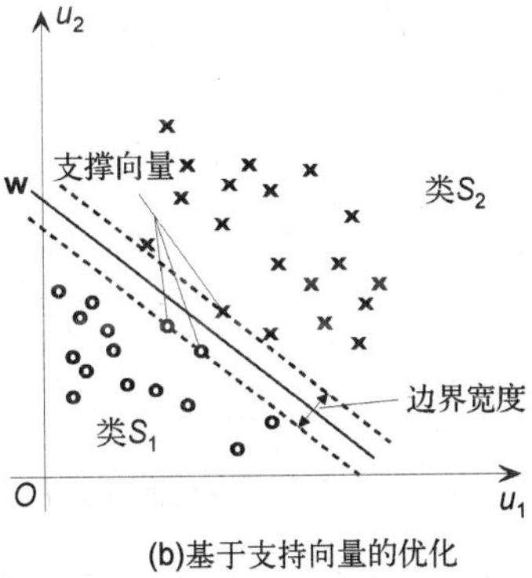

图 5.10　线性分类优化的“边缘”定义

原则上，现在“接受/拒绝”决策线是为每个类单独定义的，但与边界平行并相距一定的宽度。使用平方欧氏距离范数和决策超平面将拒绝区宽度 $\|\mathbf{w}\|$ 移到相应类的划分中，

① 如果重复执行，则拒绝区的宽度也可以逐步改变。

应用以下代价函数：

$$\Delta(\mathbf{w}')=\sum_{q=1}^{Q_1}\left[\mathbf{w}^{\mathrm{T}}\mathbf{u}_q^{(1)}+w_0+\|\mathbf{w}\|\right]^2+\sum_{q=1}^{Q_2}\left[\mathbf{w}^{\mathrm{T}}\mathbf{u}_q^{(2)}+w_0-\|\mathbf{w}\|\right]^2 \tag{5.118}$$

这可以被解释为提供决策线的方向，使得划分给给定类的所有特征向量的平均欧氏距离朝向该类侧边的边界变得最小①。然后通过分别计算 w_0 和 $\mathbf{w}$ 上的代价函数的导数来进行优化。找到以下条件：

$$\frac{\mathrm{d}\Delta(\mathbf{w}')}{\mathrm{d}w_0}=2\sum_{q=1}^{Q_1}\left[\mathbf{w}^{\mathrm{T}}\mathbf{u}_q^{(1)}+w_0+\|\mathbf{w}\|\right]+2\sum_{q=1}^{Q_2}\left[\mathbf{w}^{\mathrm{T}}\mathbf{u}_q^{(2)}+w_0-\|\mathbf{w}\|\right]=0 \tag{5.119}$$

$$\frac{\mathrm{d}}{\mathrm{d}\mathbf{w}}\left(\Delta(\mathbf{w}')\right)=2\sum_{q=1}^{Q_1}\mathbf{u}_q^{(1)}\left[\mathbf{w}^{\mathrm{T}}\mathbf{u}_q^{(1)}+w_0+\|\mathbf{w}\|\right]+2\sum_{q=1}^{Q_2}\mathbf{u}_q^{(2)}\left[\mathbf{w}^{\mathrm{T}}\mathbf{u}_q^{(2)}+w_0-\|\mathbf{w}\|\right]=0 \tag{5.120}$$

利用类质心 $\mathbf{m}_{\mathbf{u}}^{(l)}$ 与类出现次数 Q_l 之间的关系，将其转化为经验概率 $\hat{\mathrm{P}}\mathrm{r}$ 的条件，得到

$$\frac{1}{Q_l}\sum_{q=1}^{Q_l}\mathbf{u}_q^{(l)}=\mathbf{m}_{\mathbf{u}}^{(l)};\ Q_1+Q_2=Q;\ \hat{\mathrm{P}}\mathrm{r}(S_l)=\frac{Q_l}{Q} \tag{5.121}$$

于是，从式(5.119)演变得到以下公式：

$$\begin{aligned}&Q_1\mathbf{w}^{\mathrm{T}}\mathbf{m}_{\mathbf{u}}^{(1)}+Q_2\mathbf{w}^{\mathrm{T}}\mathbf{m}_{\mathbf{u}}^{(2)}+(Q_1+Q_2)w_0+(Q_1-Q_2)\|\mathbf{w}\|=0\\&\Rightarrow\ \hat{\mathrm{P}}\mathrm{r}(S_1)\mathbf{w}^{\mathrm{T}}\mathbf{m}_{\mathbf{u}}^{(1)}+\hat{\mathrm{P}}\mathrm{r}(S_2)\mathbf{w}^{\mathrm{T}}\mathbf{m}_{\mathbf{u}}^{(2)}+w_0+\left[\hat{\mathrm{P}}\mathrm{r}(S_1)-\hat{\mathrm{P}}\mathrm{r}(S_2)\right]\|\mathbf{w}\|=0\end{aligned} \tag{5.122}$$

将训练集的全局质心定义为 $\mathbf{m}_{\mathbf{u}}=\hat{\mathrm{P}}\mathrm{r}(S_1)\mathbf{m}_{\mathbf{u}}^{(1)}+\hat{\mathrm{P}}\mathrm{r}(S_2)\mathbf{m}_{\mathbf{u}}^{(2)}$，最终结果是

$$w_0=\left[\hat{\mathrm{P}}\mathrm{r}(S_2)-\hat{\mathrm{P}}\mathrm{r}(S_1)\right]\|\mathbf{w}\|-\mathbf{w}^{\mathrm{T}}\mathbf{m}_{\mathbf{u}} \tag{5.123}$$

根据式(5.120)，有

$$\begin{aligned}&\left[\sum_{q=1}^{Q_1}\mathbf{u}_q^{(1)}\left[\mathbf{u}_q^{(1)}\right]^{\mathrm{T}}\right]\mathbf{w}+\left[\sum_{q=1}^{Q_2}\mathbf{u}_q^{(2)}\left[\mathbf{u}_q^{(2)}\right]^{\mathrm{T}}\right]\mathbf{w}\\&+w_0\left[Q_1\mathbf{m}_{\mathbf{u}}^{(1)}+Q_2\mathbf{m}_{\mathbf{u}}^{(2)}\right]+\|\mathbf{w}\|\left[Q_1\mathbf{m}_{\mathbf{u}}^{(1)}-Q_2\mathbf{m}_{\mathbf{u}}^{(2)}\right]=0\end{aligned} \tag{5.124}$$

用式(5.121)和式(5.123)求解式(5.124)中的第三项：

$$w_0\left[Q_1\mathbf{m}_{\mathbf{u}}^{(1)}+Q_2\mathbf{m}_{\mathbf{u}}^{(2)}\right]=w_0Q\mathbf{m}_{\mathbf{u}}=(Q_2-Q_1)\|\mathbf{w}\|\mathbf{m}_{\mathbf{u}}-Q\left[\mathbf{m}_{\mathbf{u}}\mathbf{m}_{\mathbf{u}}^{\mathrm{T}}\right]\mathbf{w} \tag{5.125}$$

如果进一步使用“类内”协方差矩阵式(5.94)的定义，式(5.124)可以重新表述为

$$Q\mathbf{C}_{\mathbf{uu}}\mathbf{w}=\left[Q_2\left(\mathbf{m}_{\mathbf{u}}^{(2)}-\mathbf{m}_{\mathbf{u}}\right)-Q_1\left(\mathbf{m}_{\mathbf{u}}^{(1)}-\mathbf{m}_{\mathbf{u}}\right)\right]\|\mathbf{w}\| \tag{5.126}$$

最后得到表征决策线或超平面方向的最优向量 $\mathbf{w}$ 的定义：

$$\frac{\mathbf{w}}{\|\mathbf{w}\|}=\mathbf{C}_{\mathbf{uu}}^{-1}\left[\hat{\mathrm{P}}\mathrm{r}(S_2)\left(\mathbf{m}_{\mathbf{u}}^{(2)}-\mathbf{m}_{\mathbf{u}}\right)-\hat{\mathrm{P}}\mathrm{r}(S_1)\left(\mathbf{m}_{\mathbf{u}}^{(1)}-\mathbf{m}_{\mathbf{u}}\right)\right] \tag{5.127}$$

对于类概率相等的特殊情况，有

$$\frac{\mathbf{w}}{\|\mathbf{w}\|}=\frac{1}{2}\mathbf{C}_{\mathbf{uu}}^{-1}\left[\mathbf{m}_{\mathbf{u}}^{(2)}-\mathbf{m}_{\mathbf{u}}^{(1)}\right];\quad w_0=-\mathbf{w}^{\mathrm{T}}\mathbf{m}_{\mathbf{u}}=-\mathbf{w}^{\mathrm{T}}\frac{\mathbf{m}_{\mathbf{u}}^{(1)}+\mathbf{m}_{\mathbf{u}}^{(2)}}{2} \tag{5.128}$$

对于另一种不相关特征向量通过方差进行归一化的特殊情况($\mathbf{C}_{\mathbf{uu}}=\mathbf{I}$)②，有

---

① 或者，在优化过程中，只能使用每个类的特征向量子集，因为这些特征向量在分类错误方面很关键，它们靠近边缘区域。然而，在迭代优化中，不应为了保证收敛而改变该子集。因此，第一优化过程可以基于整个集合，第二优化过程可以基于靠近第一过程中确定的边界区域的子集。

② 请注意，由于$\|\mathbf{w}\|$表示拒绝边缘的宽度，式(5.113)将不表示特征空间中的点与分隔线之间的欧几里德距离，且 $w_0/\|\mathbf{w}\|$ 不表示特征空间的边界与原点之间的距离。因此，在式(5.129)中，不同质心之间的距离也应按$\|\mathbf{w}\|$缩放。

$$\frac{\mathbf{w}}{\|\mathbf{w}\|}=\Pr(S_2)\left(\mathbf{m}_{\mathbf{u}}^{(2)}-\mathbf{m}_{\mathbf{u}}\right)-\Pr(S_1)\left(\mathbf{m}_{\mathbf{u}}^{(1)}-\mathbf{m}_{\mathbf{u}}\right)=2\Pr(S_1)\Pr(S_2)\left(\mathbf{m}_{\mathbf{u}}^{(2)}-\mathbf{m}_{\mathbf{u}}^{(1)}\right) \tag{5.129}$$

在后一种情况下，决策超平面将与两类质心之间的互连线垂直。$\Pr(S_1)=\Pr(S_2)$的位置正好位于两个质心[①]之间的中点。否则，决策线向概率较低的类的质心移动[参见图 5.11(a)]，其中移位量取决于抑制区的宽度。

若特征向量相关，在 K 维特征空间中用椭球来表征多元高斯分布，椭球表示属于给定类 S_l 的特征向量 $\mathbf{u}$ 的等概率密度点，椭球的主轴由类协方差矩阵的特征向量分析得到(见图 5.5)。然后，决策边界将被定位，使得落入另一类分区中的 PDF 体积最小。若特征值相关，决策线(或平面)边界将不再与连接两个类质心的 Delaunay 线垂直[见图 5.11(b)]。

若可能实现完全类分离，还可以进行决策线 $\mathbf{w}$(或 $K>2$ 时平面/超平面 $\mathbf{w}$)方向的优化，使得在两类中寻找位于其类各自侧边界上的那些特征向量，并提供边距的最大宽度。这些向量表示为支持向量[见图 5.10(b)]。所需支持向量的最小数目等于 $K+1$。这种方法通常用于支持向量机分类(见 5.6.2 节)。

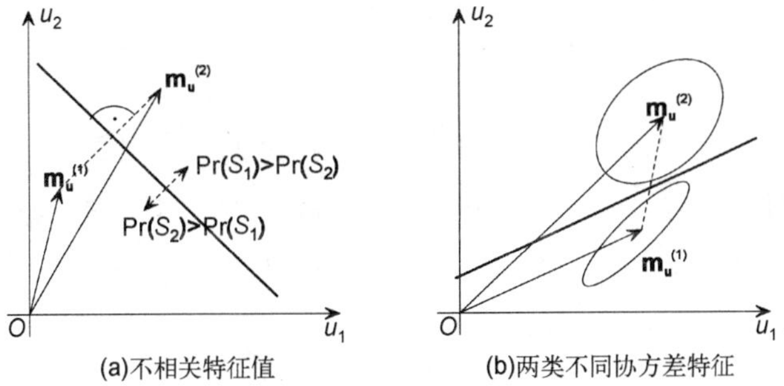

图 5.11　线性分类中类质心和最优决策线的位置，$K=2$

5.6.2　线性分类的推广

对于 L 个类，必须在类之间执行总共 $(L-1)L/2$ 对比较。然而，当 $L>2$ 时，由于决策线或超平面的无限扩展，类分区之间会出现重叠区域，并且决策可能不是唯一的。图 5.12 中示出了 $L=3$ 类的一个例子。

一个可能的解决方案是分段线性分类，其中决策线或超平面的扩展是有界的。这也可以应用于两类问题，其中类划分将由如图 5.13(a)所示的线段的多边形来描述。对于这里所示的示例，通过定义三条决策线可明显地改进正确的类划分。然而，由于必须测试多个条件(取决于线数)以确定特征向量是否落入类的区域[②]，因此决策过程的复杂性增加。若是多个类的情况，决策过程可以看作是图 5.12 所示问题的解决方案，其中对每个非唯一区域，通过规则设置对类进行明确划分。图 5.13(b)中示出了五个不同类的情况，其中虚线标记超出决策边界有效部分的未使用扩展。请注意，在给定的示例中，只需要

① 两个直接相邻质心之间的连线表示为 Delaunay 线。它被垂直的 Voronoi 边界(在 $K=2$ 的情况下也是一条线，在 $K>2$ 的情况下是一个平面或超平面)分成等长的两部分。Voronoi 边界上的点与两个相邻质心的欧氏距离相等。当 $\Pr(S_1)=\Pr(S_2)$ 和 $\mathbf{C}_{\mathbf{uu}}=\mathrm{Diag}\{\sigma_u^2\}$时，类划分由 Voronoi 边界分开，如果互连线(即 Delaunay 线)不与第三个质心的 Voronoi 单元相交，则两个质心视为直接邻接。有关 Voronoi 区域和 Delaunay 线的更多说明，请参阅图 2.19。

② 分段线性二类方法中的决策数目等于构成类划分之间边界的决策线或决策平面的数目。

对 8 条线进行比较，而对每个类进行成对比较需要 4×5/2=10 次比较。这是因为就 Voronoi 线而言，类 S_2/S_4 和 S_3/S_5 不是直接邻接，因此在特征空间的某些区域内不存在竞争。

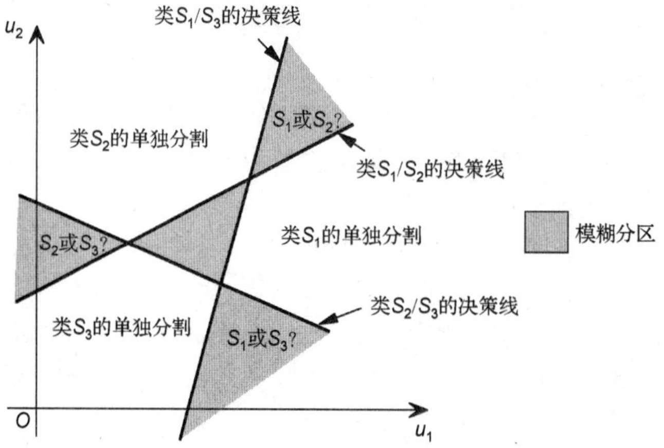

图 5.12　多类决策问题中的非唯一区域

目前所提出的优化准则也是基于决策边界扩展到无穷远的假设，只有这样，它才被定义为一个稳定函数，可以对线性优化进行区分。因此，使用前面描述的优化方法将是次优的。一种可能的解决方案是只从训练集中选择那些位于决策边界有效部分附近的类成员进行优化。这可以通过设置与所涉及的其他决策边界相关的选择条件来实现。

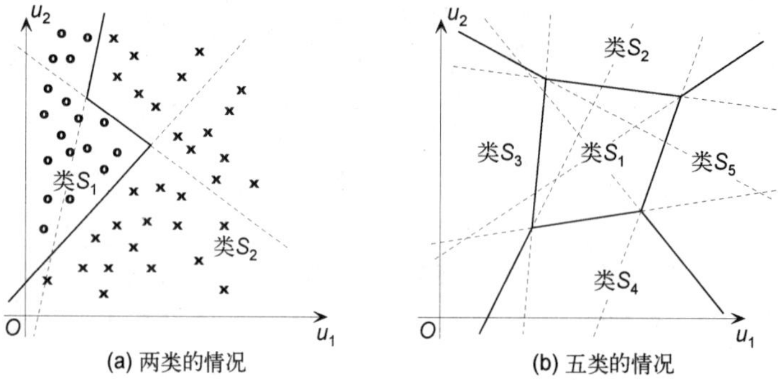

图 5.13　分段线性分类

支持向量机(Support Vector Machines, SVM)。支持向量机的思想有两个方面：

- 定义类分区之间的边距，位置由“支持向量”的位置表示；
- 通过“核”将非线性决策问题映射到高维特征空间，这允许运行线性分类器，但实际上在原始特征空间中做出非线性决策[BURGES 1998]。

基本方法仍然是执行两类决策。根据式(5.113)并假设 **w** 为单位范数，对于给定向量 **m**，通过函数

$$l(\mathbf{u}) = \varepsilon\left(w_0 + \mathbf{w}^{\mathrm{T}}\mathbf{u}\right) + 1 \tag{5.130}$$

进行线性分类将其划分为 S_l，l=1,2。式中$\varepsilon(x)$是单位阶跃函数[见式(A.3)]。在支持向量机方法中，定义了一组 I 个支持向量 $\mathbf{u}_i$，与核函数 $k(\mathbf{x},\mathbf{y})$结合使用，将问题映射为一类

非线性决策函数①：

$$l(\mathbf{u})=\varepsilon\left(\sum_{i=1}^{I}v_i k\left(\mathbf{u},\mathbf{u}_i\right)+w_0\right)+1 \tag{5.131}$$

其中，核函数提供到具有非线性分离的高维空间的映射。一类适合于分析优化的核函数是多项式核：

$$k(\mathbf{u},\mathbf{u}_i)=\left(\mathbf{u}^{\mathrm{T}}\mathbf{u}_i+\theta\right)^P \tag{5.132}$$

例如，对于二维特征向量 $\mathbf{u}=[u_1\ u_2]^{\mathrm{T}}$，$\theta=0$ 和 $P=2$，

$$\begin{aligned}k(\mathbf{u},\mathbf{u}_i)&=\left(u_1u_{i,1}+u_2u_{i,2}\right)^2\\&=\underbrace{\left(u_1u_{i,1}\right)^2}_{u_1'}+\underbrace{\left(u_2u_{i,2}\right)^2}_{u_2'}+\underbrace{2u_1u_{i,1}u_2u_{i,2}}_{u_3'}\end{aligned} \tag{5.133}$$

其中 $\mathbf{u}'=[u_1'\quad u_2'\quad u_3']^{\mathrm{T}}$ 在三维特征空间中建立了一个线性方程(这意味着由核表示的非线性分离可以映射到线性分类)。另一类是径向基函数(RBF)核：

$$k(\mathbf{u},\mathbf{u}_i)=\mathrm{e}^{-\frac{\|\mathbf{u}-\mathbf{u}_i\|^2}{\omega}} \tag{5.134}$$

加上高斯函数形状的“凸点”，其宽度与点 u_i 周围的分离边界成正比。此外，非线性函数，如 sigmoid 函数[见式(5.156)]、正切双曲、双权重函数式(2.74)，通常应用于参数 $\mathbf{u}^{\mathrm{T}}\mathbf{u}_i$，也是允许分析优化的合适核。

对于给定的核函数，剩下的问题是确定合适的支持向量和相关的权重 v_i。支持向量通常位于输入特征空间(非线性)决策边界的某个边界内。然后，它们被选择的核函数映射到高维空间中，在高维空间中，它们应位于与决策超平面等距共面的超平面上[参见图 5.10(b)]。在这些约束条件下，利用非线性回归可以从需要分离的数据点确定支持向量 $\mathbf{u}_i$ 和权重 v_i，支持向量机分类器具有很强的灵活性，因此经常用于二类决策问题。与其他非线性多类分类方法相比，多类问题的适用性尚未完全解决，或者至少没有提供显著的优势[Christianin，SHAWN-TAYLOR 2000]。

5.6.3　最近邻分类

在最近邻分类中，直接利用样本集特征向量所在的类进行分类，样本集可以作为训练集用于其他分类器。假设对特征向量 $\mathbf{u}$ 进行分类，应使用诸如欧氏距离准则找到示例集中最相似的向量(最近邻)。由于已知任何训练集向量 $\mathbf{u}_q^{(I)}$ 到特定类的先验划分，因此向量 $\mathbf{u}$ 被简单地划分到与其示例集最近邻相同的类中。图 5.14(a)说明了采用欧氏距离进行最近邻准则的情况。使用合理数量的示例向量，这允许近似类之间几乎任意的非线性分离边界。

与 1 近邻法不同（one-neighbor method），可以为每个特征向量 $\mathbf{u}$ 寻找 N 个最近的示例集向量，这被称为 N 近邻分类。然后做出有利于大多数邻居投票支持的决定。进而，属于同一类邻域的百分比可进一步用作分类的可靠性标准。

① 注意，由于这种映射，原始特征空间中的欧氏距离不被保留。如果准则是将特征向量映射到决策边界的同一侧，则不考虑这一点，但是基于远离边界的特征向量的任何优化准则都可能会失败，因此仅根据与决策边界的距离很难做出可靠的决策。

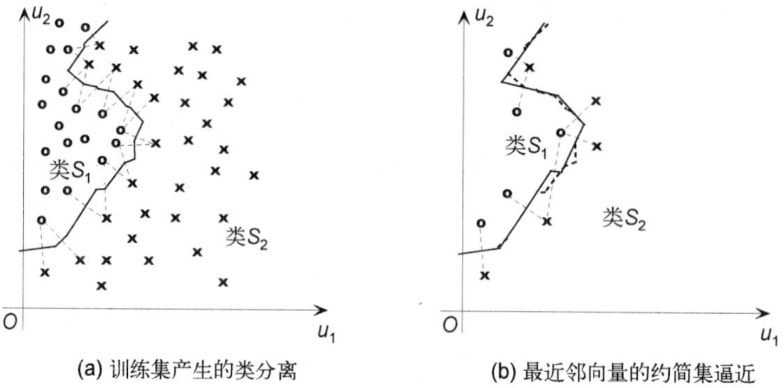

图 5.14 最近邻分类(1 近邻法)

对于大型示例集，穷举型的搜索方法所需的复杂性很难控制。然而，在分类决策方面，典型的训练集是高度冗余的，因此可以将其稀疏化。这种情况尤其适用于距离最终决策边界较远的训练集向量，因为可以预期存在导致相同判定的其他示例①。Delaunay 网(参见 2.3.4 节)可用于定义所有直接相邻训练集向量的互连拓扑。然后，可以从示例集丢弃所有这些向量，集合中只有属于同一类的最近邻。在图 5.14(a)的示例中，由该条件保留的所有 Delaunay 线都由虚线绘制。关联的 Voronoi 边界建立了实际类边界的片段。当 Voronoi 边界的相关片段非常短时，可以从最近邻集合中移除更多向量，这表明属于同一类的示例向量非常接近。图 5.10(b)示出了大幅减少的向量集示例。观察到所取得的效果与分段线性分类非常相似，但是分类器的设计和分类本身变得越来越简单②。

最后，将这些方法推广到加权最近邻法，例如，可以使用一些关于似然性的外部准则来确定与最小欧氏距离的邻居不同的邻居，或者可以使用额外的距离加权(而不是硬计数)来与 N 近邻法相结合。

5.6.4 无先验知识的分类

假设特征向量的经验分布是给定的，并且没有关于类划分的先验知识。对于“盲”分类，其任务是识别随机空间中的聚集值，这些聚集值可以解释为具有相似属性的数据簇，或者提供关于潜在随机分布模式位置的知识。这样，有可能获得潜在信号(或其部分)可能属于具有相同特征类的知识，但是不需要了解该类的实际性质，也不需要获得任何知识。类似的问题出现在与 Hough 变换(5.1.5 节)，分割(6.1 节)、核密度估计(5.1.6 节)、盲源分离(6.4.2 节)等相关的识别任务中。通常，在这种情况下采用迭代法，交替地将数据集元素划分到假设的特征空间聚集区域，然后基于划分数据进行假设更新。本节中，聚类方法和均值平移方法被描述为这一概念的典型实现。

基于聚类的方法。最简单的基于聚类的分类方法，就是将特征向量 $\mathbf{u}$ 与 L 个聚类中

---

① 训练集向量可以解释为 Voronoi 区域的质心。当为两个相邻的单元指定不同的类时，相关的 Voronoi 边界将建立类分离多边形的某个部分。

② 同时也要注意支持向量的共性，支持向量在支持向量机分类中起着与边缘最近邻相似的作用。如神经网络示例中图 5.14(b)所示的剩余候选集也可以被解释为支持向量，或者可以使用相同的方法从训练集确定合理的支持向量。与神经网络方法相比，支持向量机在分类步骤上更简单，但需要额外的计算才能映射到高维空间。

心进行比较，并将其划分给类 S_l①其欧氏距离最短：

$$l(\mathbf{u}) = \underset{\mathbf{m}^{(1)}\cdots\mathbf{m}^{(L)}}{\arg\min} \sum_{k=1}^{K}\left(u_k - m_{u_k}^{(l)}\right)^2 = \underset{\mathbf{m}_\mathbf{u}^{(1)}\cdots\mathbf{m}_\mathbf{u}^{(L)}}{\arg\min}\left(\left[\mathbf{u}-\mathbf{m}_\mathbf{u}^{(l)}\right]^{\mathrm{T}}\left[\mathbf{u}-\mathbf{m}_\mathbf{u}^{(l)}\right]\right) \tag{5.135}$$

要进行比较，必须定义聚类质心。当训练集各类特征向量的划分已知时，可以根据式(5.1)计算经验平均值作为质心 $\mathbf{m}_\mathbf{u}^{(l)}$。然后，分类也可以理解为与这些质心相关的最近邻搜索。基于聚类的方法不一定需要预先标注的训练集，但也可以用基于特征数据的某些度量来识别特征空间中的聚集值。因此，它可用于盲分类，其结果的意义不如样本子集间特征差异的显现这一事实有意义。这可以用于诸如多媒体信号的分割或分离等任务。

图 5.15 示出了二维特征空间的示例。每个点标记一个来自数据集的特征向量 $\mathbf{u}=(u_1, u_2)$，假设不相关的特征 u_1 和 u_2 通过其全局标准偏差进行归一化。这里有三个不同的类。下面概述了识别聚类中心的一般方法，也可以使用诸如类内总数最小或方差最大这样的附加条件。根据这一准则，还可以识别不可能唯一划分给其中某类的特征向量，特别是当它们相对远离任何类的质心时。其中一种可能是根据每个聚类的标准偏差来建立信任区域。如果式(5.135)用于划分类的决策，则聚类之间的决策边界原则上是 Voronoi 线，但是关于信任区域之外的值的决策可以另外标记为潜在不可靠。

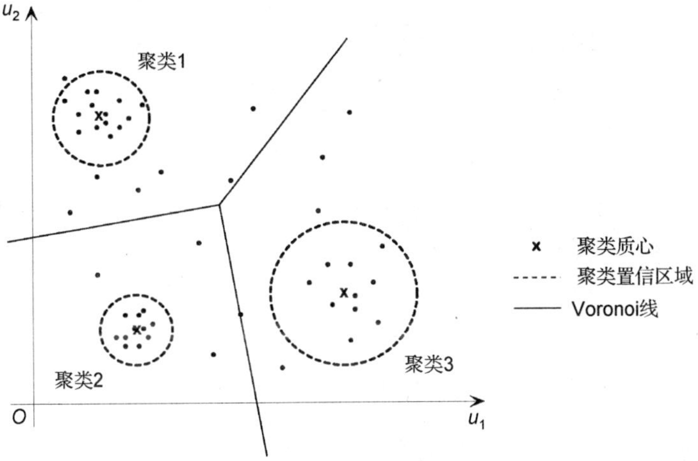

图 5.15　K=2 维特征空间中基于聚类的分类(Voronoi 线用作类决策边界，显示了不相关特征和单位标准偏差)

在盲分类中，L'质心必须预先定义，其中参数 L'与假设的类数有关。初始确定质心及其个数时，可采用不同的策略。在 k 均值聚类[MACQUEEN 1967]中，典型的 L'向量是从训练集中随机抽取的，训练集最好彼此相距较远。如果这些被定义为初始质心，则可以使用式(5.135)从数据集中形成 L'个子集分区。因此，聚类 $S_{l'}$将 $Q_{l'}$特征向量 $\mathbf{u}_q^{(l')}$作为成员。当采用平方欧氏距离

$$d^{(l')} = \frac{1}{Q_{l'}}\sum_{q=1}^{Q_{l'}}\sum_{k=1}^{K}\left(u_{k,q}^{(l')} - m_{u_k}^{(l')}\right)^2 \tag{5.136}$$

① 如果分类问题是局部齐次的，那么每类一个簇就足够了，这样类成员可以用类质心周围的最大距离函数来表示；这通常是一个球面或椭圆函数，典型的情况可以用高斯 PDF 模型来解释。在其他情况下，还可以定义映射到同一类的多个聚类质心。在这种情况下，类的先验 PDF 可以由高斯混合式(5.27)来解释。

作为代价函数时，可以通过式(5.136)对 $\mathbf{m_u}^{(l')}$求导来确定优化的聚类质心。假设不同特征值维度中的代价函数独立，则可分别对质心的每个标量元素 $m_{u_k}{}^{(l')}$ 执行以下运算：

$$\begin{aligned}\frac{\partial}{\partial m_{u_k}^{(l')}}\left(d^{(l')}\right)&=\frac{1}{Q_{l'}}\frac{\partial}{\partial m_{u_k}^{(l')}}\left[\sum_{q=1}^{Q_{l'}}\left(\left(u_{k,q}^{(l')}\right)^2-2\cdot m_{u_k}^{(l')}u_{k,q}^{(l')}+\left(m_{u_k}^{(l')}\right)^2\right)\right]\\&=\frac{1}{Q_{l'}}\left[\sum_{q=1}^{Q_{l'}}\left(-2u_{k,q}^{(l')}+2m_{u_k}^{(l')}\right)\right]=2m_{u_k}^{(l')}-\frac{2}{Q_{l'}}\sum_{q=1}^{Q_{l'}}u_{k,q}^{(l')}\overset{!}{=}0\end{aligned}\tag{5.137}$$

然后，将最优聚类质心定义为①

$$\mathbf{m}_{\mathbf{u}}^{(l')}{}_{\text{opt}}=\frac{\sum_{q=1}^{Q_{l'}}\mathbf{u}_q^{(l')}}{Q_{l'}}\quad;\quad l'=1,2,\cdots,L'\tag{5.138}$$

通过任何一个优化步骤，使训练集向量与其各自聚类质心之间的平均距离变小：

$$d_{\text{total}}=\frac{1}{Q}\sum_{l'=1}^{L'}Q_{l'}d^{(l')}\tag{5.139}$$

然而，优化步骤式(5.138)可以造成聚类划分的改变，因为对于给定的训练集向量，另一个优化的质心向量现在可能是更好的选择。由于这个事实，需要迭代执行聚类，直到实现收敛。对于聚类 $S_{l'}$ 到类 S_l 的映射，可以采用不同的策略。由于数字 L'在开始时是任意选择的，因此将很难区分的聚类分开是没有用的②。在下一个迭代步骤完成之前可以将其合并，设置 $L'\leftarrow L'-1$。此外，对于具有较大方差的聚类，执行分裂③可能是有利的。最后，从训练集中删除没有预先定义的最小成员数的类是有益的。必须迭代应用这些不同的方法，直到满足某些条件(合理数量的类、足够可区分的类等)为止④。

在两个类分区的边界处，很可能在最近邻方法和基于聚类的方法中将某些特征向量 $\mathbf{u}$ 分配给错误的类。不管怎样，在信任区域之外(或拒绝区域之内)分类都是不可靠的。这些判定可以标记为“未定义”，或者基于概率值将向量划分给其中某个聚类。似然 $p_{\mathbf{u}}(\mathbf{x}|S_l)$ 可以通过向量高斯分布对聚类 PDF 进行建模来推导。如果进一步评估选择不同类别的一阶概率，则可以基于贝叶斯规则式(3.69)对这些异常值作出最优映射决策：

$$l(\mathbf{u})=\underset{S_1\ldots S_L}{\arg\max}\left[\Pr(S_l|\mathbf{x}=\mathbf{u})\right]=\underset{S_1\ldots S_L}{\arg\max}\left[p_{\mathbf{u}}(\mathbf{x}|S_l)\cdot\Pr(S_l)\right]\tag{5.140}$$

在这种情况下，可能不会对质心最接近 $\mathbf{u}$ 的聚类作出判定，但会考虑

- 哪个类的概率 $\Pr(S_l)$ 最大；
- 哪个类似然 $p_{\mathbf{u}}(\mathbf{x}|S_l)$ 具有更宽的分布范围，这样也可以合理地将距离质心相对较远的特征向量指定为成员。

---

① 原则上，除了初始质心的选择策略和不在信任域内的异常值剔除策略，k 均值聚类优化算法等价于用于向量量化器设计的广义 Lloyd 算法(见[MCA，4.5.3 节])。

② 在这种情况下，可以使用类似于式(5.95) ~ 式(5.98)的标准。

③ 聚类质心 $\mathbf{m_u}^{(l)}$ 可以被人为地修改为两个不同的值 $\mathbf{m_u}^{(l)}+\varepsilon$ 和 $\mathbf{m_u}^{(l)}-\varepsilon$ 。对于这些新质心，必须再次确定训练集向量的分配，然后进行优化式(5.138)。或者，可以沿着从 PCA 或 LDA 获得的最大特征向量的方向执行分裂。然而，后者需要类分配的先验知识来计算“类内”和“类间”协方差矩阵(参见 5.5.1 节)。

④ 第 184 页脚注②中提到的一群类的复杂情况可以通过几个聚类的混合来合理描述。判定是否合理，只能通过比较不同聚类背后的语义，但这通常需要人的交互。

模糊 c 均值聚类中也使用了类似的思想[BEZDEK 1981]。这里，定义了非负权重 $w_q^{(l')}$ 用于将特定特征向量 $\mathbf{u}_q^{(l')}$ 划分到聚类，该划分不再是唯一的，因此可以对式(5.138)中多个聚类质心的位置进行优化。修改后的优化公式如下：

$$\mathbf{m}_{\mathbf{u}}^{(l')}{}_{\text{opt}}=\frac{\sum_{q=1}^{Q_{l'}} w_q^{(l')}\mathbf{u}_q^{(l')}}{\sum_{q=1}^{Q_{l'}} w_q^{(l')}}\ ;\quad l'=1,2,\cdots,L' \tag{5.141}$$

权重可以通过概率/似然加权、与对应聚类质心的度量距离[例如 L_P 范数式(5.36)]或通过使用拉格朗日优化的用于最小化代价函数中权重的附加项来确定。应该注意的是，所有类 l' 上的权重之和不一定是 1，因为对权重进行了归一化。这使得某些特征向量对聚类中心的优化具有更高的影响，也可以用来剔除异常值。

均值平移聚类。均值平移算法[COMANICIU，MEER 2002]是核密度估计(Kernel Density Estimation, KDE，5.1.6 节)的有效实现。假设观测数据集给出了特征空间中聚集的指示，这与估计潜在 PDF 的模式有关。与 k 均值聚类不同，其不需要事先知道模式的数量，因为它们可以用简单的方式来估计(参见本节末描述的方法)。否则，均值平移也可以有效地应用于可能存在先验模式知识的环境中，然后基于观察到的数据点对其进行更新。在这种情况下，不能通过给定模式周围的核函数很好地进行解释的数据点本质上被视为异常值。假设对式(5.31)进行修正以测试在给定的第 l 个模式 $\mathbf{m_u}^{(l)}$ 附近发现 $Q(l)$ 个特征数据点 $\mathbf{u}_q{}^{(l)}$ 可以用宽度为 ω 的可分离径向对称核 k_{P}①来解释的假设，

$$\hat{p}_{\mathbf{u}}(\mathbf{m}_{\mathbf{u}}^{(l)})=\frac{C_k(K)}{Q\omega^K}\sum_{q=1}^{Q^{(l)}} k_{\text{P}}\left(\left\|\frac{\mathbf{m}_{\mathbf{u}}^{(l)}-\mathbf{u}_q^{(l)}}{\omega}\right\|^2\right) \tag{5.142}$$

为了使概率最大化，计算式(5.142)的梯度：

$$\nabla\hat{p}_{\mathbf{u}}(\mathbf{m}_{\mathbf{u}}^{(l)})=\frac{2C_k(K)}{Q\omega^{K+2}}\sum_{q=1}^{Q^{(l)}}\left(\mathbf{m}_{\mathbf{u}}^{(l)}-\mathbf{u}_q^{(l)}\right)k'_{\text{P}}\left(\left\|\frac{\mathbf{m}_{\mathbf{u}}^{(l)}-\mathbf{u}_q^{(l)}}{\omega}\right\|^2\right) \tag{5.143}$$

通过定义函数 $g(x)=-kp'(x)$，可以将其重新写为

$$\nabla\hat{p}_{\mathbf{u}}(\mathbf{m}_{\mathbf{u}}^{(l)})=\frac{2C_k(K)}{Q\omega^{K+2}}\sum_{q=1}^{Q^{(l)}}\left[g\left(\left\|\frac{\mathbf{m}_{\mathbf{u}}^{(l)}-\mathbf{u}_q^{(l)}}{\omega}\right\|^2\right)\right]\underbrace{\left[\frac{\sum_{q=1}^{Q^{(l)}}\mathbf{u}_q{}^{(l)}g\left(\left\|\frac{\mathbf{m}_{\mathbf{u}}^{(l)}-\mathbf{u}_q^{(l)}}{\omega}\right\|^2\right)}{\sum_{q=1}^{Q^{(l)}}g\left(\left\|\frac{\mathbf{m}_{\mathbf{u}}^{(l)}-\mathbf{u}_q^{(l)}}{\omega}\right\|^2\right)}-\mathbf{m}_{\mathbf{u}}^{(l)}\right]}_{\Delta\mathbf{m}_{\mathbf{u}}^{(l)}} \tag{5.144}$$

因为所有其他项都是正值，所以只有均值平移向量 $\Delta\mathbf{m}_{\mathbf{u}}^{(l)}$ 对修正的 $\mathbf{m}_{\mathbf{u}}^{(l)}\leftarrow\mathbf{m}_{\mathbf{u}}^{(l)}+\Delta\mathbf{m}_{\mathbf{u}}^{(l)}$ 的方向产生影响，以便更好地解释如何得到数据集。只需对此进行计算，并根据式(5.31)中的平方误差准则进行梯度下降优化。注意，对于 Epanechnikov 核[见式(5.33)]，其计算特别简单，因为它的轮廓函数是三角形的，其导数 $g(x)$ 是常数。

---

① 如果核轮廓函数 $k(x)$ 是有限的且是径向对称的，那么很容易识别这种情况下使用的数据点的子集。如式(5.31)所示，K 是维数，$C_k(K)/\omega^K$ 是特定核的权重，它将概率归一化为单位值。

均值平移聚类中的一个难点是确定最优核宽度ω。例如，如果ω太大且两个模式彼此接近，则它们可能会混合在一起。在迭代优化过程中，还可以根据对划分数据的观察，分别调整每个模式 $\mathbf{m}_{\mathbf{u}}^{(l)}$ 的宽度。然而，这可能有一个缺点，即代价函数的最小值收敛可能不再一致。

由于在模式位置处梯度式(5.144)应为零,因此通过扫描特征空间(具有给定的数据采集集)确定平移向量 $\Delta\mathbf{m}_{\mathbf{u}}^{(l)}$ 为零的位置，预先识别模式本身也很简单。图 5.16 给出了模式位置假设向给定数据点集的最大集收敛的图示。

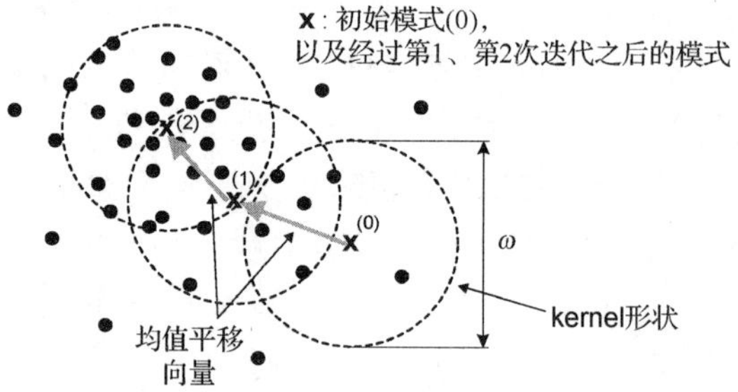

图 5.16 均值平移聚类中的迭代优化原理

自组织特征图(Self Organizing Feature Maps, SOFM)。SOFM，也称为 Kohonen 地图 [Kohonen 1982]或地形图，是竞争型神经网络，它允许将任意维度的特征数据映射到低维特征空间中，在该空间中，具有相似特征的项将被聚类，并且最大不同的数据将位于较远的拓扑距离。例如，允许对先前没有划分类的任何特征数据集 $\mathcal{M}$ 进行盲排序；这样也有助于找到与类相关的系统属性。

SOFM 的一般结构如图 5.17 所示。K 维输入特征向量应聚集成 P 维特征空间的 L 个单元。矩阵 $\mathbf{W}=[\mathbf{w}_1\ \mathbf{w}_2\ \cdots\ \mathbf{w}_L]^{\mathrm{T}}$ 是一个 $K\times L$ 矩阵，由与 L 个神经元相关的突触权重组成。神经元与特征空间的单元有关，它们之间相互竞争以确定输入向量的划分 $\mathbf{m}_q$，$q=1,\cdots,Q$，通常 $q>>L$。最初，权重 $\mathbf{w}_{k,l}$ 由 $\mathcal{M}$ 中的向量 $\mathbf{m}_q$ 随机选择进行填充。对于任何输入向量 $\mathbf{m}_q$，获胜的神经元是关于突触权重的最小平方或欧氏距离的神经元：

$$l^* = \underset{l=1,\cdots,L}{\arg\min} \sum_{k=1}^{K} \left(m_q(k) - w_{k,l} \right)^2 \tag{5.145}$$

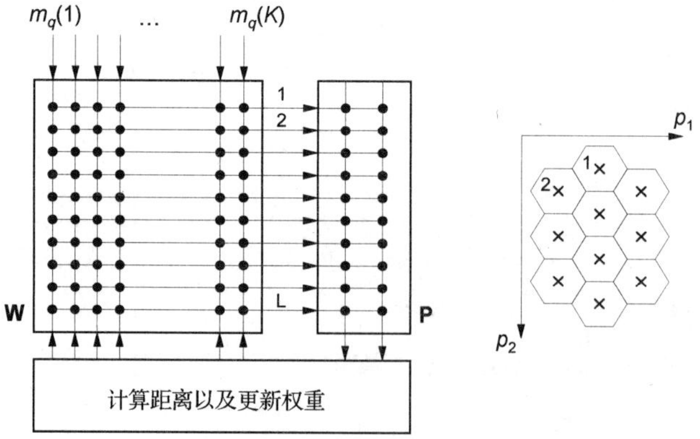

图 5.17 自组织特征图(SOFM)网络(以 L=10，P=2 为例)

$P\times L$ 大小的映射矩阵 $\mathbf{P}=[\mathbf{p}_1 \ \cdots \ \mathbf{p}_L]^{\mathrm{T}}$ 接收到索引 l^*，并将 $\mathbf{m}_q$ 映射到特征空间中获胜神经元 $\mathbf{p}_{l^*}$的位置；此外，计算相对于所有其他神经元的拓扑距离，然后使用该距离计算突触权重的更新，$l=1,\cdots,L$

$$\Delta\mathbf{w}_l=\varepsilon_r\Pi_r(l,l^*)\left[\mathbf{m}-\mathbf{w}_l\right] \quad ; \quad \mathbf{w}_l=\left[w_{1,l} \quad w_{2,l} \quad \cdots \quad w_{K,l}\right]^{\mathrm{T}} \tag{5.146}$$

其中ε_r是取决于 SOFM 收敛状态的步长因子。$\Pi_r(l,l^*)$是邻域加权函数，通常根据特征空间中 l 和 l^*之间的拓扑距离应用高斯型权重。然后，突触权重被更新为 $\mathbf{w}_l+\Delta\mathbf{w}_l$，竞争过程继续，直到收敛。

5.6.5　最大后验(朴素贝叶斯)分类

在估计方法中，介绍了最大后验(Maximum A Posteriori, MAP)优化方法的基本原理(见 3.6 节)，以及在多媒体信号的分类和分割中的应用。$\Pr(S_l|\mathbf{x}=\mathbf{u})$表示给定特征向量观测值 $\mathbf{u}$ 将其划分为 S_l类的概率。这种后验概率并不明确，但对于成为最大值的类作出最佳分类决策是可能的。先验 PDF $p_{\mathbf{u}}(\mathbf{x}|S_l)$定义了相反的关系，表示给定 S_l类时某个特征向量 $\mathbf{u}$ 出现的概率。该概率密度可以通过分析划分给 S_l的训练集成员来近似。下面将使用通过均值和协方差矩阵定义的向量高斯 PDF 式(5.7)作为这种情况的分析模型，但是其他 PDF 也是可能的，例如高斯混合模型。通过计算类质心向量和协方差矩阵式(5.74)，从向量 $\mathbf{u}_q^{(l)}$估计 PDF 的参数。两个条件概率与一阶概率函数 $p_{\mathbf{u}}(\mathbf{x})$和 $\Pr(S_l)$之间存在以下关系：

$$\Pr(S_l\mid\mathbf{x}=\mathbf{u})\cdot p_{\mathbf{u}}(\mathbf{x})=p_{\mathbf{u}}(\mathbf{x}\mid S_l)\cdot\Pr(S_l) \tag{5.147}$$

对贝叶斯规则重新进行如下描述：

$$\Pr(S_l\mid\mathbf{x}=\mathbf{u})=\frac{p_{\mathbf{u}}(\mathbf{x}\mid S_l)\cdot\Pr(S_l)}{p_{\mathbf{u}}(\mathbf{x})}=\frac{p_{\mathbf{u}}(\mathbf{x}\mid S_l)\cdot\Pr(S_l)}{\sum\limits_{k=1}^{L}p_{\mathbf{u}}(\mathbf{x}\mid S_k)\cdot\Pr(S_k)} \tag{5.148}$$

如果式(5.148)对于给定的 $\mathbf{u}$ 最大化，则分母可以忽略，独立于类的划分。利用向量高斯 PDF 作为 S_l类的先验概率模型，最优的 MAP 分类决策是

$$S_{l,\mathrm{opt}}=\underset{S_1,S_2,\cdots,S_L}{\arg\max}\left[\Pr(S_l)\cdot\frac{1}{\sqrt{(2\pi)^K\cdot\left|\mathbf{C}_{\mathbf{uu}}^{(l)}\right|}}\cdot\mathrm{e}^{-\frac{1}{2}\left[\mathbf{u}-\mathbf{m}_{\mathbf{u}}^{(l)}\right]^{\mathrm{T}}\left[\mathbf{C}_{\mathbf{uu}}^{(l)}\right]^{-1}\left[\mathbf{u}-\mathbf{m}_{\mathbf{u}}^{(l)}\right]}\right] \tag{5.149}$$

通过取式(5.149)的对数，必须找到以下函数的最大值：

$$\begin{aligned}&\ln\left[\Pr(S_l)\cdot p_{\mathbf{u}}(\mathbf{x}\mid S_l)\right]\\&=\ln\Pr(S_l)-\frac{K}{2}\ln 2\pi-\frac{1}{2}\ln\left|\mathbf{C}_{\mathbf{uu}}^{(l)}\right|-\frac{1}{2}\left[\mathbf{u}-\mathbf{m}_{\mathbf{u}}^{(l)}\right]^{\mathrm{T}}\left[\mathbf{C}_{\mathbf{uu}}^{(l)}\right]^{-1}\left[\mathbf{u}-\mathbf{m}_{\mathbf{u}}^{(l)}\right]\end{aligned} \tag{5.150}$$

为了分析这个结果，最优贝叶斯决策现在被应用于两个类之间的决策，尽管它显然不局限于这种情况。假设 MAP 决策确定将特征空间划分为两个不同的分区 $\mathcal{R}_1$ 和 $\mathcal{R}_2$。类内错误分类的概率是通过分析先验 PDF 下的体积得到的，只要它属于相应的其他类的分区。然后，通过将两个类别的错误分类概率相加，并根据各自的类别概率加权，得出错误分类的总概率：

$$\Pr_{\mathrm{error}}=\Pr(S_2)\int_{\mathcal{R}_1}p_{\mathbf{u}}(\mathbf{x}\mid S_2)\mathrm{d}\mathbf{x}+\Pr(S_1)\int_{\mathcal{R}_2}p_{\mathbf{u}}(\mathbf{x}\mid S_1)\mathrm{d}\mathbf{x} \tag{5.151}$$

根据式(5.148)，如果满足下述条件，则选择类 S_1：

$$p_{\mathbf{u}}(\mathbf{x}\,|\,S_1)\Pr(S_1) > p_{\mathbf{u}}(\mathbf{x}\,|\,S_2)\Pr(S_2) \quad \Rightarrow \frac{p_{\mathbf{u}}(\mathbf{x}\,|\,S_1)}{p_{\mathbf{u}}(\mathbf{x}\,|\,S_2)} > \frac{\Pr(S_2)}{\Pr(S_1)} \tag{5.152}$$

现在，考虑两个类都由相同协方差矩阵的高斯 PDF 向量建模的情况，于是这两个类也将与“类内”协方差矩阵 $\mathbf{C}_{\mathbf{uu}}$[见式(5.94)]的平均值相同。取式(5.152)的对数，并将其代入式(5.150)即可得到

$$\begin{aligned}
&\ln p_{\mathbf{u}}(\mathbf{x}\,|\,S_1) - \ln p_{\mathbf{u}}(\mathbf{x}\,|\,S_2) \\
&= -\frac{1}{2}\left[\mathbf{u}-\mathbf{m}_{\mathbf{u}}^{(1)}\right]^{\mathrm{T}}\left[\mathbf{C}_{\mathbf{uu}}\right]^{-1}\left[\mathbf{u}-\mathbf{m}_{\mathbf{u}}^{(1)}\right] + \frac{1}{2}\left[\mathbf{u}-\mathbf{m}_{\mathbf{u}}^{(2)}\right]^{\mathrm{T}}\left[\mathbf{C}_{\mathbf{uu}}\right]^{-1}\left[\mathbf{u}-\mathbf{m}_{\mathbf{u}}^{(2)}\right] \\
&= -\frac{1}{2}\mathbf{u}^{\mathrm{T}}\left[\mathbf{C}_{\mathbf{uu}}\right]^{-1}\mathbf{u} + \left[\mathbf{m}_{\mathbf{u}}^{(1)}\right]^{\mathrm{T}}\left[\mathbf{C}_{\mathbf{uu}}\right]^{-1}\mathbf{u} - \frac{1}{2}\left[\mathbf{m}_{\mathbf{u}}^{(1)}\right]^{\mathrm{T}}\left[\mathbf{C}_{\mathbf{uu}}\right]^{-1}\mathbf{m}_{\mathbf{u}}^{(1)} \\
&\quad + \frac{1}{2}\mathbf{u}^{\mathrm{T}}\left[\mathbf{C}_{\mathbf{uu}}\right]^{-1}\mathbf{u} - \left[\mathbf{m}_{\mathbf{u}}^{(2)}\right]^{\mathrm{T}}\left[\mathbf{C}_{\mathbf{uu}}\right]^{-1}\mathbf{u} + \frac{1}{2}\left[\mathbf{m}_{\mathbf{u}}^{(2)}\right]^{\mathrm{T}}\left[\mathbf{C}_{\mathbf{uu}}\right]^{-1}\mathbf{m}_{\mathbf{u}}^{(2)} \\
&= \left[\mathbf{m}_{\mathbf{u}}^{(1)}-\mathbf{m}_{\mathbf{u}}^{(2)}\right]^{\mathrm{T}}\left[\mathbf{C}_{\mathbf{uu}}\right]^{-1}\mathbf{u} - \frac{1}{2}\left[\mathbf{m}_{\mathbf{u}}^{(1)}-\mathbf{m}_{\mathbf{u}}^{(2)}\right]^{\mathrm{T}}\left[\mathbf{C}_{\mathbf{uu}}\right]^{-1}\left[\mathbf{m}_{\mathbf{u}}^{(1)}+\mathbf{m}_{\mathbf{u}}^{(2)}\right] \\
&= \left[\mathbf{m}_{\mathbf{u}}^{(1)}-\mathbf{m}_{\mathbf{u}}^{(2)}\right]^{\mathrm{T}}\left[\mathbf{C}_{\mathbf{uu}}\right]^{-1}\left[\mathbf{u}-\frac{\mathbf{m}_{\mathbf{u}}^{(1)}+\mathbf{m}_{\mathbf{u}}^{(2)}}{2}\right] > \ln\frac{\Pr(S_2)}{\Pr(S_1)}
\end{aligned} \tag{5.153}$$

利用该规则，在特征空间中 $p_{\mathbf{u}}(\mathbf{x}|S_1)\Pr(S_1)$ 和 $p_{\mathbf{u}}(\mathbf{x}|S_2)\Pr(S_2)$ 相等的位置定义最优决策边界。图 5.18 给出了单个(标量)特征值①的示例。图 5.19 给出了两种特征情况下式(5.153)的图解说明。任何位于分割线上的向量 $\mathbf{u}_0$ 都可以用公式来描述：

$$\left[\mathbf{m}_{\mathbf{u}}^{(1)}-\mathbf{m}_{\mathbf{u}}^{(2)}\right]^{\mathrm{T}}\left[\mathbf{C}_{\mathbf{uu}}\right]^{-1}\left[\mathbf{u}_0-\frac{\mathbf{m}_{\mathbf{u}}^{(1)}+\mathbf{m}_{\mathbf{u}}^{(2)}}{2}\right] = \ln\frac{\Pr(S_2)}{\Pr(S_1)} \tag{5.154}$$

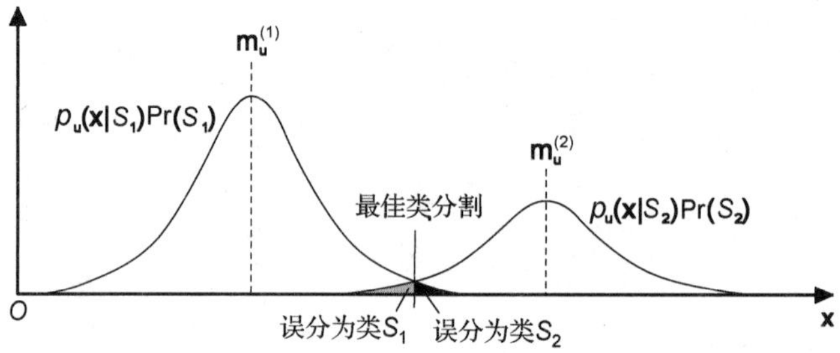

图 5.18　单特征值和两类决策的最优 MAP 决策解释

首先，考虑 $\mathbf{C}_{\mathbf{uu}} = \mathbf{C}_{\mathbf{uu}}^{-1} = \mathbf{I}$ 的情况。根据(5.154)左侧两个向量括号表达式的乘法，所有点 $\mathbf{u}_0$ 可得到常量 $\ln[\Pr(S_2)] - \ln[\Pr(S_1)]$，这些点位于与两类质心 $\mathbf{m}_{\mathbf{u}}^{(1)} - \mathbf{m}_{\mathbf{u}}^{(2)}$ 之间的 Delaunay 线的垂直线上。对于 $\Pr(S_1)=\Pr(S_2)$，分割线在点 $\mathbf{m}_{\mathbf{u}}^{(1)} - \mathbf{m}_{\mathbf{u}}^{(2)}/2$ 处与 Delaunay 线相交，这意味着它是 Voronoi 边界。对于 $\Pr(S_1)\neq\Pr(S_2)$，线从中心向概率较低的类的质心移动。对于 $\mathbf{C}_{\mathbf{uu}}\neq\mathbf{I}$，逆协方差矩阵导致方向改变，分割线将不再垂直于 Delaunay 线。这是可能的，因为向量高斯分布函数在类质心周围呈椭圆状，而类质心向其主轴方向倾斜。

对于以上两类情况，MAP 决策问题没有本质的区别。然而，举例来说，可以通过向量高斯函数来对先验概率进行建模，这样就可以完全解析地求解 $\Pr(S_l|\mathbf{x}=\mathbf{u})$ 最大值。

① 这里的决策边界也可解释为沿多维特征空间 Delaunay 线的 PDF 平面截面。

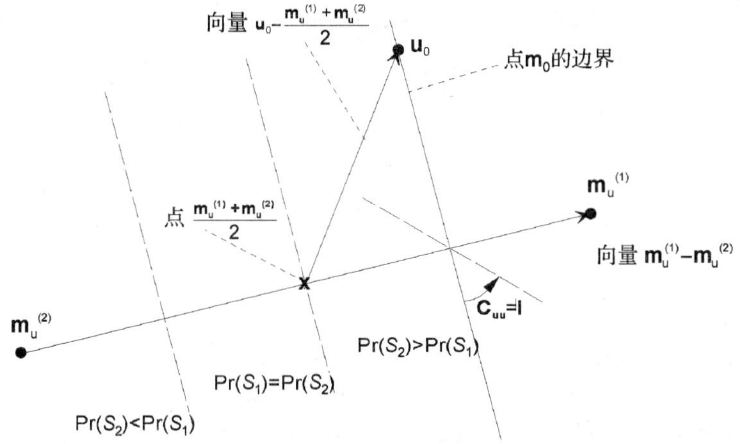

图 5.19　二维特征空间与两类决策的最优 MAP 决策解释

5.6.6　人工神经网络

人工神经网络(Artificial Neural Networks, ANN)能够从更广泛的意义上捕捉信号或特征的非线性行为，也可以通过训练过程适应特定的信号行为。“神经”一词反映了它们的运作与人类和动物神经系统中神经元的功能相似。这些系统本质上是非线性的，例如，只有当超过某一阈值水平时，来自神经元输入的激励才会被传输。

通常，感知器被用作 ANN 的基本节点，如图 5.20 所示。它最初是根据视网膜中的神经元模型(对于眼睛解剖，参见[MSCT，3.1 节])改编的，该模型基于所接收到的输入的非线性加权向下一个神经层发射信息。在感知器的输入端，首先产生 J 个输入 u_m 的线性组合，然后添加偏置值 w_0：

$$y = w_0 + \sum_{m=1}^{J} w_m u_m \tag{5.155}$$

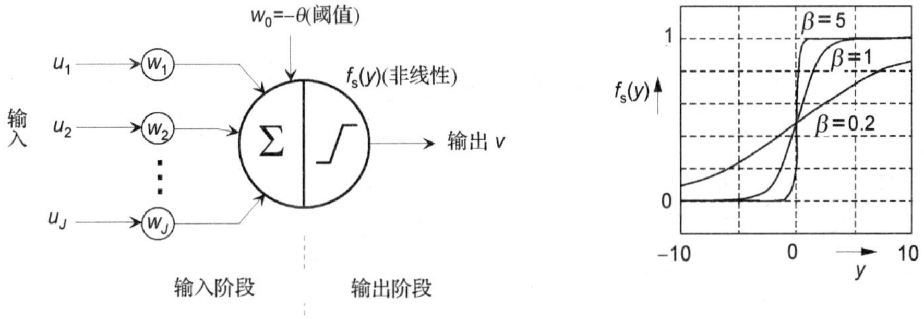

(a) 人工神经网络的典型基本节点(感知器)　　(b) sigmoid函数

图 5.20

接下来非线性函数的效果通过偏置值 $\theta=-w_0$ 来调整。神经网络中最常用的一个非线性函数是 sigmoid 函数：

$$v = f_S(y) = \frac{1}{1+e^{-\beta y}} \tag{5.156}$$

输出值 v 可以在 0（$y \ll \theta$）和 1（$y \gg \theta$）之间；因子 β 在 $y=\theta$ 的范围内调节过渡的“陡

度”：对于极端情况 $\beta=0$，输出是恒定值 $v=0.5$；对于 $\beta\to\infty$，该函数等效于硬阈值限制器（单位阶跃函数）。sigmoid 函数的优点是连续性，这使得它连续可微。这是神经网络合理优化的重要条件。sigmoid 的导数由下式计算：

$$f_S(y)=\left(1+e^{-\beta y}\right)^{-1}\Rightarrow\frac{d\,f_S(y)}{d\,y}=-\left(1+e^{-\beta y}\right)^{-2}\cdot(-\beta)e^{-\beta y}=\beta\,e^{-\beta y}f_S^2(y) \tag{5.157}$$

从式(5.156)可得 $f_S(y)\cdot[1+e^{-\beta y}]=1\Rightarrow f_S(y)\cdot e^{-\beta y}=1-f_S(y)$，使得

$$\frac{df_S(y)}{dy}=\beta f_S(y)\left[1-f_S(y)\right] \tag{5.158}$$

神经网络的作用是通过定义多个基本节点的互连拓扑来实现的。常用的拓扑之一是图 5.21 所示的多层感知器(MultiLayer Perceptron, MLP)。MLP 的输入层具有 K 个输入，如果网络用于分类①，则该输入将是来自特征向量 $\mathbf{u}$ 的值。输入层的节点实际上不是网络的功能节点，而是将输入传递给下一层的节点。MLP 由 L 个输出的一个或多个隐藏层和一个输出层组成，从中可以获得分类结果，例如，选择与最大输出 v_l②对应的 S_l 类。隐藏层和输出层的节点结构与图 5.20(a)所示的结构相同。在 MLP 中，网络任何层每个节点的输出都连接到下一层每个节点的输入，但是输入权重可以设置为零。

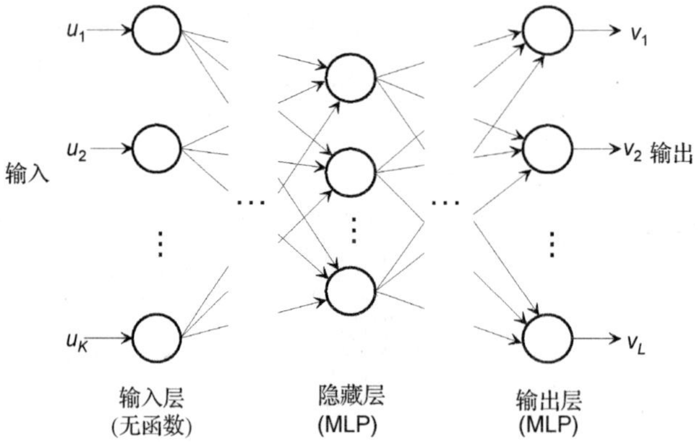

图 5.21　多层感知器的结构

为了可用作分类器，神经网络必须使用训练集进行训练。对于 MLP，反向传播算法(Back Propagation Algorithm, BPA)是最常见的训练算法，它根据输出到所有层的信息反向跟踪分类中可能出现的错误，从而优化所有加权因子，使分类误差最小化。假设 MLP 由 I 个活动层组成，其中在层 i 中使用多个 J_i 感知器。对于层 i 中的节点 j，$J_{i-1}+1$ 加权因子 $w_{i,j,m}$，$m=0,\cdots,J_{i-1}$，用于连接层 $i-1$ 的输出。节点(i, j)的输出信号为

$$v_{i,j}=f_S\left[\sum_{m=0}^{J_{i-1}}w_{i,j,m}\cdot v_{i-1,m}\right];\ v_{i-1,0}=1 \tag{5.159}$$

① 网络的输入值也可以是信号值。在这种情况下，网络的输出可以是特征向量 $\mathbf{u}$，也可以是直接从信号计算的分类结果。在这种情况下，网络被隐式地用作特征提取器。此外，人工神经网络还可以用于信号和参数的非线性估计和预测。

② 举个例子，输出 l 处的电平应指示 S_l 类的选择。注意，ANN 的输出在振幅上是连续的。因此，可以将不同输出的振幅值限制在 0 到 1 之间，作为决策可靠性的标准。如果网络只对一个强输出做出响应，则将进行唯一分类；类划分的后验概率可以从如下输出信号中导出，$\Pr(S_l\,|\,\mathbf{u})=v_l\,/\sum_{k=1}^{L}v_k$。

网络优化应使用含有 Q 个向量 $\mathbf{u}_q$ 的公共训练集进行。张量 $\mathbf{W}$ 应包含网络各层所有节点的所有加权因子 $w_{i,j,m}$。因此，分类决策质量的全局标准可定义为

$$\Delta(\mathbf{W})=\sum_{q=1}^{Q}\Delta_q(\mathbf{W}) \tag{5.160}$$

作为任何训练集成员 $\mathbf{u}_q$ 的分类质量标准，可以使用在网络输出时产生的分类平方误差，其中 $S_l(\mathbf{u}_q)$ 应为输出 v_l①时 $\mathbf{u}_q$ 的理想预期分类结果：

$$\Delta_q(\mathbf{W})=\sum_{l=1}^{J_I}\left[v_{I,l}(\mathbf{u}_q)-S_l(\mathbf{u}_q)\right]^2 \tag{5.161}$$

通过迭代梯度算法进行优化，其中第 r+1 次迭代中的权重因子朝着用偏导数表示的代价函数的负梯度方向进行优化：

$$w_{i,j,m}{}^{(r+1)}=w_{i,j,m}{}^{(r)}-\varepsilon\left.\frac{\partial\Delta(\mathbf{W})}{\partial w_{i,j,m}}\right|_{\mathbf{W}^{(r)}}=w_{i,j,m}{}^{(r)}-\varepsilon\sum_{q=1}^{Q}\left.\frac{\partial\Delta_q(\mathbf{W})}{\partial w_{i,j,m}}\right|_{\mathbf{W}^{(r)}} \tag{5.162}$$

在迭代梯度优化中，因子 ε 影响收敛速度。梯度可以分解为线性和非线性分量：

$$\frac{\partial\Delta_q(\mathbf{W})}{\partial w_{i,j,m}}=\frac{\partial\Delta_q(\mathbf{W})}{\partial v_{i,j}}\cdot\frac{\partial v_{i,j}}{\partial w_{i,j,m}} \tag{5.163}$$

其中线性项由式(5.158)得到

$$\begin{aligned}\frac{\partial v_{i,j}}{\partial w_{i,j,m}}&=\frac{\partial}{\partial w_{i,j,m}}\left[f_{\mathrm{S}}\left(\sum_{n=0}^{J_{i-1}}w_{i,j,n}v_{i-1,n}\right)\right]\\&=\beta f_{\mathrm{S}}\left(\sum_{n=0}^{J_{i-1}}w_{i,j,n}v_{i-1,n}\right)\left[1-f_{\mathrm{S}}\left(\sum_{n=0}^{J_{i-1}}w_{i,j,n}v_{i-1,n}\right)\right]\frac{\partial}{\partial w_{i,j,m}}\left(\sum_{n=0}^{J_{i-1}}w_{i,j,n}v_{i-1,n}\right)\\&=\beta v_{i,j}(1-v_{i,j})v_{i-1,m}\end{aligned} \tag{5.164}$$

非线性项可以重写为

$$\begin{aligned}\frac{\partial\Delta_q(\mathbf{W})}{\partial v_{i,j}}&=\sum_{n=1}^{J_{i+1}}\left[\frac{\partial\Delta_q(\mathbf{W})}{\partial v_{i+1,n}}\frac{\partial v_{i+1,n}}{\partial v_{i,j}}\right]=\sum_{n=1}^{J_{i+1}}\left[\frac{\partial\Delta_q(\mathbf{W})}{\partial v_{i+1,n}}\frac{\partial}{\partial v_{i,j}}\left(f_{\mathrm{S}}\left(\sum_{p=0}^{J_i}w_{i+1,n,p}v_{i,p}\right)\right)\right]\\&=\sum_{n=1}^{J_{i+1}}\left[\frac{\partial\Delta_q(\mathbf{W})}{\partial v_{i+1,n}}\beta f_{\mathrm{S}}\left(\sum_{p=0}^{J_i}w_{i+1,n,p}v_{i,p}\right)\left(1-f_{\mathrm{S}}\left(\sum_{p=0}^{J_i}w_{i+1,n,p}\cdot v_{i,p}\right)\right)\frac{\partial}{\partial v_{i,j}}\sum_{p=0}^{J_i}w_{i+1,n,p}v_{i,p}\right]\\&=\beta\sum_{n=1}^{J_{i+1}}\left[\frac{\partial\Delta_q(\mathbf{W})}{\partial v_{i+1,n}}v_{i+1,n}\left(1-v_{i+1,n}\right)w_{i+1,n,j}\right]\end{aligned} \tag{5.165}$$

在非线性项的输出层设置以下初始条件：

$$\frac{\partial\Delta_q(\mathbf{w})}{\partial v_{I,l}}\overset{!}{=}v_{I,l}(\mathbf{u}_q)-S_l(\mathbf{u}_q)\quad;\quad l=1,2,\cdots,L \tag{5.166}$$

现在，可以从输出开始进行优化，因为根据式(5.165)，前一层的每个非线性导数项可以从下一层的结果递归地计算出来。虽然算法简单，但当感知器的数量较多时，BPA 的计算代价较高。在每个迭代步骤之后，需要再次更新代价函数式(5.160)。或者，可以在每次迭代中仅为向量的子集更新代价函数，然后该向量应足够表示不同类的变化。

神经网络的拓扑结构也可以扩充，以便在随后的分类决策之间建立关系。时滞网络

---

① 理想情况下，如第 191 页脚注①所述，对于类为真的情况，$S_l(\mathbf{u}_q)=1$，否则为零。但是，如果训练集成员的分类是模糊的，则可以赋予理想期望之外的权重。

可以解释为嵌入 FIR 滤波器的 ANN，用感知器结构代替线性叠加。特征向量被馈送到输入端的抽头延迟线中，以便对随后的几个分类决策产生影响[见图 5.22(a)]。在递归网络中，类似的方法结合 FIR 和 IIR 结构，这样也使用了先前输出的反馈(分类决策)[见图 5.22(b)]。

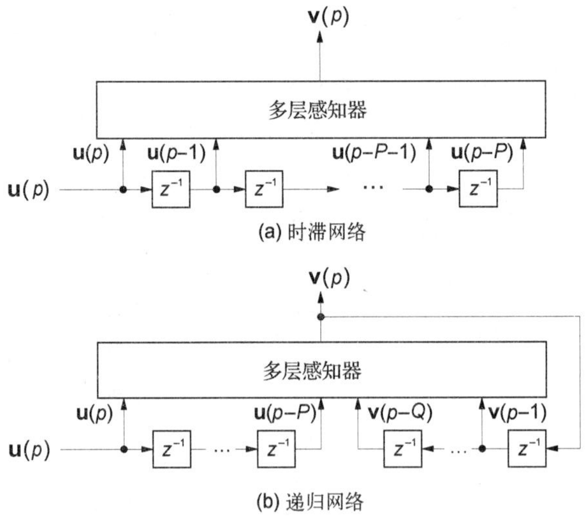

图 5.22　建立后续分类结果之间关系的网络

径向基函数(Radial Basis Functions, RBF)网络。最简单形式的 RBF 网络(见图 5.23)仅由 2 层组成，其中隐藏层不是感知器，而是最大似然分类器①，例如通过高斯先验 PDF 定义的 J 个不同类。以特征向量 $\mathbf{u}$ 为输入，该层节点 j 的输出信号为

$$v_{1,j}=\mathrm{e}^{-\frac{1}{2}\left[\mathbf{u}-\mathbf{m}_{\mathbf{u}}^{(j)}\right]^{\mathrm{T}}\left[\mathbf{C}_{\mathbf{uu}}^{(j)}\right]^{-1}\left[\mathbf{u}-\mathbf{m}_{\mathbf{u}}^{(j)}\right]} \tag{5.167}$$

式中，$\mathbf{m}_{\mathbf{u}}^{(j)}$ 和 $\mathbf{C}_{\mathbf{uu}}^{(j)}$ 是 J 类的质心向量和协方差矩阵；为了与该类的预期分布概率很好地匹配，相应的输出值 $v_{1,j}$ 趋向于 1，否则趋向于 0。类的参数可以通过聚类分析或直接计算式(5.1)和式(5.74)来确定。输出层由感知器组成，感知器的加权因子可以通过类似于反向传播算法的过程进行优化。

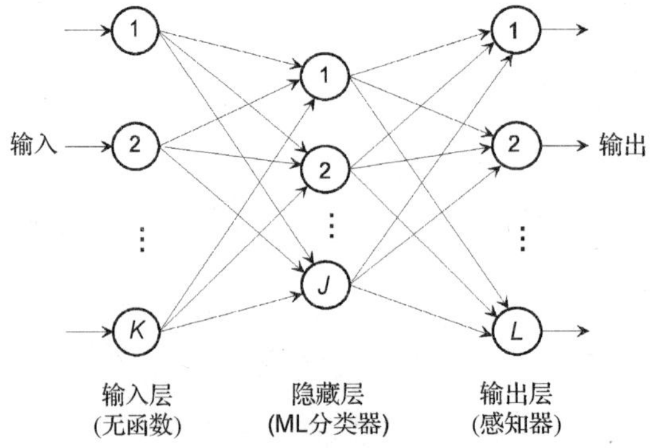

图 5.23　径向基函数(RBF)网络

① ML 分类器遵循与最大似然估计式(3.62)和式(3.63)相同的原理。函数式(5.167)与特征向量 $\mathbf{u}$ 被划分为由均值为 $\mathbf{m}_{\mathbf{u}}^{(j)}$ 且协方差矩阵为 $\mathbf{C}_{\mathbf{uu}}^{(j)}$ 的高斯 PDF 描述的 S_j 类的先验概率成正比。

一般来说，神经网络的性能在很大程度上取决于网络的拓扑结构，到目前为止，这种拓扑结构被认为是先验的。对于拓扑本身的优化，可以采用不同的策略。例如，可以从大量节点的网络开始，在迭代过程中剪除那些显然对分类结果的质量影响较小的节点和(或)完整层。但是，由于网络自身的非线性行为，节点/层的数量与分类性能之间不会存在线性依赖关系。此外，与所有分类算法一样，最终性能在很大程度上取决于用于优化的训练集数据的正确选择。

近年来，深度学习神经网络(Deep Learning Neural Networks, DL-NN)的研究取得了重大进展，它可以由多个层次组成，其中的拓扑结构可以被配置成有监督的、无监督的或强化的形式。在确定权重时，反向传播及其导数仍被广泛使用。利用递归结构可以有效地实现 DL-NN，并将其分解为局部问题进行优化。在写本书的时候，DL-NN 正在成为机器学习领域的一个前沿，在图像、视频和语音信号识别等方面有许多应用。有关这项技术的详情，请参阅[SCHMIDHUBER 2015]。

5.7　信念、似然和证据

当式(5.5)中基于相关性的归一化和加权自动完成时，有必要建立一个框架，该框架与可由特征条件推断出决策的合理性有关。然而，在随后的考虑中，应以更一般的方式处理这一点，以便在必须做出的整个决策链中使用对似然性的评估。当似然性被理解为假设为真的信念的同义词时，这也被称为信念传播。

根据贝叶斯规则式(5.148)，假设 $\mathcal{H}$ 为真的贝叶斯信念可以由事件 $\mathcal{E}$ 条件下假设的概率来推导：

$$\mathrm{Bel}[\mathcal{H}] = \Pr(\mathcal{H}|\mathcal{E}) = \frac{\Pr(\mathcal{E},\mathcal{H})}{\Pr(\mathcal{E})} \tag{5.168}$$

现在，假设另外一个外部上下文或条件 $\mathcal{C}$ 已知，则可能会对决策产生影响。在这种情况下，贝叶斯规则可以扩展到

$$\Pr(\mathcal{H}|\mathcal{E},\mathcal{C})\Pr(\mathcal{E}|\mathcal{C}) = \Pr(\mathcal{H},\mathcal{E}|\mathcal{C}) = \Pr(\mathcal{E}|\mathcal{H},\mathcal{C})\Pr(\mathcal{H}|\mathcal{C}) \tag{5.169}$$

并且进一步地，

$$\mathrm{Bel}[\mathcal{H}] = \Pr(\mathcal{H}|\mathcal{E},\mathcal{C}) = \frac{\Pr(\mathcal{E},\mathcal{H},\mathcal{C})}{\Pr(\mathcal{E},\mathcal{C})} = \frac{\Pr(\mathcal{E},\mathcal{H},\mathcal{C})}{\Pr(\mathcal{E}|\mathcal{C})\Pr(\mathcal{C})} \tag{5.170}$$

当 $\mathcal{E}$ 和 $\mathcal{C}$ 独立时，

$$\mathrm{Bel}[\mathcal{H}] = \Pr(\mathcal{H}|\mathcal{E},\mathcal{C}) = \frac{\Pr(\mathcal{H},\mathcal{E},\mathcal{C})}{\Pr(\mathcal{E})\Pr(\mathcal{C})} = \frac{\Pr(\mathcal{H},\mathcal{E}|\mathcal{C})}{\Pr(\mathcal{E})} = \Pr(\mathcal{H}|\mathcal{C})\Pr(\mathcal{H}|\mathcal{E}) \tag{5.171}$$

然而，如果 $\mathcal{E}$ 本身依赖于 $\mathcal{C}$，则

$$\mathrm{Bel}[\mathcal{H}] = \Pr(\mathcal{H}|\mathcal{E},\mathcal{C}) = \frac{\Pr(\mathcal{E},\mathcal{H}|\mathcal{C})}{\Pr(\mathcal{E}|\mathcal{C})} \tag{5.172}$$

这基本上可以用于信念传播，其中使用多重和潜在的非独立条件，或串联条件来确定假设。在这里假设顺序条件下(其中 $\mathcal{C}$ 给出了信念流中 $\mathcal{E}$ 的先验条件)，传播相对简单，但是贝叶斯信念网络可以包含更复杂的中间决策级联，这些中间决策在并行分支中传播，并在随后的组合时建立进一步的证据。通常，这种信念网络可以被分成更简单的结构，

允许一步一步地跟踪推理的传播(见下面的进一步讨论)。回到式(5.169)，并表示 $\mathcal{E}$ 和 $\mathcal{C}$ 是存在于网络的两个相邻节点中的证据，得到

$$\mathrm{Bel}[\mathcal{H}]=\Pr(\mathcal{H}|\mathcal{E},\mathcal{C})=\frac{\Pr(\mathcal{E}|\mathcal{H},\mathcal{C})\Pr(\mathcal{H}|\mathcal{C})}{\Pr(\mathcal{E}|\mathcal{C})}=\frac{\Pr(\mathcal{E}|\mathcal{H})\Pr(\mathcal{H}|\mathcal{C})}{\Pr(\mathcal{E})} \tag{5.173}$$

现在假设在决策流中，$\mathcal{E}$ 是在利用当前假设 $\mathcal{H}$ 的后续节点生成的证据，$\mathcal{C}$ 是不受 $\mathcal{H}$ 影响的输入证据；可以确定最佳信念，它不仅考虑输入信息，而且还考虑信念将如何影响其他(后续)节点的推理。信念传播应该用节点的方向图来描述(但是有些信念可以并行地发展，然后再结合起来)。如果在多个连接来自同一个节点的情况下建立不相交的决策子树，则可以实现有效的解决方案。原则上，信念也可以在递归循环中传播，但如果设计成总是保证收敛到一个合理的值，这可能是有问题的[DALY，CHEN，AITKEN 2011]。

基于概率建立信念的一个基本问题是，完全不确定性(假设是否成立)的概率值为0.5。当这些不确定的证据与其他能够提供更多确定性的证据相结合时，仍然会产生降低总体信念的效果。在 Dempster-Shafer 证据理论[Dempster 1968][Dempster 1976][Shafer 1976]中，这是通过简单地拒绝、忽略(或表达对)不确定证据的较低信心来避免的。它可以解释为贝叶斯估计理论的一个推广，同时考虑了知识确定性的概念。对于每一个可用于做出假设的信息分量，分配两个表示信念(belief, Bel)和似然性(plausibility, Pla)的参数，然后用这两个参数为不同的信息分量制定决策的最佳组合规则。当信念和似然性都相等(也等于潜在概率)时，Dempster-Shafer 方法与贝叶斯方法相同。基本关系的定义是，假设 $\mathcal{H}$ 为真的信念与其相反的信念 $\bar{\mathcal{H}}$ 之和不再为 1(就像贝叶斯方法中的情况一样)：

$$\mathrm{Bel}[\mathcal{H}]\leqslant \mathrm{Pla}[\mathcal{H}]=1-\mathrm{Bel}[\bar{\mathcal{H}}] \tag{5.174}$$

基于第二个假设的信念条件逻辑组合也可以考虑用该假设的相反信念来定义：

$$\mathrm{Bel}[\mathcal{H}_1|\mathcal{H}_2]=\frac{\mathrm{Bel}[\mathcal{H}_1\vee\bar{\mathcal{H}}_2]-\mathrm{Bel}[\bar{\mathcal{H}}_2]}{1-\mathrm{Bel}[\bar{\mathcal{H}}_2]} \tag{5.175}$$

然而，似然性的条件逻辑组合类似于概率的条件逻辑组合：

$$\mathrm{Pla}[\mathcal{H}_1|\mathcal{H}_2]=\frac{\mathrm{Pla}[\mathcal{H}_1\wedge\mathcal{H}_2]}{\mathrm{Pla}[\mathcal{H}_2]} \tag{5.176}$$

Dempster-Shafer 理论的另一个重要方面是，从更严格的假设子集 $\mathcal{B}_i$ 中构成较弱的假设 $\mathcal{A}$(具有更高的置信度)，每个子集都带有“主观概率”或置信度(在 Dempster-Shafer 理论中表示为质量)；这些集合(masses)本身可以来源于一些先前已经确定的证据，并且可以在信念和似然性之间取得某种价值。若全体集合对 $\mathcal{A}$ 有信心，则 $\mathcal{A}$ 应全部包含在子集中：

$$\mathrm{Bel}[\mathcal{H}=\mathcal{A}]=\bigcup_{\mathcal{B}_i\subseteq\mathcal{A}}\mathrm{mass}[\mathcal{B}_i] \tag{5.177}$$

这可解释为子集的逻辑统一。在此，将集合与假设信念结合起来的规则类似于结合概率的规则：

- 如果子集不相交(互斥)，则两个集合对关于假设的信念有附加贡献；
- 当两个集合不互斥时，它们对信念的贡献是加性的，并减去它们的交集。

注意，如果组合了两个以上的子集，则可以采用交点的减法进行部分补偿，例如，对于三个子集的情况：

$$\mathscr{B}_1 \cup \mathscr{B}_2 \cup \mathscr{B}_3 = \left(\mathscr{B}_1 + \mathscr{B}_2 + \mathscr{B}_3\right) - \left(\mathscr{B}_1 \cap \mathscr{B}_2\right) - \left(\mathscr{B}_2 \cap \mathscr{B}_3\right) - \left(\mathscr{B}_1 \cap \mathscr{B}_3\right) + \left(\mathscr{B}_1 \cap \mathscr{B}_2 \cap \mathscr{B}_3\right) \tag{5.178}$$

例如，假设具有红色（R）或绿色（G）的项的集合为 mass[R]=0.3，mass[$\bar{\text{R}}$]=0.4，mass[G]=0.3，mass[$\bar{\text{G}}$]=0.4。这样，就可以得到以下关于证据的推论：

- mass[R $\wedge$ $\bar{\text{R}}$]=0，因为这两个条件只能唯一成立；
- mass[R $\vee$ $\bar{\text{R}}$]=1 − mass[R] − mass[$\bar{\text{R}}$]=0.3，与剩余不确定度有关；
- mass[R $\vee$ $\bar{\text{G}}$]=mass[$\bar{\text{G}}$]=0.4，因为红色是非绿色的子集；
- Bel[R $\vee$ G]=mass[R]+mass[G]=0.6，因为红色和绿色是唯一的。

5.8 习题

习题 5.1　已知以下特征向量集，并将先验赋值关联到两个类 S_l 中，l=1,2：

$$S_1: \quad \mathbf{u}_1^{(1)} = c\cdot\begin{bmatrix}1\\1\end{bmatrix}, \quad \mathbf{u}_2^{(1)} = c\cdot\begin{bmatrix}2\\1\end{bmatrix}, \quad \mathbf{u}_3^{(1)} = c\cdot\begin{bmatrix}1\\2\end{bmatrix}, \quad \mathbf{u}_4^{(1)} = c\cdot\begin{bmatrix}2\\2\end{bmatrix}$$

$$S_2: \quad \mathbf{u}_1^{(2)} = \begin{bmatrix}4\\3\end{bmatrix}, \quad \mathbf{u}_2^{(2)} = \begin{bmatrix}5\\3\end{bmatrix}, \quad \mathbf{u}_3^{(2)} = \begin{bmatrix}6\\4\end{bmatrix}, \quad \mathbf{u}_4^{(2)} = \begin{bmatrix}3\\2\end{bmatrix}$$

考虑两种情况：i）c=0.5；ii）c=2。

a）计算协方差矩阵，并通过式（5.95）确定两种情况下类分离特征选择的可实现质量。

b）根据 MAP 准则式（5.153）确定两种情况下的分割线位置；$\mathbf{u}_0$ 应为位于分割线上的特征向量，即

$$\left[\mathbf{m}_\mathrm{u}^{(1)} - \mathbf{m}_\mathrm{u}^{(2)}\right]^\mathrm{T}\left[\mathbf{C}_\mathrm{uu}\right]^{-1}\left[\mathbf{u}_0 - \frac{\mathbf{m}_\mathrm{u}^{(1)} + \mathbf{m}_\mathrm{u}^{(2)}}{2}\right] = \ln\frac{\Pr(S_2)}{\Pr(S_1)}$$

c）为这两种情况绘制特征向量 $\mathbf{u}_q^{(l)}$、类质心 $\mathbf{m}^{(l)}$和特征平面中分割线的位置，确定错误分类案例的数量，并解释结果。

习题 5.2　已知连续值信号特征 u，其中图 5.24 的概率密度可解释为来自两类 S_1 和 S_2 的概率密度的叠加，这两类在各自的范围内均匀分布。

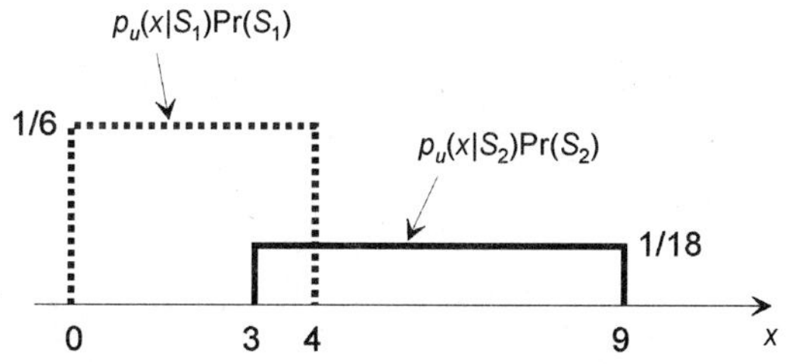

图 5.24　两类叠加的概率密度模型

a）绘制得到的 PDF p_u（x），并计算类质心 $m_u^{(1)}$ 和 $m_u^{(2)}$。

b）计算概率 Pr（S_1）和 Pr（S_2），并表示“先验”密度函数 $p_u(x|S_1)$ 和 $p_u(x|S_2)$。

c) 确定并绘制“后验”概率 $\Pr(S_1|x=u)$ 和 $\Pr(S_2|x=u)$。

d) 根据基于 MAP 标准的阈值方法进行分类。分别为每一类和全部类确定最佳阈值 θ_{MAP} 和错误分类的概率。

e) 对于哪个阈值 $\theta_{=}$，两个类中错误分类的数量会相等？错误分类元素的总体概率是多少？

习题 5.3 三个不同类别 S_1、S_2 和 S_3 的两个特征均匀分布在特征空间内，如图 5.25 所示。概率分别为 $\Pr(S_1)=0.25$，$\Pr(S_2)=0.6$，$\Pr(S_3)=0.15$。

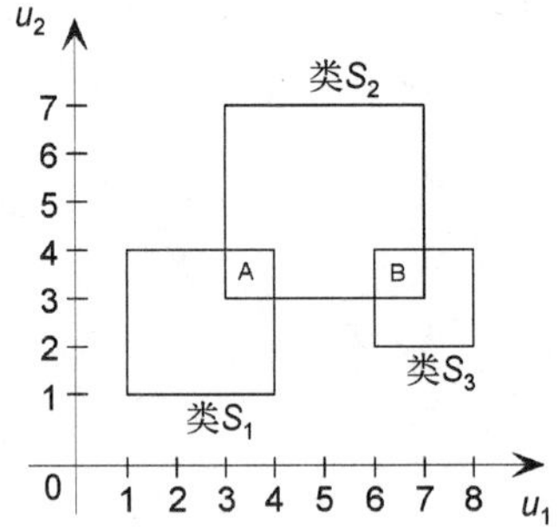

图 5.25 三类叠加的二维概率密度模型

a) 根据式 (5.74) 确定类质心 $\mathbf{m_u}^{(l)}$ 和协方差矩阵 $\mathbf{C_{uu}}^{(l)}$，l=1~3。

b) 确定在三个类别的范围内对总概率密度 $p_{\mathbf{u}}(\mathbf{x}|S_l)\Pr(S_l)$ 的贡献。

c) 在两类相交的特征空间范围内确定后验概率 $\Pr(S_l|\mathbf{x}=\mathbf{u})$（用 A/B 标记）。

d) 进行 MAP 分类。确定分类错误概率 $\Pr(S_1|S_2)$、$\Pr(S_2|S_1)$、$\Pr(S_2|S_3)$、$\Pr(S_3|S_2)$ 和分类错误总概率。

习题 5.4 两类特征用向量高斯分布进行统计描述，参数如下：

$$\mathbf{C_{uu}}^{(1)} = \begin{bmatrix} 4 & -2 \\ -2 & 4 \end{bmatrix} \quad ; \quad \mathbf{m}^{(1)} = \begin{bmatrix} 0 \\ 0 \end{bmatrix} \quad ; \quad \mathbf{C_{uu}}^{(2)} = \begin{bmatrix} 1 & 0 \\ 0 & 10 \end{bmatrix} \quad ; \quad \mathbf{m}^{(2)} = \begin{bmatrix} 4 \\ 4 \end{bmatrix}$$

a) 定性地描绘椭圆的方向，这是两类特征簇的特征。

应对特征向量 $\mathbf{u}=[1 \quad 4]^T$ 进行分类。

b) 根据欧氏距离准则确定类的划分。

c) 根据马氏距离准则确定类的划分。

d) 描述协方差矩阵 $\mathbf{C_{uu}}^{(2)}$，以便对任意特征向量，都可以得到 b) 和 c) 距离准则的分类结果。同样在这种情况下，确定并绘制特征空间中分割线的位置。

第 6 章　信号的分解

信号分解的目标是从复合信号中提取和分离信号分量，而分离出的信号分量应尽量与语义单位相关，例如图像或视频中的不同对象、视频中的不同镜头、音乐中的每一段旋律、语音信号中的单词或句子。信号分解的方法与基于基础特征的盲分类方法密切相关，因为此种盲分类方法可以描述待分离部分的特征。一种主要的信号分解方法是对图像、视频、音频和语音信号的分解，对有用特征的提取与分类常常需要此种方法，或者信号本身也会提供诸如区域形状或音符持续时间之类的特征。通常，这与语义相关，这些先验语义知识将有助于获得与人们观测预期或手工生成的分割相接近的结果。分割在时间间隔内或空间区域内进行，它们通常由表明特征的同质性或语义一致性的标准来定义。在分割中，通常不会发生待分离信号分量的重叠。信号分解的另一个挑战性的任务是，当复合信号由多个分量的样本叠加而成时进行混合信号的分解，例如对编排的音频进行分解。

信号分离通常需要一些基于特征的分类，以便将信号中具有某些共性或同质性的样本或部分识别出来。若特征(属性)局部静止，则分离过程也是局部化的。如果进一步假设组成片段的样本集合是连续的，则它可以进一步与过渡检测相结合，即特征同质性被破坏的位置的检测。

在图像与视频信号的分析中，信号分离可以分为以下几步：

- 空间域分割：将信号分解为不同的区域，理想情况下可以赋予语义，例如人脸或人体的位置；
- 时域分割：将一段视频分割为若干子序列，例如视频的镜头；
- 时空域分割：根据事物在时域中的行为进行分割，例如在一段视频中，某一特定对象在一段确定时间内的动作。

在自然图像或视频信号中，分段叠加很少发生。叠加可能发生在镜面反射或透明对象的情况下，也可人为产生叠加效果(例如处理图像时的边界过渡、文本覆盖、视频渐变等)。

在音频信号分析中，分割通常是沿着时间轴进行的，例如，分离口语单词时；将一首乐曲分解为歌词和旋律，将其进一步分解为节拍、中断和音符。

分离仍常是手动完成的，特别是在媒体制作和后期制作中(编辑、剪切、手动分离视频中的对象)。由于手动操作非常耗时，开发全自动分离方法，或者手动分离中的自动辅助是一项亟待解决的任务。信号分解的基本原理与分类极为相似，即识别与基本特征相一致的信号片段。对于不同类型的信号，最佳方法可能不同，因此通常需要为给定的应用程序选择专用的分割算法并进行微调。由于这一事实，在过去的几十年里，已经出现了各种各样的信号特定分割算法。在接下来的章节中，将对基本策略的常见方法进行描述和分类。通过统计分析评估特征的均匀性，以及在特征不均匀的情况下建立关于分割边界存在的假设，在许多方法中常常都会用到它们。

6.1 图像的空间域分割

图像分割的目标是从视频序列中识别图像，或图像中的同质或相干特征区域。假设这些区域与图像中显示的对象相关，然后根据它们的语义进行进一步分类。语义识别可以通过分析形状、颜色、纹理或其他特征来实现。在这种情况下，选择正确的特征组合是很重要的，这可能确实与上下文相关，比如对预期对象的大小、颜色或对象区域内对比度变化的先验知识假设，或关于闭合段内允许的参数变化的统计假设。图像分割的重要标准有：

- 样本局部的振幅和颜色以及它们的差异；
- 描述全局或局部图像的统计参数；
- 描述对象表面的纹理参数；
- 边缘检测得到的边缘、角点等。

在分割方法方面，可以划分出以下几种不互斥的基本方法：

- 基于边缘/轮廓的或基于区域的；
- 基于概率最大化或能量最小化的假设验证；
- 基于全局或局部标准的特征同质化评估。

图像分割的最终结果通常是一个标签图像，其中每个样本都被分配了一个表示其所属段的索引。预处理方法(见第 2 章)既可以应用于分割过程之前，也可以应用于分割过程中，以提高特征的同质性，或应用于最终的标签图像(例如将中值/开/闭运算应用于索引段，以去除孤立的异常值，或对片段的边缘进行平滑)。

图像分割最重要的特征准则是颜色(或单色图像中的样本振幅)、纹理和边缘与轮廓。如果仅在亮度或颜色特性的基础上进行分割，那么结构性纹理就会影响分割的质量，因为随着振幅的变化，局部的纹理结构会被错误地解读为边界区域，导致图像会被过度分割成许多小块。某些类型的纹理(特别是像噪声一样的纹理)可以通过进行适当的预处理来消除，例如形态滤波器(见 2.1.2 节)，各向异性扩散，或类似的方法(见 2.5.2 节)。对于其他类型，可以通过规定确定的最小段大小(或者通过标记图的后过滤处理)来避免过度分割。

6.1.1 基于样本分类的分割

假设在一维或多维特征空间中，对亮度、颜色或局部差异等可归因于样本的特征进行统计分析。基于这种分析，每个样本被划分到某个类中，然后假设相邻的属于同一类的样本归于某个段。基于这种统计评估，文献[OTSU 1979]引入的直方图阈值分割方法可以被认为是众多方法中的一个特例。虽然它只支持带标量值的二分类，但是扩展到多阈值上的想法基本上是可能实现的，并且在多维特征空间中使用了多分类方法。因此，有必要从一个概率分布(而不是两个)估计更多的模式，这也与期望最大化和核密度估计等方法有关(见 5.1.6 节)。

直方图阈值化。阈值化根据与振幅范围相关的分类来分割片段。通常，在这种情况下，图像信号的亮度(灰度值振幅)是分析标准。假设要分离的对象(例如前景/背景)可以通过它们的振幅级别来区分，那么分离成两个振幅级 L='low'和 H='high'就足够了。图像的直方图或概率分布为这种简化模型的适用性提供了一个很好的指标，因其仅显示两个特征值范围，并且集中在显著的峰值附近(PDF 模式)。如果定义了阈值，则根据以下规则将图像进行二值化：

$$b(\mathbf{n})=\begin{cases}L, & s(\mathbf{n})<\Theta\\ H, & s(\mathbf{n})\geqslant\Theta\end{cases} \tag{6.1}$$

假设某个信号 $s(\mathbf{n})$，首先将其量化为 J 个振幅级 x_j，那么进一步地通过直方图或者归一化就可以得到离散概率分布 $\Pr(j)$。然后，在式(6.1)所选的阈值水平Θ条件下，样本被划分为背景或前景的概率估计将是

$$\hat{\Pr}(L)=\sum_{j=0}^{\Theta-1}\Pr(j)\ ;\quad \hat{\Pr}(H)=\sum_{j=\Theta}^{J-1}\Pr(j) \tag{6.2}$$

此外，在低(L)和高(H)振幅段内的平均值和方差的计算为

$$m_{\mathrm{L}}(\Theta)=\frac{1}{\hat{\Pr}(L)}\sum_{j=0}^{\Theta-1}x_j\Pr(j)\ ;\quad m_{\mathrm{H}}(\Theta)=\frac{1}{\hat{\Pr}(H)}\sum_{j=\Theta}^{J-1}x_j\Pr(j) \tag{6.3}$$

$$\sigma_{\mathrm{L}}^2(\Theta)=\frac{1}{\hat{\Pr}(L)}\left[\sum_{j=0}^{\Theta-1}x_j{}^2\cdot\Pr(j)\right]-m_{\mathrm{L}}^2(\Theta);\ \sigma_{\mathrm{H}}^2(\Theta)=\frac{1}{\hat{\Pr}(H)}\left[\sum_{j=\Theta}^{J-1}x_j{}^2\cdot\Pr(j)\right]-m_{\mathrm{H}}^2(\Theta) \tag{6.4}$$

$s(\mathbf{n})$的总的均值和方差由以下式子得到

$$m_s=\sum_{j=0}^{J-1}x_j\Pr(j)=\hat{\Pr}(L)m_{\mathrm{L}}(\Theta)+\hat{\Pr}(H)m_{\mathrm{H}}(\Theta) \tag{6.5}$$

$$\begin{aligned}\sigma_s^2&=\sum_{j=0}^{J-1}x_j{}^2\Pr(j)-m_s^2\\&=\hat{\Pr}(L)\left[\sigma_{\mathrm{L}}^2(\Theta)+m_{\mathrm{L}}^2(\Theta)\right]+\hat{\Pr}(H)\left[\sigma_{\mathrm{H}}^2(\Theta)+m_{\mathrm{H}}^2(\Theta)\right]-m_s^2\end{aligned} \tag{6.6}$$

现将**两个分段内**的方差定义为

$$\overline{\sigma^2}(\Theta)=\hat{\Pr}(L)\sigma_{\mathrm{L}}^2(\Theta)+\hat{\Pr}(H)\sigma_{\mathrm{H}}^2(\Theta) \tag{6.7}$$

而将**两个分段之间**的方差(类质心与全局质心的偏差)定义为

$$\sigma_{\mathrm{m}}^2(\Theta)=\hat{\Pr}(L)(m_{\mathrm{L}}(\Theta)-m_s)^2+\hat{\Pr}(H)(m_{\mathrm{H}}(\Theta)-m_s)^2 \tag{6.8}$$

可见，式(6.6)中的值为式(6.7)与式(6.8)的和并且与Θ无关：

$$\sigma_s^2=\overline{\sigma^2}(\Theta)+\sigma_m{}^2(\Theta) \tag{6.9}$$

分割误差的概率 P_{err} 将由原本属于 L 类但振幅大于Θ，或属于 H 类但振幅小于等于Θ的样本的百分比产生，这可以由属于上述类别之一的振幅为 x_j 的样本的条件(先验)概率来表示：

$$\Pr_{\mathrm{error}}=\hat{\Pr}(L)\cdot\sum_{j=0}^{\Theta-1}\Pr(j\,|\,L)+\hat{\Pr}(H)\cdot\sum_{j=\Theta}^{J-1}P(j\,|\,H) \tag{6.10}$$

误差可以用图 6.1 所示灰色显示的直方图中线的出现百分比来表示。假设前景类和背景类的分布函数为高斯分布，则图像的总体概率分布可表示为混合高斯分布(见式(5.27))。通过分析式(6.10)中的Θ可以得出将分割误差最小化的方法。假设在混合高斯情况下，若

$\overline{\sigma^2}(\Theta)$尽可能地小，而$\sigma_m^2(\Theta)$尽可能地大，便可以得到最小化的误差。一个合理的优化准则可以定义为①

$$\Theta_{\mathrm{opt}}=\arg\max_{\Theta}\left[\frac{\sigma_m^2(\Theta)}{\overline{\sigma^2}(\Theta)}\right] \tag{6.11}$$

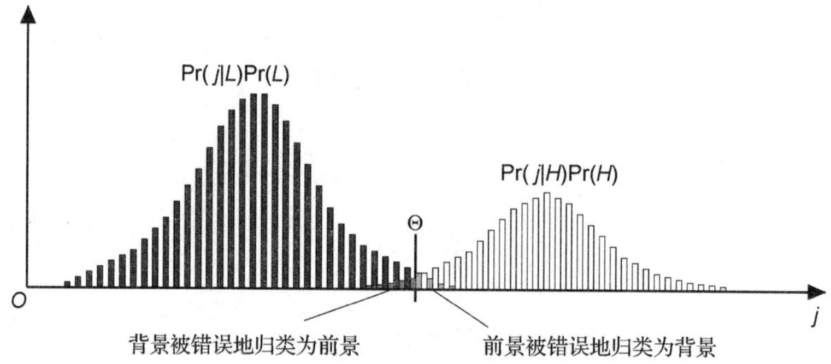

图 6.1　二值阈值分割中的错误分割

其中隐含的假设是图像 Pr(*j*)=Pr(*j*|*L*)+Pr(*j*|*H*)给定的概率分布可以近似为两个高斯混合分布。L 和 H 类的平均值、方差和权重(概率)必须通过联合最小化统计测试准则和最大化式(6.11)来拟合。图 6.2 显示了使用不同阈值进行分割后的结果。

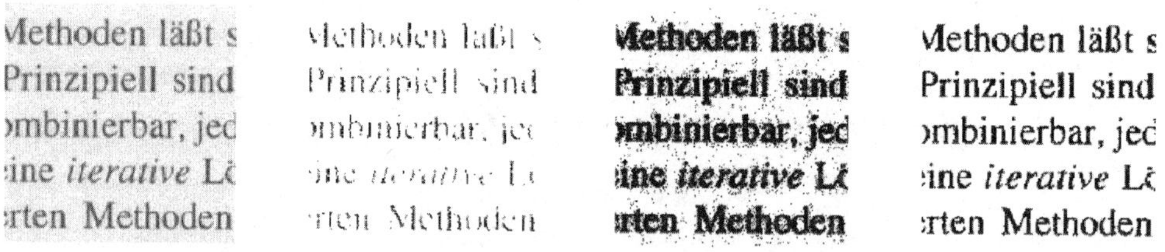

(a) 原始8位子图像区域　(b) 阈值为110/阈值过低　(c) 阈值为230/阈值过高　(d) 阈值为184/根据式(6.11)规则做出的最优分割

图 6.2　图像阈值分割结果。(b)～(d)为使用不同阈值的二值图像分割结果[图像由 M. HOYNCK 提供]

如果需要对较为复杂的灰度值统计图像进行分割，那么使用单一全局阈值的方法是不合适的。或者，可以在局部进行阈值优化，例如为一幅图像的不同小块确定最佳阈值。

与基于聚类分割方法的关系。直方图阈值化方法的基本假设是，在特征空间中明显聚集的数值(聚类)，其期望值可以通过统计分析得到。到目前为止，这种方法只考虑了一个特征维度，并且只对两个可能的类中的一个进行了赋值②。这可能只适用于结构非常简单的图像。在更加复杂的分割情况中，必须使用多种特性，例如，对于拥有多种颜色的某个部分、纹理或者边缘，它们的属性十分重要。在许多情况下，只分为两类是远远不够的，如果将颜色加入参考，就可以提供更好的分类标准，而不是仅仅考虑亮度。聚类分析可以识别多维特征空间中的聚集体。聚类是特征空间的子空间，通常用质心和周围变化的子空间来描述，例如像

① 该准则是一个标量表达式，与向量准则式(5.95)~式(5.98)密切相关。

② 习题 6.2 中讨论了分割为三个类的阈值分割的例子。

高斯分布那样的超球面或超椭圆体。如果图像区域的某些特征可以预计，就可以先定义聚类位置①。不过，对给定图像进行自动分析并调整聚类会更合适（见 5.6.3 节）。通常，在样本位置 **n** 处提取的 K 个特征可组合成一个特征向量

$$\mathbf{u}(\mathbf{n})=\left[u_1(\mathbf{n}),u_2(\mathbf{n}),\cdots,u_K(\mathbf{n})\right]^{\mathrm{T}} \tag{6.12}$$

为了确定样本的聚类划分，首先得到不同的聚类中心

$$\mathbf{m}^{(l)}=\left[m_1^{(l)},m_2^{(l)},\cdots,m_K^{(l)}\right]^{\mathrm{T}} \tag{6.13}$$

为了确定如何划分，必须对聚类中心进行比较。常用的比较准则是 L_p 范数[见式(5.36)]，该范数可以对样本进行基于特征的归类

$$S_l:l(\mathbf{n})=\underset{l=1,\ldots,L}{\arg\min}\sum_{k=1}^{K}\left|u_k(\mathbf{n})-m_k^{(l)}\right|^P \tag{6.14}$$

在欧氏距离下（P=2），它就是特征空间中与 $u_k(\mathbf{n})$ 线性距离最短的质心。聚类过程也可以是一个迭代过程，即分类与聚类优化的迭代过程，例如式(5.135)和式(5.138)。k 均值聚类算法的准则通常包括颜色和位置。得到的聚类（具有相同振幅的样本的局部聚集）也被记为超像素（superpixels）[ACHANTA ET AL. 2012]。特别是在视频（图像序列）分割中，早期的方法建议从一幅图像到下一幅图像递归地进行聚类的迭代优化[OHM, MA 1997]。

应该指出的是，聚类的数量也取决于分割的目的。当聚类数量过高时，可能会出现过度分割的情况，就会产生许多小的片段，它们与场景中出现的语义对象几乎没有任何共同之处。如果聚类不是在全局图像层级上进行定义的，而是在局部区域上定义的（在局部区域中可能会有更少种类的特征类），或者通过预过滤来消除细节（参见 2.1 节和 2.5 节），就可以避免这种情况。

聚类得到的结果是由聚类（段）标签 $S_{l(\mathbf{n})}$ 组成的图像。原则上，这个图像可以像其他图像一样进行进一步处理，例如，若某个标记的小块和邻近的小块不同，就可以将其消除。这一过程可以通过中位数或形态学滤波器，或统计校正来实现。然而，聚类标签还不能直接识别同构特征的连接区域，因为两个或两个以上的分离区域可能被划分到同一类中。

6.1.2　基于区域的分割方法

基于区域的分割方法设计用来查找具有相似特征的样本连接区域。虽然不会明确地期望预定义的聚类或特征类，但它也可以与统计分析方法结合使用。原则上，这种方法适用于盲分析图像中特征的同质性或显著变化。在样本逐渐变化时，可以通过定义同质性标准，灵活地调整基于区域方法的分割灵敏度。决定区域边界是否存在的典型参数有，例如，样本与其邻域之间的最大允许特征值差异，或者样本与其区域特征平均值之间的最大允许特征值差异。这些参数的优化通常是基于启发式算法的，根据图像属性的不同，优化设置可能会有很大的不同。

区域生长法。这个方法从单个种子位置开始，种子的位置可以在图像中随机选择，可以是特征空间中距离可能性最大的样本（如 k 均值聚类算法），也可以是能够很好地代

① 仅使用先验类类别进行聚类分割的一个示例是色度键分割（参见 7.1 节）。在电影制作中，前景物体经常被捕捉在饱和的蓝色背景前，这种颜色在自然界中很少出现。必须在这一背景颜色下进行聚类的定义，然后将不包含在此聚类中的所有样本分配给前景物体。

表预期统计段的样本。从这些种子的位置开始，通过检查最近邻域区域特征的同质性，区域开始生长[见图 6.3(a)]。同质性标准可以基于样本的亮度或颜色，或样本周围的局部均值、方差、协方差、均值差，也可以基于样本的特征，如用来描述纹理的谱特征，边缘检测方法需要的输入信息等。如果违背了同质性，即如果一个邻域的特征样本偏移超过了预定义的最大值(根据阈值判定)，那么这个邻域本身将成为另一个区域的种子样本。如果两个区域在生长过程中收敛，那么只要边界不违反均匀性准则，都可以合并。图 6.3(a)中虚线表示合并原理；分割的最终结果如图 6.3(b)所示。区域生长可以直接与段标记进行耦合，因为从种子位置开始，每次迭代都会分配一个不同的标记；最后，如果两个区域合并，一个标签就会被删除，或者如果设置了一个新的种子位置，就会创建一个新的标签①。

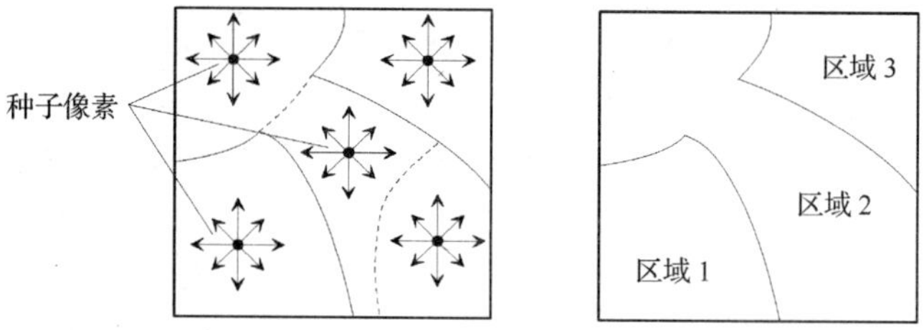

(a) 从种子像素开始的区域生长　　(b) 区域的合并

图 6.3　区域生长法

而后提出了许多区域生长法的变体，这些变体取得了更好的分割结果，例如根据区域大小调整同质性标准。这对于避免出现小区域(过度分割)特别有利，因为它支持合并或消除小区域，即使在与同质性偏差较大的情况下也是如此。

分裂-合并算法。这种方法在某种程度上与区域生长法相反。后者从样本级开始，然后进行分割，直到覆盖整个图像(“自下而上”)，而分裂-合并从整个图像级别开始，然后构建子区域的层次结构，基本上可以向下进行到单个样本的级别(“自上而下”)。该方法如图 6.4 所示。在每一步中，图形②中的矩形块被分成子块。我们经常使用的方法是将区域四等分为四个大小相同的子块，如图 6.4(b)所示，但也可以使用其他分区方案。然后，计算每个子块的特征准则，如均值、颜色方差等。如果发现相邻子块的特征是齐次的，则进行合并。如果合并导致的结果与拆分前相同，则子块不再需要进行拆分。然而，可以在分裂过的区块的边界上进行合并。在本例中，第一个拆分步骤之后，还不能进行合并。随后，进行第二次拆分[图 6.4(c)]，在此之后，可以跨相邻较小块单元的边界执行合并。最终的分裂结果见图 6.4(d)。原则上，尚未合并的块暂时需要进一步细分，以便分析其内部是否足够均匀。

可以将基于区域的方法与前面介绍的其他方法相结合，例如，可以使用 6.1.1 节中基于样本特征的分类方法。这种结合非常有利于在可由图像特征系统导出的统计分离标准和分割的其他目标(例如区域的目标分辨率精度)之间找到折中③。

---

① 分割标识的方法要求在分裂和合并的情况下重新分配标签。

② 第一步只能进行分裂，从一个单一的、覆盖整个图像的块开始进行分裂。

③ 基于区域的分割并不一定需要执行到样本级，也可以在分割到子块级别时停止，这可以通过分裂-合并方法轻松实现。“基于块”的分裂方法的应用实例可以在使用可变块大小的图像和视频编码方案(见[MSCT, 6.4.5 节和 7.4 节])中找到。分裂和合并也可以与特征提取方法紧密结合，特征均匀性分析是特征提取过程的一部分。

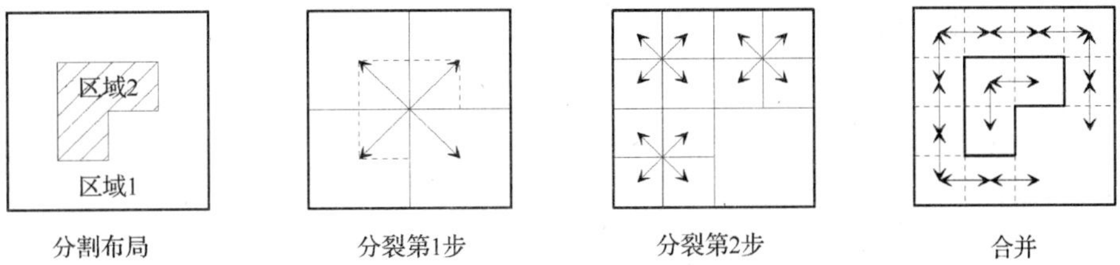

图 6.4　分裂-合并的分割方法

6.1.3　基于轮廓的分割方法

分割可以用它的边界表示，而边界应该是一个封闭的轮廓。注意，这并不是通过应用边缘跟踪（见 4.3.3 节）来保证的，即使当一些边缘样本的低梯度被接受时，也可以设计一些变量来加强闭合轮廓。但是，一般来说，边缘跟踪中可能的候选变量的数量很大，除非应用附加条件，否则不太可能找到合理的分割（除了简单的图像结构）。下面介绍一个有吸引力的具有中等复杂度的替代方案，即分水岭算法。

分水岭算法。这种算法最初是在文献[VINCENT, SOILLE 1991]中引入的，用于评估封闭轮廓分割的形态学梯度。梯度的振幅形状用山体的三维表面形状来描述[见图 6.5（a）]。梯度的局部极大值被解释为“分水岭”，假定它与物体的分割边界相同。寻找分水岭的工作开始于梯度的局部极小值，即“用水填池”开始时的最低高度点①。如果水流入邻接的流域，就会发现流域的最低海拔，从那里可以进一步追踪到最大坡度的方向。如果在一个相对较低的海拔处发现了分水岭，就表明出现了一个较弱的梯度，这样就可以放弃这个边界；这意味着两个盆地（分段）原则上可以合并[见图 6.5（b）]。实际上，通过将阈值设置为分裂合并的规则或将流域保持为边界的规则，可以影响最终得到的分段数量；由此，分水岭算法可以通过一个参数进行调整，避免出现分割过度或过少。最终保留的所有的流域都建立了一组最终线段的边界。

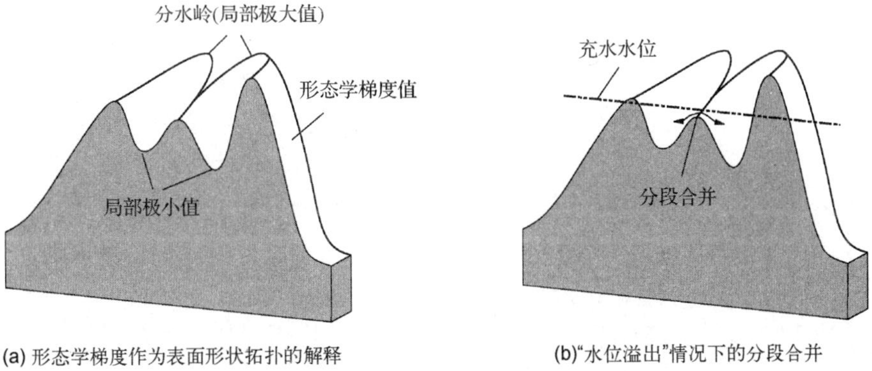

图 6.5　分水岭算法

评估轮廓作为分割边界是否合适的一般标准可以基于轮廓本身的平滑度，也可以通过基本的标准来判断，例如在轮廓位置上局部梯度的最大化。若定义一个类似于 6.1.4 节讨论的基于区域的方法的“能量标准”，则可以联合优化这两种方法，就

① 充水过程可以通过一个灰度膨胀滤波器来实现，用它可以填充信号的波谷。

能将轮廓更新到一个更合适的版本来实现最小化。这是动态轮廓模型的基础，它将在视频信号目标的跟踪(见 6.2.3 节)中进一步进行讨论，但同样可以应用于迭代优化方法，以应用于静态图像分割。

6.1.4 基于“能量最小化”的分割

一些目前使用最广泛的分类分割算法、参数变化可理解的自适应算法，均是基于“能量项”的最小化原则。对某一特定位置的特征进行观察，若观察结果违背了这一位置将属于某个分割的假设(例如，基于与该分割中该特征相关的同质性准则)，能量会增加，另一方面，基于同质性进行第一惩罚，当相邻位置 **n** 之间存在分割边界假设时，则用分配替代惩罚。

为此，需要将二维信号采样位置之间的边界表示出来。图 6.6 显示了两种不同的方法。如图 6.6(a)中的样例网格(o)，其中垂直或水平分段边界的位置被标记为“|”和“—”。假设样本 n_{i-1} 边界的位置为 $\mathbf{n}=[n_1\ n_2]^{\mathrm{T}}$，那么相关边界场 $b(\mathbf{n})$ 就必须用两个比特来表示。而边界的另一种定义方式，图 6.6(b)中，边界位置被标记为“+”，与样本位置 **n** 相关，且该位置在对角线的左上方。在这种情况下，每个样本位置只需要一个比特来标记，但是需要与相邻位置的状态进行比较，以确定样本 **n** 是否在其左边和(或)顶部相邻处有边界。图 6.6(a)/(b)的两种表示互为映射且唯一，因此第二种方法可以解释为第一种方法的无损压缩，而第一种方法可以更直接地用于计算样本与特定邻域之间的关系。图 6.6(c)/(d)就是一个例子，其中 $b(\mathbf{n})=1$ 的边界位置被描述为粗体元素。

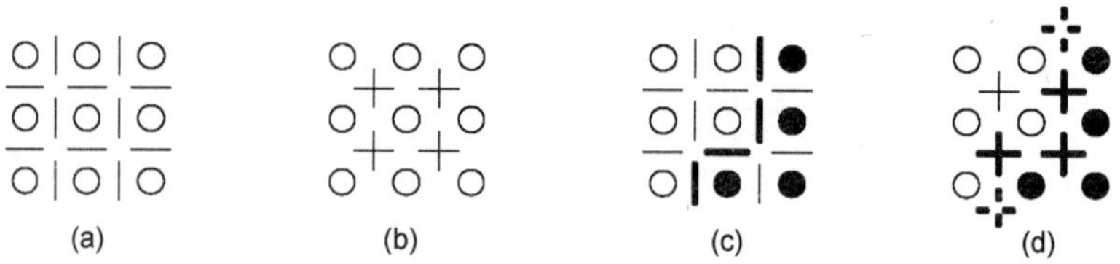

图 6.6 利用二维马尔可夫随机场对分割进行建模的样本位置和边界点

以下描述的方法通常是基于这样的假设：属于同一段的样本在某些特征上具有统计学上的相似性，另外，这里引入一个术语：边界假设，记为 $b(\mathbf{n})$[①]。因此，主要任务是识别统计模型参数，以识别它们的局部有效性区域(即确定边界在哪里)。通常，必须使用迭代方法来实现这一点。一般情况下，统计模型需要预先定义，其中优化的任务是使模型的参数尽可能与信号的观测值保持一致。

马尔可夫随机场和随机松弛。马尔可夫随机场(MRF，3.10.1 节和 4.2.1 节)的概念通常是围绕着样本振幅的多维条件概率来讨论的，包括其周围邻域。对于图像信号的分割，该模型也可以基于样本邻域的属于相同或不同分割的条件概率[②]。由于马尔可夫特性(未来状态转变与以前状态转变的独立性)，当较少的样本可能属于同一分割时，样本属于给

① 边界假设 $b(\mathbf{n})=1$(即边界存在)的初始化可以由具有阈值操作的边缘检测算子来完成(见 4.3.3 节)，但是后面的大多数方法是隐式生成的，即假设初始值为零。

② 在分割关系建模中，马尔可夫链作为一个状态转换模型，其特性比纹理建模更明显，因为后者状态的数量可能相当多。例如，采用直方图阈值法进行二值分割的情况下，可以很好地用二状态马尔可夫链进行建模(见 3.10.1 节)，因其有确定的转移概率并与分割大小相关。

定分割的概率呈指数衰减。遵循这种模式的概率模型是吉布斯概率密度函数，将在式 (6.17) 中介绍。

为了定义相邻样本之间的关系，要使用具有对称性质的同构邻域系统 $\mathcal{N}_c^{(P)}(\mathbf{n})$ [见式 (2.1)][①]，使得样本互为各自邻域内的成员。

对称的概念可以进一步扩展如下。已知一组样本位置，其中每个位置都是彼此邻域系统 $\mathcal{N}_c(\mathbf{n})$ 的成员，记为一个小集群。图 6.7(c) 显示了 c=0、c=1 和 c=2 的齐次邻域系统各自的集群结构。一个小集群内的样本连接在这里用图表表示。可能的集群数量随邻近系统的大小呈线性增长：对于 c=8 的邻域，最多可以有 9 个样本的集群，最大集群的每个可能子集也可以看作不相交的集群。此外，对 I 个样本的小集群进行配置，可以在 I 个不同方向上找到当前样本。而与齐次邻域系统 $\mathcal{N}_c(\mathbf{n})$ 相关的一个集群集合 $\mathcal{C}_c(\mathbf{n})$，就是具有所有可能方向组合的所有可能存在集。图 6.7(d)/(e) 显示了当 c=1 及 c=2 时 $\mathcal{C}_c(\mathbf{n})$ 所有可能的方向。

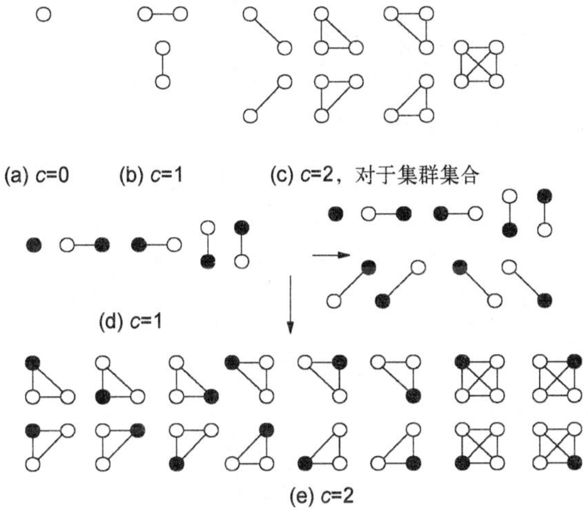

图 6.7 对于不同的同构邻域系统 $\mathcal{N}_c^{(2)}(\mathbf{n})$ 的集群结构[黑色位置表示当前样本]

这里将对 $\mathcal{C}_c(\mathbf{n})$ 的一个简单性质进行分析，即集合中包含的样本之间的振幅差(亮度和/或颜色)，通过这个性质可以计算出在每个样本位置 $\mathbf{n}$ 处的能量项 $Q(\mathbf{n})$，这可以被看作对于 $\mathcal{N}_c(\mathbf{n})$ 存在分段边界的概率准则。$Q(\mathbf{n})$ 会被某些因素影响，比如样本 $s(\mathbf{n})$ 与其八个邻域 $s(\mathbf{m})$ 之间的振幅差Δ。进一步，对分段属于哪个组进行假设时，也应该考虑当前样本 $\hat{S}(\mathbf{n})$ 和相邻的八个邻域 $\hat{S}(\mathbf{m})$。关于邻域 $\mathbf{m}$ 的边界位置场的值，定义如下[②]：

$$b(\mathbf{m}) = \begin{cases} 1, & \hat{S}(\mathbf{n}) \neq \hat{S}(\mathbf{m}) \\ 0, & \hat{S}(\mathbf{n}) = \hat{S}(\mathbf{m}) \end{cases} \quad ; \quad \mathbf{m} \in \mathcal{C}_c(\mathbf{n}) \tag{6.15}$$

而在位置 $\mathbf{n}$ 处能量的定义是

$$Q(\mathbf{n}) = \sum_{\mathbf{m} \in \mathcal{C}_c(\mathbf{n})} \lambda_1 \left(1 - b(\mathbf{m})\right) d\left(s(\mathbf{n}), s(\mathbf{m})\right) + \lambda_2 b(\mathbf{m}) \tag{6.16}$$

函数 $d(\cdot)$ 是样本之间的振幅距离正值(例如绝对或平方)。常数 λ_1 和 λ_2 分别用来权衡局部振

---

① 在一般情况下，$\mathcal{N}_c(\mathbf{n})$ 的默认顺序 P=2，即读作 $\mathcal{N}_c^{(2)}(\mathbf{n})$。

② 每个样本位置 $\mathbf{n}$，不管它是否属于同一段，在这里都分别表示为每个相邻的邻域。这些信息仍然可以有效地存储，如图 6.6 所示，因为多个位置之间的边界是共享的。

幅差异以及边界外观的影响；其中一个也可以保持不变。在这种情况下，由于在小集群内存在的边界位置数量较多，不规则或不适合的边界配置也会受到较高的能量惩罚。

优化的原理是基于对某边界场 **b**={b(**n**)}的能量进行建模。对于具有局部马尔可夫性质的场，局部能量的分布可以近似为吉布斯分布[HAMMERSLEY, CLIFFORD 1971][BESAG 1974]，因此可以用吉布斯分布来确定给定图像 **s** 的某个边界形状 **b** 的概率：

$$\Pr(S=\mathbf{b}\,|\,\mathbf{s})=\frac{1}{W}\mathrm{e}^{-Q(\mathbf{b},\mathbf{s})}，\quad 其中\quad W=\sum_{\mathbf{x}}\mathrm{e}^{-Q(\mathbf{x})} \tag{6.17}$$

为此，可以应用基于 MAP 准则的优化（见 3.6 节和 5.6.5 节），使能量全局最小化。但是马尔可夫过程仅适用于局部，在迭代优化局部能量最小式(6.16)的基础上，选择 $\hat{S}(\mathbf{n})$（使用上一次迭代的边界形状式(6.15)，并在下一次迭代步骤将其更新）将收敛于全局最优。适用此目的的优化算法被称为随机松弛算法[GEMAN, GEMAN ET AL. 1985]。然而，能量取决于λ值的选择。根据研究，若将λ_1的初始值提高，就可以实现更快的收敛，提供了在振幅差异大的位置分割边界的假设。随后，在迭代过程中减少该值，分割边界的假设 **b** 也会随之稳定。最后的优化取决于两个λ值的比值，在这个过程中，边界惩罚λ_2越大，分割边界惩罚也越大，之后小的分割通常会被丢弃。

随机松弛法可以推广到其他类型的特征，也可以推广到不同权重的多个特征。然而，虽然达到了全局最优，但是它的主要缺点是可能需要大量的迭代来实现。

Mumford-Shah 泛函。在文献[MUMFORD, SHAH 1989]中提出了以下泛函。它基于这样的假设：用于分割的特征在段内应该是平滑的，但是在跨边界处是不连续的。为了实现这一点，将特征模型 $\hat{\mathbf{u}}(\mathbf{n})$ 与边界映射 $\hat{b}(\mathbf{n})$ 一起优化，它并不一定只表示分段之间的直接转换，但是可以用来进一步排除那些假定不属于任何段的样本。其中能量项的定义要参考以下标准：

- 对 s(**n**)进行观察，考察模型是否合适；
- 分段内的模型是否平滑；
- 边界映射是否简单。

在最初的设想中，泛函是通过区域整合来表述的；之后，使用等效的离散（与样本相关）表达式，其中总能量的最小化定义为

$$Q(\hat{\mathbf{u}},\hat{\mathbf{b}};\mathbf{s})=\sum_{\mathbf{n}}\left|f_{\mathbf{u}}\{s(\mathbf{n})\}-\hat{\mathbf{u}}(\mathbf{n})\right|^2+\lambda_1\sum_{\mathbf{n}}\left|\nabla_{\mathbf{n}}\hat{\mathbf{u}}(\mathbf{n})\right|^2\left(1-\hat{b}(\mathbf{n})\right)+\lambda_2\sum_{\mathbf{n}}\hat{b}(\mathbf{n}) \tag{6.18}$$

其中，$f_{\mathbf{u}}\{s(\mathbf{n})\}$是一个函数，它将位置 **n** 处的信号映射到特征 **u**，特征 **u** 可以是实值，也可以是复值。在最简单的情况下，图像的样本可以直接使用，这样 $\hat{\mathbf{u}}(\mathbf{n})$ 就会收敛到一个简化的版本，从而在分割中是平滑的。或者首先，梯度可以最小化（也可以表示局部振幅变化的平滑度）。与普通振幅不同，其他标量或向量特征也适用。第二项（模型平滑度）的最小化可以通过全变分优化（见 2.5.2 节）来实现，而第三项的目标是尽可能少的边界样本，类似于上面描述的松弛方法。常数λ_1和λ_2分别把更多的重点放在平滑化或边界简化上。$\hat{b}(\mathbf{n})$ 的初始化可以通过边界分析再次进行。

原 Mumford-Shah 方法需解决的一个问题是边界惩罚基于 L_1（绝对）范数，而平滑特性是基于 L_2（欧几里得）范数，但前者很难影响后者，使得在局部移动边界时找到最优

值可能是穷尽的。文献[AMBROSIO, TORTORELLI 1990]提出了一种扩展泛函的方法。这种方法在修改的边界项中使用平滑实值函数 $\hat{w}(\mathbf{n})$，而这个标准也是基于 L_2 范数的，这样代替硬分割边界就可以使用梯度下降来优化/移动边界。比如，$\hat{w}(\mathbf{n})$ 的取值可以在 0 与 1 之间，这取决于与潜在硬边界 $\hat{b}(\mathbf{n})$ 的距离，$\hat{w}(\mathbf{n})$ 的取值也可以用位置 $\mathbf{n}$ 处是否存在边界的统计假设的可靠性来表示。此外，在自然图像中，由于模糊和阴影的影响，硬边界的实际位置可能难以确定，这样处理后更符合图像的物理外观。函数的定义如下：

$$\begin{aligned}Q(\hat{\mathbf{u}},\hat{\mathbf{w}};\mathbf{s}) = &\sum_{\mathbf{n}}\left|f_{\mathrm{u}}\{s(\mathbf{n})\} - \hat{\mathbf{u}}(\mathbf{n})\right|^2 + \lambda_1\sum_{\mathbf{n}}\left|\nabla_{\mathbf{n}}\hat{\mathbf{u}}(\mathbf{n})\right|^2\left(1-\hat{w}(\mathbf{n})\right)^2 \\ &+\lambda_2\left[\frac{1}{\beta}\sum_{\mathbf{n}}\hat{w}^2(\mathbf{n}) + \beta\sum_{\mathbf{n}}\left(\nabla_{\mathbf{n}}\hat{w}(\mathbf{n})\right)^2\right]\end{aligned} \tag{6.19}$$

其中，常数 λ_1 和 λ_2 的效果与以前相同，并且可以进一步通过使用参数 β 来调整优化 $\hat{w}(\mathbf{n})$ 的平滑度/连续性，使其比边界位置可能存在的假设更合适。通过观察可以得到，$\hat{w}(\mathbf{n})$ 平滑度的最小化可以通过全变分优化来实现，而 $\hat{w}^2(\mathbf{n})$ 的优化可以通过梯度下降来实现。通常，为了实现能量最小化，会在迭代过程中交替优化 $\hat{\mathbf{u}}(\mathbf{n})$ 和 $\hat{w}(\mathbf{n})$。不过，能量的全局优化仍然需要大量的迭代。

在文献[CHAN, VESE 1999；2001]中提出了 Mumford-Shah 方法的进一步简化。在最简单的改进中，仅考虑了两个部分(在全局上或者在局部邻域中)，并且特征模型 $\hat{\mathbf{u}}(\mathbf{n})$ 用来表示每个段中的常量。当振幅被直接用作特征，并且均值 $\hat{\mathbf{u}}(S_k)$ 作为每个段的表示形式时，与特征相似性相关的术语就等同于直方图阈值(见 6.1.1 节)中的类内方差，并且可以以类似的方式进行优化。然而，边界惩罚项又带来了额外的能量。特征的平滑度变得不再重要，因为在这里我们假设 $\hat{\mathbf{u}}(\mathbf{n}) = \hat{\mathbf{u}}(S_k)$ 在分段内是处处连续的。这样，总能量可表示为

$$Q(\hat{\mathbf{u}},\hat{\mathbf{b}};\mathbf{s}) = \sum_k\sum_{\mathbf{n}\in S_k}\left|f_{\mathrm{u}}\{s(\mathbf{n})\} - \hat{\mathbf{u}}(S_k)\right|^2 + \lambda\sum_{\mathbf{n}}\hat{b}(\mathbf{n}) \tag{6.20}$$

若只有两个不相容的分段 S_1 和 S_2，则利用有限差分计算的快速算法，即水平集法[OSHER, SETHIAN 1988][CHAN,VESE 1999]和快速步进法[SETHIAN 1999]，可以有效地求解能量最小化问题。在水平集法中，借用辅助函数 $\phi(\mathbf{n})$ 的零水平集来确定分段的边界，即由函数值的正负来决定位置 $\mathbf{n}$ 处的样本归属。在分段 $f_{\mathrm{u}}(x)=x$ 内，定义所有样本的均值为 $\hat{\mathbf{u}}(S_k)$，式(6.20)可以具体表示为

$$\begin{aligned}Q(\hat{\mathbf{u}},\phi;\mathbf{s}) = &\sum_{\mathbf{n}}\left|s(\mathbf{n}) - \hat{\mathbf{u}}(S_1)\right|^2\varepsilon\left[\phi(\mathbf{n})\right] + \sum_{\mathbf{n}}\left|s(\mathbf{n}) - \hat{\mathbf{u}}(S_2)\right|^2\varepsilon\left[1-\phi(\mathbf{n})\right] \\ &+\lambda\sum_{\mathbf{n}}\delta\left[\phi(\mathbf{n})\right]\left\|\nabla\left[\phi(\mathbf{n})\right]\right\|\end{aligned} \tag{6.21}$$

其中，$\varepsilon(x)$，$\delta(x)$ 分别代表单位阶跃函数和单位冲激函数，且边界项由水平集函数 $\phi(\mathbf{n})$ 的陡度来加权。能量的最小化可以通过欧拉-拉格朗日方程迭代求解，零水平集的传播方向为法向量方向，且步长与 $\phi(\mathbf{n})$ 的梯度成正比。

另一种可以与统计特征模型有效结合的改进方法是图切割方法[BOYKOV,VEKSLER, ZADEH 2001]，这种方法也有快速实现算法[BOYKOV, KOLMOGOROV 2004]。

6.2 视频信号的分割

视频信号可以在时间轴上进行分割(如镜头变化检测，见 6.2.1 节)，也可以结合空间和时间坐标来进行(通常用于检测场景中移动的物体)。随着时间的推移，即便由于相机投影的缘故，被表示的物体是刚性的，2D 分割的形状和大小也可能会改变。另一方面，特别是对于刚性物体，随着时间的推移，分割是一致相关的。因此，跟踪可以是一项附加任务，在 2D 分割的情况下并不会发生这样的事情(见 6.2.3 节)。对分割上的点或小部件进行跟踪还可以进一步识别运动的性质，例如分析物体是否在旋转。如果从一个时间实例到另一个时间实例执行跟踪，只要可以从视频序列中取出新的已知图像，就可以进行实时分割。

此外，相比一幅图像，视频中物体的运动提供了更多关于它的存在和属性的信息，因为即使 2D 图像的颜色、边缘或纹理①特征存在不同，连续的动作也可以表明相邻的样本属于同一个物体。

运动分析对于跟踪和获取额外的运动特征是有一定帮助的(表明存在唯一的运动对象)，但由于遮挡问题，运动分析在对象的边界判别方面并不可靠。不过，如果有一幅没有前景对象的静态背景作为参考图像，那么与包含这些对象的当前图像进行比较，可以通过差分法直接进行前景对象分割，即识别当前被对象遮挡的背景部分(见 4.6.5 节)。

6.2.1 关键帧和镜头切换检测

对于视频序列的分析，在分析序列的单幅图像时，可以适当地使用传统的图像特征。同时，这幅图像也可以作为相邻图像的代表。这些图像被记为关键帧。关键帧的标记取决于变化量(视频中的运动)，以及描述所需的精确度，此时必须标记关键帧的距离。时间距离可以是均匀的(例如每秒一次)，也可以是非均匀的，这取决于时间的变化量，或者是两者的组合。

关键帧所代表的时间跨度主要取决于序列的运动特征。例如，对于全局相机运动，一个重要准则就是，在关键帧和其前/后相邻图像中具有相同内容的公共区域的百分比不得低于某个最小值。若静态场景较多(固定相机)，判定准则可以是运动对象是否进入或离开，以及运动轨迹路径的属性。这并不需要对象本身的识别，但需要分析给定对象的强度特性和随时间的局部运动特性。另一方面，在某些情况下，这些准则都是无效的，例如，当相机捕捉到河流的水流时，水波的实际外观可能是无关紧要的。除了运动，还可以考虑其他特征的变化，例如颜色直方图的变化。

对于关键帧的选择，一种合适的方法是对需要表示的集合上的所有图像特征进行分析，对特征数据进行统计分析，选择最接近集合平均特征的图像(例如，具有与计算的所有图像上颜色直方图最相似的颜色直方图的图像)。当整体还有待确定的时候，基于特征数据的聚类可以识别具有相似特征外观的图像。

---

① 同样地，基于立体相机采集深度图的目标分割也可以很容易识别前景目标。值得注意的是，由于遮挡，对于物体边界的深度估计或运动估计可能并不可靠。

举一个更极端的例子，在镜头切换之后，必须要更新关键帧。当出现硬切时，由于特征的突变，这通常很容易检测到，而像淡入/淡出这样的渐变则比较难分析，因为特征是逐渐变化的，所以镜头切换检测问题更接近于关键帧检测。

为了确定变化量，不一定要对视频场景及其运动进行广泛的分析。比如，如果主要目的是检测新内容，而忽略仅在序列中移动的内容，那么分析移不变特征是有益的。例如，对全局亮度或颜色直方图的分析，其变化可能表明新的内容比相邻图像之间的简单样本差异具有更高的精度(即更少的错误假设)，因为后者在内容只是移动但其他方面不变时也可能差异很大。

对于渐变的情况(如带渐变色的镜头切换，或关键帧识别)，可以采用类似于边缘跟踪(见 4.3.3 节)和音频分割(见 6.4.1 节)中使用的双阈值方法，通过将最近的图像与之前定义的关键帧进行对比，得出渐变色的假设。

需要注意的是，对于某些特征(如颜色)，图像分析对突然的光照变化非常敏感；例如，闪光灯可能被错误地解释为拍摄时的切换或新的关键帧；这类问题可以通过设置规则来解决，即通常一个镜头中的第一张照片，或者一张关键照片与之后的照片相比只有适度的差异(非常相似)。

6.2.2　背景差分分割

当静态相机捕捉到的场景参考图已知时，通过图像差分计算，可以识别出该参考图中未包含的新的场景部分；最简单的情况下，当差值超过预先设置的阈值级别时，可以将相应的位置标识为可能是新的前景移动目标的一部分。这种方法虽然简单(例如，经常用于监视应用程序)，但也有一些缺点：

- 与参考图像相比，背景本身可能会发生变化，例如灯光/照明的改变、部分背景的重新划分、阴影，以及所包含的非刚性物体(如草的表面、风中树叶)的一些颗粒状运动；
- 相机噪声也可能造成差异；
- 相机可能被意外或故意移动。

因此，最好永久更新参考图像，检测到光照变化后更新背景部分，或者应用全局运动补偿。在后一种情况下，可以使用 RANSAC(见 3.8 节)等算法来区分当前捕获的静态(背景)部分和动态(前景)部分；基本上，若全局运动估计足够鲁棒，也可以自动生成参考背景，甚至可以部分扩展到运动相机的情况。通过自适应调整用于前景目标检测的阈值，以及对阈值操作生成的前景目标位置掩码的后处理，可以避免噪声影响。如果更多地强调色度分量(U/V 或 H/S，见 4.1.1 节)，则比亮度分量更恒定，也可以避免照明的瞬时变化以及覆盖部分背景的阴影的影响。在小范围随机运动的区域内增加不同区域的差异阈值就可以避免颗粒局部运动的影响。

最后，我们不能期望一个在视频序列中被检测到并分割出来的前景目标会一直运动下去。因此，当片段存储中的目标停止运动时，需要将其冻结，并且当其重新开始运动时再次跟踪该目标。

6.2.3　目标跟踪与时空分割

在图像序列分析中，提取可能代表物理目标的运动信息具有重要意义。首先，由于同一物理目标在视频序列不同图像上的分割可能会有所不同，所以应该使其外观一致并保持稳定。其次，由于在成对图像之间进行的运动估计结果可能出现一些误差或不一致的情况，因此需要对其进行稳定以建立能够描述整个时间跨度的运动轨迹。通常，这两方面都表示为跟踪，它可以稳定时空分割。基本方法是运动跟踪、区域跟踪、特征跟踪和轮廓跟踪，它们可以单独使用，或结合使用。

为了更好地控制跟踪过程，通常使用模型来描述跟踪过程。大致可分为状态模型(如表示目标的当前位置、运动、形状等)和统计模型(如表示目标特征的外观)；不过这两种模型类型也不能被清晰地分开。基本上，通过跟踪确定的位置也可以解释为对一个分割未来位置的预测。由于可以预期会发生某些变化，因此有必要根据位置、形状和特征表示来更新模型，特别是可以使用 6.1.4 节中介绍的算法。

运动跟踪。运动轨迹应该包含一组后续图像中的位置，其中相同的内容在不同的时间实例中被捕获。轨迹可以与单个样本点的运动有关，也可以与一组样本块的运动有关。通常，用于轨迹稳定的方法是状态空间滤波器，如卡尔曼滤波器或粒子滤波器，其中也可以使用(独立)运动估计的结果作为输入观测，然后根据状态模型和统计模型进一步更新。后者与轨迹上的特征外观和/或位置/轨迹本身的不确定性有关。

若采用卡尔曼滤波进行跟踪，卡尔曼滤波器状态向量的估计可以定义为一个 2×3 的矩阵 $\hat{\mathbf{s}}$，并包含图像 $n_3$①的单个样本的坐标位置 $\mathbf{t}_{\mathscr{P}}$。对应的运动平移和加速度分别表示为 ∇和∇^2，表示空间坐标随时间的一阶和二阶偏导数，②

$$\hat{\mathbf{S}}_{n_3}(\mathscr{P}) = \begin{bmatrix} \mathbf{t}_{\mathscr{P}}^{\mathrm{T}}(n_3) \\ \nabla \mathbf{t}_{\mathscr{P}}^{\mathrm{T}}(n_3) \\ \nabla^2 \mathbf{t}_{\mathscr{P}}^{\mathrm{T}}(n_3) \end{bmatrix} \tag{6.22}$$

对于图像 n_3 中出现在位置 $\mathbf{t}_{\mathscr{P}}$ 的单点，在 n_3+1 中的位置可以预测为

$$\mathbf{t}_{\mathscr{P}}(n_3+1) = \mathbf{t}_{\mathscr{P}}(n_3) + \nabla \mathbf{t}_{\mathscr{P}}(n_3) T_3 + \nabla^2 \mathbf{t}_{\mathscr{P}}(n_3) \frac{T_3^2}{2} \tag{6.23}$$

其中，∇和∇^2 表示空间坐标随时间的一阶和二阶偏导数(即速度和加速度)，T_3 为两个时间实例之间的采样距离。同样，n_3+1 的速度和加速度可以预测为

$$\nabla \mathbf{t}_{\mathscr{P}}(n_3+1) = \nabla \mathbf{t}_{\mathscr{P}}(n_3) + \nabla^2 \mathbf{t}_{\mathscr{P}}(n_3) T_3 ;\quad \nabla^2 \mathbf{t}_{\mathscr{P}}(n_3+1) = \nabla^2 \mathbf{t}_{\mathscr{P}}(n_3) \tag{6.24}$$

根据式(6.22)、式(6.23)和式(6.24)，状态向量可以重写为一个线性矩阵方程，其中 **A** 是卡尔曼滤波器的状态转移矩阵(见图 3.7 和式(3.92))，最后一行/列是对图像特征的外观预测：

① 状态向量也可扩展，使其包含一段多个样本的对应信息，或者诸如仿射模型这样的参数运动描述模型的参数，允许导出每个状态的对应位置参数。

② 矩阵可以进行进一步的参数扩展，例如在当前轨迹对应位置 $\mathbf{t}_{\mathscr{P}}$ 的特征。

$$\hat{\mathbf{S}}_{n_3+1}(\mathscr{P})=\mathbf{A}\hat{\mathbf{S}}_{n_3}(\mathscr{P})\text{，其中 }\mathbf{A}=\begin{bmatrix}1 & T & T^2/2 & 0\\0 & 1 & T & 0\\0 & 0 & 1 & 0\\0 & 0 & 0 & 1\end{bmatrix}\tag{6.25}$$

在卡尔曼滤波过程中，观测值是运动估计的结果，误差向量表示运动估计的误差。经过卡尔曼滤波更新这一步，可以得到新的状态向量的精确位置(以及改进的运动参数和外观特征)。基本上，当使用粒子滤波器时，类似的过程是可行的，其中非线性函数可以用于描述状态转变。

注意，基于状态向量和统计模型的方法可以进行推广，包括分割特征模型参数、边界轮廓描述、边界框位置、大小和方向等。正如下文描述的，这已经表明了区域跟踪和轮廓跟踪的结合是有可能的。

区域跟踪。利用运动跟踪的结果，正向运动向量可以将图像 n_3 中的段投影到 n_3+1 中(见图 6.8)。相比于独立分割获得的图像，这很可能出现分歧。因此，更合适的做法是先将分割投影到未来的图像中，然后进行相应的更新(例如，6.1.4 节中提出的能量最小化方法，或者更新分割的平均颜色等特征)。然而，只有面积、轮廓等特征参数与投影的预测一致，才能立即得到成功的跟踪，不过，这是难以实现的(二维运动刚体且光照不变的情况除外)。否则，需要采取以下步骤：

- 投影后更新形状/轮廓，使其更适合新的观测结果；
- 更新给定分割的特征模型(如颜色均值和方差)；
- 如果发现不一致，就需要检查可能的错误，并建立新的分割等。

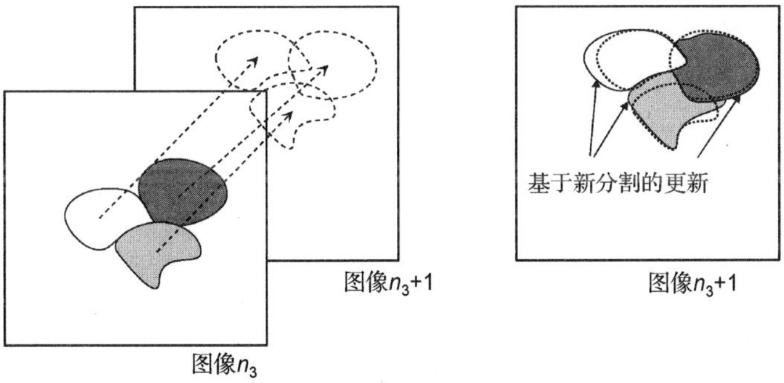

(a) 后续图像投影　　(b) 识别相应的分割并更新

图 6.8　分割跟踪

在给定上下文中，甚至可能没有必要运用运动跟踪的结果来开始这个分割的投影。具体来说，当期望的运动偏移量较低，并且分割界限仍在后续图像的坐标附近时，这段形状的更新本身就可以用来确定运动偏移。

基于区域的进一步跟踪不一定要与精确的分割形状有关。尤其是主要目的是跟踪目标的位置时，跟踪目标的边框或其近似值就足够了。一个既不使用先验运动参数，也不使用精确边界形状的例子是均值平移跟踪[COMANICIU, RAMESH, MEER 2003]。这里，图像 n_3 中的目标的特征是由从围绕位置 **n** 的窗口(边界框)提取的 PDF 来表示的。其中，边界框内聚集的特征(如颜色、纹理和其他)不随形状而变形，而形状本身可以随着形变以及边界框的大小而变化。概率分布很可能不会在一系列图像上发生显著变化，但是窗口本身会因为运动而移动。因此，可以修正 5.6.4 节的均值平移算法用于跟踪。这是通过在图像 n_3+1 中选择围绕空间坐标 $\mathbf{n}^{(r)}$的窗口位置来实现的，其概率密度估计（直方图 $\mathbf{h}_{\mathscr{B}}^{(r)}$）与图像 n_3 中给定窗口位置 $\mathbf{n}$ 的数据点的概率密度估计（直方图 $\mathbf{h}_{\alpha}$）是最佳匹配。这个过程可以从相同的坐标位置 $\mathbf{n}^{(0)}(n_3+1)=\mathbf{n}(n_3)$ 开始①。然后确定在 n_3+1 中二维坐标 $\mathbf{n}^{(0)}$附近窗口的哪个部分直方图与 n_3 中位置 $\mathbf{n}$ 最为匹配。在文献[COMANICIU, RAMESH, MEER 2003]中采用了一种方法，使用 Bhattacharyya 系数[式(5.48)]作为直方图比较的准则，然后由截断的泰勒级数拟合为一阶项，计算在 $\mathbf{n}^{(r)}$附近的某些位置 $\mathbf{n}'^{(r)}$ 周围的修正直方图 $\mathbf{h}'^{(r)}_{\mathscr{B}}$：

$$
\begin{aligned}
c_{\mathrm{BC}}(\mathbf{h}_{\alpha},\mathbf{h}_{\mathscr{B}}^{(r)}) &= \sum_{j=1}^{J}\sqrt{h_{\alpha}(j)h_{\mathscr{B}}^{(r)}(j)} \\
&\approx \frac{1}{2}\sum_{j=1}^{J}\sqrt{h_{\alpha}(j)h_{\mathscr{B}}^{(r)}(j)}+\frac{1}{2}\sum_{j=1}^{J}h_{\mathscr{B}}'^{(r)}(j)\sqrt{\frac{h_{\alpha}(j)}{h_{\mathscr{B}}^{(r)}(j)}}
\end{aligned}
\tag{6.26}
$$

与式(5.142)类似，$\mathbf{h}'^{(r)}_{\mathscr{B}}$ 由直接利用窗口下采样核密度估算得到，这样式(6.26)变为

$$
c_{\mathrm{BC}}(\mathbf{h}_{\alpha},\mathbf{h}_{\mathscr{B}}^{(r)}) \approx \frac{1}{2}\sum_{j=1}^{J}\sqrt{h_{\alpha}(j)h_{\mathscr{B}}^{(r)}(j)}+\frac{C_k}{2}\sum_{q=1}^{Q}w_q k_{\mathrm{P}}\left(\left\|\frac{\mathbf{n}'^{(r)}-\mathbf{n}_q}{\omega}\right\|^2\right) \tag{6.27}
$$

其中因子 C_k 包含了所有必要的归一化，Q 是窗口下的样本个数，$\mathbf{n}_q$ 是样本 Q 的坐标，如果样本 Q 的幅值落在直方图柄 j_q 中，则确定权重为

$$
w_q=\sqrt{\frac{h_{\alpha}(j_q)}{h_{\mathscr{B}}^{(r)}(j_q)}} \tag{6.28}
$$

然后使用式(5.144)的均值平移向量来确定与新位置的位移

$$
\mathbf{n}^{(r+1)}=\sum_{q=1}^{Q}\mathbf{n}_q w_q g\left(\left\|\frac{\mathbf{n}^{(r)}-\mathbf{n}_q}{\omega}\right\|^2\right)\Bigg/\sum_{q=1}^{Q}w_q g\left(\left\|\frac{\mathbf{n}^{(r)}-\mathbf{n}_q}{\omega}\right\|^2\right) \tag{6.29}
$$

这实际上是给样本在 n_3+1 中的坐标赋予了更高的权重，从而更好地匹配在 n_3 中的直方图的概率。如果发现移位后直方图能更好地匹配，则再次进行同样的操作，得到 $\mathbf{n}^{(r+2)}$等；否则，如果在迭代之后发现匹配更差，则将新位置纠正为 $\mathbf{n}^{(r+1)} \leftarrow (\mathbf{n}^{(r+1)}+\mathbf{n}^{(r)})/2$。这保证了跟踪不会向最佳位置以外的位置收敛。最后，在找到 n_3+1 最优的新位置后，可以更新窗口大小进行进一步细化，并对 n_3+2 等进行跟踪。均值平移跟踪的迭代过程比从多个候选位置计算和比较直方图要简单得多，不过通常可提供稳定的跟踪结果。

显著特征跟踪。由于 4.4 节中引入的显著特征点对相机投影效果、物体变形和光照变化具有稳定性，因此它们也适用于区域跟踪。通常来讲，需要从图像 n_3 中识别出属于待跟踪区域的特征点，并在图像 n_3+1 中找到最匹配的特征点。不过在这里，只需要考虑图像 n_3 搜索区域附近位置内的点即可。

轮廓跟踪。运动目标的边界沿其法线方向应有较大的梯度，并在时空上保持一致的平滑。文献[KASS, WITTKIN, TERZOPOULOS 1988]中提出了将边界检测表述为能量最

① 注意，当运动太大以至于要跟踪的内容的新位置在初始窗口位置之外时，跟踪可能会失败。如果位置的初始假设是可行的(零位移除外)，就可以避免这种情况，比如可以扩展先前的轨迹。

小化问题，即边界轮廓在迭代过程中向其最可能的位置移动；这称为动态轮廓模型（Active Contour Model, ACM）或 snake。该方法既可用于二维图像分割（迭代从初始化开始，一直到最终结果），也可用于轮廓跟踪（根据视频中发生的运动，轮廓位置会随着时间的推移而更新）。一般情况下，优化是基于一组控制点进行的，控制点在迭代过程中不断移动，通过样条插值等轮廓逼近方法得到连续轮廓，见 4.5.1 节。能量最小化准则通常用于连续轮廓（或密集的轮廓样本），因此通常在连续坐标系下进行表示，尽管数值解往往在离散样本上执行。类似于式（4.80）和随后的方程，假设轮廓 $\mathcal{C}$ 定义在连续坐标 $\mathbf{t}_{\mathcal{C}}(t_3)=[t_1(t_3)\ t_2(t_3)]^{\mathrm{T}}$ 上，并具有有限长度 $T_3$①。那么，与 $\mathcal{C}$ 相关的总能量可以定义为

$$Q(\mathcal{C})=\alpha\int_0^{T_3}\left\|\frac{\mathrm{d}\,\mathbf{t}_{\mathcal{C}}(t_3)}{\mathrm{d}t_3}\right\|^2\mathrm{d}t_3+\beta\int_0^{T_3}\left\|\frac{\mathrm{d}^2\,\mathbf{t}_{\mathcal{C}}(t_3)}{\mathrm{d}t_3^{\,2}}\right\|^2\mathrm{d}t_3+\lambda\int_0^{T_3}g\left(\nabla s(\mathbf{t}_{\mathcal{C}}(t_3))\right)\mathrm{d}t_3 \tag{6.30}$$

其中，前两项表示轮廓的内能，当 $\mathcal{C}$ 光滑时内能降低；第三项是外部能量，在给定位置处，图像梯度 ∇s 越大，外部能量越低②。将外部能量的影响最小化，以达到图像中最大梯度的位置（前提是这不会显著增加内部能量或其他位置的外部能量）。

当用于跟踪时，使用“弹性模型”进行更新，即离散控制点以尽可能短的距离向最小外部能量的吸引力方向移动，从而尽可能地降低总能量。ACM 方法也可以用来提高二维分割的效果，例如在人工标记为物体外部形状的多边形或边框附近自动找到一个采样精确的闭合轮廓（如图 6.9 所示）。

(a) 在视频图像中手动标记目标的外部形状

(b) 通过自动ACM方法进行标记

图 6.9

文献[XU, PRINCE 1998]在 ACM 的基础上，通过定义“梯度流场”进行生动解释，他们将梯度的强度和方向[见式（4.57）]定义为一个外部能量判据，并通过求解参数化的欧拉-拉格朗日方程，对内能进行联合优化；最大的梯度通常是沿着流动场的局部方向定位时发现的。

在文献[CASELLES ET AL. 1993]中，引入了“几何 ACM”的概念。结果表明，在式（6.30）中设 $\beta=0$，即忽略将过度曲率作为惩罚项，对最终结果并没有坏处。进一步地，在两个均匀区域之间建立边界的等高线，水平集法（见 6.1.4 节）也为几何 ACM 提供了一个最优解。后来，文献[CASELLES, KIMMEL, SAPIRO 1997]将该模型扩展到“测地线 ACM”中，对测地线（黎曼空间中的最小距离曲线）进行优化。这种方法还允许为同一幅图像中的多个等高线寻找最优配置，这在以前的 ACM 方法中是不可能的。

① 对于闭合等高线，它在 t_3 中以 T_3 为周期。
② 函数 $g(\cdot)$ 应该对应选择，例如 $g(\nabla s)=1/(1+|\nabla s|^2)$。

6.2.4 组合分割和运动估计

在光流等运动向量估计中，其结果与单个样本相关，可采用以下准则来判断估计的可靠性，也可作为分割或目标边界假设的基础①：

- 位移图像差(Displaced Picture Differences, DPD)的能量，但遮挡区域除外(如果有关于目标边界存在的假设，则可允许较高值自然出现并可接受)；
- 运动向量场的同质性，但目标边界的位置除外。

在基于匹配的运动估计中应用了类似的准则，特别是当运动向量场的同质性是估计目标之一时，参见式(4.174)。然而，到目前为止，所介绍的运动估计方法并没有系统地定义分割边界的异常条件。这需要引入组合分割和运动估计。在分割的随机松弛法(见6.1.4 节)以及其他基于能量最小化的方法中，可以将局部运动向量场的性质作为能量计算的附加准则。其副作用是，通过引入运动向量同质性条件，关于分割边界的实际假设的数量可以大大低于灰度同质性标准，特别是对于均匀移动(目标)或均匀静态(背景)纹理区域的情况。

式(6.16)中的分段边界场 $b(\mathbf{m})$ 通过基于图像的准则(幅值、梯度)对边界的存在进行假设，现在类似地引入另一个场 $b_{\text{MV}}(\mathbf{n})$ 来定义运动向量场中的可能边界。在这里，阈值参数 Θ_{MV} 表示若不设定运动边界假设，允许相邻样本的运动向量之间的最大差值为

$$b_{\text{MV}}(\mathbf{m})=\begin{cases}1, & \|\mathbf{k}(\mathbf{m})-\mathbf{k}(\mathbf{n})\|>\Theta_{\text{MV}}\\0, & \|\mathbf{k}(\mathbf{m})-\mathbf{k}(\mathbf{n})\|\leqslant\Theta_{\text{MV}}\end{cases};\quad \mathbf{m}\in\mathcal{N}_c(\mathbf{n}) \tag{6.31}$$

此外，还定义了一个场 $b_{\text{OC}}(\mathbf{n})$，它表示存在一个遮挡区域。这里引入一个准则，设一个典型的代价函数，它与参考图像中样本与其对应关系之间的偏差有关，同时考虑当前估计的运动位移。这里以另一幅有一定时间差的图像(例如：前一幅图的 k_3=1)的绝对差分判据为例，其差值不应超过阈值参数 Θ_{OC}：

$$b_{\text{OC}}(\mathbf{n})=\begin{cases}1, & d(\mathbf{n})>\Theta_{\text{OC}}\\0, & d(\mathbf{n})\leqslant\Theta_{\text{OC}}\end{cases},\quad 其中\ d(\mathbf{n})=\left|s(\mathbf{n})-s(\mathbf{n}+\mathbf{k},n_3+k_3)\right| \tag{6.32}$$

$d(\mathbf{n})$ 建立了一个简单的基于 DPD 的运动估计可靠性准则。位置 $\mathbf{n}$ 处的能量是

$$Q(\mathbf{n})=Q_1(\mathbf{n})+Q_2(\mathbf{n})+Q_3(\mathbf{n}) \tag{6.33}$$

这三个分量分别为

$$Q_1(\mathbf{n})=\lambda_1\cdot b_{\text{OC}}(\mathbf{n})+\lambda_2\cdot(1-b_{\text{OC}}(\mathbf{n}))\cdot d(\mathbf{n}) \tag{6.34}$$

$$Q_2(\mathbf{n})=\sum_{\mathbf{m}\in\mathcal{N}_c(\mathbf{n})}\lambda_3\cdot b_{\text{MC}}(\mathbf{m})+\lambda_4\cdot\left(1-b_{\text{MC}}(\mathbf{m})\right)\cdot\Delta\left(\mathbf{k}(\mathbf{n}),\mathbf{k}(\mathbf{m})\right) \tag{6.35}$$

$$Q_3(\mathbf{n})=\sum_{\mathbf{m}\in\mathcal{N}_c(\mathbf{n})}\lambda_5\cdot(1-b(\mathbf{m}))\cdot b_{\text{MC}}(\mathbf{m}) \tag{6.36}$$

需要达到的估计目标是总能量的全局最小化，其受运动向量和运动边界选择的影响。上式第一个分量是基于 DPD 的，在 DPD 中，遮挡区域被排除在外；另外，遮挡假设[$b_{\text{OC}}(\mathbf{n})$=1]受到因子为 λ_2 的惩罚。第二个分量是基于运动分割假设的典型能量项，类似于式(6.16)；

① 基于光流方法的例子见式(4.161)。

$\Delta(\cdot)$表示相邻运动向量之间的所有差异，这其中可以使用例如基于 L_P 范数的函数式(6.32)。第三个分量是关于运动向量场中存在分割边界假设的惩罚，因为在这种情况下，不能同时基于颜色或纹理等其他特征准则对分割进行假设。场 $b(\mathbf{m})$ 等效于式(6.15)中的定义，当没有基于灰度值的分段信息的先验知识时，也可以独立于后续具有阈值判决的边缘检测梯度滤波器(见 4.3.1 节)而确定。式(6.33)的最小化过程必须迭代执行，以找到最优的联合结果(joint constellation)。

- 运动参数 $\mathbf{k}(\mathbf{n})$；
- 未定义的运动参数阻塞位置 $b_{\mathrm{OC}}(\mathbf{n})$；
- 不连续的运动向量场 $b_{\mathrm{MC}}(\mathbf{n})$。

迭代收敛后，可得到运动参数和运动目标分割。当与跟踪相结合时，其结果可以更加稳定。

6.3　三维表面和体数据重建

如果可以得到基于采样的深度信息，就可为 2D 图像分割或视频分割确定物体边界提供可靠的线索。还可以通过相机的反投影，对物体的原始外观进行三维重建。然而，由于相机在投影成像时，只能捕获物体的部分表面信息，因此可能需要组合多个相机视图。第一步是将相机图像平面上的点反投影到三维空间中相应的点，形成一个由三维物体外表面上的点组成的点云(见 6.3.1 节)。由此，就可以重建曲面表示(见 6.3.2 节)或体表示(见 6.3.3 节)。

描述三维体形状的方法可以解释为 4.5 节描述的 2D 方法的相应扩展。轮廓形状表示的三维扩展是与体对象的外壳相关的曲面形状；二元(区域相关)形状表示的三维扩展是体形状。第三种描述 3D 形状的方法是在二维中提供多个投影，这与三维重建前的原始数据有关。

除可以从立体或多视图相机捕获深度信息外，凸或凹表面上的反射和阴影也可以作为附加信息来估计三维形状[ZHANG ET AL. 1999]。这需要了解光照条件，并且主动光深度捕获也使用这种方法，将已知的光模式投射到场景中，然后在相机捕获的二维图像中进行分析。在这种情况下，需要标定主动光源和相机的位置，三维重建过程仍然类似于立体相机系统，即基于光源和相机坐标系中的对应关系。

6.3.1　三维点云生成

本节讨论在已知相机参数以及两种图像平面上的对应点的情况下，利用两相机视图重建外部世界三维点位置的初始过程。观察对极几何的约束条件可知，重建过程是立体成像映射过程的逆过程。对于在两台相机中同时可见的物体 $\mathscr{P}$，只要它在两相机视图中对应的坐标 $\mathbf{t}_{\mathrm{I},\mathscr{P}}$ 和 $\mathbf{t}_{\mathrm{II},\mathscr{P}}$ 已知，就可由视线 $\overline{\mathbf{C}_{\mathrm{I}}\mathbf{t}'_{\mathrm{I},\mathscr{P}}}$ 和 $\overline{\mathbf{C}_{\mathrm{I}}\mathbf{t}'_{\mathrm{II},\mathscr{P}}}$ 的交点得到在三维空间中的实际位置。不过，对于物体的观察是在噪声背景下进行的，所以这种情况下的观测值可能并不准确。那么，比较合理的假设应该是使得重建出的点放在距离两条视线最接近的地方，即与两视线垂直且最短的连接线的一半处(见图 6.10)。

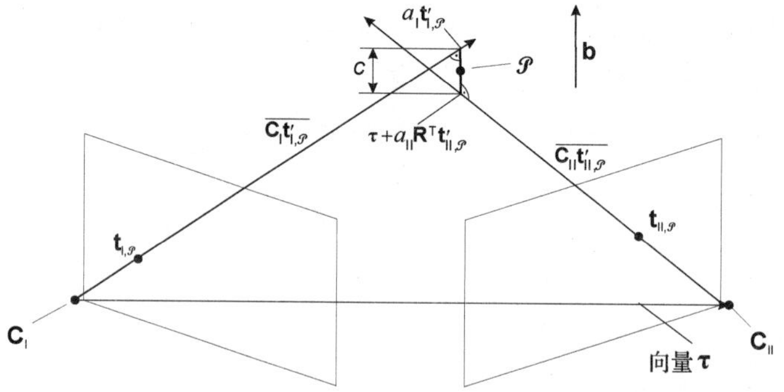

图 6.10　最接近投影射线的点 $\mathscr{P}$ 的三维重建原理

连接线的方向向量可以通过叉乘求出(因为它与两视线正交):

$$\mathbf{b} = \mathbf{t}'_{{\rm I},\mathscr{P}} \times \mathbf{R}^{\rm T}\mathbf{t}'_{{\rm II},\mathscr{P}} \tag{6.37}$$

现在，必须满足以下条件：

$$a_{\rm I}\mathbf{t}'_{\mathscr{P}} - \boldsymbol{\tau} - a_{\rm II}\mathbf{R}^{\rm T}\mathbf{t}'_{{\rm II},\mathscr{P}} - c\mathbf{b} = 0 \tag{6.38}$$

其中 c 为连接线长度。

结合条件式(6.37)得到求解未知数 $a_{\rm I}$, $a_{\rm II}$ 和 c 的三个方程，最终确定 $\mathscr{P}$ 的坐标为

$$\mathbf{W}_{\mathscr{P}} = a_{\rm I}\mathbf{t}'_{{\rm I},\mathscr{P}} - \frac{c}{2}\mathbf{b} \tag{6.39}$$

该方法可扩展到两个以上相机的情况。在这里，可以计算出每对相机在这一点可见时 $\mathscr{P}$ 位置的估计值，并为最终结果求解最小二乘问题。在这种情况下，不同初始估计值的可靠性(每对中的一个)以及例如使用 RANSAC(参见 3.8 节)的异常值剔除也应适用。当所有相机都参照一个共同的世界坐标系进行校准时，将不同相机对生成的点组合在一个共同的点云中是没有问题的；这甚至对生成周围视图也是必要的，因为单对相机不可能捕捉到物体的所有面。

三焦点张量法[SHASHUA, WERMAN 1995][HARTLEY, ZISSERMAN 2003]也可以应用于三维世界中一个点的位置重建，这在三个校准的相机中都是可见的。三焦点张量背后的投影关系基本上是基本矩阵式(4.194)在三视图情况下的扩展。

6.3.2　三维曲面重建

三维曲面表示三维物体的外部轮廓。为了从点云中生成它，常用的方法是通过分析邻近点的位置来计算曲面的法向量，或者直接将这些点作为网格的顶点，这样就可以建立与他们各自的邻近点最接近的互连结构。对于凸表面，这将成为一个 Delaunay 网格[BOISSONAT 1984](对于 2D 情况，见 2.3.4 节)。对于部分空腔或孔洞的物体，除非顶点彼此接近，否则可能会发生偏离全局 Delaunay 拓扑的情况；在这种情况下，可能需要明确地描述其连接。顶点之间的连线构成了三角面片的边，三角面片的边(即表面的局部法向量)由三个顶点描述。在每个三角面片中，物体的表面由三个顶点的线性插值逼近。这可以理解为用多边形逼近轮廓线的三维应用(见 4.5.1 节)。这两种方法都是基于线性插值，只不过对于平面而言插值是三维的，而轮廓线的插值是二维的。基于网格/顶点的方法直接对应于计算机图形学中广泛使用的表面形状表示方法，即所谓的线框模型(见图 6.11 中的示例）。另外，当相邻的三角面片具有近似相同的表面方向时（法向量），就可以考虑减少顶点的数量。顶点的最佳位置大约是在原始曲面方向梯度最大的地方。

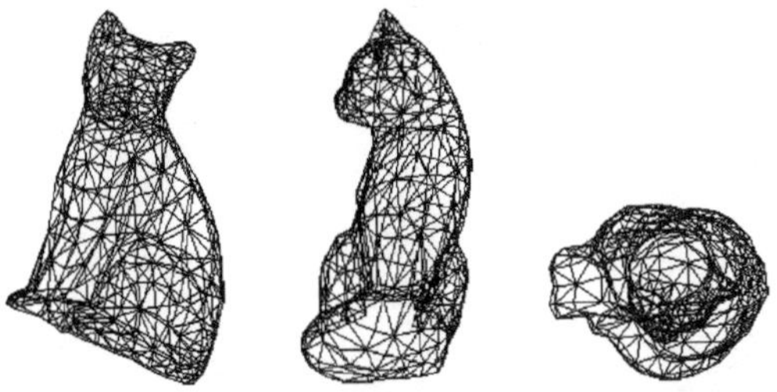

图 6.11　从三个不同的视角看猫的线框模型

一般来说，由于点云中可能包含很多错误的估计，或者由于在相机图像中找不到对应点而导致点云不够稠密，将点云直接转换成顶点形成三角形曲面存在很多问题。这可能会导致凹凸不平的表面结构，需要通过后续的平滑处理，或者通过移除那些明显导致表面不光滑的错误顶点消除。其他的解决方案包括用参数表示或者用系数和基函数的表示曲面来逼近这些点而不是拟合。可能的方法包括高阶多项式函数、样条函数、调和函数[LI, LUNDMARK，FORCHHEIMER 1994]、小波[GROSS ET AL. 1996]或径向基函数[CARR ET AL. 2001]。在有噪声数据的情况下表现良好的一种方法是泊松曲面重建[KAZHDAN, BOLITO, HOPPE 2006]，它从法向量的梯度场出发，通过空间泊松方程求解问题，不需要事先对点进行分组或划分。

上述方法得到的是连续曲面，而不是平面面片。然而，计算机图形学中广泛使用的是二维面片表示而不是曲面逼近，这是因为对于二维面片中的所有点，光的反射和投射参数都是固定不变的，因此可以极大地减少绘制时间。另外，对于曲率较大的曲面，精确表示所需的顶点数可能比使用高阶插值函数所需的顶点数要多得多，而高阶插值函数的缺点是无法很好地表示三维空间中的边角等不连续点，除非基函数的宽度是局部自适应的。

6.3.3　三维体数据重建

描述物体三维形状的另一种方法是使用体素（体积元素），体素是位于离散三维坐标位置的小立方体元素，它们组合在一起表示整个体积。它是二值形状[见式（2.8）]的扩展，如果给定位置的体素属于该体，则二值体信号 $b(\mathbf{n})$ 设置为 1，否则为 0。然而，体素表示法本身并不适合于用少量参数就能描述其形状特征的物体，但是可以使用更紧致的描述。不过这种方法可以变得更加简洁。例如，三维体可以用不同大小的立方体叠加来表示，即所谓的超二次曲面；如果立方体元素可以线性变形为可变形的超二次曲面，这种表示形式将更加有效[BARR 1981]；它们也可以互相重叠。八叉树表示[MEAGHER 1980]使用层次划分的方法，如果一个大的立方体不完全属于该体，则它被分成 8 个体积相等的小立方体（若有需要，还可以继续划分下去）；这类似于表达二维形状结构时所使用的四叉树编码（见[MSCT，6.1.2 节]）。对于曲面物体，使用其他基本元素如圆柱体或椭球体更为适合[MARR，NISHIHARA，1978]。为了平滑和简化外表面，如果使用三维结构元素，可以把形态学方法扩展应用于三维体。

将矩和中心矩(4.5.5 节)推广到三维空间是很简单的，并且可以再次用来描述三维空间中构成体的体素集合以及它们在 3D 空间上的质量分布。特别是协方差矩阵$\boldsymbol{\Gamma}$，它是式(4.134)的三维扩展。令向量 $\mathbf{v}(p)=[n_{1,p}\ n_{2,p}\ n_{3,p}]^{\mathrm{T}}$ 描述物体的 P 个体素，p=1,2,⋯,P 表示每个体素的位置，那么体的质心和协方差矩阵可以写成

$$\bar{\mathbf{v}}=\frac{1}{P}\sum_{p=1}^{P}\mathbf{v}(p)\quad ;\quad \boldsymbol{\Gamma}=\frac{1}{P}\sum_{p=1}^{P}\left[\mathbf{v}(p)-\bar{\mathbf{v}}\right]\left[\mathbf{v}(p)-\bar{\mathbf{v}}\right]^{\mathrm{T}} \tag{6.40}$$

通过对协方差矩阵进行特征向量分析，也可以确定体的三个主轴，其中特征值的平方根与质心$\bar{\mathbf{v}}$沿各自主轴方向的质量密度偏差有关。由于$\boldsymbol{\Gamma}$的对称性，特征向量 $\mathbf{r}_i$ 是正交的，且具有实数值：

$$\boldsymbol{\Lambda}=\mathbf{R}^{-1}\boldsymbol{\Gamma}\mathbf{R}，\ 其中\ \boldsymbol{\Lambda}=\begin{bmatrix}\lambda_1 & 0 & 0\\ 0 & \lambda_2 & 0\\ 0 & 0 & \lambda_3\end{bmatrix}\ 并且\ \mathbf{R}=\left[\mathbf{r}_1\quad \mathbf{r}_2\quad \mathbf{r}_3\right] \tag{6.41}$$

6.3.4　基于投影的三维形状描述

当一个三维物体被多个相机获取并映射成多个二维轮廓投影时，也可以获得其体形状和描述。对于每个投影，必须知道视图方向(外部参数)和相机内部参数。图 6.12 所示为正射视图投影的示例。在这个例子中，通过分析两个相机视图内二维形状的反投影中相交的体素子集，甚至可以从二维形状投影中完美地重建三维形状。不过，这仅仅是因为在给定的情况下，图像平面与三维物体的平面平行。更普遍的情况是，由于相机的精度和所需的数量极度依赖于物体的表面属性，一些体特征(如孔洞)根本无法检测到。

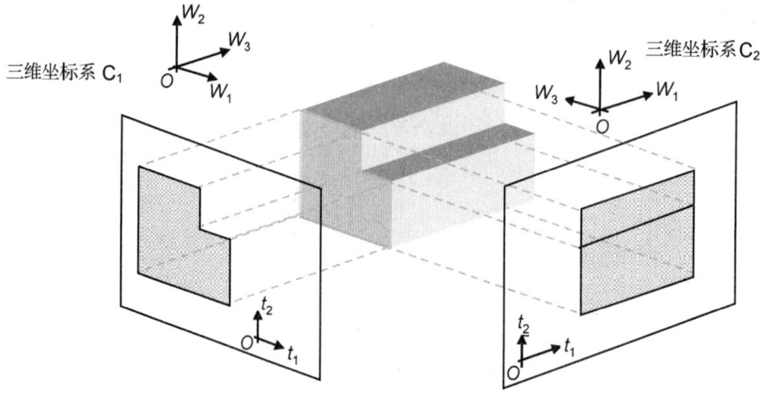

图 6.12　将 3D 形状正投影到两个不同的相机视图中(本图由 K. MÜLLER 提供)

Radon 变换是从一组低维投影中重建高维信号的工具，它通常用于物体穿透成像模式，如 X 射线、MRT 和 SPECT。在这里，投影不一定是二值的，但可以取决于投影体的深度或密度。原理如图 6.13 所示，这里展示了从体的二维切片(相当于二维形状)投影到一维信号的情况。这样的投影可用于多个角度[①]。直线与坐标系原点的距离α和角度方向ρ的方程为

$$t_1\cos\alpha+t_2\sin\alpha=\rho \tag{6.42}$$

---

① 注意投影剖面(见 4.5.3 节)是 Radon 变换的一个简单的离散情况，仅基于两个投影，因此是不完整的。除了图 6.12 的轮廓投影(没有对体积的深度进行计算)，在角度投影量足够大的情况下，Radon 变换还可以重建孔洞的形状和体积。

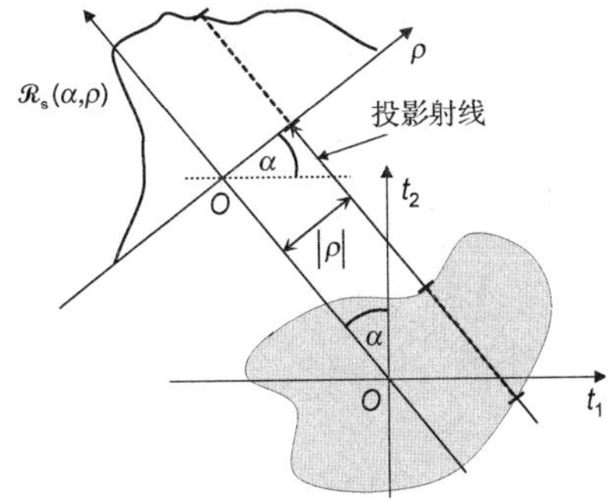

图 6.13　Radon 变换的原理

这条线表示一条穿过该体的投影射线。假设射线沿着这个方向“积累”体素。这里可以用一条线上的积分来计算，在这条线上使用了狄拉克脉冲的筛选性质，

$$\mathscr{R}_s(\alpha,\rho)=\int_{-\infty}^{\infty}\int_{-\infty}^{\infty}s(t_1,t_2)\cdot\delta(t_1\cos\alpha+t_2\sin\alpha-\rho)\,\mathrm{d}t_1\,\mathrm{d}t_2;\quad 0\leqslant\alpha<\pi \tag{6.43}$$

将α和ρ定义为变量，$s(t_1,t_2)$的连续二维 Radon 变换为 $\mathscr{R}_s(\alpha,\rho)$，可以分析切片平面上任意方向和位置的射线。Radon 变换的第一种变体是基于平行投影(正投影)[见图 6.14(a)]，这与式(6.43)中的定义有关。另一定义涉及点光源(透视)投影 $\mathscr{R}_s(\alpha,\rho)$，其中对于某些参考方向必须定义角度 α，并且在不同光线之间的角度β取决于光源和(圆形或球形)投影平面之间的距离[见图 6.14(b)]。Radon 变换有许多特征与极坐标下的傅里叶变换非常相似，尤其是线性、对称性和缩放性。

进一步可以看出，对 Radon 变换的输出而言，沿ρ方向的一维傅里叶变换(任意角度α)与原始切片图像的二维傅里叶变换直接相关(“投影切片定理”)：

$$\begin{gathered}S(f_1,f_2)=\mathscr{F}_{\mathrm{2D}}\{s(t_1,t_2)\}\quad;\quad S(\alpha,\phi)=\mathscr{F}_{\mathrm{1D}}\{\mathscr{R}_s(\alpha,\rho)\}\\ S(f_1,f_2)=S(\alpha,\phi),\ \text{其中}\ f_1=\phi\cos\alpha,\ f_2=\phi\sin\alpha\end{gathered} \tag{6.44}$$

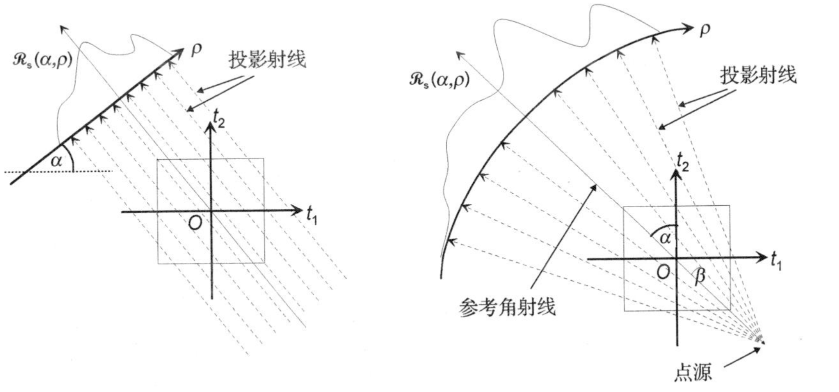

(a) 平行式　　(b) 点光源式

图 6.14　Radon 变换的投影方法

结果证明 $S(\alpha,\phi)$是极坐标下的二维傅里叶变换(参见第 79 页的脚注①)。因此，利用$\mathscr{R}_s(\alpha,\rho)$重建图像是可能的，可以通过极坐标下的逆傅里叶变换关系来表示：

$$s(t_1,t_2)=\int_0^{2\pi}\int_0^{\infty}S(\alpha,\phi)\mathrm{e}^{\mathrm{j}2\pi\phi(t_1\cos\alpha+t_2\sin\alpha)}\phi\,\mathrm{d}\phi\,\mathrm{d}\alpha \tag{6.45}$$

然而，只有在空间连续的情况下，才可能有一个完美的重建；对于一组采样投影，已知角

度的数量是有限的，因此不可能重建任意精细结构①。此外，在离散采样网格上定义一致的极坐标采样几乎是不可能的。通常情况下，在穿透形状或体的最内侧精度最高，那里投影的光线更集中，并会向外围，即物体表面方向降低。这样就有必要对丢失的信息进行插值或估计，从而可能导致额外的损失。式(6.43)和式(6.45)中的积分运算会变成和运算；当有更多的投影已知时，重建工作就会得到改善，这意味着α和ρ会有更好的采样结果。

尽管这里解释了平面投影的情况，但在三维空间 Radon 变换的延伸是直接通过高度角φ来定义投影的。

6.4 音频信号分解

6.4.1 音频时域分割

在音频信号的分割中，特征的选择也是最重要的，这也是判断分割均匀性的依据。这在很大程度上取决于分割的目标：具体来说，必须考虑不同的时间间隔，例如，分割成单个音调/音符的单位，基于时间的单位，或更大的单位，如旋律序列和歌曲结构的检测：

- 对于单一的、可区分的音调或音符的分离，关系到时间包络线(外壳)的分析。如果音调明显不同，就可以通过对响度的阈值分析来实现，类似于图 4.69 所示的方法。
- 当演奏和声乐器时，经常出现伴随的单音调(单音)，对基音进行足够精度的分析可以检测音调转换。这也可以通过频谱分析来实现，但是必须注意到，频谱分析分辨率的提高将导致时域分辨率的降低。较短的变换域长度有利于准确检测调频转换点。
- 检测过渡的另一种方法是分析瞬时相位式(4.211)及其导数、瞬时频率式(4.215)或过零率式(4.219)。这种分析也可以应用于频段内；在瞬变的情况下，瞬时相位通常会在很大范围内发生显著变化。
- 对于音乐作品整体结构的分割，时间间隔并不重要，而节奏、响度、音色等整体特征的变化更重要。在决策过程中，将不同的特征和规则结合，可以达到最好的效果。

6.4.2 音频源分离

混合声源的分离是音频信号分解中另一个具有挑战性的问题。未来的应用包括声音识别、嘈杂或多扬声器环境下的语音识别、音乐制作中来自混合信号的单个声音的后处理，以及用于分析/合成音频编码方案的混合声源的独立分析(见[MSCT，8.1.2 节])。

在盲分离中，基于 SVD 和 ICA(见 5.1.3 节)的方法已经成功应用。然而，这些方法适用的一个基本前提是假设单个声源在统计上是独立的，这在现实中可能无法实现(例如在管弦乐队演奏时)。一般来说，至少需要有足够多的麦克风作为声源，而且只有线性混合(平缓振幅衰减，潜在的延迟)的情况下才可能实现。通过多麦克风采集，可以结合波束形成和 ICA 环境下的单输入多输出建模进行定位[SARUWATURI, KAWAMURA, SHIKANO 2001]，可以解决后一个问题。然而，当声源数量超过已知麦克风的数量时，这种方法仍然不够可靠。

① 这里类似于采样极限。如果相邻样本之间(在本例中是角度)的变化太大，则不可能进行重建。对ρ方向的采样更直观，而投射信号的条件可以直接由采样定理的带宽限制。

此外，非负矩阵分解(NMF，5.1.4 节)已广泛用于从单声道信号中分离声源，或用于捕获通道比声源少的情况。NMF 应用于绝对谱域，而 SVD 由于在基函数中提供负值而不适用。其结果是将谱图矩阵分解为若干个秩 1 矩阵的时频基分量(通常表示单个音符，或在对应谱图所表示的时间内播放的相同音符序列)。剩下的任务是识别哪些部分在语义上属于当前正在演奏的乐器，这需要进行基于特征的分量聚类。有用的特征是那些可以识别时间和频率之间的和谐度或稀疏性的特征；特别是，MFCC(见 4.8.4 节)已经成功地应用于此[SPIERTZ 2012]。最后，将混合信号的原始相位与分离仪器的幅值谱相结合，采用逆加窗 DFT(与谱图分析中使用的重叠相同)恢复分离信号。

图 6.15 显示了一个打击乐器和一个和声乐器一起演奏的例子。将谱图矩阵分解为三个秩为 1 的部分(分别由一个频率基向量和一个时域激活向量组合而成)概念介绍如图 6.15(c)所示。重建后的时间信号如图 6.15(d)所示，其中第 2 项和第 3 项仍然需要组合在一起才能完成整个和声乐器的演奏。从这个例子中可以明显看出，由 NMF 分隔的秩为 1 的分量矩阵还不是乐器的音轨，而是单个音符，或者是在不同时间实例中激活的相同音符序列。

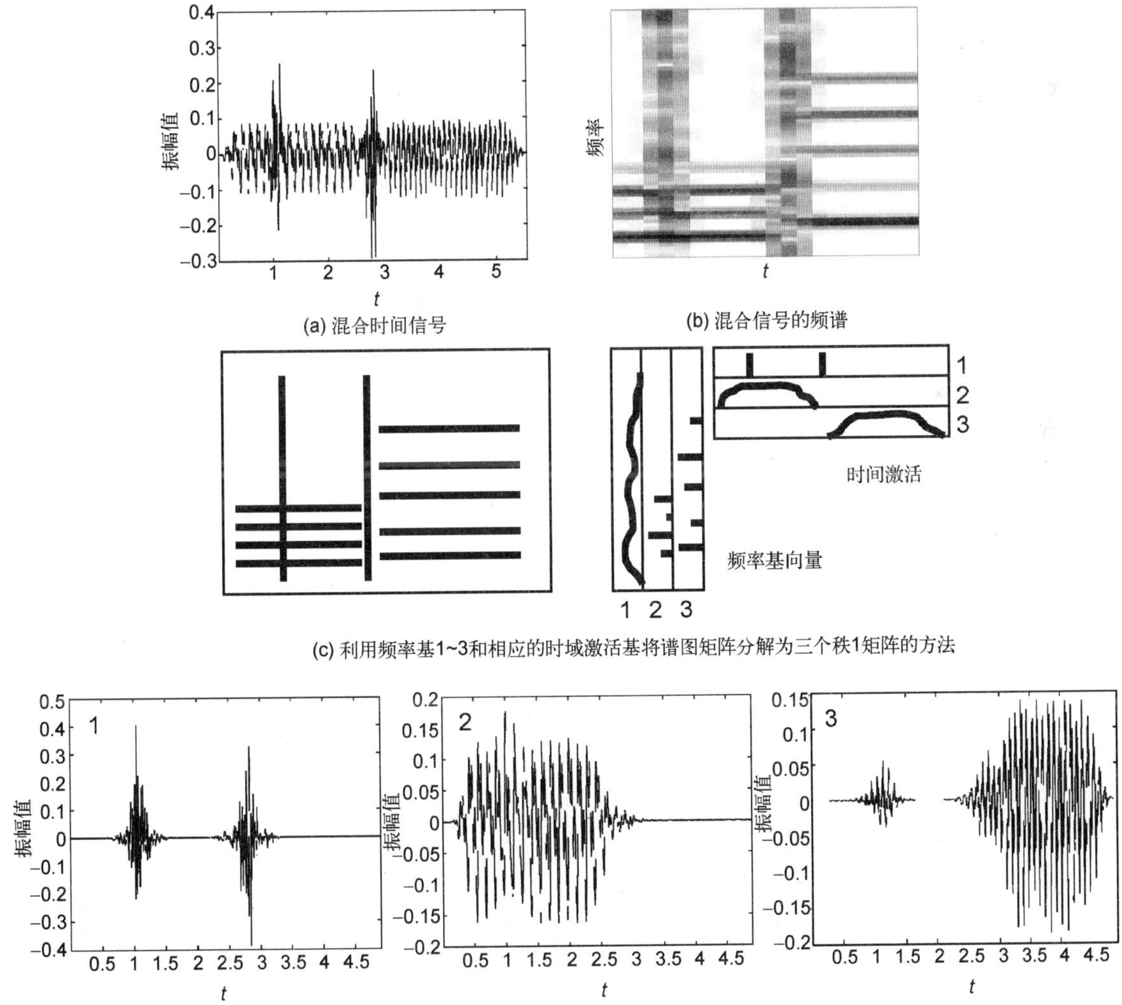

(a) 混合时间信号

(b) 混合信号的频谱

(c) 利用频率基1~3和相应的时域激活基将谱图矩阵分解为三个秩1矩阵的方法

(d) 由分量1~3重建时间信号(2和3是由谐波乐器演奏的音符)

图 6.15　利用 NMF 实现声源分离的原理(插图由 M. SPIERTZ 提供)

6.5 习题

习题 6.1 将以下灰度图像通过阈值分割转换为二值图像(参考 6.1.1 节)。

$$\mathbf{S}=\begin{bmatrix}1&2&4&5&5\\1&1&2&4&5\\1&2&4&5&5\\1&1&2&4&5\\1&1&1&2&4\end{bmatrix}$$

a)确定 $\Theta=\{2;3;5\}$三种情况下坐标为(n_1,n_2)的样本在 $S_l,l=1,2$ 两个区域的划分情况，根据公式计算区域指数

$$l(n_1,n_2)=\begin{cases}1, & s(n_1,n_2)<\Theta\\2, & s(n_1,n_2)\geqslant\Theta\end{cases}$$

b)对于 Θ 的所有三种情况，计算划分到不同区域的样本 $s(n_1,n_2)$均值 m_{s_l}和方差 $\sigma_{s_l}^2$ 。根据标准式 (6.11)，判断哪个阈值是最优的?

c)确定 b)分割误差的最佳情况，假设均值和方差是拉普拉斯概率密度函数的代表性参数，代表两个区域的幅值，

$$p_s(x\,|\,S_l)=\frac{1}{\sqrt{2}\sigma_{S_l}}\cdot\mathrm{e}^{-\frac{\sqrt{2}|x-m_{S_l}|}{\sigma_{S_l}}}$$

请对此进行图形解释。

习题 6.2 对以下灰度图像 **S** 进行阈值分割处理。使用阈值集 $\boldsymbol{\Theta}=[\Theta_1,\Theta_2]^{\mathrm{T}}$，将图像划分到三个不同的区域类 S_l 中，$l=1,2,3$。区域划分按以下规则进行:

$$l(n_1,n_2)=\begin{cases}1, & s(n_1,n_2)<\Theta_1\\2, & \Theta_1\leqslant s(n_1,n_2)\leqslant\Theta_2\\3, & \Theta_2< s(n_1,n_2)\end{cases}\qquad 其中\ \mathbf{S}=\begin{bmatrix}1&2&3&4&5\\1&2&3&4&5\\1&2&3&4&5\end{bmatrix}$$

可以选择使用以下阈值集：$\boldsymbol{\Theta}_{\mathrm{A}}=[2,4]^{\mathrm{T}}$，$\boldsymbol{\Theta}_{\mathrm{B}}=[3,3]^{\mathrm{T}}$

a)求 $\boldsymbol{\Theta}_{\mathrm{A}}$ 和 $\boldsymbol{\Theta}_{\mathrm{B}}$ 索引图像的矩阵。

b)求 $\boldsymbol{\Theta}_{\mathrm{A}}$ 和 $\boldsymbol{\Theta}_{\mathrm{B}}$ 的均值 m_{s_l} 和方差 $\sigma_{s_l}^2$ 以及三个区域类中样本的出现情况。

c)求组内方差 $\overline{\sigma^2}(\Theta)$ 和组间方差 $\sigma_m^2(\Theta)$ 。根据最大化 $\sigma_m^2(\Theta)/\overline{\sigma^2}(\Theta)$ 准则，这两个阈值集哪个是更好的选择?

d)给出一组阈值，这其中所有样本都属于同一分割。根据 c 问题的准则，给出原因，说明为什么这是最坏的分割情况。

第 7 章　信号合成、渲染与呈现

信号的合成与呈现，应用于多媒体信号的产生(生产)和呈现(消费)过程中。这包括不同来源的信号混合，适应并投影为复合信号或输出设备所要求的格式。此外，还将介绍编辑、渲染和输出等方面的内容。在这种背景下，图像扭曲、三维(3D)和基于图像的绘制对于视图的自适应起着重要的作用。马赛克和缝合是将多个相机视图中的图像平面合并为一幅图像的方法。视频帧速率转换对于使用不同帧速率的显示和混合以及运用修正后的速度重放的自适应而言是必要的。对于音频信号的混合和渲染，介绍各种音频效果的生成，并讨论了从房间属性建模和 3D 音频输出方面的空间化。

7.1　多媒体信号的合成与混合

图 7.1 展示了对来自 I 个不同源的信号组合输出信号的常见方案。首先，对源进行单独的坐标映射变换 $\gamma_i(\mathbf{n})$，该变换还意味着可以将 3D 体信号投影到 2D 图像平面，或者调整大小、方向、速度、空间和时间位置。调用线性滤波器 $H_i(\mathbf{z})$，然后通过位置相关函数 $a_i(\mathbf{n})$ 对每个信号进行加权，它决定了信号的振幅应出现在输出[①]的相应位置。所有这些操作都由合成信息决定，合成信息必须事先由用户定义提供，或者通过自动或半自动地从信号中提取来确定。在时间轴上，混合经常被修改，即滤波器可以是时变的，或者时变可以通过在时间轴上非恒定的脉冲响应来实现。非线性(特别是信号自适应)方法也经常在这种情况下应用。

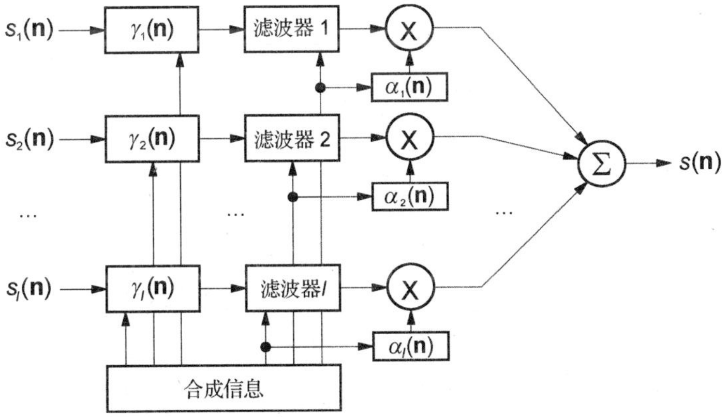

图 7.1　I 个源的 2D 输出信号合成

当来自图像/视频信号或计算机生成的内容的不同块被混合时，这些块通常被假定为不透明的，使得通常只有信号中的某一个可以出现在一个输出样本位置。在这种情况下，

① 更一般地，该 α 值还取决于位置 $\mathbf{n}$ 处或该位置附近样本的信号幅度。

"黏合在一起"的不同面片之间的平滑边界过渡会增加结果的自然度。自然图像，特别是漫反射光照条件下，通常显示振幅的软过渡，如物体边界的阴影。这种渐进的幅度转换可以通过混合技术来实现，其中一个信号的权重在转换周期宽度 W 上衰减，而另一个信号的权重则增加。信号 $s(\mathbf{n})$ 将是由两个或多个 $s_i(\mathbf{n})$ 信号的叠加：

$$s(\mathbf{n}) = \sum_i \alpha_i(\mathbf{n}) s_i(\mathbf{n}) \tag{7.1}$$

通常，加权函数的定义应使其总和为 1，$\Sigma a_i(\mathbf{n})=1$。增益和衰减行为应垂直于边界的方向。这样，就可以基于一维函数定义简单的，沿特定方向运算的加权函数。图 7.2 所示为使用宽度 W=3 的 1D 斜坡函数混合两个 1D 信号的示例。当 W 为偶数时，n'处实际边界的一维斜坡函数对的一般定义是

$$\alpha_1(n) = \begin{cases} 1, & n \leqslant n' - \dfrac{W}{2} \\ \dfrac{n'-n}{W} + \dfrac{1}{2}, & n' - \dfrac{W}{2} < n < n' + \dfrac{W}{2} \\ 0, & n \geqslant n' + \dfrac{W}{2} \end{cases}; \quad \alpha_2(n) = 1 - \alpha_1(n) \tag{7.2}$$

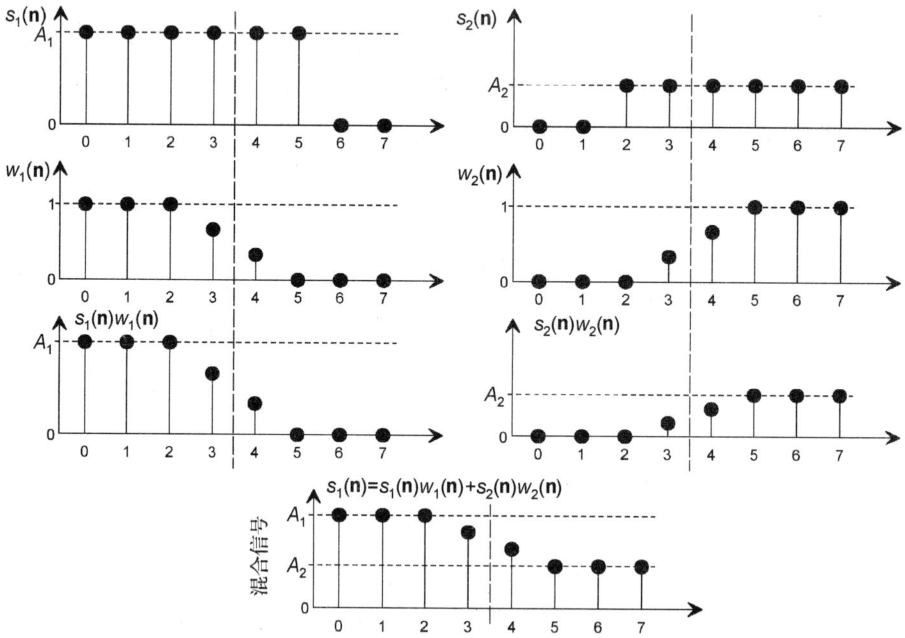

图 7.2 使用斜坡加权函数对两个信号进行一维混合，W=3

若 W 为奇数(在这种情况下，实际边界在位置 n'和 $n'+1$ 之间)，线性斜坡变换函数为

$$\alpha_1(n) = \begin{cases} 1, & n \leqslant n' - \dfrac{W-1}{2} \\ \dfrac{n'-n}{W} + \dfrac{1}{2}, & n' - \dfrac{W-1}{2} < n < n' + \dfrac{W+1}{2} \\ 0, & n \geqslant n' + \dfrac{W+1}{2} \end{cases} \tag{7.3}$$

这种类型的加权函数可以应用于一维和多维信号混合的不同情况。应用程序可在时间轴

上为视频序列或音频信号提供淡入淡出效果。

其他比斜坡函数更自然的对称混合函数(参见图 4.14 中的边缘模型)是正切双曲函数和 sigmoid 函数[见式(5.156)]。从线性渐变(此处渐变宽度为 W=4)导出的水平和对角线方向的二维混合函数示例如下:

$$\mathbf{W}^h{}_1=\begin{bmatrix}\ddots & \vdots & \vdots & \vdots & \vdots & \vdots & \iddots\\ \cdots & 1 & \frac{3}{4} & \frac{1}{2} & \frac{1}{4} & 0 & \cdots\\ \cdots & 1 & \frac{3}{4} & \frac{1}{2} & \frac{1}{4} & 0 & \cdots\\ \cdots & 1 & \frac{3}{4} & \frac{1}{2} & \frac{1}{4} & 0 & \cdots\\ \iddots & \vdots & \vdots & \vdots & \vdots & \vdots & \ddots\end{bmatrix};\quad \mathbf{W}^h{}_2=\begin{bmatrix}\ddots & \vdots & \vdots & \vdots & \vdots & \vdots & \iddots\\ \cdots & 0 & \frac{1}{4} & \frac{1}{2} & \frac{3}{4} & 1 & \cdots\\ \cdots & 0 & \frac{1}{4} & \frac{1}{2} & \frac{3}{4} & 1 & \cdots\\ \cdots & 0 & \frac{1}{4} & \frac{1}{2} & \frac{3}{4} & 1 & \cdots\\ \iddots & \vdots & \vdots & \vdots & \vdots & \vdots & \ddots\end{bmatrix}$$

$$\mathbf{W}^d{}_1=\begin{bmatrix}\ddots & \vdots & \vdots & \iddots & \iddots & \iddots & \iddots\\ \cdots & 1 & 1 & \frac{3}{4} & \frac{1}{2} & \frac{1}{4} & \iddots\\ \cdots & 1 & \frac{3}{4} & \frac{1}{2} & \frac{1}{4} & 0 & \cdots\\ \iddots & \frac{3}{4} & \frac{1}{2} & \frac{1}{4} & 0 & 0 & \cdots\\ \iddots & \iddots & \iddots & \iddots & \vdots & \vdots & \ddots\end{bmatrix};\quad \mathbf{W}^d{}_2=\begin{bmatrix}\ddots & \vdots & \vdots & \iddots & \iddots & \iddots & \iddots\\ \cdots & 0 & 0 & \frac{1}{4} & \frac{1}{2} & \frac{3}{4} & \iddots\\ \cdots & 0 & \frac{1}{4} & \frac{1}{2} & \frac{3}{4} & 1 & \cdots\\ \iddots & \frac{1}{4} & \frac{1}{2} & \frac{3}{4} & 1 & 1 & \cdots\\ \iddots & \iddots & \iddots & \iddots & \vdots & \vdots & \ddots\end{bmatrix} \tag{7.4}$$

上述这些例子都是假设直线的情况，对于非直线边界形状的二维版本是羽化滤波器。这里，根据到物体边界的最短距离，将权重确定为线性增加/减少的渐变，这可通过距离变换来确定(见图 4.33 和 4.5 节)。

色度键控。色度键或“蓝盒”方法广泛用于电影或视频信号的前景/背景混合。在采集过程中，指定的前景物体被定位在充分饱和的、颜色均匀(通常为蓝色)的背景前面。然后，色度键混合器(其原则上是调整到该颜色的颜色分类器)可以通过来自另一视频、静止图像或合成图形信号的任意背景来交换相应区域。这也可以解释为可控分割，其中在生产过程中预先定义了准则。模拟色度键混频器大多已被更先进的数字方法所取代，这种方法允许更精确的调整以及键信号的前处理或后处理。特别地，前景和背景之间边界处的混合可以使用软过渡过滤，这样可以减少伪影，显得更自然。使用数字方法，可以通过某些规则来调整每个样本的前景和背景混合的权重，例如，允许实施如上所述的转换权重函数。典型的数字色度键单元框图如图 7.3 所示。

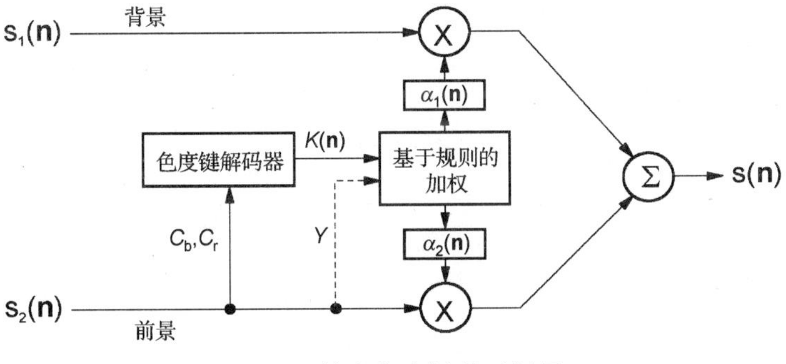

图 7.3 数字色度键单元框图

色度键信号 K 通常仅由诸如 C_b 和 C_r 的色度分量生成，它具有在前景信号区域中可以利用整个亮度范围的效果。蓝色色度处理起来更容易，因为它比其他颜色在自然界中出现的频率低，并且具有明显的可分辨特征。通过对视频进行蓝色背景和彩色前景的粗分割(聚类)，可以利用统计分析自动确定色度键颜色。如果色度键解码器检测到唯一色度键颜色，则无条件地将背景样本切换到输出，无须任何修改。如果该颜色被标识为不属于色度键颜色的范围，则前景的示例将被映射到输出。当蓝色值在过渡范围内(不可靠分类)时，K 也可以具有 0 到 1 之间的值，该值可以由基于规则的加权单元进一步调整。这也包括分析相邻的色度键信号位置或色度键信号的空间滤波。通过将两个 α 值设置为介于 0 和 1 之间的中间值，实现前景和背景之间的透明度，这有助于提高物体边缘处混合结果的视觉质量[①]；头发等精细结构实际上可以部分透明。如果另外对蓝色背景区域内的亮度变化进行分析，阴影和烟雾等透明效果可以从“蓝盒”传递到合成场景中，从而提供非常自然的结果。

色度键信号的表示。色度键信号通常需要以精确的采样分辨率提供，尽管它们一般不会显示出太大的空间变化，但是色度键图的压缩在交互式应用和媒体制作中非常重要。事实上，α 值可以与视频内容一起表示为所谓的灰度形状(表示透明度)，其具有场景合成所需的非二值振幅尺度。作为颜色采样的扩展，支持附加 α 通道的格式被表示为“4:4:4:4”(通常是除 RGB 颜色分量之外的 α 加权图)或“4:2:2:4”(除亮度之外的全分辨率 α 和亚采样色度分量)。

7.2 马赛克和缝合

马赛克是一种大的“全景”视图，它由图像内容的小块组成，可以通过在改变视图方向的同时顺序捕获图像，也可以通过同时使用多个摄影机设备捕获图像[WEISSIG ET AL. 2012]，如果是视频，则需要后者，此时马赛克应包括动态变化的内容。在顺序捕获的情况下(也可以用单个相机执行)，场景应该是静态的，或者应该识别并适当处理在场景中移动的物体(例如，移除或补偿运动)，除非几何失真被认为是可接受的。

生成全景图的第一步是定位。通过找到在两个或多个图像中可见的对应点，识别它们之间的几何映射；如果两幅图像由具有相同焦点位置的相机拍摄，则单应映射[见式(4.116)]是唯一的，可以通过基本矩阵式(4.194)进行估计。一旦得到彼此的映射关系，第二步就必须执行到公共坐标系上的映射，以便将图像扭曲并混合到单个马赛克图像中，该图像是所有相关图像[②]样本组合而成的更大尺寸的图像。最简单的情况，就是使用其中一幅图像的坐标系作为参考，这基本上意味着必须对另一幅图像进行校正，使得图像平面实际上是共面的并且具有相同的尺度。然而，这限制了马赛克结构，使得原始图像相机平面不能具有 90° 或更大不同角度的方向(否则它们将不再看到相同的内容，并且单应映射为无穷大，或恢复采样顺序)。或者，马赛克可以定义在圆柱、球面和自适应流形坐标系上[PELEG ET AL. 2000]。然而，这些变换在数学上更为复杂，需要精确了解与每个视图相关的相机内参数和外参数[MCMILLAN，BISHOP 1995]。

把不同的图像组合成一个马赛克的过程也称为拼接。这样做可以使得在给定的样本位置仅使用来自其中某个图像的信息，或者通过组合显示相同内容的多个图像的样本来

① 但是，在这种情况下，应该避免将前景图像中的色度键颜色混合到背景中。这可以通过抑制半透明前景中的蓝色，或者使用邻近区域的一些洞填充(修补)来避免。

② 此外，可以进行裁剪，例如最终提供一个矩形的马赛克。

实现。在此，可能会出现以下问题，导致出现看得见的伪影：

- 由于镜面照明或传输特性的差异、曝光的变化等，使得来自不同图像区域之间的接缝变得可见；
- 映射可能不够精确，因此纹理可能模糊，或者可能出现双轮廓；
- 若局部物体运动或由于相机焦点的位置不同，可能会产生遮挡效果，这需要某些特殊的处理(见下面的示例)。

为了避免前面提到的问题，使用混合、拒绝/局部校正错误的几何映射和非线性滤波(例如中值)是合适的解决方案。一般来说，只有在振幅不相反的情况下，才建议从多幅图像中构造样本进行组合，或者始终使用其中一幅图像，以提供最佳的内容表示。

对于从视频序列生成的马赛克，保留每个贡献图像的时间参考信息以及运动参数集也是有用的，这允许在生成马赛克时使用图像的任何间距。如果对原始时间位置的图像平面坐标进行反投影，从马赛克图像重建单幅图像，这将特别有用。

只有在视频序列的不同图像之间或来自一系列静止图像的不同图像之间没有明显的遮挡时，才能生成高质量的马赛克。只有当相关场景内容在远处(如城市或景观的全景视图)，或相机严格围绕焦点旋转且不发生局部运动时[①]，才能严格保证这一点。当使用针孔相机模型并应用中心投影方程[见式(4.101)]时，透视(或单应)映射[见式(4.112)]是在平面上生成马赛克的完美扭曲模型[SMOLIC，SIKORA，OHM，1999]。然而，如果相机捕获遇到几何畸变，例如镜头畸变，则使用高阶参数模型[如式(4.118)]来获得更合适的全局映射是有利的。

在构建马赛克时，可以使用各种方案来整合和混合对齐图像。来自不同图像的强度值的规则或加权平均可能导致出现模糊效果；或者，可以应用强度值的时域中值滤波(也可以进行加权)。第三种方法是在马赛克图像的一个特定样本位置仅使用不超过一幅图像的信息，例如，通过在图片序列中粘贴首先为该位置找到的数据来构造马赛克。最后，如果以亚采样精度进行运动扭曲，也可以生成比原始序列图像分辨率更高的马赛克[SMOLIC，WIEGAND 2001]。图 7.4 示出了由相机缓慢摇摄拍摄的视频序列生成的马赛克示例。

图 7.4　由三脚架上旋转的相机拍摄的视频序列而生成的马赛克图像示例。图中汽车出现了几何形变，这是因为它们根据背景的运动进行了扭曲，而背景运动和汽车自身的运动是不同的(由 A. SMOLIC 提供)

① 然而，即使是在局部运动的情况下，与整体扭曲模型相矛盾的相应偏差也可以被识别为异常值，并在确定参数时被忽略掉，例如使用 RANSAC(见 3.8 节)。

马赛克的使用。由于马赛克包含来自视频序列或一系列静止图像的压缩图像信息，因此可以立即使用它们来提取与整个场景相关的全局特征数据；在评估运动信息和时间参考信息的情况下，马赛克中包含的局部特征也可能与时间上的特定位置有关。

马赛克的另一个用途是图像重建。它是通过反投影、反转运动映射方程和从马赛克到原始图像的参考坐标系的扭曲来实现的。

马赛克重建可以用来从视频场景中人工移除运动的物体。图 7.5(a)示出了一个马赛克，该马赛克是通过相机平移和缩放从场景中自动提取的，其中白色框指示图 7.5(b)所示三幅原始图像的位置。因为仅包括与全局运动参数模型匹配的区域，前景中的骑马者在马赛克图像中不可见。图 7.5(c)示出了使用逆全局运动映射参数从马赛克逆投影到原始图像的各个背景部分。

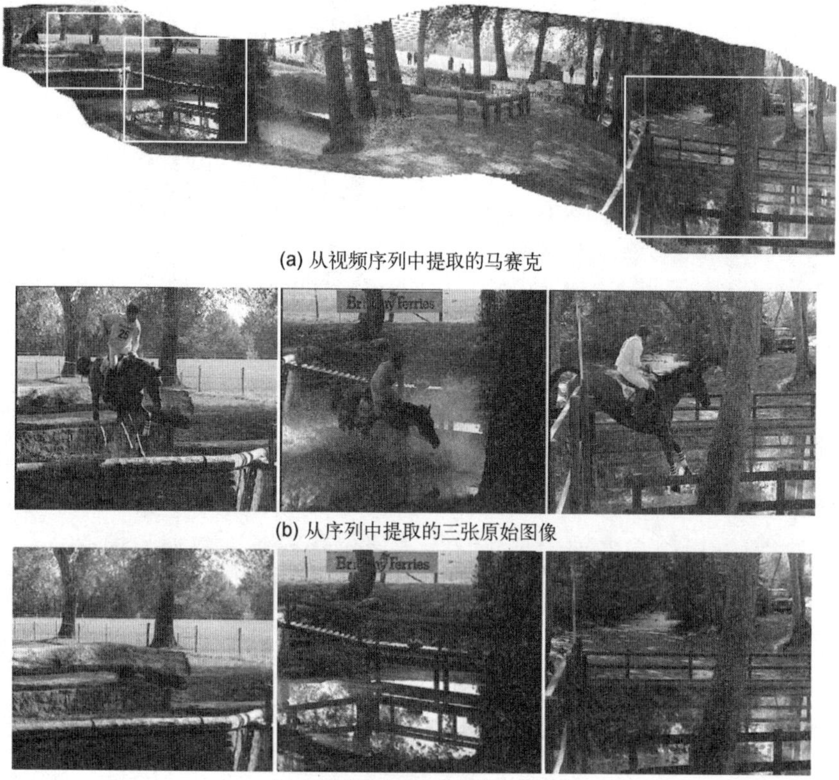

(a) 从视频序列中提取的马赛克

(b) 从序列中提取的三张原始图像

(c) 从马赛克中重建的仅为背景的图像

图 7.5 使用逆全局运动映射参数从马赛克逆投影到原始图像的各个背景部分(由 A. SMOLIC 提供)

马赛克重建也可用于全景相机，全景相机使用多个图像传感器，它们的视角方向不同。因为在这种情况下，大多数圆柱或球面坐标系都有助于存储马赛克，在将数据输出到传统显示器之前，必须执行到平面坐标的反向扭曲操作。

7.3 图像内容合成

在各种情况下，可能有必要在图像的局部区域填充尽可能自然的其他样本，并无缝过渡到已知样本的周围区域。可能会有下列情况：

- 何时应将物体从图像中移除，并在图像处理中将区域替换为合适的背景；
- 当投影到合成视图位置时，某些背景将显示出来，而这些背景在原始视图中不可见；
- 恢复由于数据丢失、划痕等造成的有缺陷的图像。

为此，可以使用修补算法。一种简单的方法是进行插值(2.3 节)或从待修复区域边界处可以获得的样本进行外推；也可以包括一些附加规则，如边、线或曲面的连续性。然而，当内容在结构上过于复杂时，例如对于规则或不规则的纹理，这种方法可能会失效。后一个问题的解决办法将在后面的段落中具体介绍。

纹理的随机行为可以用齐次马尔可夫随机场形式化地描述[CHELLAPPA，JAIN 1996]，其特征是条件概率密度：

$$p_{s|\mathbf{s}}(x;\mathbf{n}\mid\mathbf{x};\mathcal{N}(\mathbf{n})) \tag{7.5}$$

其中 $s(\mathbf{n})$ 是一个样本，其随机变量 x 的概率受向量 $\mathbf{s}$ 的影响，向量 $\mathbf{s}$ 由来自具有随机向量变量 $\mathbf{x}$ 的邻域 $\mathcal{N}(\mathbf{n})$ 样本组成。同质性意味着样本与其邻域互为成员，即 $\mathbf{m}\in\mathcal{N}(\mathbf{n})\Leftrightarrow\mathbf{n}\in\mathcal{N}(\mathbf{m})$。从同一 MRF 模型中提取的两个样本场的视觉外观很可能是不可区分的，这是各种纹理合成方法的共同基础(参见文献[NDJIKI ET AL. 2012 年])①。

然而，问题是 MRF 原则上不能用有限的参数(如条件概率)来描述，除非使用解析 PDF(例如 AR 模型的高斯匹配)，这可能不适合作为一般的纹理模型。以下方法将在随后的小节中详细讨论：

- 对于某种类型的纹理(称为“微纹理”，包括沙子、水面、头发、草地等)，可以用平稳高斯过程来描述，这样就可以使用高斯-马尔可夫随机场(Gauss-Markov random fields, GMRF) [RUE，HELD 2005]，其中条件 PDF 是通过测量自方差从向量高斯 PDF[见式(5.7)]确定的。
- 另一种适合具有特征振幅变化的区域块(如卵石)纹理结构保持的方法是经验采样，这可以由更一般的 MRF 特性来驱动。基本假设是条件 PDF[见式(7.5)]只有很少的相关项，可以直接从示例图像中确定。

AR(MA)合成。静止 GMRF 模型的特征是具有单位方差，经因子σ放大以及全极点滤波器 $h(\mathbf{n})$ 滤波的高斯白噪声场 $v(\mathbf{n})$，

$$s(\mathbf{n})=\sigma v(\mathbf{n})+s(\mathbf{n})*h(\mathbf{n}) \tag{7.6}$$

其中 $h(\mathbf{0})$ 应等于零。在频域中，合成可描述为

$$S(\mathbf{f})=\sigma V(\mathbf{f})+S(\mathbf{f})H(\mathbf{f})=\frac{\sigma}{1-H(\mathbf{f})}V(\mathbf{f}) \tag{7.7}$$

功率谱密度为

$$\phi_{ss}(\mathbf{f})=\mathcal{E}\left\{\left|S(\mathbf{f})\right|^2\right\}=\frac{\sigma^2}{\left|1-H(\mathbf{f})\right|^2}\phi_{vv}(\mathbf{f}) \tag{7.8}$$

其中 $\phi_{vv}(\mathbf{f})=1$。这种单位方差白噪声新息(innovation)信号的随机性仅由其随机实例化的相位决定。如果新息阶段是独立的，并且在所有值 $\mathbf{f}$ 上分布相同(独立同分布)，那

① 视觉外观的一致性意味着不允许并排比较(可视化搜索样本差异)。

么输出过程的阶段也将为独立同分布。由 K 个样本组成的邻域 GMRF 模型的条件概率密度如下：

$$p_{s|\mathbf{s}}(x\,|\,\mathbf{x};\mathbf{h};\sigma)=\left(\frac{1}{\sqrt{2\pi\sigma^2}}\right)^K \mathrm{e}^{-\frac{\mathbf{h}^{\mathrm{T}}\mathbf{C}_{ss}\mathbf{h}}{2K\sigma^2}},\quad \text{其中 } \mathbf{C}_{ss}=\mathcal{E}\{\mathbf{s}\mathbf{s}^{\mathrm{T}}\}\ \text{and}$$
$$\mathbf{s}=\left[s(\mathbf{n}),s(\mathbf{n}-\mathbf{m}_1),\cdots,s(\mathbf{n}-\mathbf{m}_K)\right]^{\mathrm{T}}\quad \text{且}\quad \mathbf{h}=\left[1,-h(\mathbf{m}_1),\cdots,-h(\mathbf{m}_K)\right]^{\mathrm{T}} \tag{7.9}$$

$\mathbf{m}_k$ 值表示与因果邻域中当前位置的相对距离。实际上，协方差矩阵可以通过局部纹理区域的测量来填充，然后可以通过求解 Wiener-Hopf 方程(A.99)来确定滤波器参数 **a** 的集合。增益参数估计为

$$\sigma=\sqrt{\frac{1}{K}\mathbf{h}^{\mathrm{T}}\mathbf{C}_{ss}\mathbf{h}} \tag{7.10}$$

该式与式(A.92)中引入的传统“因果”AR 模型相比，其优点是 $h(\mathbf{n})$ 可以是排除当前样本位置的任何 FIR 滤波器，因此原则上不存在因果限制。非因果推广也被表示为条件 AR(CAR)模型[RUE，HOLD 2005]。特别是，对称二维滤波器支持生成场的马尔可夫均匀性，然后等效于 GMRF。尽管用 AR 方法进行合成需要递归滤波，但由于样本之间的相互依赖性，若设置适当的边界条件，有限域的解是存在的。这可以通过将非因果脉冲响应分解为从不同方向开始的因果部分来实现[CHELAPPA，KASHYAP 1985][RANGANATH，JAIN 1985]，或者通过求解一个线性方程组来实现，该线性方程组等效于反转式(7.6)的线性预测过程 $\sigma v(\mathbf{n})=s(\mathbf{n})-s(\mathbf{n})*h(\mathbf{n})$ 的矩阵公式。这些方法也可扩展到 ARMA 合成，即在合成滤波器中加入 FIR 部分。

基于马尔可夫随机场的合成。也可以基于 MRF 方法进行纹理合成(参见 4.2.2 节)[CROSS，JAIN 1983]。首先，必须估计条件概率参数，这通常会使许多状态在具体的纹理分析中成为空值；当不符合实际纹理时，无论如何，它们都不会输入合成模型。根据待合成纹理的局部性质，邻域大小是一个重要的参数。如果邻域至少跨越典型周期长度的范围，该方法也适用于具有周期性规则纹理的情况[PAGET/LONGSTAFF 1998]。与显式建模状态不同，还可以使用 MRF 采样来进行合成，其中示例纹理的块(也可以是已合成样本的区域)隐式地从给定上下文传递下一个状态的预测。基本上，式(7.6)中卷积 $s(\mathbf{n})*b(\mathbf{n})$ 的输出，是过去样本的线性预测结果，被“模板匹配”预测代替。在此，当前样本的(因果)上下文邻域形成模板，将该模板与来自示例纹理的对应样本组进行比较。最后，对当前样本的预测是来自示例纹理的样本，其邻域为模板与当前样本的邻域建立的最相似组。同样，可以添加新息信号以生成最终的合成样本①。这种方法的变体还包括对与模板最佳匹配的几个组的预测进行平均或加权平均。

频域合成。纹理合成也可以通过将频率系数生成为随机值来执行，其统计信息与原始纹理图像中的相似(例如 PDF 和与分析相匹配的矩)。特别是，可操纵金字塔(见图 2.26)已成功地应用于这一领域[PORTILLA，SIMONCELLI 2000]。在本书中，用于分析和合成参数的典型标准是边缘统计量(包括表示高斯统计量特性的峰度等累积量)、频带内和频带间的系数相关性，特别是幅值相关性和相位相关性。后者是一个重要指标，表明纹理是一个更像噪声的“微纹理”，还是也具有诸如局部不连续性这样的某种结构；也可以通

① 如果没有新息，重复的结构可能会出现。

过测量复小波系数之间的相位一致性准则来表示[KOVESI 1999]。

光照效果的合成。在捕捉自然场景时，灯光的特性起着重要的作用。光源的色温基本上可以通过多通道振幅传递特性来调节。作为近似值，增益/偏移调整常常是必须的：

$$g(\mathbf{n}) = \alpha\, s(\mathbf{n}) + \beta \tag{7.11}$$

对于高阶函数，类似于伽马变换（见 62 页脚注①）或分段定义的指数特性比高阶多项式更可取，因为它们具有更好的稳定性。对于颜色变换，应用矩阵公式①如下：

$$\begin{bmatrix} g_{\mathrm{R}}(\mathbf{n}) \\ g_{\mathrm{G}}(\mathbf{n}) \\ g_{\mathrm{B}}(\mathbf{n}) \end{bmatrix} = \begin{bmatrix} \alpha_{\mathrm{RR}} & \alpha_{\mathrm{GR}} & \alpha_{\mathrm{BR}} \\ \alpha_{\mathrm{RG}} & \alpha_{\mathrm{GG}} & \alpha_{\mathrm{BG}} \\ \alpha_{\mathrm{RB}} & \alpha_{\mathrm{GB}} & \alpha_{\mathrm{BB}} \end{bmatrix} \begin{bmatrix} s_{\mathrm{R}}(\mathbf{n}) \\ s_{\mathrm{G}}(\mathbf{n}) \\ s_{\mathrm{B}}(\mathbf{n}) \end{bmatrix} + \begin{bmatrix} \beta_{\mathrm{R}} \\ \beta_{\mathrm{G}} \\ \beta_{\mathrm{B}} \end{bmatrix} \tag{7.12}$$

通常，光源本身不会出现在图像中，但可以视为物体表面上的镜面反射。当光源不是漫射光源时，根据光源、物体曲面和相机（彼此相对）的位置和方向，可能会对反射光进行大的修改。只有当场景的三维模型（就表面方向、反射特性和照明而言）已知时，才能对其进行精确建模。但是，在某种程度上，如果深度信息已知，深度梯度可以提示光照和阴影的必要变化。除此之外，对于全局光照变化（例如光源的切换、去遮挡云的影响或日出）的合成，可以使用上述模型之一、非线性或分段线性映射函数（参见 2.2 节）或采用基于查找表的方法。

7.4　扭曲与变形

与马赛克和缝合的情况一样，接下来描述的扭曲和变形方法对图像信息进行映射需要预先执行注册步骤，即识别对应点。最简单的情况，可以通过对应分析自动完成（参见 3.9 节）。然而，如果图像是在不同光照条件下拍摄的，来自不同的传感器模式，或者只是在语义上相互关联，则可能需要一些附加规定。特别是在后一种情况下，可能需要人与人之间的交互，这在媒体制作或处理的应用中可能是合适的，在这些应用中，管理员可能无论如何都希望能够对结果进行控制。

扭曲是一种图像处理方法，其中图像或视频中的区域或其中某个区域局部对齐，使得该区域中的点出现在指定的目标位置[WOLBERG 1990]。通常，点的顺序不会改变（镜像映射除外），但扭曲输出的距离可能是可变的，即使点在输入时处于等距位置。扭曲的一个典型目标是两幅图像之间的几何映射，例如用于预测或混合。变形还额外使用了一些方法，例如在映射期间调整振幅（亮度或颜色）值。具有组合扭曲和变形的典型应用是人脸替换、图形或横幅的转换，这些图形或横幅是人工压印到表面上的，必须根据不同运动的相机投影进行必要的几何修正。描述几何操作的简单方法是基于参数映射模型（4.5.4 节）来进行，该模型可以通过定义参考点网格来支持。这些点建立顶点的规则或不

---

① 这里显示的是 RGB 表示的情况；但是，由于式（4.2）中 RGB 到 YC_bC_r 转换也可以写成矩阵/向量乘法，因此可以应用基本相同的方法。然而，由于色度分量对光照变化更具不变性，在这种情况下，变换也可以限制在 Y 分量（另见 MCA，4.1 节）。

规则扭曲网格。如果顶点通过 Delaunay 三角剖分(参见 2.3.4 节)连接，则仿射映射式(4.110)可分别应用于每个三角形。通常，至少有一个网格(几何映射的源或目标)是不规则的。也有可能两者都是不规则的，这是在使用显著特征点来确定两幅图像之间关联的情况。图 7.6 示出了映射到不规则网格的三角形规则网格的示例，以及不规则到不规则网格映射的另一示例。

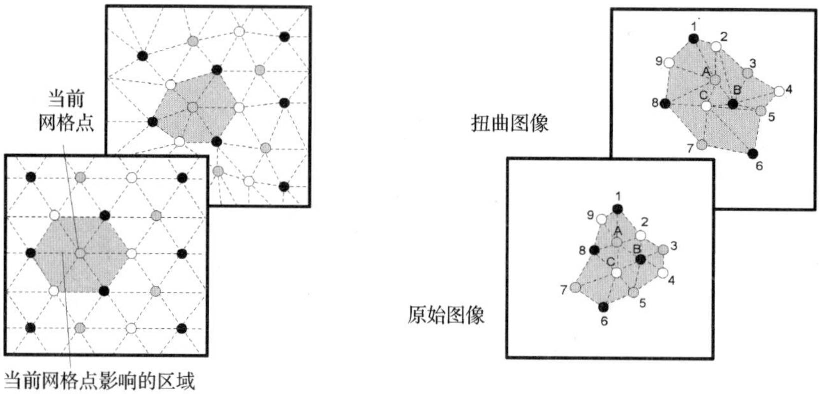

(a) 定义三角形面片的规则六边形网格　　(b) 有界区域上的不规则到不规则网格映射

图 7.6　不同类型网格的扭曲

对于图像处理，参考点的定义允许实际实现局部变化的扭曲网格。这将引入足够的形变自由度，而这是全局参数几何对齐无法实现的(见 4.5.4 节)。对样本应用单独的移位，假设对于小的局部 2D 面片，即使在显示非平面 3D 曲面投影的情况下，参数移位模型也是充分和一致的。式(4.176)和式(4.177)给出了将扭曲网格特征点的移位映射到三角形面片内任意位置的样本移位向量的基本关系。然而，三角形面片组合的定义并不唯一。对于任意允许的网格点映射，扭曲网格可能不再需要 Delaunay 拓扑。在图 7.6(b)的示例中，在真正的 Delaunay 三角剖分中，点“3”和“A”应该连接而不是“2”和“B”，但是原始图像中的网络拓扑结构是强制的，因此三角形面片可以彼此唯一地关联。另外，当实施相同的拓扑时，可能会出现不合理的图形映射，如镜像的面片、Delaunay 线的交叉和扭曲图像中面片的重叠。这可能与扭曲图像中被遮挡的区域相对应。图 7.6(b)中的一个例子是三角形“5-B-C”，它变得相当小(当点“B”的位置稍微低一些时，它甚至会被镜像)。通过对相邻的网格移位施加约束，或声明某些网格连接无效，可以避免该问题，并防止在这种情况下应用扭曲。假设要执行变形操作，将原始图像修补程序 $s_{\mathrm{o}}(\mathbf{n})$ 转换为目标修补程序 $s_{\mathrm{d}}(\tilde{\mathbf{n}})$，包括几何和样本振幅(纹理)的逐渐变化。如果应用于电影特效模式，通常通过对 M 个图像时间段进行混合来实现。如果变化是线性的，则几何变换在等宽的 M 步长内发生。同时，执行相关样本振幅(和颜色)值的线性渐进修正(平滑混合)，使得中间画面 $s_{\mathrm{i}}(\breve{\mathbf{n}},m)$，$m=1,\cdots,M-1$ 的结果是

$$s_{\mathrm{i}}(\breve{\mathbf{n}},m)=\frac{M-m}{M}s_{\mathrm{o}}(\mathbf{n})+\frac{m}{M}s_{\mathrm{d}}(\tilde{\mathbf{n}}),\quad 其中\ \breve{\mathbf{n}}=\mathbf{n}+\frac{m}{M}(\tilde{\mathbf{n}}-\mathbf{n}) \tag{7.13}$$

位置 $\breve{\mathbf{n}}$ 通常不是整数值采样位置。因此，必须另外应用不规则网格上的插值(参见 2.3.4 节)来产生定期采样并可再次显示的输出图像。

7.5 虚拟视图合成

当在场景内进行交互式导航时，需要生成未被相机捕获的虚拟视图。在基于计算机图形学的虚拟现实应用中，当存在对三维场景的描述时，这种问题很好定义；虚拟相机被放置在虚拟世界中的某个位置，并且具有预先定义的视图方向，然后，基本上通过使用给定焦距和其他相机内参(对于给定数量的水平/垂直采样，分别为图像平面的采样距离大小)来实现中心投影方程①，渲染 2D 图像。场景还应包括光源的位置(除非假设漫反射光照条件)，以及场景中三维曲面的反射和纹理属性。

基于计算机图形学的渲染仅适用于相机捕捉真实场景的有限范围。首先，从有限数量的相机信息中很难获得完整的 3D 世界形状；其次，对于场景的可见部分，3D 重建也可能是错误的(见 6.3 节)。因此，一种更简单的替代方法是基于图像的渲染[SEITZ，DYER 1995]。这种方法产生的图像比真正基于计算机图形学的方法更自然，复杂度相对较低，这使得即使对于视频信号也可以实现实时的视图自适应[IZQUIERDO，OHM 2000]。通常基于深度数据②进行记录视图(或其部分)到替代视图的直接映射。对于校正后的相机视图(见 7.5 节)的可用性而言，这一点特别简单，但此处应以更一般的视图进行讨论。除遮挡区域外，式(4.190)、式(4.192)和式(4.194)中的关系一旦已知内参和外参(其中 **R** 和τ表示所需的视图更改)，就允许从一个相机图像平面到另一个相机图像平面的外部世界点进行映射。然而，注意到式(4.192)由于使用齐次坐标表示比例关系，因此通过基本矩阵的映射也取决于三维世界中点的深度(距离)。然而，一旦已知 3D 点的坐标，映射就被明确定义，但只有在特殊情况下(仅通过旋转改变相机视图，即改变视角)，整个视图的映射才可能通过单应性以简单的方式实现。此外，如果角度变化较大，则已知样本的密度可能不足，并且新视图可见区域与已有视图区域的重叠可能变为零。这个问题只能再次通过足够稠密的真实相机视图来解决。接下来，提出了一种简单的基于图像的虚拟相机视图绘制方法，该虚拟相机视图位于两个相邻相机两个焦点之间的互连轴上。这可以理解为扭曲/变形的一种特殊情况。

假设一个场景是由两个或多个摄影机拍摄的。从该布置中，选择提供图像 $s_1(\mathbf{n})$和 $s_2(\mathbf{n})$的两个相机视图。这些图像之间的逐点参考由视差移位 $\mathbf{d}(\mathbf{n})$③给出，它可由视差估计[见式(4.7)]来确定。参数 r 的定义应与式(7.13)中的 m/M 具有相似的作用，其值应在 0 和 1 之间。令 r=0 表示在图像 s_1 中捕获的视图，并令 r=1 与 s_2 相关。相机应与会聚角 α 垂直对齐(但不一定共面)。通过适当缩放视差和插值纹理值，可从两幅原图④生成任意的

① 作为简化，也可以使用正交投影(见 4.5.4 节和 6.3.4 节)，其中虚拟相机与场景里某一部分的距离通过投影大小的倒数缩放进行模拟。

② 在这种情况下，还使用了基于深度图像的渲染(Depth Image Based Rendering，DIBR)这一术语。

③ 限制视差的允许范围可能是有用的[参见式(7.15)中的 Z_{near}/Z_{far} 方法]。对于立体显示，可能需要进一步调整，因为零视差具有对应内容似乎位于屏幕上的效果，负/正视差导致前面/后面的虚拟影像(参见图 7.15)。

④ 在一定程度上，该方法也可以推广到 r<0(在 s_1 外)和 r>1(在 s_2 外)。然而，在这种情况下，最好仅从最近视图的图像执行投影。在遮挡情况下，仅从一个视图投影效果更好(而不是加权平均)。

中间视图，该视图对应于虚拟相机位置，焦点位于已知相机视图的两个焦点之间的连线上，并且光轴方向(相对于视图 1 的会聚角)为 $r\alpha$(见图 7.7)：

$$s_f\left[\mathbf{n}+r\mathbf{d}(\mathbf{n})\right]=(1-r)s_1(\mathbf{n})+rs_2\left[\mathbf{n}+\mathbf{d}(\mathbf{n})\right] \tag{7.14}$$

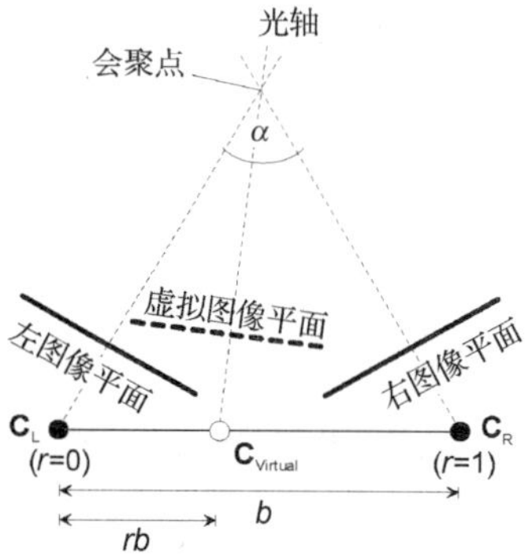

图 7.7 利用视差补偿插值从立体图像对的原始左视图和右视图生成 $0<r<1$ 位置的中间虚拟视图

图 7.8 示出了从立体图像对的左视图和右视图生成中间(中心，r=0.5)视图的示例。

图 7.8 从立体图像对的原始左视图和右视图生成虚拟视图(中心位置，r=0.5)的示例

或者，对深度的描述可以转换为式(7.14)中生成虚拟视图所必需的视差值。为此，有必要提供相机参数，并采用中心投影方程。

对于共面相机，这是简化的表示。形式上，对于无限深度距离，可以找到零水平视差，但是，将某个最大预期深度距离与 d=0 关联更有用，并且假设没有任何内容比某个最小深度距离(与最大视差关联)更接近相机。这可以通过 Z_{near}/Z_{far} 表示来实现，其中最近的允许深度距离与最大视差 d_{max} 相关，而最远的距离与 d=0 相关，并且其中一个点的深度距离将为①

$$Z=C\left[\frac{d}{d_{max}}\left(\frac{1}{Z_{near}}-\frac{1}{Z_{far}}\right)+\frac{1}{Z_{far}}\right]^{-1} \tag{7.15}$$

这种方法使得视差与实际相机系统中固有的基线距离和其他缩放参数无关，深度可理解为无穷小(由 Z_{near}/Z_{far} 范围归一化)，并且可以简单地缩放以达到显示/渲染目的。一旦已知真实相机图像中给定样本的实际深度值 Z_{act}，就可以直接将其映射到具有不同投影点的虚拟相机图像中的位置，然而，图像平面将始终具有相同的角度方向(参见图 7.9)。

① 常数 C 将根据式(4.186)设置为 b_iF/T_i。

另一种完全基于投影的方法是不完全 3D 方法[OHM，MÜLLER 1999]。在此，来自两个或多个相机的所有已知图像信息聚集在与密集视差图相关的所谓不完全 3D 平面中[见图 7.10(a)]。理想情况下，该平面不包含可从多个相机看到的重复信息；此外，该信息经过组合，使得它是从以最高分辨率显示它的相机中本地获取的。对于合成，只需将该平面进行投影，使用随所需视点进行缩放的视差向量。图 7.10(b)示出了合成结果，包括超出原始左、右相机位置(在立体相机系统的基线之外)的视图。然而，该方法在深度/视差不连续的情况下可能导致伪影，这可能发生在非凸三维曲面上。

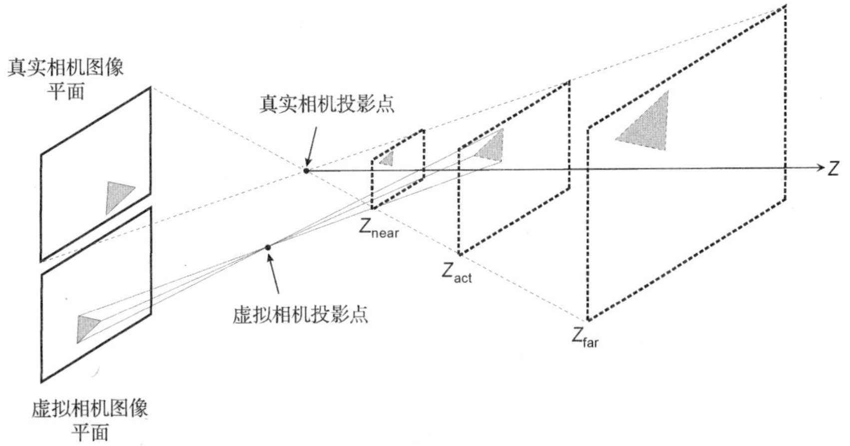

图 7.9　已知 Z_{near}/Z_{far} 表示的投影点深度值的虚拟视图生成(在这种情况下，阴影三角形所有点的深度 Z_{act} 都相同，并且虚拟相机的图像平面坐标系的原点偏离中心)

(a)从左到右：原始的左视图和右视图，两个视图和关联的视差图组合的不完整三维平面

(b)合成视图位置(从左到右)：超出左摄影机、左摄影机、中心视图、右摄影机、超出右摄影机

图 7.10　“不完全 3D”技术

为了获得更大的视角适应范围，例如在房间、体育场或景观上的环视，通常需要使用两个以上的视角。通常，当已知相机之间的视角方向大于15°～30°时，基于图像绘制的合成质量会受到影响，但是，这也取决于所示三维曲面的特征和方向(对于平面曲面，通常需要较低密度的相机，而对于非凸曲面，则是最难的情况)。当扩展到多个相机时，不完全 3D 方法与马赛克的构造(参见 7.2 节)在概念上具有相似性，但

局部深度图用于视图重建的事实除外，而对于马赛克，通常使用全局深度图就足够了，前提是相机的位置没有改变。事实上，在更一般的情况下，马赛克及以下方法也可以归类为基于图像的渲染：

- 光场渲染是基于稠密相机阵列捕获的视图，基于此，基本上实现了全光函数的稠密采样(见第 103 页脚注①)；这也可能是不完整的，例如，仅使用一个方位角将相机位置限制为直线、圆弧或 2D 阵列；
- 分层深度图像(LDI) [SHADE ET AL. 1998]扩展了 DIBR 的原理，对前景层和背景层使用不同的图像平面，使遮挡影响最小；
- 2D 纹理映射通常用于计算机图形学以获得更自然的外观，其中由真实相机捕获的纹理被修复到 3D(例如网格)表面上，然后投影到虚拟相机位置。

视图合成还必须应用于增强现实或混合现实应用中，其中自然内容(由相机捕获)必须与合成(计算机图形生成)内容相结合。这包括以下情况：

- 合成物体应包含在自然场景中(特技效果，例如模拟新建筑物、自然场景中的人工生物)；
- 自然物体应包含在合成生成的场景中(例如，人工房间中的人)。

为了获得混合自然和合成内容的自然效果，投影关系必须一致，这意味着自然场景拍摄的实际相机位置必须与用于将图形对象映射到图像平面的虚拟相机的位置相匹配。还应观察照明条件(光源方向等)的一致性。在这方面，精确的相机校准信息(参见 4.7 节)是必要的。如果这些信息未知，至少可以通过分析具有允许对相应点进行唯一识别的结构平面的存在场景来估计外部参数[MAYBANK，FAUGERAS 1992]。但是，值得注意的是，这种方法不如校准模式方法可靠，其可能会导致出现伪影。

7.6 帧率变换

当成像系统应用于联合呈现不同来源的信号(例如扫描胶片、隔行扫描和逐行扫描视频、不同帧速率的视频、静止图像、静止或动画图形)时，采集和表示格式可能表现出很大的变化。此外，可能需要在具有不同空间分辨率的不同设备上对内容进行重放。像 LCD/LED 这样的现代显示器通常比相机捕捉到的刷新率要高得多。此外，有可能需要在逐行显示器①上显示隔行视频信号。而空间分辨率的修正可以通过空间插值或抽取来完成，如 2.1.3 节和文献[MSCT，2.8.1 节]所示，帧速率的变化以及隔行和逐行格式之间的转换更具挑战性，特别是当存在运动的情况下。

为了说明对中间帧进行内插时考虑运动的重要性，图 7.11 示出了三种不同采样率(50Hz、75Hz 和 100Hz)条件下帧的时间采样位置以及线性(即通过恒定速度)运动的相关空间位置。如果场景的某些区域(或全局运动情况下的整个场景)正在移动，则需要确定中间图像中需要出现局部面片的正确位置，以获得自然流动的效果。简单的时间轴插值

① 另一种情况是，在模拟电视时代，通过所谓的下拉方法来解决在隔行显示器上显示渐进扫描(胶片)电影的问题，即在 50 或 60 场/s 的电视系统中，两次显示某些场以降低的 24 帧/s 的电影速度进行重放。

将失败，因为精细细节的大运动可能会导致混叠，并且在未沿运动轨迹进行滤波时可能出现重影。那样，物体才会出现在正确的位置，并保证正确的运动和清晰度。考虑从 50Hz 序列向上转换为 75Hz 序列的示例。如图 7.11 所示，在新生成的时间位置必须显示三分之二的图像，只有三分之一的图像可以保持不变。因此，当使用错误的运动信息进行插值时，可能会发生可察觉的几何失真。

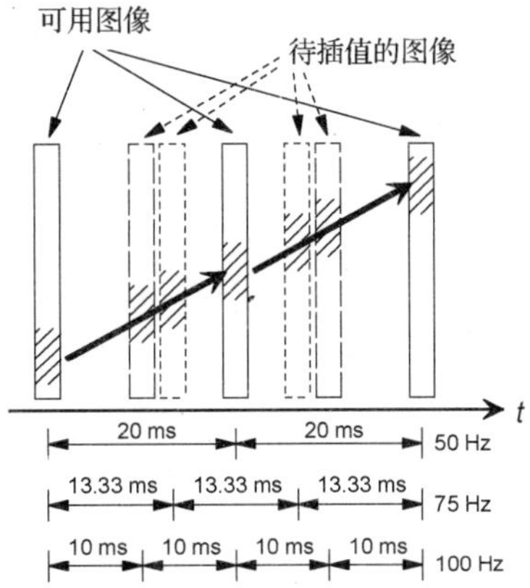

图 7.11　不同帧率情况下中间图像的时间位置以及沿轨迹运动物体的瞬时位置

对于生成的全新帧，当认为运动向量可能不可靠时，打开回退模式(fallback mode)更为有用。最简单的情况，可能是时间上最接近原始帧的投影(不使用运动补偿)，从理论上来说就是“定格”的方法。类似的方法也只能局部地应用于那些运动向量被认为不可靠的部分。然后需要在插值帧的运动补偿(motion-compensated, MC)和非 MC 区域之间进行平滑过渡，这可以通过类似于图 7.2 所示的方案的空间混合来实现。这种方法的框图如图 7.12 所示。可靠性标准可按 3.9 节和 4.6 节所述使用，特别是运动补偿偏移图像差(Displaced Picture Difference, DPD)的高值或运动向量场中的高发散度，是不可靠运动矢量的良好指标，例如在遮挡情况下。如果输入是隔行扫描的视频序列场，则第一步是去隔行扫描以生成帧速率等于前一场速率的完整帧序列。第二步，通过时间插值生成任意速率的渐进帧；在回退模式中使用最近的去隔行帧。在合成步骤将帧插值和去隔行(回退)区域进行混合，并在正常区域和回退区域之间的边界处提供平滑过渡滤波。

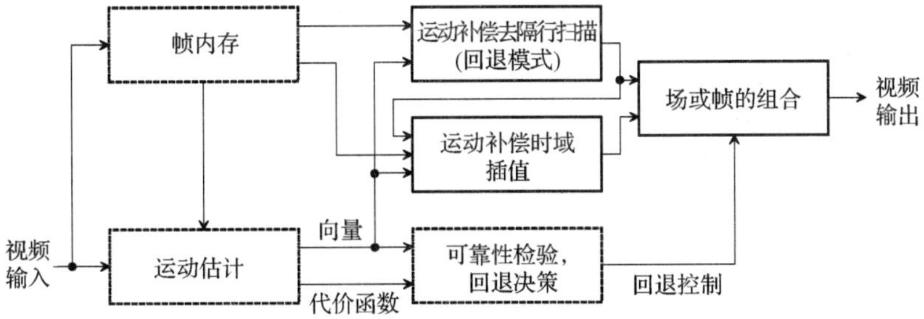

图 7.12　容错运动补偿帧速率转换系统框图(当输入是逐行扫描视频序列的帧时，可以省略去隔行扫描的构建块)

为了从隔行扫描的场图像向上转换到进行采样的帧图像(去隔行扫描)，只需生成中间线。除非场景不移动，否则将两个字段直接组合到一帧内是不可行的解决方案。否则，场的不同采样时间位置之间发生的运动移位将导致奇偶线之间的偏差。当前场的最近空间位置可与来自至少一个其他场的信息结合使用，从而分析运动移位以获得最高质量。如果运动估计失败，则只应使用当前场的空间邻接信息，但这可能导致空间细节或混叠效果的丢失。

对于去隔行和中间帧插值，中值滤波器(见 2.1.1 节)显示出优异的性能[BLUME 1996]。这些可保证持续的图像清晰度，并抑制插值结果中的异常值。图 7.13 示出了基于 3 抽头中值滤波器的运动补偿去隔行方法，对于该方法，根据运动向量的方向，从相反的奇偶校验场选择一个输入值。当运动向量指向另一个场的一条现有直线时，使用一个原始值作为滤波器输入，否则首先计算两条相邻直线的平均值，然后使用该平均值。

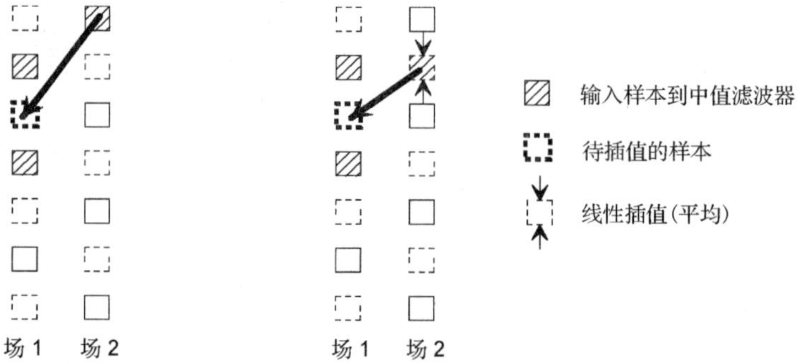

图 7.13 使用 3 抽头中值滤波器进行去隔行，对场 1 进行向上转换

若进行中间帧插值，当 $t_a=n_3T_3$ 和 $t_b=(n_3+1)T_3$ 是与两个已知帧相关的采样时间，并且 $t_a<t_3<t_b$ 时，应为时间点 t_3 生成新图像的样本。图 7.14 显示了加权中值滤波器在这方面的应用[BRAUN ET AL. 1997]。假设 $\mathbf{k}'$是要插值的位置和前面已知图像中相应位置之间的运动偏差，$\mathbf{k}''$是后续已知图像的等效定义。输入值从式(4.1)定义的两个水平/垂直邻域 $\mathcal{N}_1^{(1)}$ 聚集得到，这两个邻域位于已知图像 $\mathbf{n}+\mathbf{k}'$和 $\mathbf{n}+\mathbf{k}''$的位置中心。要获得 $\mathbf{k}'$和 $\mathbf{k}''$，需要估计已知图像之间的偏差向量 $\mathbf{k}=\mathbf{k}'+\mathbf{k}''$，根据式(7.16)中给出的时间距离对其进行缩放，并在 $\mathbf{k}$ 将穿过待插值图像[①]的位置使用它。中心样本由系数 3 进行加权。插值样本在向量传递的位置 $\mathbf{n}$ 处生成；收集前序计算位置的插值帧，将其作为中值滤波器的一个附加输入。运动向量 $\mathbf{k}'$和 $\mathbf{k}''$是(向后)运动向量 $\mathbf{k}$ 的缩放版本，需要在中间帧[②]的局部位置检验其有效性，

$$\mathbf{k}'=\mathbf{k}\cdot\frac{t_a-t_3}{T_3}\quad;\quad\mathbf{k}''=\mathbf{k}\cdot\frac{t_b-t_3}{T_3} \tag{7.16}$$

① 或者，可以使用其中一个可用图像的并置位置处估计的向量，然而，这在运动不连续的区域中可能导致错误。

② 两个或多个向量可以穿过中间图像的位置 $\mathbf{n}$，或在其他情况下，根本不能识别运动向量。除了在估计过程中进行可靠性检测，运动向量对于给定位置的有效性还可以基于其大小或与相邻向量的一致性来判断。

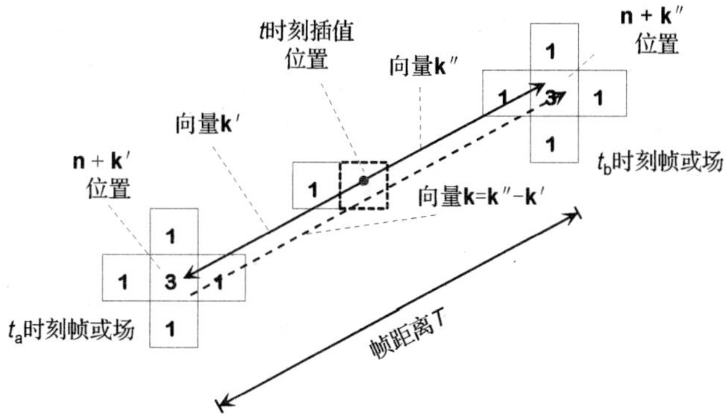

图 7.14　用于中间帧插值的加权中值滤波器示例

7.7　图像和视频信号的视图自适应体绘制

图像或视频信号的渲染通常是为投影到输出介质(屏幕)做准备的。根据系统的分辨率，图像大小可能必须按比例缩放，或者可能需要使用 7.6 节的方法进行帧速率转换。由于投影系统的特性(例如，视频投影仪的光轴与屏幕不垂直)，可能会发生几何失真；如果这些失真是已知的，可以通过几何变换等信号处理方法进行预补偿。渲染也包括用户请求的视图自适应处理和简单的后混合方法，例如图与图的叠加。在后一种情况下，调整单个元素的大小也可以视为渲染过程的一部分。然后，将渲染新合成的图像平面馈送到输出设备中。

视点自适应在交互式应用中尤为重要，7.5 节介绍了视差补偿处理在基于图像绘制中的应用。简化的视点自适应方法也可以基于视差偏移，在视差偏移中，通过移动前景对象(分割的)相对于背景的位置来刺激视点变化的感觉。当新视点改变深度距离时，除尺寸的缩放外，不需要对前景和背景的 2D 图像块进行进一步的修正。后一类方法也可以归入 2D 渲染的范畴，而视差或深度相关的图像投影被表示为 2.5 维渲染或基于深度图像的渲染(Depth Image Based Rendering, DIBR)。

在全三维渲染中，必须提供投影到屏幕上场景的三维(体积或曲面形状)信息。对于由稀疏相机集捕获的图像或视频数据，可以获得的关于 3D 空间的信息通常是不完整的，或者必须对输出视点方向的范围进行某些限制。

此外，对于图像、视频和图形信号，立体渲染和投影通过对左右两眼看到的两个图像之间的立体视差进行渲染来生成深度影像(参见 4.7 节)。在自然视觉中，视差主要在近距离(最多 6 米)有效。然而，由于立体屏幕通常在更窄的视距范围内操作，因此立体视差效果确实具有优先重要性①。立体显示系统本身的问题是左右图像需要同时进行投影，以保证两个信号之间的串扰最小化(即左眼观看的图像不应干扰右眼，反之亦然)。在各种显示类型中，这是通过多路复用实现的，通常以另一维度(例如时间、空间或颜色分辨率)中分辨率的损失为代价。立体显示的常用方法是：

① 更先进的多视图和光场显示器还提供运动视差，即当观众在屏幕前横向移动时，呈现的图像会发生变化。

- 头戴式显示器。它们由靠近眼睛的两个小屏幕组成，其中每个屏幕在物理上只对一只眼睛可见。由于不存在公共光路，因此保证了完全分离。除相对较小的输出面板和光学校正造成的限制外，不会发生分辨率损失；一个明显的缺点是使用有限，其将观看者与真实的外部世界隔离开来。
- 立体眼镜。左边和右边的图像用不同的原色显示，并且只渲染成一幅图像。传统上，使用红色和绿色滤光片的玻璃就是这个目的。更高级的立体眼镜使用具有多个窄通带和阻带的滤光片，这样每只眼睛都能感觉到整个光谱范围；与红色/绿色立体成像不同的是，在这种情况下，感知到的立体信号几乎是单色的，颜色感知基本上保持不变，即使是部分色盲的人也能感觉到立体感。
- 百叶窗玻璃。左右图像以交替顺序(作为时间复用)显示，其中指定眼镜在对应时隙禁止看另一只眼睛的视图，快门必须与显示器同步。这些系统具有非常低的串扰，但至少需要具有双时间重复率的显示系统，并且眼镜需要电池供电。
- 偏振玻璃。使用偏振滤光片(保留颜色)输出左、右图像，使信号水平投射到一只眼睛，垂直的偏振光投射到另一只眼睛。观察者还戴上具有偏振特性的玻璃进行分离。该方法适用于双镜头投影系统、时间复用的投影系统(同步改变投影仪光程中的偏振滤波器)，或使用配备偏振箔的显示器(例如具有交替偏振特性的线或柱)。滤光片会导致亮度和对比度的损失，另外，显示时空间分辨率的损失也必须被接受。除非观察者头部进行了旋转，否则串扰特性是令人满意的。基于投影的系统需要一个特殊的镀银屏幕，否则偏振特性会因色散而丢失。
- 自动立体显示器。它是不戴眼镜的系统，通常基于左/右信号的空间复用，其中交替的列或对角线被分配给左/右声道。为了分离信号，透镜光栅网格[BÖRNER 1993]或条纹掩模[EZRA ET AL. 1995]已经被提出。最先进的显示器有多个“甜点”，观众可以在那里找到正确的顺序和最佳的无串扰位置。另外，在最近的多视图显示中，不同视图的数目增加，使得除立体视差外，当头部移动时还可以感知运动视差。这种显示器的最大缺点之一是单视图空间分辨率的损失，这在使用自动立体技术和超高清显示器时得到了一定程度的解决。

除了(自动)立体投影，提供空间影像的输出系统仍处于开发的早期阶段。光场显示器使用大量投影仪向透镜状的屏幕进行漫反射来进行反投影。这个原理可以追溯到[IVES 1931]。然而，投影仪需要非常精确的对齐，以便获得像素的焦点。对于静止图像，全息系统已经相当成熟；但是对于视频，不存在单片采集系统，需要通过映射多个同时捕获的相机馈送来人工生成视频全息图像。这些系统仍然存在分辨率低的问题，通常不会超过空间视觉[①]。

如果观众同时看到了房间的展示和氛围，这可能与自然场景相矛盾。因此，通常情况下，对于大型显示器/屏幕或头戴式显示器，立体幻觉变得更加沉浸。立体效果是通过这样的事实来实现的，即图像的某些区域不是被视为位于屏幕上，而是出现在屏幕的前

① 在某种程度上，这句话适用于任何试图模仿空间(体积)错觉的输出技术。对三维空间环境的理解属于大脑更高抽象的范畴，在大脑中，人类一直在处理眼睛收集的不完整信息。从这个角度来看，立体或其他空间错觉通过诸如空间分辨率等其他信息分量进行惩罚得到，这种方法是有问题的。

面或后面。对于立体视觉，一个重要的标准是感知的视差(参见 4.7 节)。由于晶状体的聚焦和中央凹区域受体的高密度(参见 6.1 节)，一只眼睛通过全分辨率只能看到固定点周围的一小块区域；在立体视觉的情况下，两只眼睛的“观察光线”通常会在该点会聚。对于距离的评估，这种经验与视差具有相似的重要性。从图 7.15 所示的原理来看，如果右眼在屏幕上看到的点比左眼看到的点感觉偏右，那么很明显这个点在立体成像中观察到的点是位于屏幕后方的；然后，观察光线似乎在屏幕后方会聚[见图 7.15(a)]。同样，相反地，当右眼比左眼看得更远时，会聚点将位于屏幕前方[见图 7.15(b)]。

根据这些解释，可以进一步得出结论，使用普通立体系统很难实现完美的空间视觉：要求拍摄相机与眼睛具有或多或少相同的特性(特别是关于基线距离、镜头焦距和焦距的特性)，观察者和屏幕之间的距离也非常类似于拍摄物体和相机之间的原始距离(或者至少观察到尺寸和深度的自然缩放)。

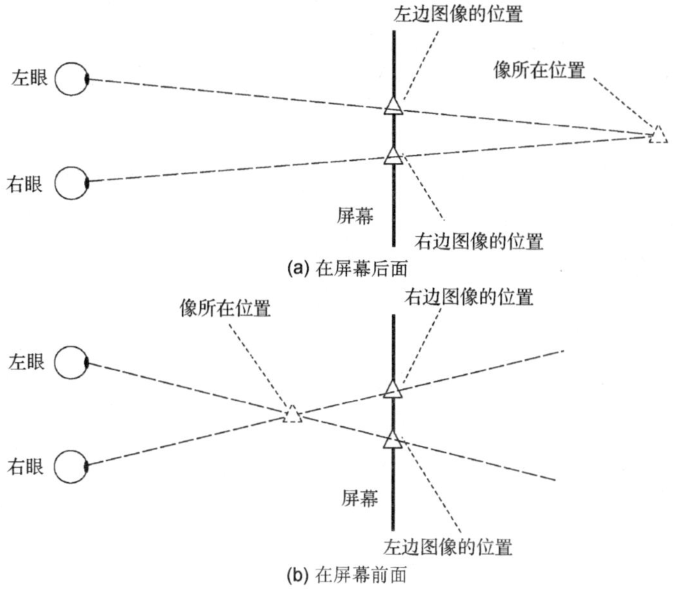

图 7.15　场景元素的立体投影图

在立体显示中，更重要的是，左眼和右眼看到的对应点不显示垂直偏移，并且场景的所有部分(前景物体后的遮挡除外)通常由双眼看到。因此，当由具有会聚光轴的相机设置捕获图像时，有必要通过表示为校正的单应性映射来对齐图像。如果图像再次显示在矩形显示器上，这意味着图像顶部和底部的某些部分将被丢弃，但这些部分无论如何只能在一个相机视图中可见。对于共面相机的设置，如果不需要校正，则场景左/右端的某些部分将仅由左/右相机分别捕获，并在输出到显示器之前需要从图像中移除一定数量的列(取决于基线距离和相机设置中场景部分的最小距离)。

7.8　音频信号的合成与渲染

音频信号合成的一个关键因素是混合，最简单的情况是线性叠加，但也可能包括非线性分量；可选的用于频谱调谐的均衡(滤波)被应用于单个信号。此外，根据输出系统的能力，可能需要空间定位的支持。这暂时还需要对信号进行时间和空间变化的修正，例如专用和信号相关或位置相关的延迟。如果在多媒体应用中，音频信号元素可以与可见元素(例如，可看见和可听见的物体)相关联，则自然视觉还需要根据视距调整响度，以便如果物体在视觉上消失，则音频信号的音量也变低。对于房间特效的声音合成，包含房间传递函数或通过回声和混响效应进行近似是很重要的。在音频混合和合成中应用的其他典型效果可通过压缩和扩展的非线性振幅操纵、非线性谱操纵实现，如调谐(人工产生谐波)、人工生成诸如振动和颤音或相位操纵的调制(参见 7.8.1 节)。

根据上面给出的定义，音频渲染是将信号输出到扬声器系统的准备。必须考虑扬声器位置、房间特性和要产生的声场之间的相互关系。多扬声器系统，如立体声和环绕声系统，是最常用的。根据场景合成中指定的空间定位，音频渲染接下来必须确定要馈送到单独扬声器中的信号分量，以便实现所需的效果。这对于多声道系统来说是非常简单的，它们分别为不同的扬声器提供清晰的方向划分(左前、右后等)。

声场的生成。更复杂的系统能够通过有限数量的信号馈送通道产生几乎任意的三维声场。

可以在房间里的一个特定收听位置生成声场，其中需要将听者的声源位置、房间传递函数和耳朵传递函数包括到模型中。输出可以通过耳机收听，其效果类似于人工头部立体声。或者，使用具有适当预处理输入的两个扬声器进行串扰消除，以提供一个特定听众位置的真实声场的精确副本[WARD, ELKO 2000]。这种方法只适用于无反射的房间，而且在听者移动的情况下也相当敏感；对于单个用户，有必要跟踪运动并对生成的声场进行适当的实时调整。

然而，更通用的波场合成方法并不局限于单个位置。通过在环绕竞技场使用大量扬声器，原则上可以生成声场，因为它实际上是基于自然声音事件而产生的[BOONE, VERHEIJEN 1993]。如果预先计算，则必须存储与扬声器馈送相关的大量音频信道，或者馈送到扬声器的信号必须由单音源和房间脉冲响应人工生成。

另一个例子是环境声学系统[GERZON 1977]，它将三维声场分解为一个和通道以及三个正交差分通道，这些通道与三维房间坐标系正交轴上的定向双极方向采集有关。这可以解释为立体声对剩余两轴进行自前而后、自上而下的和/差编码的扩展(参见[MSCT, 8.2.3 节])。通过适当地混合不同的与方位角和仰角的加权三角函数有关的信号，可以在相应的位置馈送扬声器，或者向复合环境声信号添加更多的定向声源。扬声器通常布置在球体的等距位置，对于“一阶环境声学”，最佳收听位置在球体的中心。另一种选择是高阶双声学[POLETTI 2005](参见[MSCT, 8.2.3 节])，它使用一组球面谐波的多向捕获来生成接近正交的表示。

音频速度自适应。当以不同的帧速率执行重放时，视频帧速率转换的方法可用于生成慢动作或快动作的视频。同样对于音频信号，可能希望在渲染过程中调整速度，例如，音频信号必须与重放速度改变的视频信号同步的情况。简单的采样率转换无法实现这一目标，因为它会改变重放信号的频率。挑战在于调整速度的同时，却保持音高不变。

基于重叠窗 DFT 分析和 IDFT 合成，提出了一种在音高不变情况下实现音频速度自适应的可行方法。在合成过程中，IDFT 块之间的跳变大小被修正(当时间轴被拉伸时变大，或播放时间压缩时变短)，而分析可知，DFT 长度保持不变。因此，音高不变。此外，必须对相邻块执行相移对齐，否则将导致在块边界处可感知的相位切换或其他不一致。时间拉伸的一个关键是，对于较大的拉伸比，瞬态被视为不太自然。基本上，有选择地进行时间拉伸会更加合适，这样信号的大部分静止段被修改，而瞬态保持不变。在音符的外壳中，如果只缩短或延长持续阶段，则最不明显。

7.8.1　声音效果

在音乐作品和乐器的特征分析中，声音效果至关重要，因为它们要么使源滤波器模型更加复杂，要么甚至在信号生成链中添加非线性或时变等信息。然而，其中一些效果可以是自然的，也可以模拟自然情况，例如回声和混响，或者声音的调制。其他的是纯人工的，不会发生在声音产生的环境中。本节的主要目的是概述常见的声音效果，若需深入了解，请参考文献[ZÖLZER 2011]。

回声和混响。这些效应(在合成时产生)主要用于模拟房间脉冲响应，即墙壁反射，这在很大程度上取决于房间大小和墙壁的反射特性。单个反射被视为回波，而不能相互区分的漫反射则产生混响[见 7.8.2 节，图 7.17(a)]。除了早期回声的精确时间位置和振幅，混响时间(通常测量为初始振幅衰减至最大值的 5%或 10%)是一个重要参数；衰减通常被假定为一阶指数，因此其初始斜率(“时间常数”)和振幅可以用作参数。

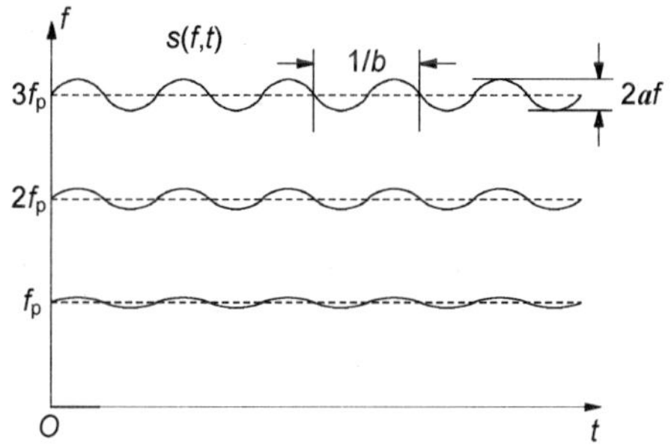

(a) 窄带颤音情况下恒定谐波音调的频谱图

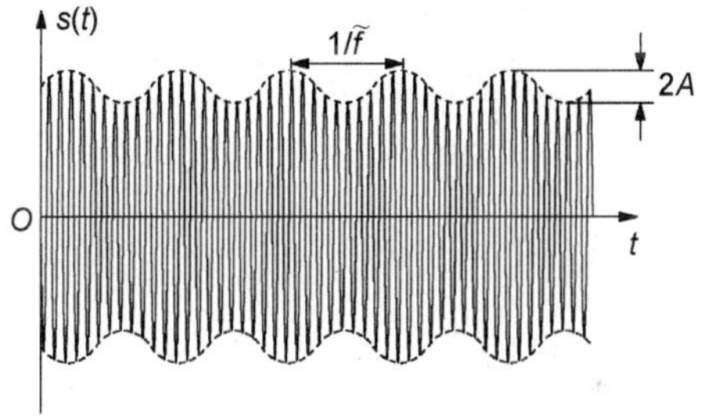

(b) 正弦音的震音

图 7.16

调制。调制是信号特性的定期波动。适用于乐声的最重要的调制类型是颤音(基音的调制)和震音(振幅包络的调制)。如果音调频率的时间变化遵循正弦函数，那么颤音就相当于频率调制。在频域中，在均匀性(所有频率/谐波相同)情况下，这可以表示为频率轴随时间变化的周期尺度：

$$\tilde{S}(f)=S\left(f(1+a\cos 2\pi bt)\right) \tag{7.17}$$

在图 7.16(a)的例子中，示出了谐波音调上的振动(具有基音频率 f_p 和两个谐波)；图 7.16(b)示出了正弦音的震音。如果振幅用频率 $\tilde{f}$ 的余弦函数进行调制，则调制信号及频谱将为

$$\begin{aligned}\tilde{s}(t)&=s(t)\cdot\left[1+A\cos\left(2\pi\tilde{f}t\right)\right]\\ \tilde{S}(f)&=S(f)+\frac{A}{2}\left[S\left(f-\tilde{f}\right)+S\left(f+\tilde{f}\right)\right]\end{aligned} \tag{7.18}$$

这相当于双边带幅度调制，在这种情况下，$\tilde{f}$ 远小于信号的带宽，从而式(7.18)中两个附加频谱副本出现大部分重叠。

频谱操作。这些都是高度人工生成的，自然界的声音不会这样产生。在基音位移中，在不改变时间轴信号速度的情况下进行频率轴的缩放①：

$$\tilde{S}(f) = S(f/a) \tag{7.19}$$

基音位移可以通过重叠 DFT 分析和重叠加法合成来实现，其中 IDFT 的长度在合成过程中被修改。下移时(a<1，合成的 IDFT 长度变长)，DFT 在更高频率被零扩展；而上移时(a>1，合成的 DFT 变短)，现有的更高频率被丢弃。在重叠的 DFT 窗口中，跳数大小不变(因此时间信号的速度不变)。由于合成中的修正重叠，通常需要在窗口之间执行相位校准，特别是对于静止谐波分量②。

调谐的效果是基音位移和延迟反馈的结合。当上移系数为 2 时，会产生一系列谐波，但不限于此。此外，还可用于产生附加非谐波(但间隔规则)谱线。当下移时，可以用来产生较低的基音频率。

相位调整和翻边的效果是相似的，可以描述为运行时变梳状滤波器。对于相位器，这是通过将全通滤波信号添加到原始信号来实现的，以便在全通的相位响应为 180° 时消除这些频率。实际相移通过极低频振荡器进行调制，从而使受相位差影响的频率分量永久改变。对于翻边器(flanger)，梳状滤波器效果通常通过时间延迟来实现，然而，调制延迟持续时间会再次丢弃谐波并使梳状滤波器的基音永久改变。

另一个相关的效果是合唱，它将低频调制(会导致轻微的基音位移)与小延迟相结合，其中频率移位和延迟信号被添加到原始信号中。虽然延迟太短，以至于无法察觉，但主观现象表明，播放的是第二个稍有失调的音源。

7.8.2 空间(房间)特征

在描述音频信号的特性、特征和潜在的物理现象时，没有考虑声音在三维外部世界中传播的影响。这对于无反射声场来说是大致正确的，例如在没有任何障碍物的外部世界中，可以忽略反射和混响的影响。在任何情况下，如果声源距离较远，则距离相关的振幅传递函数也将有效，但是较高的频率通常会受到空气特性的较强稀释。在专门设计的测试声学现象的无反射房间中，反射也可以忽略；在音乐制作的录音室中，录音室的设计与此类似，因为这样可以独立于录音以可控的方式补充房间效果。正常情况下，特别是当音频信号被记录在房间内时，声场是漫射的，并且会发生反射。这在信号的合成特性中起着重要作用，包括它们对“自然”的感知，但也使信号分析变得更加困难。此外，如果要对音频信号进行自然的声音合成，那么对房间特性进行良好的建模是很重要的。

房间的反射特性可以用房间传递函数(Room Transfer Function, RTF)来表征，RTF 实际上是房间的脉冲响应。图 7.17(a)所示为有影响的典型分量。RTF 严格对应于接收声音的房间内的点 P_1，而声源位于另一点 P_2[见图 7.17(b))]。首先，直接信号到达。然后，

---

① 这使得基音位移与频率轴的缩放有着根本的不同，频率轴的缩放也发生在回放速度更快的情况下，或者在声学上发生在移动声源的多普勒效应中。

② 注意，音频速度自适应(见 7.8 节)所需的时间拉伸是一种相关方法，其中时间轴在不修改频谱的情况下进行缩放。在这种情况下，DFT 的跳变大小被修改，而逆 DFT 的长度与分析期间相同。

是早期反射，延迟取决于房间的大小，特别是声源与墙壁或其他障碍物的距离。早期反射可以作为脉冲响应中相对离散的脉冲来观察，对于第一次反射，从 P_2 开始正好有一条声波路径是可能的，而 P_2 被最近的墙壁反射到 P_1。如果存在 W 个墙壁或其他障碍物，则 N 次反射可能在 W^N 个不同声路上到达，即到达的回声波数呈指数增加，并且存在许多相似的运行时间。因此，经过一段时间后(取决于房间大小)，RTF 将接近漫反射混响，而不是脉冲状的第一次回波；不再能够区分单个反射。反射波的衰减取决于墙壁或其他障碍物的吸收能力。

混响时间通常被定义为时间跨度，在类似脉冲的声音事件①之后，声压级降低 60 dB。对于自然类的声音合成，通常只需将混响模拟为指数衰减函数，然后再插入一些早期回声即可。由于相位特性，单次反射的偏差很难被接收到，而对房间大小的感觉在很大程度上受混响时间和衰减的影响。这也意味着，如果墙壁的反射特性没有太大的差异，记录与一个单点 P_1 相关的房间传递函数通常就足够了；然后，房间的振幅传递函数几乎对位置变化保持不变。

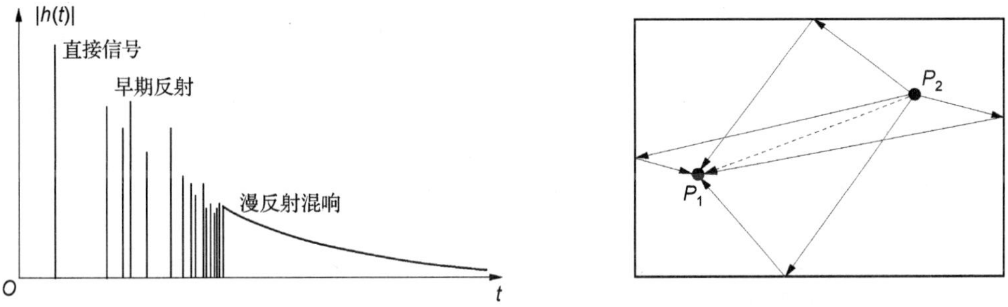

(a) 房间传递函数的定性性质　　(b)直接信号的物理解释(…)和早期反射(—)

图 7.17

也可以通过将来自噪声发生器②的信号馈入扬声器来测量房间传递函数，通过麦克风记录产生的声场。通过测量输入噪声的功率谱和输入与记录信号之间的互功率谱，确定系统(包括扬声器和麦克风)的整体傅里叶变换函数为

$$\Phi_{sg}(f)=\underbrace{S^*(f)G(f)}_{=\Phi_{sg}(f)}=\underbrace{S^*(f)S(f)}_{=\Phi_{ss}(f)}H(f)\Rightarrow H(f)=\frac{\Phi_{sg}(f)}{\Phi_{ss}(f)} \tag{7.20}$$

如果扬声器和麦克风的频率传递函数已知，并且它们具有足够的带宽，使得在要研究的频率范围内不出现谱零点，那么房间频率传递函数可以通过下式计算：

$$H_{\text{Room}}(f)=\frac{H(f)}{H_{\text{Speaker}}(f)\cdot H_{\text{Microphone}}(f)} \tag{7.21}$$

通过离散近似和长度足够的逆 DFT，可以确定房间脉冲响应(RTF)。也可以将扬声器系统视为整个传递函数的一部分，如果目标是优化房间内的音响系统，则尤其如此。式(7.21)给出的传递函数同样与扬声器作为声源的一个位置和麦克风作为接收器的一个位置有关。对于声音合成、混响时间分析等应用，这就足够了。如果能准确地知道 RTF 的任何

① 例如一个镜头，可以看作狄拉克脉冲的声学版本。
② 例如平谱噪声，频带限制在可听见的频率范围内。

位置，就可以完全消除室内声学对信号特性分析的影响。然而，由于几乎不可能捕捉到扬声器/麦克风位置的任何组合 RTF,因此使用声学房间模型更为实用。两种型号如图 7.18 所示：

- 射线跟踪模型[见图 7.18(a)]假设点声源具有声波的全向发射。如果知道墙壁的反射特性，就可以构造"声音射线"。考虑到声音传播速度，可以确定室内任意位置的传递函数。
- 在镜像模型[见图 7.18(b)]中，假设在所有三个空间维度划分房间的虚拟"镜像副本"，且声音按射线线性传播。每次虚拟通过一面墙时，相应的声线都会被一个由该墙的反射特性决定的因子衰减。然后，通过叠加房间的声场振幅及其所有镜像副本来确定房间在任何给定位置的脉冲响应，其到达某个位置的时间与声速因子和射线长度成正比。图 7.18(b)示出了到达目的地 D 的直接声波，以及准确地通过一面墙传播的前四个反射。

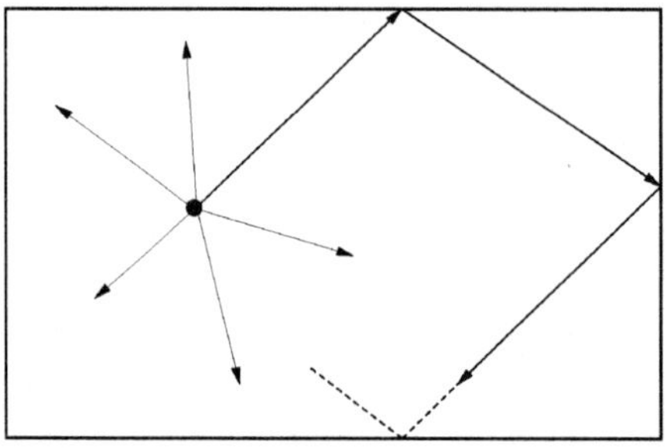

(a) 射线跟踪

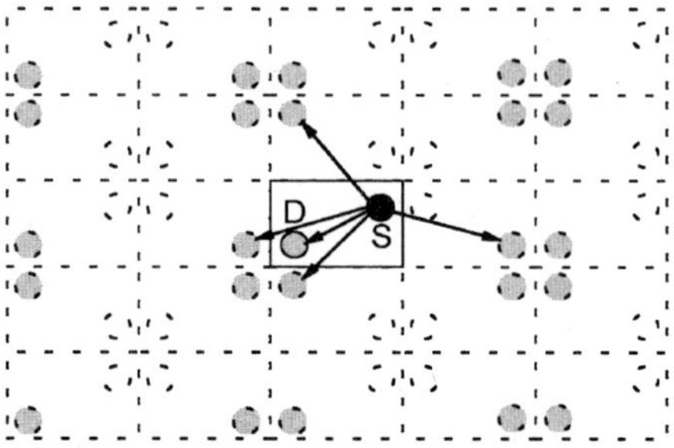

(b) 镜像模型，其中S为源，D为目的地

图 7.18 描述房间传递函数的模型

附录A　基本原理和定义

本附录旨在对书中常用的信号处理、统计和向量/矩阵代数进行一个高层次的概述和定义。以便读者更方便地参考公式集的样式，也可用于更新其中一些主题的知识。在[MSCT，CH.2]中有关于各个方面的更多论述。

A.1　信号处理与信号分析基础

本书中常用的基本函数有：

sinc 函数 $s(t)=\dfrac{\sin(\pi t)}{\pi t}=\mathrm{si}(\pi t)$ (A.1)

矩形脉冲函数 $\mathrm{rect}(t)=\begin{cases}1, & |t|\leqslant 1/2\\ 0, & |t|>1/2\end{cases}$ (A.2)

单位阶跃函数 $\varepsilon(t)=\begin{cases}1, & t\geqslant 0\\ 0, & t<0\end{cases}$ (A.3)

高斯脉冲函数 $s(t)=\mathrm{e}^{-\pi t^2}$ (A.4)

如果满足以下条件：

$$\mathrm{Tr}\left\{\sum_i a_i s_i(\mathbf{t})\right\}=\sum_i a_i\,\mathrm{Tr}\{s_i(\mathbf{t})\}=\sum_i a_i g_i(\mathbf{t})\quad \text{且} \tag{A.5}$$

$$\mathrm{Tr}\{s(\mathbf{t}-\mathbf{t}_0)\}=g(\mathbf{t}-\mathbf{t}_0) \tag{A.6}$$

则系统转换 Tr{}是线性和时不变(LTI)的。若系统线性和时不变，以狄拉克脉冲$\delta(\mathbf{t})$为输入，会发现脉冲响应 $h(\mathbf{t})$定义了向输出的转换。如果将κ维合并为一个向量 $\mathbf{t}=[t_1,\cdots,t_k]^{\mathrm{T}}$，其与卷积积分$\boldsymbol{\tau}=[\tau_1,\cdots,\tau_k]^{\mathrm{T}}$的变量相同，则多维卷积①定义为如下卷积积分：

$$s(\mathbf{t})=\int_{-\infty}^{\infty}\cdots\int_{-\infty}^{\infty}s(\boldsymbol{\tau})\delta(\mathbf{t}-\boldsymbol{\tau})\,\mathrm{d}^{\kappa}\boldsymbol{\tau}=s(\mathbf{t})*\delta(\mathbf{t}) \tag{A.7}$$

$$g(\mathbf{t})=\int_{-\infty}^{\infty}\cdots\int_{-\infty}^{\infty}s(\boldsymbol{\tau})h(\mathbf{t}-\boldsymbol{\tau})\,\mathrm{d}^{\kappa}\boldsymbol{\tau}=s(\mathbf{t})*h(\mathbf{t}) \tag{A.8}$$

当特征函数通过 LTI 系统传输时，其形状不会改变；输出值是通过复振幅因子 H 与相关特征值相乘得到的。以周期本征函数为例：

$$s_{\mathrm{E}}(\mathbf{t})=\mathrm{e}^{\mathrm{j}2\pi\mathbf{f}^{\mathrm{T}}\mathbf{t}}=\cos\left(2\pi\mathbf{f}^{\mathrm{T}}\mathbf{t}\right)+\mathrm{j}\sin\left(2\pi\mathbf{f}^{\mathrm{T}}\mathbf{t}\right) \tag{A.9}$$

---

① 粗体星号(*)表示向量变量上的卷积，将由嵌套积分执行。

LTI 系统上的传输通过其傅里叶变换函数 $H(\mathbf{f})$ 进行加权：

$$s_{\mathrm{E}}(\mathbf{t}) * h(\mathbf{t}) = \int_{-\infty}^{\infty} \cdots \int_{-\infty}^{\infty} h(\boldsymbol{\tau}) \mathrm{e}^{\mathrm{j}2\pi\mathbf{f}^{\mathrm{T}}(\mathbf{t}-\boldsymbol{\tau})} \mathrm{d}^{\kappa} \boldsymbol{\tau}$$
$$= \mathrm{e}^{\mathrm{j}2\pi\mathbf{f}^{\mathrm{T}}\mathbf{t}} \underbrace{\int_{-\infty}^{\infty} \cdots \int_{-\infty}^{\infty} h(\boldsymbol{\tau}) \mathrm{e}^{-\mathrm{j}2\pi\mathbf{f}^{\mathrm{T}}\boldsymbol{\tau}} \mathrm{d}^{\kappa} \boldsymbol{\tau}}_{H(\mathbf{f})} = H(\mathbf{f}) \mathrm{e}^{\mathrm{j}2\pi\mathbf{f}^{\mathrm{T}}\mathbf{t}} \tag{A.10}$$

这可以扩展为与 κ 维信号相关的 κ 维频谱的一般定义，其中所有频率坐标 $\mathbf{f}=[f_1\ f_2 \ldots f_k]^{\mathrm{T}}$ 和信号在空间和时间上的坐标 $\mathbf{t}=[t_1\ t_2 \ldots t_k]^{\mathrm{T}}$ 表示为向量：

$$S(\mathbf{f}) = \int_{-\infty}^{\infty} .. \int_{-\infty}^{\infty} s(\mathbf{t}) \mathrm{e}^{-\mathrm{j}2\pi\mathbf{f}^{\mathrm{T}}\mathbf{t}} \mathrm{d}^{\kappa} \mathbf{t} \tag{A.11}$$

复谱还可以用幅度和相位来解释：

$$|S(\mathbf{f})| = \sqrt{\left[\mathrm{Re}\{S(\mathbf{f})\}\right]^2 + \left[\mathrm{Im}\{S(\mathbf{f})\}\right]^2} = \sqrt{S(\mathbf{f})S^*(\mathbf{f})};$$
$$\varphi(\mathbf{f}) = \arctan\frac{\mathrm{Im}\{S(\mathbf{f})\}}{\mathrm{Re}\{S(\mathbf{f})\}} \pm \pi \cdot k(\mathbf{f}),\ 其中 k(\mathbf{f}) = \begin{cases} 1, & \mathrm{Re}\{S(\mathbf{f})\} < 0 \\ 0, & 其他 \end{cases} \tag{A.12}$$

通过逆傅里叶变换，可以从傅里叶谱重建信号：

$$s(\mathbf{t}) = \int_{-\infty}^{\infty} \ldots \int_{-\infty}^{\infty} S(\mathbf{f}) \mathrm{e}^{\mathrm{j}2\pi\mathbf{f}^{\mathrm{T}}\mathbf{t}} \mathrm{d}^{\kappa} \mathbf{f} \tag{A.13}$$

在上述定义中，单位向量定义了 $\mathbf{t}$ 和 $\mathbf{f}$ 中正交轴的方向。或者，可以应用线性坐标变换 $\tilde{\mathbf{t}}=\mathbf{Tt}$，其中 $\mathbf{T}$ 中的列是基向量。应存在频率坐标的互补映射，可以表示为 $\tilde{\mathbf{f}}=\mathbf{Ff}$。这些关系基于 $\mathbf{T}$ 和 $\mathbf{F}$ 的双正交性(见文献[OHM 2004])：

$$\mathbf{T}^{-1} = \mathbf{F}^{\mathrm{T}};\quad \mathbf{F}^{-1} = \mathbf{T}^{\mathrm{T}} \quad \Rightarrow \quad \mathbf{F} = \left[\mathbf{T}^{-1}\right]^{\mathrm{T}};\quad \mathbf{T} = \left[\mathbf{F}^{-1}\right]^{\mathrm{T}} \tag{A.14}$$

映射坐标系中的傅里叶变换可以表示如下：

$$\tilde{S}(\tilde{\mathbf{f}}) = \int_{-\infty}^{\infty} \ldots \int_{-\infty}^{\infty} s(\tilde{\mathbf{t}}) \mathrm{e}^{-\mathrm{j}2\pi\tilde{\mathbf{f}}^{\mathrm{T}}\tilde{\mathbf{t}}} \mathrm{d}^{\kappa} \tilde{\mathbf{t}} = |\mathbf{T}| S(\mathbf{f}) \tag{A.15}$$

这可应用于多维采样，其中相似矩阵 $\mathbf{T}$ 和 $\mathbf{F}$ 乘以整数空间 $\mathbb{Z}^{\kappa}$ 上定义的整数向量 $\mathbf{n}$ 和 $\mathbf{k}$，定义非正交网格上的采样位置。具有以下关系：

$$\underbrace{\sum_{\mathbf{n}} \delta(\mathbf{t} - \mathbf{Tn})}_{\delta_{\mathbf{T}}(\mathbf{t})} \circ\!\!-\!\!\bullet \frac{1}{|\mathbf{T}|} \underbrace{\sum_{\mathbf{k}} \delta(\mathbf{f} - \mathbf{Fk})}_{\delta_{\mathbf{F}}(\mathbf{f})} \tag{A.16}$$

用采样矩阵 $\mathbf{T}$ 定义的方案对多维信号进行理想采样，其频谱为

$$s_{\delta_{\mathbf{T}}}(\mathbf{t}) = s(\mathbf{t}) \cdot \delta_{\mathbf{T}}(\mathbf{t}) \circ\!\!-\!\!\bullet S_{\delta_{\mathbf{T}}}(\mathbf{f}) = S(\mathbf{f}) * \frac{1}{|\mathbf{T}|} \delta_{\mathbf{F}}(\mathbf{f}) = \frac{1}{|\mathbf{T}|} \sum_{\mathbf{k}} S(\mathbf{f} - \mathbf{Fk}) \tag{A.17}$$

或者，在 $\mathbf{F}$ 上周期谱可以计算为

$$S_{\delta_{\mathbf{T}}}(\mathbf{f}) = \sum_{\mathbf{n}} s(\mathbf{Tn}) \mathrm{e}^{-\mathrm{j}2\pi\mathbf{f}^{\mathrm{T}}\mathbf{Tn}} = \sum_{\mathbf{n}} s(\mathbf{Tn}) \mathrm{e}^{-\mathrm{j}2\pi\left[\mathbf{F}^{-1}\mathbf{f}\right]^{\mathrm{T}}\mathbf{n}} \tag{A.18}$$

现在，频谱 $S(\mathbf{f})$ 应表示为用采样矩阵 $\mathbf{F}$ 表示的样本：

$$S_{\mathrm{p}}(\mathbf{f}) = \sum_{\mathbf{k}\in\mathbf{Z}_{\kappa}} S(\mathbf{Fk}) \delta(\mathbf{f} - \mathbf{Fk}) = S(\mathbf{f}) \sum_{\mathbf{k}\in\mathbf{Z}_{\kappa}} \delta(\mathbf{f} - \mathbf{Fk}) \tag{A.19}$$

应用逆傅里叶变换可得到周期性重复：

$$\begin{array}{ccccccc} S_{\mathrm{p}}(\mathbf{f}) & = & S(\mathbf{f}) & \cdot & \sum\limits_{\mathbf{k}\in\mathbf{Z}_{\kappa}}\delta(\mathbf{f}-\mathbf{Fk}) & & \\ \begin{smallmatrix}\bullet\\ |\\ \circ\end{smallmatrix} & & \begin{smallmatrix}\bullet\\ |\\ \circ\end{smallmatrix} & \begin{smallmatrix}\bullet\\ |\\ \circ\end{smallmatrix} & \begin{smallmatrix}\bullet\\ |\\ \circ\end{smallmatrix} & & \text{其中 } \mathbf{T}=\left[\mathbf{F}^{-1}\right]^{\mathrm{T}} \\ s_{\mathrm{p}}(\mathbf{t}) & = & s(\mathbf{t}) & * & \dfrac{1}{|\mathbf{F}|}\sum\limits_{\mathbf{n}\in\mathbf{Z}_{\kappa}}\delta\left(\mathbf{t}-\mathbf{Tn}\right) & & \end{array} \tag{A.20}$$

如果 $s(\mathbf{t})$ 足够短，可以与 $\mathbf{T}$ 的一个“周期单元”相匹配，则可以通过将它与具有单元形状的窗函数相乘，从 $s_{\mathrm{p}}(\mathbf{t})$ 中重建，

$$\begin{array}{ccccc} s(\mathbf{t}) & = & s_{\mathrm{p}}(\mathbf{t}) & \cdot & |\mathbf{F}|\operatorname{rect}\left(\mathbf{Tt}\right) \\ \begin{smallmatrix}\circ\\ |\\ \bullet\end{smallmatrix} & & \begin{smallmatrix}\circ\\ |\\ \bullet\end{smallmatrix} & \begin{smallmatrix}\circ\\ |\\ \bullet\end{smallmatrix} & \begin{smallmatrix}\circ\\ |\\ \bullet\end{smallmatrix} \\ S(\mathbf{f}) & = & S_{\mathrm{p}}(\mathbf{f}) & * & \operatorname{si}\left(\pi\mathbf{Ff}\right) \end{array} \tag{A.21}$$

基于这些考虑，周期信号具有离散谱，而时间限制在相当于 $\mathbf{T}$ 的一个周期范围内的信号完全由 $\mathbf{F}$ 上的谱样本表示。

对于在时间和频率上都有限制(或等效周期性)的采样信号，κ维离散傅里叶变换(Discrete Fourier Transform, DFT)给出了两个域之间的唯一关系。当 M_i 是第 i 维的非零样本数时，在距离 $F_i=1/M_i$ 处采集的周期傅里叶谱样本给出了唯一的表示：

$$S_{\delta}(\mathbf{Fk})=S_{\mathrm{d}}(\mathbf{k})=\frac{1}{\sqrt{|\mathbf{M}|}}\sum_{n_1=0}^{M_1-1}\cdots\sum_{n_\kappa=0}^{M_\kappa-1}s_{\mathrm{d}}(\mathbf{n})\mathrm{e}^{-\mathrm{j}2\pi\mathbf{n}^{\mathrm{T}}\mathbf{k}};\quad k_i=0,\cdots,M_i-1 \tag{A.22}$$

逆 DFT 允许重建所有$|\mathbf{M}|=\Pi M_i$样本：

$$s_{\mathrm{d}}(\mathbf{n})=\frac{1}{\sqrt{|\mathbf{M}|}}\sum_{n_1=0}^{M_1-1}\cdots\sum_{n_\kappa=0}^{M_\kappa-1}S_{\mathrm{d}}(\mathbf{k})\mathrm{e}^{\mathrm{j}2\pi\mathbf{n}^{\mathrm{T}}\mathbf{k}};\quad n_i=0,\cdots,M_i-1 \tag{A.23}$$

在离散时间信号上也可以进行采样，将具有 $n\neq mU$ 的样本归零，表示为抽样①：

$$s_{\delta_U}(n)=s(n)\sum_{m=-\infty}^{\infty}\delta(n-mU) \tag{A.24}$$

在第二步中，仅保留非零值而不进一步丢失信息：

$$s_U(m)=s(mU)=s_{\delta_U}(mU) \tag{A.25}$$

以速率 $1/U$ 采样的信号 $s_{\delta_U}(n)$ 的频谱可以通过信号 $s(n)$ 的频谱 $S_\delta(f)$ 来表示，信号 $s(n)$ 是从 $s(t)$ 采样得到的，频谱 $S(f)$ 具有归一化速率 $f=1$，如下：

$$\begin{aligned} S_{\delta_U}(f)&=S_{\delta}(f)*\frac{1}{|U|}\sum_{k=0}^{U-1}\delta\left(f-\frac{k}{U}\right) \\ &=\frac{1}{|U|}\sum_{k=0}^{U-1}S_{\delta}\left(f-\frac{k}{U}\right)=\frac{1}{|U|}\sum_{k=-\infty}^{\infty}S\left(f-\frac{k}{U}\right) \end{aligned} \tag{A.26}$$

在插值中，通过在可用样本之间插入 $U-1$ 个零值，将采样率增加 U 倍

$$s_{\delta_{1/U}}(n)=\begin{cases} s\left(\dfrac{n}{U}\right), & m=\dfrac{n}{U}\in\mathbb{Z} \\ 0, & \text{其他} \end{cases} \tag{A.27}$$

① 在以下部分中，使用一维信号的符号。在可分性的情况下，这直接扩展到多维；否则，可以使用与前面部分中类似的带有矩阵变量和采样矩阵的符号。

与原始 $S_\delta(f)$ 相比，相关频谱按 $1/U$ 的因数进行缩放：

$$\begin{aligned}S_{\delta_{1/U}}(f)&=\sum_{n=-\infty}^{\infty}s_{\delta_{1/U}}(n)\mathrm{e}^{-\mathrm{j}2\pi nf}=\sum_{m=-\infty}^{\infty}s_{\delta_{1/U}}(mU)\mathrm{e}^{-\mathrm{j}2\pi mUf}=\sum_{m=-\infty}^{\infty}s(m)\mathrm{e}^{-\mathrm{j}2\pi mUf}\\&=S_\delta(Uf)=\sum_{k=-\infty}^{\infty}S\left(Uf-k\right)=\sum_{k=-\infty}^{\infty}S\left[U\left(f-\frac{k}{U}\right)\right]\end{aligned}\tag{A.28}$$

当采样率重新归一化为 f=1 时，U 频谱副本（包括原始基带）出现在新范围 $-1/2\leqslant f<1/2$ 中。必须应用截止频率 $f_c=1/(2U)$ 的低通滤波来消除 $U-1$ 混叠并生成插值信号 $s_{1/U}(n)$。还需要按因子 U 对振幅进行缩放，这样重建的频谱为

$$S_{1/U,\delta}(f)=S_{\delta_{1/U}}(f)H_\delta(f),\ \text{其中}H_\delta(f)=U\mathrm{rect}(Uf)*\sum_{k=-\infty}^{\infty}\delta(f-k)\tag{A.29}$$

在时间域，对低通滤波器的脉冲响应（在理想情况下为离散时间 sinc 函数）内插缺失值，使式（A.27）原始已知采样位置 m 保持不变：

$$h(n)=\mathrm{si}\left(\frac{\pi n}{U}\right)\tag{A.30}$$

内插信号 $\mathrm{s}_{1/U}(n)$ 的频谱为

$$S_{1/U,\delta}(f)=|U|\sum_{k=-\infty}^{\infty}S\left[(f-k)U\right]=|U|S(Uf)*\sum_{k=-\infty}^{\infty}\delta(f-k)\tag{A.31}$$

它与原本以高于因子 U 进行速率采样的信号频谱相同：

$$s_{\delta_{1/U}}(t)=s(t)\sum_{n=-\infty}^{\infty}\delta\left(t-\frac{n}{U}\right)=\sum_{n=-\infty}^{\infty}s_{1/U}(n)\delta\left(t-\frac{n}{c}\right),\ \text{其中}\,s_{1/U}(n)=s\left(\frac{n}{U}\right)\tag{A.32}$$

当 **M** 和 **F** 是对角矩阵时，由于式（A.22）和式（A.23）中的指数函数可以转化为不同维指数的乘积，变换是可分离的。可分离的二维和多维变换可以通过一维变换的顺序级联来表示。下面描述不同类型的一维离散变换。从 M 个信号值到 U 个系数的线性离散变换可以用以下矩阵表示法表示，基向量 $\boldsymbol{\phi}_k(n)$ 建立行：

$$\underbrace{\begin{bmatrix}c_0(m)\\c_1(m)\\\vdots\\\vdots\\c_{U-1}(m)\end{bmatrix}}_{\mathbf{c}(m)}=\underbrace{\begin{bmatrix}\phi_0(0)&\phi_0(1)&\cdots&\cdots&\phi_0(M-1)\\\phi_1(0)&\phi_1(1)&\cdots&\cdots&\phi_1(M-1)\\\vdots&&\ddots&&\vdots\\\vdots&&&\ddots&\vdots\\\phi_{U-1}(0)&\phi_{U-1}(1)&\cdots&\cdots&\phi_{U-1}(M-1)\end{bmatrix}}_{\mathbf{\Phi}}\cdot\underbrace{\begin{bmatrix}s(mN+N_0)\\s(mN+N_0+1)\\\vdots\\\vdots\\s((m+1)N+N_0-1)\end{bmatrix}}_{\mathbf{s}(m)}\tag{A.33}$$

以 DFT 式（A.22）/式（A.23）为例，忽略尺度因子 $\sqrt{|\mathbf{M}|}$，$\boldsymbol{\phi}_k(n)=\mathrm{e}^{-\mathrm{j}2\pi nk/M}$。如果变换基是正交的（如 DFT 的情况），则逆变换矩阵是 $\mathbf{\Phi}$ 的厄米特矩阵，$\mathbf{\Phi}^{-1}=\mathbf{\Phi}^{\mathrm{H}}$。在可分性情况下，矩形场（如图像，表示为矩阵 **S**）的二维离散变换和相关逆变换定义如下①：

$$\mathbf{C}=\mathbf{\Phi}_2\mathbf{S}\mathbf{\Phi}_1^{\mathrm{T}}\quad\Rightarrow\quad\mathbf{S}=\left[\mathbf{\Phi}_2^{-1}\mathbf{C}\right]\left[\mathbf{\Phi}_1^{-1}\right]^{\mathrm{T}}\tag{A.34}$$

实值变换的一个例子是离散余弦变换（Discrete Cosine Transform, DCT），它可以解释为 DFT，是为了均匀对称性而人工构造的信号。下面给出了四种不同类型的 DCT，它们因定义偶数信号的对称性而不同。在下面的正交变换中，DCT-I 和 DCT-IV 与它们的逆变换是相同的，而 DCT-II 和 DCT-III 是互逆的。

---

① $\mathbf{\Phi}_1$ 和 $\mathbf{\Phi}_2$ 分别表示水平变换和垂直变换的变换矩阵。在正交的情况下，逆变换可简化为 $\mathbf{S}=\mathbf{\Phi}_2^{\mathrm{H}}\mathbf{C}\mathbf{\Phi}_1^{*}$。

DCT 类型 I：

$$c_k = \sqrt{\frac{1}{2(M-1)}}\left[s(0)+(-1)^k s(M-1)\right]+\sqrt{\frac{2}{M-1}}C_0\sum_{n=1}^{M-2}s(n)\cos\left[\frac{\pi}{M-1}nk\right] \tag{A.35}$$

其中，对于 k=0 或 k=M−1，$C_0=\frac{1}{\sqrt{2}}$，否则 C_0=1。

DCT 类型 II：

$$c_k = C_0\sqrt{\frac{2}{M}}\sum_{n=0}^{M-1}s(n)\cos\left[k\left(n+\frac{1}{2}\right)\frac{\pi}{M}\right] \tag{A.36}$$

其中，若 $k=0$，$C_0=\frac{1}{\sqrt{2}}$；否则 $C_0=1$。

DCT 类型 III：

$$c_k = \sqrt{\frac{2}{M}}\left(\frac{s(0)}{\sqrt{2}}+\sum_{n=1}^{M-1}s(n)\cos\left[n\left(k+\frac{1}{2}\right)\frac{\pi}{M}\right]\right) \tag{A.37}$$

DCT 类型 IV：

$$c_k = \sqrt{\frac{2}{M}}\sum_{n=0}^{M-1}s(n)\cos\left[\left(k+\frac{1}{2}\right)\left(n+\frac{1}{2}\right)\frac{\pi}{M}\right] \tag{A.38}$$

正交 Haar 变换具有 $U^*=\log_2 M+1$“基类型”，用索引 $k^*=0,1,\cdots,\log_2 M$ 来描述。每种基类都存在 M^*基函数，对于 k^*=0,1 和 2^{k^*-1}，M^*=1。同一类型的单个基函数不重叠，在以下定义中由 $i=0,1,\cdots,M^*-1$ 索引，

$$\phi_k^{\text{Haar}}(n)=\begin{cases}\text{ha}(n-i\frac{M}{M^*}), & i\frac{M}{M^*}\leqslant n<(i+1)\frac{M}{M^*}\\ 0, & \text{其他}\end{cases} \tag{A.39}$$

其中，

$$k=\begin{cases}k^*, & k^*=0,1\\ M^*+i, & k^*>1\end{cases}\quad \text{并且}\quad \text{ha}(n)=\sqrt{\frac{M^*}{M}}\cdot(-1)^{\left\lfloor\frac{2^{k^*}n}{M}\right\rfloor}$$

沃尔什基由常数 M 的 $K=M$ 基函数组成。k=0 的函数有 M 个正的常数值。其余米尔夫函数的实现是递归进行的，在每个步骤中，前一步骤中实现的所有基函数都被缩放(消除每个第二样本)，然后组合成新的基函数，一次周期性的，一次镜像。周期/反周期组合通过将尺度函数乘以±1 来实现，如以下步骤所述：

Let

$$\phi_k^{\text{Wal}}(n)=\frac{1}{\sqrt{M}}(-1)^{\left\lfloor\frac{n\cdot 2^k}{M}\right\rfloor},\qquad 0\leqslant k<2,\quad 0\leqslant n<M$$

$k^*=1,\ M^*=2,\ K^*=\log_2 M,\ P(0)=-1.$

(A.40)

While $k^*<K^*$

{

For $0\leqslant i<\log_2 M^*$:

$$\phi_{\text{scal}}(n,i)=\phi_{(M^*+2i)/2}^{\text{Wal}}(2n,i)$$

$$\phi_{M^*+2i+j}^{\text{Wal}}(n)=\begin{cases}\phi_{\text{scal}}(n,i), & 0\leqslant n<M/2\\ P(i)^{j+1}\cdot\phi_{\text{scal}}(n-M/2,i), & n\geqslant M/2\end{cases},\quad j=0,1$$

For the next step, set $P(2i+j)=-P(i)^{j+1}$, $M^*=2M^*$, $k^*=k^*+1$.

}

Walsh 基式(A.40)还需要用$\sqrt{M}$来归一化正交性。由正交 Haar 和 Walsh 变换的基向量建立的变换矩阵$\boldsymbol{\Phi}$是它们自己的转置和实值，因此$\boldsymbol{\Phi}^{-1}=\boldsymbol{\Phi}$。

对于采样信号，一维或多维运算[①]

$$g(\mathbf{n})=\sum_{\mathbf{m}\in\mathbf{Z}_\kappa}s(\mathbf{m})h(\mathbf{n}-\mathbf{m})=s(\mathbf{n})*h(\mathbf{n}) \tag{A.41}$$

表示为离散卷积。它的性质类似于连续时间卷积积分，因而应用了结合律、交换律和分配律。单位脉冲

$$\delta(\mathbf{n})=\begin{cases}1, & \mathbf{n}=\mathbf{0}\\0, & \mathbf{n}\neq\mathbf{0}\end{cases} \tag{A.42}$$

也表示为 Kronecker 脉冲，是单位元素：

$$s(\mathbf{n})=\delta(\mathbf{n})*s(\mathbf{n})=\sum_{\mathbf{m}\in\mathbf{Z}_\kappa}s(\mathbf{m})\delta(\mathbf{n}-\mathbf{m}) \tag{A.43}$$

某些类型的 LSI 系统的运行可以用有限阶差分方程来解释，其因果关系式[②]为

$$\sum_{\mathbf{p}\in\mathcal{N}_{\mathbf{p}}^{0+}}\tilde{b}_{\mathbf{p}}g(\mathbf{n}-\mathbf{p})=\sum_{\mathbf{q}\in\mathcal{N}_{\mathbf{q}}^{0+}}\tilde{a}_{\mathbf{q}}s(\mathbf{n}-\mathbf{q}) \tag{A.44}$$

得到输入/输出关系(当归一化$\tilde{b}_0=1$时简化)：

$$g(\mathbf{n})=\underbrace{\sum_{\mathbf{q}\in\mathcal{N}_{\mathbf{q}}^{0+}}a_{\mathbf{q}}s(\mathbf{n}-\mathbf{q})}_{\text{FIR part}}+\underbrace{\sum_{\mathbf{p}\in\mathcal{N}_{\mathbf{p}}^{+}}b_{\mathbf{p}}g(\mathbf{n}-\mathbf{p})}_{\text{IIR part}},\text{其中}\ a_{\mathbf{q}}=-\frac{\tilde{a}_{\mathbf{q}}}{\tilde{b}_{\mathbf{0}}},\ b_{\mathbf{p}}=-\frac{\tilde{b}_{\mathbf{p}}}{\tilde{b}_{\mathbf{0}}} \tag{A.45}$$

相应的数字滤波器包括参考输入的先前样本$\left|\mathcal{N}_{\mathrm{p}}^{+}\right|$的 FIR(有限脉冲响应)部分和使用来自先前处理的输出样本$\left|\mathcal{N}_{\mathrm{p}}^{+}\right|$反馈的 IIR(无限脉冲响应)部分。

$z_i=\mathrm{e}^{(\sigma_i+\mathrm{j}2\pi f i)}$用极坐标$z_i=\rho_i\mathrm{e}^{\mathrm{j}2\pi f i}$表示，$\rho_i=\mathrm{e}^{\sigma_i}\geqslant 0$($\rho_i>0$且$\sigma_i$为实值，$\sigma_i\to\infty$，$\rho_i\to 0$)，进一步定义

$${}^{\kappa}\mathbf{z}^{(\mathbf{l})}=\prod_{i=1}^{\kappa}z_i^{l_i} \tag{A.46}$$

信号$s(\mathbf{n})$的双边κ维 z 变换为

$$S(\mathbf{z})=\sum_{\mathbf{n}\in\mathbf{Z}_\kappa}s(\mathbf{n})\,{}^{\kappa}\mathbf{z}^{(-\mathbf{n})} \tag{A.47}$$

存在$S(\mathbf{z})$的$\mathbf{z}$值包含在复$\boldsymbol{z}$超空间的收敛域(Region of Convergence, RoC)内。z 变换在 LSI 系统分析和合成中特别有用。时间域的卷积又可以用 z 域内的乘法来表示：

$$g(\mathbf{n})=s(\mathbf{n})*h(\mathbf{n})\overset{z}{\circ\!\!-\!\!\bullet}G(\mathbf{z})=S(\mathbf{z})\cdot H(\mathbf{z}) \qquad \mathrm{RoC}\{G\}=\mathrm{RoC}\{S\}\cap\mathrm{RoC}\{H\} \tag{A.48}$$

样本$\mathbf{k}$的延迟可以表示为

$$s(\mathbf{n}-\mathbf{k})=s(\mathbf{n})*\delta(\mathbf{n}-\mathbf{k})\overset{z}{\circ\!\!-\!\!\bullet}S(\mathbf{z})\cdot\sum_{\mathbf{n}\in\mathbf{Z}_\kappa}\delta(\mathbf{n}-\mathbf{k})\,{}^{\kappa}\mathbf{z}^{(-\mathbf{n})}=S(\mathbf{z})\,{}^{\kappa}\mathbf{z}^{(-\mathbf{k})} \tag{A.49}$$

带有差分方程式(A.44)的因果 FIR/IIR 滤波器(其中 z 变换分别应用于左侧和右侧)，满足

---

① $\mathbf{Z}_\kappa$是由κ维上所有可能的整数组合组成的无限向量集。

② 这里，$\mathcal{N}^{0+}$是对应于先前可用输入样本邻域的整数索引向量 $\mathbf{p}|\mathbf{q}$ 的有限集合，包括 $\mathbf{p}|\mathbf{q}=0$ 的当前样本。例如，在 1D 中，值的范围是$q=0,\cdots,Q$。同样，$\mathcal{N}^{+}$不包括当前样本，例如在 1D 中，值的范围是$p=1,\cdots,P$。

$$\sum_{\mathbf{q}\in\mathcal{N}_{\mathbf{q}}^{0+}} a_{\mathbf{q}} s(\mathbf{n}-\mathbf{q}) \overset{z}{\circ\!\!-\!\!\bullet} S(\mathbf{z})\cdot A(\mathbf{z}),\text{其中}A(\mathbf{z})=\sum_{\mathbf{q}\in\mathcal{N}_{\mathbf{q}}^{0+}} a_{\mathbf{q}}\ {}^{\kappa}\mathbf{z}^{(-\mathbf{q})}$$
$$\sum_{\mathbf{p}\in\mathcal{N}_{\mathbf{p}}^{+}} b_{\mathbf{q}}\cdot g(\mathbf{n}-\mathbf{p}) \overset{z}{\circ\!\!-\!\!\bullet} G(\mathbf{z})\cdot B(\mathbf{z}),\text{其中 }B(\mathbf{z})=\sum_{\mathbf{p}\in\mathcal{N}_{\mathbf{p}}^{+}} b_{\mathbf{p}}\ {}^{\kappa}\mathbf{z}^{(-\mathbf{p})} \tag{A.50}$$

因此

$$G(\mathbf{z})\cdot[1-B(\mathbf{z})]=S(\mathbf{z})\cdot A(\mathbf{z}) \quad \Rightarrow H(\mathbf{z})=\frac{G(\mathbf{z})}{S(\mathbf{z})}=\frac{A(\mathbf{z})}{1-B(\mathbf{z})}=\frac{\sum_{\mathbf{q}\in\mathcal{N}_{\mathbf{q}}^{0+}} a_{\mathbf{q}}\ {}^{\kappa}\mathbf{z}^{(-\mathbf{q})}}{1-\sum_{\mathbf{p}\in\mathcal{N}_{\mathbf{p}}^{+}} b_{\mathbf{p}}\ {}^{\kappa}\mathbf{z}^{(-\mathbf{p})}} \tag{A.51}$$

滤波器的 FIR 部分对应于 z 域中的分子多项式和零位置，而 IIR 部分则涉及 z 域中的分母和奇点(极点)。从式(A.51)可以直接设计执行反卷积的逆滤波器，即从 $g(\mathbf{n})$ 再现 $s(\mathbf{n})$：

$$S(\mathbf{z})=\frac{G(\mathbf{z})}{H(\mathbf{z})}=G(\mathbf{z})\cdot H^{(-1)}(\mathbf{z})$$
$$\Rightarrow H^{(-1)}(\mathbf{z})=\frac{S(\mathbf{z})}{G(\mathbf{z})}=\frac{1-B(\mathbf{z})}{A(\mathbf{z})}=\frac{1-\sum_{\mathbf{p}\in\mathcal{N}_{\mathbf{p}}^{+}} b_{\mathbf{p}}\ {}^{\kappa}\mathbf{z}^{(-\mathbf{p})}}{\sum_{\mathbf{q}\in\mathcal{N}_{\mathbf{q}}^{0+}} a_{\mathbf{q}}\ {}^{\kappa}\mathbf{z}^{(-\mathbf{q})}}=\frac{\frac{1}{a_0}-\sum_{\mathbf{p}\in\mathcal{N}_{\mathbf{p}}^{+}} \frac{b_{\mathbf{p}}}{a_0}\ {}^{\kappa}\mathbf{z}^{(-\mathbf{p})}}{1-\sum_{\mathbf{q}\in\mathcal{N}_{\mathbf{q}}^{+}} \frac{a_{\mathbf{q}}}{a_0}\ {}^{\kappa}\mathbf{z}^{(-\mathbf{q})}} \tag{A.52}$$

多维 z 变换的性质。多维 z 变换的性质与傅里叶变换的性质非常相似：

线性： $$\sum_i a_i s_i(\mathbf{n}) \overset{z}{\circ\!\!-\!\!\bullet} \sum_i a_i S_i(\mathbf{z}) \tag{A.53}$$

移位： $$s(\mathbf{n}-\mathbf{k}) \overset{z}{\circ\!\!-\!\!\bullet} {}^{\kappa}\mathbf{z}^{(-\mathbf{k})} S(\mathbf{z}) \tag{A.54}$$

卷积： $$g(\mathbf{n})=s(\mathbf{n})*h(\mathbf{n}) \overset{z}{\circ\!\!-\!\!\bullet} G(\mathbf{z})=S(\mathbf{z})\cdot H(\mathbf{z}) \tag{A.55}$$

求逆[①]： $$S(-\mathbf{n}) \overset{z}{\circ\!\!-\!\!\bullet} S(\mathbf{z}^{(-\mathbf{I})}) \tag{A.56}$$

缩放[②]： $$s_{\mathbf{U}\downarrow}(\mathbf{n})=s(\mathbf{U}\mathbf{n}) \overset{z}{\circ\!\!-\!\!\bullet} S\left(\mathbf{z}^{(\mathbf{U}^{-1})}\right) \tag{A.57}$$

扩展： $$s_{\mathbf{U}\uparrow}(\mathbf{n})=\begin{cases} s(\mathbf{m}),\ \mathbf{n}=\mathbf{U}\mathbf{m} \\ 0,\ \text{其他} \end{cases} \overset{z}{\circ\!\!-\!\!\bullet} S_{\mathbf{U}\uparrow}(\mathbf{z})=S(\mathbf{z}^{(\mathbf{U})}) \tag{A.58}$$

调制： $$s(\mathbf{n})\cdot \mathrm{e}^{\mathrm{j}2\pi\mathbf{F}\mathbf{n}} \overset{z}{\circ\!\!-\!\!\bullet} S(\mathbf{z}\mathrm{e}^{-\mathrm{j}2\pi\mathbf{F}}) \tag{A.59}$$

A.2 随机分析与描述基础

在描述随机过程[③]$s(\mathbf{n})$时，连续随机变量 x 上的概率密度函数(PDF)$p_s(x)$和累积分布函数(CDF)

$$P_s(x)\equiv \Pr[s(\mathbf{n})\leqslant x]=\int_{-\infty}^{x} p_s(\xi)\,\mathrm{d}\xi \tag{A.60}$$

---

① $\mathbf{z}^{(\mathbf{A})}$表示多维 z 域中的坐标映射，使得在第 i 维，有 $z_i^{(\mathbf{A})}=\Pi z_j^{a_{ji}}$ 。当 $z_i=\mathrm{e}^{\mathrm{j}2\pi f_i}$ 时，傅里叶域中的等效映射为 $\mathbf{Af}$。

② 缩放是整数值 U>1 的子采样操作。如式(A.57)所示的 z 变换映射在没有信息丢失的情况下是严格有效的，即只有位于 n_iU_i 位置的 $s(n_1, n_2, \cdots)$中的样本是非零的。

③ 这里给出的是离散(例如采样)过程，但也适用于连续过程。

是相关的。PDF 通过以下公式关联期望值：

$$\mathcal{E}\{f[s(\mathbf{n})]\} = \lim_{N\to\infty}\frac{1}{N}\sum_{\mathbf{n}} f[s(\mathbf{n})] = \int_{-\infty}^{\infty} f(x)p_s(x)\,\mathrm{d}x \tag{A.61}$$

离散(例如量化)随机变量只存在于 x 中的某些点 x_j。概率质量函数 $\Pr[s(\mathbf{n})=x_j]$表示离散值的概率。x 上的相关 PDF 包含 Dirac 脉冲的加权和①：

$$p_s(x) = \sum_j \Pr\left[s(\mathbf{n}) = x_j\right]\delta(x - x_j) \tag{A.62}$$

其中期望值还可以由下式计算：

$$\mathcal{E}\left\{f\left[s_{\mathrm{Q}}(\mathbf{n})\right]\right\} = \sum_j \Pr\left[s(\mathbf{n}) = x_j\right] f(x_j) \tag{A.63}$$

广义高斯分布为②

$$p_s(x) = a\,\mathrm{e}^{-\left|b(x-m_s)\right|^{\gamma}}，\text{其中 } a = \frac{b\gamma}{2\Gamma\left(\frac{1}{\gamma}\right)},\qquad b = \frac{1}{\sigma_s}\sqrt{\frac{\Gamma\left(\frac{3}{\gamma}\right)}{\Gamma\left(\frac{1}{\gamma}\right)}} \tag{A.64}$$

由此可得 $\gamma=2$ 的高斯正态分布 PDF，$\gamma=1$ 的拉普拉斯分布 PDF，$\gamma\to\infty$ 的均匀分布 PDF。联合 PDF $p_{s_1s_2}(x_1,x_2;\mathbf{k})$ 是一个二维函数(对于给定的 $\mathbf{k}$ 值，它可以表示样本之间的偏移)。本书给出的基本规则同样适用于离散 PMF 或其他离散联合概率函数。首先，联合函数是对称的：

$$p_{s_1s_2}(x_1,x_2;\mathbf{k}) = p_{s_2s_1}(x_2,x_1;\mathbf{k}) \tag{A.65}$$

假设观察到的样本总是相同的：

$$p_{s_1s_2}(x_1,x_2;\mathbf{k}) = p_{s_1}(x_1)\delta(x_2 - x_1) = p_{s_2}(x_2)\delta(x_1 - x_2) \tag{A.66}$$

鉴于统计独立性包括 $\mathbf{k}$ 的独立性，有

$$p_{s_1s_2}(x_1,x_2;\mathbf{k}) = p_{s_1}(x_1)p_{s_2}(x_2) \tag{A.67}$$

条件概率允许表示对第一个观察随机变量 x_1 的概率期望，如果已知另一个观察值 x_2，则表示“已知 x_2 条件下 x_1 的概率”。条件事件不存在不确定性，因此条件概率可以从联合概率中获得，并通过条件概率进行归一化：

$$p_{s_1s_2}(x_1|x_2;\mathbf{k}) = \frac{p_{s_1s_2}(x_1,x_2;\mathbf{k})}{p_{s_2}(x_2)};\quad p_{s_2s_1}(x_2|x_1;\mathbf{k}) = \frac{p_{s_1s_2}(x_1,x_2;\mathbf{k})}{p_{s_1}(x_1)} \tag{A.68}$$

对于统计独立的过程，由式(A.67)推出 $p_{s_1s_2}(x_1\,|\,x_2;\mathbf{k}) = p_{s_1}(x_1)$，式(A.68)推出 $p_{s_2s_1}(x_2\,|\,x_1;\mathbf{k}) = p_{s_2}(x_2)$，即条件关系无助于降低不确定性。

这些概念同样可以扩展到两个以上信号或一个信号的两个以上样本的联合统计。例如，如果将来自一个或多个连续幅值信号的 K 值组合成向量 $\mathbf{s}=[s_1, s_2, \dots, s_K]^{\mathrm{T}}$，则联合概率密度也变为 K 维，并表示为向量 PDF③：

$$p_{\mathbf{s}}(\mathbf{x}) = p_{s_1s_2\cdots s_K}(x_1,x_2,\cdots,x_K) \tag{A.69}$$

特别是，对于向量元素的统计独立性的情况，

$$p_{\mathbf{s}}(\mathbf{x}) = p_{s_1}(x_1)\cdot p_{s_2}(x_2)\cdot\cdots\cdot p_{s_K}(x_K) \tag{A.70}$$

---

① 在有限字母的情况下，这也可以表示为 $\Pr(\mathbf{S}_j)$，其中 $\mathbf{S}_j$ 是具有索引 j 的一个离散状态(没有显式地表示关联的振幅值)。

② 通过参数 $\boldsymbol{\gamma}$ 影响 PDF 形状的函数 $\Gamma(\cdot)$ 定义为 $\Gamma(u) = \int_0^{\infty}\mathrm{e}^{-x}x^{u-1}\mathrm{d}x$。

③ 为简单起见，这里没有明确表示向量的样本可以来自不同位置；原则上，需要为向量的元素指定单独的移位参数 $\mathbf{k}$。

如果给定条件向量 $\mathbf{s}$(不应包括样本本身)，则样本 $s(\mathbf{n})$的条件 PDF 定义为

$$p_{s|\mathbf{s}}(x\mid\mathbf{x})=\frac{p_{s\mathbf{s}}(x,\mathbf{x})}{p_{\mathbf{s}}(\mathbf{x})} \tag{A.71}$$

对于每个给定的 $\mathbf{x}$，是变量 x 上的一维 PDF。在联合分析的上下文中，联合期望值的定义也必须扩展到从信号远处位置获取的多个变量上的函数，例如

$$\begin{aligned}\mathcal{E}\left\{f\left[s_1(\mathbf{n}),s_2(\mathbf{n}+\mathbf{k}),\ldots\right]\right\}&=\lim_{N\to\infty}\frac{1}{N}\sum_{\mathbf{n}}f\left[s_1(\mathbf{n}),s_2(\mathbf{n}+\mathbf{k}),\cdots\right]\\&=\int_{-\infty}^{\infty}\int_{-\infty}^{\infty}p_{s_1s_s\ldots}(x_1,x_2,\cdots;\mathbf{k})f(x_1,x_2,\cdots)\,\mathrm{d}x_2\,\mathrm{d}x_1\end{aligned} \tag{A.72}$$

联合 PDF $p_{s_1s_2}(x_1\mid x_2;\mathbf{k})$表示一系列概率，其中一个随机样本 $s_1(\mathbf{n})$具有值 x_1，而另一个样本 $s_2(\mathbf{n+k})$具有值 x_2。由此，两个样本之间的线性统计相关性由相关函数[①]表示：

$$\begin{aligned}\varphi_{s_1s_2}(\mathbf{k})=\mathcal{E}\left\{s_1(\mathbf{n})s_2(\mathbf{n}+\mathbf{k})\right\}&=\lim_{N\to\infty}\frac{1}{N}\sum_{\mathbf{n}}s_1(\mathbf{n})s_2(\mathbf{n}+\mathbf{k})\\&=\int_{-\infty}^{\infty}\int_{-\infty}^{\infty}x_1x_2p_{s_1s_2}(x_1,x_2;\mathbf{k})\,\mathrm{d}x_1\,\mathrm{d}x_2\end{aligned} \tag{A.73}$$

对于从相同信号 $s(\mathbf{n})$中提取的用于相关计算的样本 $s_1=s_2=s$，式(A.73)是自相关函数(Autocorrelation Function, ACF)，否则是互相关函数(Cross Correlation Function, CCF)。协方差函数同样通过均值补偿偏差来计算：

$$\mu_{s_1s_2}(\mathbf{k})=\mathcal{E}\left\{\left[s_1(\mathbf{n})-m_{s_1}\right]\left[s_2(\mathbf{n}+\mathbf{k})-m_{s_2}\right]\right\}=\varphi_{s_1s_2}(\mathbf{k})-m_{s_1}m_{s_2} \tag{A.74}$$

在自相关和自方差的情况下，式(A.73)和式(A.74)中 $\mathbf{k=0}$ 分别得到幂和方差。这些也是相关函数的最大可能值。当通过各自的最大值进行归一化时，得到归一化自相关函数和自方差函数值在−1 和+1 之间：

$$\alpha_{ss}(\mathbf{k})=\frac{\varphi_{ss}(\mathbf{k})}{\varphi_{ss}(\mathbf{0})}=\frac{\varphi_{ss}(\mathbf{k})}{Q_s}\quad;\quad\rho_{ss}(\mathbf{k})=\frac{\mu_{ss}(\mathbf{k})}{\mu_{ss}(\mathbf{0})}=\frac{\mu_{ss}(\mathbf{k})}{{\sigma_s}^2} \tag{A.75}$$

通过互幂和互方差($\mathbf{k=0}$ 的值)进行的相似度归一化适用于互相关和协方差函数：

$$\alpha_{s_1s_2}(\mathbf{k})=\frac{\varphi_{s_1s_2}(\mathbf{k})}{\sqrt{Q_{s_1}Q_{s_2}}}\quad;\quad\rho_{s_1s_2}(\mathbf{k})=\frac{\mu_{s_1s_2}(\mathbf{k})}{\sigma_{s_1}\sigma_{s_2}} \tag{A.76}$$

使用协方差矩阵 $\mathbf{C}_{s_1s_2}$，得到两个高斯过程联合 PDF 的简洁表达式：

$$p_{s_1s_2}(x_1,x_2;\mathbf{k})=\frac{1}{\sqrt{(2\pi)^2\cdot\left|\mathbf{C}_{s_1s_2}(\mathbf{k})\right|}}\cdot\mathrm{e}^{-\frac{1}{2}\boldsymbol{\xi}^{\mathrm{T}}\mathbf{C}_{s_1s_2}(\mathbf{k})^{-1}\boldsymbol{\xi}},\ \text{其中}\ \boldsymbol{\xi}=\begin{bmatrix}x_1-m_{s_1}\\x_2-m_{s_2}\end{bmatrix} \tag{A.77}$$

$$\begin{aligned}&\mathbf{C}_{s_1s_2}(\mathbf{k})=\mathcal{E}\left\{\boldsymbol{\xi}\cdot\boldsymbol{\xi}^{\mathrm{T}}\right\}=\begin{bmatrix}\sigma_{s_1}^2&\mu_{s_1s_2}(\mathbf{k})\\\mu_{s_1s_2}(\mathbf{k})&\sigma_{s_2}^2\end{bmatrix}\\&\Rightarrow\mathbf{C}_{s_1s_2}(\mathbf{k})^{-1}=\frac{1}{\underbrace{\sigma_{s_1}^2\sigma_{s_2}^2\left(1-{\rho_{s_1s_2}}^2(\mathbf{k})\right)}_{\left|\mathbf{C}_{s_1s_2}(\mathbf{k})\right|}}\begin{bmatrix}\sigma_{s_2}^2&-\sigma_{s_1}\sigma_{s_2}\rho_{s_1s_2}(\mathbf{k})\\-\sigma_{s_1}\sigma_{s_2}\rho_{s_1s_2}(\mathbf{k})&\sigma_{s_1}^2\end{bmatrix}\end{aligned} \tag{A.78}$$

式(A.77)直接扩展到一般情况，在这种情况下，K 个随机值测量之间的相关性，结合

① 对于量化信号，可以通过模拟应用式(A.63)从 PMF 计算期望值，这里使用了该方法。

式(A.69)的向量表示法，可以在协方差矩阵中表示

$$\mathbf{C_{ss}} = \mathcal{E}\{\mathbf{ss}^{\mathrm{T}}\} - \mathbf{m_s m_s}^{\mathrm{T}} = \left[\mathcal{E}\{s_i s_j\} - m_{s_i} m_{s_j}\right] \tag{A.79}$$

其中利用了线性均值向量

$$\mathbf{m_s} = \mathcal{E}\{\mathbf{s}\} = \left[\mathcal{E}\{s_i\}\right], \quad 1 \leqslant i \leqslant K \tag{A.80}$$

这种情况下的联合 PDF 可以表示为向量高斯 PDF：

$$p_{\mathbf{s}}(\mathbf{x}) = \frac{1}{\sqrt{(2\pi)^K \cdot |\mathbf{C_{ss}}|}} \cdot \mathrm{e}^{-\frac{1}{2}[\mathbf{x}-\mathbf{m_s}]^{\mathrm{T}} \mathbf{C_{ss}}^{-1} [\mathbf{x}-\mathbf{m_s}]} \tag{A.81}$$

自相关函数的傅里叶变换是功率密度谱：

$$\varphi_{ss}(\mathbf{k}) = \mathcal{E}\{s(\mathbf{n})s(\mathbf{n}+\mathbf{k})\} \quad \circ\!\!-\!\!\bullet \quad \Phi_{ss,\delta}(\mathbf{f}) = \mathcal{E}\left\{|S_\delta(\mathbf{f})|^2\right\} \tag{A.82}$$

功率(均方)值和功率密度谱之间的关系用 Parseval 定理表示：

$$Q_s = \varphi_{ss}(\mathbf{0}) = \int_{-1/2}^{1/2} \cdots \int_{-1/2}^{1/2} \Phi_{ss,\delta}(\mathbf{f}) \mathrm{d}^K \mathbf{f} \tag{A.83}$$

相关高斯过程的一个具体情况是一阶自回归模型[AR(1)]，从高斯白噪声输入 $v(n)$ 计算递归滤波器的输出如下：

$$s(n) = \rho s(n-1) + v(n) \tag{A.84}$$

AR(1)过程具有自方差函数：

$$\mu_{ss}(k) = \sigma_s^{\ 2} \rho^{|k|} \quad ; \quad \sigma_s^{\ 2} = \frac{\sigma_v^{\ 2}}{1-\rho^2} \tag{A.85}$$

以及功率密度谱：

$$\phi_{ss,\delta}(f) = \sigma_s^{\ 2} \sum_{k=-\infty}^{\infty} \rho^{|k|} \mathrm{e}^{-\mathrm{j}2\pi fk} = \frac{\sigma_s^{\ 2}(1-\rho^2)}{1-2\rho\cos(2\pi f)+\rho^2} \tag{A.86}$$

可以定义扩展到二维的情况，其中各向同性模型具有自方差函数：

$$\varphi_{ss}(m_1, m_2) = \sigma_s^{\ 2} \rho^{\sqrt{m_1^{\ 2}+m_2^{\ 2}}} \tag{A.87}$$

表示与方向无关的圆对称值，假设$\rho_1=\rho_2$。在半径为$|\mathbf{m}| = \sqrt{m_1^2 + m_2^2}$ 的圆上出现常数。各向同性模型的二维功率密度谱也具有圆对称性①：

$$\phi_{ss,\delta}(f_1, f_2) = \frac{\sigma_s^{\ 2}(1-\rho^2)}{1-2\rho\cos\left(2\pi\sqrt{f_1^2+f_2^{\ 2}}\right)+\rho^2} \tag{A.88}$$

对于可分离的二维 AR(1)模型，水平和垂直维度的自方差值定义不同：

$$\varphi_{ss}(m_1, m_2) = \sigma_s^{\ 2} \rho_1^{\ |m_1|} \rho_2^{\ |m_2|} \quad 和 \quad \sigma_s^{\ 2} = \frac{\sigma_v^{\ 2}}{(1-\rho_1^{\ 2})(1-\rho_2^{\ 2})} \tag{A.89}$$

自方差函数表示常数自方差的直线②。这可以通过一个可分离的递归二维滤波器实现，其输出如下：

① 请注意，这并不是完全精确的，因为最近的周期性频谱副本只存在于某些角方向。对于六边形抽样或$\rho\to 1$的情况，会发现最佳一致性。

② 如果式(A.89)中的两个指数表达式被修改为公共基，则绝对值上的直线方程出现在指数中，$|m_1|\log\rho_1+|m_2|\log\rho_2=\text{const}$。

$$s(n_1,n_2)=\rho_1 s(n_1-1,n_2)+\rho_2 s(n_1,n_2-1)-\rho_1\rho_2 s(n_1-1,n_2-1)+v(n_1,n_2) \tag{A.90}$$

相关的功率密度谱为

$$\phi_{ss,\delta}(f_1,f_2)=\sigma_s{}^2\frac{1-\rho_1{}^2}{1-2\rho_1\left(\cos 2\pi f_1\right)+\rho_1^2}\cdot\frac{1-\rho_2{}^2}{1-2\rho_2\left(\cos 2\pi f_2\right)+\rho_2^2} \tag{A.91}$$

对于高阶自回归模型，表示有限因果邻域上 AR 滤波的一般合成方程 $\mathcal{N}_\mathrm{p}^+$ 为①

$$s(\mathbf{n})=\sum_{\mathbf{p}\in\mathcal{N}_\mathbf{p}^+}a(\mathbf{p})s(\mathbf{n}-\mathbf{p})+v(\mathbf{n}) \tag{A.92}$$

当输入为白噪声时，输出过程具有功率密度谱：

$$\phi_{ss}(\mathbf{f})=\sigma_v{}^2\left|1-\sum_{\mathbf{p}\in\mathcal{N}_\mathbf{p}^+}a(\mathbf{p})\mathrm{e}^{-\mathrm{j}2\pi\mathbf{f}^\mathrm{T}\mathbf{p}}\right|^{-2} \tag{A.93}$$

接下来，假设输入 AR 综合滤波器的白噪声信号 $v(n)$ 具有最小可能方差，

$$\begin{aligned}\sigma_v{}^2&=\mathcal{E}\left\{v^2(\mathbf{n})\right\}=\mathcal{E}\left\{\left[s(\mathbf{n})-\sum_{\mathbf{p}\in\mathcal{N}_\mathbf{p}^+}a(\mathbf{p})s(\mathbf{v}-\mathbf{p})\right]^2\right\}\\&=\mathcal{E}\left\{s^2(\mathbf{n})\right\}-2\mathcal{E}\left\{\left[s(\mathbf{n})\sum_{\mathbf{p}\in\mathcal{N}_\mathbf{p}^+}a(\mathbf{p})s(\mathbf{n}-\mathbf{p})\right]\right\}+\mathcal{E}\left\{\left[\sum_{\mathbf{p}\in\mathcal{N}_\mathbf{p}^+}a(\mathbf{p})s(\mathbf{n}-\mathbf{p})\right]^2\right\}\overset{!}{=}\min\end{aligned} \tag{A.94}$$

则需要优化因果模型。通过计算每个滤波器系数的偏导数：

$$\frac{\partial\sigma_v{}^2}{\partial a(\mathbf{k})}\overset{!}{=}0\Rightarrow\mathcal{E}\left\{s(\mathbf{n})s(\mathbf{n}-\mathbf{k})\right\}=\sum_{\mathbf{p}\in\mathcal{N}_\mathbf{p}^+}a(\mathbf{p})\mathcal{E}\left\{s(\mathbf{n}-\mathbf{p})s(\mathbf{n}-\mathbf{k})\right\} \tag{A.95}$$

可将其最小化，得到 Wiener-Hopf 方程组，其中最优滤波器系数满足条件：

$$\mu_{ss}(\mathbf{k})=\sum_{\mathbf{p}\in\mathcal{N}_\mathbf{p}^+}a(\mathbf{p})\mu_{ss}(\mathbf{k}-\mathbf{p}) \tag{A.96}$$

或者特别是对于阶为 P 的一维情况：

$$\mu_{ss}(k)=\sum_{p=1}^{P}a(p)\mu_{ss}(k-p)\text{；}\quad 1\leqslant k\leqslant P \tag{A.97}$$

由于自方差的对称性，$\mu_{ss}(k-p)=\mu_{ss}(p-k)$，因此可以使用自方差矩阵 $\mathbf{C}_{ss}$ 来将问题写为

$$\underbrace{\begin{bmatrix}\mu_{ss}(1)\\\mu_{ss}(2)\\\vdots\\\vdots\\\mu_{ss}(P)\end{bmatrix}}_{\mathbf{c}_{ss}}=\underbrace{\begin{bmatrix}\mu_{ss}(0)&\mu_{ss}(1)&\cdots&\cdots&\mu_{ss}(P-1)\\\mu_{ss}(1)&\mu_{ss}(0)&\mu_{ss}(1)&\cdots&\mu_{ss}(P-2)\\\vdots&\mu_{ss}(1)&\mu_{ss}(0)&\ddots&\vdots\\\vdots&\vdots&\ddots&\ddots&\mu_{ss}(1)\\\mu_{ss}(P-1)&\mu_{ss}(P-2)&\cdots&\mu_{ss}(1)&\mu_{ss}(0)\end{bmatrix}}_{\mathbf{C}_{ss}}\underbrace{\begin{bmatrix}a(1)\\a(2)\\\vdots\\\vdots\\a(P)\end{bmatrix}}_{\mathbf{a}} \tag{A.98}$$

这个解可由下式得到②：

$$\mathbf{a}=\mathbf{C}_{ss}{}^{-1}\mathbf{c}_{ss} \tag{A.99}$$

---

① 注意，定义式(A.93)和式(A.94)并没有隐含假设 AR 合成滤波器存在因果关系。这也适用于无任何限制的非因果滤波器组。非因果递归滤波器实际上适用于有限扩展的信号，例如图像信号。只需要排除当前位置 **n**，这意味着 $a(\mathbf{0})=0$。有关图像的非因果 AR 建模的更多详细信息，请参见文献[JAIN 1989]。

② 由于 $\mathbf{C}_{ss}$ 的 Toeplitz 结构和正定性，存在有效的反演解，如 Cholesky 分解。

一维 AR(*P*)模型的新息(innovation)信号方差为①

$$\begin{aligned}\sigma_v^2 &= \mathcal{E}\left\{v^2(n)\right\} = \mathcal{E}\left\{\left(s(n)-\sum_{p=1}^{P}a(p)s(n-p)\right)^2\right\} \\ &= \sigma_s^2 - 2\sum_{p=1}^{P}a(p)\mu_{ss}(p) + \sum_{p=1}^{P}a(p)\underbrace{\sum_{q=1}^{P}a(q)\mu_{ss}(p-q)}_{=\mu_{ss}(p)\text{ acc. to W-H eq.}} = \sigma_s^2 - \sum_{p=1}^{P}a(p)\mu_{ss}(p).\end{aligned} \tag{A.100}$$

这导致 Wiener-Hopf 方程的另一种形式，其中新息信号方差的计算包含在矩阵的第一行：

$$\sigma_v^2\delta(k) = \mu_{ss}(k) - \sum_{p=1}^{P}a(p)\cdot\mu_{ss}(k-p) \quad ; \quad 0 \leqslant k \leqslant P$$

从而方程由矩阵形式表示为

$$\underbrace{\begin{bmatrix}\sigma_v^2\\0\\\vdots\\\vdots\\0\end{bmatrix}}_{\mathbf{c}_{ss}} = \underbrace{\begin{bmatrix}\mu_{ss}(0) & \mu_{ss}(1) & \mu_{ss}(2) & \cdots & \mu_{ss}(P)\\ \mu_{ss}(1) & \mu_{ss}(0) & \mu_{ss}(1) & \cdots & \mu_{ss}(P-1)\\ \mu_{ss}(2) & \mu_{ss}(1) & \ddots & & \vdots\\ \vdots & \vdots & & \ddots & \vdots\\ \mu_{ss}(P) & \mu_{ss}(P-1) & \cdots & \cdots & \mu_{ss}(0)\end{bmatrix}}_{\mathbf{C}_{ss}} \underbrace{\begin{bmatrix}1\\-a(1)\\\vdots\\\vdots\\-a(P)\end{bmatrix}}_{\mathbf{a}} \tag{A.101}$$

此外，可以得出结论：

$$\sigma_v^2 = \mathbf{a}^{\mathrm{T}}\mathbf{c}_{ss} = \mathbf{a}^{\mathrm{T}}\mathbf{C}_{ss}\mathbf{a} \tag{A.102}$$

这意味着具有 Toeplitz 结构的自方差矩阵必须是正定的，或者至少当 $\sigma_v^2 = 0$ 时是半正定的。

对于可分离的二维或多维模型，滤波器系数可以通过求解一维 Wiener-Hopf 方程，在不同坐标轴上使用一维自协方差测量值进行独立优化。当使用不可分离的自方差函数时，不可分离的 IIR 滤波器也必须定义为 AR 生成器(或预测器)滤波器。利用二维自方差函数，可以将二维 Wiener-Hopf 方程定义为式(A.101)的一个扩展。对于四分之一平面二维滤波器：

$$\sigma_v^2\delta(k_1,k_2) = \mu_{ss}(k_1,k_2) - \sum_{\substack{p_1=0\\(p_1,p_2)\neq(0,0)}}^{P_1}\sum_{p_2=0}^{P_2}a(p_1,p_2)\mu_{ss}(k_1-p_1,k_2-p_2) \tag{A.103}$$

也可以写成 $\mathbf{c}_{ss}=\mathbf{C}_{ss}\mathbf{a}$。这里 $\mathbf{C}_{ss}$ 是块 Toeplitz 矩阵[DUDGEON/MERSEREAU 1984]

$$\mathbf{C}_{ss} = \begin{bmatrix}\mathbf{M}_0 & \mathbf{M}_{-1} & \cdots & \cdots & \mathbf{M}_{-P_2}\\ \mathbf{M}_1 & \mathbf{M}_0 & \cdots & \cdots & \mathbf{M}_{1-P_2}\\ \vdots & \vdots & \ddots & & \vdots\\ \vdots & \vdots & & \ddots & \vdots\\ \mathbf{M}_{P_2} & \mathbf{M}_{P_2-1} & \cdots & \cdots & \mathbf{M}_0\end{bmatrix} \tag{A.104}$$

其关联子矩阵为

① 这是式(A.85)的推广，也包括 AR(1)的情况。

$$\mathbf{M}_p=\begin{bmatrix}\mu_{ss}(0,p) & \mu_{ss}(-1,p) & \cdots & \cdots & \mu_{ss}(-P_1,p)\\ \mu_{ss}(1,p) & \mu_{ss}(0,p) & \cdots & \cdots & \mu_{ss}(-P_1+1,p)\\ \vdots & \vdots & \ddots & & \vdots\\ \vdots & \vdots & & \ddots & \vdots\\ \mu_{ss}(P_1,p & \mu_{ss}(P_1-1,p) & \cdots & \cdots & \mu_{ss}(0,p)\end{bmatrix} \tag{A.105}$$

系数向量按行顺序排列

$$\mathbf{a}=[1,-a(1,0),\cdots,-a(P_1,0),-a(0,1),\cdots,-a(P_1,P_2)]^{\mathrm{T}} \tag{A.106}$$

左边的“自方差向量”为

$$\mathbf{c}_{ss}=\left[\sigma_v{}^2,0,0,\cdots,0\right]^{\mathrm{T}} \tag{A.107}$$

未知系数如式(A.100)所示，通过反转 $\mathbf{C}_{ss}$ 获得。

A.3　向量与矩阵代数

向量和矩阵符号在本书中经常使用，因为它们允许以非常有效的方式表达应用于样本组的运算。线性数学运算也可以用向量代数和矩阵代数直接表示。本节概述了基本约定。

向量是 K 个标量值的一维结构。我们通常使用列向量，即垂直结构。$K\times L$ 矩阵是一个二维结构，有 L 行和 K 列，也可以写成 L 行向量的集合：

$$\mathbf{A}=\begin{bmatrix}a_{11} & \cdots & a_{1K}\\ \vdots & \ddots & \vdots\\ a_{L1} & \cdots & a_{LK}\end{bmatrix}=\begin{bmatrix}\mathbf{a}_1{}^{\mathrm{T}}\\ \vdots\\ \mathbf{a}_L{}^{\mathrm{T}}\end{bmatrix} \tag{A.108}$$

高维结构是张量。矩阵和向量用粗体字母表示，原则上保留值类型的命名(见附录 B)。例如，$\mathbf{s}$ 和 $\mathbf{S}$ 是由样本 $s(\mathbf{n})$ 或 $s_{\mathbf{k}}$ 组成的向量和矩阵。向量的转置是

$$\mathbf{a}^{\mathrm{T}}=\begin{bmatrix}a_1\\ \vdots\\ a_K\end{bmatrix}^{\mathrm{T}}=\begin{bmatrix}a_1 & \cdots & a_K\end{bmatrix} \tag{A.109}$$

共轭 $\mathbf{A}^*$包含 $\mathbf{A}$ 的共轭项。矩阵的转置通过行和列的交换来执行：

$$\mathbf{A}^{\mathrm{T}}=\begin{bmatrix}a_{11} & \cdots & a_{1K}\\ \vdots & \ddots & \vdots\\ a_{L1} & \cdots & a_{LK}\end{bmatrix}^{\mathrm{T}}=\begin{bmatrix}a_{11} & \cdots & a_{L1}\\ \vdots & \ddots & \vdots\\ a_{1K} & \cdots & a_{LK}\end{bmatrix} \tag{A.110}$$

类似地，具有复项的厄米特矩阵在转置中使用共轭项，$\mathbf{A}^{\mathrm{H}}=[\mathbf{A}^*]^{\mathrm{T}}$。两个长度相同的向量 K 的内积(也是点积)是标量值：

$$\mathbf{a}\cdot\mathbf{b}=\mathbf{a}^{\mathrm{T}}\mathbf{b}=\begin{bmatrix}a_1 & \cdots & a_K\end{bmatrix}\cdot\begin{bmatrix}b_1\\ \vdots\\ b_K\end{bmatrix}=a_1\cdot b_1+a_2\cdot b_2+\ldots+a_K\cdot b_K \tag{A.111}$$

长度分别为 K 和 L 的两个向量的外积是 $K\times L$ 矩阵：

$$\mathbf{ab}^{\mathrm{T}}=\begin{bmatrix}a_1\\ \vdots\\ a_L\end{bmatrix}\cdot\begin{bmatrix}b_1 & \cdots & b_K\end{bmatrix}=\begin{bmatrix}a_1b_1 & a_1b_2 & \cdots & a_1b_K\\ a_2b_1 & a_2b_2 & & \vdots\\ \vdots & & \ddots & \\ a_Lb_1 & \cdots & & a_Lb_K\end{bmatrix}\tag{A.112}$$

长度为 K 的向量和 $K\times L$ 矩阵的乘积是长度为 L 的向量：

$$\mathbf{Ax}=\begin{bmatrix}a_{11} & \cdots & a_{1K}\\ \vdots & \ddots & \vdots\\ a_{L1} & \cdots & a_{LK}\end{bmatrix}\cdot\begin{bmatrix}x_1\\ \vdots\\ x_K\end{bmatrix}=\begin{bmatrix}a_{11}x_1+\ldots+a_{1K}x_K\\ \vdots\\ a_{L1}x_1+\ldots+a_{LK}x_K\end{bmatrix}\tag{A.113}$$

矩阵内积(第一个矩阵是 $K\times L$，第二个矩阵 $M\times K$)得到 $M\times L$ 矩阵：

$$\begin{aligned}\mathbf{AB}&=\begin{bmatrix}a_{11} & \cdots & a_{1K}\\ \vdots & \ddots & \vdots\\ a_{L1} & \cdots & a_{LK}\end{bmatrix}\cdot\begin{bmatrix}b_{11} & \cdots & b_{1M}\\ \vdots & \ddots & \vdots\\ b_{K1} & \cdots & b_{KM}\end{bmatrix}\\ &=\begin{bmatrix}a_{11}b_{11}+\ldots+a_{1K}b_{K1} & \cdots & a_{11}b_{1M}+\ldots+a_{1K}b_{KM}\\ \vdots & \ddots & \vdots\\ a_{L1}b_{11}+\ldots+a_{LK}b_{K1} & \cdots & a_{L1}b_{1M}+\ldots+a_{LK}b_{KM}\end{bmatrix}\end{aligned}\tag{A.114}$$

如果两个大小相等的矩阵相乘，则其中一个矩阵必须换位。在这里，以下关系成立：

$$\mathbf{A}^{\mathrm{T}}\mathbf{B}=\left[\mathbf{B}^{\mathrm{T}}\mathbf{A}\right]^{\mathrm{T}}\tag{A.115}$$

由两个等大小的矩阵元素相乘生成的矩阵是 Hadamard 积：

$$\mathbf{A}\circ\mathbf{B}=\begin{bmatrix}a_{11} & \cdots & a_{1K}\\ \vdots & \ddots & \vdots\\ a_{L1} & \cdots & a_{LK}\end{bmatrix}\circ\begin{bmatrix}b_{11} & \cdots & b_{1K}\\ \vdots & \ddots & \vdots\\ b_{L1} & \cdots & b_{LK}\end{bmatrix}=\begin{bmatrix}a_{11}b_{11} & \cdots & a_{1K}b_{1K}\\ \vdots & \ddots & \vdots\\ a_{L1}b_{L1} & \cdots & a_{LK}b_{LK}\end{bmatrix}\tag{A.116}$$

Frobenius 积是一个标量值，它将点乘式(A.111)的概念推广到矩阵和张量：

$$\mathbf{A}:\mathbf{B}=\sum_{l=1}^{L}\sum_{k=1}^{K}a_{lk}b_{lk}=\mathrm{tr}\left(\mathbf{A}^{\mathrm{T}}\mathbf{B}\right)=\mathrm{tr}\left(\mathbf{B}^{\mathrm{T}}\mathbf{A}\right)\tag{A.117}$$

若进行两个矩阵(大小分别为 $K\times L$ 和 $M\times N$)的 Kronecker 积，将使得第一个矩阵的每个元素乘以第二个矩阵的每个元素。结果是一个大小为 $KM\times LN$ 的矩阵，可以将其划分为 KL 子矩阵，每个子矩阵的大小为 $M\times N$：

$$\mathbf{A}\otimes\mathbf{B}=\begin{bmatrix}a_{11} & \cdots & a_{1K}\\ \vdots & \ddots & \vdots\\ a_{L1} & \cdots & a_{LK}\end{bmatrix}\otimes\begin{bmatrix}b_{11} & \cdots & b_{1M}\\ \vdots & \ddots & \vdots\\ b_{N1} & \cdots & b_{NM}\end{bmatrix}=\begin{bmatrix}a_{11}\mathbf{B} & \cdots & a_{1K}\mathbf{B}\\ \vdots & \ddots & \vdots\\ a_{L1}\mathbf{B} & \cdots & a_{LK}\mathbf{B}\end{bmatrix}\tag{A.118}$$

两个向量(在具有正交轴的三维坐标空间中定义)的叉积是与两个向量所张成的平面垂直的向量：

$$\mathbf{a}\times\mathbf{b}=\begin{bmatrix}a_1\\ a_2\\ a_3\end{bmatrix}\times\begin{bmatrix}b_1\\ b_2\\ b_3\end{bmatrix}=\begin{bmatrix}a_2b_3-a_3b_2\\ a_3b_1-a_1b_3\\ a_1b_2-a_2b_1\end{bmatrix}=\begin{bmatrix}0 & -a_3 & a_2\\ a_3 & 0 & -a_1\\ -a_2 & a_1 & 0\end{bmatrix}\begin{bmatrix}b_1\\ b_2\\ b_3\end{bmatrix}=-\mathbf{b}\times\mathbf{a}\tag{A.119}$$

大小为 $K\times K$ 的方阵的行列式是 $K!$ 个数字 $(1,2,\cdots,K)$ 的可能排列 $(\alpha,\beta,\cdots,\omega)$ 的和，其中 K 是排列中的逆序数(序列 $a_{1,\alpha}a_{1,\beta}$, $\alpha>\beta$)：

$$\det(\mathbf{A}) = \begin{vmatrix} a_{11} & a_{12} & \cdots & a_{1K} \\ a_{21} & a_{22} & & a_{2K} \\ \vdots & \vdots & \ddots & \vdots \\ a_{K1} & a_{K2} & \cdots & a_{KK} \end{vmatrix} = \sum_{(\alpha,\beta,..,\omega)} (-1)^k a_{1\alpha} a_{2\beta} \dots a_{K\omega} \tag{A.120}$$

这可以更好地解释为计算周期扩展矩阵中“对角线上的积”之和。与主(迹线)轴平行的所有对角线的乘积由正号贡献，所有的二次对角线(从右上到左下和平行)由负号贡献；例如，对于 K=2 和 K=3 的情况：

$$\begin{aligned} \det(\mathbf{A}) &= \begin{vmatrix} a_{11} & a_{12} \\ a_{21} & a_{22} \end{vmatrix} = a_{11}a_{22} - a_{12}a_{21}, \\ \det(\mathbf{A}) &= \begin{vmatrix} a_{11} & a_{12} & a_{13} \\ a_{21} & a_{22} & a_{23} \\ a_{31} & a_{32} & a_{33} \end{vmatrix} = \begin{matrix} a_{11}a_{22}a_{33} + a_{12}a_{23}a_{31} + a_{13}a_{21}a_{32} \\ -a_{11}a_{23}a_{32} - a_{12}a_{21}a_{33} - a_{13}a_{22}a_{31} \end{matrix} \end{aligned} \tag{A.121}$$

此外，行列式$|\mathbf{A}|=|\det(\mathbf{A})|$的绝对值的表达式可用于各种目的。

通常使用逆矩阵 $\mathbf{A}^{-1}$，例如解线性方程组 $\mathbf{Ax}=\mathbf{b} \Rightarrow \mathbf{x}=\mathbf{A}^{-1}\mathbf{b}$。附加条件为$[\mathbf{A}^{-1}]^{-1}=\mathbf{A}$ 和 $\mathbf{A}^{-1}\mathbf{A}=\mathbf{A}\mathbf{A}^{-1}=\mathbf{I}$，即矩阵乘以其逆得到单位矩阵。要可逆，矩阵 $\mathbf{A}$ 必须是方阵。如果矩阵的行列式和子矩阵的所有行列式不等于零(即如果矩阵具有全秩)，则它是可逆的，否则称为奇异的。大小为 2×2 和 3×3 的矩阵的求逆如下：

$$\mathbf{A}^{-1} = \begin{bmatrix} a_{11} & a_{12} \\ a_{21} & a_{22} \end{bmatrix}^{-1} = \frac{1}{\det(\mathbf{A})} \cdot \begin{bmatrix} a_{22} & -a_{12} \\ -a_{21} & a_{11} \end{bmatrix} \tag{A.122}$$

$$\begin{aligned} \mathbf{A}^{-1} &= \begin{bmatrix} a_{11} & a_{12} & a_{13} \\ a_{21} & a_{22} & a_{23} \\ a_{31} & a_{32} & a_{33} \end{bmatrix}^{-1} \\ &= \frac{1}{\det(\mathbf{A})} \cdot \begin{bmatrix} a_{22}a_{33} - a_{23}a_{32} & a_{13}a_{32} - a_{12}a_{33} & a_{12}a_{23} - a_{13}a_{22} \\ a_{31}a_{23} - a_{21}a_{33} & a_{11}a_{33} - a_{13}a_{31} & a_{13}a_{21} - a_{11}a_{23} \\ a_{21}a_{32} - a_{31}a_{22} & a_{12}a_{31} - a_{11}a_{32} & a_{11}a_{22} - a_{12}a_{21} \end{bmatrix} \end{aligned} \tag{A.123}$$

大矩阵的逆可通过以下公式简化为子矩阵的递归求逆(直到这些子矩阵的大小为 2×2 或 3×3)，其中任何 $\mathbf{A}_{11}$ 和 $\mathbf{A}_{22}$ 也应为方阵：

$$\begin{aligned} \mathbf{A} &= \begin{bmatrix} \mathbf{A}_{11} & \mathbf{A}_{12} \\ \mathbf{A}_{21} & \mathbf{A}_{22} \end{bmatrix} \quad \Rightarrow \quad \mathbf{A}^{-1} \\ &= \begin{bmatrix} \left[\mathbf{A}_{11} - \mathbf{A}_{12}\mathbf{A}_{22}^{-1}\mathbf{A}_{21}\right]^{-1} & -\mathbf{A}_{11}^{-1}\mathbf{A}_{12}\left[\mathbf{A}_{22} - \mathbf{A}_{21}\mathbf{A}_{11}^{-1}\mathbf{A}_{12}\right]^{-1} \\ -\mathbf{A}_{22}^{-1}\mathbf{A}_{21}\left[\mathbf{A}_{11} - \mathbf{A}_{12}\mathbf{A}_{22}^{-1}\mathbf{A}_{21}\right]^{-1} & \left[\mathbf{A}_{22} - \mathbf{A}_{21}\mathbf{A}_{11}^{-1}\mathbf{A}_{12}\right]^{-1} \end{bmatrix} \end{aligned} \tag{A.124}$$

进一步地，

$$[\mathbf{AB}]^{-1} = \mathbf{A}^{-1}\mathbf{B}^{-1}\ ; \quad [c\mathbf{A}]^{-1} = \frac{1}{c}\mathbf{A}^{-1} \tag{A.125}$$

方阵的特征向量是一个向量，当它与方阵相乘时，得到其自身的缩放版。缩放因子是相关的特征值。非奇异(全秩)K×K 矩阵具有 K 个不同的特征向量$\mathbf{\Phi}_k$ 和 K 个特征值λ_k：

$$\mathbf{A}\mathbf{\Phi}_k = \lambda_k \mathbf{\Phi}_k, 1 \leqslant k \leqslant K \tag{A.126}$$

原则上，特征值可以通过求解线性方程组$[\mathbf{A}-\lambda_k\mathbf{I}]\mathbf{\Phi}_k=0$来计算，线性方程组存在解的前提是$[\mathbf{A}-\lambda_k\mathbf{I}]=0$。计算行列式得到特征多项式$\alpha_K\lambda_k^K+\alpha_{K-1}\lambda_k^{K-1}+\cdots+\alpha_1\lambda_k+\alpha_0=0$的系数$\alpha_i$，其解是$K$个特征值$\lambda_k$。将这些系数代入式(A.126)中，再次得到获得特征向量的条件，其中进一步需要对其范数施加条件。对于我们的目的，使用正交性约束$\mathbf{\Phi}_k^{\mathrm{T}}\mathbf{\Phi}_k=1$是合理的。特征向量通常满足正交性原则式(A.130)。$K\times K$矩阵的迹是沿着其主对角线轴的元素之和：

$$\mathrm{tr}\left[\mathbf{A}\right]=\sum_{k=1}^{K}a_{k,k} \tag{A.127}$$

另外，

$$\mathrm{tr}\left[\mathbf{AB}\right]=\mathrm{tr}\left[\mathbf{BA}\right];\quad \mathrm{tr}\left[\mathbf{A}\times\mathbf{B}\right]=\mathrm{tr}\left[\mathbf{A}\right]\cdot\mathrm{tr}\left[\mathbf{B}\right] \tag{A.128}$$

向量的欧几里得范数是其自身的标量积式(A.111)，随后是平方根：

$$\sqrt{\mathbf{a}^{\mathrm{T}}\mathbf{a}}=\sqrt{\begin{bmatrix}a_1 & \cdots & a_K\end{bmatrix}\begin{bmatrix}a_1\\ \vdots \\ a_K\end{bmatrix}}=\sqrt{\sum_{k=1}^{K}a_k^{\ 2}} \tag{A.129}$$

正交性是指集合中任意两个不同向量的标量积为零。一个更强的准则是正态性，其中，所有向量的欧几里得范数应为1(单位)：

$$\mathbf{a}_i^{\ \mathrm{H}}\mathbf{a}_j=\mathbf{a}_j^{\ \mathrm{H}}\mathbf{a}_i=0,\ \text{对于}\ i\neq j\ ;\ \mathbf{a}_i^{\ \mathrm{H}}\mathbf{a}_i=1,\ \text{对于所有}\ i \tag{A.130}$$

当一组正交向量被解释为矩阵$\mathbf{A}$的行(或列)时，式(A.130)表示$\mathbf{A}^{\mathrm{H}}\mathbf{A}=\mathbf{I}$(或$\mathbf{AA}^{\mathrm{H}}=\mathbf{I}$)。对于平方正交矩阵(向量的长度与集合中向量的数量相同)，则$\mathbf{A}^{-1}=\mathbf{A}^{\mathrm{H}}$。向量间关系的正交性是双正交性的一个特例。假设一组线性独立(但不一定正交)向量$\mathbf{a}_i$建立了一个基系统；它们被排列为矩阵A的行(或列)。然后，当$i\neq j$时，双基$\tilde{\mathbf{A}}$应存在，其行向量$\tilde{\mathbf{a}}_j$与$\mathbf{a}_i$正交。得到

$$\mathbf{A}\tilde{\mathbf{A}}^{\mathrm{T}}=\mathbf{I}\Leftrightarrow \mathbf{a}_i^{\ \mathrm{T}}\tilde{\mathbf{a}}_j=\tilde{\mathbf{a}}_j^{\ \mathrm{T}}\mathbf{a}_i=0,\ \text{对于}\ i\neq j\ ;\ \mathbf{a}_i^{\ \mathrm{T}}\tilde{\mathbf{a}}_i=\tilde{\mathbf{a}}_i^{\ \mathrm{T}}\mathbf{a}_i=1,\ \text{对于所有}\ i \tag{A.131}$$

正交基系是它的一个特例，其中

$$\tilde{\mathbf{a}}_i=\mathbf{a}_i{}^*\Leftrightarrow\tilde{\mathbf{A}}=\mathbf{A}^*\Rightarrow\mathbf{A}^{-1}=\mathbf{A}^{\mathrm{H}} \tag{A.132}$$

在矩阵表示法中，也可以表示方程组$\mathbf{Ax}=\mathbf{c}$，其中$\mathbf{x}$中的未知数不等于方程组的数目。假设K是$\mathbf{x}$中元素的个数，L是$\mathbf{c}$的维数(或方程的个数)，这样$\mathbf{A}$的大小为$K\times L$，非平方且不可逆。此问题的求解必须附加条件，例如最小化最小二乘拟合：

$$\left\|\mathbf{e}\right\|^2=\left\|\mathbf{c}-\mathbf{Ax}\right\|^2=\left[\mathbf{c}-\mathbf{Ax}\right]^{\mathrm{H}}\left[\mathbf{c}-\mathbf{Ax}\right]\overset{!}{=}\min \tag{A.133}$$

若方程组的条件不受噪声干扰，则通过伪逆矩阵$\mathbf{A}^{\mathrm{P}}$得到最优解，等价于式(3.43)中得到的解，

$$\mathbf{x}=\mathbf{A}^{\mathrm{P}}\mathbf{c} \tag{A.134}$$

对于非平方矩阵或具有非满秩的平方矩阵，奇异值分解(SVD)和3.5节解释的广义逆，也可以相应地应用，其目的与特征向量分解类似。

附录 B　符号和变量

本书尽可能在方程(等式)中使用唯一符号。如果使用重复符号，通常会用于不同主题而不会产生歧义。

多媒体信号通常是多维的(例如视频中的行、列和时间方向)。表 B.1 列出了使用的变量、大小或限定值，以及每个高达四维的频谱表示。表 B.2 列出了信号类型及其在信号域和频谱域中的表示，其中，对于向量索引变量(**n**、**z**、**f** 等)，必须根据维度的数量补充表 B.1 中的各个索引变量。

表 B.1　信号和频谱域中不同维的指标变量和信号大小

	水平	垂直	深度或轮廓线	时间
世界坐标 **W**	W_1	W_2	W_3	t*)
3D 世界空间的速度 **V**	V_1	V_2	V_3	—
3D 世界空间中的大小	S_1	S_2	S_3	—
连续坐标 **t**	t_1	t_2	—	t_3
连续平移 $\boldsymbol{\tau}$	τ_1	τ_2	—	τ_3
图像平面中的速度 **v**	v_1	v_2	—	—
离散坐标 **n**	n_1	n_2	n_3	n_3
采样间隔或周期	T_1	T_2	T_3	T_3
子采样信号或分量的离散坐标 **m**	m_1	m_2	m_3	m_3
有限离散信号的大小	N_1	N_2	N_3	N_3
子采样信号或块的大小	M_1	M_2	M_3	M_3
频率 **f**	f_1	f_2	—	f_3
z 变换 **z**	z_1	z_2	—	z_3
离散频率 **k**	k_1	k_2	—	k_3
离散谱系数个数	U_1	U_2	—	U_3
滤波系数指标 **p**，**q**；滤波器阶数	p_1,q_1; P_1,Q_1	p_2,q_2; P_2,Q_2	—	p_3,q_3; P_3,Q_3
相关性索引，位移移位 **k** 指标	k_1	k_2	—	k_3

*)也用于一维信号，通常具有时间依赖性。

表 B.2　信号域和频谱域中的信号类型

	信号域	频谱域
原始信号，连续	$s(\mathbf{t})$	$S(\mathbf{f})$
原始信号，采样	$s(\mathbf{n})$	$S_{(\delta)}(\mathbf{f}),S(\mathbf{z})$
信号估计	$\hat{s}(\mathbf{n})$	$\hat{S}_{(\delta)}(\mathbf{f})$
信号重建	$\tilde{s}(\mathbf{n})$	$\tilde{S}_{(\delta)}(\mathbf{f})$
信号导数	$s\nabla(\mathbf{n})$	—

续表

	信号域	频谱域
二值信号	$b(\mathbf{n})$	—
噪声信号，速度	$v(\mathbf{n}),v(\mathbf{t})$	$V_{\mathrm{a}}(\mathbf{f})$
滤波器输出	$g(\mathbf{n}),g(\mathbf{t})$	$G_{(\delta)}(\mathbf{f}),G(\mathbf{z})$
误差，残差	$e(\mathbf{n}),r(\mathbf{n})$	$E_{(\delta)}(\mathbf{f}),R_{(\delta)}(\mathbf{f})$
窗口，加权函数	$w(\mathbf{n})$	$W(\mathbf{f})$
信号量化误差	$q(\mathbf{n})$	$Q_{(\delta)}(\mathbf{f})$
位移(整数，子样本)	$k(\mathbf{n}),d(\mathbf{n})$	—
过滤系数(非递归)	$a(\mathbf{p})$	$A(\mathbf{z})$
过滤系数(递归)	$b(\mathbf{p})$	$B(\mathbf{z})$
滤波器脉冲响应	$h(\mathbf{n}),h(\mathbf{t})$	$H_{(\delta)}(\mathbf{f}),H(\mathbf{z}))$
变换系数	$c_{\mathrm{k}}(\mathbf{m})$	$C_{\mathrm{k}}(\mathbf{z})$

ϕ_{ss},ϕ_{gg}　s,g 的功率谱

$\varphi_{ss},\varphi_{gg}$　s,g 的自相关函数

ϕ_{sg},ϕ_{sg}　互功率谱，互相关

μ_{ss},μ_{sg}　自方差，互协方差

ρ_{ss},ρ_{sg}　相关系数（归一化）

$\delta(\cdot)$　狄拉克脉冲，单位脉冲（δ 函数）

$\varepsilon(\cdot)$　单位阶跃函数

$\gamma(\cdot)$　几何变换映射

λ_k　特征值

$\boldsymbol{\phi}_k$　特征向量，基向量，基函数

$\mathbf{T}$　变换矩阵

$\mathbf{H},\mathbf{G}$　滤波器矩阵

$\mathbf{I}$　单位矩阵

Δ　量化器步长，距离函数

$I(\boldsymbol{S}_j)$　离散状态 S_j 的自信息

$p_s(x)$　随机变量 x 上过程 s 的概率密度函数

$P_s(x)$　累积分布函数

$\Pr(S_j)$　概率(离散状态 S_j)

$\mathbf{h},h(j)$　直方图

$p_{sg}(x,y)$　随机变量 x 和 y 上 s 和 g 过程的联合概率密度函数

$P_{sg}(x,y)$　联合累积概率

$\Pr(S_i,S_j)$　联合概率(离散状态 S_i 和 S_j)

$p_{s|g}(x|y)$　条件概率密度函数，条件 g 下的过程 s 的概率密度函数

$p_s(\mathbf{x})$　随机向量 $\mathbf{x}$ 上向量过程 $\mathbf{s}$ 的向量概率密度

σ_s^2,σ_g^2　s,g 的方差

m_s,m_g　s,g 的均值

Q_s, Q_g	s,g 的二次平均值（能量，功率）
$m_s^{(P)}, m_s^{(P)}$	P 阶矩，中心矩
$\rho_s^{(P)}, \rho_s^{(P)}$	P 阶标准矩，累积量
$\mathcal{E}\{\cdot\}$	期望值
$F\{\cdot\}, f(\cdot)$	广义函数
$k(\cdot), w(\cdot)$	核函数，加权函数
$L\{\cdot\}$	系统传递函数
$\mathrm{Im}\{\cdot\}$	函数的虚部
$\mathrm{Re}\{\cdot\}$	函数的实部
$H(S)$	集合 S 的熵
$H(S_1,S_2)$	集合 S_1,S_2 的联合熵
$H(S_1 \vert S_2)$	集合 S_1,S_2 的条件熵
$I(S_1;S_2)$	集合 S_1,S_2 的互信息
b	基线距离，带宽
C,c	常数，系数
cnt	计数
$\mathrm{d}(\cdot,\cdot)$	差分函数、距离、失真
i, j	常用索引
r	迭代次数
r,ρ	径向距离
$u,\mathbf{u}$	特征值，特征向量
$v,\mathbf{v}$	转换特征值或向量
w	宽度
$A,A_{\mathrm{max/min}}$	振幅值，最大/最小振幅
B	比特数
F	焦距
I,J	离散字母表中的符号或字母数
K,L	向量长度
L	类数，离散轮廓长度
P,Q	(滤波器、矩等的)阶
Q	集合中的元素数
R	迭代的次数
T	层次数
V	变化，体积
$\mathbf{\Phi}_{ss}, \boldsymbol{\phi}_{ss}$	自相关矩阵，向量
$\mathbf{A},\mathbf{T},\mathbf{F}$	信号和频率域中的坐标映射或采样矩阵
$\mathbf{C}$	相机中心，投影点
$C_{ss},\mathbf{c}_{ss}$	协方差矩阵，向量

D,E,M	基本矩阵，本征矩阵，相机内参矩阵
e	极点
m	均值向量，质心
s,g,⋯	标量 $s,g,\cdots$的有序序列的向量
S,G,⋯	标量 $s,g,\cdots$的有序域的矩阵
R,τ	旋转矩阵，平移向量
HSV	色度，饱和度，亮度分量
RGB	红，绿，蓝（原色）
YC_bC_r	亮度和色度分量
$\mathcal{A},\mathcal{B}$	离散字母或数据集
$\mathcal{F}\{\cdot\}$	傅里叶变换
$\mathcal{C}$	情景、集群或轮廓
$\mathcal{M}$	样本集
$\mathcal{N}$	邻域
$\mathcal{O}$	物体，观察
$\mathcal{P}$	三维世界中的点
$\mathcal{R}^K$	K维向量空间
$\mathcal{R}_l$	向量子空间
$\mathcal{S}$	集合，状态
$\mathcal{V}$	尺度空间
$\mathcal{W}$	小波空间
$\mathcal{X}$	随机绘制集
ε	步长因子，小增量值
κ	信号维数，曲率
λ	波长，拉格朗日乘子，齐次坐标尺度
ϕ,θ,α	角度（例如旋转）
$\theta(\cdot)$	幅度映射函数（非线性）
ν	谱矩
χ	倒谱
τ	周期，移位(连续)
$\phi_k(\tau)$	基函数、插值函数(可以为离散函数)
$\varphi(\tau)$	尺度函数
$\psi(\tau)$	小波函数
F_i	静态值的频率（例如，用于采样、调制）
T_i	静态值的信号域单位（如时间或空间距离）
Θ	阈值，尺度因子
$\Gamma,\gamma(\cdot)$	几何映射，时/移变量映射
Λ	特征值矩阵，一个区域的形状
Π	搜索范围、滤光片形状、投影轮廓、参数集

Φ, Ψ	优化线性变换的变换矩阵
$\|\mathcal{N}\|$	邻域 $\mathcal{N}$ 的大小(样本)
$\|\Lambda\|$	区域**Λ的**大小(样本)
∇	信号或向量的导数
∇^2, Δ	二阶导数，拉普拉斯

附录C 缩 略 语 表

1D	One-dimensional	一维
2D	Two-dimensional	二维
3D	Three-dimensional	三维
ACF	Auto Correlation Function	自相关函数
ACM	Active Contour Model	主动轮廓模型
AD	Average Decrease	平均降幅
ANN	Artificial Neural Network	人工神经网络
API	Application Program Interface	应用程序接口
AR	Autoregressive Process, Model	自回归过程，模型
ART	Angular Radial Transform	角径向变换
BCC	Binaural Cue Coding	立体声信号编码
BCCE	Brightness Constancy Constraint Equation	亮度恒定约束方程
BO(V)W	Bag of (Visual) Words	(视觉)词袋
BPA	Back Propagation Algorithm	反向传播算法
CAR	Conditional AR	条件 AR
CCD	Charge Coupled Device	电荷耦合器件
CCF	Cross Correlation Function	互相关函数
CD	Compact Disc	紧凑光盘
CDF	Cumulative Distribution Function	累积分布函数
CG	Computer Graphics	计算机图形学
CGI	Control Grid Interpolation	控制网格插值
CIE	Commission International d'Eclairage	国际照明委员会
CIF	Common Intermediate Format	通用中间格式
CMOS	Complementary Metal Oxide Silicon	互补金属氧化物硅
CPC	Channel prediction coefficients	信道预测系数
CRT	Cathode Ray Tube (Display)	阴极射线管（显示器）
CSS	Curvature Scale Space	曲率缩放空间
CT	Color Temperature	色温
DCMI	Dublin Core Metadata Initiative	都柏林核心元数据计划
DCT	Discrete Cosine Transform	离散余弦变换
DEC	Decoder	解码器
DFT	Discrete Fourier Transform	离散傅里叶变换
DIBR	Depth Image Based Rendering	深度图像绘制
DLNN	Deep Learning Neural Network	深度学习神经网络

DoG	Difference of Gaussians	高斯差分
DPD	Displaced Picture Difference	位移图像差异
DST	Discrete Sine Transform	离散正弦变换
DV	Disparity Vector	视差向量
DVD	Digital Versatile Disc	数字多功能光盘
DWT	Discrete Wavelet Transform	离散小波变换
EM	Expectation Maximization	期望最大化
ENC	Encoder	编码器
EOR	Even-to-odd Harmonic Ratio	偶数与奇数谐波比
ETSI	European Telecommunication Standardization Institute	欧洲电信标准化协会
FFT	Fast Fourier Transform	快速傅里叶变换
FIR	Finite Impulse Response（filter）	有限冲击响应（滤波器）
FM	Frequency Modulation	调频
GGD	Generalized Gaussian distribution	广义高斯分布
GLA	Generalized Lloyd Algorithm	广义 Lloyd 算法
GMC	Global MC	全局运动补偿
GMRF	Gauss Markov Random Field	高斯-马尔可夫随机场
HDR	High Dynamic Range	高动态范围
HD（TV）	High Definition（TV）	高清（电视）
HEVC	High Efficiency Video Coding	高效视频编码
HMM	Hidden Markov Model	隐马尔可夫模型
HPR	Harmonic Power Ratio	谐波功率比
HR	Harmonic Ratio	谐波比
HSC	Harmonic Spectral Centroid	谐波谱质心
HSD	Harmonic Spectral Deviation	谐波频谱偏差
HSS	Harmonic Spectral Spread	谐波频谱扩展
HSV	Harmonic Spectral Variation, Hue/Saturation/Value	谐波频谱变化，色调/饱和度/亮度
HT	Haar Transform	Haar 变换
HVS	Human Visual System	人类视觉系统
IC	Illumination Compensation	照明补偿
ICA	Independent Component Analysis	独立成分分析
ICC	Inter Channel Correlation	信道间相关
ICLD	Inter Channel Level Difference	信道间电平差
ICTD	Inter Channel Time Difference	信道间时差
IDCT	Inverse DCT	逆 DCT
IDFT	Inverse DFT	逆 DFT
IDWT	Inverse DFT	逆 DWT
IID	Independent Identically Distributed	独立同分布

IETF	Internet Engineering Task Force	互联网工程任务组
IIR	Infinite Impulse Response (filter)	无限冲激响应 (滤波器)
IMC	Inverse MC	内模逆矩阵
IP	Internet Protocol	网际协议
ISO/IEC	International Standardization Organisation/ International Electrotechnical Commission	国际标准化组织/国际电工委员会
ITU-R/T	International Telecommunication Union-Radiocommunication / Telecommunication Sector	国际电信联盟-无线电通信/电信部门
KDE	Kernel Density Estimation	核密度估计
KLD	Kullback Leibler Divergence	Kullback-Leibler 散度
KLT	Karhunen Loève Transform	Karhunen-Loève 变换
LAT	Logarithmic Attack Time	对数击打时间
LBP	Local Binary Pattern	局部二值模式
LCD	Liquid Crystal Display	液晶显示器
LDA	Linear Discriminant Analysis	线性判别分析
LED	Light Emitting Diode (Display)	发光二极管(显示器)
LMS	Least Mean Square	最小均方
LoG	Laplacian of Gaussian	高斯拉普拉斯(算子)
LPC	Linear Predictive Coding	线性预测编码
LSB	Least Significant Bit	最低有效位
LSI	Linear Shift Invariant (system)	线性移不变(系统)
LSP	Line Spectrum Pair	线谱对
LTI	Linear Time Invariant (system)	线性时不变(系统)
LUT	Lookup table	查找表
MA	Moving Average Process, Model	移动平均过程，模型
MAD	Minimum Absolute Difference	最小绝对差
MAP	Maximum a Posteriori	最大后验概率
MAX	Maximum	最大值
MC	Motion Compensation / compensated	运动补偿/补偿
MDCT	Modified DCT	修正 DCT
ME	Motion Estimation	运动估计
MED	Median	中位数
MFCC	Mel Frequency Cepstral Coefficient	Mel 频率倒谱系数
MIN	Minimum	最小值
ML	Maximum Likelihood	最大似然
MLP	Multi Layer Perceptron	多层感知器
MOG	Mixture of Gaussians	高斯混合
MOS	Mean Opinion Score	平均意见得分
MPEG	Moving Picture Experts Group	运动图像专家组

MRF	Markov Random Field	马尔可夫随机场
MRT	Magnetic Resonance Tomography	磁共振成像
MSB	Most Significant Bit	最高有效位
MSD	Minimum Squared Difference	最小平方差
MSE	Mean Square Error	均方误差
MSER	Maximally Stable Extremal Regions	最大稳定极值区
MV	Motion Vector	运动向量
NLM	Non-local means	非本地平均数
NMD	Non-negative Matrix Deconvolution	非负矩阵反卷积
NMF	Non-negative Matrix Factorization	非负矩阵分解
NN	Nearest Neighbor	最近邻
NTF	Non-negative Tensor Factorization	非负张量因子分解
NTSC	National Television Standards Committee	国家电视标准委员会
OBMC	Overlapping Block MC	重叠块 MC
ODWT	Over-complete DWT	过完备 DWT
PAL	Phase Alternating Line (analog TV format)	相位交替线（模拟电视格式）
PARCPR	Partial Correlation (coefficients)	部分相关（系数）
PCA	Principal Component Analysis	主成分分析
PCM	Pulse Code Modulation	脉码调制
PDF	Probability Density Function	概率密度函数
PDS	Power Density Spectrum	功率密度谱
PEAQ	Perceptual Audio Quality	感知音质
PESQ	Perceptual Speech Quality	感知语音质量
PMF	Probability Mass Function	概率质量函数
PP	Pitch Period	基音周期
PREC	Precision	精确度
PSF	Point Spread Function	点扩散函数
PSNR	Peak Signal to Noise Ratio	峰值信噪比
Q	Quantizer	量化器
QCIF	Quarter CIF	1/4CIF
QT	Quad tree	四叉树
QVGA	Quarter VGA	1/4VGA
RANSAC	Random Sampling Consensus	随机采样一致性
RBF	Radial Basis Function	径向基函数
RDF	Resource Description Framework	资源描述框架
REC	Recall	召回率
RFC	Request for Comments (IETF)	征求意见书(IETF)
RGB	Red, Green, Blue	红、绿、蓝

RO	Rolloff	衰减
RTF	Room Transfer Function	房间传递函数
SAD	Sum of Absolute Differences	绝对差之和
SCD	Scalable Color Descriptor	可缩放颜色描述符
SD(TV)	Standard Definition TV	标准清晰度电视
SECAM	Séquentiel couleur à mémoire (analog TV format)	顺序传递色彩与存储（模拟电视格式）
SFM	Spectral Flatness Measure	频谱平坦度测量
SIFT	Scale Invariant Feature Transform	尺度不变特征变换
SMPTE	Society of Motion Picture and Television Engineers	电影与技术协会电视工程师
SNR	Signal to Noise Ratio	信噪比
SNRSEG	Segmental SNR	分段信噪比
SOFM	Self Organizing Feature Map	自组织特征图
SPECT	Single Photon Emission Computer Tomography	单光子发射计算机层析成像
SQ	Scalar Quantization	标量量化
SSIM	Structure Similarity Measure	结构相似性度量
STFT	Short Time Fourier Transform	短时傅里叶变换
SURF	Speeded Up Robust Features	加速鲁棒特征
SVD	Singular Value Decomposition	奇异值分解
SVM	Support Vector Machine	支持向量机
TV	Total Variation, Television	总变差，电视
UHD(TV)	Ultra High Definition (TV)	超高清电视
VLC	Variable Length Coding	可变长编码
VQ	Vector Quantization	向量量化
VQM	Video Quality Measure	视频质量度量
WHT	Walsh Hadamard Transform	Walsh-Hadamard 变换
WT	Wavelet Transform	小波变换
W3C	World Wide Web Council	万维网理事会

原著参考文献

Achanta, R. , Shaji, A. , Smith, K. , Lucchi, A. , Fua, P. , Süsstrunk, S.: SLIC superpixels compared to state-of-the-art superpixel Methods. *IEEE Trans. Patt. Anal. Mach. Intell.*34 (2012), pp. 2274-2282

Adelson, E. H. ; Bergen, J.: The plenoptic function and the elements of early vision. In *Computational Models of Visual Processing*, pp. 3–20. Cambridge, MA: MIT Press,1991.

Ambrosio, L. , Tortorelli, V. M.: Approximation of functionals depending on jumps by elliptic functionals via Γ-convergence. *Comm Pure Appl. Math.* 43 (1990), pp. 999–1036

Arulampalam, N. S. , Maskell, S. , Gordon, N. , Clapp, T.: A tutorial on particle filters for online nonlinear/non-Gaussian Bayesian tracking. *IEEE Trans. Signal Process.* 50 (2002), pp. 174-188

Baddour, N.: Two-dimensional Fourier transforms in polar coordinates. In P.W. Hawkes (ed.): *Advances in Imaging and Electron Physics*, Vol. 165. Amsterdam: Elsevier, 2011

Ballard, D. H. , Brown, C. M.: Computer Vision. Englewood Cliffs: Prentice Hall, 1985

Ballé, J.: Image Compression by Microtexture Synthesis. *Aachen Series on Multimedia and Communications Engineering* no. 11, Aachen: Shaker, 2012

Ballé, J. , Stojanovic, A. , Ohm, J.-R.: Models for static and dynamic texture synthesis in image and video compression. *IEEE J. Sel. Top. Sig. Proc.* 5 (2011), pp. 1353–1365

Bamberger, R. H. , Eddins, S. L. , Nuri, V.: Generalized symmetric extension for sizelimited multirate filter banks. *IEEE Trans. Image Process.* 3 (1994), pp. 82-87

Barr, A.: Superquadrics and angle-preserving transformations. *IEEE Trans. Comput.Graphics Appl.* 1 (1981), pp. 1-20

Baughman, A. , Gao, J. , Pan, J.-Y. , Petrushin, V.A. (Eds.): Multimedia Data Mining and Analytics. New York, Heidelberg: Springer 2015

Bay, H. , Ess, A. , Tuytelaars, T. , van Gool, L.: Speeded-up robust features (SURF). *Int.J. Computer Vision and Image Understanding* 110 (2008), pp. 346-359

Bayes, T.: An essay towards solving a problem in the doctrine of chances, 1763

Belfor, R. A. F. , Lagendijk, R. L. , Biemond, J.: Subsampling of digital image sequences using motion information. *Motion Analysis and Image Sequence Processing*, M. I. Sezan and R. L. Lagendijk (eds.), Dordrecht: Kluwer, 1993

Bentley, J. L.: Multidimensional divide and conquer, *Comm. ACM 23* (1980), pp. 214-229

Besag, J.: On the statistical analysis of dirty pictures. *J. Roy. Stat. Soc. B* 48 (1986), pp.259-302

Besag, J.: Spatial interaction and the statistical analysis of lattice systems. *J. Royal Stat.Soc. B* 36 (1974), pp. 192–236

Bezdek, J.C.: Pattern recognition with fuzzy objective function algorithms. Plenum Press, New York, 1981

Bhattacharyya, A.: On a measure of divergence between two statistical populations defined by their probability distributions. Bull. Calcutta Math. Soc. 35 (1943), pp. 99–109

Bierling, M.: Displacement estimation by hierarchical block matching. *Proc. Visual Comm. Image Process.* (1988), SPIE vol. 1001, pp. 942-951

Bierling, M. , Thoma, R.: Motion compensated interpolation using a hierarchically structured displacement estimator. *Signal Process.* 11 (1986), pp. 387-404

Billingsley, J. , Kinns, R.: The acoustic telescope. *J. Sound and Vibration* 48 (1976), pp.485-510

Birchfield, S.T. , Subramanya, A.: Microphone array position calibration by basis-point classical multidimensional scaling. *IEEE Trans. Speech Audio Proc.* 13 (2005), pp.1025-1034

Blume, H.: Vector based nonlinear upconversion applying center weighted medians. *Proc.SPIE Nonlin. Image Proc.* VII, (1996), vol. 2662, pp. 142-153

Bober, M.: MPEG-7 visual shape descriptors. *IEEE Trans. Circ. Syst. Video Tech.* 11(2001), pp. 716-719

Börner, R.: Autostereoscopic 3-D imaging by front and rear projection on flat panel displays.*Displays* 14 (1993), pp. 39-46

Bogert, B. P. , Healy, M. J. R. , Tukey, J. W.: The quefrency alanysis of time series for echoes: Cepstrum, pseudo-autocovariance, cross-cepstrum, and saphe cracking. *Proc. Symp Time Series Analysis* (M. Rosenblatt, ed.), Chap. 15, pp. 209-243. New York: Wiley, 1963

Boissonnat, J.: Geometric structures for three dimensional shape representation. *ACM Trans. Graph.* 22 (1984), pp. 266–286

Boone, M. M. , Verheijen, E. N. G.: Multi-channel sound reproduction based on wave field synthesis. *Proc. 95th AES Convention* (1993), paper 3719

Bose, N. K.: Applied Multidimensional Systems Theory. New York: Van Nostrand Reinhold, 1983

Bouman, C. A. , Shapiro, M.: A multiscale random field model for Bayesian image segmentation.*IEEE Trans. Image Process.* 3 (1994), pp. 162-177

Box, G. E. P. , Cox, D. R.: An analysis of transformations. *J. Royal Stat. Soc.* Series B 26(1964), pp. 211-252.

Boykov, Y. , Veksler, O. , Zabih, R.: Fast approximate energy minimisation via graph cuts. *IEEE Trans. Patt. Anal. Mach. Intell.* 29 (2001), pp. 1222–1239

Boykov, Y. , Kolmogorov, V.: An Experimental Comparison of Min-Cut/Max-Flow Algorithms for Energy Minimization in Vision. *IEEE Trans. Patt. Anal. Mach. Intell.* 26(2004), pp. 1124-1137

Braun, M. , Hahn, M. , Ohm, J.-R. , Talmi, M.: Motion-compensating real-time format converter for video on multimedia displays. *Proc. IEEE ICIP* (1997), vol. I, pp. 125-128

Brodatz, P.: Textures: A Photographic Album for Artists and Designers. New York: Dover Publications, 1966

Brünig, M. , Niehsen, W.: Fast full-search block matching. *IEEE Trans. Circ. Syst. Video Tech.* 11 (2001), p. 241-247

Buades, A.: A non-local algorithm for image denoising. *Proc. IEEE Conf. Comp. Vis. Patt. Rec.* (CVPR 2005), vol. 2, pp. 60-65

Buhmann, J. , Lange, J. , von der Malsburg, C. , Vorbrüggen, J. C. , Würtz, R. P.:Object recognition with Gabor functions in the dynamic link architecture - Parallel implementation on a Transputer network. In B. Kosko (ed.), *Neural Networks for Signal Processing*, pp. 121-159, Englewood Cliffs:

Prentice Hall, 1992.

Burges, C. J. C.: A tutorial on support vector machines for pattern recognition. *Data Mining and Knowledge Discovery* 2 (1998), no.2, pp. 121-167

Burt, P. J. , Adelson, E. H.: The Laplacian pyramid as a compact image code. *IEEE Trans. Commun.* 31 (1983), pp. 532-540

Cadzow, J. A.: Least squares, modeling, and signal processing. *Dig. Signal Process.* 4, pp. 2-20. San Diego: Academic Press, 1994

Canny, J.: A Computational Approach to Edge Detection. *IEEE Trans. Patt. Anal. Mach. Intell.* 8(1986), pp. 679–698

Carr, J. , Beatson, R. , Cherrie, H. , Mitchell, T. , Fright, W. , McCallum, B. , Evans,T.: Reconstruction and representation of 3D objects with radial basis functions. *Proc. SIGGRAPH* 2001, pp. 67–76.

Caselles, V. , Catte, F. , Coll, T. , Dibos, F.: A geometric model for active contours. *Numer.Math.* 66 (1993), pp. 1-31

Caselles, V. , Kimmel, R. , Sapiro, G.: On geodesic active contours. *Int. J. Comp. Vision* 22 (1997), pp. 61-79

Casey, M. A. , Westner, A.: Separation of mixed audio sources by independent subspace analysis. *Proc. Int. Computer Music Conf.*, Berlin 2000

De Castro, E. , Morandi, C.: Registration of Translated and Rotated Images Using Finite Fourier Transforms. *IEEE Trans. Patt. Anal. Mach. Intell.* 9 (1987), pp. 700-703

Chahine, M. , Konrad, J.: Estimation of trajectories for accelerated motion from timevarying imagery. *Proc. IEEE ICIP* (1994), vol. II, pp. 800-804

Chan, T. , Vese, L.: An active contour model without edges. *Proc. Int. Conf. Scale-space Theories in Comp. Vis.* 1999, pp. 141-151

Chan, T. , Vese, L.: Active contours without edges. *IEEE Trans. Image Proc.* 10 (2001), pp. 266-277

Chang, T. , Kuo, C.-C. J.: Texture analysis and classification with tree-structured wavelet transform. *IEEE Trans. Image Process.* 2 (1993), pp. 429-441

Chelappa, R. , Kashyap, R.L.: Texture synthesis using 2-D noncausal autoregressive models. *IEEE Trans. Acoust. Speech Signal Process.* 33 (1985), pp. 194-203

Chelappa, R. , Chatterjee, S.: Classification of textures using Gaussian Markov random fields. *IEEE Trans. Acoust. Speech Signal Process.* 33 (1985), pp. 959-963

Chellappa, R. , Jain, A. (eds.): Markov Random Fields: Theory and Applications. Academic Press, 1996

Cheng, S.-W. , Dey, T. K. , Shewchuk, J.: Delaunay Mesh Generation. Boca Raton, London, New York: CRC Press, 2012

Chin, T. M. , Luettgen, M. R. , Karl, W. C. , Willsky, A. S.: An estimation theoretic perspective on image processing and the calculation of optical flow. *Motion Analysis and Image Sequence Processing*, M. I. Sezan and R. L. Lagendijk (eds.), Dordrecht: Kluwer, 1993

Cristianini, N. , Shawe-Taylor, J.: An Introduction to Support Vector Machines. Cambridge, UK: Cambridge University Press, 2000

Chuang, G. C.-H. , Kuo, C.-C. J.: Wavelet descriptor of planar curves: Theory and applications. *IEEE*

Trans. Image Proc. 5 (1996), pp. 56-70

Commission Internationale d'Éclairage (CIE): *CIE Proceedings* (1931). Cambridge, UK: Cambridge University Press, 1932

Commission Internationale d'Éclairage (CIE): Colorimetry - Part 4: 1976 L*a*b* Colour Space. Joint ISO/CIE Standard ISO 11664-4:2008(E)/CIE S 014-4/E:2007

Commission Internationale d'Éclairage (CIE): Industrial Colour-Difference Evaluation. CIE Publication No. 116, Vienna, 1995

Commission Internationale d'Éclairage (CIE): Colorimetry - Part 6: CIEDE2000 Colour-Difference Formula. CIE Draft Standard DS 014-6/E:2012

Comaniciu, D. , Meer, P.: Mean shift: A robust approach toward feature space analysis, *IEEE Trans. Patt. Rec. Mach. Intell.* 24 (2002), pp. 603-619

Comaniciu, D. , Ramesh, V. , Meer, P.: Kernel-based object tracking, *IEEE Trans. Patt. Rec. Mach. Intell.* 25 (2003), pp. 564-577

Connor, J. T. , Martin, R. D. , Atlas, L. E.: Recurrent neural networks and robust time series prediction. *IEEE Trans. Neur. Netw.* 5 (1994), pp. 240-254

Cover, T. M. , Thomas, J. A.: Elements of Information Theory. New York: Wiley 1991

Cox, I. , Bloom, J. , Miller, M.: Digital Watermarking: Principles & Practice. Morgan Kaufmann, 2001

Crochiere, R. E. , Rabiner, L. R.: Multirate Digital Signal Processing. Englewood Cliffs :Prentice-Hall, 1983

Cross, G. R. , Jain, A. K.: Markov random field texture models. *IEEE Trans. Patt. Anal.Mach. Intell.* 5 (1983), pp. 25-39

Cyganiak, R. , Wood, D. , McBride, B. (Eds.): Resource Description Framework 1.1:Concepts and Abstract Syntax. W3C Recommendation, 25 Feb. 2014

Daly, R. , Chen, S. , Aitken, S.: Learning Bayesian networks: Approaches and issues. *Knowledge Engineering Review* **26**(2), pp. 99–157. Cambridge, UK: Cambridge University Press, 2011

Daubechies, I.: Orthonormal basis of compactly supported wavelets. *Comm. Pure Applied Math.* 41 (1988), pp. 909-996

David, H. A.: The Method of Paired Comparisons. New York: Oxford University Press, 1988

Davis, S. , Mermelstein, P.: Comparison of parametric representations for monosyllabic word recognition in continuously spoken sentences. *IEEE Trans. Acoust. Speech Signal Proc.* 28 (1980), pp. 357-366

Dempster, A. P.: A generalization of Bayesian inference, *J. Roy. Stat. Soc.* 30 (1968), Series B

Dempster, A. P.: Upper and lower probabilities induced by a multivalued mapping, *Annals Mathem. Statist.* 38 (1976)

Dice, L. R.: Measures of the amount of ecologic association between species. *Ecology* 26 (1945), pp. 297–302.

Dubois, E.: Motion-compensated filtering of time-varying images. *Multidim. Syst. Signal Process.* 3, pp. 211-240. Dordrecht: Kluwer, 1992

Dubois, E. , Konrad, J.: Estimation of 2-D motion fields from image sequences with application to motion-compensated processing. *Motion Analysis and Image Sequence Processing*, M. I. Sezan and R.

L. Lagendijk (eds.), Dordrecht: Kluwer, 1993

Duchon, C. E.: Lanczos filtering in one and two dimensions. *J. Appl. Meteor.* 18 (1979), pp. 1016–1022

Dudgeon, D. E. , Mersereau, R. M.: Multidimensional Digital Signal Processing. Englewood Cliffs: Prentice-Hall, 1984

Efstratiadis, S. N. , Katsaggelos, A. K.: An adaptive regularized recursive displacement estimation algorithm. *IEEE Trans. Image Process.* 2 (1993), pp. 341-352

Enkelmann, W.: Investigations of multigrid algorithms for the estimation of optical flow fields in image sequences. *Comp. Graph. Image Process.* 43 (1988), pp. 150-177

Ezra, D. , Woodgate, G. , Omar, B. , Holliman, N. , Harrold, J. , Shapiro, L.: New auto-stereoscopic display system. *Proc. SPIE Stereosc. Displ. Apps.* (1995), vol. 2409, pp. 31-40

Fischler, M. A. , Bolles, R. C.: Random sample consensus: A paradigm for model fitting with applications to image analysis and automated cartography. *Comm. ACM* 24 (1981), pp. 381-395

Forney, G. D., jr.: The Viterbi algorithm. *Proc. IEEE* 61 (1973), pp. 268-278

Gabor, D.: Theory of communication. *J. Inst. Elect. Eng.* 93 (1946), pp. 429-457

Geman, D. , Geman, S. , Graffigne, C. , Dong, P.: Boundary detection by constrained optimization. *IEEE Trans. Patt. Anal. Mach. Intell.* 12 (1990), pp. 609-628

Geman, S. , Geman, D.: Stochastic relaxation, Gibbs distribution, and the Bayesian restoration of images. *IEEE Trans. Patt. Anal. Mach. Intell.* 6 (1984), pp. 721-741

Gerzon, M.A.: Design of ambisonic decoders for multi speaker surround sound. *Proc. 58th AES Convention*, New York, 1977

Ghanbari, M.: The cross search algorithm for Motion Estimation. *IEEE Trans. Commun.*38 (1990), pp. 950-953

Golub, G. H. , van Loan, C. F.: Matrix Computations, 3rd ed. Baltimore: John Hopkins Unversity Press, 1996

Gotlieb, C. C. , Kreyszig, H. E.: Texture descriptors based on co-occurrence matrices. *Comput. Vis. Graph. Image Process.* 51 (1990), pp. 70– 86

Gröchenig, K. , Madych, W. R.: Multiresolution analysis, Haar bases, and self-similar tilings of *Rn. IEEE Trans. Inf. Theor.* 38 (1992), pp. 556-568

Gross, M. H. , Staadt, O. G. , Gatti, R.: Efficient triangular surface approximations using wavelets and quadtree data structures. *IEEE Trans. Visual. Comp. Graph.* 2 (1996), pp.130-143

de Haan, G. , Biezen, P. W. A. C. , Huijgen, H. , Ojo, O. A.: True-motion estimation with 3-D recursive search block matching. *IEEE Trans. Circ. Syst. Video Tech.* 3 (1993), pp. 368-379

Hajek, B.: Cooling schedules for optimal annealing. *Math. Oper. Res.* 13 (1988), pp. 311-329

Haley, G. M. , Manjunath, B. S.: Rotation-invariant texture classification using a complete space-frequency model. *IEEE Trans. Image Process.* 8 (1999), pp. 255-269

Hammersley, J. M. , Clifford, P.: Markov fields on finite graphs and lattices. *Unpublished* (1971). http://www.statslab.cam.ac.uk/~grg/books/hammfest/hamm-cliff.pdf

Hanzo, L. J. , Somerville, C. , Woodard, J.: Voice and Audio Compression for Wireless Communications. New York: Wiley, 2007

Harris, C. , Stephens, M.: A combined corner and edge detector. *Proc. 4th Alvey Vision Conf.* (1988). pp. 147–151.

Hartley, R. , Zisserman, A.: Multiple View Geometry in Computer Vision, Cambridge, UK: Cambridge University Press, 2003

Heitz, F. , Bouthemy, P.: Multimodal estimation of discontinuous optical flow using Markov random fields. *IEEE Trans. Patt. Anal. Mach. Intell.* 15 (1993), pp. 1217-1232

Herre, J. , Allamanche, E. , Hellmuth, O.: Robust matching of audio signals using spectral flatness features. *Proc. IEEE Workshop Appl. Signal Proc. Audio Acoust.* (2001), pp.127-130

Hilbert, D.: Über die stetige Abbildung einer Line auf ein Flächenstück. *Math. Annal.* 38 (1891), pp. 459-460

Hinton, G. , Deng, L. , Yu, D. , Mohamed, A.-R. , Jaitly, N. , Senior, A. , Vanhoucke, V. , Nguyen, P. , Dahl, T. S. G. , Kingsbury, B.: Deep neural networks for acoustic modeling in speech recognition, *IEEE Signal Proc. Mag.* 29 (2012), no. 6, pp. 82-97

Hlawatsch, F. , Boudreaux-Bartels, G. F.: Linear and quadratic time-frequency signal representations. *IEEE Signal Process. Mag.* 9 (1992), no. 2, pp. 21-67

Hötter, M.: Differential estimation of the global motion parameters zoom and pan. *Signal Process.* 16 (1989), pp. 249-265

Horn, B. P. , Schunck, B. G.: Determining optical flow. *Artif. Intell.* 17 (1981), pp. 185-204

Hotelling, H.: Analysis of a complex of statistical variables into principal components. *Journal of Educational Psychology* 24 (1933), pp. 417-441,498-520

Hu, M. K.: Visual pattern recognition by moment invariants. *IRE Trans. Inf. Theor.* 8(1962), pp. 179-187

Hubel, D. H. , Wiesel, T. N.: Receptive fields, binocular interaction and functional architecture in the cat's visual cortex. *J. Physiol. (London)* 160 (1962), pp. 106-154

Huber, P. J.: Robust Statistics. New York: Wiley, 1981

Hush, D. R. , Horne, B. G.: Progress in supervised neural networks. *IEEE Signal Process.Mag.* 10 (1993), no. 1, pp. 8-39

Hyvärinen, A. , Karhunen, J. , Oja, E.: Independent Component Analysis. New York:Wiley, 2001

Itakura, F.: *Minimum* prediction residual principle applied to speech recognition. *IEEE Trans. Acoust. Speech Signal Process.* 23 (1975), pp. 52-72

Itakura, F. , Saito, S.: On the optimum quantization of feature parameters in the PARCOR speech synthesizer. *Proc. 1992 Conf. Speech Commun.*, pp. 434-437

Izquierdo M. E. , Ohm, J.-R.: Image-based rendering and 3D modeling : A complete framework. *Signal Proc.: Image Commun.* 15 (2000), pp. 817-858

Ives, H. E.: The projection of parallax panoramagrams. *J. Opt. Soc. of America* 21 (1931), pp. 397-409

Jaakola, T. , Haussler, D.: Exploiting generative models in discriminative classifiers. *Advances Neural* Inf. *Proc. Syst.* 11 (1998), pp. 487-493

Jaccard, P.: Étude comparative de la distribution florale dans une portion des Alpes et des Jura. *Bull. Soc. Vaudoise Sci. Nat.* 37 (1901), pp. 547–579.

Jähne, B.: Digital Image Processing, 6th edition. New York/Berlin: Springer 2016

Jain, A. K.: Fundamentals of Digital Image Processing. Englewood Cliffs: Prentice-Hall, 1989

Jain, A. K. , Farrokhnia, F.: Unsupervised texture segmentation using Gabor filters. *Patt.Recog.* 24 (1991), pp.1167-1186

Jones, M.C. , Marron, J.S. , Sheather, S. J.: A brief survey of bandwidth selection for density estimation. *J. Amer. Stat. Assoc.* 91 (1996), pp. 401–407

Julesz, B.: Textons, the Elements of Texture Perception, and their Interactions. *Nature* 290 (1981), pp. 91–97

Kaplan, M.: Extended fractal analysis for texture classification and segmentation. *IEEE Trans. Patt. Anal. Mach. Intell.* 8 (1987), pp.1572–1585

Kaneko, T. , Okudaira, M.: Encoding of arbitrary curves based on the chain code representation. *IEEE Trans. Commun.* 33 (1985), pp. 697-707

Kass, M. , Wittkin, A. , Terzopoulos, D.: Snakes: Active contour models, *Int. J. Comp.Vision* 1 (1988), pp. 321-331

Kazhdan, M. , Bolitho, M. , Hoppe, H.: Poisson surface reconstruction. *Proc. Eurographics Symp. Geom Proc.* 2006, pp. 61-70

Kim, H.-G. , Moreau, N. , Sikora, T.: MPEG-7 Audio and Beyond: Audio Content Indexing and Retrieval. New York: Wiley, 2005

Kim, J.-S. , Park, R.-H.: Local motion-adaptive interpolation technique based on block matching algorithms. *Signal Process. : Image Commun.* 4 (1992), pp. 519-528

Kinnunen. T. , Li, H.: An overview of text-independent speaker recognition: From features to supervectors. *Speech Communication* 52 (2010), pp. 12-40

Kohonen, T.: Self-organized formation of topologically correct feature maps. *Biological Cybernetics* 43 (1982), pp. 59-69

Kohonen, T.: Self-Organization and Associative Memory, 3rd ed. Berlin: Springer, 1989

Konrad, J. , Dubois, E.: Bayesian estimation of motion vector fields. *IEEE Trans. Patt. Anal. Mach. Intell.* 14 (1992), pp. 910-927

Kovesi, J.: *Image* features from phase congruency, *Videre: J. Comp. Vis. Res.* 1.3, pp. 2-16, Cambridge, MA: MIT Press, 1999

Kruse, S.: Scene segmentation from dense displacement vector fields using randomized Hough transform. *Signal Proc.: Image Commun.* 8 (1996), pp. 29-41

van Laarhoven, P. , Aarts, E.: Simulated Annealing : Theory and Applications. Dordrecht: Reidel, 1987

Lee, T. S.: Image representation using Gabor wavelets. *IEEE Trans. Patt. Anal. Mach. Intell.* 18 (1996), pp. 959-971

Levenberg, K.: A method for solution of certain problems in least squares. *Quart. Appl.Math.* 2 (1944), pp. 164-168

Lienhart, R. , Maydt, J.: An extended set of Haar-like features for rapid object detection.*Proc. Int. Conf. Image Proc.* 2002, pp. I:900–I:903

Lim, J. S.: Two-Dimensional Signal and Image Processing. Englewood Cliffs : Prentice-Hall, 1990

Lin, Y. , Astola, J. , Neuvo, Y.: A new class of nonlinear filters - Neural filters. *IEEE Trans. Signal Process.* 41 (1993), pp. 1201-1222

Linde, Y. , Buzo, A. , Gray, R. M.: An algorithm for vector quantizer design. *IEEE Trans. Commun.* 28 (1980), pp. 84-95

Lindeberg, T.: Scale-space Theory in Computer Vision. Dordrecht: Kluwer Academic Publishers, 1994

Lindeberg, T.: Direct estimation of affine image deformation using visual front end operations with automatic scale selection, *Proc. Int. Conf. Comp. Vision* 1994, pp. 134-141

Liu, B. , Zaccarin, A.: New fast algorithms for the estimation of block motion vectors. *IEEE Trans. Circ. Syst. Video Tech.* 3 (1993), pp. 148-157

Longuet-Higgins, H. C.: A computer algorithm for reconstructing a scene from two projections. *Nature* 293 (1981), pp. 133–135

Luettgen, M. R. , Karl, W. C. , Willsky, A. S.: Efficient multiscale regularization with applications to the computation of optical flow. *IEEE Trans. Image Process.* 3 (1994), pp. 41-64

Ma, C. , Wei, L. Y. , Guo, B. , Zhou, K.: Motion Field Texture Synthesis. *ACM Trans. Graphics* 28 (2009), article no. 110

MacQueen, J. B.: Some Methods for classification and Analysis of Multivariate Observations.*Proc. 5th Berkeley Symp. on Math. Statistics and Probability*, University of California Press, 1967, pp. 281–297

Mallat, S.: A theory for multiresolution signal decomposition: The wavelet representation. *IEEE Trans. Patt. Anal. Mach. Intell.* 11 (1989), pp. 674-693

Mallat, S.: Multifrequency channel decompositions of images and wavelet models. *IEEE Trans. Acoust., Speech, Signal Process.* 37 (1989), pp. 2091-2110

Mandelbrot, B. B.: The Fractal Geometry of Nature. San Francisco: Freeman 1982

Maragos, P. A. , Schafer, R. W.: Morphological skeleton representation and coding of binary images. *IEEE Trans. Acoust., Speech, Signal Process.* 34 (1986), pp. 1228-1244

Maragos, P. A. , Schafer, R. W. , Mersereau, R. M.: Two-dimensional linear prediction and its application to adaptive predictive coding of images. *IEEE Trans. Acoust., Speech,Signal Process.* 32 (1984), pp. 1213-1229

Marquardt, D.: An algorithm for least-squares estimation of nonlinear parameters. *SIAM J. Appl. Math.* 11 (1963), pp. 431-441

Marr, D. , Nishihara, K.: Representation and recognition of the spatial organization of 3D shapes. *Proc. Royal Soc. London B* 200 (1978), pp. 269-294

Marr, D.: Vision: A Computational Investigation into the Human Representation and Processing of Visual Information. New York: Freeman, 1982

Marr, D. , Hildreth, E.: Theory of edge detection. *Proc. R. Soc. Lond. B*, 207 (1980), pp.187–217

Matas, J. , Chum, O. , Urban, M. , Pajdla, T.: Robust wide baseline stereo from maximally stable extremal regions. *Proc. of British Machine Vision Conference*, pp. 384-396, 2002.

Mathews, M.: Introduction to timbre. In *Music, Cognition and Computerized Sound*, P.R.Cook (ed.), Cambridge, MA: MIT Press, 1999

Maybank, S. J. , Faugeras, O. D.: A theory of self calibration of a moving camera. *Int. J. Comp. Vis.* 8

(1992), pp. 123-151

McLachlan, G., **Krishnan, T.**: The EM Algorithm and Extensions, 2nd Edition. New York: Wiley, 2008

McMillan, L., **Bishop, G.**: Plenoptic modeling: An image-based rendering system. *Proc. SIGGRAPH* (1995), Los Angeles, Aug. 1995

Meagher, D.: Octree encoding: A new technique for the representation, manipulation and display of arbitrary 3-D objects by computer. *Rensselaer Polytechnic Institute*, Technical Report IPL-TR-80-111, 1980

Meer, P., **Sher, C. A.**, **Rosenfeld, A.**: The chain pyramid : Hierarchical contour processing. *IEEE Trans Patt. Anal. Mach. Intell.* 12 (1990), pp. 363-376

Messom, C. H., **Barczak, A.L.C.**: Fast and efficient rotated Haar-like features using rotated integral images. *Proc. Austral. Conf. Robot. Automat.* (ACRA2006), pp. 1–6

Mikolajczyk, K., **Schmid, C.**: Scale and affine invariant interest point detectors. *Int. J. Comp. Vis.* 60 (2004), pp.63-86.

Mokhtarian, F., **Bober, M.**: Curvature Scale Space Representation: Theory, Applications and MPEG-7 Standardization. Dordrecht: Kluwer Academic Publishers, 2003

Morel, J.-M., **Yu, G.**: ASIFT: A new framework for fully affine invariant image comparison. *SIAM J. Imag. Sciences* 2 (2009), pp. 438-469

Morikawa, H., **Harashima, H.**: 3-D structure extraction coding of image sequences. *Proc. IEEE ICASSP* (1990), pp. 1969-1972

Müller, K., **Ohm, J.-R.**: Contour description using wavelets. *Proc. WIAMIS'99*, pp. 77-80, Berlin, May 1999

Muirhead, R. J.: Aspects of Multivariate Statistical Theory. New York: Wiley, 1982

Muirhead, R. J., **Chen, Z.**: A comparison of robust linear discriminant procedures using projection pursuit methods. In *Multivariate Analysis and its Applications,* T. W. Anderson, K. T. Fang and I. Olkin (eds.), pp. 163-176, Hayward: IMS Monograph Series, 1994

Mumford, D., **Shah, J.**: Optimal approximations by piecewise smooth functions and associated variational problems. *Comm. Pure Appl. Math.* XLII (1989), pp. 577–685

Nam, K. M., **Kim, J.-S.**, **Park, R.-H.**: A fast hierarchical motion vector estimation algorithm using mean pyramid, *IEEE Trans. Circ. Syst. Video Tech.* 5 (1995), pp. 341-351

Ndjiki-Nya, P., **Doshkov, D.**, **Kaprykowsky, H.**, **Zhang, F.**, **Bull, D.**, **Wiegand, T.**:Perception-oriented video coding based on image analysis and completion: A review.*Signal Proc.: Image Comm.* 27 (2012), pp. 579-594

Nikias, C. L., **Mendel, J. M.**: Signal processing with higher-order spectra. *IEEE Signal Process. Mag.* 10 (1993), no. 3, pp. 10-37

Ojala, T., **Pietikäinen, M.**, **Harwood, D.**: A comparative study of texture measures with classification based on feature distributions. *Patt. Rec.* 29 (1996), pp. 51–59

Ohm, J.-R.: Multimedia Communication Technology. New York/Berlin: Springer, 2004

Ohm, J.-R.: Multimedia Signal Coding and Transmission. New York/Berlin: Springer, 2015

Ohm, J.-R., **Ma, P.**: Feature-based cluster segmentation of image sequences. *Proc. IEEE ICIP* (1997), vol.III, pp. 178-181

Ohm, J.-R. , Grüneberg, K. , Hendriks, E. , Izquierdo M., E. , Kalivas, D. , Karl, M. ,Papadimatos, D. , Redert, A.: A realtime hardware system for stereoscopic videoconferencing with viewpoint adaptation. *Signal Process.: Image Commun.* 14 (1998), pp.147-171

Ohm, J.-R. , Müller, K.: Incomplete 3D - Multiview representation of video objects. *IEEE Trans. Circ. Syst. Video Tech.* 9 (1999), pp. 389-400

Ohm, J.-R. , Bunjamin, F. , Liebsch, W. , Makai, B. , Müller, K. , Smolic, A. , Zier, D.: A set of visual feature descriptors and their combination in a low-level Description Scheme. *Signal Process.: Image Comm.* 16 (2000), pp. 157-179

Ohm, J.-R. , Cieplinski, L. , Kim, H. J. , Krishnamachari, S. , Manjunath, B. S. ,Messing, D. S. , Yamada, A.: Color descriptors. In *Introduction to MPEG-7*, B.S. Manjunath, P. Salembier, T. Sikora (eds.), pp. 187-212, New York: Wiley, 2002

Oppenheim, A. V. , Willsky, A. S. , Young, I. T.: Signals and Systems. 2nd edition Englewood Cliffs : Prentice-Hall, 1997

Orchard, M. T. , Sullivan, G. J.: Overlapped block motion compensation: An estimationtheoretic approach. *IEEE Trans. Image Proc.* 3 (1994), pp. 693-699

O'Shaughnessy, D.: Speech Communication: Human and Machine. München: Addison-Wesley, 1987

Osher, S. J. , Sethian, J. A.: Fronts propagation with curvature dependent speed: Algorithms based on Hamilton-Jacobi formulations, *J. Comp. Physics* 79 (1988), pp. 12-49

Otsu, N.: A threshold selection method from gray-level histograms. *IEEE Trans. Sys. Man.Cyber.* 9 (1979), pp. 62–66.

Paget, R. , Longstaff, I. D.: Texture synthesis via a noncausal nonparametric multiscale Markov random field. *IEEE Trans. Image Process.* 7 (1998), pp. 925-931

Papoulis, A.: Probability, Random Variables and Stochastic Processes. New York: McGraw Hill, 1984

Park, S. C. , Park, M. K. , Lang, M. G.: Super-resolution image reconstruction: a technical overview. *IEEE Sig. Proc. Mag.* 20 (2003), no. 3, pp. 21-36

Peeters, G.: A large set of audio features for sound description (similarity and classification) in the CUIDADO project. *CUIDADO I.S.T. Project Report* (2004)

Peleg, S. , Rousso, B. , Rav-Acha, A. , Zomet, A.: Mosaicking on adaptive manifolds. *IEEE Trans. Patt. Anal. Mach. Intell.* 22 (2000), pp. 1144-1154

Perona, P. , Malik, J.: Scale-space and edge detection using anisotropic diffusion. *IEEE Trans. Patt. Anal. Mach. Intell.* 12 (1990), pp. 629-639

Plataniotis, K. N. , Venetsanopoulos, A. N.: Color Image Processing and Applications. New York/Berlin: Springer, 2000

Platt, S. M. , Badler, N. I.: Animating facial expressions. *IEEE Comput. Graph.* 13(1981), pp. 242-245

Po, L.-M. , Ma, W.-C.: A novel four step search algorithm for fast block motion estimation. *IEEE Trans. Circ. Syst. Video Tech.* 6 (1996), pp 313-317

Poletti, M. A.: Three-dimensional surround sound systems based on spherical harmonics. *Journ. AES* 53 (2005), pp. 1004-1025

Portilla, J. , Simoncelli, E. P.: A parametric texture model based on joint statistics of complex wavelet coefficients. *Intern. J. Comp. Vision* 40 (2000), no. 1

Purves, D. , Augustine, G. J. , Fitzpatrick, D. , Hall, W. C. , LaMantia, A.-S. ,McNamara, J. O. , White, L. E.: Neuroscience, 4th edition. Sunderland: Sinauer Associates, 2012

Rabiner, L. R. , Schafer, R. W.: Digital Processing of Speech Signals. Englewood Cliffs: Prentice-Hall, 1978

Rabiner, L.: A tutorial on hidden Markov models and selected applications in speech recognition. *Proc. IEEE* 77 (1989), pp. 257-286

Rabiner, L. , Juang, B.-H.: An Introduction to Hidden Markov Models. *IEEE ASSP Mag.*3 (1986) pp. 4–16

Ranganath, S. , Jain, A. K.: Two-dimensional linear prediction models - Part I : Spectral factorization and realization. *IEEE Trans. Acoust. Speech Signal Proc.* 33 (1985), pp. 280-299

Rioul, O. , Vetterli, M.: Wavelets and signal processing. *IEEE Signal Proc. Mag.* 8(1991), no. 4, pp. 14-38

Roberts, L. G.: Machine perception of three-dimensional solids. *PhD thesis*, MIT Lincoln Laboratory, 22 May 1963

Robson, J. G.: Spatial and temporal contrast sensitivity functions of the visual system. *J. Opt. Soc. Amer. A* 56 (1966), pp, 1141-1142

Rogers, D. J. , Tanimoto, T. T.: A computer program for classifying plants. *Science* 132 (1960), pp. 1115–1118

Rosenfeld, A. , Kak, A. C.: Digital Picture Processing. Orlando: Academic Press, 1982

Rubinstein, R. Y. , Kroese, D. P.: Simulation and the Monte Carlo Method, 2nd Edition. New York: Wiley, 2008

Rue, H. , Held, L.: Gaussian Markov Random Fields. *Monographs Stat. Appl. Prob.* no.104, Boca Raton: Chapman & Hall/CRC, 2005

Salembier, P. , Pardàs, M.: Hierarchical morphological segmentation for image sequence coding. *IEEE Trans. Image Proc.* 3 (1994), pp. 639-651

Samet, H. : The quadtree and related hierarchical data structures. *Comput. Surv.* 16 (1984), pp. 187-260

Sánchez, J. , Perronnin, F. , Mensink, T. , Verbeek, J.: Image classification with the Fisher vector: Theory and practice, *Int. J. Comput. Vis.* 105 (2013), pp. 222-245

Saruwaturi, H. , Kawamura, T. , Shikano, K.: Blind source separation for speech based on fast convergence algorithm with ICA and beamforming. *Proc. Eurospeech* (2001), pp.2603-2606

Schmidhuber, J.: Deep learning in neural networks: An overview. *Neural Networks* 61 (2015), pp. 85-117

Shafer, G.: A Mathematical Theory of Evidence. Princeton: Princeton University Press, 1976

Shashua, A. , Werman, M.: On the trilinear tensor of three perspective views and its underlying geometry. *Proc. Int. Conf. Comp. Vis.* (1995)

Seitz, S. M. , Dyer, Ch. R.: Physically-valid view synthesis by image interpolation. *Proc. IEEE Worksh. on Represent. of Visual Scenes*, pp. 18-25, Cambridge 1995

Serra, J.: Image Analysis and Mathematical Morphology, vols. 1 and 2. San Diego: Academic Press, 1982/1988

Sethian, J.A.: Level Set Methods and Fast Marching Methods: Evolving Interfaces in Computational

Geometry, Fluid Mechanics, Computer Vision and Material Science. Cambridge, UK: Cambridge University Press, 1999

Settles, B.: Active learning literature survey. *Comp. Sciences Tech. Rep.*, University of Wisconsin – Madison, 2009

Shade, J. , Gortler, S. , He, L.-W. , Szeliski, R.: Layered depth images. *Proceedings ACM SIGGRAPH'98*, pp. 231-242

Schapire, R. , Singer, Y.: Improved boosting algorithms using confidence-rated predictions. *Proc. 11th Conf. Learning Theory* (1999), pp. 80-91

Shariat, H. , Price, K. E.: Motion estimation with more than two frames. *IEEE Trans. Patt. Anal. Mach. Intell.* 12 (1990), pp. 417-434

Shepard, R.: Pitch perception and measurement. In *Music, Cognition and Computerized Sound*, P.R. Cook (ed.), Cambridge, MA: MIT Press, 1999

Shum, H.-Y. , Kang, S. B.: A review of image-based rendering techniques. *Proc. Vis. Comm. Image Proc.* (VCIP 2000), pp. 2-12

Silverman, B.W.: Density Estimation for Statistics and Data Analysis. London: Chapman & Hall/CRC, 1998

Simoncelli, E. P. , Freeman, W. T. , Adelson, E. H. , Heeger, D. J.: Shiftable Multi-Scale Transforms [or, "What's Wrong with Orthonormal Wavelets"]. *IEEE Trans. Inf. Theor.* 38 (1992), pp. 587-607

Smolic, A. , Sikora, T. , Ohm, J.-R.: Long-term global motion estimation and application for sprite coding, content description and segmentation. *IEEE Trans. Circ. Syst. Video Tech.* (1999), pp. 1227-1242

Smolic, A. , Wiegand, T.: High-Resolution Video Mosaicking. *Proc. IEEE ICIP* (2001), vol. III, pp. 872-875

Snyder, M. A.: On the mathematical foundations of smoothness constraints for the determination of optical flow and for surface reconstruction. *IEEE Trans. Patt. Anal. Mach. Intell.* 13 (1991), pp. 1105-1114

Sobel, I. , Feldman, G.: A 3x3 isotropic gradient operator for image processing. Presented at *Stanford Artificial Intelligence Project* (SAIL), 1968.

Sørensen, T.: A method of establishing groups of equal amplitude in plant sociology based on similarity of species and its application to analyses of the vegetation on Danish commons. *Kon. Danske Videnskabernes Selskab* 5 (1948), pp. 1–34.

Solomons. H.: Derivation of the space horopter. *Brit. J. Physiol. Opt.* 30 (1975), pp. 56–80

Spearman, C.: General intelligence, objectively determined and measured. *Am. J. Psychol.* 15 (1904), pp. 201-293

Spiertz, M.: Underdetermined Blind Source Separation for Audio Signals. *Aachen Series on Multimedia and Communications Engineering* no. 10, Aachen: Shaker, 2012

Steinbach, E. G. , Färber, N. , Girod, B.: Adaptive playout for low latency video streaming.*Proc. IEEE ICIP* (2001), vol. I, pp. 962-965

Stevens, S. S. , Volkmann, J.: The relation of pitch to frequency: A revised scale. *Am. J.Psychol.* 53 (1940), pp. 329-353.

Stiller, C. , Hürtgen, B.: Combined displacement estimation and segmentation in image sequences. *Proc.*

EUROPTO Image Commun. Video Compr. (1993), SPIE vol. 1977, pp.276-287

Stollnitz, E. , DeRose, T. , Salesin, D.: Wavelets for Computer Graphics. San Francisco:Morgan Kaufmann, 1996

Stone, James V.: Independent Component Analysis: A Tutorial Introduction. Cambridge, MA: MIT Press, 2004.

Terzopoulos, D. , Waters, K.: Analysis and synthesis of facial image sequences using physical and anatomical models. *IEEE Trans. Patt. Anal. Mach. Intell.* 15 (1993), pp.569-579

Tomasi, C. , Manduchi, R.: Bilateral filtering for gray and color images. *Proc. 6th Int.Conf. Comp. Vis.* (ICCV'98), pp. 839-846

Traunmüller, H.: Analytical expressions for the tonotopic sensory scale. *J. Acoust. Soc.Am.* 88 (1990), pp. 97-100

Tubaro, S. , Rocca, F.: Motion field estimators and their application to image interpolation. *Motion Analysis and Image Sequence Processing*, M. I. Sezan and R. L. Lagendijk (eds.), Dordrecht: Kluwer, 1993

Turk, M. , Pentland, A.: Eigenfaces for recognition. *J. Cognitive Neuroscience* 3 (1991), pp. 71-96

Tranter, S.E. , Reynolds, D.A.: An overview of automatic speaker diarization systems. *IEEE Trans. Audio Speech Lang. Proc.,* 14 (2006), pp.1557-1565

Unser, M. , Aldroubi, A. , Eden, M.: B-spline signal processing. *IEEE Trans. Signal Process.* 41 (1993), pp. 821-833 (Part I-Theory), pp. 834-848 (Part II-Efficient design and applications)

Vincent., L. , Soille, P.: Watersheds in digital spaces: an efficient algorithm based on immersion simulations. *IEEE Trans. Patt. Anal. Mach. Intell.* 13 (1991), pp. 583–598

Viola, P. , Jones, M.: Rapid object detection using a boosted cascade of simple features, *Conf. Comp. Vision Pattern Rec.* (2001), vol. I, pp. 511-518

Viola, P. , Jones, M.: Robust real-time face detection, *Int. J. Comp. Vis.* 57(2) (2004), pp. 137-154

Wang, Y. , Lee, O.: Active mesh - a feature seeking and tracking image sequence representation scheme. *IEEE Trans. Image Proc.* 3 (1994), pp. 610-624

Wang, Y.-X. , Zhang, Y.-J.: Nonnegative Matrix Factorization: A Comprehensive Review. *IEEE Trans. Knowl. Data Engin.* 25 (2013) pp. 1336-1353

Ward, D. B. , Elko, G. W.: Virtual Sound Using Loudspeakers: Robust Acoustic Cross-Talk Cancellation. In *Acoustic Signal Processing for Telecommuncation*, Chapter 14, pp. 303-317, Kluwer Academic Publishers, 2000

Weissig, C. , Schreer, O. , Eisert, P. , Kauff, P.: The ultimate immersive experience: Panoramic 3D video acquisition. *Proc. 18th Int. Conf. Adv. Multimedia Modeling. Lecture Notes in Computer Science* 7131, pp. 671-681. Berlin: Springer, 2012

Welch, T. A.: A Technique for High Performance Data Compression. *IEEE Comput.* 17 (1984), pp. 8-19

Wolberg, G.: Digital Image Warping. Washington: IEEE Computer Society Press 1990

Wu, S. F. , Kittler, J.: A differential method for simultaneous estimation of rotation, change of scale and translation. *Signal Process.: Image Commun.* 2 (1990), pp. 69-80

Xie, K. , van Eycken, L. , Oosterlinck, A.: Estimating motion vector fields with smoothness constraints.

Proc. EUROPTO Image Commun. Video Compr. (1993), SPIE vol. 1977, pp. 238-247

Zhang, R. , **Tsai, P.-S.** , **Cryer, J. E.** , **Shah, M.**: Shape from shading: a survey. *IEEE Trans. Patt. Anal. Mach. Intell.* 21 (1999), pp. 690-706

Zhang Z. , **Xu G.**: Epipolar Geometry in Stereo, Motion and Object Recognition. Dordrecht: Kluwer, 1996

Zhu, C. , **Bichot, C.-E.** , **Chen, L.**: Multi-scale Color Local Binary Patterns for Visual Object Recognition. *Proc. 20th International Conference on Pattern Recognition* (ICPR 2010) , pp.3065-3068

Zölzer, U.: Digital Audio Signal Processing, 2nd ed. New York: Wiley, 2008

Zölzer, U. (ed.): DAFX: Digital Audio Effects, 2nd ed. New York: Wiley, 2011

Zurmühl, R.: Matrizen. Berlin: Springer, 1964

Zwicker, E.: Psychoakustik. Berlin: Springer, 1982 (updated English edition: **Fastl, H.** ,**Zwicker, E.**: Psychoacoustics: Facts and Models, 3rd ed. New York, Heidelberg: Springer, 2006)